실무자를 위한 스커트 제작기법

스커트 디자인 & 제작 실무

염성환 저

일진사

스커트 디자인 & 제작 실무

2010년 1월 10일 인쇄
2010년 1월 15일 발행

지은이 : 염성환
펴낸이 : 이정일

펴낸곳 : 도서출판 **일진사**
www.iljinsa.com

140-896 서울시 용산구 효창동 5-104
대표전화 : 704-1616 / 팩스 : 715-3536
등록번호 : 제3-40호(1979. 4. 2)

값 30,000원

ISBN : 978-89-429-1130-1

이 책을 내면서

이 책은 누구나 쉽게 아름다운 미학에 도전하는 재미를 붙일 수 있도록 필자의 40년 경력을 통해 얻은 경험을 토대로 복잡한 것을 단순하고 체계적으로 치수를 재는 과정부터 설명하였다. 특히 오랜 해외 생산 실무 경력을 통해 얻은 패턴 관리기법을 설명하여 실전에서 사용하는 기술을 습득할 수 있는 기회를 마련하였다. 또한 원자재의 소요량 계산법을 생산 현장에서 사용하는 기법 그대로 설명하여 전문가의 수준에 쉽게 도달 할 수 있도록 설명하고, 취업을 위한 학습자를 위하여 국제적으로 사용하는 영문 표기법과 전문 용어를 가능한 한 많이 설명하려고 노력하였다.

여성복은 응용 기법이 중요하여 몇 가지 기본 기법으로 수없이 변형이 가능하도록 설명하였으며, 패턴과 봉제 과정을 구분 동작으로 설명하여 학습자로 하여금 스스로 학습이 가능하도록 하였다.

잘 만들어진 옷은 디자인이라는 요소와 선이라는 다른 요소를 결합하여 미적인 면과 기능적인 면이 봉제 과정을 통해서 서로 조화롭게 균형이 이루어졌을 때 비로소 탄생한다.
응용하기에 좋은 디자인을 선별하여 모두 습득한 후 조합을 통해 새로운 디자인을 응용·구성하는 데 도움이 되도록 최대한 배려하였으므로 학습자의 상상력과 응용력이 서로 조화를 이루어 기대 이상의 효과가 있을 것임을 확신한다.

이 책은 다음과 같은 특징으로 구성하였다.
- 인체 모형을 이용한 설명으로, 치수 재는 방법을 쉽게 이해할 수 있도록 하였다.
- 패턴 제작을 구분 동작으로 설명하여 복잡한 구도를 쉽게 이해할 수 있도록 하였다.
- 봉제 과정을 구분 동작으로 설명하여 한 공정씩 따라할 수 있도록 하였다.
- 재봉틀 공업용을 모델로, 기초에서부터 조치 방법까지 설명하여 전문가 수준에 쉽게 도달할 수 있도록 하였다.
- 초보자 교육에 반드시 필요한 박음질 연습지를 통하여 기계와 쉽게 친숙해질 수 있도록 하였다.
- 소요량 계산 방법을 자세하게 설명하여 재료가 얼마나 필요한지 계산할 수 있도록 하였다.
- 전문가만이 할 수 있는 영역을 초보자도 할 수 있도록 바이어스 소요량 계산법을 공개하였다.

　나름대로 최선을 다해서 설명하였으나 부족한 점이 많았을 것이라 생각된다. 여성복은 응용기법이 뛰어나야 하므로 각기 다른 방법으로 설명하여 쉽게 응용 기법을 터득할 수 있도록 최선을 다했다. 응용은 개인의 창의력이나 상상력에 의하여 다른 형태로 발전할 수 있으므로 다른 형태를 서로 접목하는 모방을 통해 끊임없이 변화를 시도해야 한다.

　디자인, 패턴, CAD 등에 목표를 두고 전문가로서의 길을 지향하는 학습자일수록 봉제를 직접배우는 것이 절대적으로 필요하다. 디자인과 패턴 제도 과정에서 작업의 난이도를 연구하는 것은 원가를 절약하고 생산의 효율성을 가져오기 때문이며, CAD 작업에서 패턴의 쪽수와 넣는 방향을 설정하는 등 봉제를 배우지 않으면 절대 알 수 없는 영역이 있기 때문이다. 봉제에 대한 실력이 뛰어날 수 없더라도 최소한의 봉제에 대한 지식을 얻으려면 직접 만들어보는 방법 밖에 없으며, 좋은 지도자와 좋은 안내서는 학습자의 목표 도달을 한걸음 빠르게 이루어 줄 것이다.

　필자는 또 다른 후인이 이러한 기본 연구를 토대로 더욱 발전해 나아갈 수 있는 기회로 삼아주길 바라는 마음이 간절하다.

　그동안 좋은 책을 집필 할 수 있도록 조언과 지도를 아끼지 않으신 분들과 도서출판 일진사 편집부 임직원 여러분께 진심으로 감사의 마음을 전한다.

　이 책을 내면서

차 례

제1장 스커트 제작 준비

제 4 장 무늬의 중요성

제 5 장 응용편

원단의 선택에 구애 받지 않고 만들어 볼 수 있는 디자인으로 지퍼를 달아야하는 디자인이다. 전통적으로 뒤에 트임이 있는 왼쪽으로부터 H라인 스커트, 허릿단이 허리선 밑으로 내려오는 라운드 형태의 스커트, 트럼펫 형태의 플레어 스커트, 8쪽 고어드 스커트, 삼각무를 끼워 넣은 8쪽 고어드 스커트로 구성하여 응용에 초점을 맞춘 디자인이다.

■■ 지퍼 없이 제작하는 디자인(1)

초심자 들이 쉽게 제작하여 학습의 재미를 느낄 수 있도록 지퍼 없이 만드는 제도법과 봉제 방법을 설명하였다. 왼쪽으로부터 3단 개더 스커트, 180° 플레어 스커트, 랩형태의 플레어 스커트는 기본 제도에서 응용하는 방법을 설명하여 전 과정을 학습한 후에는 다른 디자인이라도 쉽게 응용을 할 수 있도록 응용력을 키우는데 중점을 둔 디자인이다.

■■ 지퍼 없이 제작하는 디자인(2)

지퍼 없는 디자인은 원단의 선택이 중요하여 옷을 입을 때 충분하게 늘어나지 않으면 안 된다. 왼쪽으로부터 티어드 스커트, 개더 스커트, 트럼펫 형태의 플레어 스커트로 응용에 초점을 맞춘 복합된 형태가 특징이다.

■ 지퍼가 필요한 스커트 디자인

기본에 충실 할 수 있도록 디자인을 선별하여 제도법과 봉제 방법을 설명하였으므로 학습자의 필요에 따라 쪽수를 확인하고 제도법과 봉제 방법을 적용하며, 원단의 특성에 구애받지 않는 스커트이다.

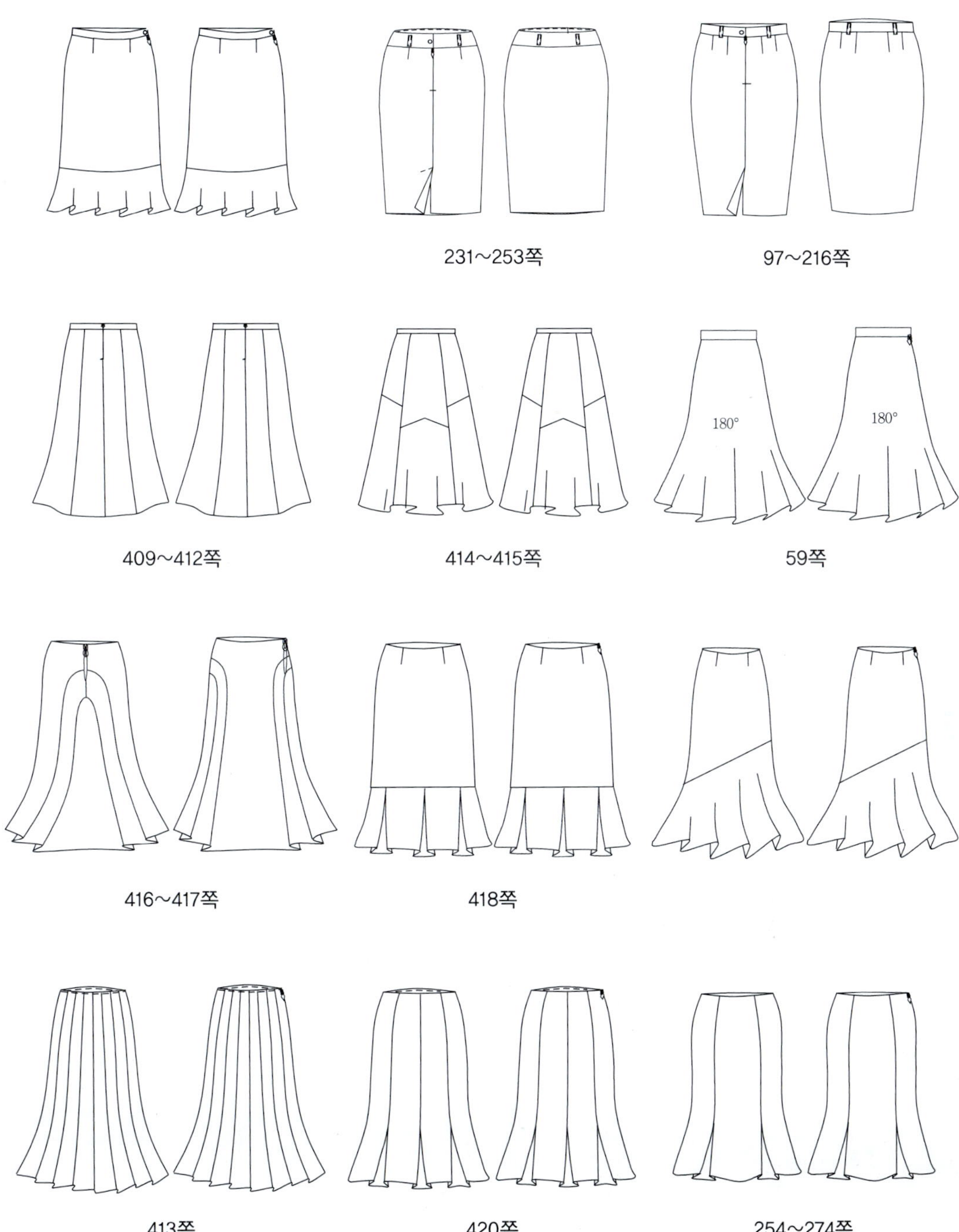

면이나 폴리에스터 종류의 신도율이 높은 원단으로 제작하며, 원단의 특성에 제약을 받는 스커트이다.

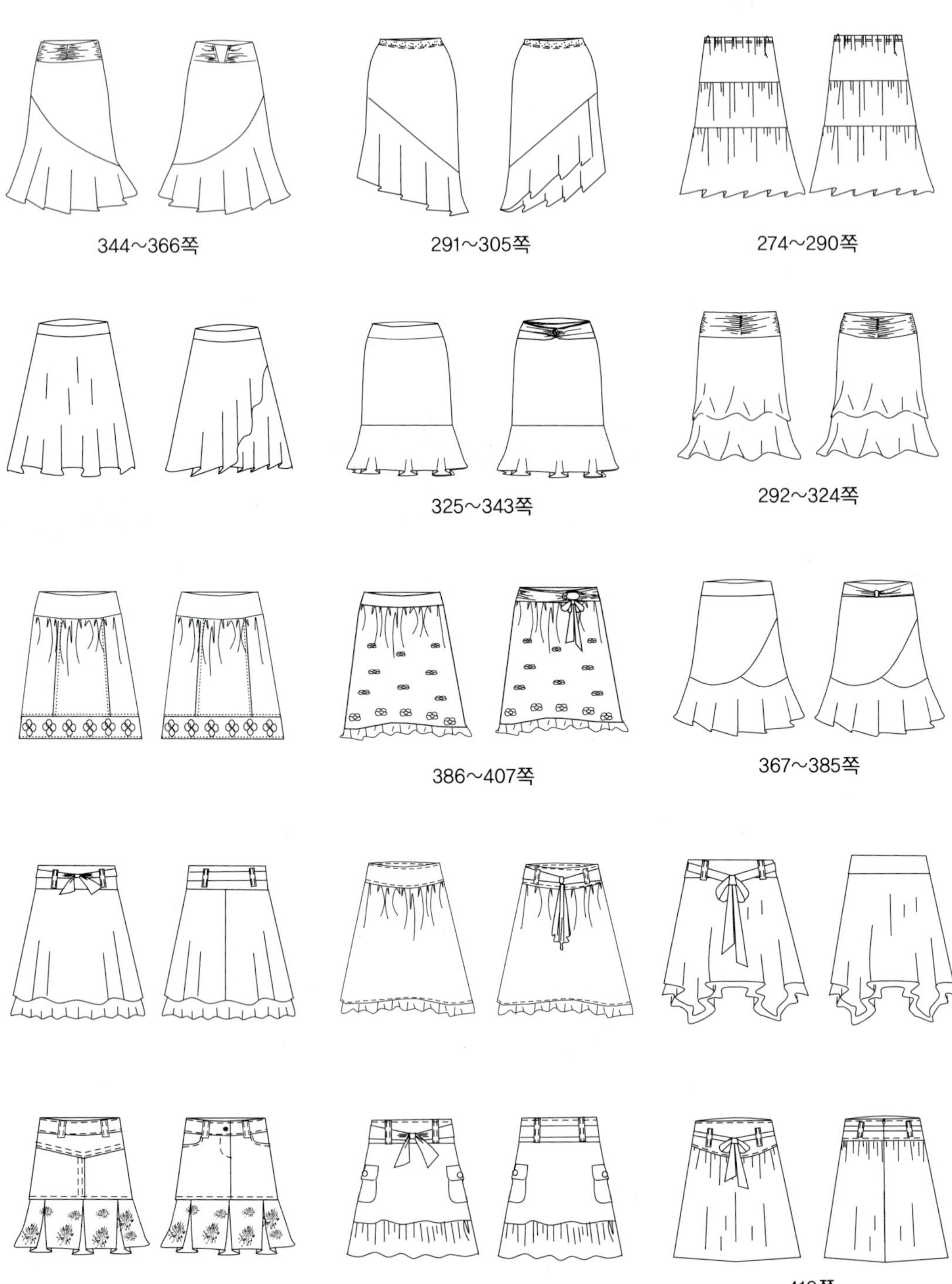

제 1 장

스커트 제작 준비

· 치수를 정확하게 하기 위해서 먼저 고무줄이나 끈을 이용해서 허리를 묶는다.
· 불편함을 느끼지 않는 허리의 위치를 찾아서 묶은 끈의 위치를 조정한 다음 치수를 잰다.

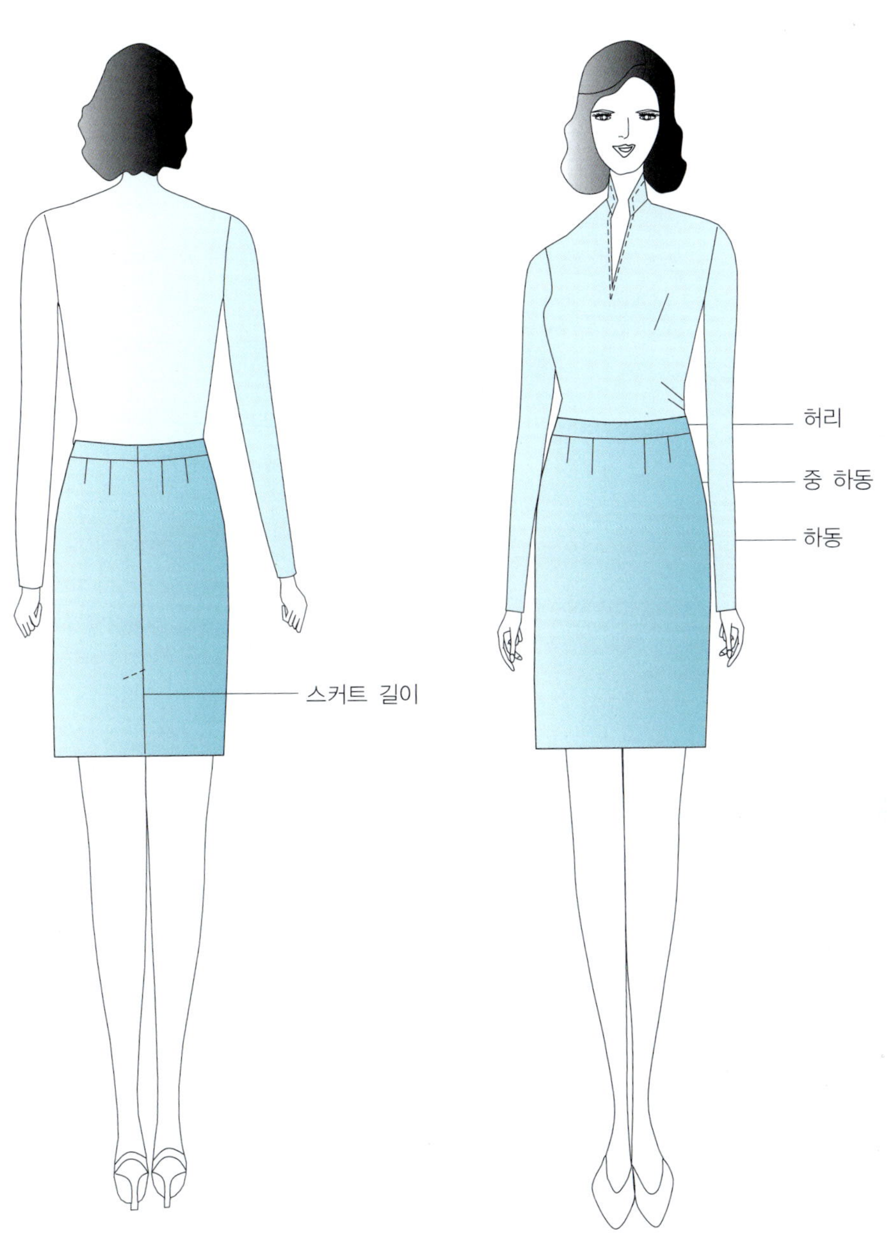

① 허리(여유 없이 정확한 허리둘레 치수)
② 중 하동(허리선에서 10cm(4") 내려온 위치의 둘레)
③ 하동(허리선에서 20cm(8") 내려온 위치의 둘레)
④ 스커트 길이(뒤 중심 허리선에서부터의 길이)

주머니 위치, 트임 길이, 벨트 위치 등은 디자인에 따라서 자유롭게 정해서 치수 리스트에 기입하고, 제도할 때와 봉제할 때 참고한다.

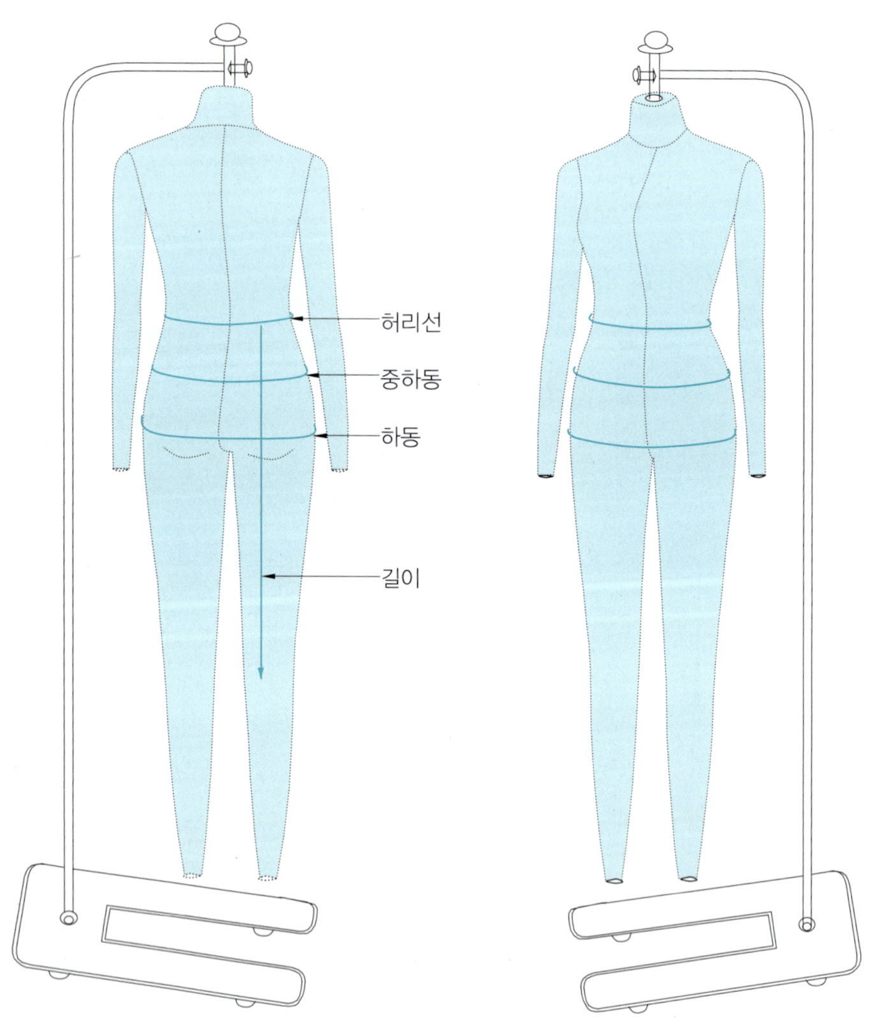

· 체형을 세 가지로 분류하여 다트의 분량과 여유를 다르게 적용한다.
· 하동이 크고 허리가 적은 경우와 하동이 적고 허리가 큰 경우 다트 분량을 조절하여 옆
  솔기 선의 균형을 잡는다.

woman   missy   petite

· 하동이 크고 허리가 상대적으로 적다면 다트의 분량이 많아진다.
· 허리가 크면 다트의 분량이 적어진다.

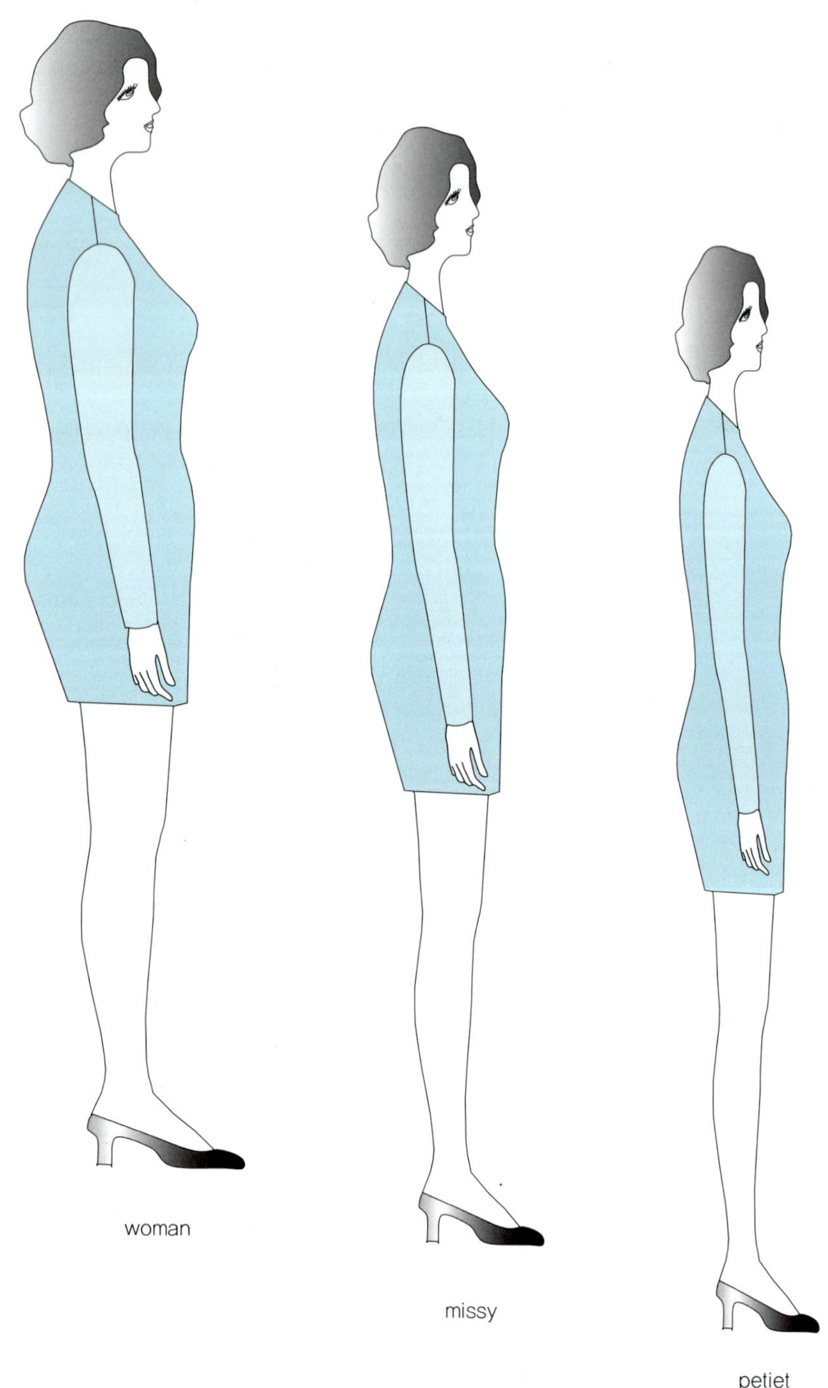

woman

missy

petiet

몸새 잡기

· 인체는 굴곡이 있으나 원단은 평면이므로 인체의 굴곡에 맞게 조정하는 것이 몸새잡기(dart)이다. 몸새잡기가 필요한 부위는 가슴둘레, 등 가슴, 허리선이다.
· 허리가 작고 하동이 크면 허리 다트 분량이 많아지고, 허리가 크고 하동이 적다면 다트 분량이 적어진다. 허리둘레와 하동의 사이즈가 같다면 다트는 필요하지 않게 된다.

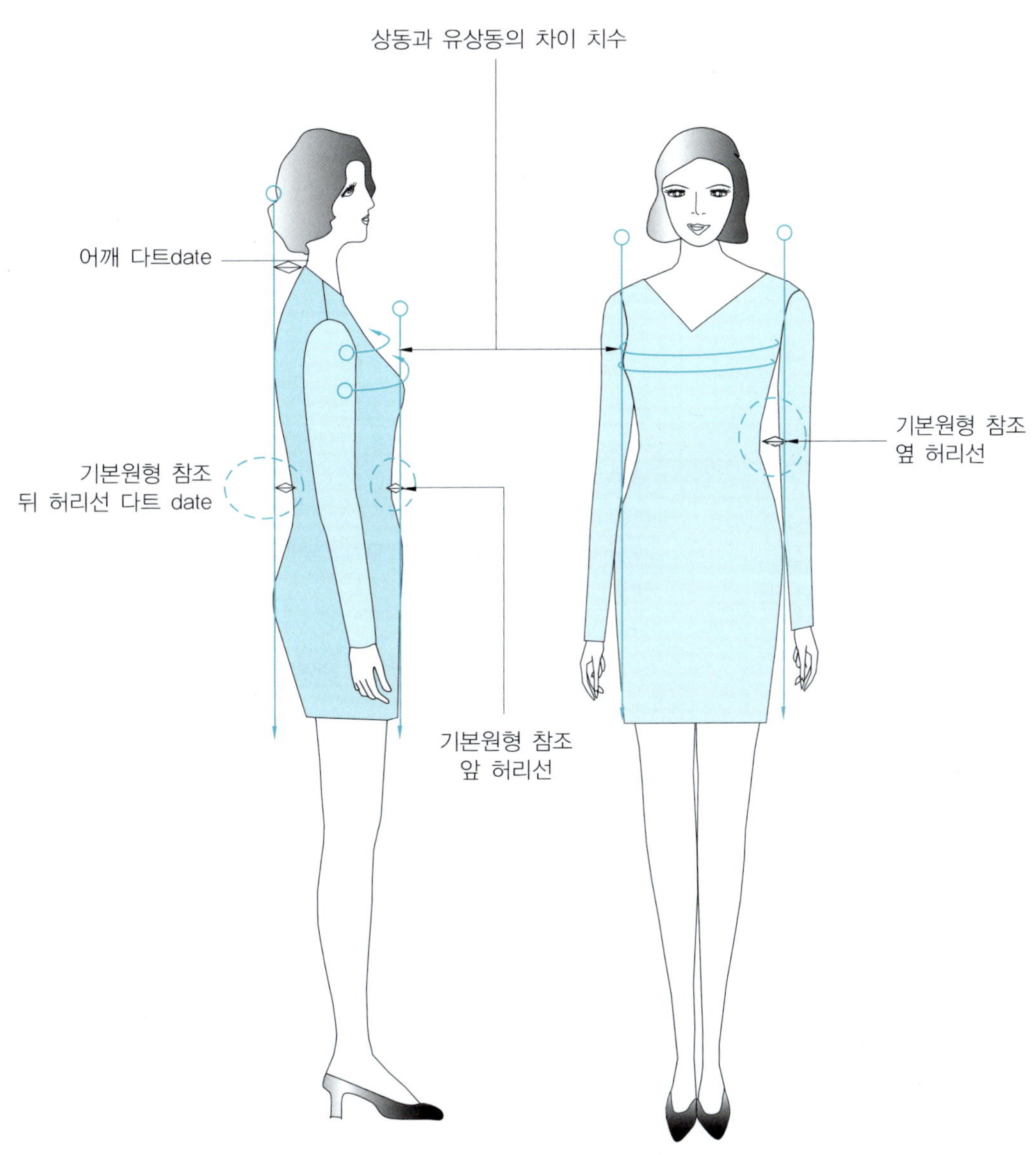

스커트(skirt)

	재 단 공 정	준 비 물
1	치수 재기	체촌 작성 리스트, 줄자, 연필, 지우개
2	옷본 만들기(패턴 제작)	각자, 곡자, 둥근 자, 핀
3	시접 넣기 & 노치 넣기	초크, 가위, 송곳, 노치 가위
4	형지 넣기	점선 긋는 도구
5	소요량 계산	재단지
6	자르기	원단, 안감, 단추, 실, 지퍼, 심지, 훅 아이

봉제공정

순서	공정	기계	시간	작업 설명
1	실표 뜨기	손바늘		중요 포인트 표시
2	허릿단 심지 붙이기	다리미		
3	지퍼 부위 심지 붙이기	다리미		
4	트임 부위 심지 붙이기	다리미		
5	허릿단 박음질	본봉		
6	앞판 다트 박음질	본봉		
7	뒤판 다트 박음질	본봉		
8	뒤트임 박음질	본봉		
9	지퍼 합복	본봉		
10	양쪽 옆 솔기 합복	본봉		
11	안감 뒤 중심 박음질	본봉		안감은 다트를 박음질하지 않고 주름으로 처리
12	안감 옆 솔기 합복	본봉		
13	허릿단 다림질	다리미		
14	앞판 다트 다림질	다리미		앞뒤 다트는 중심으로 뉘어서 마주보게 다림질
15	뒤판 다트 다림질	다리미		
16	겉감 시접 가름질	다리미		
17	밑단 꺾어서 다림질	다리미		
18	안감 다림질	다리미		안감 옆 솔기는 뒤쪽으로 모두 뉘어서 다림질
19	안감 밑단 박음질	본봉		
20	안감과 지퍼 부위 합복	본봉		
21	안감과 뒤트임 합복	본봉		
22	안감과 몸판 박음질	본봉		
23	허릿단 몸판과 합복	본봉		안감의 다트는 외주름으로 처리(그림 도면 참조)
24	밑단 손 감치기	손바늘		
25	옆 솔기 안감과 고정 시키기	손바늘		
26	허릿단 단추 & 걸고리	손바늘		
27	전체 다림질하기	다리미		
28	외관 검사			

필요한 원자재 목록을 만들어 준비 과정에서 모두 기록한다.

자재 목록

원단	안감	지퍼	단추	심지	실	훅 아이		

자재 사용 참고 및 주의 사항
◎
◎
◎
◎
◎

치수 항목을 만들어 필요한 사이즈를 모두 기록한다.

치수 리스트

	위치 /사이즈 하의(skirt)		cm	inch	스케치
1	허리	waist	68.58	27	
2	일자 허릿단 넓이	waist band width	3.175	$1\frac{1}{4}$	
3	라운드 허릿단 넓이	waist band height	5	2	
4	당겼을 때	waist extended	81.28	32	
5	중 하동	hip(4") down waist	88.9	35	
6	하동	hip(8"top) down waist	96.5	38	
7	밑단 넓이	sweep	93.9	37	
8	밑단 시접 넓이	hem	3.81	$1\frac{1}{2}$	
9	스커트 길이	center Back Length	58.42	23	
10	트임 길이	vent length	12.7	5	
11	트임 깊이	vent over lap	5	2	
12	지퍼 길이	zipper length	17.78	7	
13	주머니 입구 길이	pocket opening length	15.24	6	
14	앞주머니 위 넓이	pocket away from waist side seam	3.175	$1\frac{1}{4}$	
15	속주머니 길이	pocket bag length	20.32	8	
16	속주머니 넓이	pocket bag width	17.78	7	
17	앞 다트 길이	front dart length	8.89	$3\frac{1}{2}$	
18	뒤 다트 길이	back dart length	11.176	$4.\frac{1}{2}$	
19	벨트 루프 넓이	belt loops width	1	$\frac{3}{8}$	
20	벨트 루프 길이	belt loops length	5	2	
21					
22					
23					
24					
25					
26					
27					
28					
29					
30					
31					

중 하동 Hip(4"top) & down waist
하동 Hip(8"top) & down waist

· 중 하동과 하동의 down & (below)라고 하는 것은 일자형 허릿단일 경우 허릿단 바로 밑에서부터 중 하동과 하동의 치수를 놓는 위치이다.

· 중 하동과 하동의 4~8"top이라는 것은 곡선형 허릿단일 경우 허릿단 위에서부터 내려서 중 하동과 하동의 치수를 놓은 위치이다.

· 스커트 길이 라운드형은 허릿단 위에서부터 길이를 놓는다.

· 스커트 길이 일자형 허릿단은 허릿단 밑에서부터 길이를 놓는다.

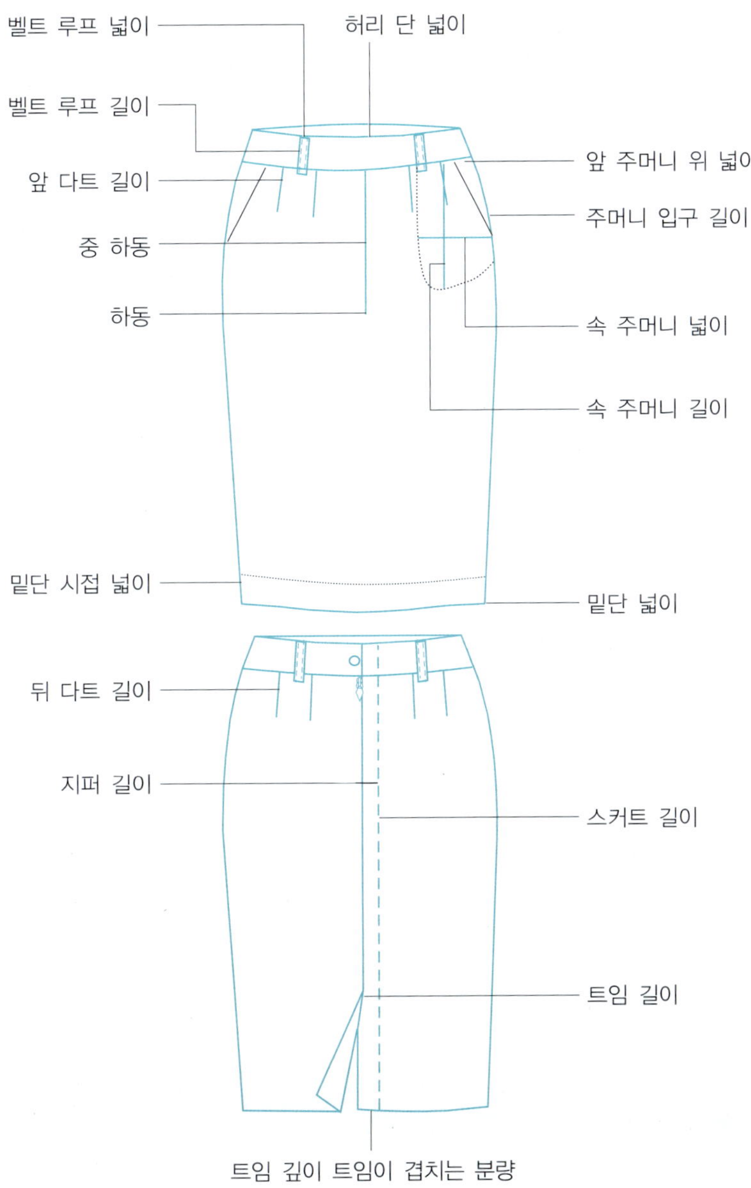

· 섬유에 대한 자세한 내용은 좋은 책들이 많이 있으므로 기본적인 것만을 약식으로 간추려서 설명하면 다음과 같다..

① 의류의 원자재에 사용되고 있는 재료는 천연섬유와 인조섬유로 나뉘고, 인조섬유는 재생섬유와 합성섬유로 나누어진다.

② 천연섬유와 인조섬유는 용도 기타 특성에 따라 100% 단독으로 사용되기도 하고, 서로 혼합하여 사용되기도 한다.

③ 인조섬유와 천연섬유의 혼합 비율은 서로의 단점을 보완하기 위해서 혼합 가공하기도 하고, 특정한 목적으로 혼합하기도 한다.

면섬유

- 통기성과 수분 흡수율이 좋으며, 인체 친화적인 섬유로 속내의 여름 의복으로 사용하기에 좋다. 대표적인 소재는 데님(denim), 포플린(poplin), 광목(musselin), 면 개버딘(cotton gaberdine) 등이 있다. 면 소재는 구김이 잘 가고 물세탁 시 수축하여 형태의 안정성이 떨어지며, 미생물의 침해에 약해서 지속적이 습윤 상태에 놓이는 것을 주의해야 한다(안전 다림질 온도 200℃ 정도).

마섬유

- 습윤 강도가 높아 여름 소재로 좋으나 잘 구겨지는 단점이 있어 형태의 안정성이 매우 떨어진다. 알칼리에 약하여 쉽게 상할 뿐 아니라, 부드러워지고 줄어들기 때문에 가공 처리된 마 소재는 드라이클리닝 하는 것이 좋다. 색상은 일광에 노출되었을 때 다른 섬유에 비해서 쉽게 변하며, 미생물의 침해에 약하기 때문에 습윤 상태에 오랫동안 방치되는 것을 주의해야 한다(안전 다림질 온도 250℃).

모섬유

- 모섬유에는 고품질의 소모사와 저품질의 재생 양모의 방모사가 있고, 수분 흡수율이 높고 통기성과 보온성이 좋다. 습도가 높은 곳에서는 곰팡이와 해충에 침해되기 쉬우며, 장시간 일광에 노출되는 것을 주의해야 한다.
- 물세탁은 모 소재를 수축시키기 때문에 삼가야 하며, 드라이클리닝 하는 것이 좋다. 대표적인 소재는 울 개버딘(wool gabardine), 트위드(tweed), 저지(jersey) 등이 있다(안전 다림질 온도 150℃).

견섬유

- 견섬유는 천연섬유 중 유일한 장섬유로, 광택이 나는 강력사로서 탄성 회복률이 낮아

구김살이 쉽게 가고 한번 구김살이 생기면 잘 펴지지 않는다. 보온성이 좋고 염색성이 좋아 고급 의복의 재료로 많이 사용되며, 모와 같이 알칼리에 약하기 때문에 세탁할 때 중성세제를 사용하여 미지근한 물로 세탁하거나 드라이클리닝 하는 것이 형태 안정성을 위해서 좋다. 견섬유는 다른 천연섬유보다 곰팡이나 미생물에 강하며, 일광과 땀에 의해서는 색상이 쉽게 변색한다. 쉬폰, 공단 등 주로 여름용으로 많이 사용하는 고급 소재이다(안전 다림질 온도 150℃).

아세테이트섬유

- 아세테이트(acetate)섬유와 트리아세테이트(triacetate)섬유 두 가지가 있으며, 섬유의 성질은 거의 비슷하나 의복의 재료로는 트리아세테이트가 더 적합하다. 아세테이트는 강도가 높고 내구성이 좋다. 또한 얇고 가볍고 수분 흡수율이 낮으며 부드러운 것이 장점이다.

  견섬유와 같은 광택이 있고, 형태의 안정성과 드레이프성이 좋으며, 염색성이 좋고 구김이 잘 안 간다. 하지만 보온성이 좋은 반면 일광에 오래 노출되면 변색한다. 미생물의 침해에도 안전하며, 미지근한 온도에서의 물세탁이나 드라이클리닝 시 안전하다.

  용도는 원피스, 블라우스, 스커트, 잠옷, 안감 등이며, 대표적인 소재로는 공단, 태피터(호박, taffeta), 벨벳, 저지 등이 있다(아세테이트 안전 다림질 온도 150℃, 트리아세테이트 안전 다림질 온도 230℃)

폴리아미드(polyamide)섬유

- 나이론이라는 이름으로 가장 많이 알려진 섬유로, 강도가 높고 구김이 안 가는 특성을 지니고 있어 다른 섬유와 혼합하여 많이 사용한다. 특히 신도가 높아 편성물에 많이 사용되고 있으며 미생물의 침해에도 강하다. 그러나 일광에 변색하며, 마찰에 의해서 정전기와 필링(보푸라기, pilling)이 일어난다.

  공업용이나 카펫 등 실내장식용으로 사용되고 스타킹, 스웨터, 수영복, 블라우스 등에 사용되며, 공단, 저지 파일 니트 등이 대표적인 소재로 알려지고 있다(안전 다림질 온도 145℃). 알칼리에 강해 미지근한 물세탁이나 세탁기를 이용한 세탁을 할 수 있다.

폴리에스테르(polyester)섬유

- 의복으로 제일 많이 사용되는 폴리에스테르섬유는 의복 형태의 안정성이 좋고 열가소성이 뛰어나 고온 처리한 주름은 잘 펴지지 않으며, 수분 흡수율이 적고 구김이 안가며 마찰이 심하면 정전기가 일어난다.

  염색성은 떨어지나 색상이 잘 변하지 않으며, 미생물의 침입에 강하고 알칼리에 강하여 물세탁이 용이하다. 또한 일광에 강하여 모든 의복의 종류와 봉사 커튼 등 폭넓게 사용되고 있다(안전 다림질 온도 150℃).

폴리아크릴(polyacrylic)섬유

– 폴리아크릴섬유는 가볍고 촉감이 부드러운 재질로서, 보온성이 뛰어나고 모섬유와 혼합
하여 사용되기도 한다. 염색성이 좋으며 일광과 미생물의 침해에 강하고 물세탁을 하기
에 좋다. 그러나 착용 시 마찰에 의해 정전기가 발생하며, 오랫동안 착용하였을 경우 필
링이 생긴다는 단점이 있다. 겨울용 편직물 소재와 부직포, 텐트, 커튼 등 실내장식 용품
으로 많이 쓰인다(안전 다림질 온도 160℃).

비스코스 레이온(Viscose rayon)섬유

– 목재(펄프)가 주원료인 비스코스는 매끄럽고 광택이 많이 나며, 얇고 흡습성이 좋아 견과
비슷한 성질을 지니고 있다. 그러나 구김이 잘 가며 물에 약하다는 단점이 있다. 염색성이
좋고 정전기의 발생이 없어 의류의 안감에 널리 사용되며, 블라우스, 스커트, 커튼 등에도
사용된다.

📗 겉감 종류

· 직물의 길이 방향을 경사 폭 방향을 위사라고 하며, 경사와 위사가 서로 엮이면서 교차
되는 부분을 조직점이라고 하고, 이 조직점이 많을수록 질기고 튼튼하다.
· 직물의 가장자리에는 원단의 올이 풀리지 않도록 대략 1cm 정도 넓이의 띠가 있으며,
이것을 식서라 하기도 하는데, 옷을 만들 때는 모두 잘라내는 부위이다.

평 직 : 광목, 포플린 등이 평직의 대표 직물이다.
능 직 : 데님, 개버딘
수자직 : 샤머스(charmeuse), 양단, 크레이프
첨모직 : 벨벳, 코듀로이(corduroy, 코르덴)

면섬유 : 대표적인 소재는 데님, 포플린, 광목 외 다수
모섬유 : 울 개버딘, 트위드, 저지 등이 있다.
견섬유 : 공단, 실크
폴리에스테르섬유 : 거의 모든 종류의 의류에 사용
아세테이트섬유 : 공단

겉감의 종류

종류	재료	넓이(inch)	넓이(cm)	기 타
코트, 재킷	울	44" 48" 60"	111.76" 121.92" 152.4"	
재킷		48" 60"	121.92" 152.4"	
바지	폴리에스테르, 우레탄	60"	152.4"	
스커트		60"	152.4"	
재킷, 바지, 스커트	폴리에스테르, 우레탄	44" 48"	111.76" 121.92"	
블라우스, 스커트, 원피스	레이온			
	아세테이트			
	니트			

🔲 기본이 되는 직물 조직

· 평직 : 광목, 포플린 등이 많이 알려진 직물로, 경사와 위사가 한 올씩 교차하면서 짜인 직물 조직 중에서는 가장 간단한 방법이다.
· 능직 : 데님, 개버딘으로 많이 알려진 능직은 사문직이라고 하기도 하며 위사와 경사가 두 올 이상을 상하로 교차하면서 짜인 조직으로, 구김이 별로 없고 내구성이 좋다.
· 수자직 : 양단, 크레이프 백 새틴(crape back satin) 등 주자직이라고도 하며, 경사가 4 올 이상 위사 위로 교차하면서 짜이며, 표면이 매끄러운 것이 특징이다.
· 편성물 조직 : 편성물 여러 개의 올이 양 옆의 다른 올과 서로 고리를 만들며 사슬처럼 엮이면서 고리와 고리의 연결로 이루어져 있다. 신축성이 뛰어난 것이 특징이며, 위편성물과 경편성물로 나뉜다.
　┌ 위편성물 : 저지로 널리 알려진 가장 기본적인 편성물로, 한 올이 위사 방향으로 코를 만들어가며 짜인다. 한 올이 뜯기는 만큼 조직이 풀리는 단점이 있다.
　└ 경편성물 : 트리코(tricot)로 많이 알려진 직물로, 여러 올의 경사가 지그재그로 고리를 만들어가며 짜이는 형태이다. 안감이나 기능성 의복에 많이 쓰인다.

🔲 안감 종류

· 안감을 선택할 때는 겉감의 성질과 같은 것으로 선택한다.
· plain(평직) – 특별한 특징이 없는 원단에 많이 사용한다.
· twill(능직) – 비교적 고급 원단의 안감으로 사용한다.
· tricot(경편성물) – 겉감이 스트레치일 경우 사용한다.
· mesh(망사) – 신축성이 좋은 mesh는 블라우스, 바지, 안감으로 사용하며, 사이즈를 작게 해서 착용 시 인체를 조여 주는 역할을 하기도 한다. 기능성 의류

로서, 운동복 등 몸에 달라붙지 않는 의류를 제작할 목적으로 사용한다.
· stretch(스트레치) – 겉감이 스트레치일 경우 안감도 같은 성질로서, 겉감의 신축에 반응하도록 사용한다.

안 감

종 류	재 료	넓 이(inch)	넓 이(cm)	기 타
평 직	폴리에스테르	44" 48" 60"	111.76" 121.92" 152.4"	
능 직		48" 60"	121.92" 152.4"	
경편성물		60"	152.4"	
망 사		60"	152.4"	
스트레치	폴리에스테르, 우레탄	44" 48"	111.76" 121.92"	
	레이온			고급 소재에 적용
	아세테이트			
주머니감	T/C 186t			

좋은 안감의 특징

· 얇아야 하며, 겉감에 영향을 주지 않고 착용감이 좋아야 한다.
· 정전기 발생이 없어야 한다.
· 표면이 매끄러워야 하며, 입고 벗을 때 속옷과의 마찰이 없어야 한다.
· 마찰에 강해야 하며, 밑단, 소맷단, 진동 등이 쉽게 마모되지 않아야 한다.

스커트 안감

안감을 넣는 목적과 안감이 필요한 경우

· 형태를 안정시키기 위해서 안감을 넣는다.
· 모직류 원단은 표면이 거칠어서 안감을 넣어 착용감을 부드럽게 하고, 원단 자체를 보호하는 역할도 함께 한다.
· 겉감이 얇아서 겉으로 비치는 것을 방지하기 위해 안감을 넣는다.
· 겉감이 몸에 달라붙지 않을 목적으로 넣는다.
· 속옷과의 마찰로 인한 정전기 발생을 방지한다.
· 동절기용은 대부분 안감을 넣는다.
· 하절기용은 겉으로 비치는 경우가 아니면 안감을 넣지 않는다.
· 신축성을 필요로 하는 원단으로서 안감이 필요하다면, 그 원단과 같은 소재의 신축성을 지닌 안감을 사용한다.

심지 종류

모 심지

· 재킷 코트의 앞가슴 부위에 사용하며, 동물의 털을 섞어서 만든다. 자연적인 단백질 섬유이며, 두껍고 매우 거칠다.
· 모 심지는 사용하기 전 물에 담가 수축 시키고 건조한 후 사용한다. 작업 방법이 까다롭고 숙련된 기능자가 아니면 다루기 힘들다. 제작 방법에는 접착과 비접착이 있다.

트리코트 심지(FUSIBLE INTERLINING)

신축성이 뛰어난 스트레치 원단에 사용한다.

부직포 심지(FUSIBLE INTERLINING)

'종이 심지'라고 하며, 현재 가장 많이 사용하는 부직포 심지는 접착용과 비접착용이 있다. 작업물의 형태를 안정시키는 것을 목적으로 사용하고, 작업을 원활하게 하기 위해서 필요하다.

심지 선택 요령
- 작업물이 두꺼우면 심지도 두꺼운 것을 선택하고, 원단이 얇으면 심지도 얇은 것을 선택한다.
- 접착액의 알맹이가 고운 것은 얇은 원단에 적합하고, 표면이 푸석푸석하고 거친 원단에는 접착액의 알맹이가 굵은 것이 잘 붙는다.

심지 접착 요령

휴징 프레스를 사용하면 모든 조건을 맞출 수 있으나 다리미로 붙일 경우 120°정도의 온도에서 약간 힘을 주어 붙이며, 다리미를 밀지 않아야 한다.
심지 붙일 때 다리미 바닥에 끼우는 테플론을 사용하면 접착액이 달라붙는 현상을 방지할 수 있다.

심 지

종류	재료	넓이(inch)	넓이(cm)	기 타
모 심지	단백질	44" 48" 60"	111.76" 121.92" 152.4"	
트리코트 심지	stretch 전용의 폴리에스테르	48" 60"	121.92" 152.4"	
부직포 심지		60"	152.4"	
	우레탄	44" 48"	111.76" 121.92"	
	레이온			고급 소재 적용
	아세테이트			

🔵 심지의 선택

얇은 테이프(아사) 심지

얇은 아사 심지의 길이 방향을 10mm 넓이로 자른 것으로, 블라우스 목선, 암홀, 어깨, 바지의 허릿단 등에 붙여 사용한다.

바이어스테이프(아사) 심지

· 얇은 아사 심지의 바이어스 방향을 10mm 넓이로 자른 것으로, 블라우스 목선, 암홀, 어깨, 바지의 허릿단 등에 사용한다.

· 약간 두꺼운 면테이프 길이 방향과 바이어스 방향 두 가지가 있으며, 재킷, 코트, 바지 허릿단 등에 사용한다. 규격은 아사 테이프와 같다.

· 심지를 길이 방향이나 바이어스 방향으로 필요한 넓이대로 잘라서 사용해도 된다.

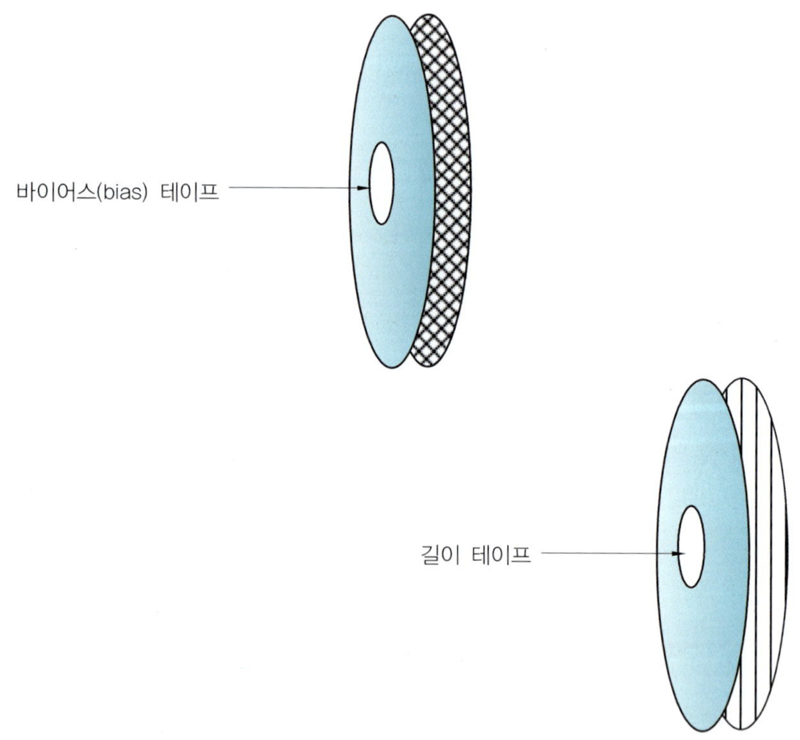

심지 붙이기

　열에 의한 수축을 하기 때문에 약간씩 심지를 안으로 밀어 넣으면서 붙이는 것이 중요하다. 여유 없이 심지를 붙이면 심지가 수축을 하면서 겉감을 오그라들게 만들기 때문이다. 온도가 너무 낮으면 식은 다음에 다시 떨어지는 '버블링(bubbling)' 현상이 발생한다. 다리미의 온도가 너무 높으면 접착액이 녹아 없어지고 붙지 않게 된다.

　심지의 외곽선이 원단의 외곽선 밖으로 나가면 심지에 묻어 있는 접착액에 의해서 오염이 발생하고, 정확한 시접을 확인하는 데 방해가 되므로 겉감보다 길이와 폭을 $0.3175cm(\frac{1}{8}")$ 정도 작게 심지 패턴을 제도한다.

　심지의 결 방향은 특별한 의도가 없는 한 제도된 몸판의 결 방향과 같게 한다.

· 다리미를 밀지 않고 들었다 놓았다 하면서 심지를 붙인다.
· 다리미를 누르는 압력은 3~4kg 정도가 되게 한다.
· 한 번 다리미를 누를 때 시간은 5~10초 정도 소요한다.
· 접착 심지를 붙이는 온도 대략 120°가 되게 한다.

단추의 크기를 (L & mm) 로 표시할 때 환산하는 방법은 다음과 같다.

· 1 LINE = 0.635mm

· 13L×0.635=8.255mm

· 8.255mm÷0.635=13L

실물 크기와 같은 단추의 모양

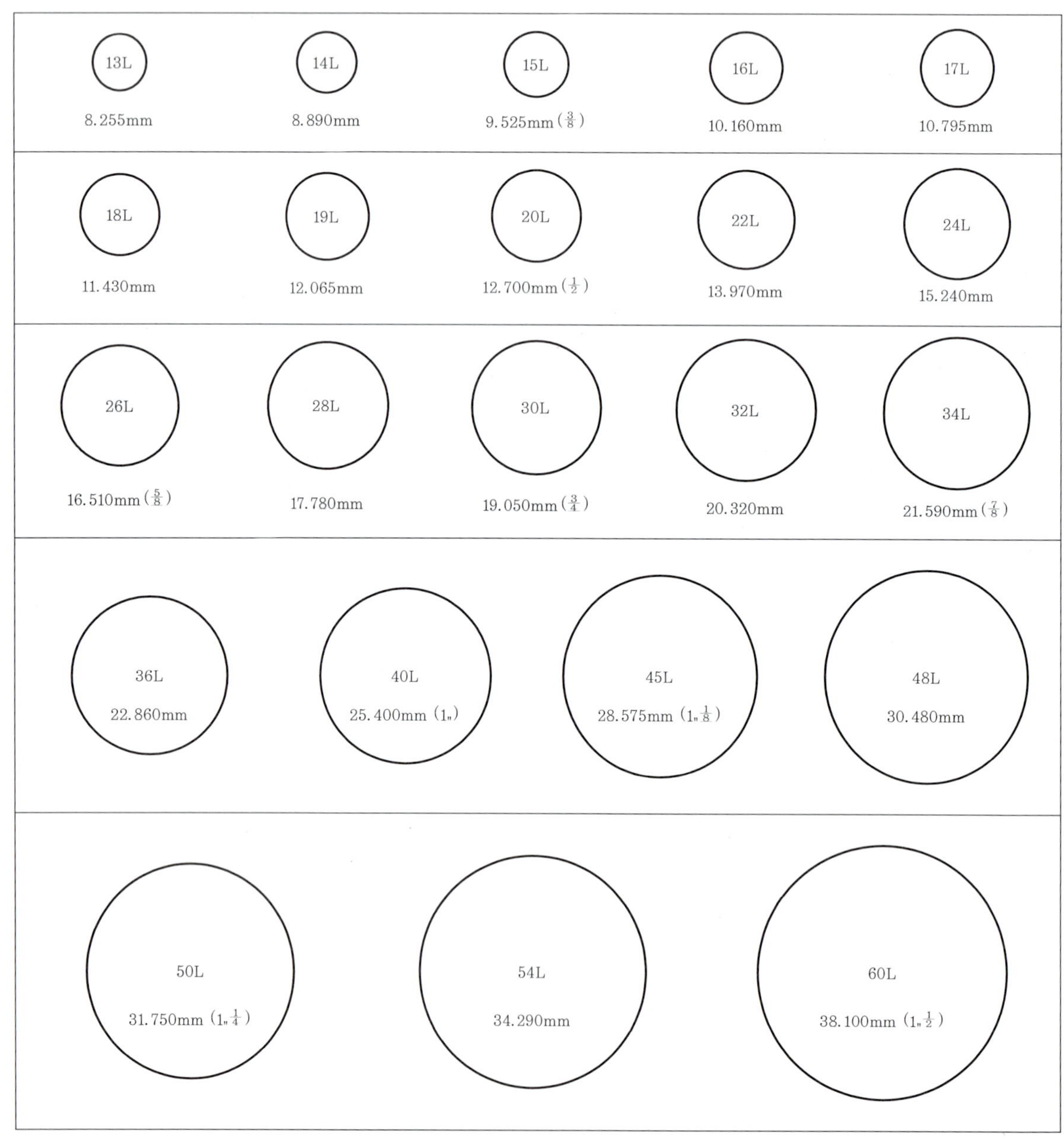

· 지퍼의 체인이나 코일은 금속 또는 폴리에스테르 나일론수지의 재질로 만들어지며, 모든 의류에 사용한다. 일반적으로 금속의 체인으로 만들어진 지퍼는 두꺼운 소재에 알맞고, 수지 코일은 얇은 원단에 적합하다.

· 지퍼 테이프는 겉감보다 부드러운 것이 좋다.

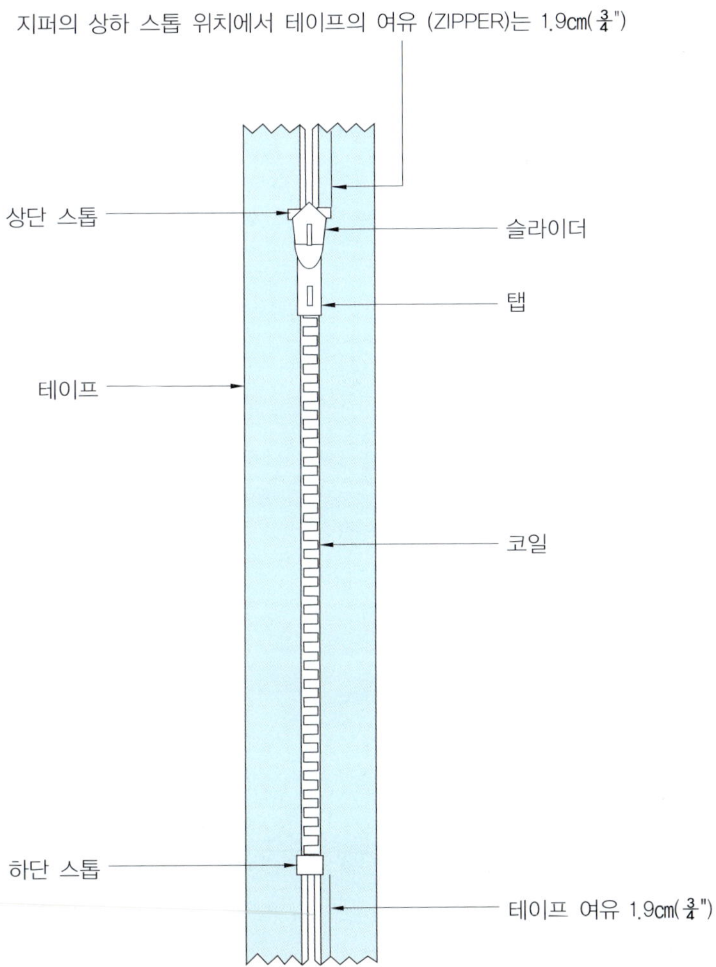

🔷 콘솔지퍼

· 콘솔지퍼(invisible zipper)는 스커트, 원피스 등에 주로 사용하고, 지퍼를 올렸을 때 겉에서 보이지 않는 것이 특징으로, 지퍼의 탭만이 겉으로 보인다.
· 콘솔지퍼 슬라이더가 멈추어야 할 부분은 녹여서 고착한다.

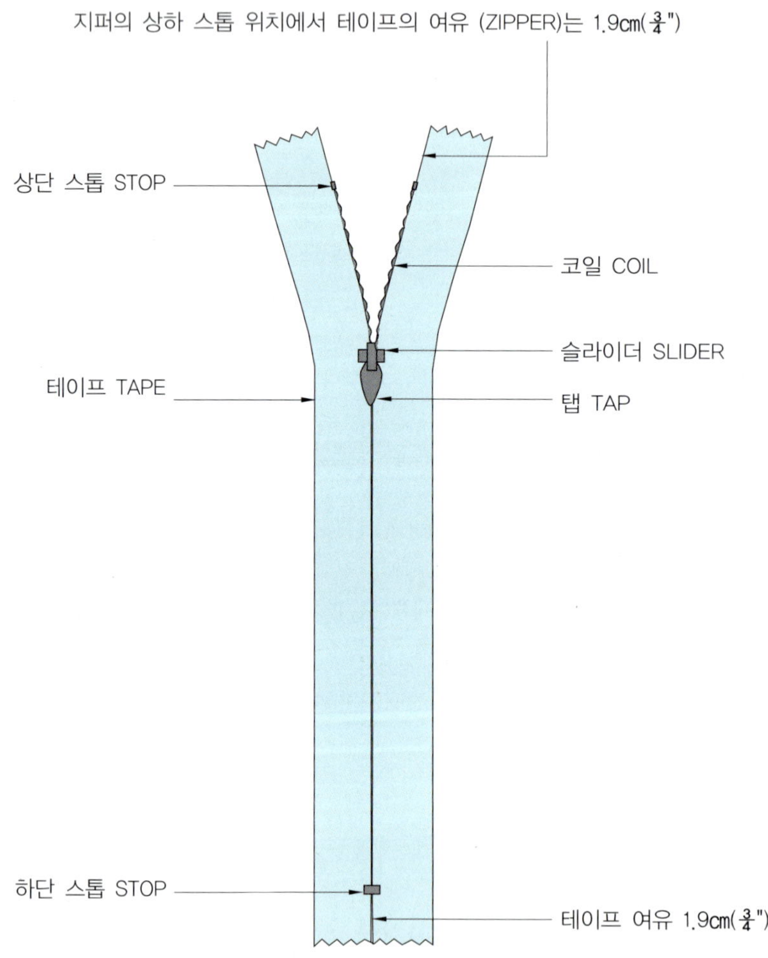

· 지퍼의 완성 길이가 18cm(7")라면, 지퍼는 반드시 20.32cm 2.5cm(1") 정도 길이어야 한다.
· 콘솔지퍼용 노루발을 사용한다.
　－ 노루발의 가운데 홈이 파인 형태로 슬라이더를 일으켜 세우면서 박음질한다.
　－ 외노루발로 왼쪽이 없는 것을 사용한다(지퍼의 슬라이더를 다림질해서 접혀있는 체인 부분을 펴야 한다).
· 콘솔지퍼의 경우 보통 체인에서 0.1cm 정도 지퍼 테이프 쪽으로 떨어지게 박음질을 한다. 체인과 약간 떨어지지 않으면 슬라이더를 움직일 때 체인이 손상된다.
· 원단이 두꺼우면 두께만큼 체인에서 떨어지게 박음질한다. 원단이 얇으면 역시 얇은 원단의 두께만큼 조금 체인에서 떨어지게 박음질한다.

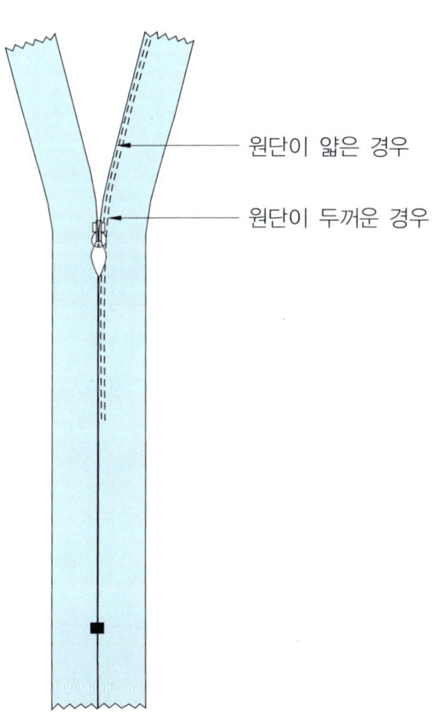

소요량(yield)이란, 옷을 하나 만들 때 원단, 안감, 심지, 실 등이 얼마나 필요할지 계산하는 것을 말한다.

소요량 산출 방법(cm → m)

소요량 계산 : 필요한 길이가 106.9975cm이면

106.9975÷100＝1.0699975m

(1m는 100cm이므로 100으로 나눈다.)

소요량 산출 방법(inch → yard)

소요량 계산 : 필요한 길이가 42"이면

42÷36＝1.166yd

(1yd는 36inch이므로 36으로 나눈다.)

원단 폭이 다른 경우 계산법

원단 폭(59")에서 1.17yd의 원단이 필요한 것으로 소요량이 나왔으나 최종 구입하고자 하는 원단의 폭이 47"라면 추가되는 소요량을 다시 계산해야 한다.

(59")에서 (47") 폭으로 바꾸기 계산식

> 처음 소요량×가상 넓이÷새로운 넓이＝새로운 소요량＋여유분＝최종 소요량

1.17×59÷47＝1.468＋여유 20%＝1.765yd

1.17yd에서 1.76yd로 소요량이 늘어난 것을 알 수 있다.

준비물

제도된 패턴

원단 패턴, 안감 패턴, 심지 패턴

재료의 폭

원단 넓이 : 91.44cm(36"), 111.76cm(44"), 142.24cm(56"), 147.32cm(58"), 152.4cm(60")

안감 넓이 : 91.44cm(36"), 111.76cm(44"), 142.24cm(56"), 147.32cm(58"), 152.4cm(60")

심지 넓이 : 91.44cm(36"), 111.76cm(44"), 142.24cm(56"), 147.32cm(58"), 152.4cm(60")

옷본 넣기

겉감, 안감, 심지

·구입하려는 원자재의 넓이를 정확하게 알 수 없을 때 위의 원단 폭 실선 표시를 선택하

여 옷본을 넣어 소요량을 계산하고, 구입 과정에서 폭이 달라진다면 소요량의 폭을 바꾸는 계산법으로 다시 소요량을 계산한다.

· 연습으로 작업을 할 경우에 작업 과정 중에 부속을 다시 재단하는 경우가 발생하므로 소요량 대비 20% 이상을 소요량에 추가하여야 한다.

· 원단의 넓이는 식서 부분까지의 넓이이고, 재단하기 위해서는 식서 부분을 사용할 수가 없으므로 원단의 폭에서 2.5cm(1") 정도를 빼고 패턴을 배치한다.

· 원단의 폭에서 2.5cm(1") 공제한 넓이를 작업대 위에 표시하거나 종이 위에 표시하고 완성된 옷본을 배치한 후에 총 길이를 확인한다.

겉감

소요량 산출(cm → m)

　소요량 계산 : 필요한 길이 76.2cm÷100 = 0.762m

소요량 산출(inch → yd)

　소요량 계산 : 필요한 길이 30" Inch÷36 = 0.83yd

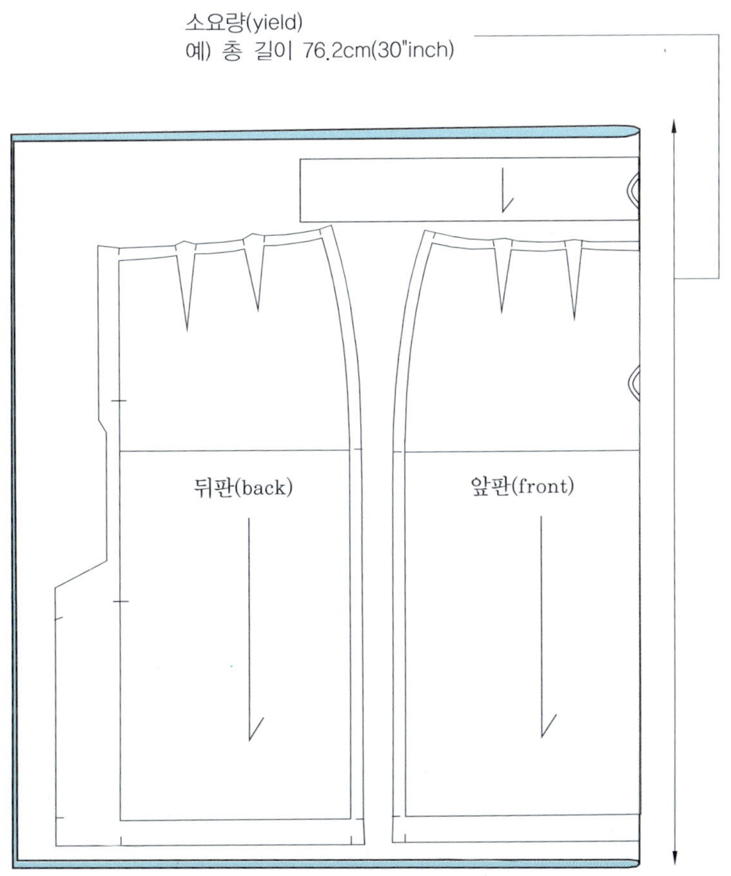

소요량 산출(cm → m)

　　소요량 계산 : 필요한 길이 96.52cm÷100 = 0.66m

소요량 산출(inch → yd)

　　소요량 계산 : 필요한 길이 38"Inch÷36 = 0.694yd

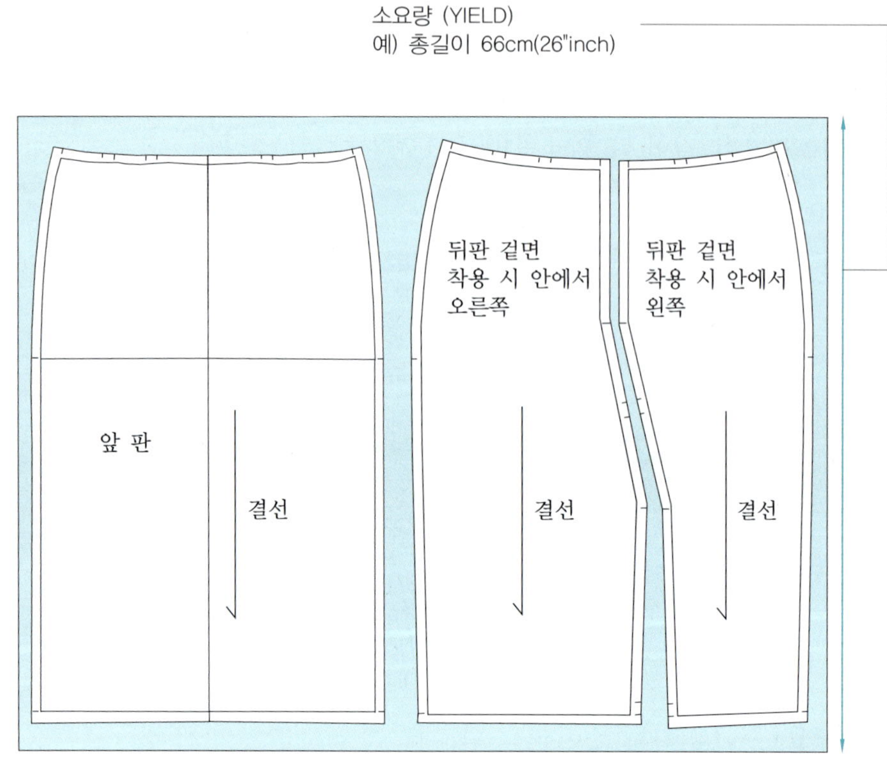

소요량 산출(cm ⟶ m)

　소요량 계산 : 필요한 길이 76.2cm÷100＝0.762meter

소요량 산출(inch ⟶ yd)

　소요량 계산 : 필요한 길이 30"lnch÷36＝0.83yd

　1yd 심지 소요량으로 8pcs 정도 작업할 수 있으나, 1pcs만 제작한다면 가장 길이가 긴 허릿단을 기준으로 소요량을 계산해야 하므로 아래와 같은 소요량이 계산된다.

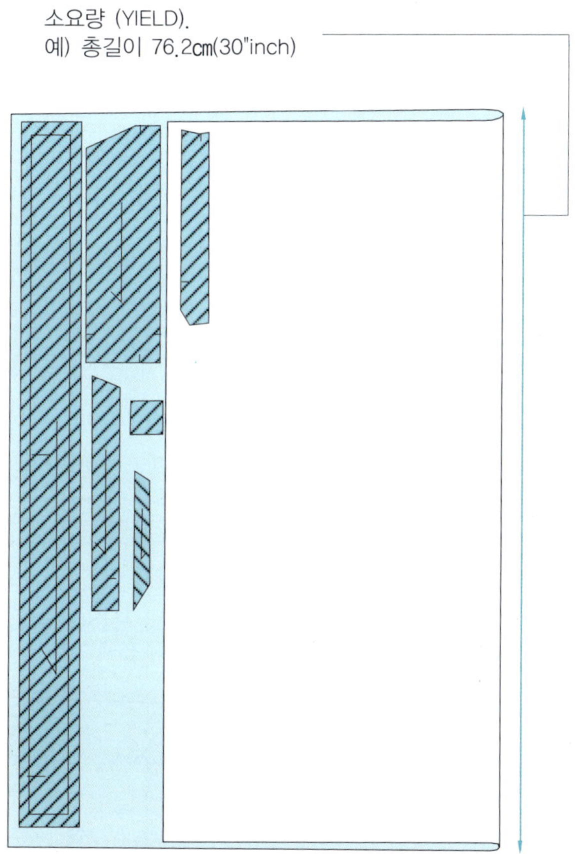

· 바이어스(bias)란 원단 또는 안감의 가로 세로선의 중심을 사선으로 정확하게 가로지르는 선을 말한다(그림 참조). 바이어스로 커팅할 경우에는 정확하게 사선으로 잘라야 하며, 조금만 빗나가게 되면 박음질을 할 때 바이어스가 꼬이게 된다.

· 박음질이 끝냈을 때 바이어스가 꼬이는 현상은 다음과 같다.
  - 바이어스 결이 정확하지 않았을 때
  - 바이어스는 약간 당겨지면서 박음질되는 것이 중요한데, 그렇게 되지 않았을 때
  - 겉감을 감싸지 않은 여유있는 상태가 아니었을 때

· 바이어스 박음질 상태가 나쁘다면 위와 같은 문제를 확인한다.

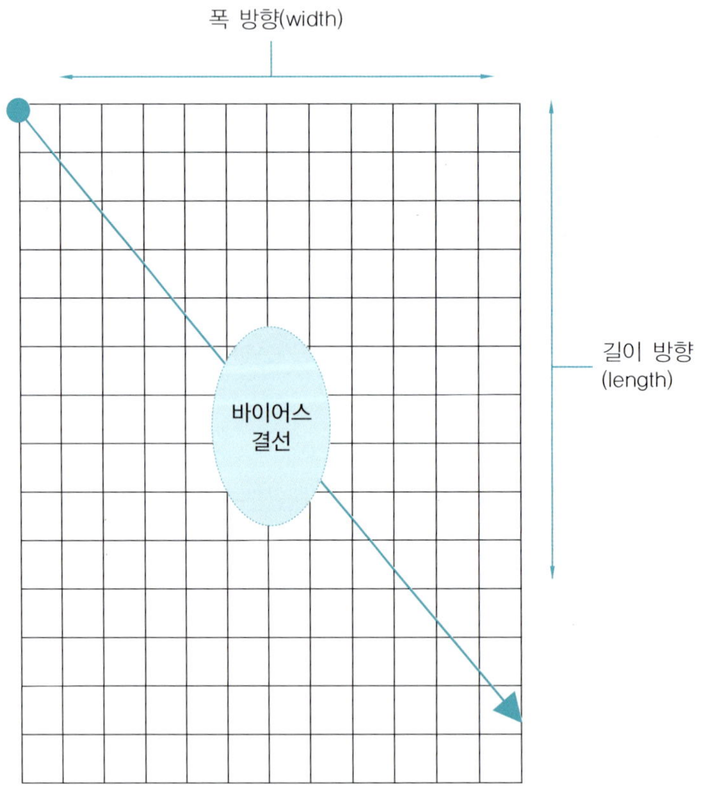

🔖 바이어스 소요량

· 스커트 제작에서 바이어스가 필요한 부분은 허릿단 안쪽을 바이어스로 처리한다.
· 밑단을 고급스럽게 처리하기 위해서 바이어스로 처리한다.
· 바이어스는 모든 의류에서 사용하므로 소요량을 산출하는 방법을 정확하게 알아두면 여러 가지 이용 가치가 있다.
· 바이어스 필요량은 원단 소요량 방법과 매우 다르다. 그 이유는 그림으로 설명한 바와 같이 커팅하는 결선이 다르고, 바이어스 커팅 제작 과정이 특이하기 때문이다.

참고 바이어스를 커팅하는 과정에서 첫 부분과 마지막 남는 부분을 사용할 수 없기 때문에 소요량을 계산 할 때 자르는 원단이나 안감의 폭에서 반드시 15.24cm (6")를 먼저 공제해야한다.

바이어스 소요량 계산식

① 원단 넓이 58"−6"÷커팅 넓이 1" = 52"(1yd를 1"넓이로 커트했을 때 얻을 수 있는 총길이)
② 사용 길이 40"÷36 = 1.111÷52" = 0.0213yd 필요한 소요량

예 원단 넓이가 147.3cm(58')이고 사용 길이가 101.6cm(40') 커팅 넓이가 2.5cm(1')일 경우 필요한 소요량

미터

수량	원단 넓이(−) 15.24cm		사용 길이	커팅 넓이	1m 커팅길이	net Yield	여유 %	total Yield 총 필요량
1pcs	147.32cm	132.08cm	101.6cm	2.54cm	132.08cm	0.0194m	10%	0.02148m

야드

수량	원단 넓이(−) 6"inch		사용 길이	커팅 넓이	1yd 커팅길이	net Yield	여유 %	total Yield 총 필요량
1pcs	58"	52"	40"	1	52yd	0.0213yd	10%	0.0235yd

132.08cm(52") 라는 수치는 147.32cm (58")의 폭에서 1yd를 2.5cm(1') 넓이로 커팅했을 경우 52yd 길이를 얻을 수 있다는 뜻이다. 실제 1yd를 2.5cm(1') 넓이로 커팅했을 경우 58yd의 길이가 나오며, 길이가 아주 짧은 것은 사용할 수가 없으므로 6yd 길이에 해당하는 것은 계산에 넣지 않는다.

수량이 많을 때는 여유량을 10% 정도로 하고, 수량이 적은 경우 여유량을 20% 정도로 한다.

예 원단 넓이가 147.32cm(58')이고, 커팅 넓이가 23.81cm(1'½)일 경우 87.884cm (34.6yd)의 길이를 얻을 수 있고, 필요한 바이어스 넓이가 23.81cm(1'½)이고, 필요한 바이어스 길이가 101.6cm (40")이라면 소요량은 0.032yd가 된다.

바이어스 소요량 계산은 실전 부록에서 더욱 자세하게 다룰 예정이다.

· 아래 도표는 1 야드를 가지고 각 필요한 넓이대로 커트 하였을 때 얻을 수 있는 총 길이이다.
· 원단 또는 안감의 폭이 58 "이며 커트 넓이가 1"일 경우 총 52야드의 길이를 얻게 된다.

1yd를 가지고 바이어스를 커팅했을 때 넓이별 바이어스 길이

CUT넓이	원단 넓이										
	36"	38"	39"	42"	45"	48"	50"	52"	54"	56"	58"
1/2	62	66	68	74	80	84	88	92	96	100	104
5/8	50	55	56	60	64	68	72	75	78	81	84
3/4	38	40	41	44	48	51	53	56	59	62	65
7/8	35	37	38	41	44	47	49	51	53	55	57
15/16	32	34	35	38	40	42	44	46	48	50	52
1	31	33	35	38	40	42	44	46	48	50	52
1 1/16	29	31	33	34	36	38	40	42	44	46	48
1 1/8	28	29	31	33	35	37	39	41	43	45	47
1 1/4	26	27	27	29	31	33	35	37	39	41	43
1 3/8	24	25	25	27	29	31	33	35	37	39	41
1 1/2	21	22	22	24	26	28	30	31	32	33	34
1 5/8	19	21	21	23	25	27	28	29	30	31	32
1 3/4	18	19	19	21	23	25	26	27	28	29	30
1 7/8	16	17	17	19	21	23	24	25	26	27	28
2	16	17	17	18	20	21	22	23	24	25	26
2 1/8	15	15	15	16	18	19	20	21	22	23	24
2 1/4	14	15	15	16	17	19	20	20	21	22	23
2 3/8	13	14	14	15	16	17	18	19	20	21	21
2 1/2	12	13	14	15	16	17	18	19	20	20	21
2 5/8	12	13	13	15	15	16	18	19	19	20	20
2 3/4	11	12	12	14	14	15	16	17	17	18	18
2 7/8	11	12	12	13	14	15	15	16	16	17	17
3	10	11	11	12	13	14	14	15	16	17	17

· 결선이란 패턴이 여러 조각으로 나뉘어도 원단의 길이 방향에 놓이도록 중심선을 설정해 주는 것(결은 원단의 길이 방향이고, 선은 패턴의 중심선이다.)이다.
· 중심선이 결선의 기준이 되며 여러 조각으로 패턴이 나뉘어도 결선은 특별한 이유로 변경하지 않는 한 바뀌지 않는다.
· 몸판의 조각이 여러 개로 나뉘어도 수직선을 기준으로 위에서 밑에까지 변함없이 같은 넓이를 유지하는 것이 결선이다.
· 분리된 조각들이 흐트러져 있어도 재단할 때 결선을 맞추므로 합복 부위를 맞추면 모두 같은 방향이 된다.
· 원단의 폭 방향과 길이 방향의 성질이 서로 달라서 합복 부위의 안정도가 떨어지고 색감이 다르게 보이기 때문에 결선을 모두 길이 방향에 맞춘다.
· 힘을 많이 받는 허릿단은 합복했을 때 결선과 상관없이 원단의 길이 방향으로 결선을 정한다.

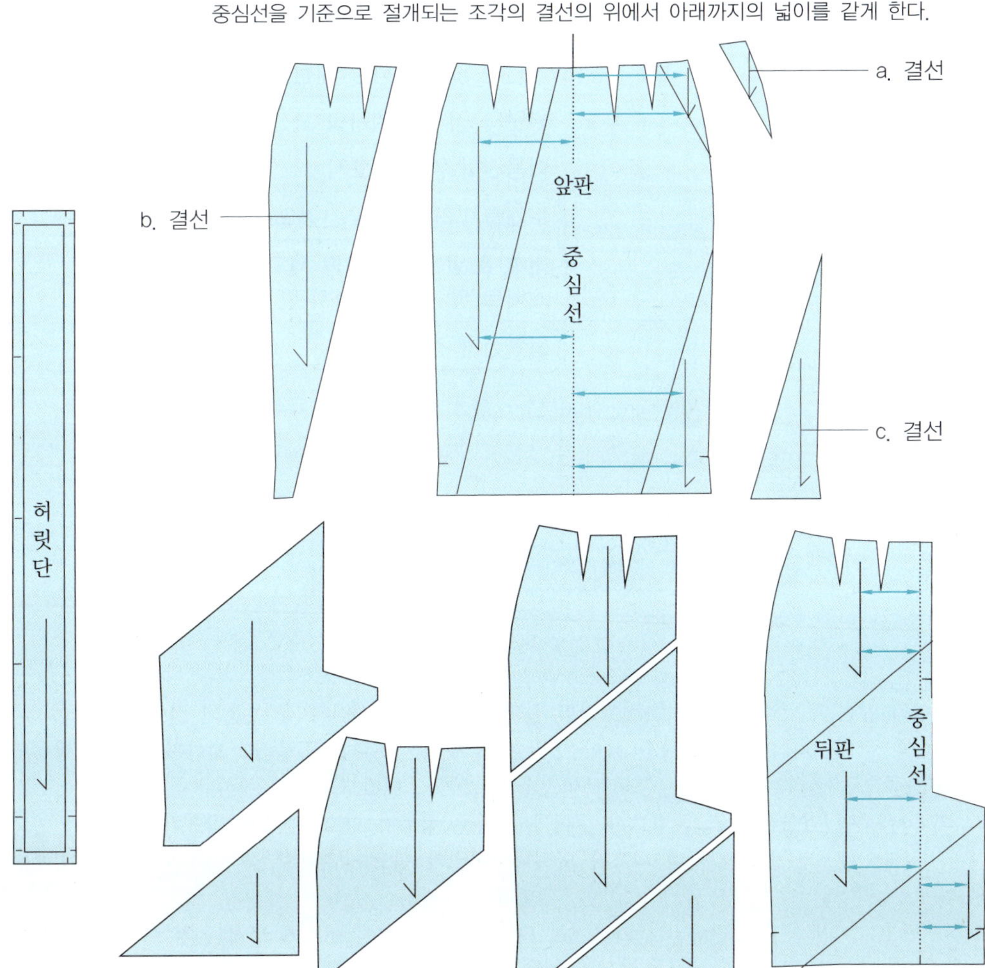

패턴 제도용으로 알아두어야 할 기호

① 길이의 차이가 없을 때 노치 표시의 간격이나 위치를 보고 합복선을 찾는다.

② 주머니 위치 다트 위치 등 패턴의 가운데 들어가는 위치를 표시할 때 십자 표시를 한다.

④ 바이어스로 재단하는 경우 패턴에 표시를 한다.

⑤ 패턴을 반으로 접어서 제도하고, 재단 시에는 펴서 재단할 필요가 있을 때 곬선 표시를 한다.

⑥ 몸판의 조각이 서로 비슷한 경우가 노치 표시를 보고 앞판과 뒤판을 구분한다.

아래 기호는 제도 과정에서 반드시 표시를 해야 하며, 봉제 준비 과정이나 박음질 과정에서 표시된 노치의 위치를 보고 합복 부위를 찾을 수 있다.

위치	기호	용도
합복 노치(NOCH) 표시	—	조각과 조각을 맞추는 합복 표시
위치 표시	+	주머니, 다트 등의 위치 표시
결선 표시	↓	원단의 길이 방향을 패턴에 표시
바이어스(Bias) 표시	×	원단의 경사와 위사의 사선 방향 표시
곬선 표시	》	이음선이 없다는 표시
뒤판 노치표시	=	두개를 1.27cm($\frac{1}{2}$") 간격으로 나란히 넣어서 표시
이즈(ease) 홈질	∿	어깨 & 앞 뒤 옆 몸판 제도 시에 표시 스커트 앞 몸판 & 바지 앞 몸판 등에 표시
90° 표시	L	합복선의 각도를 표시

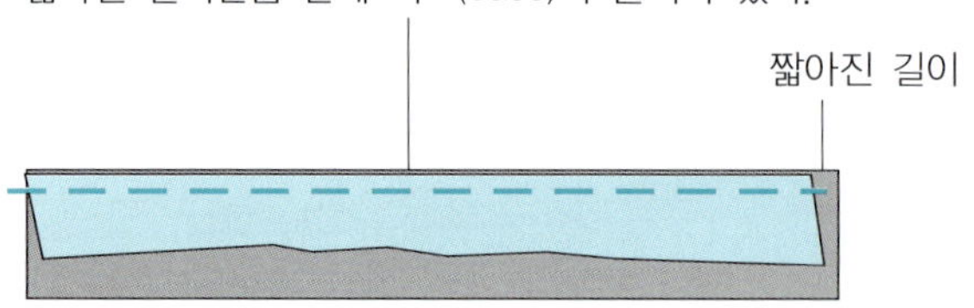

이즈(ease)?

길이가 같은 두 개의 천을 박음질했다면 길이가 같으므로 시작과 끝 부분의 길이가 같아야한다.

그림과 같이 한쪽이 짧아졌다면 짧아진 만큼의 치수는 어디로 갔을까? 짧아진 길이는 박음질 과정에서 안쪽으로 밀려들어가 있는 상태로 이것을 '이즈가 들어갔다'라고 표현한다.

의복 제작에 있어서 이즈가 반드시 들어가야 하는 경우가 있고, 절대로 이즈가 들어가면 안되는 경우가 있다. 이즈가 필요한 곳에 이즈가 없거나, 이즈가 필요 없는 부위에 이즈가 들어가 있으면 불량이다.

※ 참고: '이세'라고 표현하는 나라도 있으나, 이것은 영어의 이즈가 변형된 것이다.

· 노치는 시접 봉제에 있어서 방향과 박음질 넓이와 위치를 알려주는 대단히 중요한 표시로서 나침판과 같은 역할이라고 할 수 있다.

· 시접 봉제에 있어서 노치 표시는 좌표와 같은 역할을 하며, 특히 제도와 재단 박음질하는 사람이 모두 다를 경우 노치 표시를 보고 짝수를 맞추고 합복하는 위치를 찾으며, 앞 뒤판이 비슷한 경우 노치 표시를 보고 앞뒤를 구분한다.

· 노치 표시는 가위집을 넣을 때 깊게 넣으면 불량으로 발전할 수 있고, 얕으면 보이지 않으므로 노치 깊이가 0.3175cm($\frac{1}{8}$")을 넘지 않도록 한다.

· 노치를 정확하게 넣으려면 가위 끝이 잘 들어야 한다.

· 노치 표시는 시접의 가장자리에만 넣는다.

· 뒤판은 항상 1.27cm($\frac{1}{2}$') 간격으로 두 개를 나란히 넣어서 표시한다.

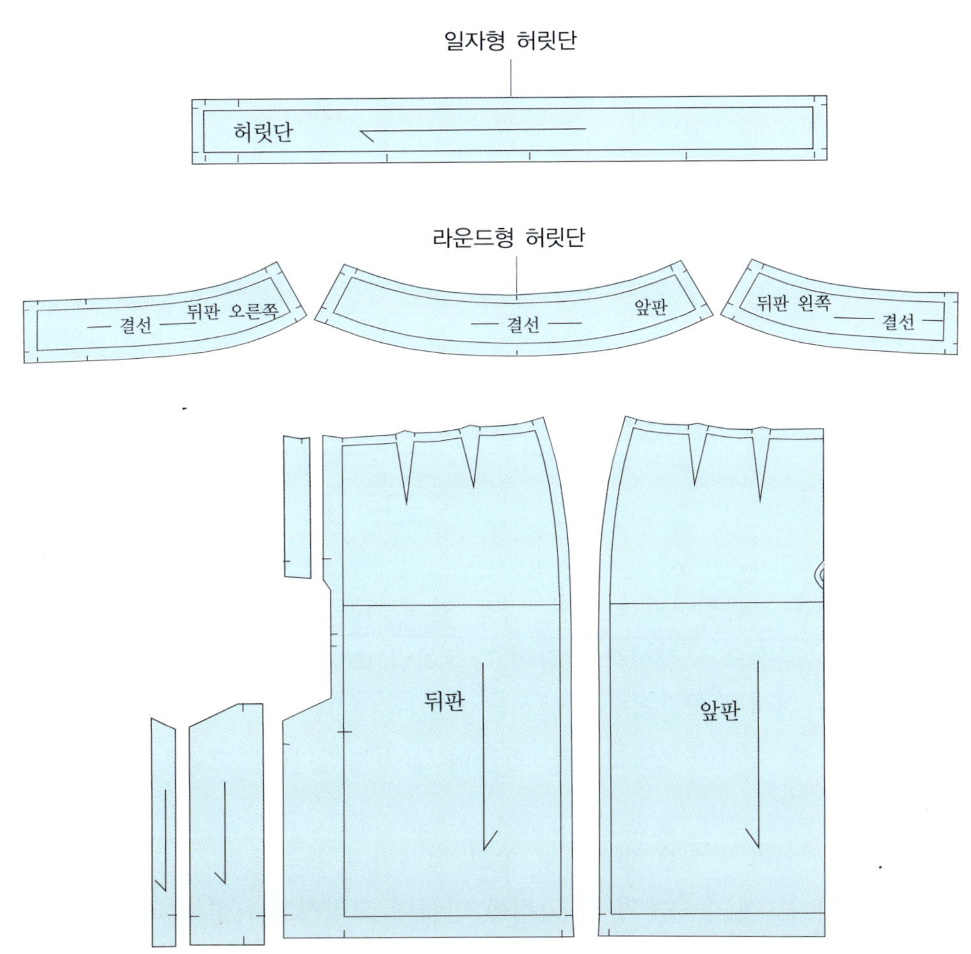

겉감

- 앞판의 다트는 왼쪽에 있는 것과 오른쪽에 있는 것이 속에서 서로 마주보는 형태이어야 한다.
- 뒤판의 다트는 왼쪽에 있는 것과 오른쪽에 있는 것이 속에서 서로 마주보는 형태이어야 한다.
- 앞 중심에 양면 지퍼를 달 경우 위에서 눌러 박음질하는 (j) 스티치의 방향은 정면에서 보았을 때 왼쪽이어야 한다.
- 뒤 중심에 양면 지퍼를 달 경우 위에서 눌러 박음질하는 (j) 스티치의 방향은 뒤에서 보았을 때 왼쪽이어야 한다.
- 옆 솔기에 지퍼를 달 경우 옷을 입었을 때 왼쪽이어야 한다.
- 뒤트임이 있는 경우 겹치는 방향은 뒤에서 보았을 때 밑에 있는 것이 왼쪽을 향하게 놓여야한다.
- 옆 솔기 시접을 가름질하지 않을 경우 뒤쪽으로 보낸다.

단추

- 앞 중심에 단추가 있을 경우 단춧구멍을 뚫는 위치는 정면에서 보았을 때 왼쪽이어야 한다.
- 뒤 중심에 단추가 있을 경우 단춧구멍을 뚫는 위치는 뒤에서 보았을 때 왼쪽이어야 한다.

안감

- 안감은 시접을 가름질하지 않으며, 양쪽 옆 솔기를 뒤쪽으로 모두 뉘어 준다
- 안감 다트는 주름으로 접어서 겉감의 다트처럼 속면이 서로 마주보게 처리한다.
- 밑단 안감을 접어서 박음질하는 넓이는 $1.27cm(\frac{1}{2}')$이다.
- 밑단 양쪽 옆 솔기에 실 고리를 만들어 고정시킨다(실 고리 길이 $3.81cm(1"\frac{1}{2})$ 정도).
- 안감이 있고 지퍼 부위를 합복하지 않고 떨어지게 처리할 경우 양쪽 중간에 하나씩 지퍼 하단에 한 개 총 3개의 실 고리를 만들어 고정시킨다(실 고리 길이 $1.27cm(\frac{1}{2})$ 정도).

심지

① 허릿단에 접착 심지 또는 비접착 심지를 넣는다.

② 지퍼 위치에 심지를 붙인다.

③ 뒤트임 심지를 붙이는 위치는 착용시 왼쪽에 붙인다.

④ 주머니 입구에 심지를 붙인다.

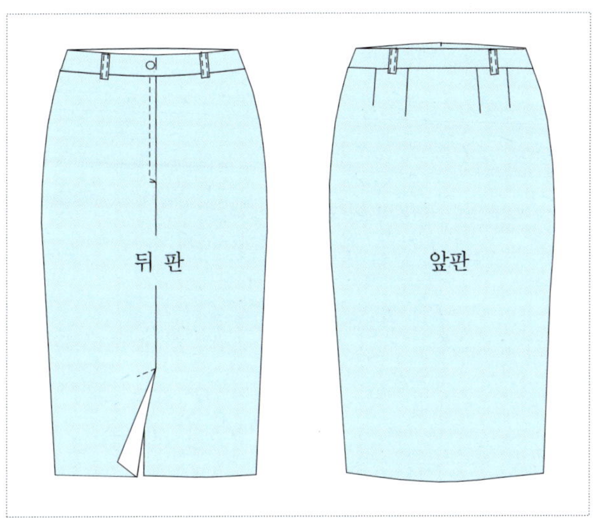

시접을 보내는 방향

· 양쪽 옆 솔기 시접을 가름질하지 않고 함께 오버로크 처리했을 때 시접은 뒤쪽으로 보낸다.

· 앞 중심과 뒤 중심에 합복선이 있고, 시접을 가름질하지 않거나 겉에서 스티치 처리할 때 시접을 보내는 방향은 겉에서 보았을 때 왼쪽이 된다.

· 양쪽 옆 솔기는 항상 뒤쪽으로 보낸다.

· 앞 중심 솔기 겉면에서 보았을 때 왼쪽으로 보낸다.

· 뒤 중심 솔기 겉면에서 보았을 때 왼쪽으로 보낸다.

· 앞 중심에 지퍼가 있을 때 (j) 스티치를 놓은 방향은 겉면에서 보았을 때 왼쪽이 되며, 기획자의 취향이나 의도에 따라서 오른쪽에 놓는 경우도 있다.

· 여성복은 착용 시 오른쪽에 (j) 스티치를 한다.

(아래 그림 참고)

· 아래 그림에서 ①번 앞 정면에서 속면을 보는 형태로서 앞 중심의 (j) 스티치는 오른쪽에 놓고, 뒤 중심 시접은 착용 시 왼쪽으로 향하고 옆 솔기 시접은 뒤판을 마주 보는 형태이다

· ②번 뒤판 속면을 보는 형태로, 앞 중심의 시접이 착용 시 오른쪽으로 향하게 되고 양쪽 옆 솔기는 뒤판으로 향하고 있다.

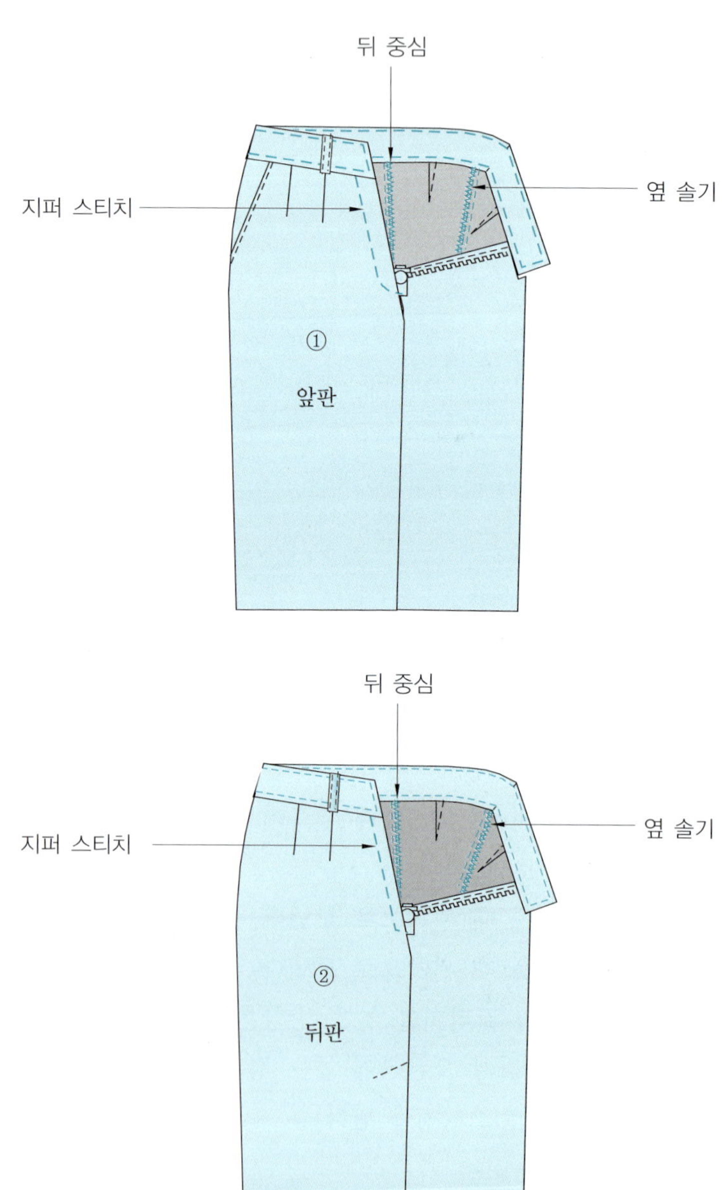

① 다트를 뉘이는 방향은 뒤판은 뒤판끼리 앞판은 앞판끼리 서로 마주보게 한다.
② 앞판과 뒤판의 다트를 뉘이는 방향은 앞 다트는 앞 중심으로 향하게 하고, 뒤 다트는 뒤 중심인 지퍼 쪽을 향하게 한다.

· 뒤판의 트임이 겹치는 시접을 뉘이는 방향은 뒤 정면에서 보았을 때 밑에 있는 쪽이 왼 쪽으로 향하게 한다.
· 뒤 중심의 지퍼를 다는 자리는 시접을 가르게 되며, 지퍼 끝부분부터 시접을 오른쪽으 로 보낸다.

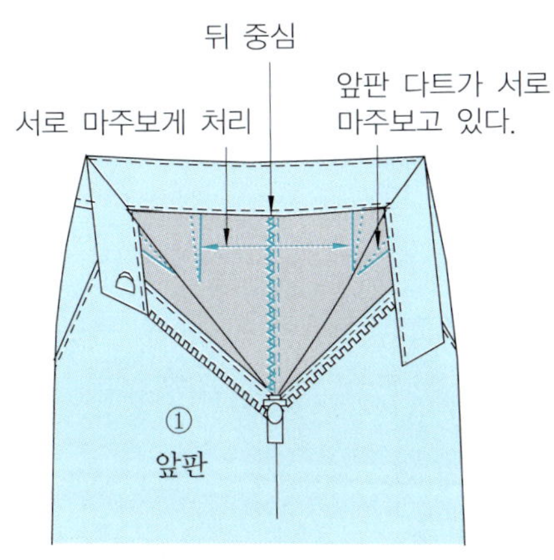

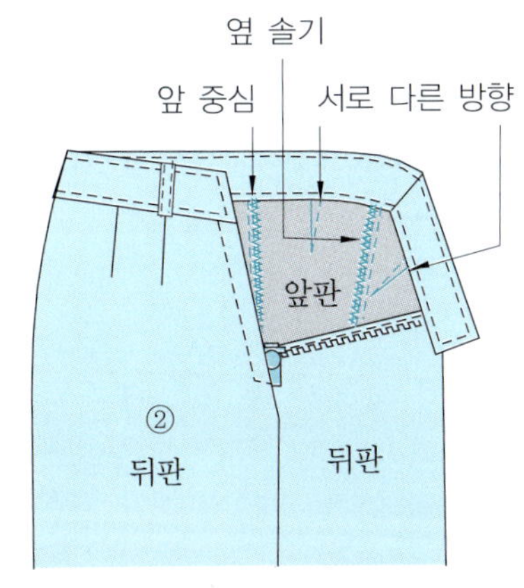

(아래 그림 참고)

· ①번의 경우 4쪽으로 합복을 할 때 한 장의 각도가 90˚가 됨으로써 모두 합복을 하면 360˚가 되어 평면이 완벽하게 형성된다.

· ②번의 경우 3쪽으로 합복을 할 때 한 장의 각도가 120˚가 됨으로써 모두 합복을 하면 360˚가 되어 평면이 완벽하게 형성된다.

· ③번의 경우 8쪽으로 한쪽의 각도는 45˚이므로 모두 합복을 하면 360˚가 되어 평면이 완벽하게 형성된다.

이음선의 각도가 부족하면 부족한 각도만큼 잡아 당기는 현상이 발생하고, 각도가 크면 큰 만큼 밀어내는 현상이 발생하여 튀어나오게 된다. 각도에 대한 이해가 필요한 것은 어깨선과 다트가 있는 허리선, 옆 솔기, 목선 합복선 등이 중요하기 때문이다.

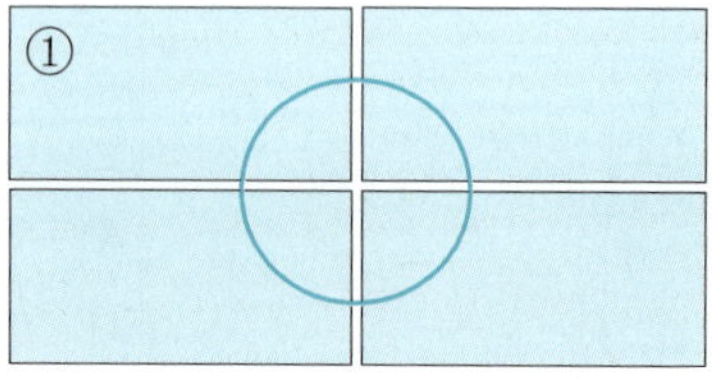

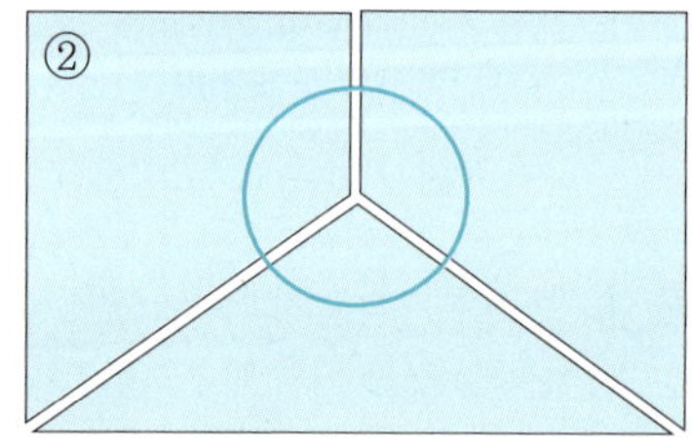

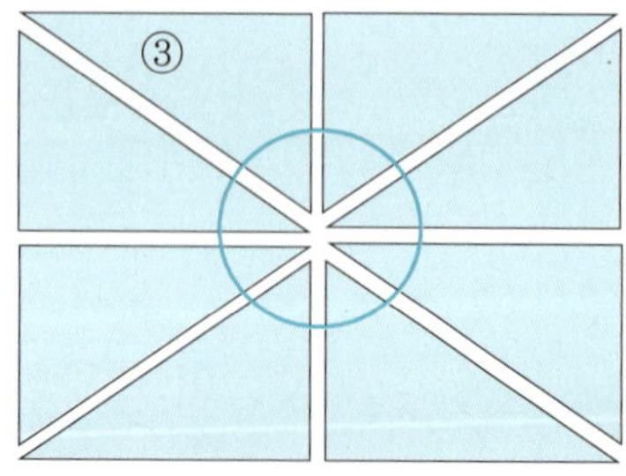

· 다트를 접은 다음 곡자를 놓고 유연하게 선을 수정한다. 종이가 쪼그라들지 않기 때문에
  다트를 접을 때는 약간의 요령이 필요하며, 다트의 끝부분을 눌러서 부채를 펴듯이 접는다.
· 이음선과 이음선은 서로 90°각도가 필요하며, 어느 한쪽이 110°라면, 한쪽은 70°를 유지
  할 때 이음선의 굴곡이 없이 평행선이 된다.

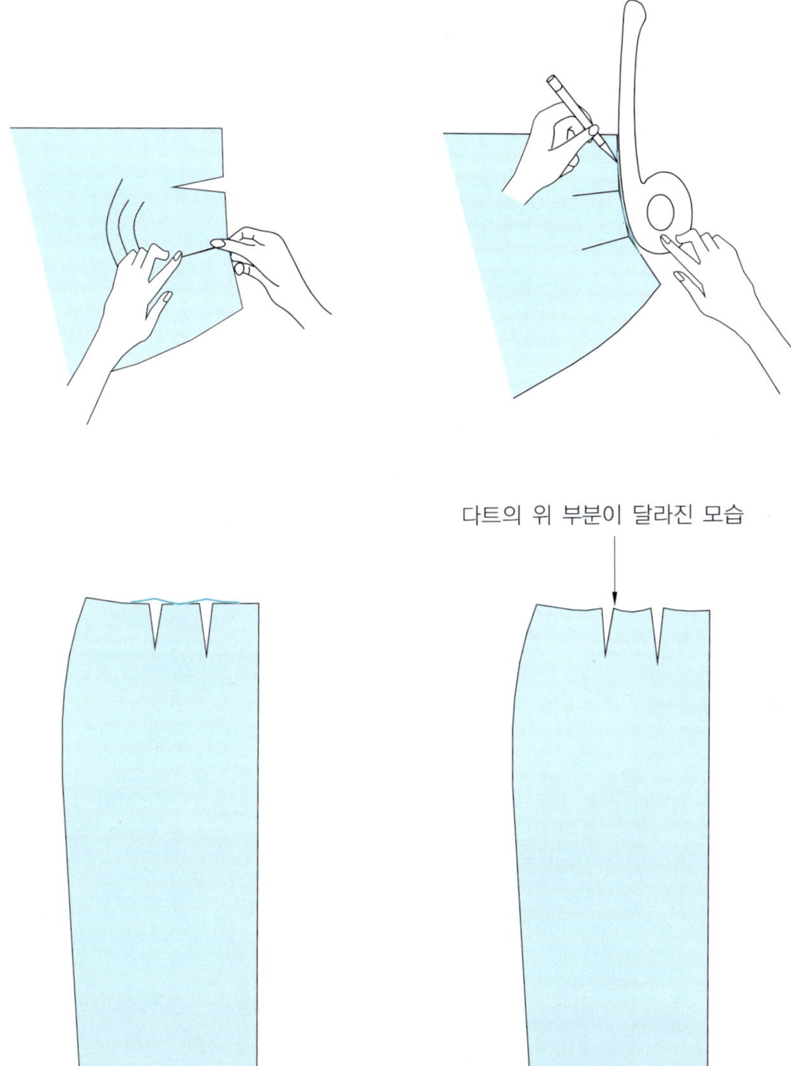

· 각도를 맞추는 부위는 옆 솔기 허리 부분, 밑단 옆 솔기 부분, 다트를 박음질하는 부분 등으로 합복선이 서로 90˚가 되도록 조정해야 하며, 한쪽이 70˚ 정도의 각도로 제도되었다면 합복되는 다른 쪽은 110˚의 각도가 되어야 한다.

· 다트의 경우 같은 쪽에서의 합복으로 각도가 맞지 않으면 박음질 했을 때 다트의 중심 곡선이 유연하지 못하고 각이 지게 된다.

 스커트 디자인 & 제작 실무

원단의 수축률

원단이 줄어드는 수축률을 패턴에 넣어 작업 후에 줄어들면서 본래의 치수를 얻는 방법은 다음과 같다.

- 원단을 가로×세로＝38.1cm(15″) 박음질 또는 초크로 표시하고, 아이론 또는 휴징 프레스에 넣어서 수축률을 확인한다.
- 가로에서 1.27cm($\frac{1}{2}$″) 줄어들고, 세로에서 0.635cm($\frac{1}{4}$″) 수축되었다면 수축률은?
  - 가로 수축률 1.27cm÷38.1cm×100＝3.33%
  - 세로 수축률 0.63cm÷38.1cm×100＝1.7%

수축률을 패턴에 적용하여 치수를 키워주는 계산식

예 허리 71.12cm(28)　　　71.12cm(28)÷100×3.33%＝2.37cm(.0.9375)를 키워주어야 한다.

하동 99.06cm(39)　　　99.06cm(39)÷100×3.33%＝3.3337cm(.1.3125)

밑단둘레 93.98cm(37)　　　93.98cm(37)÷100×3.33%＝3.175cm(1.25)

길이 63.5cm(25)　　　63.5cm(25)÷100×1.7%＝0.7937cm(0.3125)

- 패턴에 적용해서 키워주어야 할 사이즈는 허리 하동 밑단 둘레 등 모두 다르므로 적용하는 수축률은 같으나 키워주는 치수는 모두 다를 수밖에 없다.
- 수축률과 관련된 패턴 조정 방법은 정확한 수축률을 얻는 것이 제일 중요하며, 반복적으로 수축률을 실험한 다음에 패턴 조정을 실시하여야 한다.

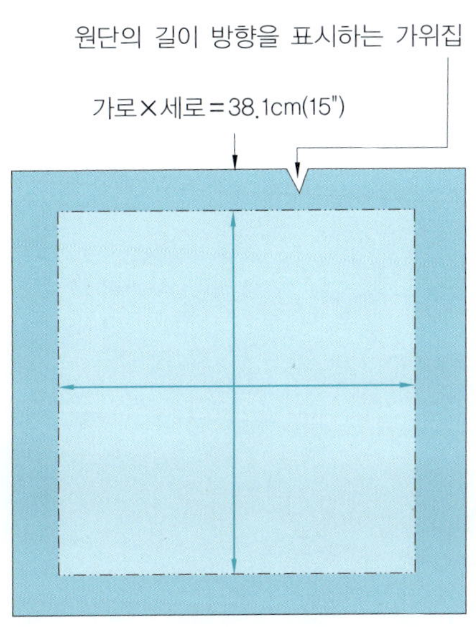

- 옆 솔기를 올려주는 분량은 밑단이 넓어질수록 올려주는 치수도 많아지며, 이음선은 서로 90°를 유지해야 서로 합복했을 때 각이 지지 않고 자연스러운 선이 유지된다.
- 패턴의 중심선을 접어서 옆 솔기에 갖다 붙이면 위로 올라가는 수치와 밑단 옆 솔기에서 올라가는 수치를 알 수 있게 된다.
- H 라인일 경우 허리선의 양쪽 옆 솔기를 올려주는 수치는 0.635cm($\frac{1}{4}$")이다.
- A 라인일 경우 옆 솔기를 올려주는 분량은 조금 높아진다. 그리고 180°넓이일 때 옆 솔기 부분의 올라가는 수치는 더욱 높아진다.

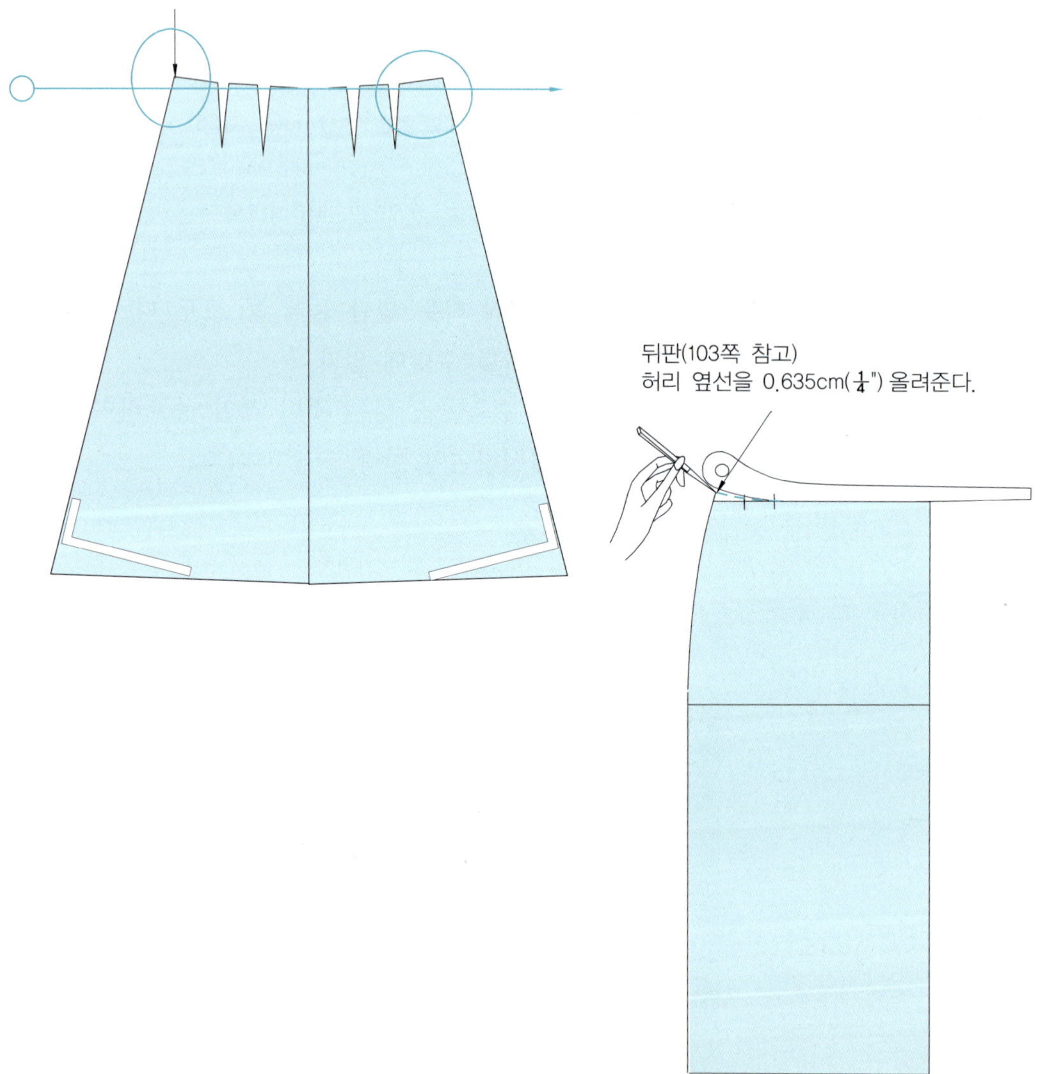

🔖 옆 솔기 위치 찾아내기

(아래 그림 참고)

· 밑단을 넓게 하면 kdfo 그림 ①과 같이 기본선에서 밖으로 나아가게 되며, 중심의 길이보다 옆 솔기가 길게 된다.

· 그림 ②에서 a와 b의 선이 서로 맞닿도록 접어놓고 중심선 위쪽과 중심선 아래쪽 위치를 표시해서 옆 솔기의 올라가는 분량과 밑단 옆 솔기의 올려주는 분량을 정확하게 찾게 된다.

중심선과 옆선을 맞닿게 접을 때 주의 사항

－패턴 종이가 꼬이면 안 되며 양쪽 선이 자연스럽게 맞닿게 접는 것이 중요하다.

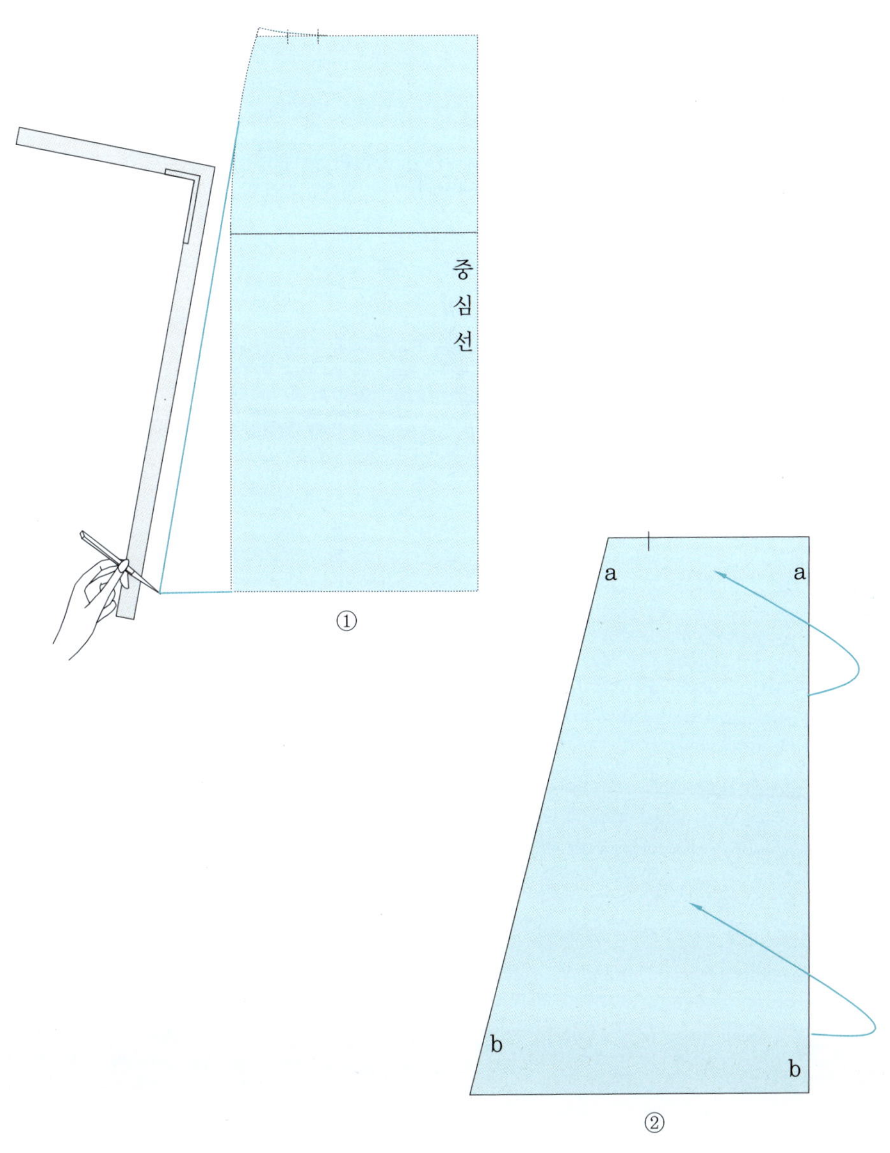

· 패턴을 반으로 접어서 중심 부분을 옆 솔기에다 대보면 위로 올려주는 분량과 밑단 부분을 얼마나 올려야 할지 알 수 있다. 이 방법은 패턴을 접으면 옆 솔기 윗부분과 밑단 아랫부분의 위치를 자동으로 지정해 주므로 정확하게 위치를 잡을 수 있는 방법이다.

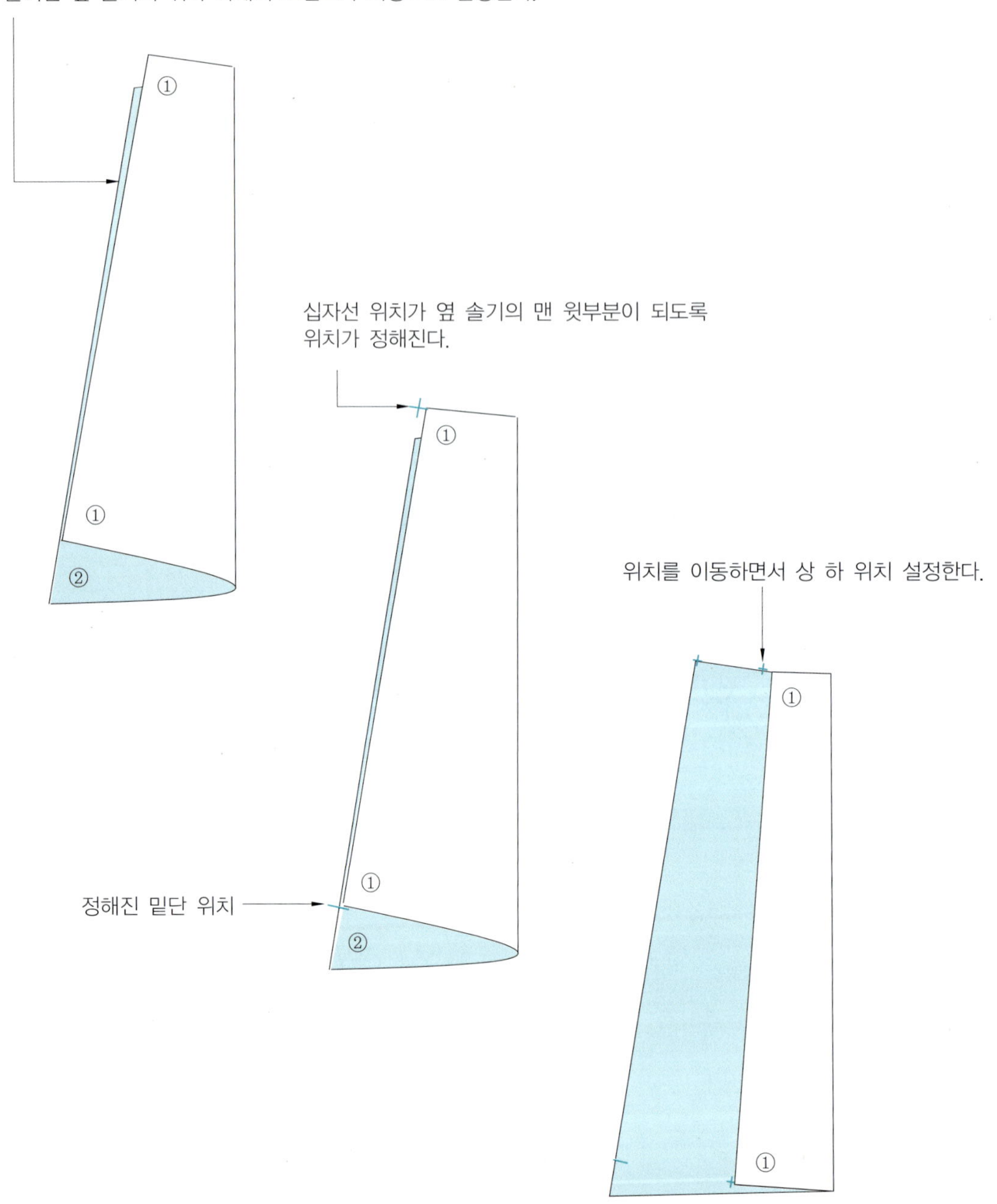

 스커트 디자인 & 제작 실무

· 접었던 패턴을 펴놓고 곡선으로 유연하게 선을 연결한다.

· 화살표 길이는 모두 같다.

· 하동선을 곡선으로 만들어 주는 것은 이 부분이 원단의 바이어스 결에 해당되어 박음질
  을 하면 늘어나면서 안으로 곡선이 형성되어 당기는 현상이 발생한다.

· 하동선을 곡선으로 만들어 주면 늘어나면서 직선이 되므로 당기는 문제가 발생하지 않
  게 된다.

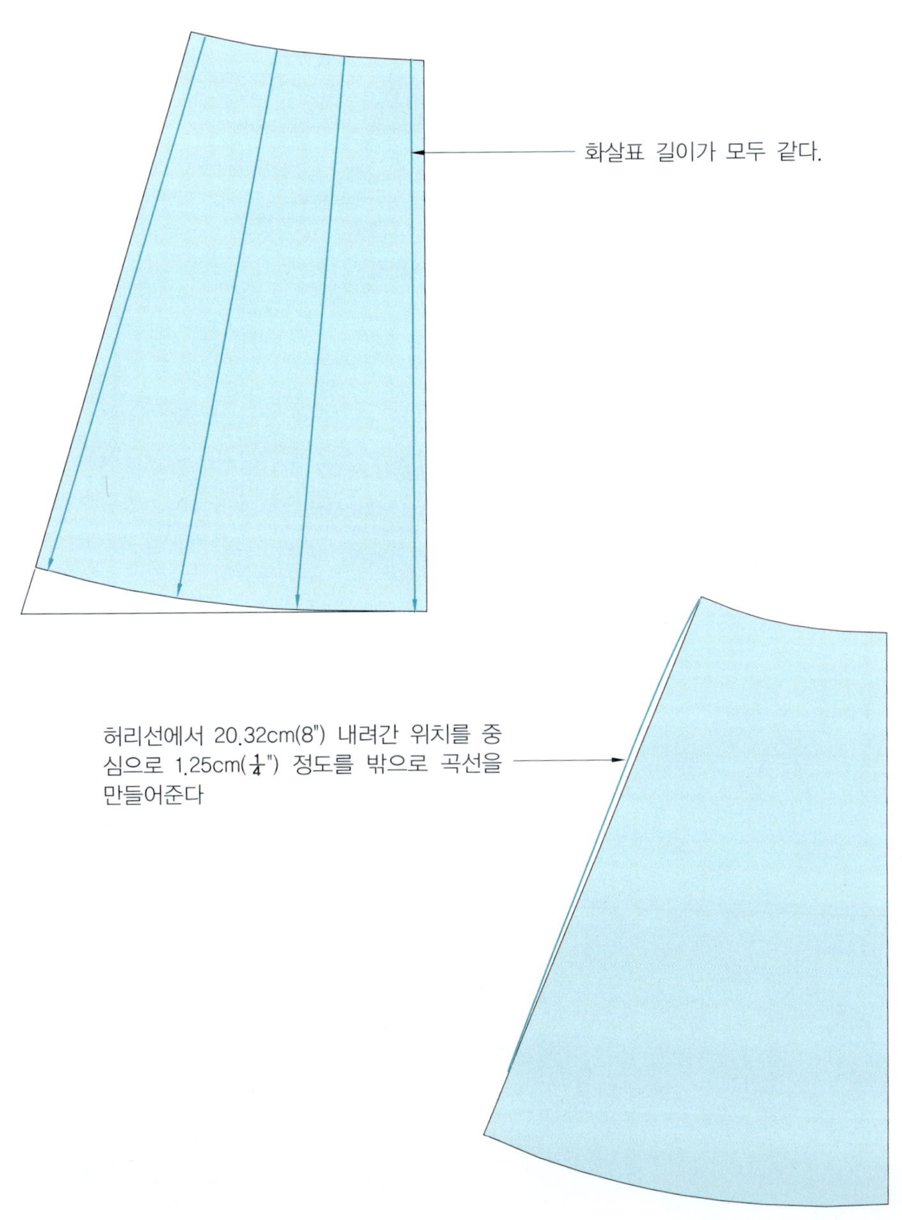

· 밑단이 넓어질수록 허리선도 함께 올라가는 것을 볼 수 있으며, 그 이유는 이음선과 이음선은 항상 90°각도로 이루어져야 합복 후에 각도의 균형이 맞기 때문이다.
· 밑단이 넓어질수록 하동 사이즈는 상관이 없게 되는데, 그 이유는 밑단둘레와 허리 사이즈를 맞추어 선을 이어놓으면 자연히 하동 사이즈는 무시할 수밖에 없기 때문이다.
· (a)~(f)까지 제도를 보면 옆 솔기가 올라가는 이유를 알 수 있게 된다.

참고 (f)는 180°스커트 제도로서 옆 솔기가 올라가는 이유를 알 수 있게 된다.

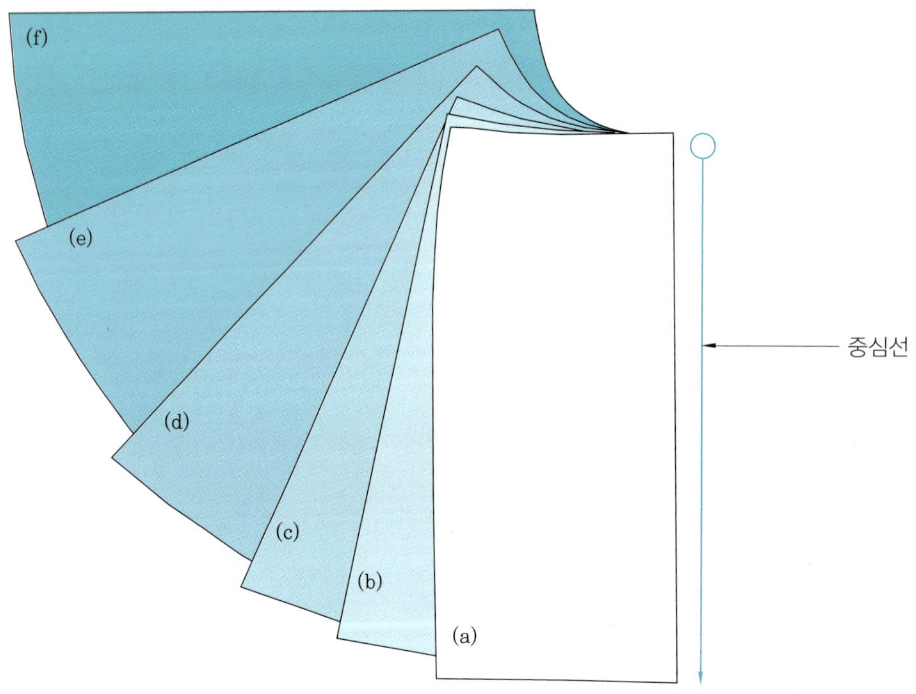

· 90˚각도에서 허리 나누기 3.1의 치수로 원을 그려 주면 허리 사이즈가 나오게 된다.
  허리 사이즈가 71.1cm(28")이면 나누기 3.1은 22.94cm(9.03")
· 허리를 3.1로 나누고 90˚에서 밑으로 내려서 원을 그려 넣고 둘레의 치수를 줄자를 세워
  서 확인하고 치수가 크면 위로 올리고 적으면 밑으로 내리면서 정확한 치수를 만든다.

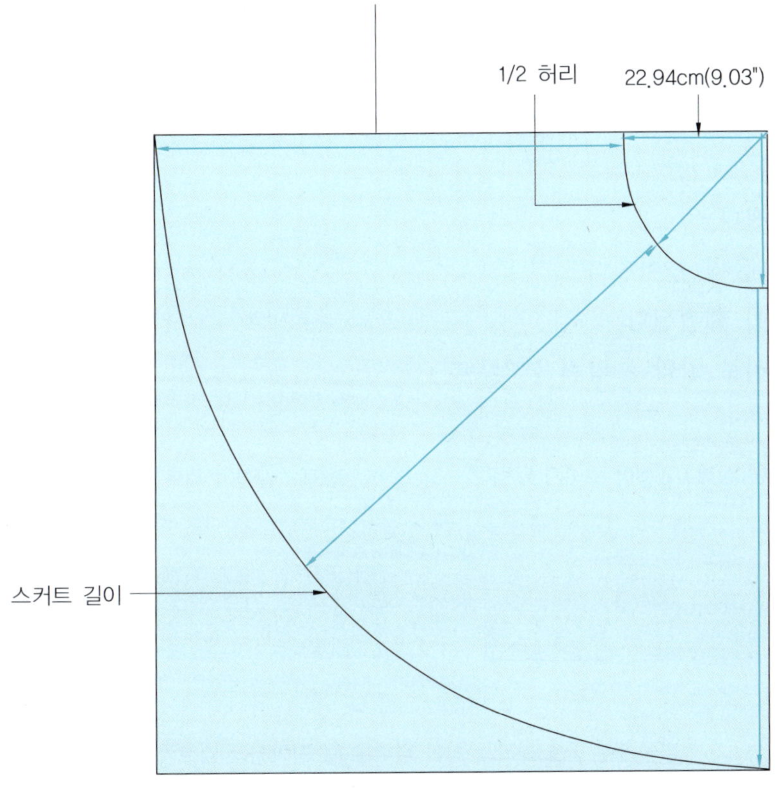

재봉틀의 사소한 문제가 심각한 문제로 발전되는 것을 막기 위해서 기본적으로 점검해야 할 사항은 다음과 같다.

- 밑실이 위로 올라와 보인다. – 밑실이 위로 올라오거나 올라온 것이 보이면 윗실 장력이 강하거나 밑실 장력이 약한 것이 원인이다.
- 윗실이 밑으로 보인다. – 윗실이 밑으로 보이면 윗실 장력이 약하거나 밑실 장력이 강한 것이 원인이다.
- 박음질 상태가 느슨하다. – 윗실과 밑실이 서로 장력은 맞으나 너무 풀어진 상태라면 잡아당겼을 때 벌어지게 된다.
- 박음질 상태가 우글쭈글하다. – 윗실과 밑실이 서로 장력은 맞으나 너무 조여진 상태라면 박음선이 우글쭈글하게 된다.
- 땀수가 건너뛴다.
- 실이 자주 끊어진다.
- 실이 훑치고 한 올씩 끊어진다.
- 원단 조직의 올이 훼손된다.
- 윗실과 밑실의 서로 알맞은 장력을 찾는다.

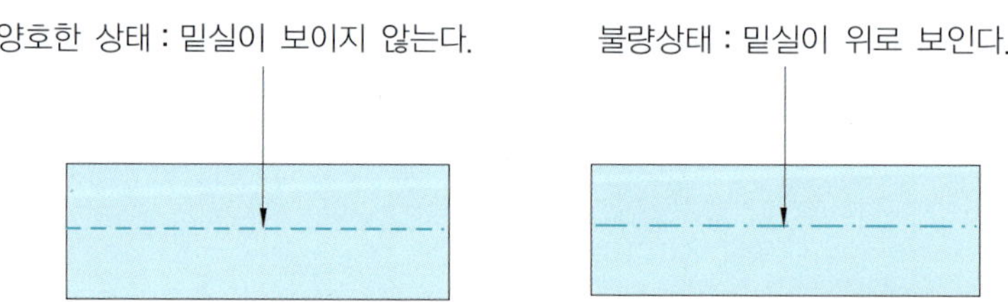

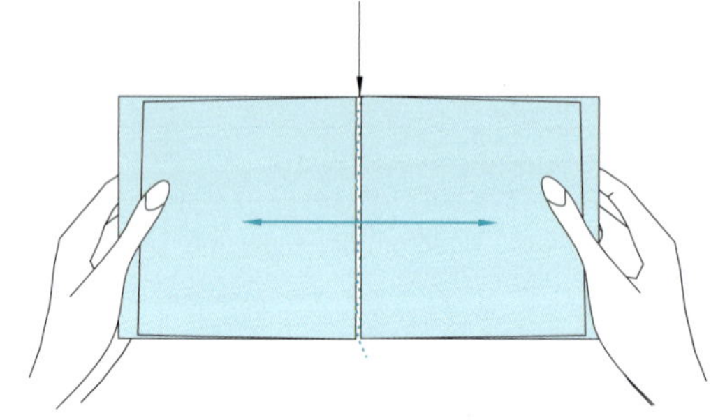

📱 1본침 본봉 다루기

먼저 북집의 장력을 맞춘다.

· 아래 그림과 같이 북집에 실을 감은 북을 넣고 실을 손으로 잡고 약간씩 채올리면 북집
  의 무게에 의해서 북집이 밑으로 채올리는 힘만큼씩 밑으로 부드럽게 미끄러져 내려가
  는 정도로 북집의 장력을 맞춘다.
  – 밑실이 위로 올라오면 재봉기의 실 장력 조절 나사를 풀어 준다.
  – 윗실이 밑으로 보이면 재봉기의 실 장력 조절 나사를 조여 준다.
· 박음질한 것을 잡아당겼을 때 벌어지면 북집과 재봉기의 실 장력 조절 나사를 같은 비
  율로 조여 준다.
· 박음질 상태가 우글쭈글하면 본봉과 북집의 실 장력 조절을 같은 비율로 풀어 주면서
  박음질 상태를 확인한다.

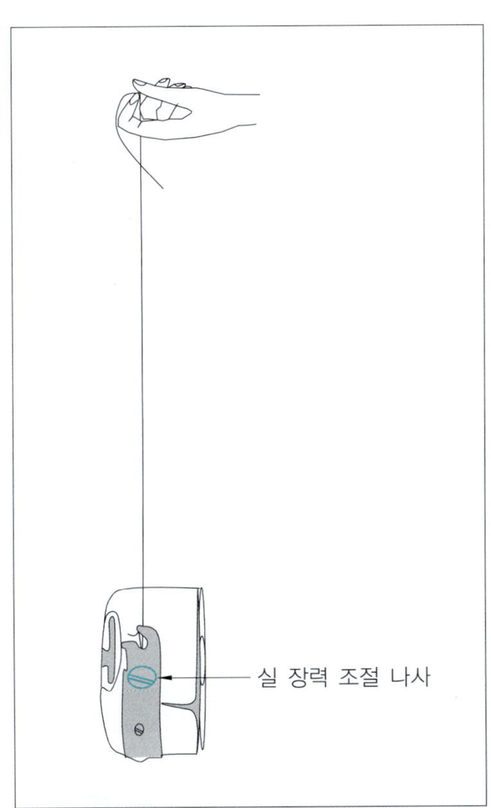

· 공업용이며 봉제에 있어서 가장 기본적인 기계로 1분당 5000천 회침 이상의 고속으로 박음질이 가능하다. 박음질을 하기위한 순서는 다음과 같다.

　－보빈에 실이 단단하게 감길 수 있도록 실 감는 기계에 보빈을 걸고 실을 감는다.

　－보빈 케이스에 보빈을 넣어서 실을 구멍으로 빼낸다.

　－왼손 검지와 엄지로 보빈 케이스의 뚜껑을 제쳐서 잡은 다음 본봉의 뚜껑을 밀고 북 칼이 있는 밑면에 정확하게 넣고 엄지로 눌러서 안착을 확실하게 한다.

　－본봉의 바늘에 실을 걸어주면 박음질 준비가 끝난다.

· 30cm길이를 박음질 하였을 때 59cm 정도의 실이 소모된다.

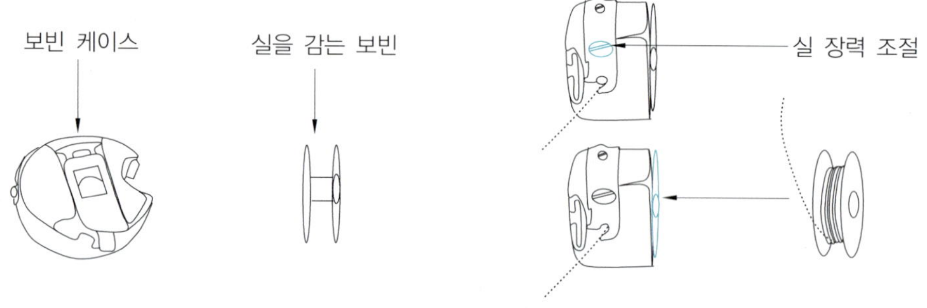

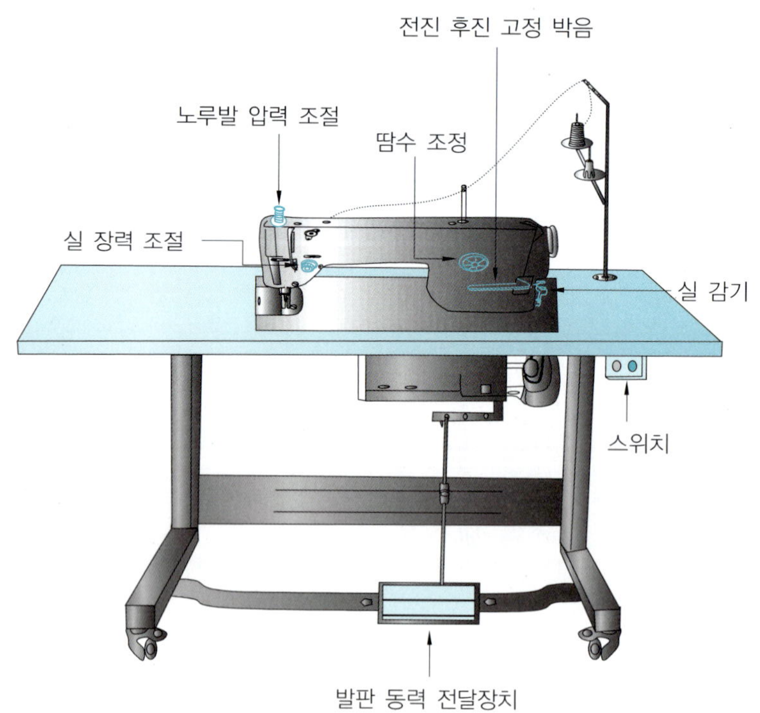

· 보빈 케이스를 북집에 정확하게 넣지 못하고 박음질을 시작하면 바늘이 부러지며, 맞춰 놓은 위치가 모두 어긋나게 된다.

① 보빈 뚜껑을 엄지손으로 젖혀서 단단하게 잡는다(그림 참고).

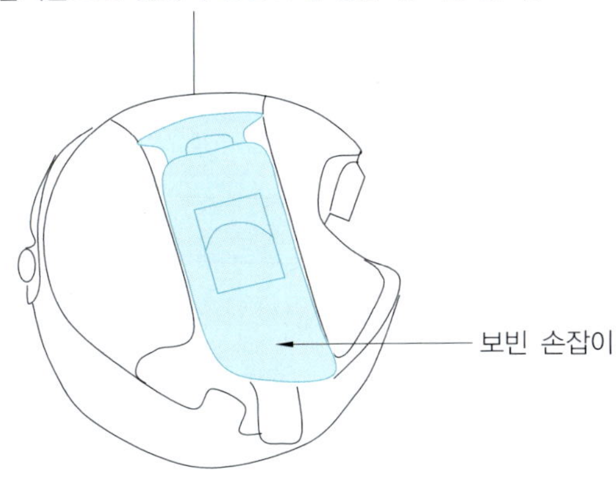

② 북 집에 정확하게 넣고 뚜껑을 놓는다.
③ 왼손 엄지 지문이 있는 부위로 보빈 케이스의 중심부를 누른다.
   정확하게 안착이 안 되었으면 딸깍하는 소리가 들린다.

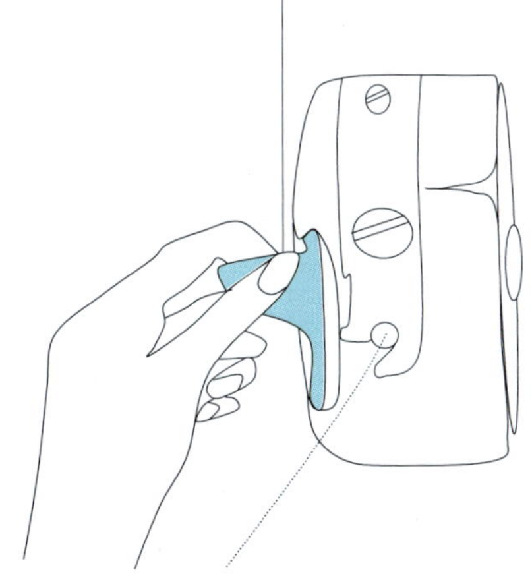

· 보빈 케이스를 북집에 정확하게 넣지 못하고 박음질을 시작하면 바늘이 부러지며, 맞춰 놓은 위치가 모두 어긋나게 된다.

· 보빈 케이스가 정확하게 안착이 되지 않은 상태에서 구동을 시키면 바늘이 부러진다.
  왼손 엄지 지문이 있는 부위로 보빈 케이스의 중심부를 눌러서 정확하게 안착이 되도록
  한다.

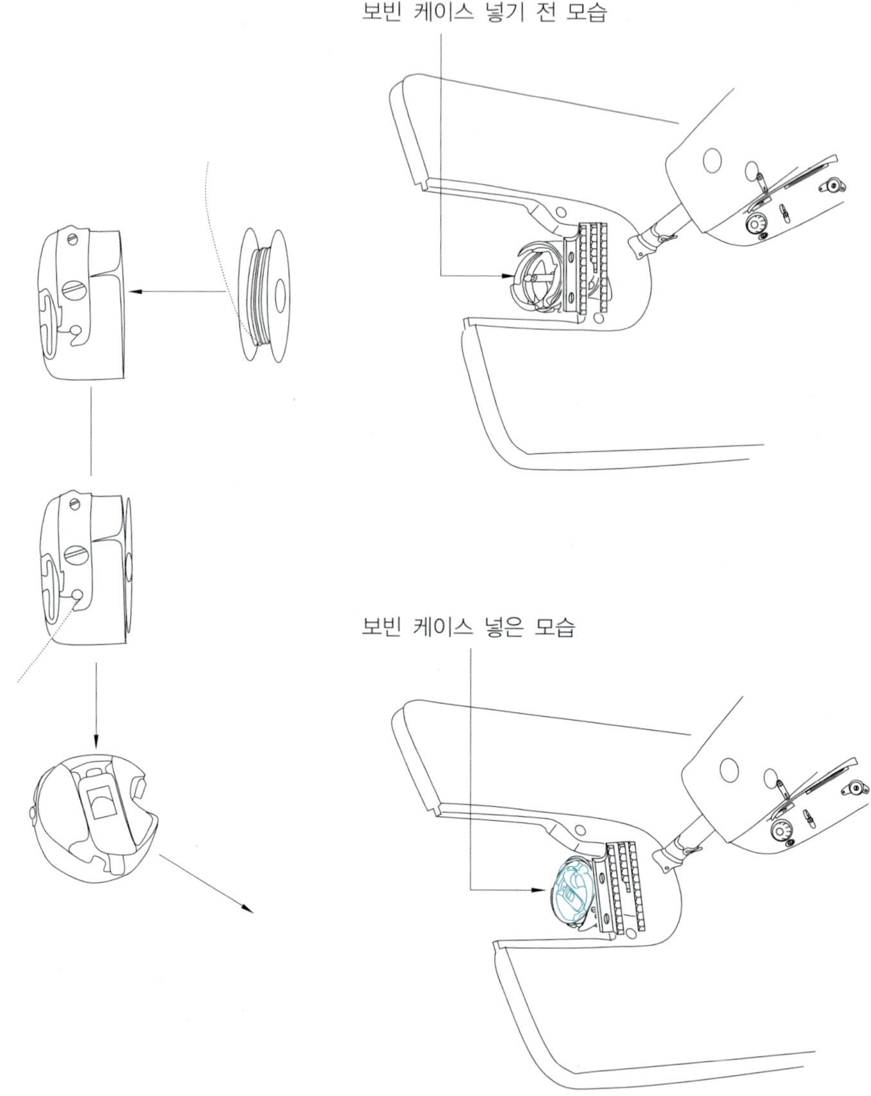

실이 자주 끊어진다.

- 북 칼이 바늘 홈에 닿으면서 넘어가는 경우 실이 끊어지고 시접이 겹쳐진 두꺼운 부위를 박음질할 때 바늘이 부러지거나 휜다.
- 조치 방법으로는 북 칼이 회전하면서 바늘 홈을 통과할 때 닿지 않게 조정하면 된다.
- 북 칼이 회전하면서 바늘의 홈을 통과할 때 간격이 떨어져 있으면 땀수가 건너뛴다.
- 조치 방법은 북 칼과 바늘 홈의 간격을 최대한 붙이고, 바늘이 위로 올라가는 순간 북 칼은 바늘 홈을 통과하기 위해 홈 중간에 있도록 조정하여야 한다.

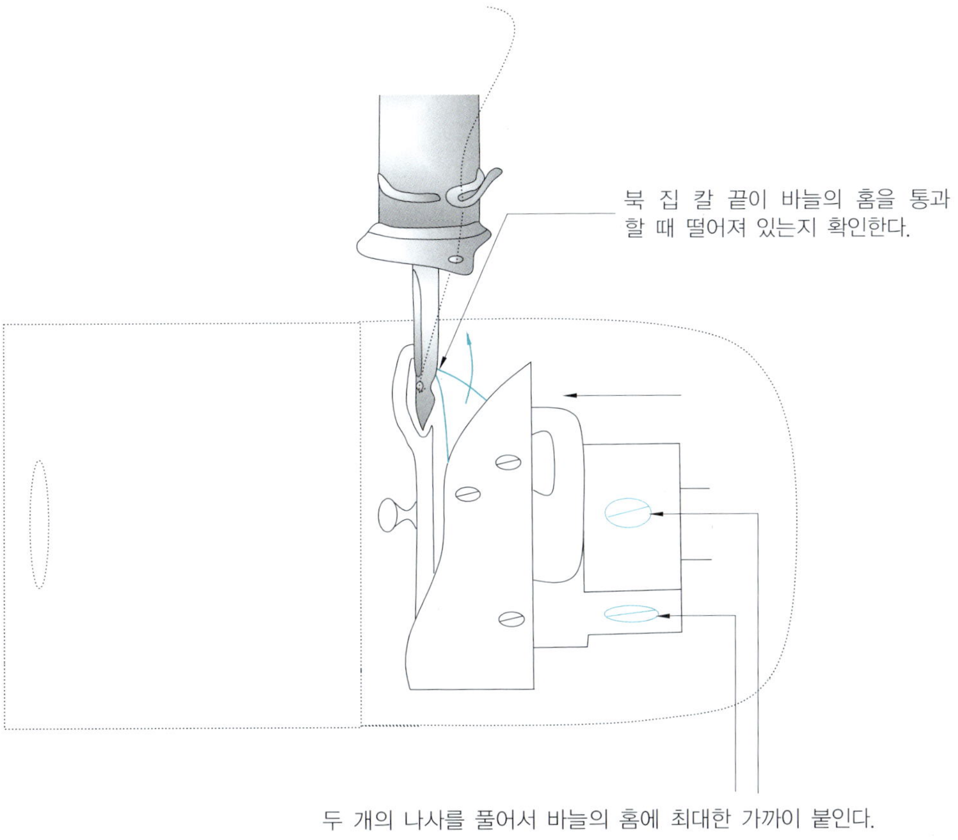

땀수가 건너뛴다.

– 나사가 약간이라도 풀어진 상태에서 두꺼운 부위 박음질을 하면 바늘이 부러지며 충격
으로 바늘대의 위치가 위로 올라가게 된다. 북 칼의 위치 조정으로 수정되지 않을 때
바늘대 나사를 풀어서 조정한다.

노루발의 압력이 약하다.

– 노루발 압력조절 나사를 조여 준다.

노루발이 침 판에 닿지 않고 약간 공중에 떠 있다(특수한 노루발로 교체했을 때 발생).

– 톱니를 침판 밑으로 완전히 내리고 원단 조각을 넣고 노루발을 내린 다음 원단 조각을
잡아 당겨 본다.

– 원단 조각이 빠져 나오면 노루발 조정 나사를 풀어준다. 스프링 압력에 의해서 노루발
이 밑으로 내려오면 다시 나사를 조여 준다.

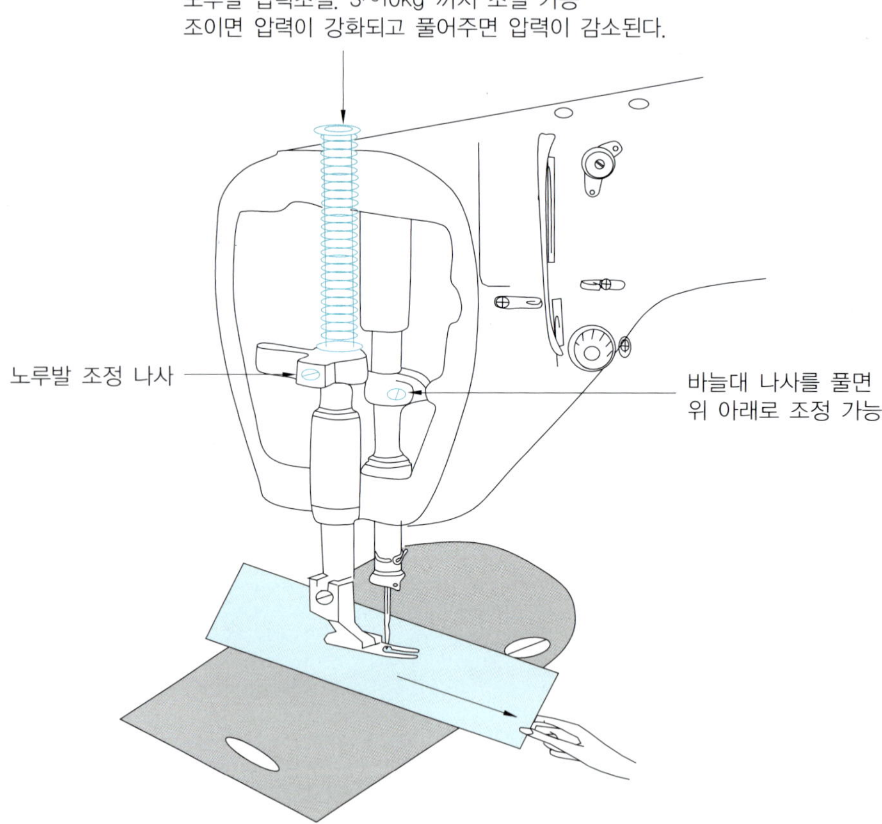

- 북 칼의 곡선 부분을 손가락의 지문이 있는 부위로 골고루 문질러 보면 흠집이 있을 때 바로 알 수 있다(paper no 1000번으로 문질러서 없애 준다.)
- 침판 구멍 주위에 바늘에 찍힌 흠집을 확인하고 제거한다.

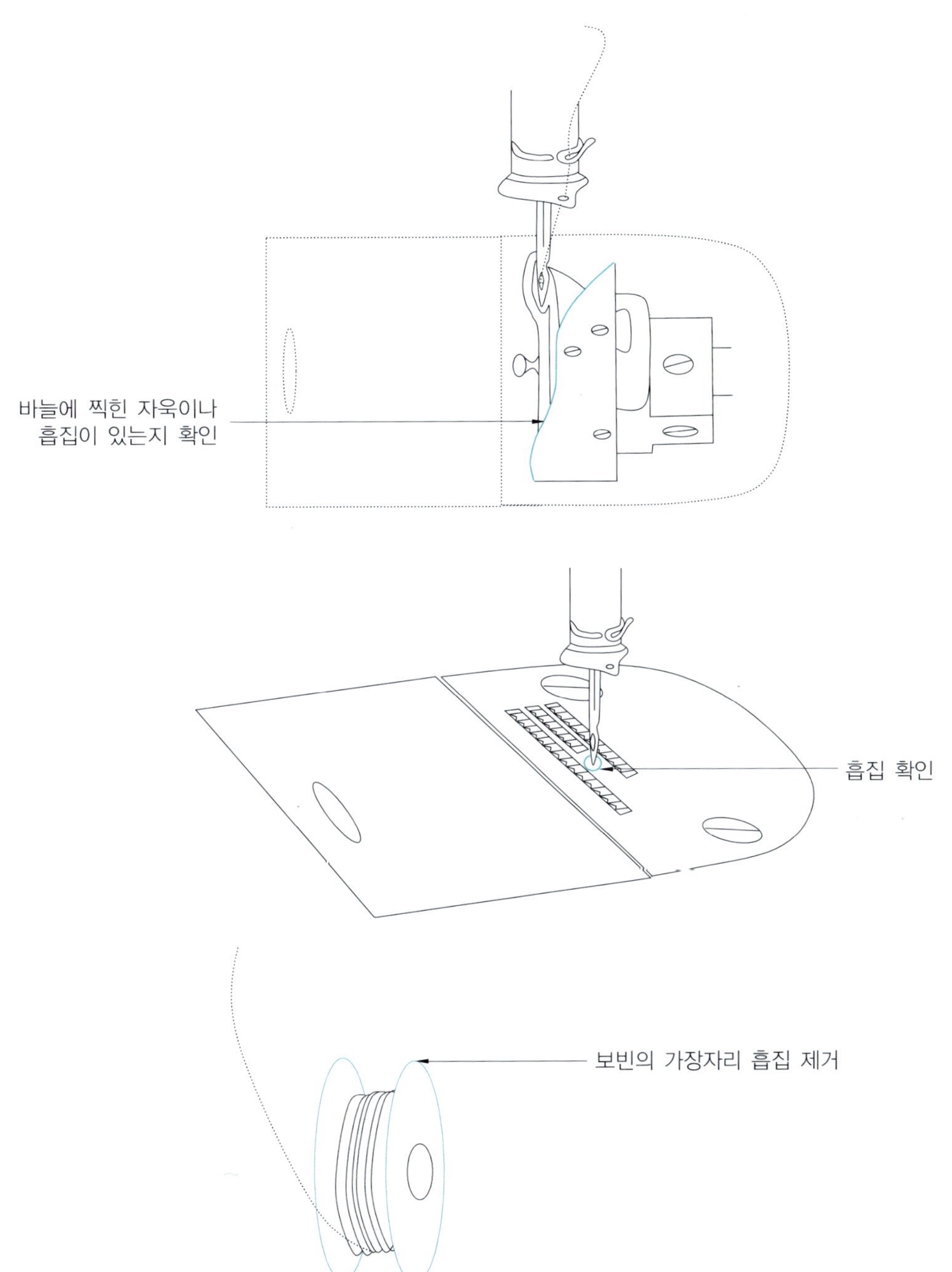

- 바늘 끝이 북집이나 침판 구멍 등에 부딪치면서 끝이 부러진 상태일 경우가 많다. 지문이 있는 부위로 문질러 보면 흠집이 있을 때 바로 알 수 있다.
  (약간의 문제라면 paper no 1000번으로 문질러서 없애 준다.)
- 새것으로 교체 또는 바늘이 직물을 관통할 때 스트레치 실을 파괴하지 못하게 고안된 볼 포인트로 교체한다. 원단의 두께, 얇은 원단, 스트레치, 실크 등 원단의 특성에 따른 문제는 샘플 원단을 박음질하면서 하나씩 점검하고 해결해야 한다. 이 외에도 실과 바늘 원단의 문제가 복합적으로 얽혀서 발생할 수 있는 문제들이 많으며, 이것은 전문가들의 도움이 필요하다.

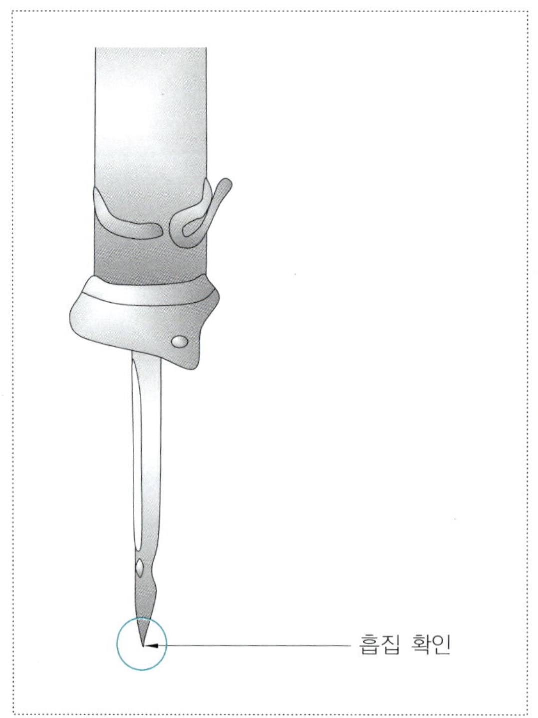

·톱니의 높이에 따라서 일어나는 문제들도 많으나 톱니(피드 도그 feed dog)는 사전 점검보다는 어떤 재질의 원단을 박음질하는가에 따른 문제로 톱니가 침판 위로 많이 올라와 있으면 두터운 부분을 박음질할 때 또는 고정 박음질 할 때 톱니와 강하게 닿는 부분 특히 허릿단, 모서리, 지퍼 등 두껍고 모서리 같은 곳에서 원단이 훼손된다.

·톱니가 내려가 있으면 작업물을 뒤로 밀어내지 못하므로 재봉틀을 제치고 밑부분에 톱니 조정 나사를 풀고 적당한 높이로 올려야 한다(1mm 정도).

·두꺼운 부분은 천천히 박음질하고 손으로 바퀴를 돌리기도 하여 바늘이 부러지는 문제와 작업물이 훼손되는 것을 방지한다.

·노루발의 압력이나 기계의 결함이 없음에도 톱니의 자욱이 발생한다면 노루발의 톱니를 고무로 코팅 처리된 것으로 교체하면 톱니 자국이나 두꺼운 부위의 훼손을 막을 수 있다.

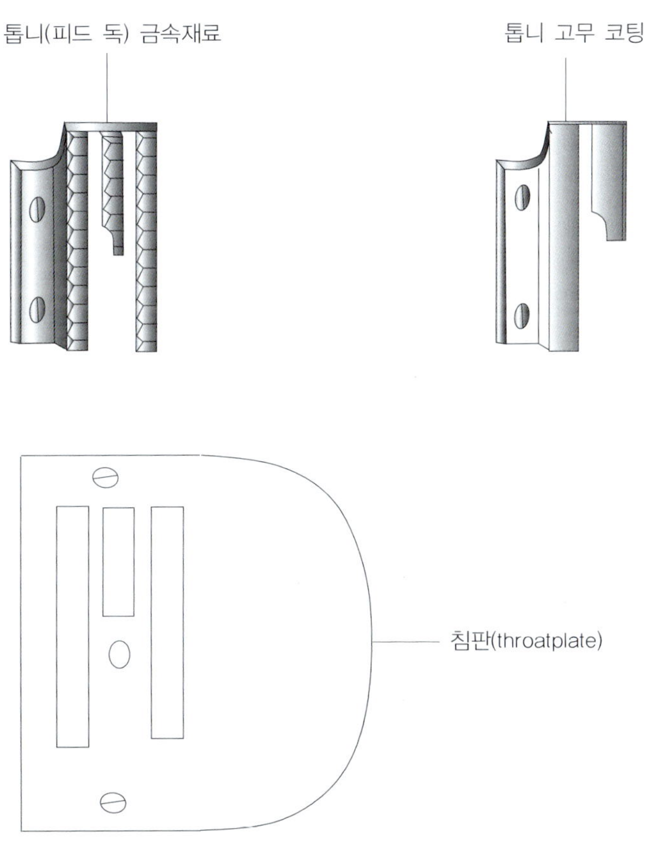

· 실크, 아세테이트, 시폰과 같은 원단은 침판의 구멍이 작은 것을 사용하면 봉제 상태가 좋아진다.
· 노루발이 원단을 누르고 있는 상태에서 바늘이 원단을 뚫고 들어갈 때 침판 구멍이 크면 원단을 끌고 들어가는 현상이 있으나 반대로 침판의 구멍이 작으면 팽팽하게 주의를 당겨진 상태에서 바늘이 관통하므로 박음질 상태가 좋아진다.
· 톱날이 곱고 촘촘한 것이 특징이다.
· 원단이 아주 얇고 표면이 매끄러운 원단에 사용하면 좋다.
· 침판 위의 숫자는 구멍으로부터의 박음질 넓이이다.(침판과 톱니를 함께 바꾸어야 한다.)

톱날이 곱고 간격이 촘촘한 것

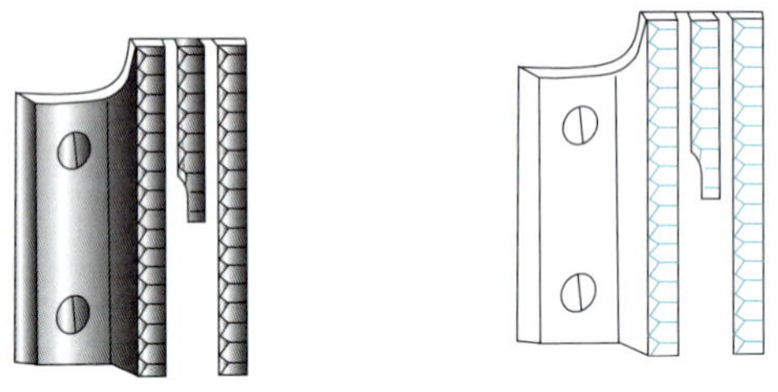

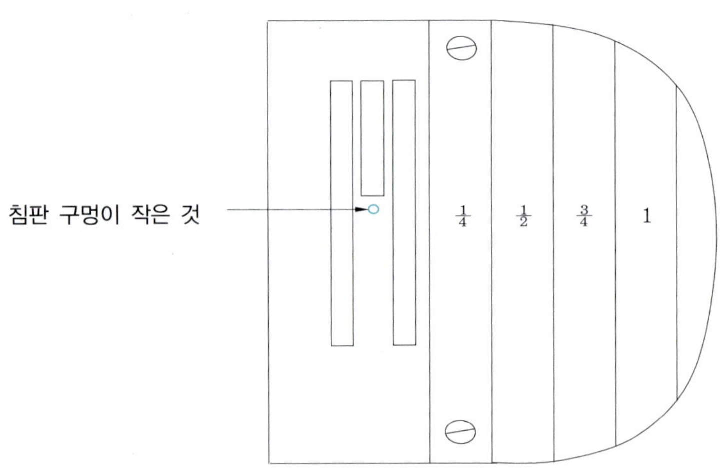

🔹 바늘의 선택

바늘 관리만 잘해도 봉제 품질은 어느 정도 달성했다고 할 수 있을 정도로 바늘은 중요한 도구이다.

9호 실크 원단 종류
- 11호 일반 원단, 블라우스, 바지, 스커트
- 14호 모직류, 재킷, 코트
- 16호 두껍고 딱딱한 원단 두꺼운 부위의 박음질

· 일반 직물 샤프 포인트 사용 : 샤프 포인트 바늘 끝이 날카롭다.
· 스트레치 원단 볼 포인트 사용 : 바늘 끝이 둥글다.
· 바늘이 볼 포인트, 직물을 관통할 때 스트레치 실을 파괴하지 못하게 고안된 바늘로서 육안으로는 잘 보이지 않으나 끝이 둥글다.
· 바늘 끝이 날카로운 샤프 포인트(sharp point) 바늘로 일반 직물을 박음질할 때 사용하는 도구이다.

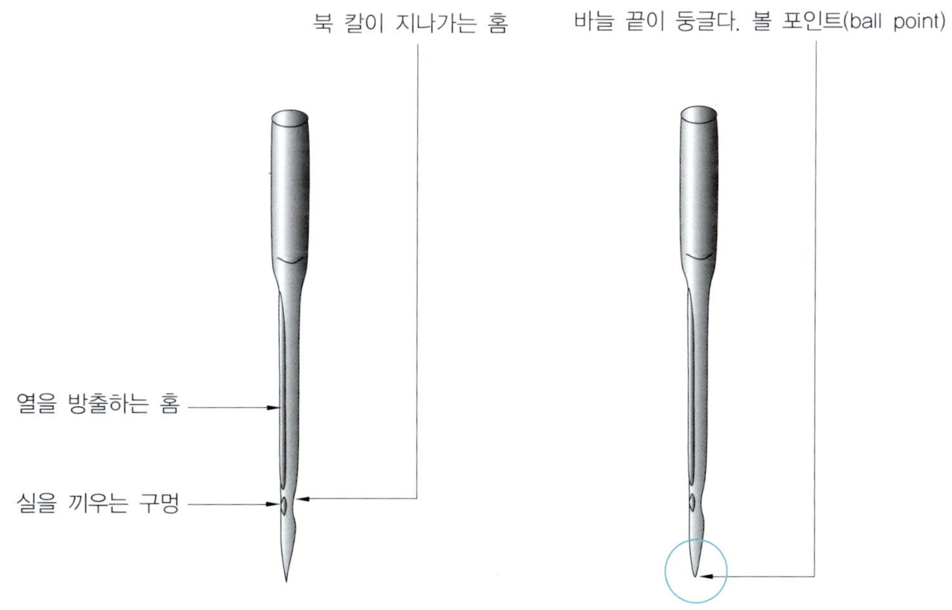

🔹 바늘 끼우기

· 바퀴를 손으로 돌려서 바늘대가 위로 올라가게 조치한다.

· 바늘을 왼손으로 집어서 바늘대 밑 중심에 넣는다.

· 북 칼이 지나가는 홈을 오른쪽을 보게 끼운다.

· 바른 위치가 되었다고 생각되면 바늘을 잡고 있는 상태에서 나사를 조여서 바늘을 고정
  시키고 왼손을 바늘에서 뗀 다음 이번에는 왼손으로 바늘대를 잡고 다시 나사를 조여
  준다.

· 바늘대의 나사는 아주 작아서 힘을 많이 주면 나사의 홈이 파손되고 바늘 고정에도 도
  움이 안 되므로 약간씩 힘을 주되 반복해서 조금씩 조이는 것이 요령이다.

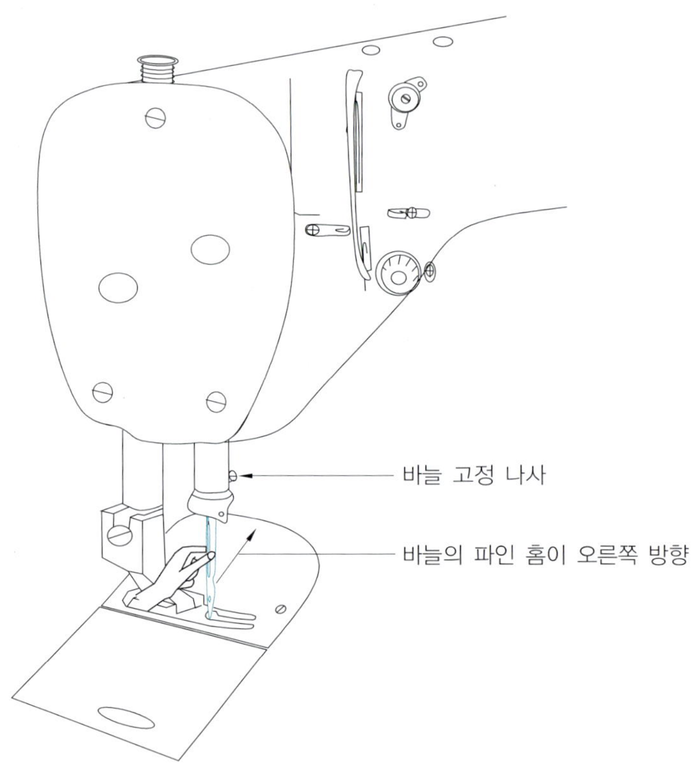

· 원단의 성질이 길이와 폭 모두 스트레치이면 실의 선택도 스트레치용 실을 사용한다.

· 견직물 같은 경우 같은 성질의 견 봉사를 사용한다.

· 실의 선택은 작업물의 용도 바늘의 굵기에 따라서 선택한다.

· 한 올의 실을 단사(單絲)라 하고, 두 올 이상 합쳐 꼬아서 제조한 실을 합사(合絲)라 한다.

의류용 Polyster			기 타
BLIND STITCH	70./2	기계로 밑단 감칠 때 사용	
기본 본봉 박음질	60./2	본봉 & 바택	
	60./3	본봉 일반 원단	일자형 단춧구멍 사용
	50./2		
	50./3		
	30./1	본봉 얇은 원단	
	30./2	본봉 약간 두터운 원단에 사용	
QQ. BUTTON HOLE	30./3	두터운 원단에 사용	
		QQ 가는 실로 사용 가능	
QQ. BUTTON HOLE	20./8	QQ 굵은 실	
	20./3	QQ 가는 실	스티치(golden)
투명사	50D/80D	스커트 바지 밑단 전용	
견사	12/20/48/60	12/본봉용 실크 원단	20/48/60/스티치용
코어사	52/2	본봉 스트레치 원단 사용	중심에 심을 넣는다.

🔲 폴리에스테르 봉사

세탁에 강하고 색상이 쉽게 변하지 않으며 열에도 강해서 모든 의류에 폭넓게 사용한다.

🔲 코어사

필라멘트사를 가운데 넣고 2~3올의 폴리에스테르 섬유로 겉을 감싸서 만든다.
스트레치 원단에 좋고 수축에 대한 저항성으로 퍼커링 방지에 효과가 좋다.

📘 견사

누에고치로부터 나오는 실을 합쳐 꼬임을 주면서 만든다(같은 견직물 봉제에 좋다).

📘 실의 번수

· 실의 번수는 텍스(Tt), 데니어(Td), 미터 번수(Nm) 등으로 나누어지며, 텍스 번수가 국제적으로 표준화되어 있다.
· 텍스는 1km당 무게를 나타내며 실이 가늘수록 번수가 작다. 20Tt란 1km의 실이 20g인 것을 말한다.
· 데니어는 필라멘트사의 번수에 사용되며, 실이 가늘수록 번수도 작다. 20Td란 9km의 실이 20g인 것을 말한다.
· 미터번수는 1g의 실이 가진 길이를 미터로 나타내며 실이 가늘수록 번수가 크다. 20Nm란 20m의 실이 1g인 것이다

 스커트 디자인 & 제작 실무

· 작업물의 가장자리 올이 풀리는 것을 방지하기 위해서 반드시 필요한 기계로, 세 가닥의 실을 동시에 끼워야 하고, 북집 없이 침판 밑에서 루퍼에 의해 실이 서로 일률적으로 약간 느슨하게 얽히며 퍼커링 없이 박음질되는 것이 특징이다.

· 상하로 칼날이 있어서 작업물의 가장자리의 풀린 올을 잘라내며 깨끗하게 시접을 정리한다.

· 3개의 실 장력이 서로 조화를 이루어야 오버로크가 예쁘게 형성되며 어느 하나라도 실의 조임 상태가 불량하면 시접이 우그러지는 현상이 생긴다.

· 침판을 교체하여 가장자리를 가늘면서 둥글게 처리하는 스티치 기계로 사용할 수 있다.

· 실은 30cm 길이에서 300cm 정도 소요된다.

· 패팅이나 모직과 같이 두꺼운 작업물이라면 소요량은 증가한다.

 ※ 침판을 교체하여 가장자리를 가늘면서 둥글게 처리하는 pearl merrow 스팃치 기계로 사용할 수 있다.

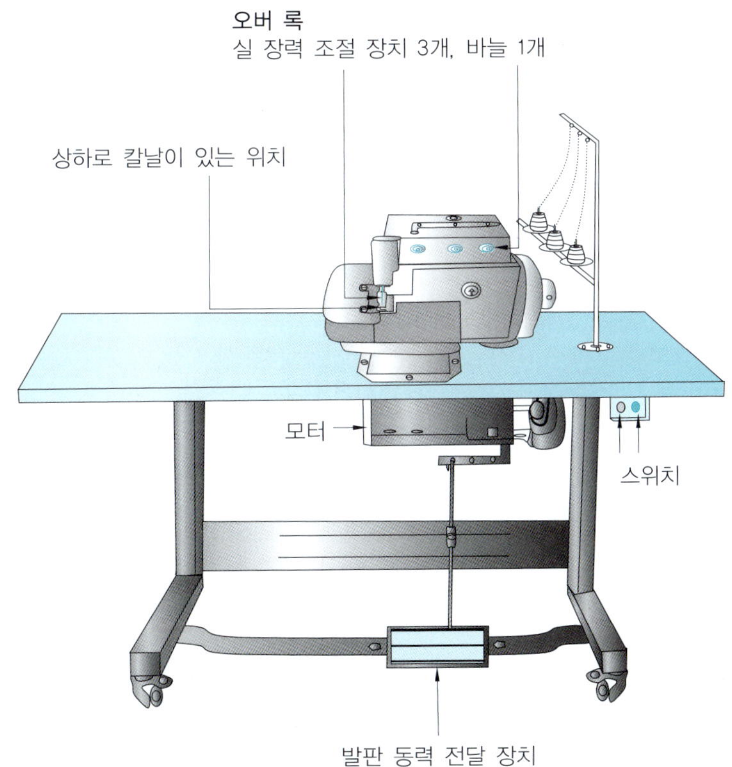

· 오버로크와 체인 박음질이 동시에 이루어지는 기계로 5개의 실을 동시에 걸어야 하며, 3개의 실은 오버로크를 형성하고 2개의 실은 체인 스티치를 형성한다. 또한 스트레치 원단 등 시접을 가름질하지 않고 박음질할 때 사용하며, 4가지의 성능으로 전환 사용이 가능하다.

· 북집 없이 침판 밑에서 루퍼에 의해 실이 서로 일률적으로 엉키게 된다.

· 상하로 칼날이 있어서 작업물의 가장자리 풀린 올을 잘라내며 올이 풀리지 않도록 시접을 감싸 박음질이 된다. 또한 오버로크와 체인 스티치를 동시에 실현하는 것이 특징으로 바늘이 두 개 나란히 끼워져 있다.

· 체인 스티치만 놓으려면 오버로크 실은 제거한다.

· 오버로크로만 사용하려면 체인 실을 제거한다.

· 가장자리를 가늘면서 둥글게 처리하는 pearl merrow 스티치 기계로 사용하려면 침판을 2번으로 바꾸어준다.

· 실은 30cm 길이를 박음질 하였을 때 460cm 정도 소용된다.

※ 침판을 교체하여 가장자리를 가늘면서 둥글게 처리하는 pearl merrow 스팃치 기계로 사용할 수 있다.

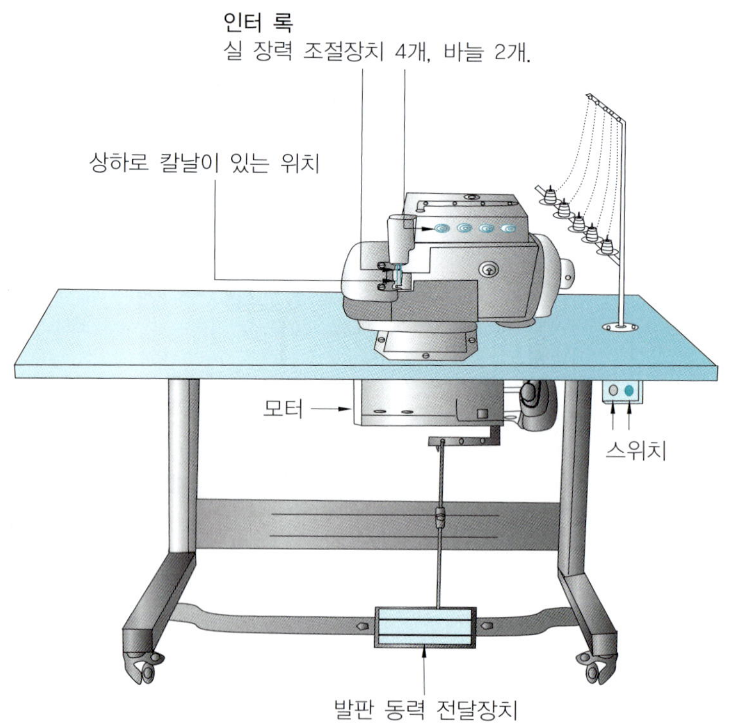

📱 스티치 기계

· 오버로크나 인타 록 기계의 침판을 교체함으로써 pearl merrow 스티치 기계로 개조한다.

· 똑같은 침판을 구입하여 오버로크의 넓이를 결정하는 부위를 갈아서 볼펜 끝처럼 만들고 필요할 때마다 침판만 교체하여 오버로크와 인터 록 기계를 pearl merrow 스티치 기계로 바로 전환하여 사용한다.

(아래 그림 참고)

① 오버로크의 침판 실 넓이를 결정하는 부위

② 기존의 침판을 볼펜 끝처럼 갈아서 변형시킨 것으로, 실이 엮이면서 빠져나올 때 끝부분이 가늘어지며 pearl merrow 스티치 기계로 바뀐다.

· 실은 pearl merrow 스티치 30cm 길이에서 약 714cm 정도 소요된다.

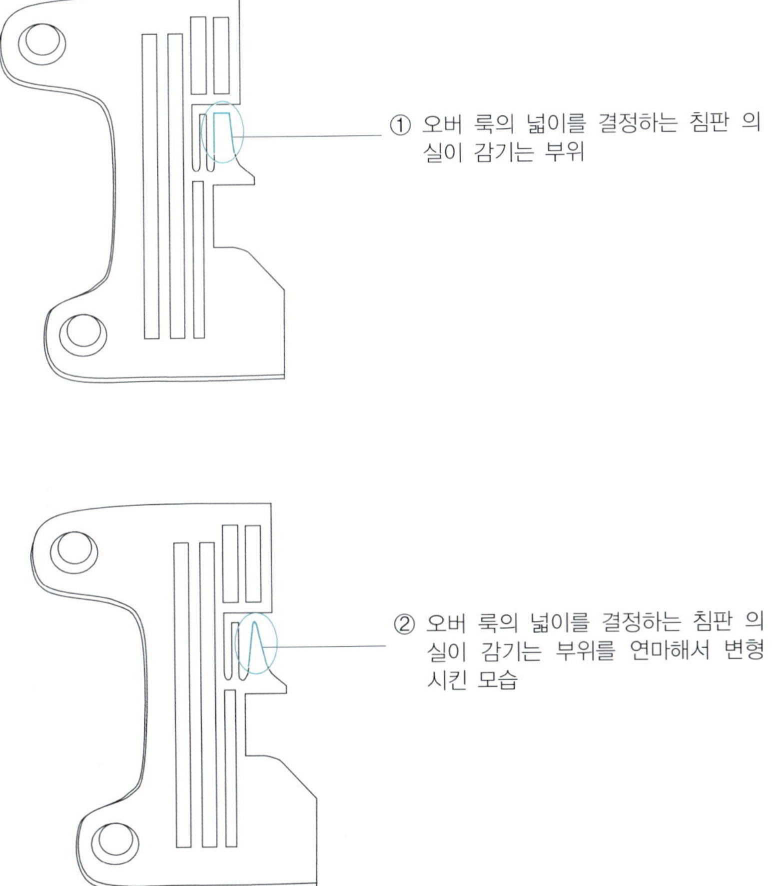

블라우스, 스커트, 바지 등에 단춧구멍이 필요할 때 많이 사용하는 기계로 특히 블라우스 단춧구멍은 반드시 필요한 기계이다.

단춧구멍을 하나 칠 때마다 필요한 실

- 20L ($\frac{1}{2}$) 1개 실 소요량 44.63cm
- 24L ($\frac{5}{8}$) 1개 실 소요량 55.63cm
- 30L ($\frac{3}{4}$) 1개 실 소요량 66.63cm
- 34L ($\frac{7}{8}$) 1개 실 소요량 88.63cm
- 36L (1") 1개 실 소요량 99.63cm
- 40L (1"$\frac{1}{4}$)1개 실 소요량 110.63cm

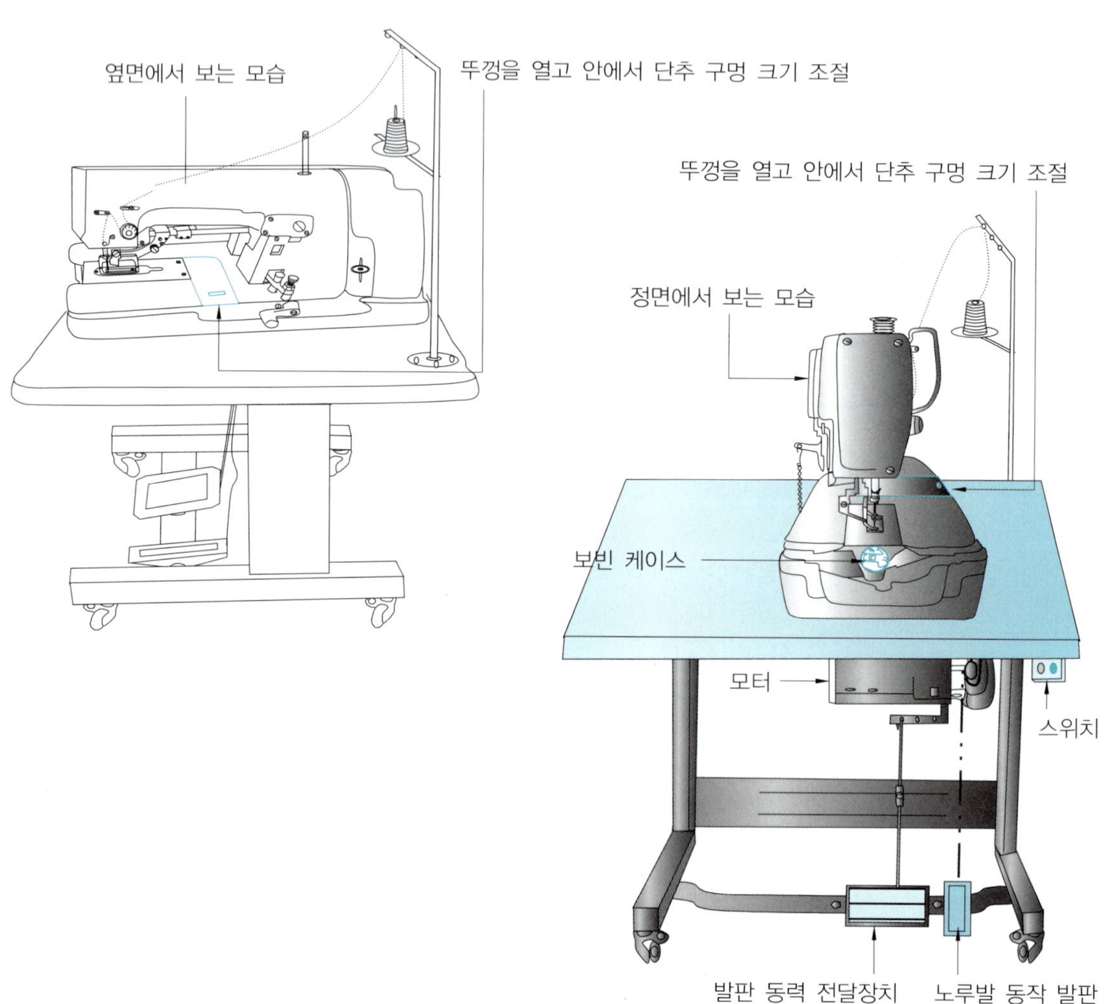

밑단 감침(blind stitch)

- 블라우스, 스커트, 바지 등 밑단을 감치는 기계로 실을 한 개 걸어서 사용한다.
- 바늘이 곡침으로 된 것이 특징으로 감침하는 넓이를 1 : 1 또는 2 : 1로 감침을 한다.
- 원단에 사용한 같은 종류의 실을 사용할 수 있고 투명사를 전용으로 사용하기도 한다.
- 북집 없이 침판 밑에서 루퍼에 의해 실이 서로 일률적으로 엉키게 된다.
- 실은 30cm 길이에서 약 122~3cm 정도 소요된다.

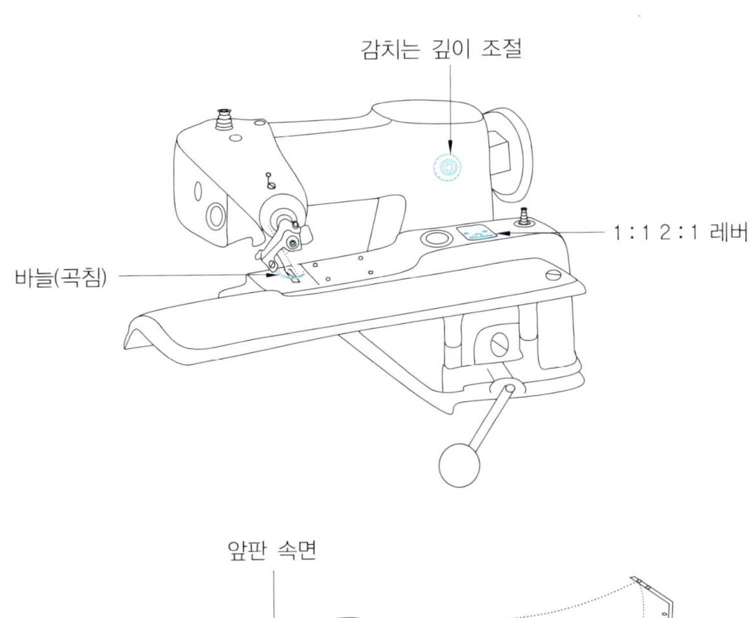

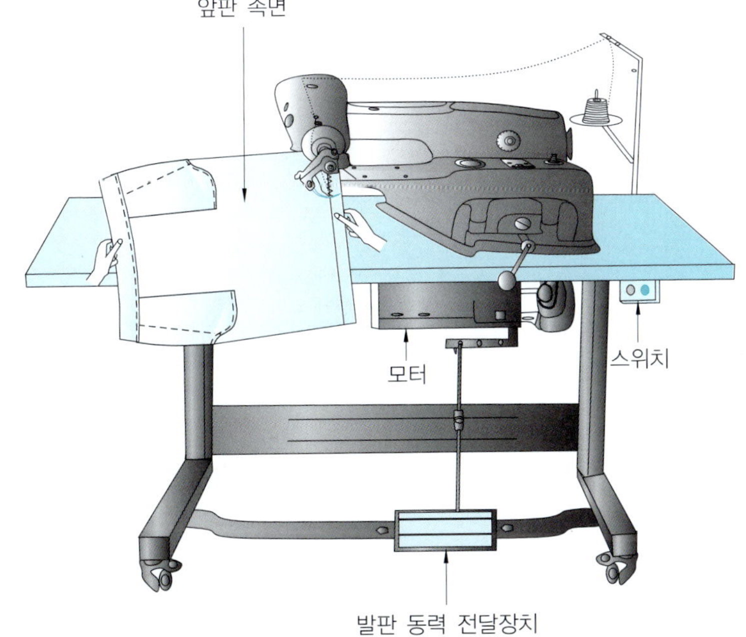

· 니트, 스판 등 신축성이 있는 원단의 밑단을 접어서 박음질할 때 사용하며, 2개의 바늘을 끼우고 3개의 실을 걸어서 사용한다. 박음질한 부위가 늘어날 때 실도 같이 늘어나도록 되어 있는 것이 특징이다.

· 북집 없이 침판 밑에서 루퍼에 의해 실이 서로 일률적으로 엉키게 된다.

· 대량으로 벨트 루프를 만들 때 어태치먼트(attachment)를 부착해서 사용한다.

· 실 소요량 커버 스티치 30cm 길이에서 약 428cm 정도 소요된다.

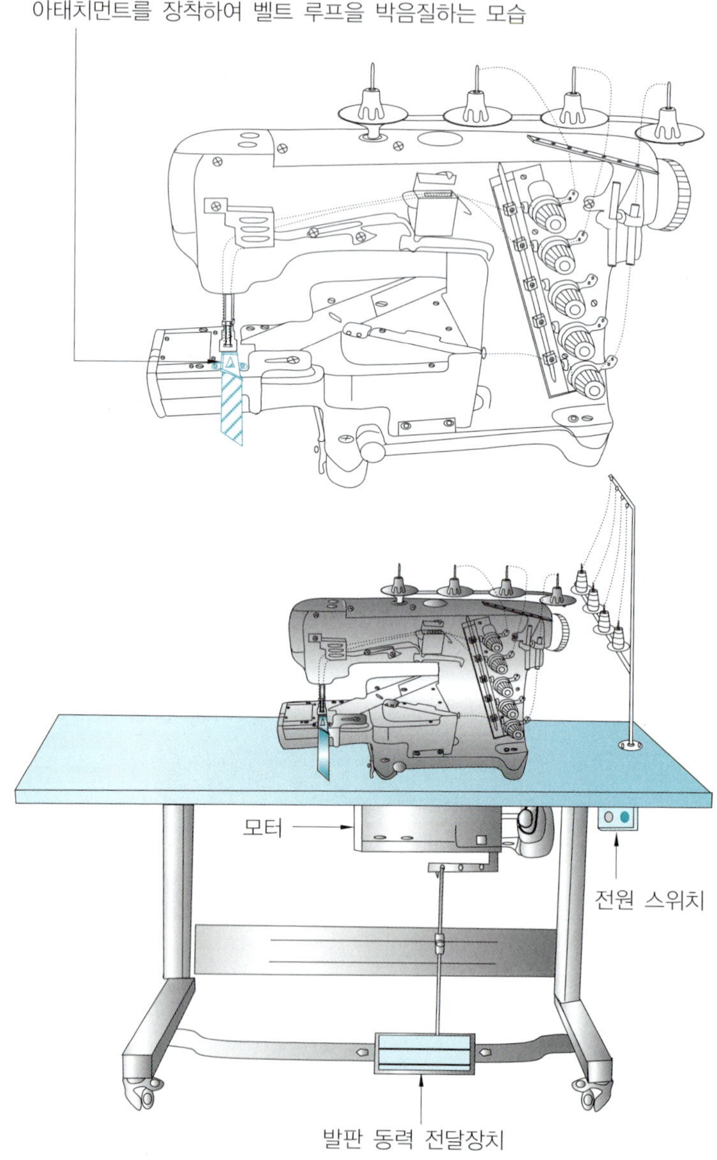

기초 봉제를 위해 필요한 노루발

(아래 그림 참고)

· ①번의 경우 노루발의 역할은 톱니의 뒤로 밀어내는 운동에 맞추어 알맞은 압력으로 작업물을 눌러서 땀수가 건너뛰는 것을 방지하고 퍼커링 현상을 방지하며 안정되게 작업물을 뒤로 보낸다.

· ⑤번의 경우는 초보자도 경력자 못지않게 콘솔 지퍼를 달을 수 있는 기능이 있다.

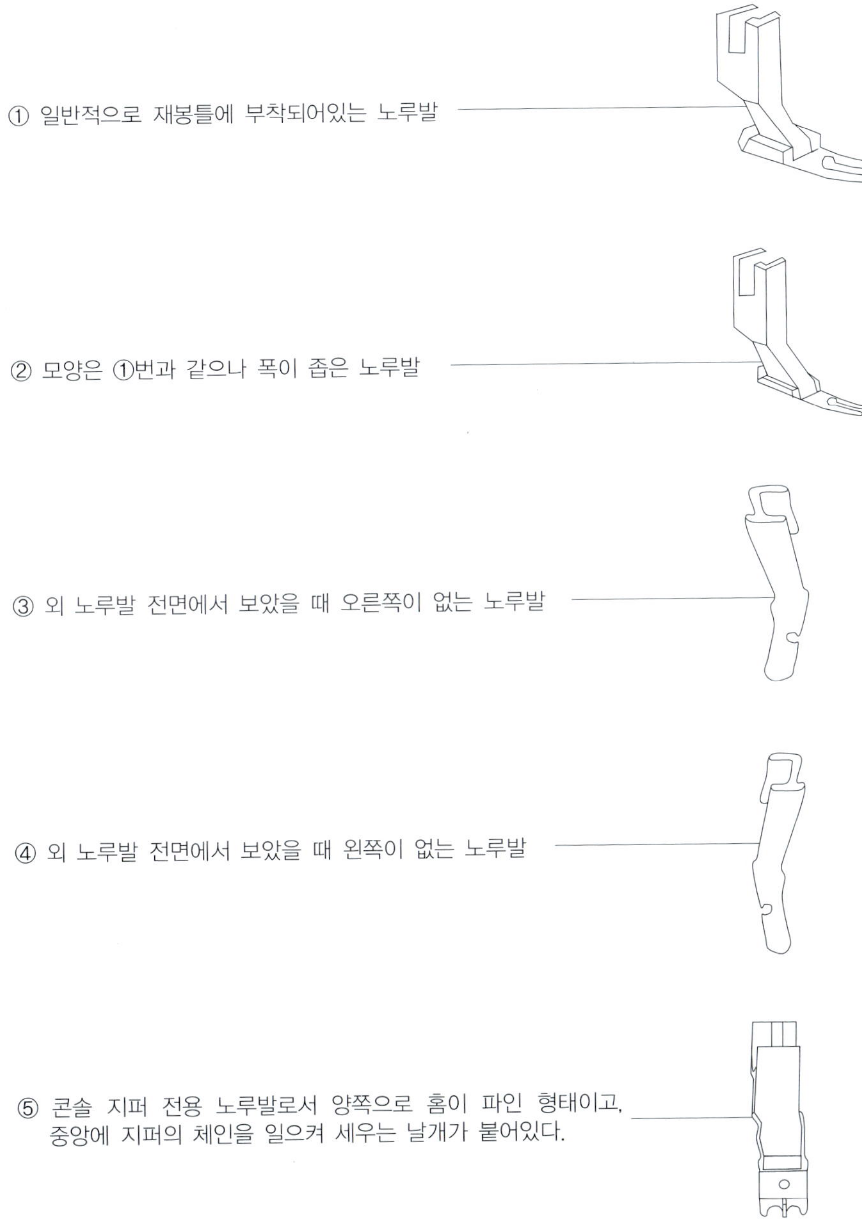

· ⑥번의 경우 ①번과 같은 역할 이외에 스티치를 고속으로 정확하게 박음질 되도록 하는 기능을 갖고 있다.
· ⑦번의 경우 밑단이나 프릴과 같은 끝단을 말아 박음질하는 데 탁월한 기능을 갖고 있다.
· ⑧번과 ⑨번의 경우 커튼이나 식탁보와 같이 가장자리에 셔링을 만들어 처리하는 것을 쉽게 만들 수 있게 한다.
· 노루발의 바닥에 테플론(teflon)을 붙이거나 누르는 부위를 금속이 아닌 수지 재질로 바꾸어 주면 가죽이나 코팅된 원단을 박음질할 때 마찰을 줄이게 되고 퍼커링 현상을 방지하게 된다.

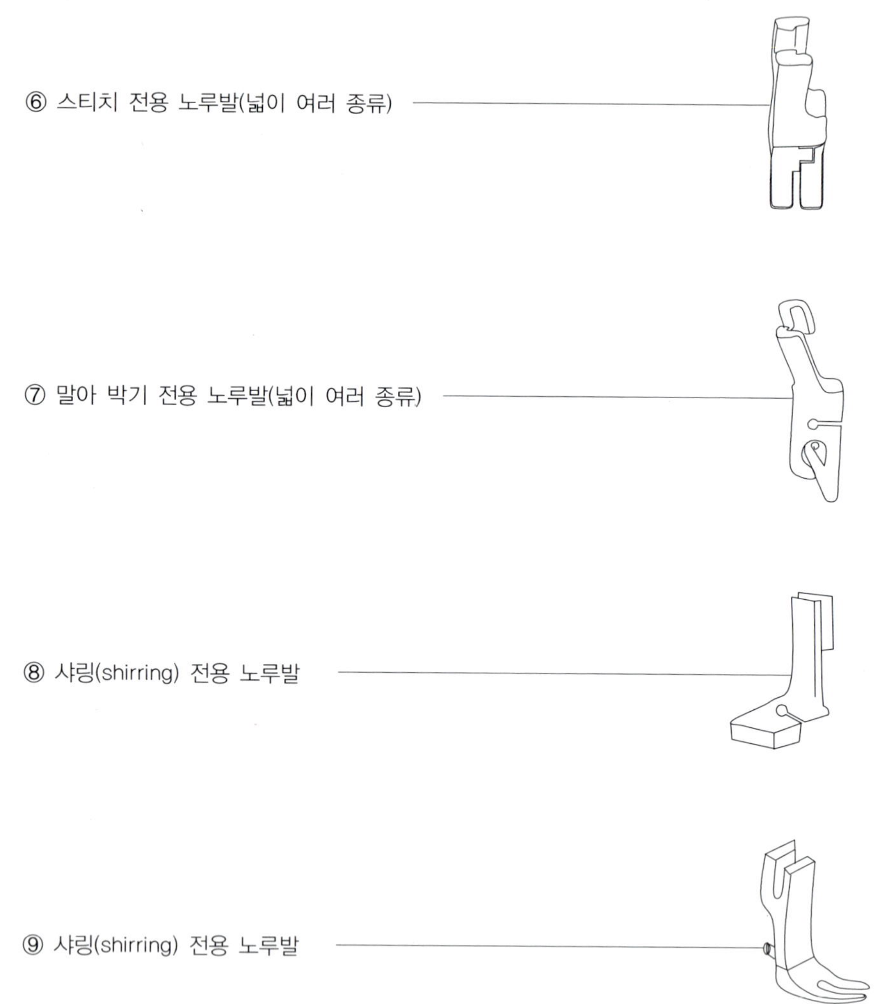

· 앞단, 커프스, 카라 등 끝 박음질이 필요할 때 고속으로 정확하게 박음질되도록 한다.
· 그림과 같이 노루발 오른쪽 안쪽면에 박음질할 부위를 맞닿게 하며 박음질한다.

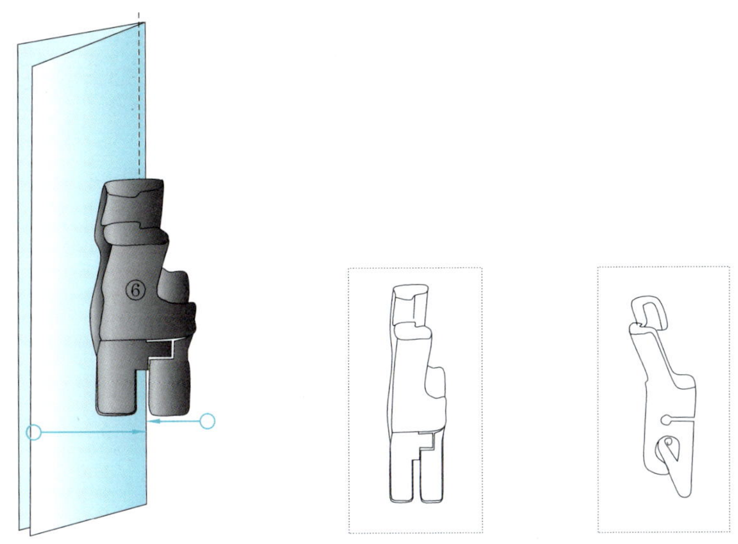

· 얇은 원단에 주로 적용(스커트 밑단)한다.
· 직선 가장자리를 말아 박음질할 때 효과적이다.
· 옆 솔기 등 시접을 합복한 부위는 잘 말아지지 않으므로 시접이 있는 부위는 시접을 갈라
  서 고정시켜 놓고 말아 박음질한다.

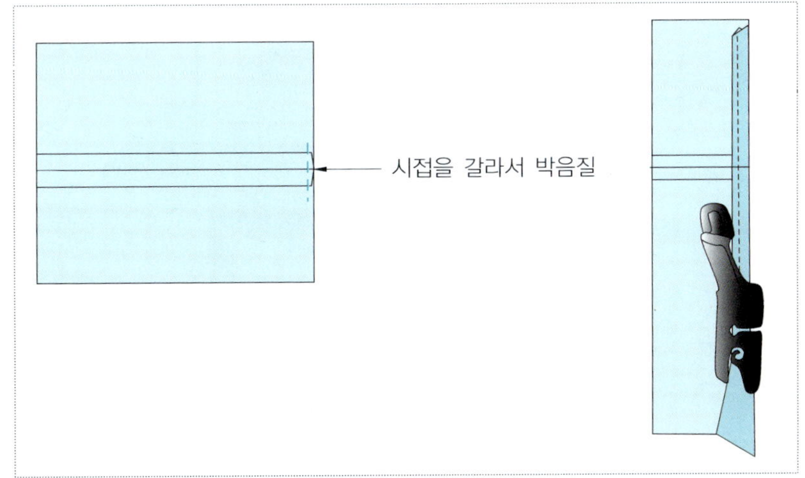

(아래 그림 참고)

· 셔링 스커트를 만들 때 전용 노루발을 사용하면 편하게 작업할 수 있다.

· 노루발을 교체한 후 땀수를 넓게 조정하고, 원하는 길이에 맞게 셔링이 잡히는지 시험 박음질을 하면서 실 장력 조절한다.

· 편의상 아래 ②번 노루발은 뒤편에 있는 나사를 풀어 주거나 조여 주는 역할을 하며, 셔링 분량도 함께 조정된다. 또한 커튼이나 기타 장식용으로 셔링을 잡을 때는 전용 노루발을 사용하는 것이 효과적이다.

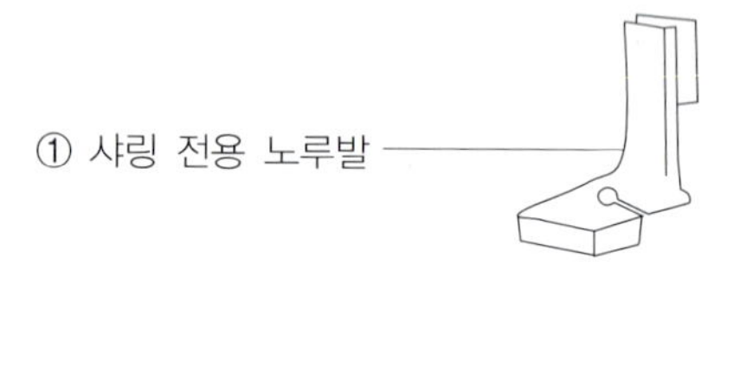

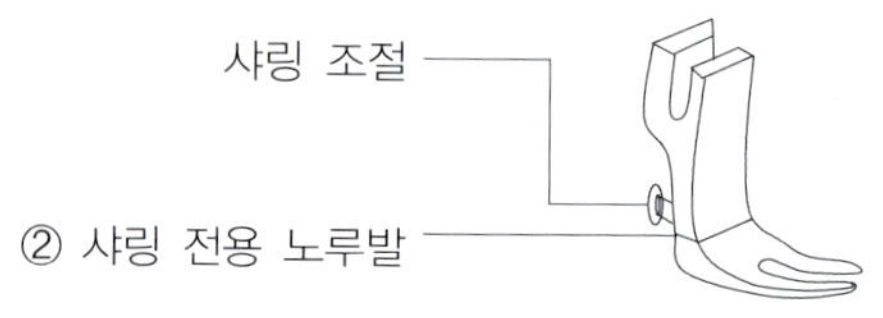

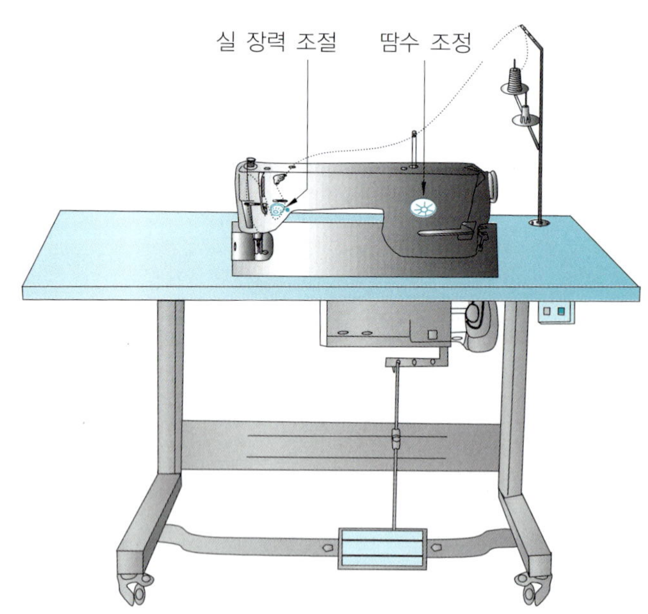

초보자 교육용 박음질 연습은 필자가 해외에서 근무할 때 입수하여 교정과 첨삭을 통해 새로이 다듬어진 것으로 원작자에 대해서 알아보았으나 찾지 못하였다.

- A4 용지 크기로 복사한 후 원단을 A4 용지보다 약간 크게 잘라서 복사한 종이를 원단위에 올려놓고 선을 따라 박음질 연습을 한다.
- 원을 따라 정확하게 선을 밟으면서 박음질해야 하고 서서히 숙달되면서 속도를 높인다.
- 코너에서는 노루발을 들어 정확하게 90도를 돌려서 박음질해야 하고 곡선에서는 멈춤 없이 유연하게 박음질한다.
- 뒷장의 박음질 연습지 (8)번 고정박음질 연습에서 검은 점은 고정 박음질 위치로 검은 점에서 멈추었다가 전진 후진 박음질을 3회하고 다시 전진하는 동작을 반복한다. 이때 고정 박음질 길이가 모두 같아질 때까지 천천히 반복한다. 처음에는 고정 박음질 길이가 길거나 짧거나 하여 일정하지 않으나 반복된 연습을 통해 멈추고 싶은 위치에서 멈출 수 있게 된다.

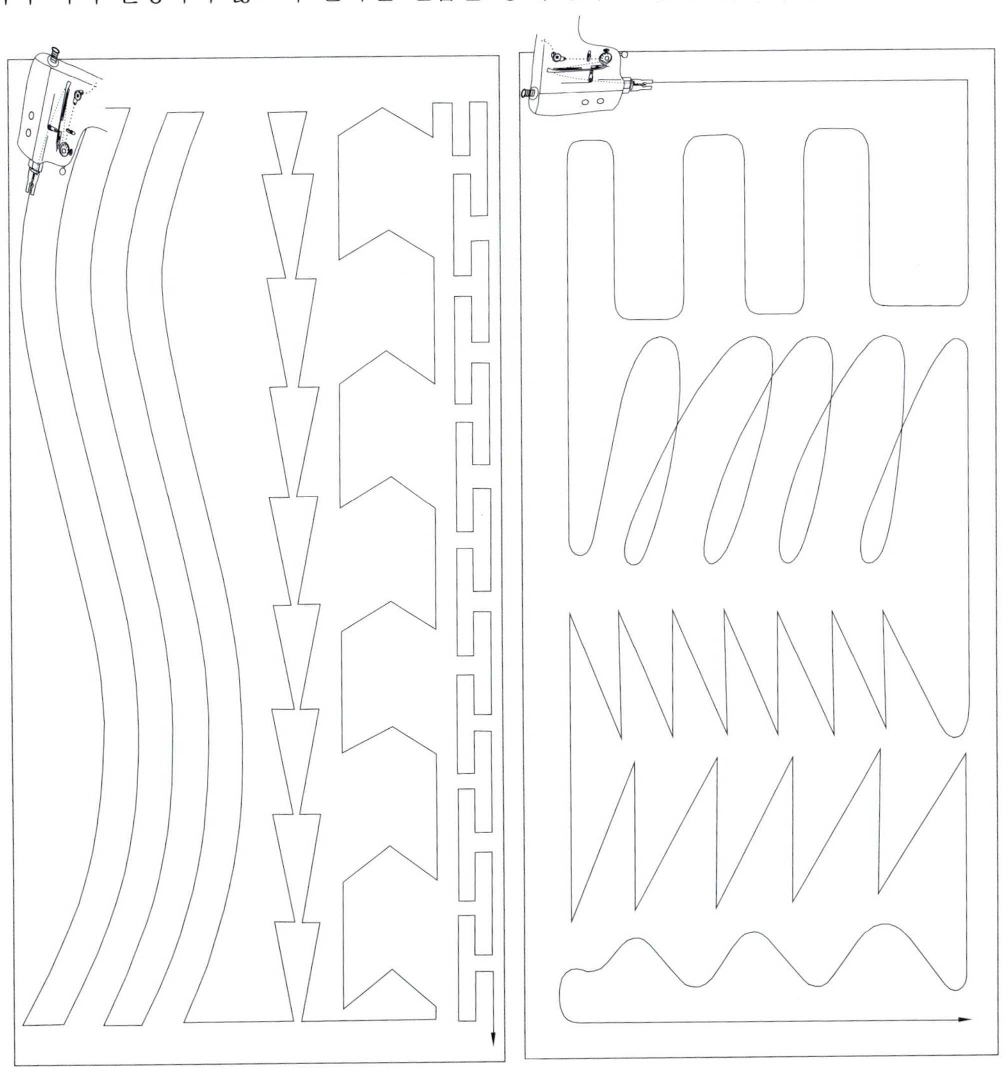

(1) 직선 박음질 연습

(1) 직선 박음질 연습

(2) 곡선 박음질 연습

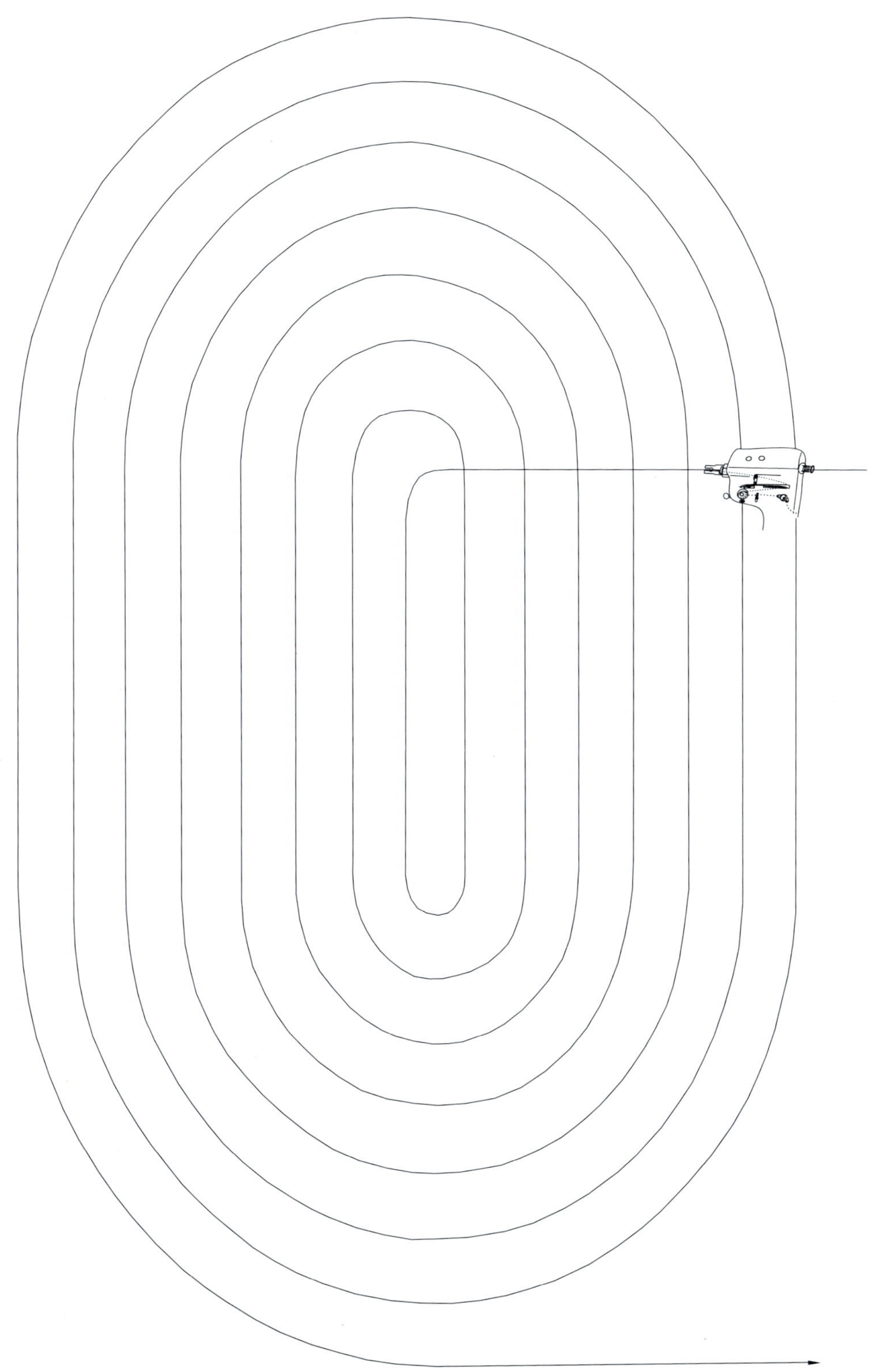

(3) 곡선과 직각의 박음질 연습

 스커트 디자인 & 제작 실무

(4) 유연한 곡선 박음질 연습

(5) 방향 전환 박음질 연습

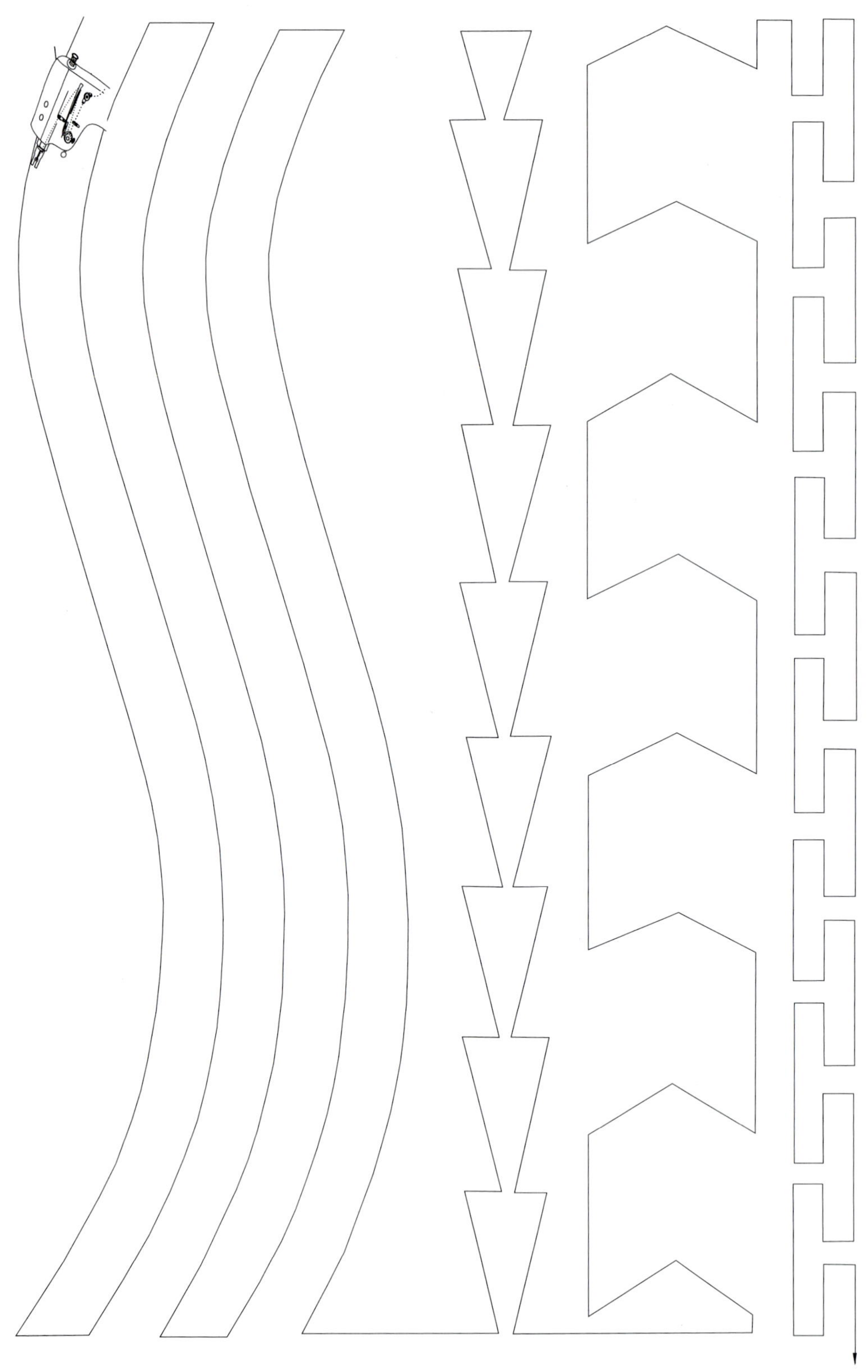

(8) 고정 박음질 연습

검은 점에서 벗어나지 않게 멈추고 출발한다.

제 **2** 장

스커트 기본 실무

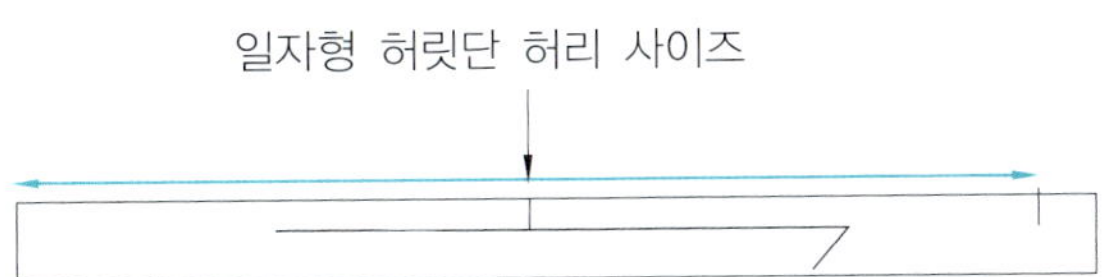

뒤판 다트
3등분한 위치에 다트 분량을 나누어준다.
①번 다트 길이 11.43cm (4"½)
②번 다트 10.16cm (3"½)
앞판 다트
3등분한 위치에 다트 분량을 나누어준다.
①번 다트 길이 10.16cm (4")
②번 다트 8.89cm (3"½)

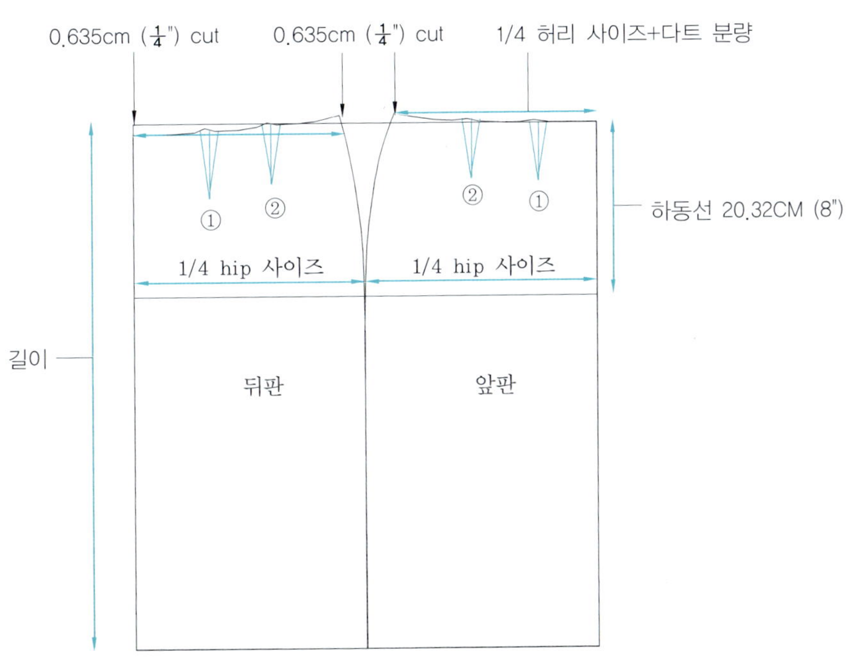

일자형 허릿단 허리 사이즈
0.635cm (¼") cut
0.635cm (¼") cut
1/4 허리 사이즈+다트 분량
①
②
②
①
하동선 20.32CM (8")
1/4 hip 사이즈
1/4 hip 사이즈
길이
뒤판
앞판

앞판 제도의 구분 동작 순서대로 따라하기

· 패턴을 제도하는 종이의 면이 패턴을 배치할 때는 원단의 겉면 위에 놓인다.

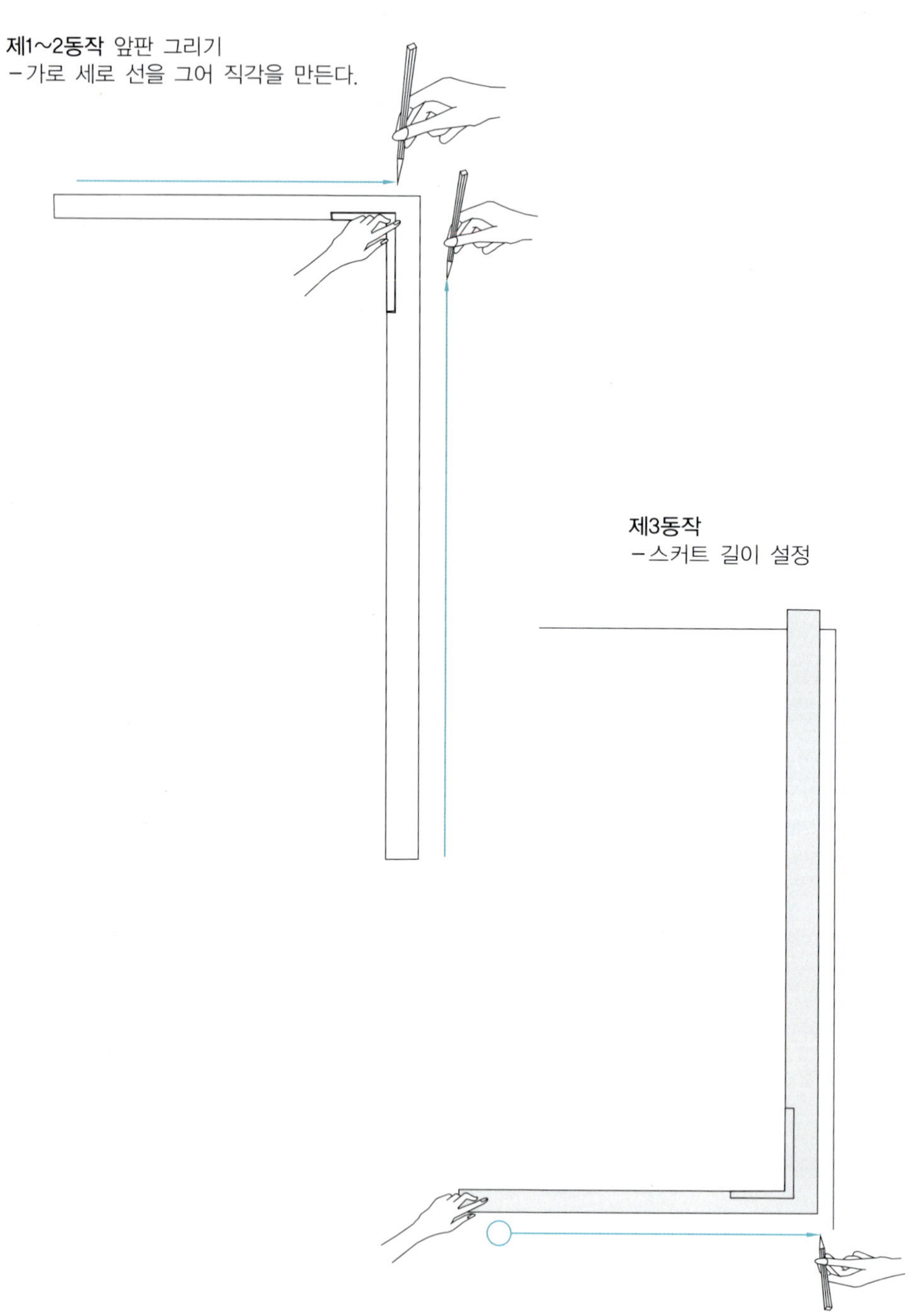

제4동작 하동선 설정하기
－위에서 20cm(8") 내려온다.

제5동작 하동 설정하기(앞판)
－하동 size 1/4을 나아간다.

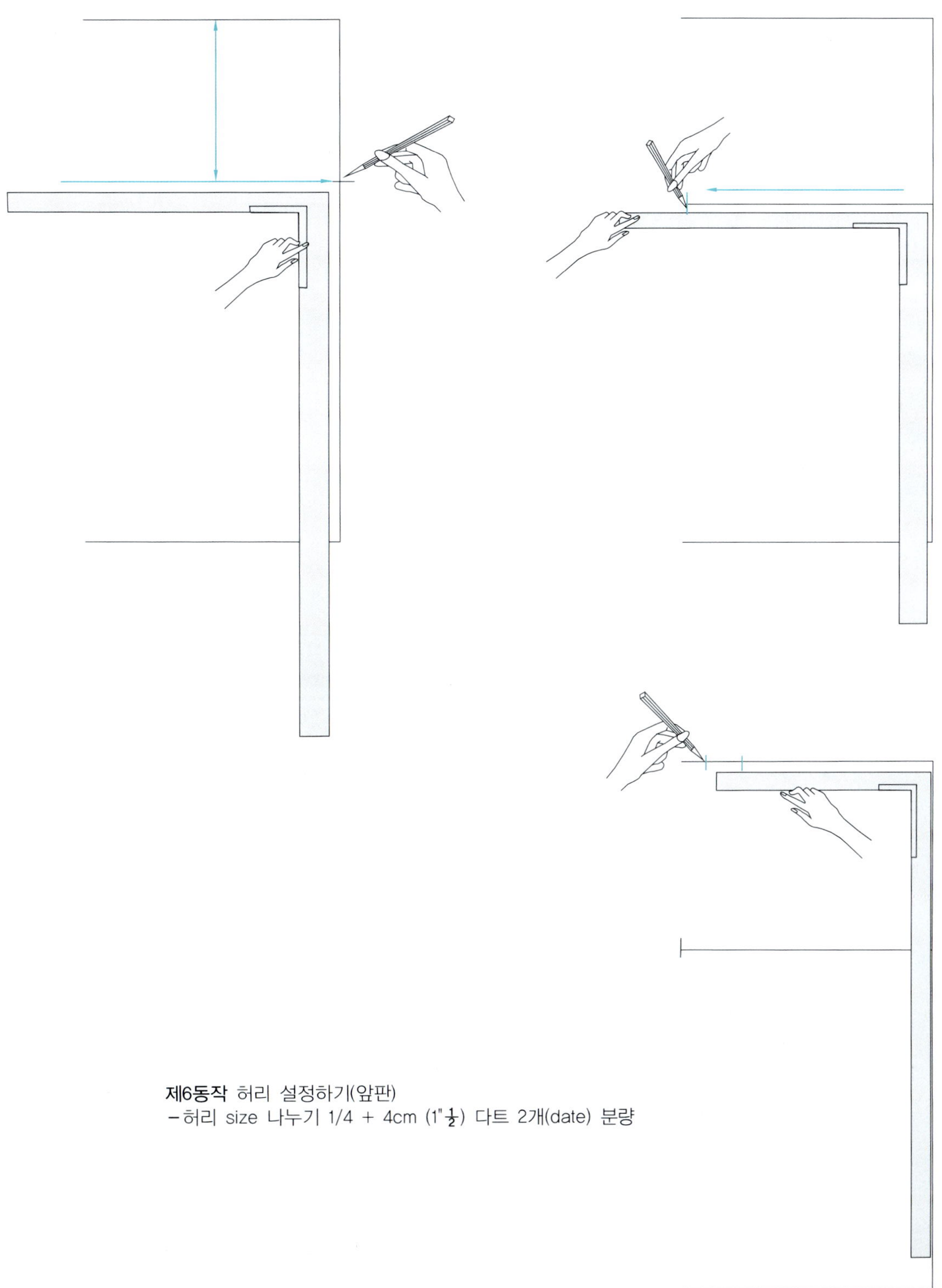

제6동작 허리 설정하기(앞판)
－허리 size 나누기 1/4 + 4cm (1"½) 다트 2개(date) 분량

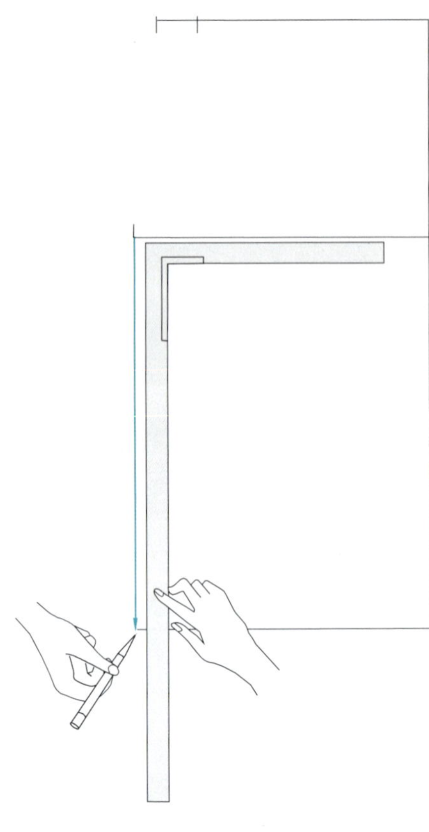

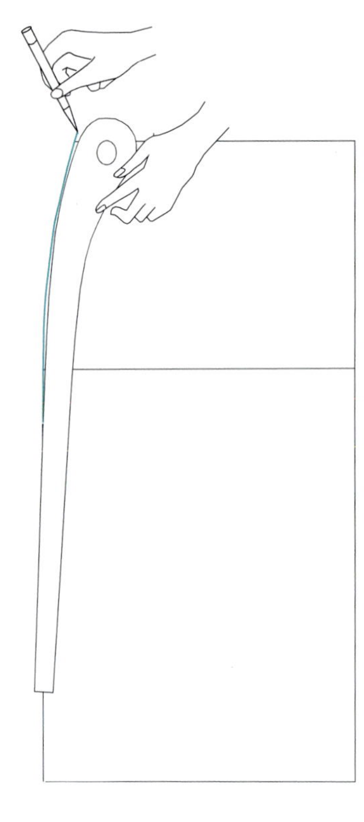

제9동작 앞판 옆 솔기
－0.635cm($\frac{1}{4}$") 올려서 곡자를 놓고 선을 긋는다.

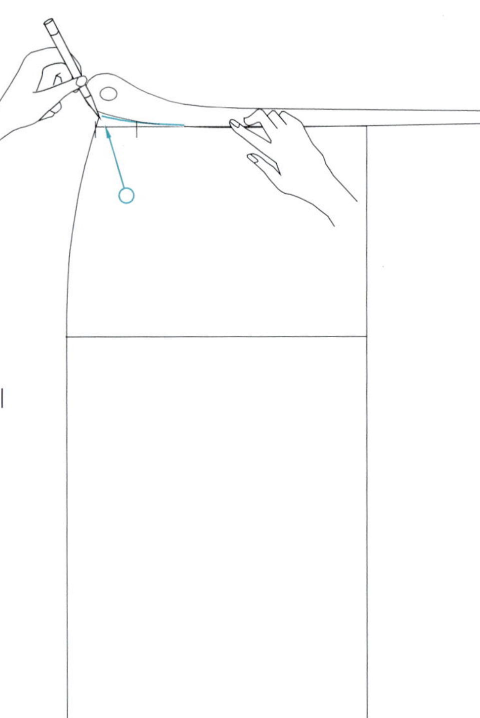

허리선 완성하기
0.635cm($\frac{1}{4}$") 올리는 것은 90°의 각도를 만들기 위해서이다(40~44쪽 참고).

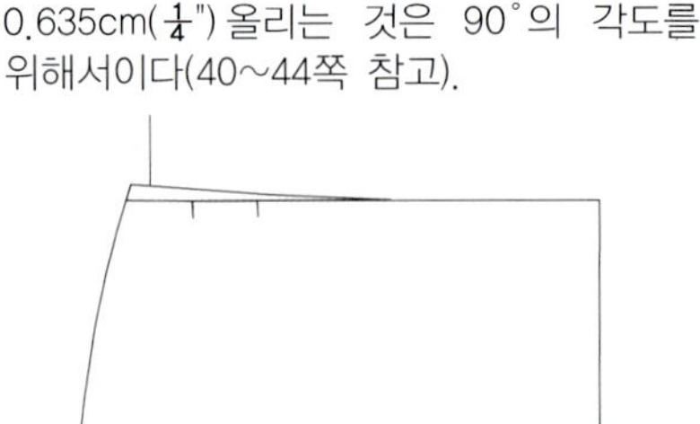

제11동작 앞판
－3등분한 위치에 다트 분량을 나누어준다.
　(a) 다트(date) 길이 : 10.16cm (4")
　(b) 다트(date) 길이 : 8.89cm (3"½)

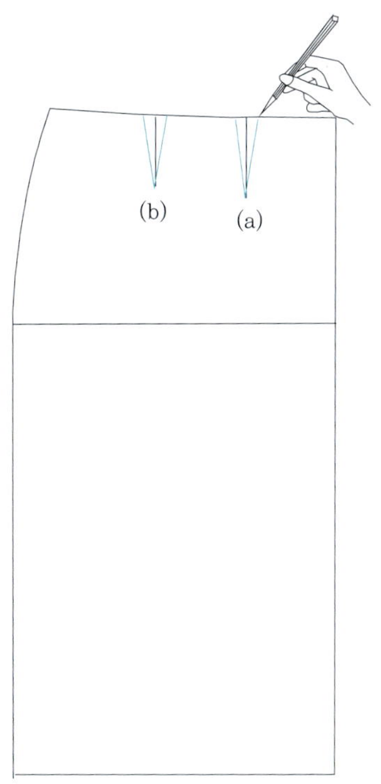

제12동작 앞판
주머니 그려 넣기.
－옆 솔기에서 3.175cm(1"¼) 안으로 주머니 위쪽 표시

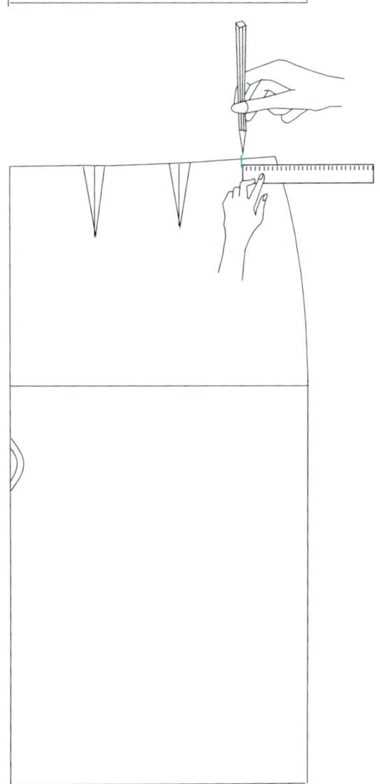

제13동작 앞판
－위에서 수직으로 15.24cm(6") 내려서 주머니 입구 설정

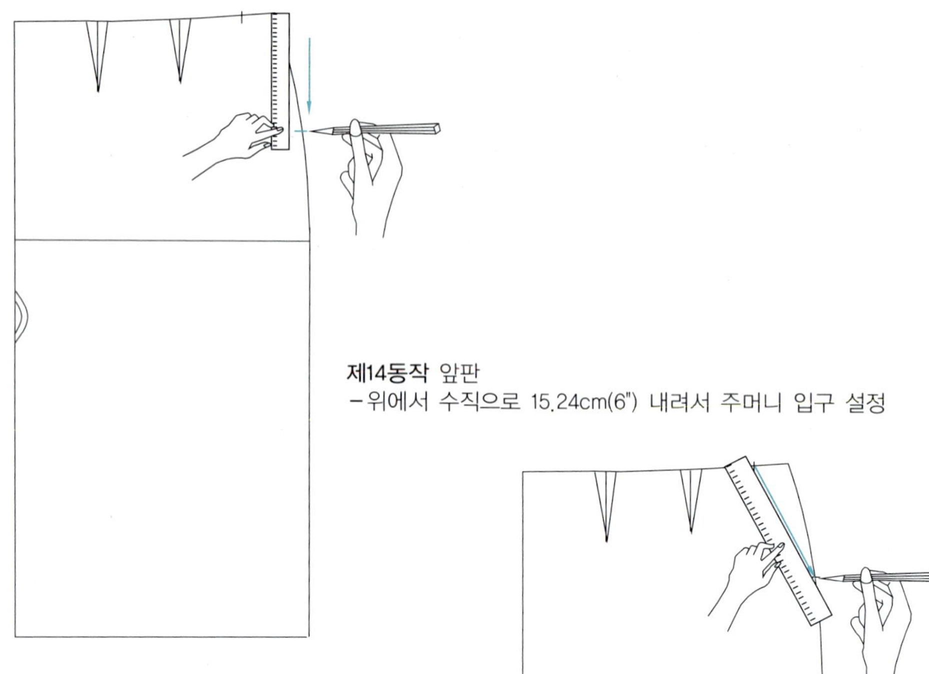

제14동작 앞판
－위에서 수직으로 15.24cm(6") 내려서 주머니 입구 설정

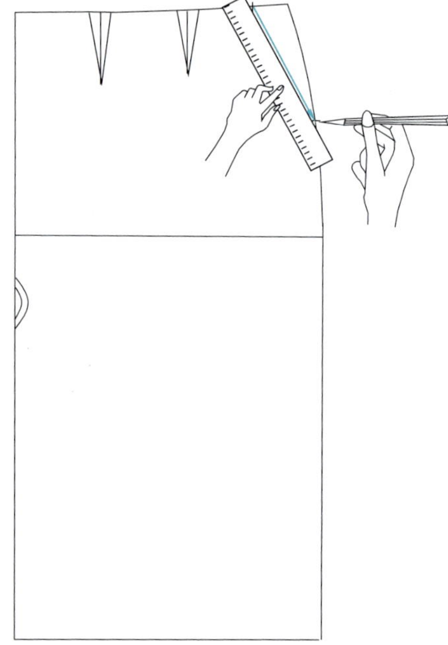

제15동작 앞판
－주머니 넓이와 길이를 그려 넣는다.

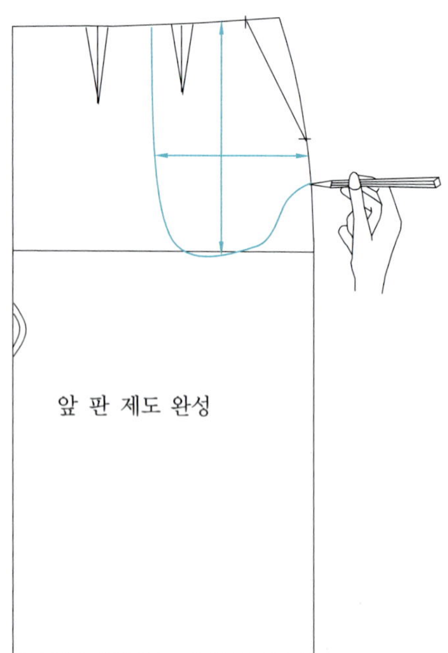

· 허릿단 전체 시접 27cm($\frac{1}{2}$")
· 부위별 시접 넓이, 옆 솔기 모두 1.27cm($\frac{1}{2}$")
· 허리선 외주머니 입구 1cm ($\frac{3}{8}$")
· 밑단 5.08cm(2")
· 뒤 중심 지퍼 부위 2cm($\frac{3}{4}$")
· 뒤트임 겹치는 부위 6.35cm(2"$\frac{1}{2}$)

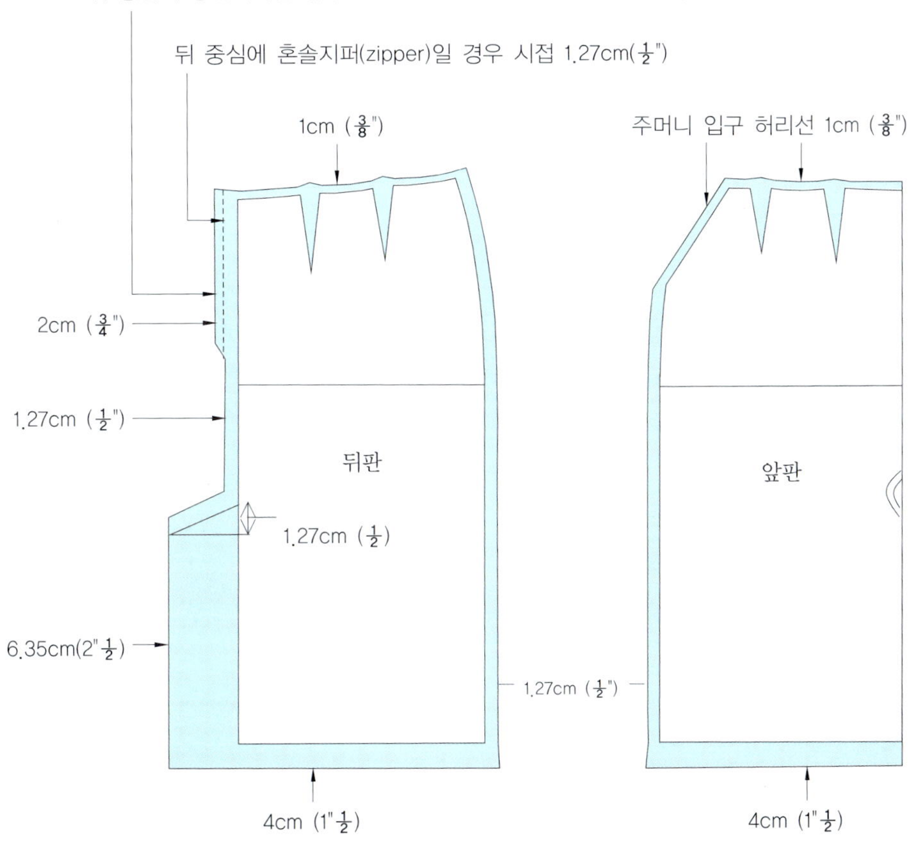

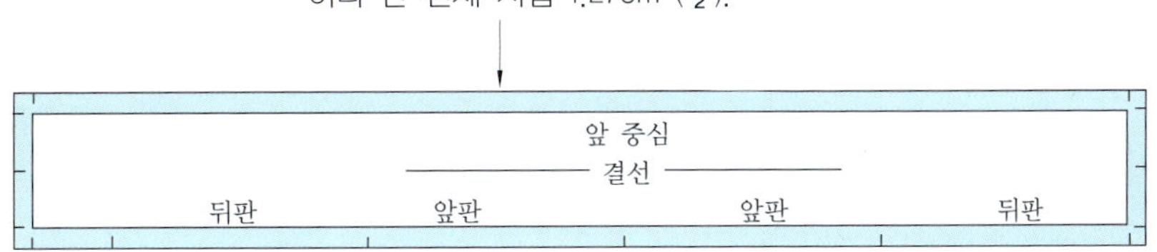

(아래 그림 참고)

① 주머니 입구 아래(under pocket facing)

② 주머니 입구 위쪽 안단(top pocket facing)

③ 위쪽 주머니 안감(top pocket lining)

④ 아래쪽 주머니 안감(under pocket lining)

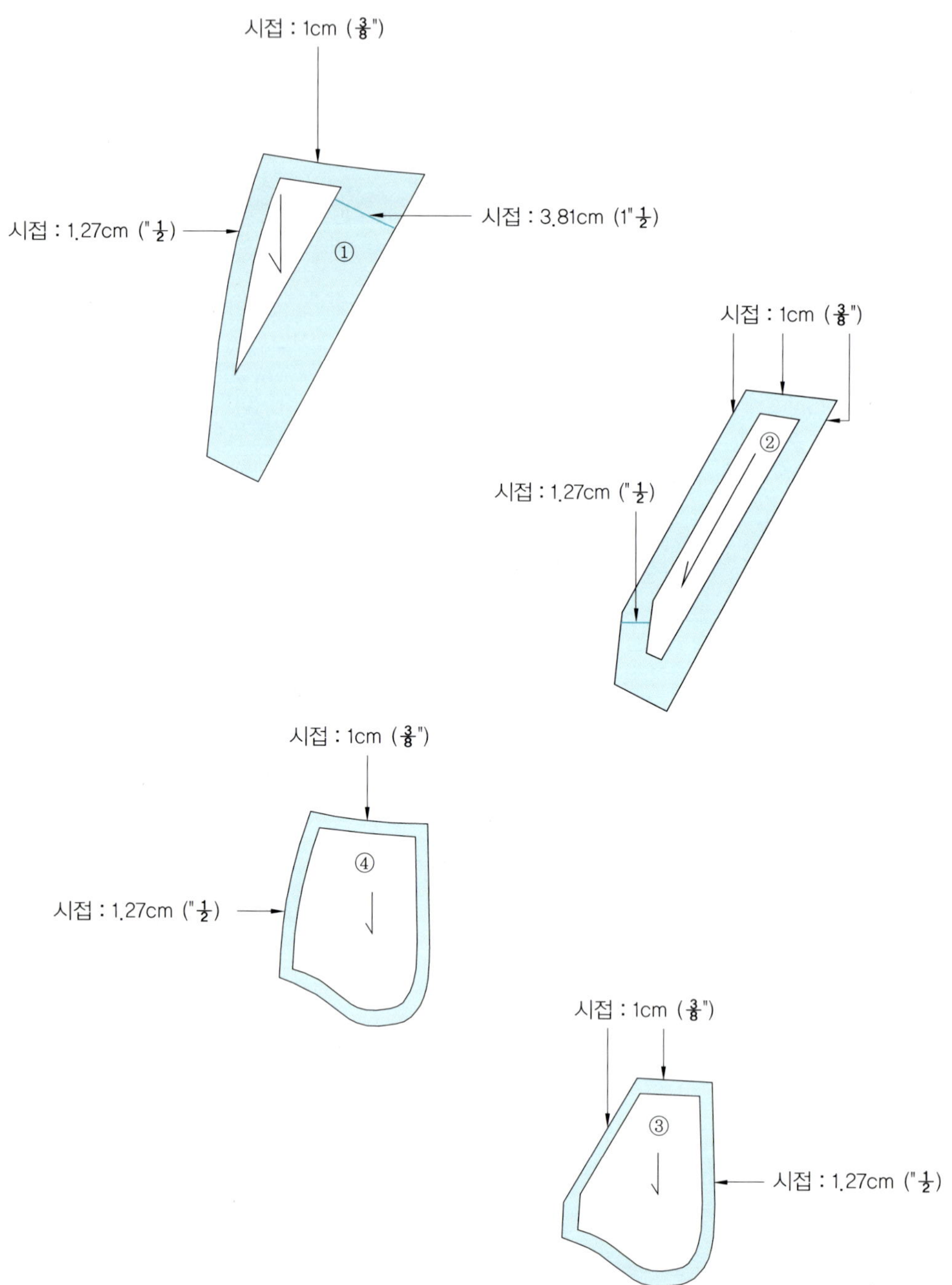

· 앞판과 뒤판이 함께 합복되는 노치 표시는 그림과 같이 패턴을 함께 포개 놓고 노치를 넣어야 하며 길이가 틀릴 경우 이 과정에서 발견되고 조정할 기회를 같게 된다.
· 가운데 들어가는 다트 위치는 노치를 넣을 수 없으므로 실표 뜨기나 다른 방법으로 처리한다.

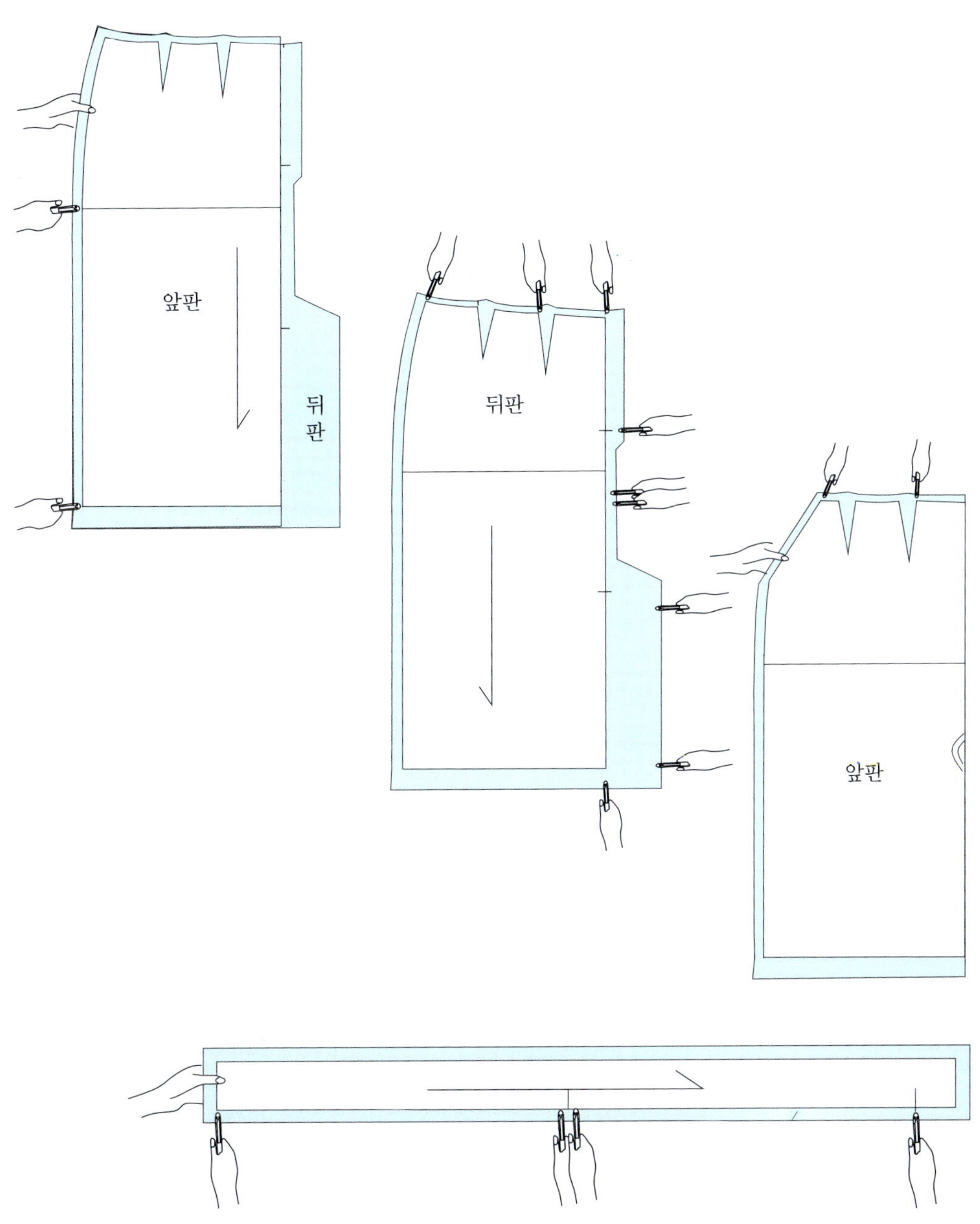

심지(interlining)가 필요한 부위(아래 그림 참고)

① 허릿단 전체 심지

② 뒤중심 지퍼 왼쪽과 오른쪽(zipper length). 몸판쪽으로 0.635cm($\frac{1}{4}$") 넘어가고 밑으로 1.9cm($\frac{3}{4}$")내려가게 제도로서, 중심 시접 넓이가 1.9cm($\frac{3}{4}$")이면 심지 넓이는 2.54cm(1")가 되며 중심 시접 넓이가 1.27cm($\frac{1}{2}$")이면 심지 넓이는 1.9cm($\frac{3}{4}$")이 되어야 한다.

③ 뒤트임 착용 시 왼쪽(vent length) 몸판 쪽으로 1.27cm ($\frac{1}{2}$") 넘어가게 제도한다.

④ 뒤트임 착용 시 오른쪽(vent length) 넓이 1.27cm ($\frac{1}{2}$")로 한다.

⑤ 뒤트임 정 위치 가로×세로 2.54cm(1")

⑥ 옆주머니 몸판 입구 심지 넓이 1.9cm($\frac{3}{4}$")

심지의 결선 관찰

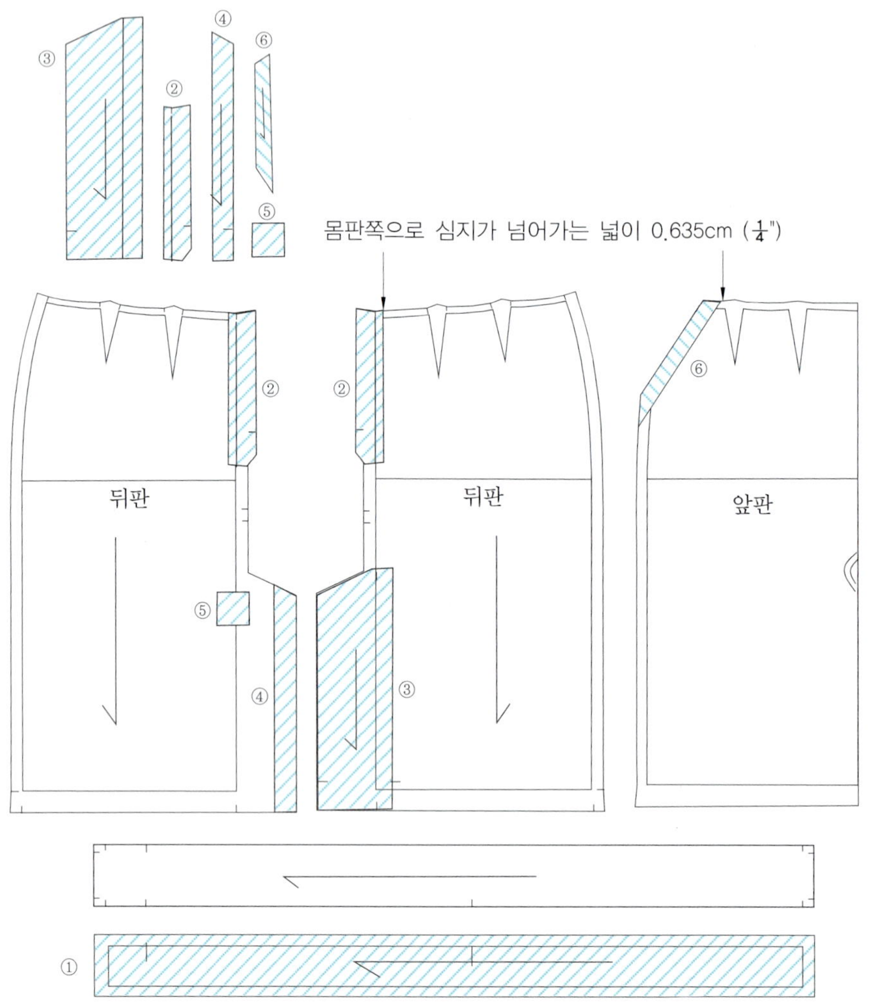

트임의 방법은 겹트임과 맞트임 방법이 있으며, 스커트 뒤트임은 겹쳐지는 분량(vent overlap)이 있는 트임을 많이 채택한다.

겹트임

스커트 뒤 중심, 재킷 뒤 중심, 코트 뒤 중심 등에 적용하는 방법으로 안감을 각지게 처리하는 방법과 사선으로 처리하는 두 가지 방법이 있다(그림 참조).

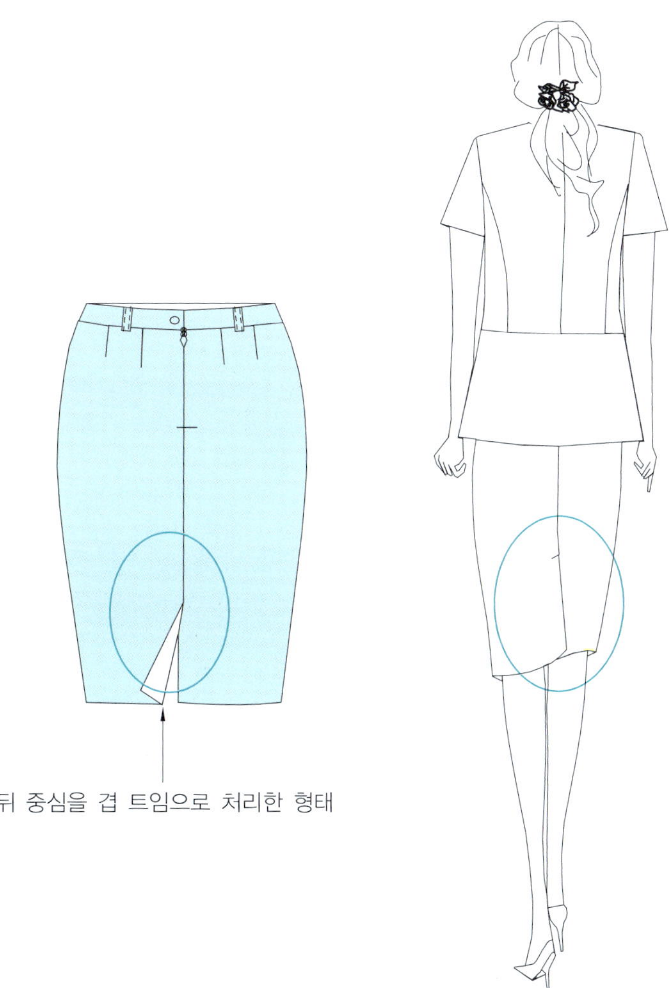

뒤 중심을 겹 트임으로 처리한 형태

· 겹트임 부분의 안감 처리를 그림 ①처럼 각진 형태로 처리한 형태

  장점 : 일자 형태 보다는 시각적으로 보기에 좋다.

  단점 : 수선이 불가능하다.

   – 겉감이 수축되어 안감이 상대적으로 길어져서 안감이 늘어지는 현상이 발생할 때 고칠 수 없다.

   – 반대로 겉감이 늘어지는 현상이 발생하여 안감이 상대적으로 짧아졌을 때 고칠 수 없다.

· 겉감이 늘어지거나 짧아지거나 할 때 안감의 트임 길이를 조정할 수 없고, 안감이 매우 얇아서 각진 부분을 가위집을 넣어야 하며, 돌려서 박음질할 때 조금만 실수를 해도 올이 당겨지거나 가위집을 넣은 부분이 풀어지거나 하는 등의 문제가 발생할 수 있고, 일단 문제가 생기면 조치할 수 있는 방법이 전혀 없다.

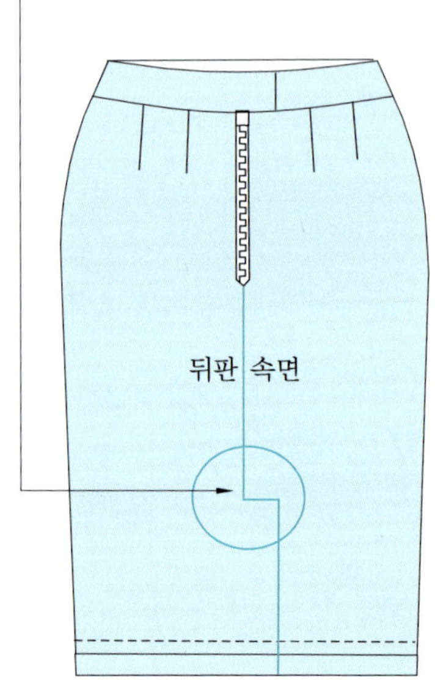

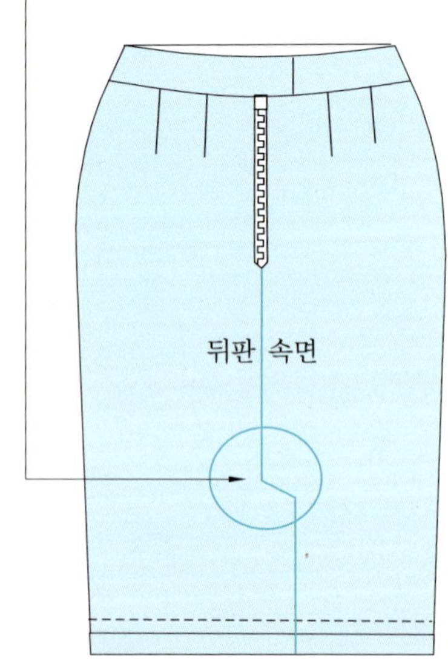

· 겹트임 부분의 안감 처리를 아래 그림처럼 사선으로 처리한 형태

  장점

  - 겉감이 수축되어 안감이 상대적으로 길어져서 안감이 남게 되면 트임 부분을 위쪽으로 올려서 박음질하여 길이를 조정할 수 있다.
  - 겉감이 늘어져서 안감이 상대적으로 짧아졌을 때 안감의 트임 부분 아래로 내려서 박음질하여 길이를 조정할 수 있다.

· 겉감이 늘어지거나 겉감이 짧아지거나 할 때 안감의 트임 길이를 조정할 수 있고, 가위집을 넣지 않으므로 불량 발생 가능성이 없으며, 실용성과 생산성, 형태 안전성 등에서 안전한 작업 방법이다.

  단점

  - 각이진 형태보다 시각적인 품질이 떨어진다.

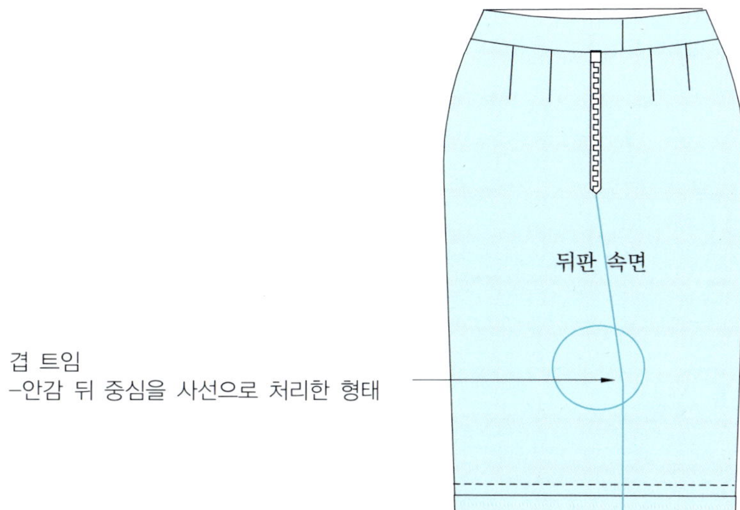

· 공통 사항

　– 겹트임 부분의 안감을 제도할 때 그림과 같이 부위별로 여유를 주어야 한다.

　– 지퍼 부위와 안감과 트임 부분과 안감을 합복할 때 기본적으로 안감에 약간의 여유
　　량이 필요하다(44쪽 참고).

　– 지퍼 부위와 트임 부분의 중간은 겉감과 안감이 서로 떨어져 있는 상태로 이 부분도
　　안감이 겉감보다 약간 길어야 한다.

　– 안감은 겉감과 합복할 때 필연적으로 여유량이 필요하게 되며, 필요한 만큼 여유량
　　을 제도 과정에서 주지 않으면 회복할 수 없는 불량으로 이어진다.

　– 겉감은 줄어들기도 하고 늘어나기도 하여 신축성이 있으나, 대개의 안감은 신축성이
　　없어서 겉감이 신축으로 늘어나면 안감은 상대적으로 적어지며 겉면이 당기는 현상
　　이 생긴다.

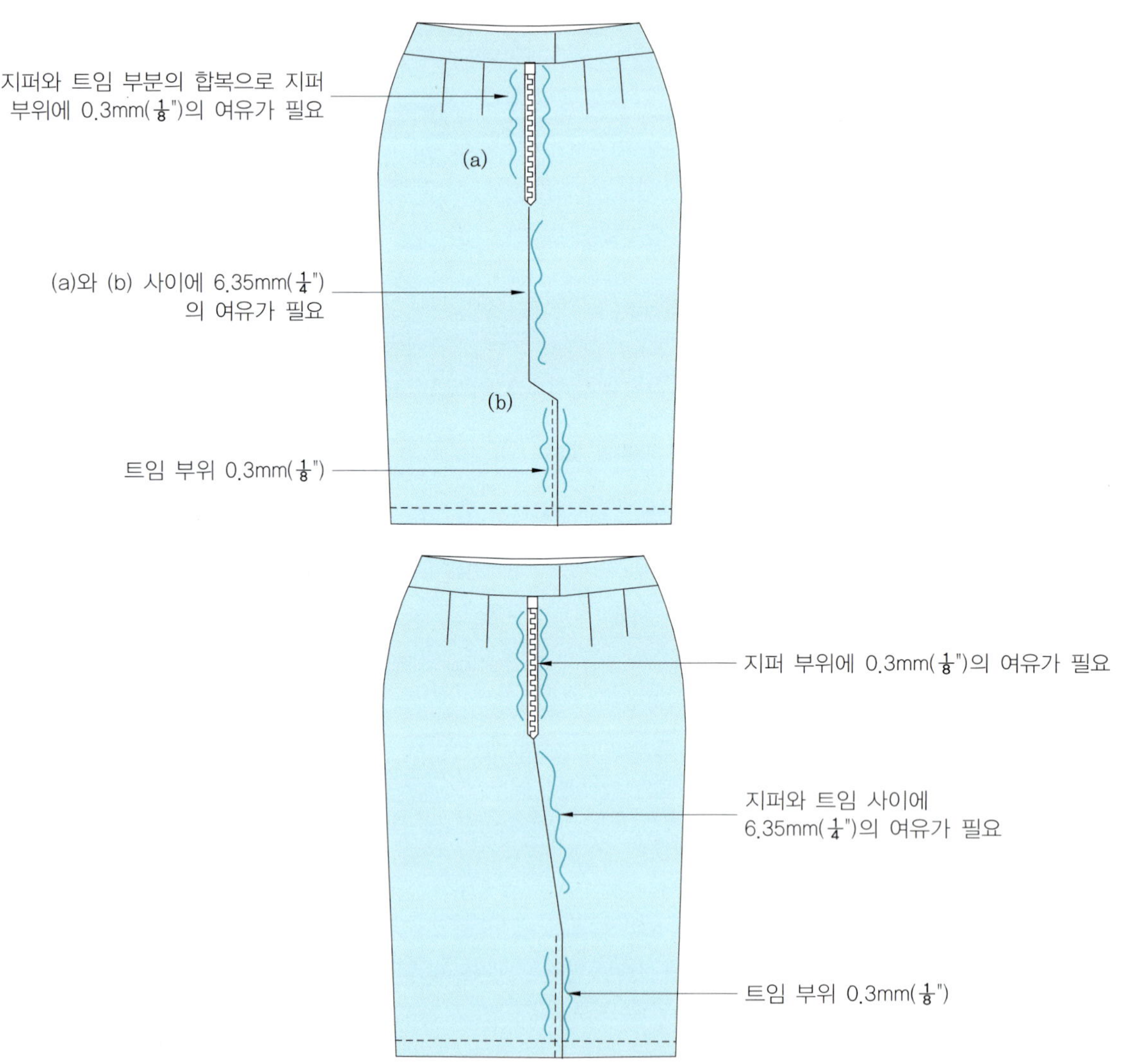

각진 형태

안감 제도

– 제도된 몸판 패턴 뒤판을 두 장을 복사하여 왼쪽과 오른쪽으로 나눈다.
– 트임 여미는 분량(vent overlap)을 그림과 같이 접어서 잘라낸다(착용 시 왼쪽이 되는 패턴).

· 한쪽을 파냄으로써 왼쪽과 오른쪽 패턴 완성
· 왼쪽과 오른쪽 패턴의 형태가 다르게 제도되는 경우 패턴지에 선을 긋는 면이 재단할 때 겉면이 되어야 한다.
· 제도하는 과정에서 왼쪽과 오른쪽 패턴을 뒤집어서 모양을 보는 것은 방향을 잘못 생각할 수 있는 가능성이 매우 높고, 의류 CAD에 입력할 경우에도 패턴에 선이 있는 쪽을 겉면으로 인식시키며 재단 과정에서도 항상 원단의 겉면에 선이 그려져 있는 패턴을 올려놓고 자르기 때문에 제도할 때부터 이 부분을 인식하고 있어야 한다.

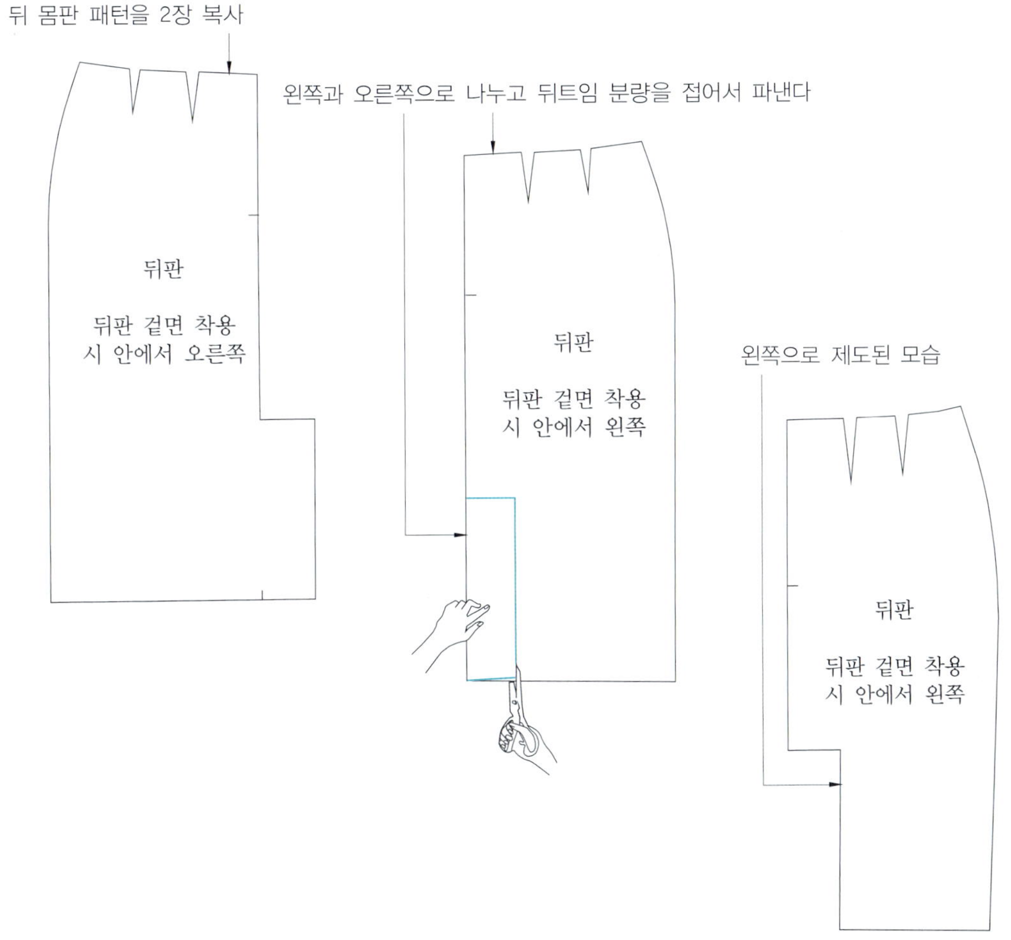

-① 뒤판 ② 뒤판 모두 지퍼 포인트에서 1.9cm($\frac{3}{4}$)를 밑으로 내려가서 트임 위치를 설정
-① 뒤판 ② 뒤판 모두 트임 부분 각진 위치에서 절개선을 설정

지퍼 부위 안감을 몸판과 합복할 경우 지퍼 길이에서 1.9cm($\frac{3}{4}$)를 밑으로 내려가서 트임 위치를 설정하는 것은 대단히 중요하며, 지퍼 길이와 안감 트임 길이가 같으면 안감을 합복할 수 없게 된다.

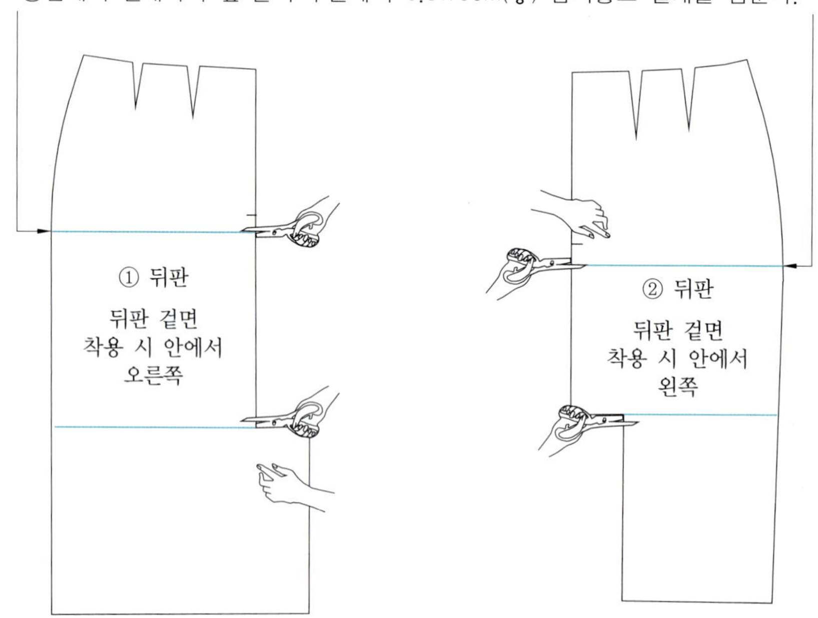

- 절개한 넓이의 중간에서 지퍼 끝과 트임의 각이 지는 포인트가 설정되어야 한다.
- 2개의 절개선이 0.635cm($\frac{1}{4}$")씩 벌려 주었고, 중간에서 위치가 설정되면 자연스럽게 위쪽과 아래쪽으로 0.3mm($\frac{1}{8}$")이 분배되어 중간에 0.635cm($\frac{1}{4}$")이 남게 된다.
- 지퍼 합복 부위 여유분은 0.3mm($\frac{1}{8}$")이다.
- 지퍼 끝부분에서 트임 위치까지 여유분은 6.35mm($\frac{1}{4}$")이다.
- 하단 트임 부분 안감의 여유분은 0.3mm($\frac{1}{8}$")이다.

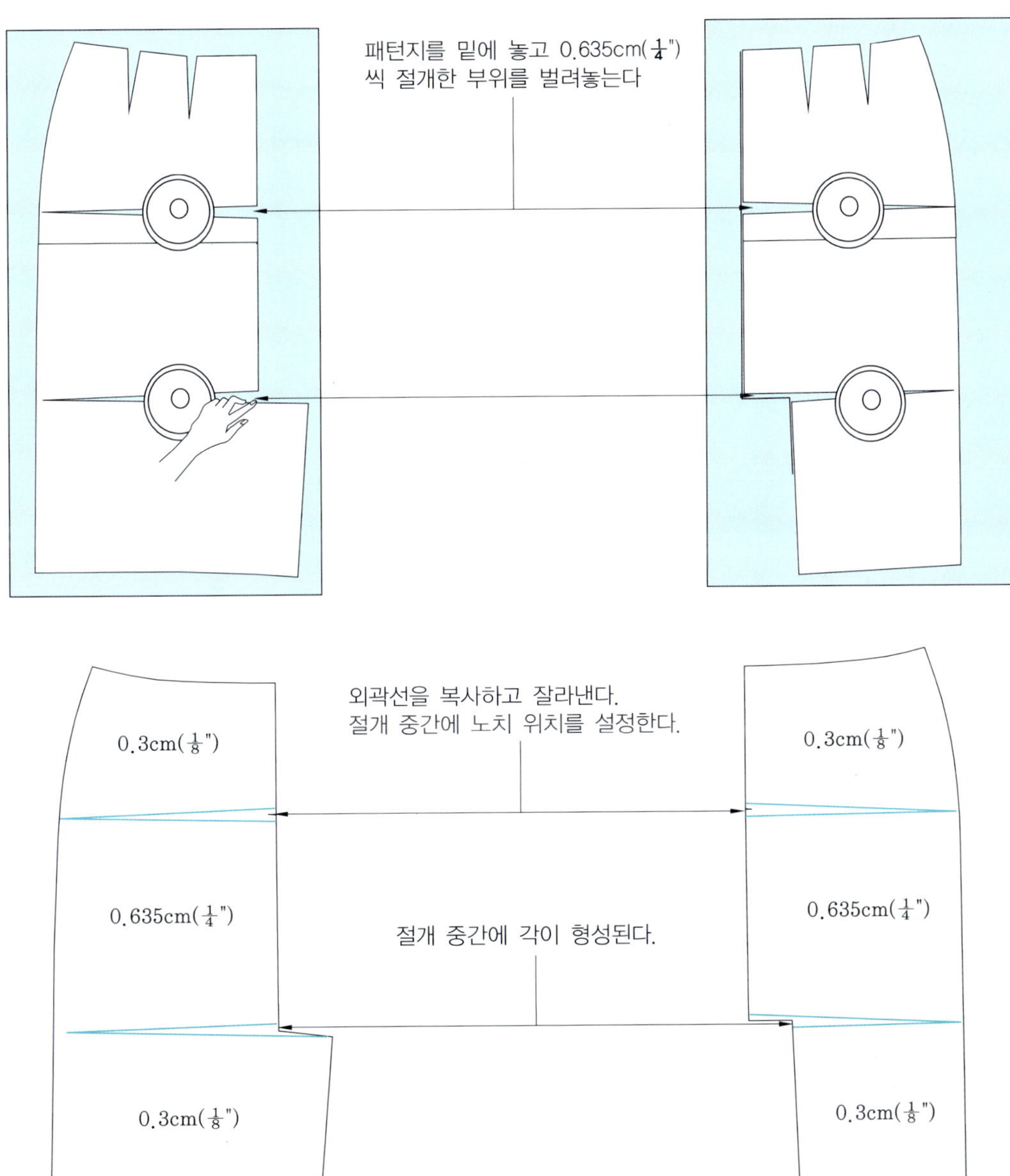

부위별 시접 넓이는 다음과 같다.

- 허리선 1cm($\frac{3}{8}$")

- 옆 솔기, 밑단, 중심은 모두 1.27cm($\frac{1}{2}$")

- 안감 밑단은 1.27cm($\frac{1}{2}$") 접고, 다시 1.27cm($\frac{1}{2}$") 을 접어서 박음질한다.

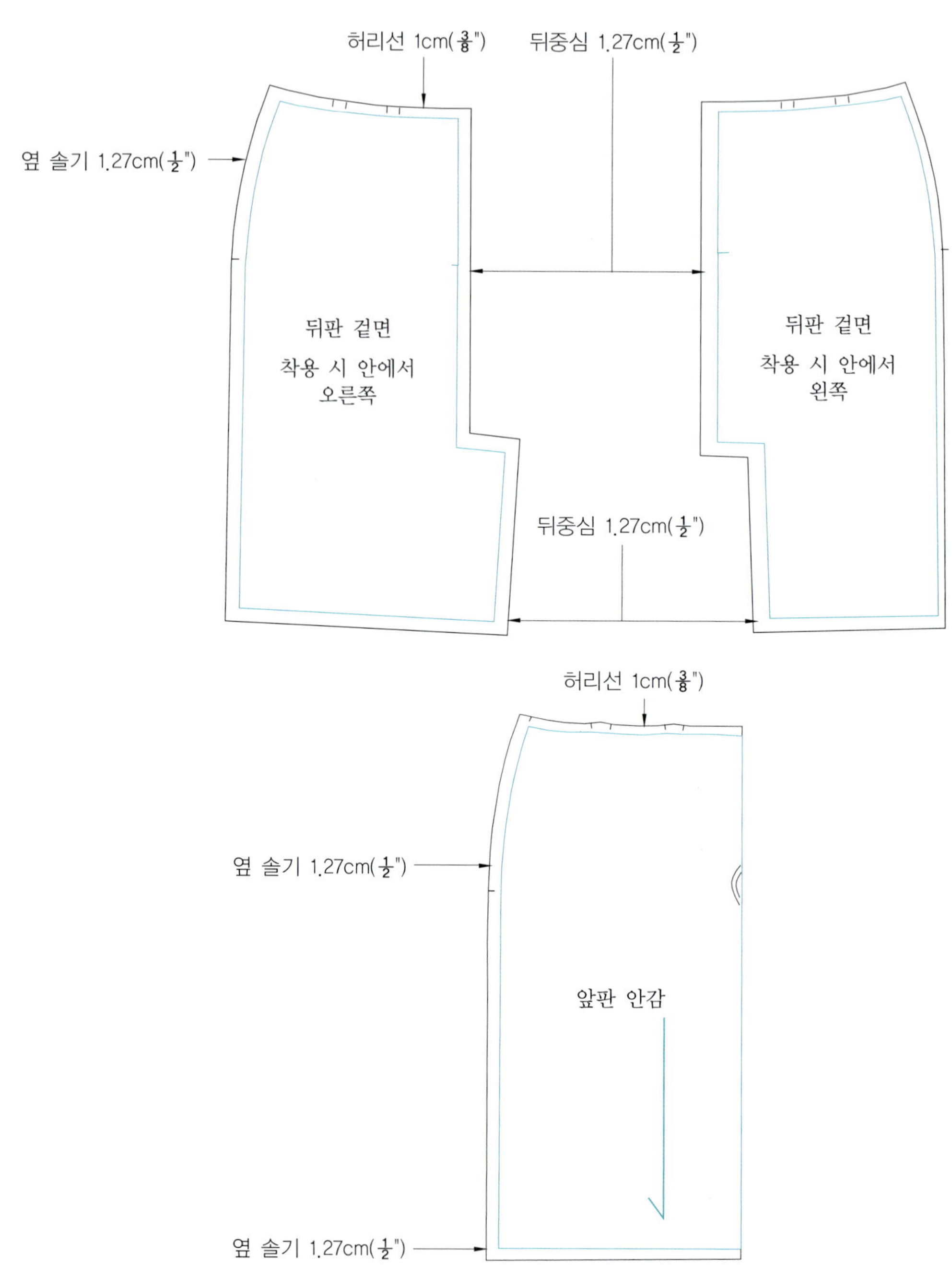

- 앞판과 뒤판이 함께 합복되는 노치 표시는 패턴을 함께 포개 놓고 노치를 넣어야하며,
  합복 위치의 길이가 맞지 않을 경우 이 과정에서 자연스럽게 해결된다.
- 뒤판끼리 엎어 놓고 지퍼 위치와 중간에 1.25cm($\frac{1}{2}$") 간격으로 두 개를 넣어 뒤판이라
  는 표시를 한다.
- 뒤판 두 장 앞 판 한 장 모두 3장을 밑에서부터 맞추어 포개 놓고 한 번에 노치를 넣어 준다.
- 주머니 패턴 합복 지점을 함께 노치를 표시한다.

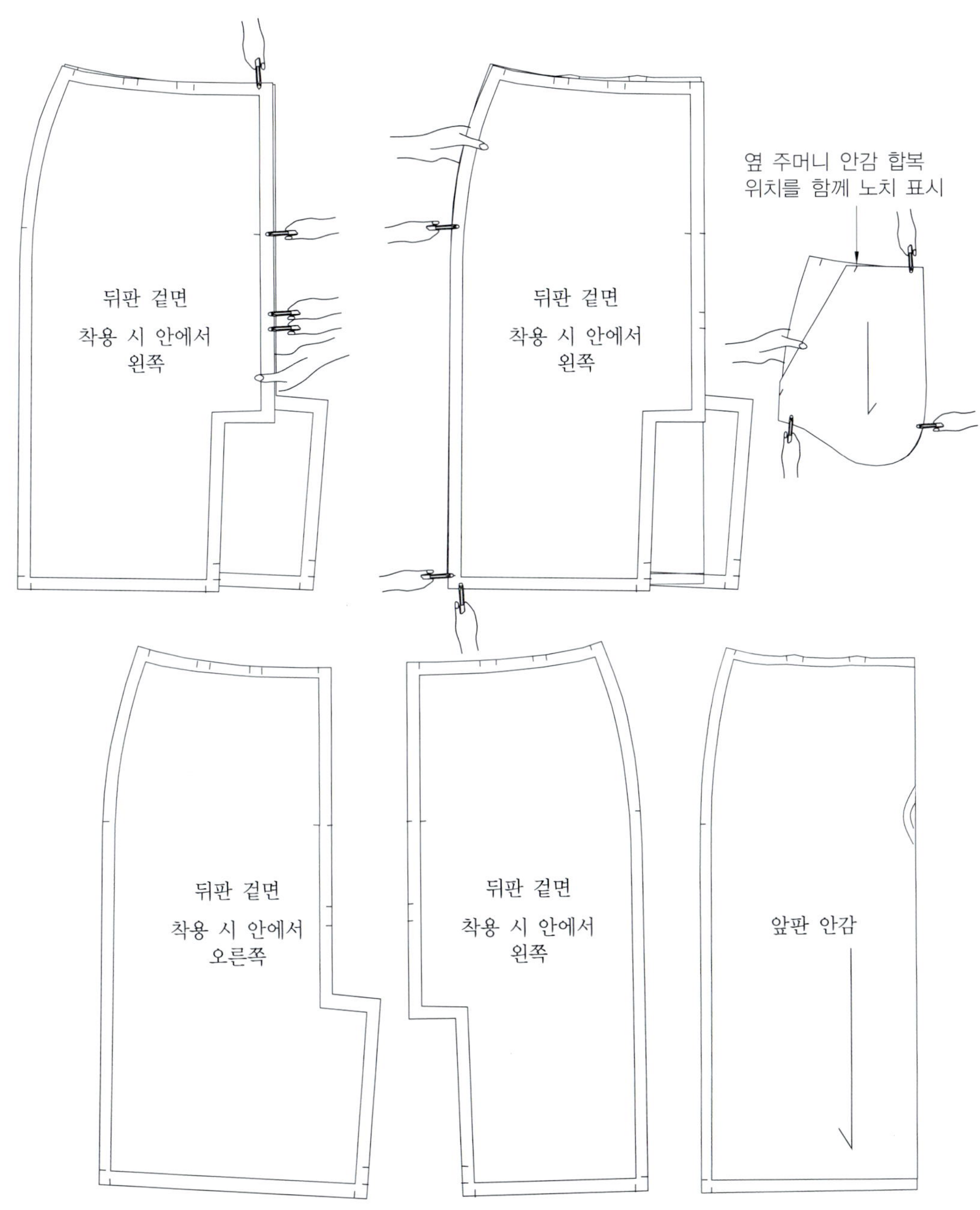

　여유량을 주는 방법이나 제도 방법은 각진 형태와 같으며 최종적으로 화살표처럼 사선으로 선을 그어 합복점을 각진 형태에서 사선 형태로 바꾼다(아래 그림 화살표 참고).

안감 트임의 사선 형태 완성

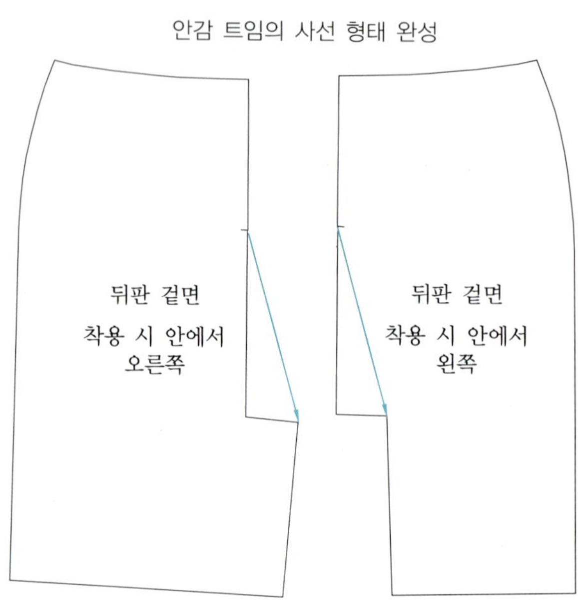

안감 트임의 사선 형태 완성

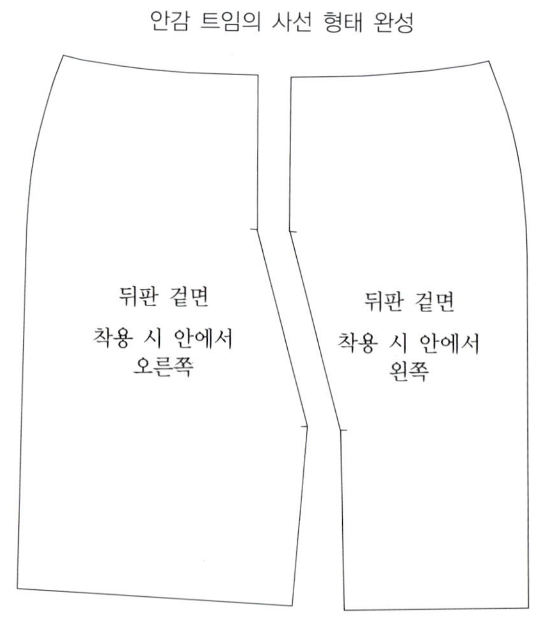

부위별 시접과 부위별 노치 표시

－허리선 1cm($\frac{3}{8}$")

－옆 솔기, 밑단, 중심은 모두 1.27cm($\frac{1}{2}$")

－안감 밑단은 1.27cm($\frac{1}{2}$") 접고, 다시 1.27cm($\frac{1}{2}$")을 접어서 박음질한다.

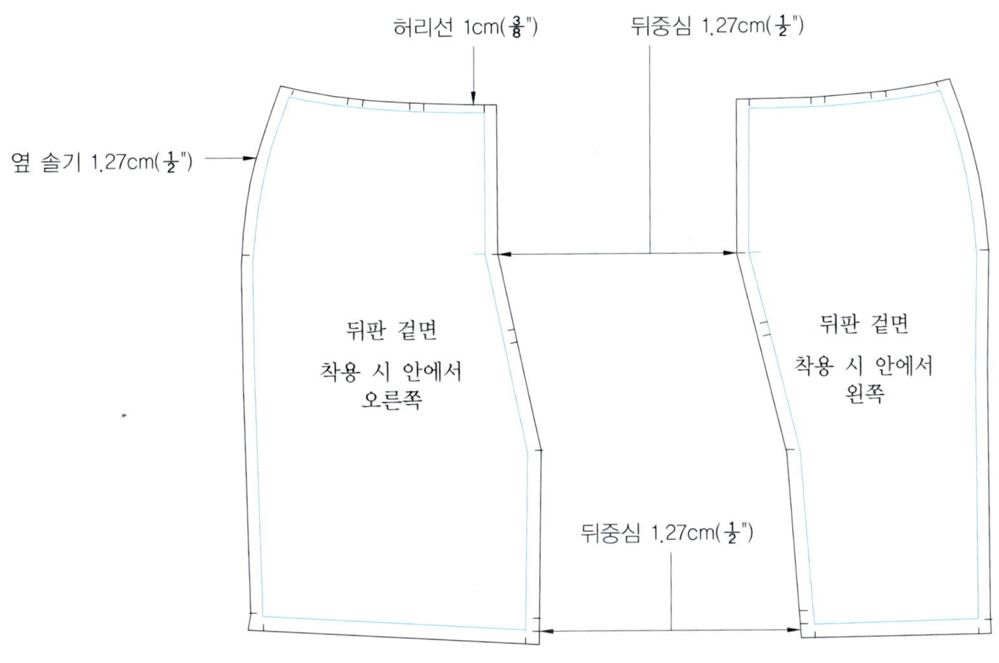

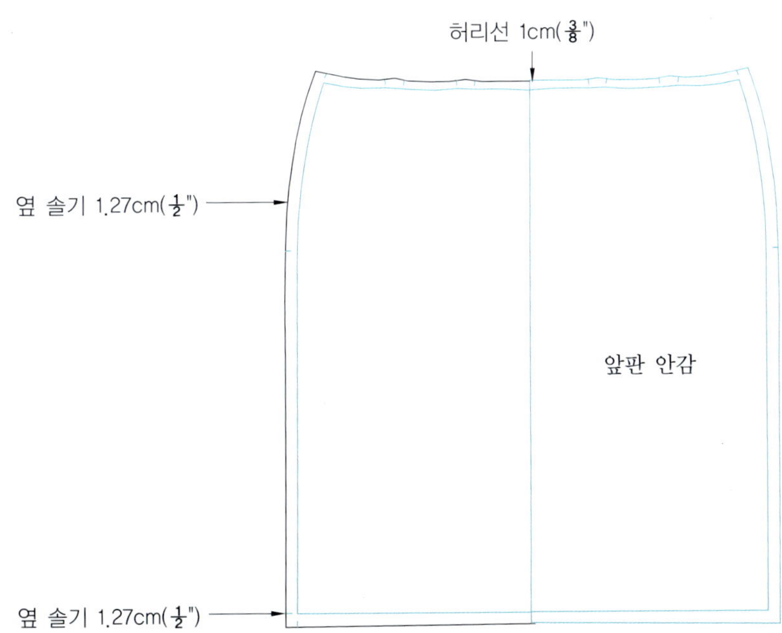

부위별 합복 표시 노치 넣기

앞판과 뒤판이 함께 합복되는 노치표시는 그림과 같이 패턴을 함께 포개 놓고 노치를 넣어야 하며, 길이가 틀릴 경우 이 과정에서 교정할 기회를 얻는다.

(아래 그림 참고)

① 뒤판끼리 얹어 놓고 트임 위치와 밑단에 노치를 넣는다. 밑단 뒤트임 부분은 1.25cm($\frac{1}{2}$") 간격으로 두 개 나란히 넣어 밑단을 박음질할 때 1.25cm($\frac{1}{2}$")를 두 번 접어서 박음질하기 쉽게 한다.

② 지퍼 하단 부분에 노치를 넣어준다.

③ 뒤판 두 장 앞 판 한 장 모두 3장을 밑에서부터 맞추어 포개 놓고 한 번에 노치를 넣어 준다.

④ 주머니 패턴 합복 지점을 함께 노치를 표시한다.

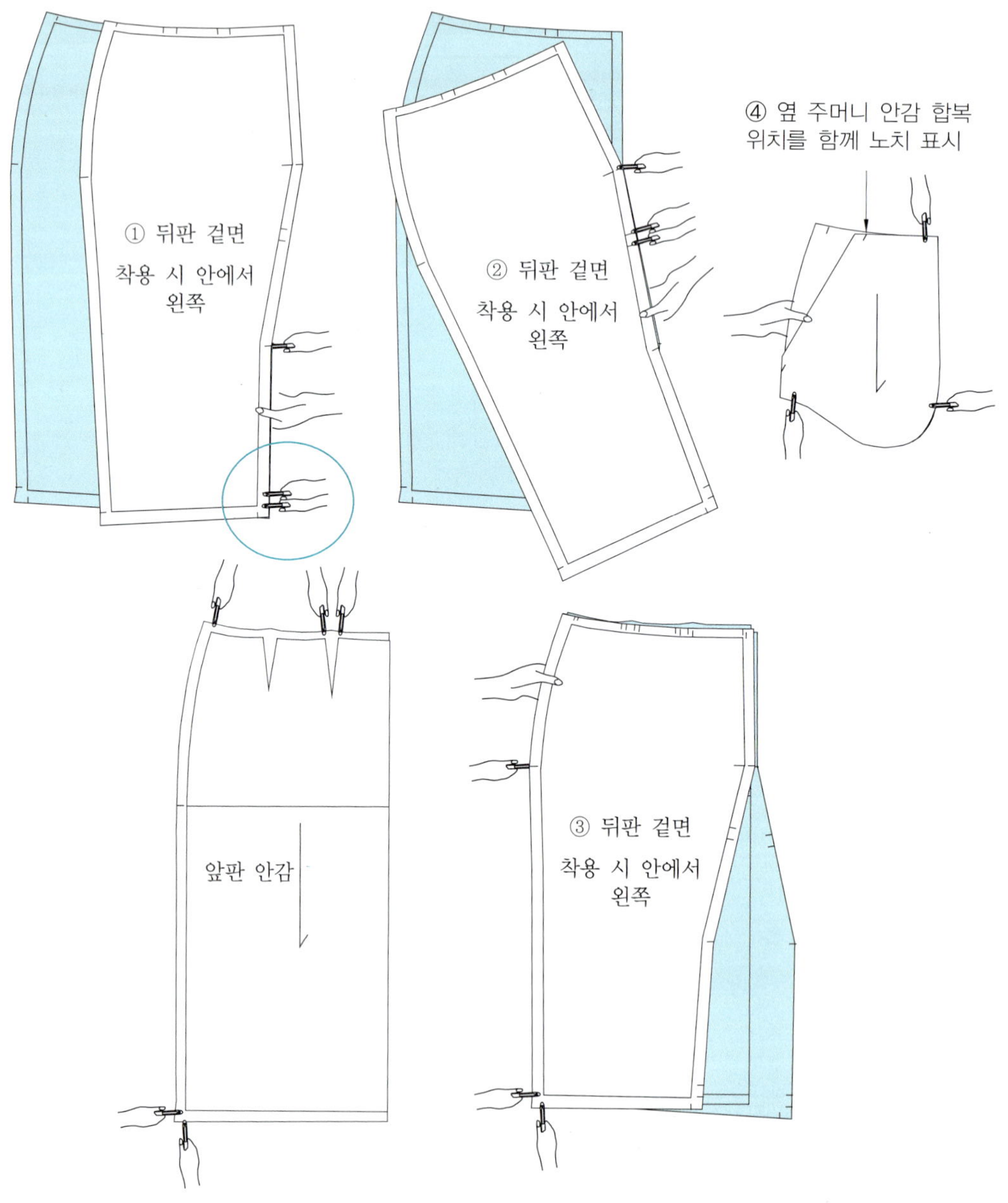

(아래 그림 참고)

① 앞 몸판 1개

② 뒤 몸판 왼쪽 1개, 오른쪽 1개

③ 허릿단 1개

④ 옆 주머니 입구 안단 왼쪽 1개, 오른쪽 1개

⑤ 옆 주머니 안단 왼쪽 1개, 오른쪽 1개

⑥ 벨트 루프 앞 2개, 뒤 2개 모두 4개

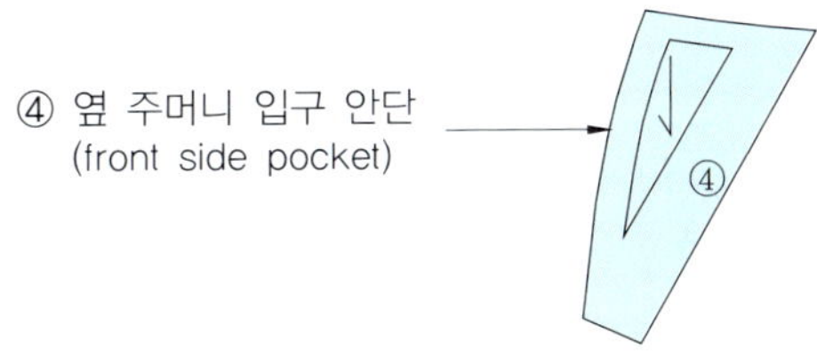

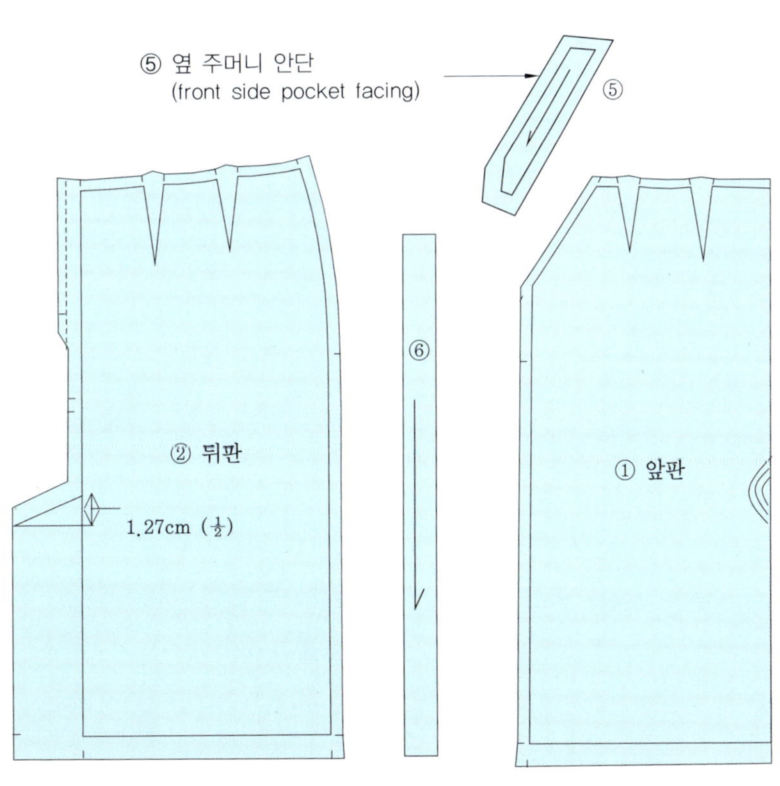

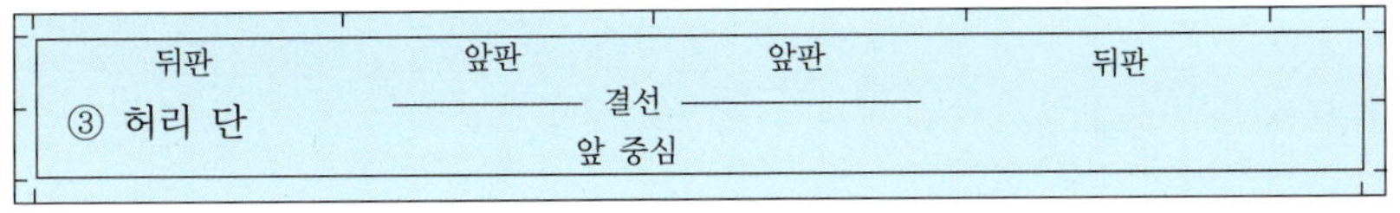

(아래 그림 참고)
① 앞 몸판 1개
② 뒤 몸판 오른쪽 1개
③ 뒤 몸판 왼쪽 1개
④ 옆 주머니 위쪽 안감 왼쪽과 오른쪽 2개
⑤ 옆 주머니 아래쪽 안감 왼쪽과 오른쪽 2개

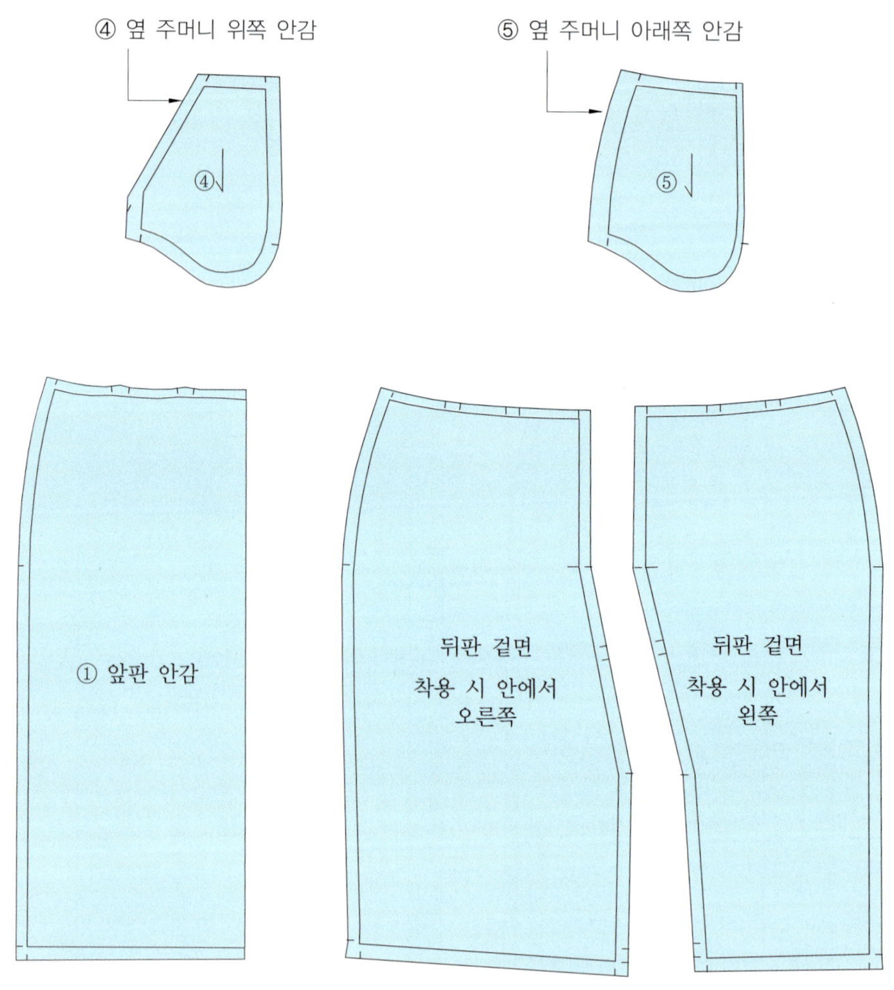

🔔 심지 패턴의 개수 및 명칭

(아래 그림 참고)

① 허릿단 전체 심지

② 뒤 중심 지퍼 합복 부위 왼쪽과 오른쪽 몸판 쪽으로 0.635cm ($\frac{1}{4}$") 넘어가고 지퍼 위치에서 밑으로 1.9cm($\frac{3}{4}$") 내려가게 제도한다.

③ 뒤트임 착용 시 왼쪽으로서 몸판 쪽으로 1.27cm ($\frac{1}{2}$") 넘어가게 제도한다.

④ 뒤트임 착용 시 오른쪽으로서 넓이 1.27cm ($\frac{1}{2}$")로 제도한다.

⑤ 뒤트임 정 위치의 가로×세로는 2.5cm(1")로 한다(④ 번과 ⑤번은 튼튼한 조직이라면 생략해도 좋다).

⑥ 양쪽 주머니 입구

· ①, ③, ④, ⑤번은 한 장씩 필요하므로 그림과 같이 심지를 펴놓은 상태에서 패턴을 넣고, ②번의 경우는 왼쪽과 오른쪽 2개가 필요하므로 심지를 접은 상태에서 패턴을 한 개만 넣게 된다.

· 심지의 결 방향은 모두 심지의 길이 방향으로 재단한다.

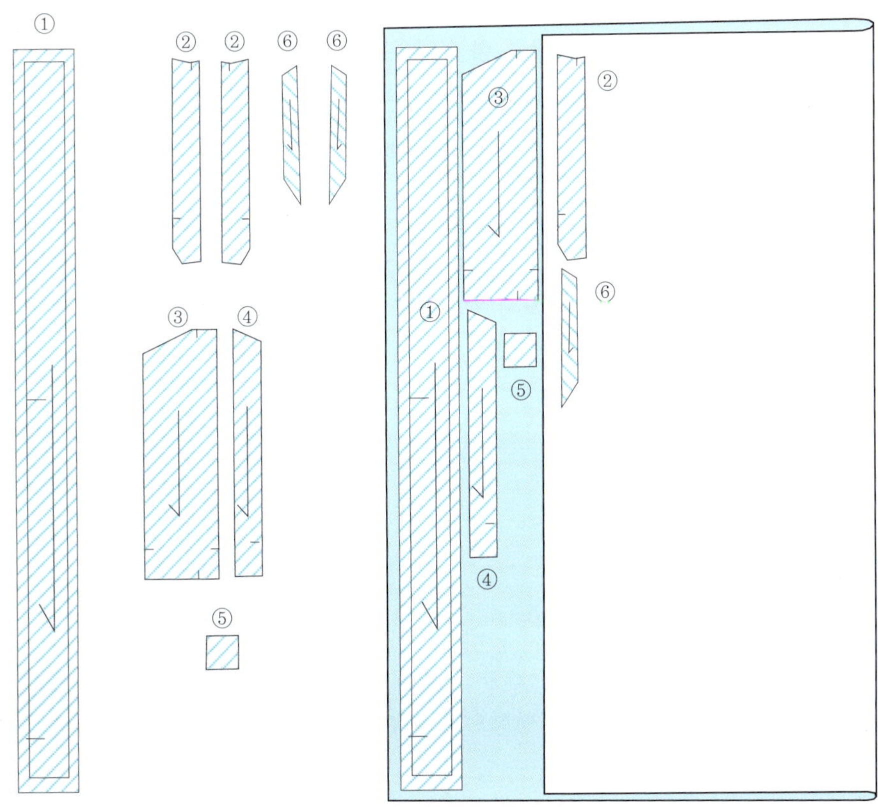

· 이 장에서는 한두 장 샘플 제작의 성격이므로 원단을 미리 다림질해서 축률을 제거한 다음 패턴을 배치해서 재단한다.

일방향 배치

- 원단의 결선이 뚜렷할 때 무늬의 방향이 한쪽으로만 형성되어 있을 때 기모가 있을 때 결 방향에 따라 색상이 다를 때 일방향으로 배치시킨다.

  ① 원단의 결이 있다.

  ② 원단의 무늬가 일방향이다.

  ③ 가로 무늬일 경우 (체크무늬) 굵은 선이 있으면 굵은 선을 밑으로 배치

  ④ 가로 무늬에 선이 여러 개 있고 선마다 색상이 다른 경우

  ⑤ 코르덴(코듀로이 등 파일직물)과 같은 파일 직물은 어느 방향이든 일방향으로 배치

· 색상이 진하게 보이기 위해서 결 방향을 위쪽으로 바꾸는 경우도 있으나 사전에 문제점도 알고 있어야 한다.

결 방향을 반대로 했을 때 발생하는 문제

① 눈 또는 비를 맞을 경우 결선을 반대로 한 것은 물기가 흘러내리지 못하고 속으로 스며든다.

② 물기가 마르면 기모가 뭉치는 문제가 있다.

③ 먼지 등이 묻을 경우 잘 떨어지지 않고 달라붙어 있다.

· 기모가 아주 짧은 경우에는 결 방향이 어느 쪽으로 되어 있는지 쉽게 분간이 안 되며, 이런 경우 손가락에 물을 묻히고 위아래로 천천히 쓸어 보면 기모의 방향이 어느 쪽인지 판별할 수 있다. 또한 먼지를 일부러 붙이고 상하로 쓸어내리면 결 방향을 알 수 있게 된다.

양방향 배치

① 원단에 결이 없다.

② 무늬가 양 방향으로 되어 있다.

③ 방향에 따른 이색 현상이 없다.

참고 양방향 배치일 경우에도 여러 사이즈를 혼합해서 패턴을 배치할 때 : 예를 들어 8호는 왼쪽으로 10호는 오른쪽으로 사이즈별 일방향으로 패턴을 배치하여 소요량을 절감할 수 있게 한다.

· 원단을 접어서 패턴을 넣은 형태로 샘플로 한두 장 재단할 때는 이 방법이 편하다.

무늬가 일방향일 때 옷본을 넣는 방법

무늬가 양방향일 때 옷본을 넣는 방법

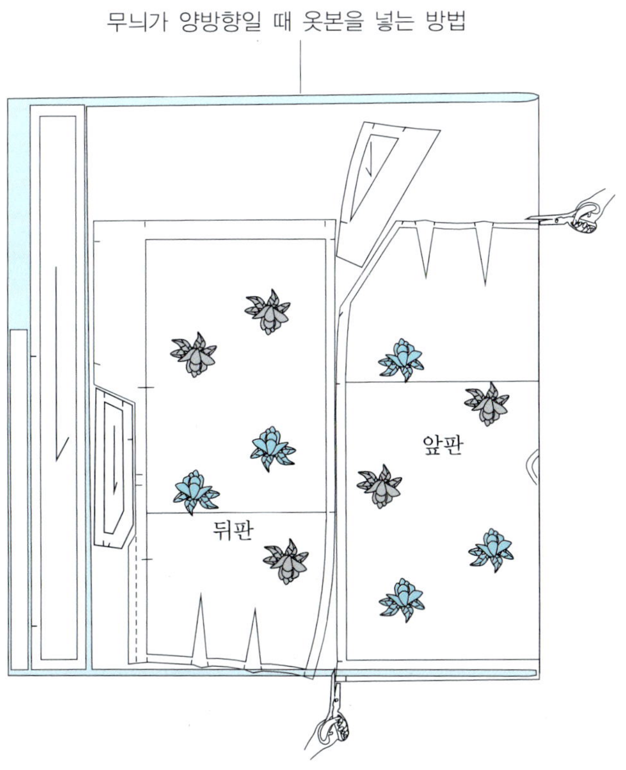

－패턴의 좌우가 다른 경우 한 장씩 재단해야 하므로 원단을 펴놓고 재단을 한다.

무늬가 일 방향일 때 옷본을 넣는 방법

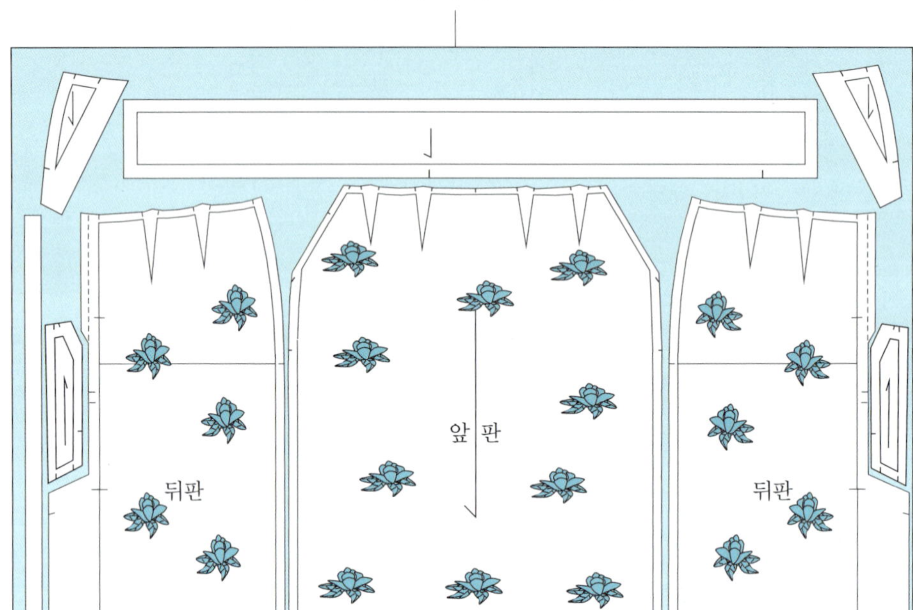

무늬가 양 방향일 때 옷본을 넣는 방법

- 패턴의 조각이 오른쪽과 왼쪽으로 되어 있을 때 몰짝을 주의한다.
- 앞판이나 뒤판 등 왼쪽과 오른쪽으로 두 조각이 필요한 경우 아래 도면과 같이 멀리 떨어지게 배치하더라도 반드시 서로 마주보는 형태이어야 한다.
- 오른쪽 또는 왼쪽이 배색을 하는 경우 배턴 배치할 때 정확하게 구분을 해서 뒤집어 넣어야 하는지를 확인해야 한다. 자르고 나서 방향이 잘못될 수 있기 때문이다.
- 패턴을 제도할 때 기본적으로 그리는 종이의 면이 배턴을 배치할 때는 겉면이 된다.

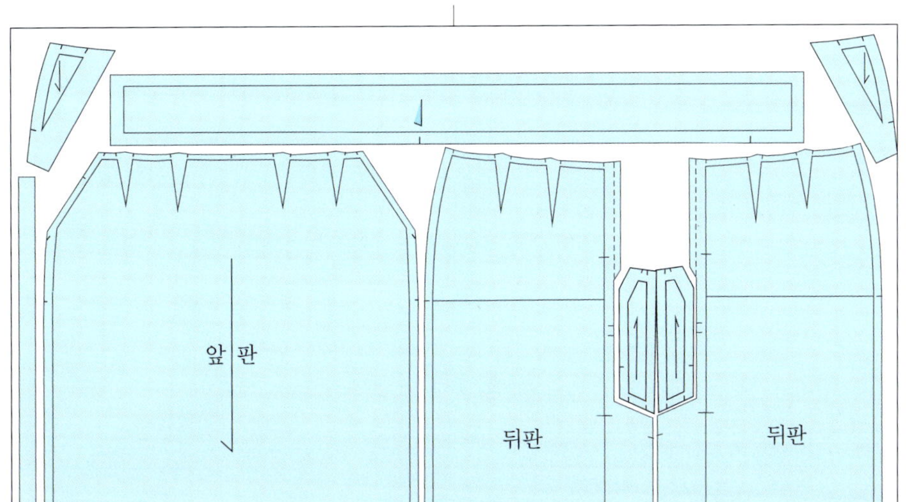

뒤판과 주머니 안단 등이 서로 마주보게 넣어진 모습

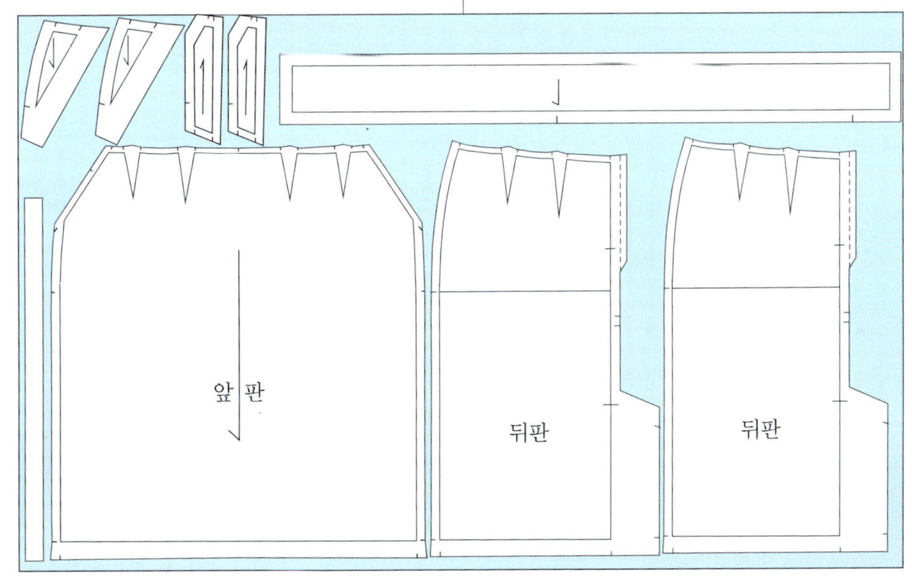

뒤판, 주머니 안단 등이 같은 방향으로 잘못 넣어진 상황

· 패턴 배치 뒤판은 왼쪽과 오른쪽이 다르므로 아래 그림과 같이 배치해서 재단한다.
· 안감을 접어서 재단한 다음 왼쪽을 아래 그림과 같이 잘라낸다.

안감을 펴놓고 패턴을 넣은 상태

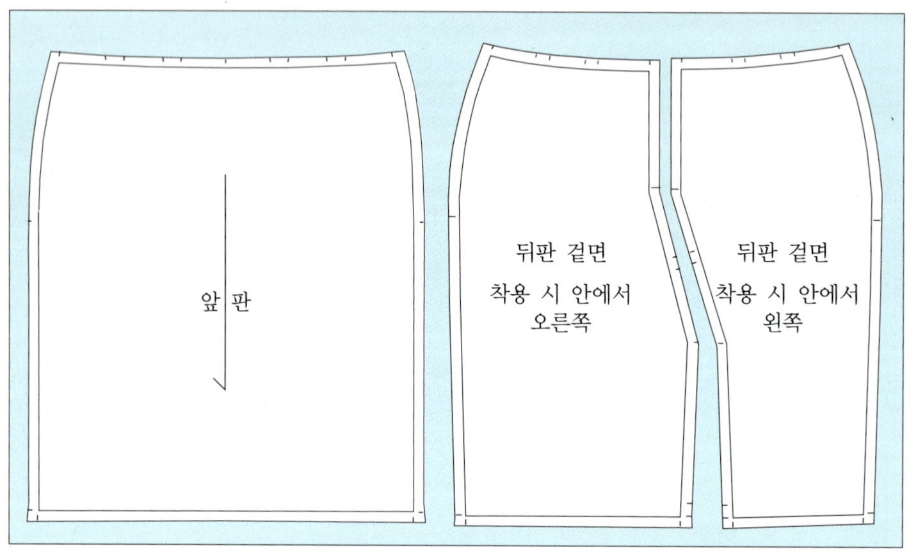

안감을 접어놓고 패턴을 넣은 상태이다.
뒤판 안감의 왼쪽과 오른쪽이 다르므로 왼쪽을 다시 잘라내어 정리한다.

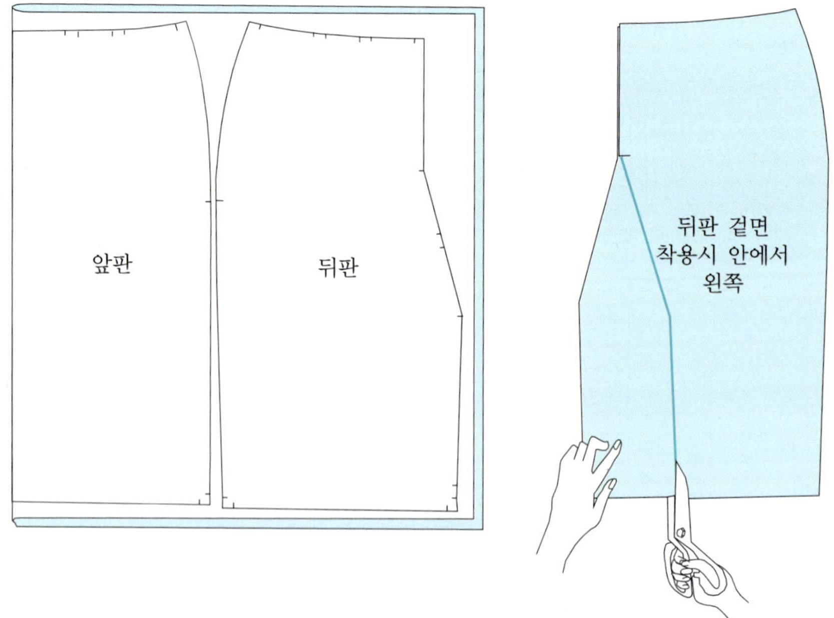

제 **3** 장

박음질 방법

스커트 봉제 기준

· 봉제 기본 땀수 2.5cm (1") 길이에서 10땀수를 유지한다.

· 허릿단 위에서 눌림 박음질할 때 안쪽이 밀리는 현상을 주의한다.

① 다트 끝이 튀어 나오지 않게 끝 박음질을 날카롭게 처리한다.

② 다트는 박음질 후 중심으로 서로 마주보는 형태로 모아서 다림질한다.

③ 트임 부분은 겉으로 눌름 스티치하지 않을 경우 속면은 곡선으로 박음질해서 활동할 때 압력을 견딜 수 있도록 한다.

④ 단추달기 단춧구멍이 2개일 때 면사 60/ s 5합 2가닥으로 3번 통하고, 5회 뿌리를 감아준다

⑤ 단춧구멍이 4개일 때 면사 60/ s 5합 2가닥으로 4번 통하고, 5회 뿌리를 감아준다.

⑥ 걸고리 면사 60/ s 5합 2가닥으로 한 구멍에 2회씩 통하되 부챗살 모양으로 실을 돌려서 2회 매듭을 짓고, 실 끝이 보이지 않게 처리한다.

⑦ 스냅 면사 60/ s 5합 2가닥으로 한 구멍에 6회씩 통하되 부챗살 모양으로 실을 돌려서 2회 매듭을 짓고, 실 끝이 보이지 않게 처리한다.

⑧ 가장 알맞은 실기둥의 길이는 앞단의 두께에 따른다.

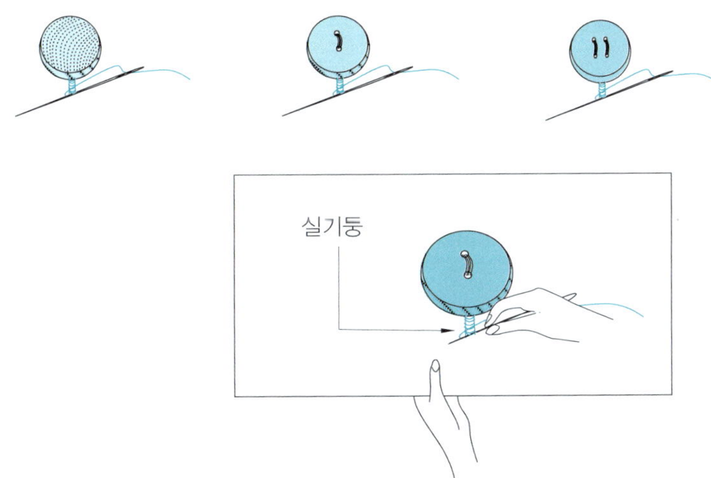

🔵 안감 처리

· 지퍼 부위 안감과 합복하는 방법
· 지퍼 안감과 떨어지게 처리하는 방법
① 안감의 다트 분량은 주름으로 중심으로 모아서 접어 준다.
② 지퍼 부위를 안감과 떨어지게 처리할 경우 안감을 0.5mm 넓이로 접어 박음질하고 지퍼 상단부분 지퍼 슬라이더에서 0.2mm 떨어지게 처리한다.
③ 안감의 밑단 넓이는 1~2cm 이내로 처리한다.
④ 뒤 또는 옆트임 밑단에서 안감이 올라간 위치가 양쪽이 같아야한다.
⑤ 지퍼길이보다 안감의 노치 표시는 항상 2cm ($\frac{3}{4}''$) 정도 길어야 합복이 쉽다.

🔵 심지(fusible interlining)

· 심지 뒤트임에 붙일 때 꺾이는 선에서 몸판 쪽으로 1.27cm ($\frac{1}{2}''$) 들어가게 붙인다.

시접 봉제

· 옆 솔기는 재봉기 침판 위에 시접 넓이만큼 종이테이프를 두껍게 붙여서 벽을 만들어 시접 가장자리가 테이프 벽에 닿게 해서 밖으로 나가지 못하게 하여 일정한 넓이를 유지하는 방법이다.

· 침판에 넓이 표시가 있는 것으로 교체하여 넓이 선에 맞추고 박음질하는 방법이다.

· 시접이 밖으로 나가지 못하게 벽을 만들어 주는 어태치먼트(attachment)를 끼우고 박음질하는 방법이다.

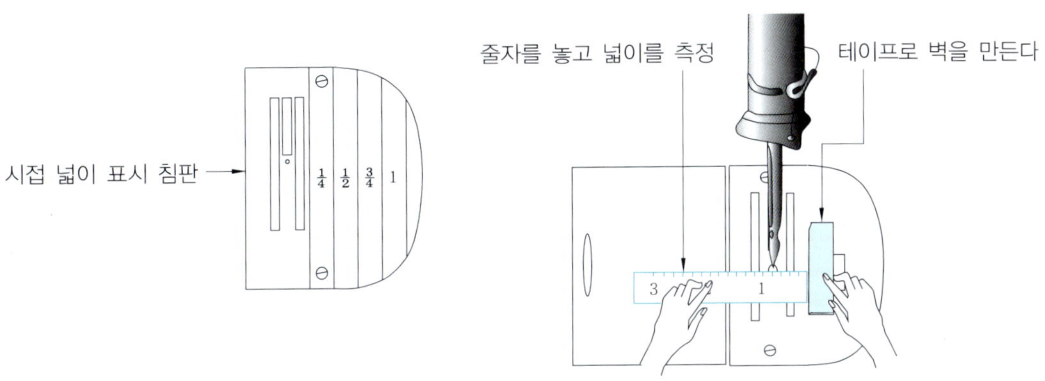

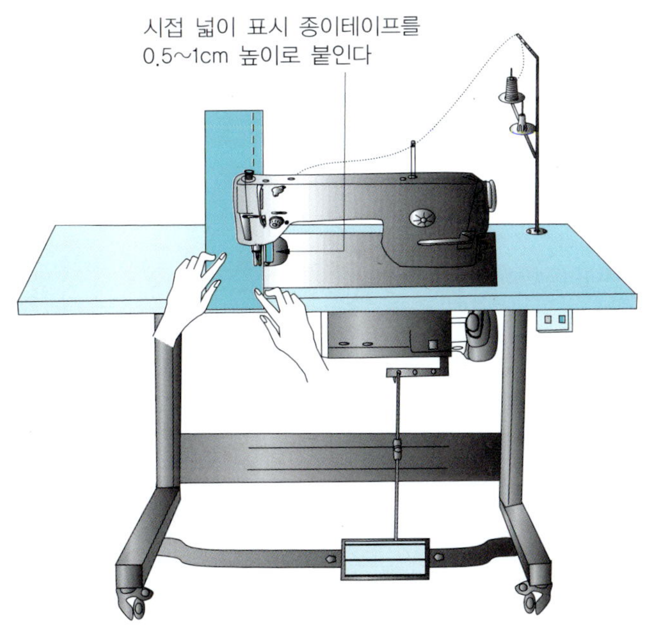

🔔 옆 솔기 박음질하기 방법 3가지

① 인터 록 기계(오버로크와 체인 한 번에 두 가지 방식이 적용되는 기계)로 박음질(safety stitch)한다.

② 본봉으로 먼저 옆 솔기를 박음질하고 오버로크 처리한다.

③ 옆 솔기를 통솔로 봉제한다.

· 인타 록 체인으로 박음질이 되면서 오버로크가 동시에 이루어지므로 안감의 옆 솔기를 1회 박음질로 끝낼 수 있다. 바늘이 2개이며, 실은 5개를 동시에 걸어야 한다.

· 오버로크의 경우 본봉으로 일차 시접 봉제를 한 다음에 가장 자리를 오버로크 처리해야 한다. 바늘이 1개이며 실은 3개를 동시에 걸어야 한다.

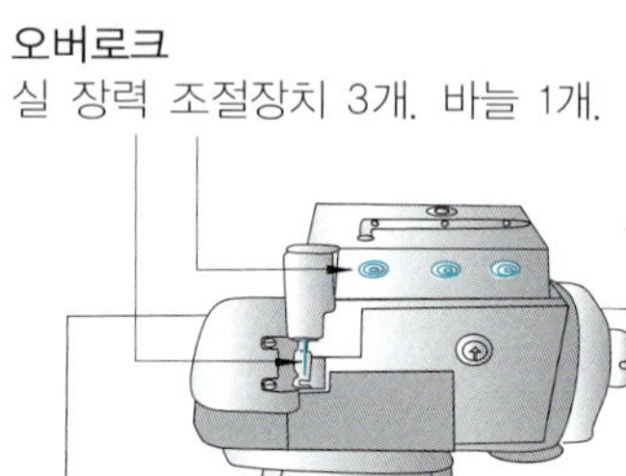

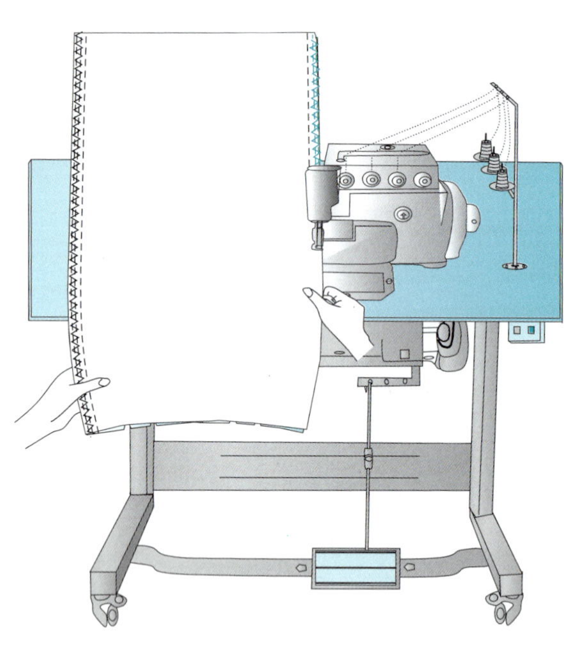

🔷 다트 위치 실표 뜨기

· 주머니 위치 다트 위치 등 중앙에 있는 위치는 실표 뜨기 또는 초크를 이용해서 표시하
  고 외곽 시접은 노치 표시를 보고 맞추어가며 시접 봉제한다.

노치 표시할 때 주의 사항

− 노치 깊이는 0.3125cm 정도($\frac{1}{8}$")로 한다.

· 노치 표시를 깊게 넣으면 불량으로 발전할 수 있고, 너무 얕게 넣으면 보이지 않으므로
  원단이 두터우면 약간 깊게 넣고 원단이 얇으면 얕게 넣어 준다.

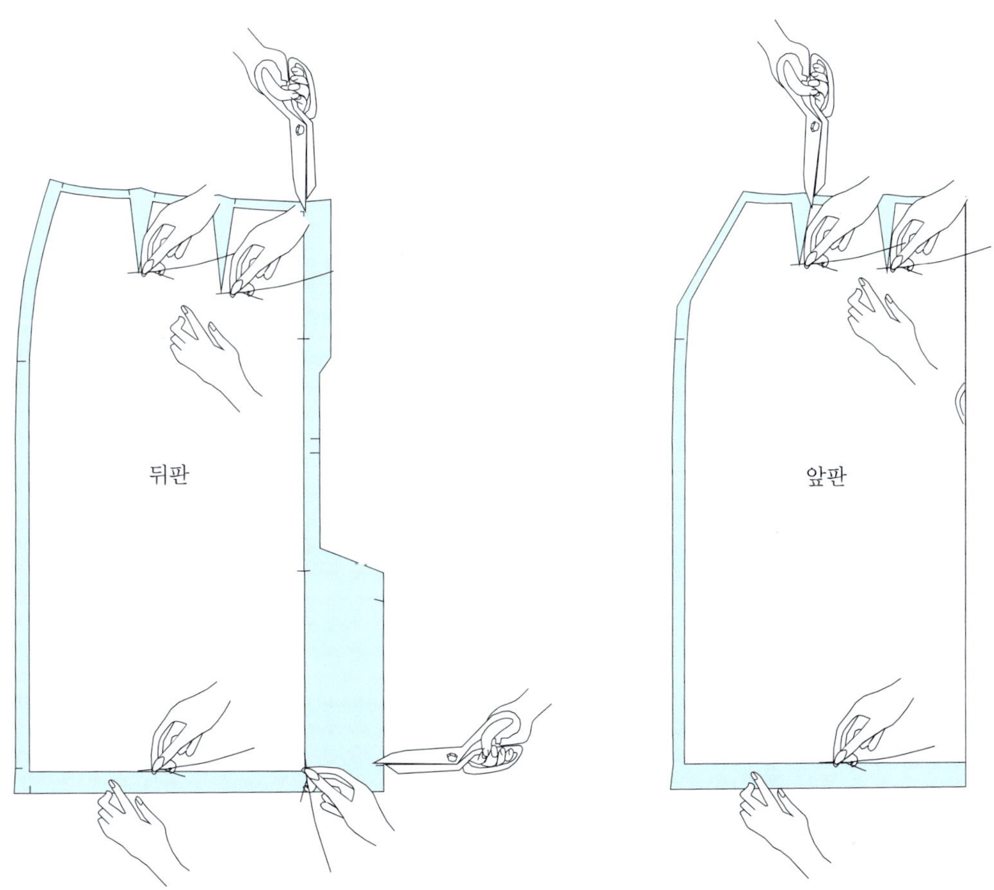

· 수량이 많거나 반복적으로 작업이 필요할 경우에 작업용 패턴을 만들어서 재단물 위에 얹어 놓고 초크로 계속해서 표시를 할 수 있게 한다.

· 초크를 얇게 깎아서 파인 홈을 위에는 일자로 밑에는 십자로 그어 준 다음 표시 도구를 떼어내면 정확하게 표시가 된다.

재료

– 탄력이 있는 투명한 아크릴 종류 얇은 것
– 약간 두꺼운 종이

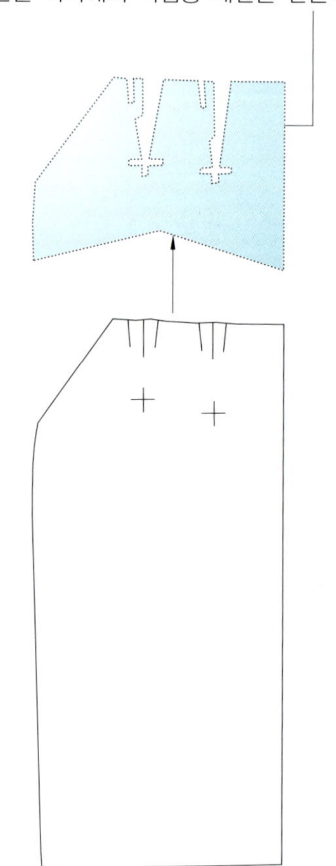

몸판을 복사해서 작업용 패턴을 만든다.

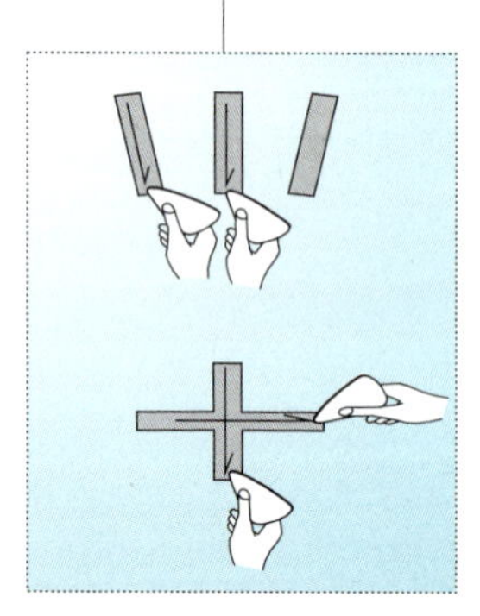

파인 홈에 초크를 넣고 표시를 한다.

🔵 다트 위치 초크 가루를 이용한 표시 방법

재료

- 탄력이 있는 투명한 아크릴 종류 얇은 것
- 홈을 파낼 수 있는 칼
- 약간 두꺼운 종이
- 테이프
- 사용 후 폐기되는 초크(초자고라고도 함)를 곱게 빻아서 가루로 만든다.
- 초크를 얇게 깎는 기계에 초크를 갈아서 가루로 만들어도 된다.

중요 사항

- 홈을 파낼 때 홈의 넓이가 0.1mm 정도로 아주 좁아야 한다.
- 다트의 위치를 따낸다.

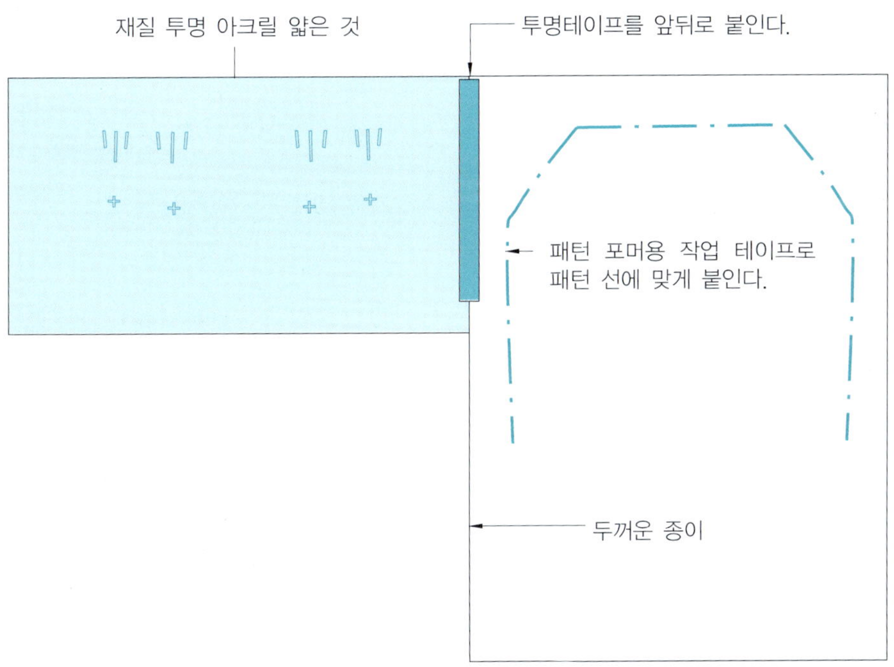

· 재단 물을 올려놓는다.

· 재단 물은 잘 일그러지므로 사전에 붙여 놓은 테이프에 맞게 펼쳐놓는다.

· 장점 : 많은 수량을 작업할 때 효과적이다.

· 단점 : 가루로 인한 오염이 생길 수 있다.

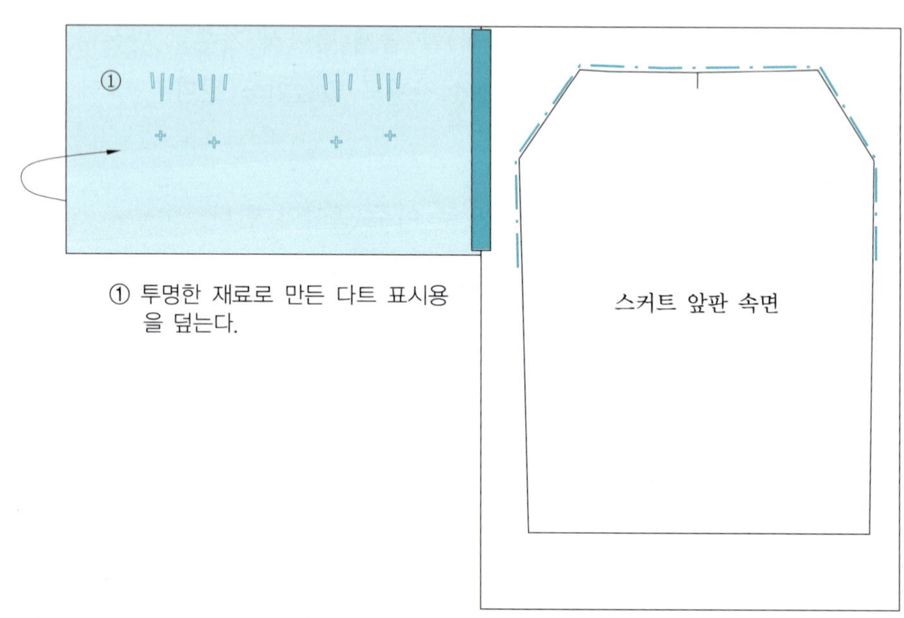

① 투명한 재료로 만든 다트 표시용을 덮는다.

② 곱게 빻은 가루를 헝겊으로 찍어서 홈이 파인 부분을 골고루 문지른다.

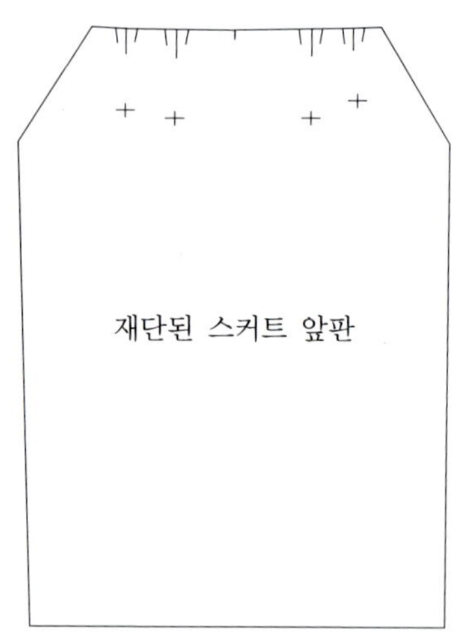

③ 떼어낸 모습 중요한 위치에 골고루 가루가 묻어 있다.

 심지를 붙일 때는 다리미를 밀지 말고 들었다 놓았다 하는 형식으로 붙이며, 심지에 여유를 넣는 느낌으로 붙이는 것이 중요하다. 심지를 붙인 다음에 약간이라도 심지가 줄어들면 겉면에 우글쭈글하여 불량이 되기 때문이다.

심지가 필요한 부위
- 허릿단 전체 심지
- 뒤중심 지퍼 합복 부위
- 뒤트임 착용 시 왼쪽
- 주머니 입구

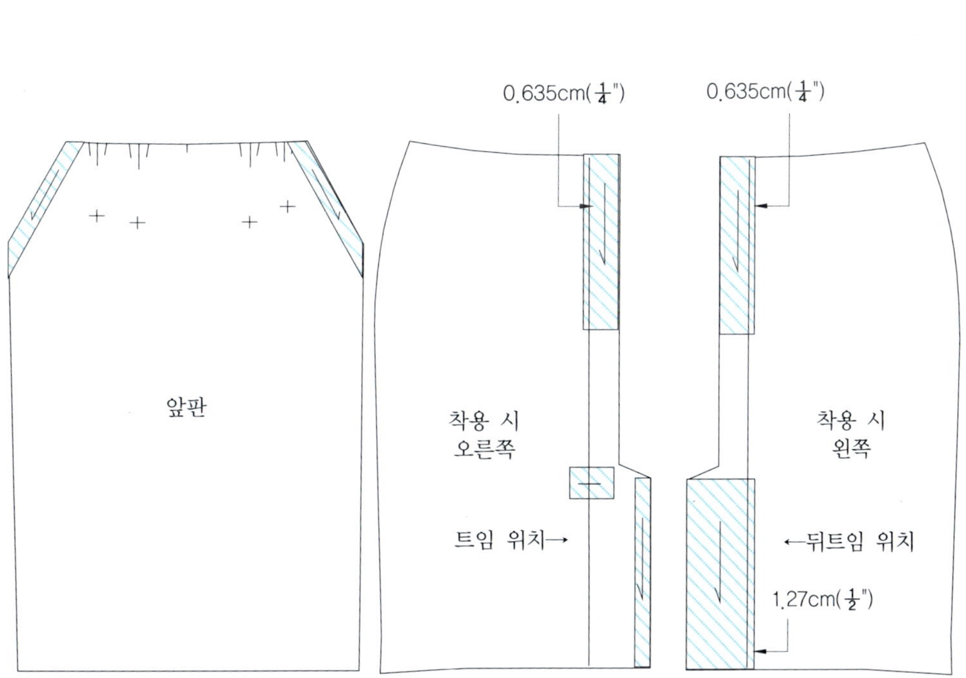

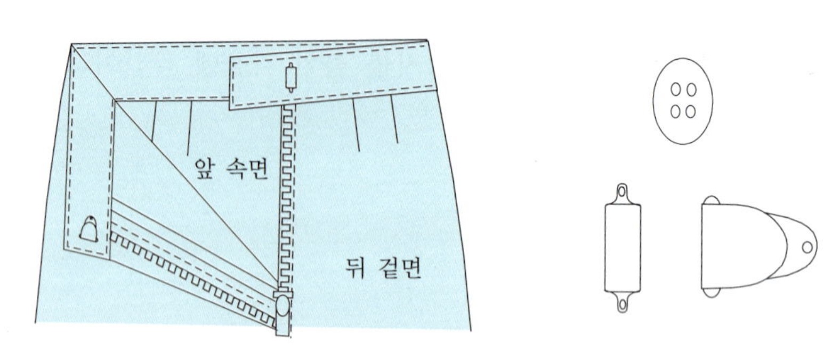

① 벤놀 심지를 넣어서 허릿단을 만들었을 경우 완성된 모습으로 손으로 다는 훅 바(hook & bar) 사용하는 것이 좋다.

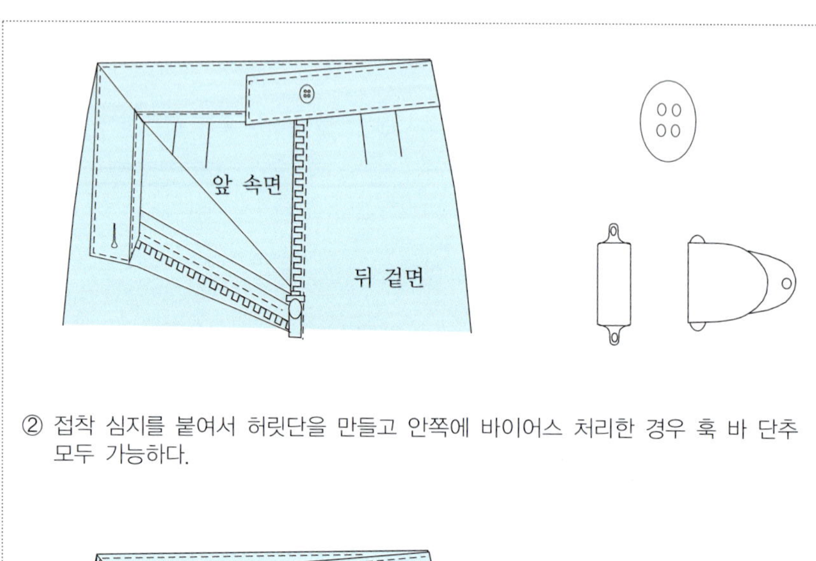

② 접착 심지를 붙여서 허릿단을 만들고 안쪽에 바이어스 처리한 경우 훅 바 단추 모두 가능하다.

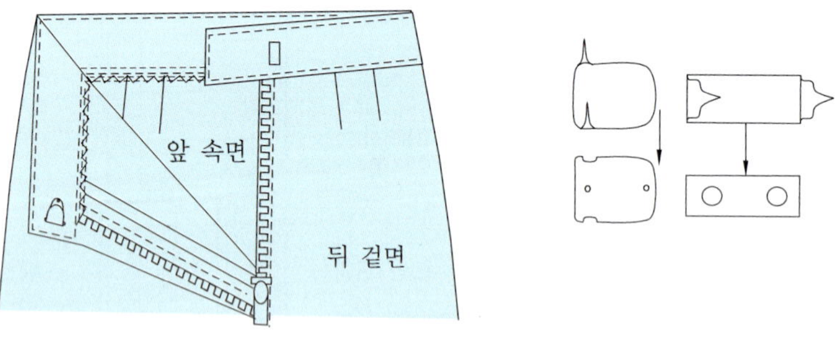

③ 접착 심지를 붙여서 허릿단을 만들고 안쪽에 오버로크로 처리한 경우 훅 바 단추 모두 가능하다.

🔹 벤놀 심지를 이용해서 일자형 허릿단 만드는 방법(1)

· 심지와 박음질할 때 허릿단의 겉감에 이세가 들어가거나 또는 많이 늘어나거나 하는 것은 좋지 않다.

· 스트레치 원단은 허릿단을 늘여서 박음질해야 할 때가 있으나 기본적으로는 1 : 1로 박음질되어야 한다.

· 아래 그림의 ③번인 허릿단 양쪽을 박음질하는 경우 단추 또는 손으로 다는 훅 바(hook & bar)일 경우이고, 장착하는 훅 바일 경우는 양쪽을 미리 박음질하면 안 된다.

참고 허리 치수가 71.12cm(28")라면 허릿단 제작은 그보다 많은 72.39cm(28"$\frac{1}{2}$)으로 한다.

① 심지에 허리 치수+1.27cm($\frac{1}{2}$")를 주고 추가 여유 5.08cm(2")를 주고 자른다.(총 여유 6.35cm(2"$\frac{1}{2}$))

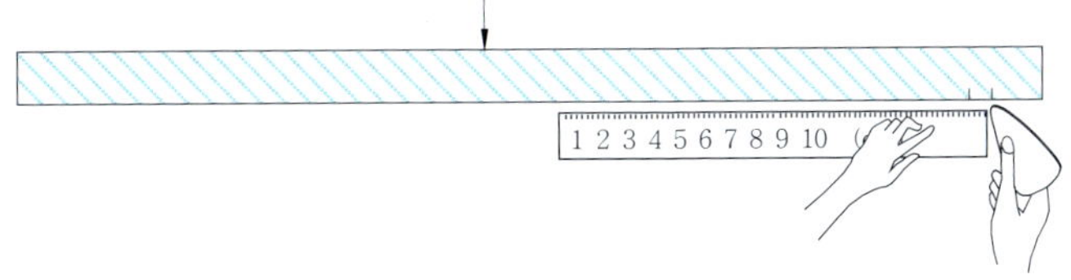

② 벤놀 심지를 위에 또는 밑에 놓고 박음질을 한다.

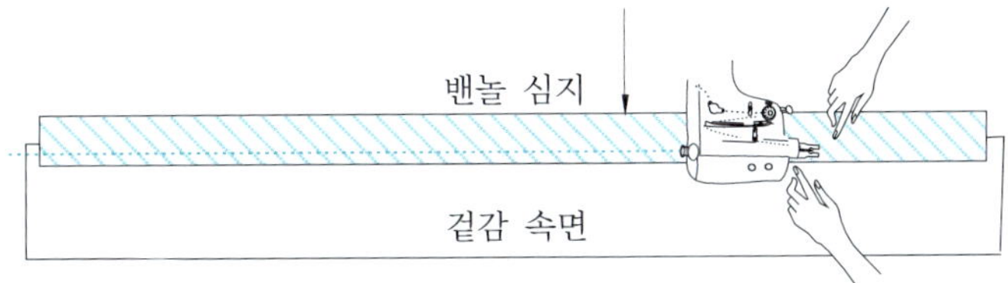

③ 그림과 같이 접어서 양쪽 끝을 박음질

허릿단의 뒤에서 오른쪽 여유분

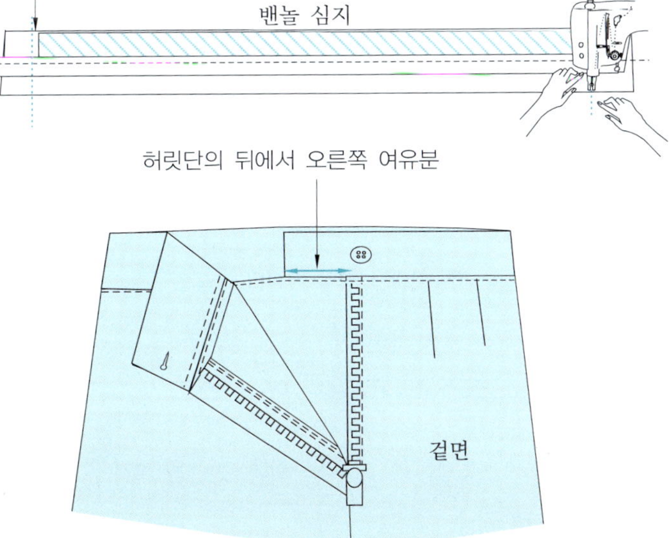

④ 양쪽 끝의 시접 넓이를 1.27cm($\frac{1}{4}$") 남기고 잘라낸다.

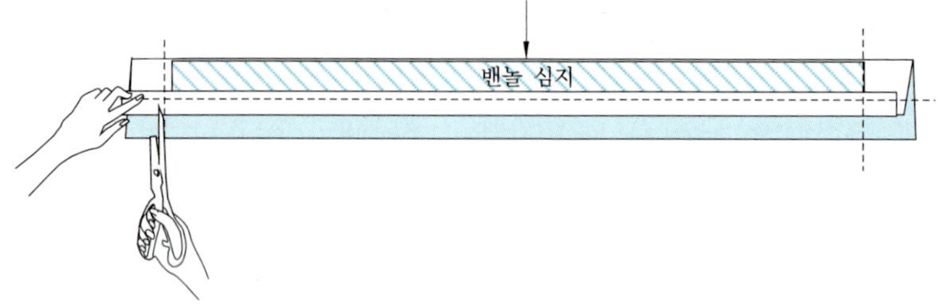

⑤ 위에서 고정 끝 박음질 땀수 2.5cm~10 땀수를 유지
　해야 하며, 반드시 심지가 함께 물려 박음질되어야 한다.

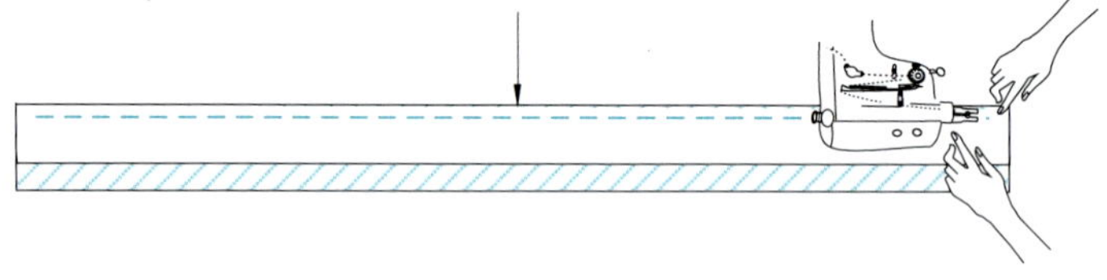

⑥ 옆 솔기 합복 표시 여유분 5.08cm(2")는 그림과 같이
　왼쪽에 남겨야 한다.

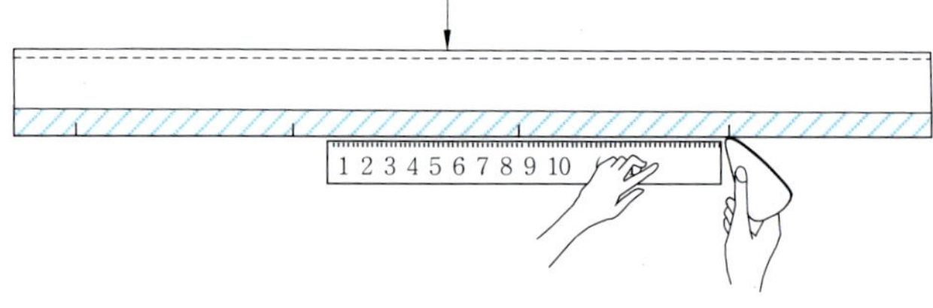

⑦ 허릿단 제작 완성된 모습

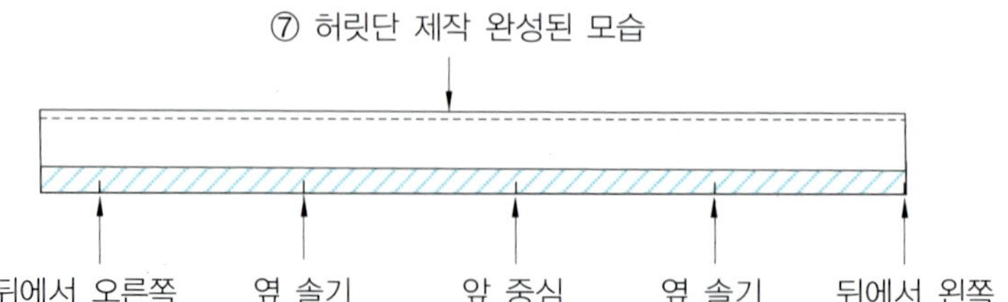

접착 심지를 붙여서 만드는 일자형 허릿단 제작 방법(2)

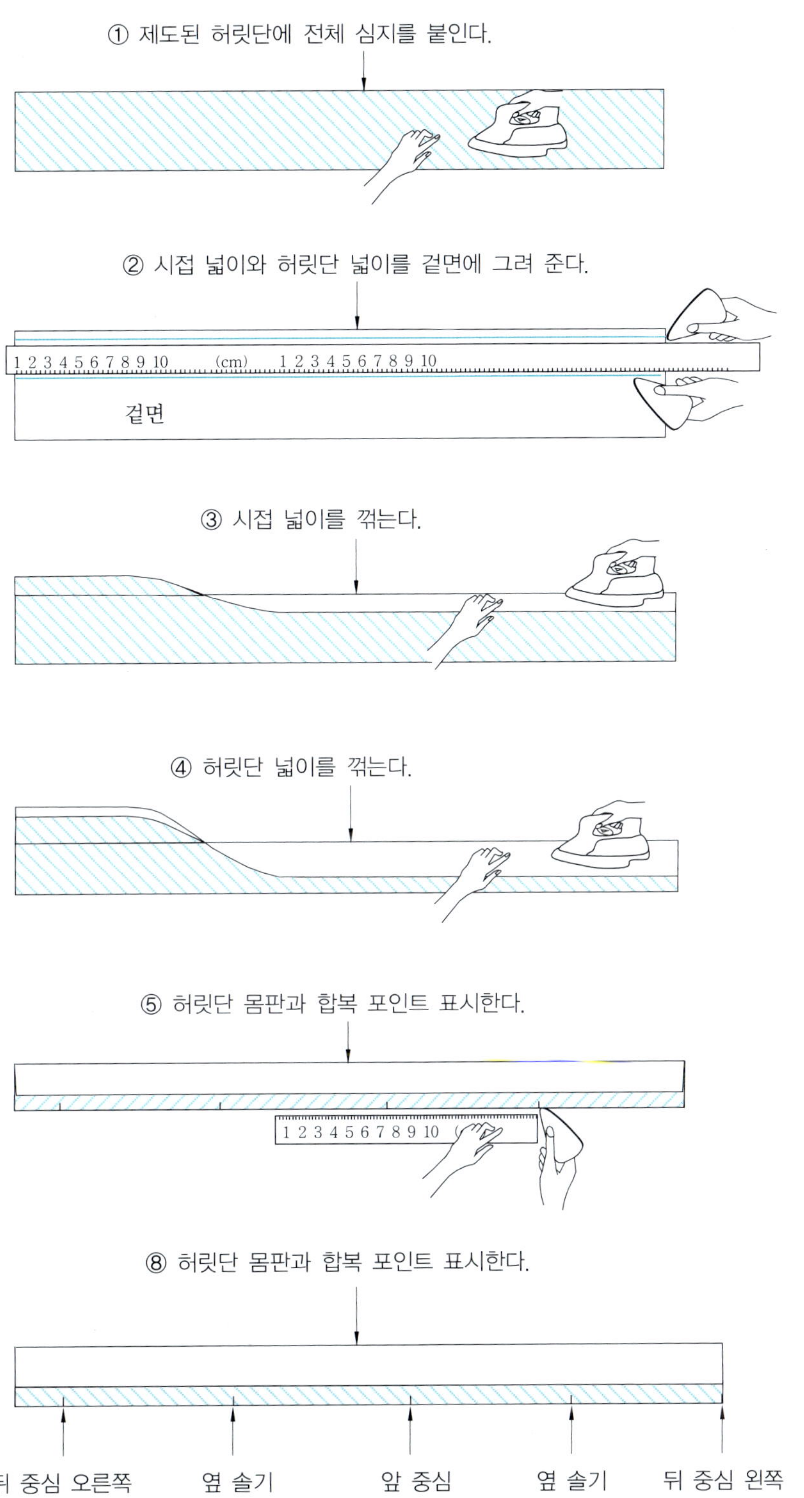

허릿단에 심지를 붙이고 꺾어서 다림질하는 등의 방법은 아래 그림의 ②번과 같으며, 안쪽으로 들어갈 부분에 오버로크 또는 바이어스 처리하는 것이 다르다.

① 허릿단 만들기 3번 방법은 심지를 붙이고 꺾어서 다림질이
   끝난 ①번의 ④ 상태에서 한쪽을 바이어스로 감싸서 박음질한다.

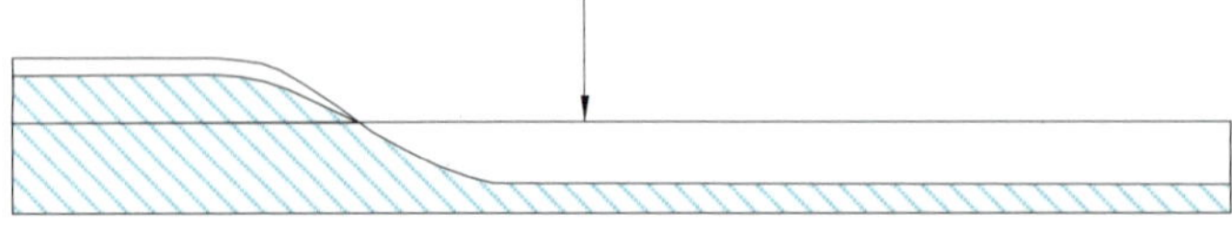

② 안감으로 바이어스를 3.175cm(1"¼) 넓이로
   잘라서 4mm 넓이로 박음질한다.

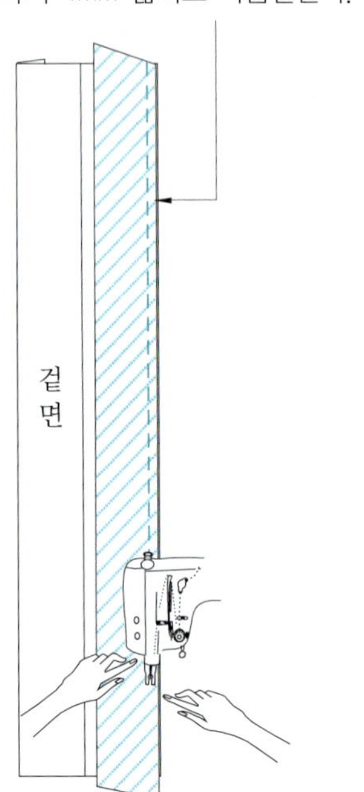

③ 바이어스 안감을 남는 여유 없이 밑으로 말아
   넣고 안감의 안쪽에서 끝 박음질한다.

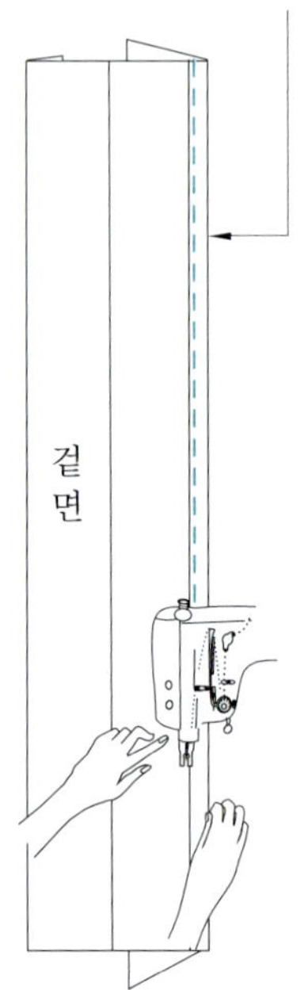

④ 꺾었던 시접을 펴고 안쪽에 합복 표시를 한다.
   뒤 여유를 남기는 방향은 그림과 같이 오른쪽에 놓인다.

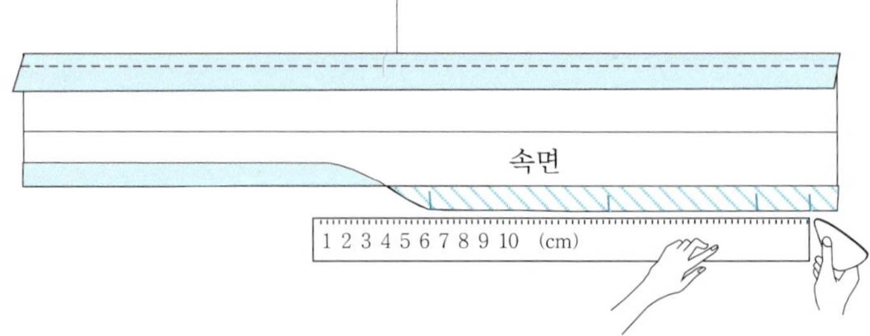

· 어태치먼트를 이용해서 바이어스 작업을 하면 빠르고 정밀하게 작업을 할 수가 있다.
· 어태치먼트는 보조기구로서 바이어스 넓이를 얼마로 커트하느냐 하는 것이 대단히 중요하며, 1~2mm만 넓이가 좁아도 충분하게 감싸서 박음질이 안 되고 빠지는 현상이 발생한다.
· 바이어스 작업할 원단을 미리 잘라서 어태치먼트에 넣고 박음질을 해 보고 확실한 넓이를 확인한 다음에 바이어스 커트에 들어가야 한다.
· 노루발은 어태치먼트에 맞게 세트로 제작된 것이어야 한다.
· 침판에 장착이 정확해야 하고, 박음질을 하면서 전후좌우로 움직이면서 조정한다.
· 한번 조정이 잘 되었어도 장시간 대량으로 박음질하면 위치가 변동이 되므로 수시로 위치를 점검하면서 사용하는 것이 중요하다(작업 방법 그림 참고).

자 재	어태치먼트 사이즈	바이어스 커트 넓이	완성 넓이
안감 190t-lining	20mm	25.4mm(1")	4.7625mm(0.1875")
	24mm	28.575mm($1"\frac{1}{8}$)	6.35mm($\frac{1}{4}"$)
	28mm	31.75mm($1"\frac{1}{4}$)	7.9375mm(0.3125")
	34mm	41.275mm($1"\frac{5}{8}$)	9.525mm($\frac{3}{8}"$)

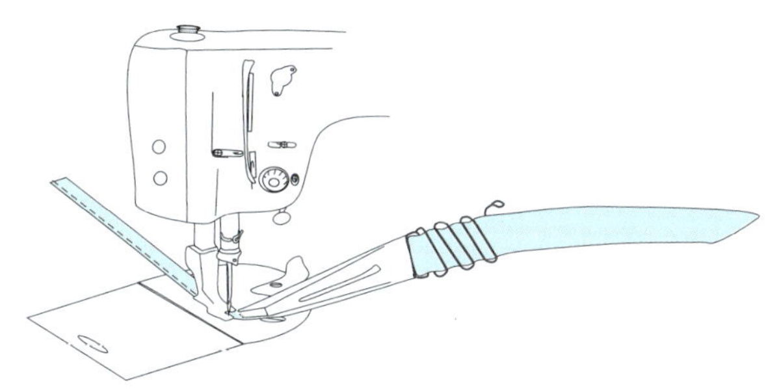

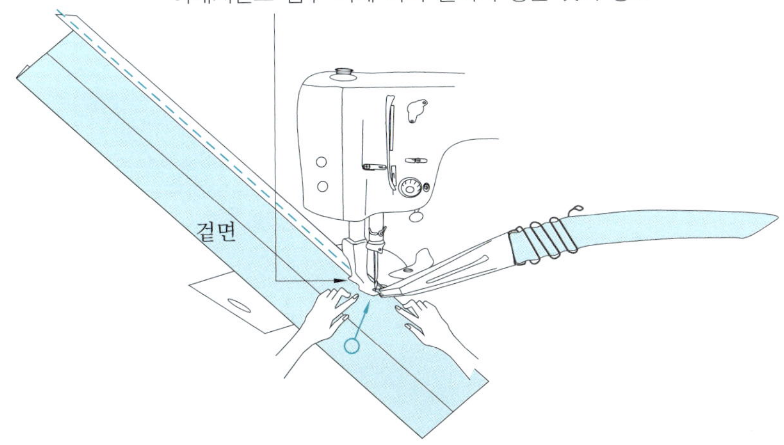

허릿단 안쪽을 오버로크 처리하는 방법으로 가장 간단한 방법일 수 있으나 ①번이나 ②번에 비해서 품질이 떨어지는 방법이다.

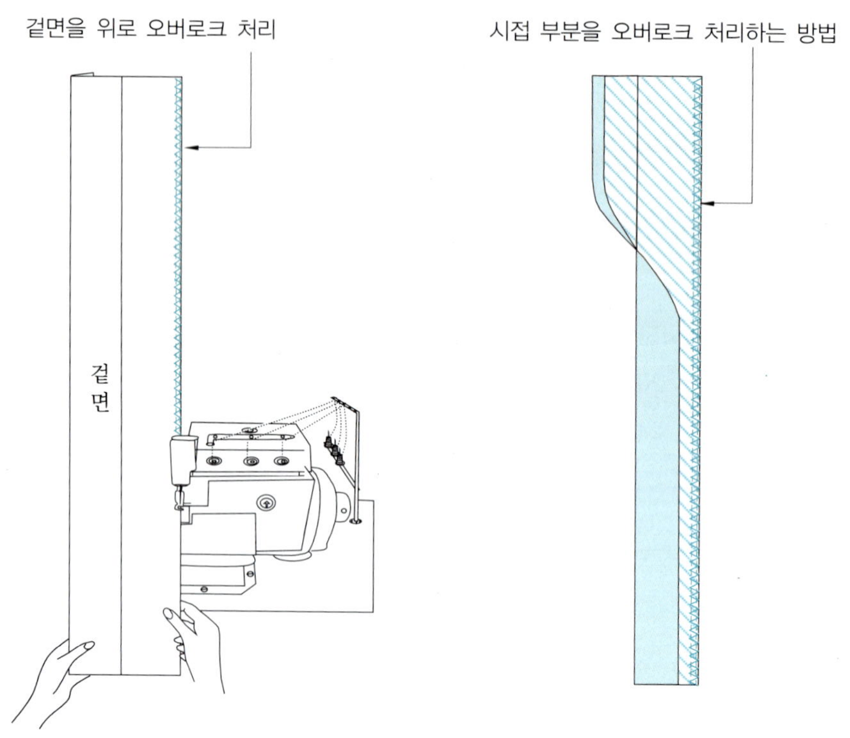

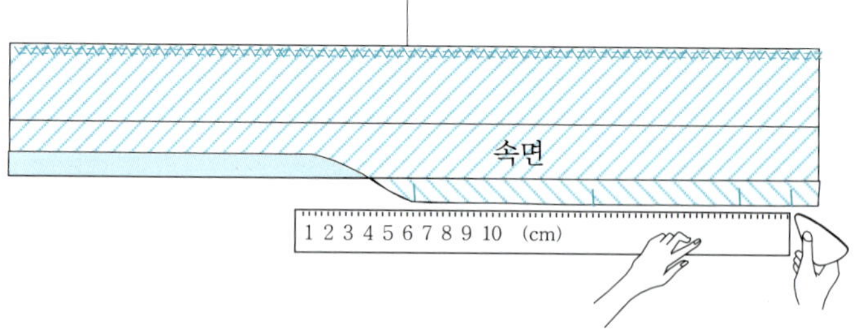

　일자형 허릿단 만들기 방법이 약간씩 다르고 그에 따라 안쪽에서 보았을 때의 모습에도 차이가 있다

① 허릿단 벤놀을 넣어서 처리한 경우 완성된 모습
　안쪽에 남는 시접이 전혀 없는 것이 특징이고, 겉면에서 끝 박음질해야 한다.

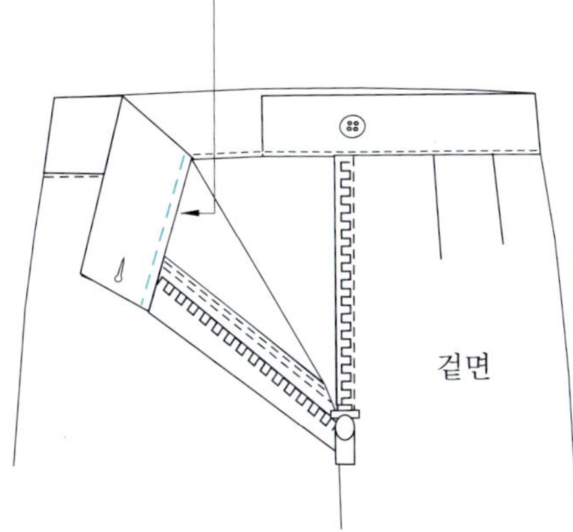

② 허릿단 접착심지 사용하고 안쪽을 바이어스 처리한 경우 완성된 모습
　안쪽에 시접이 있고, 특히 모서리를 접어서 안으로 집어넣고 박음질해야 한다.

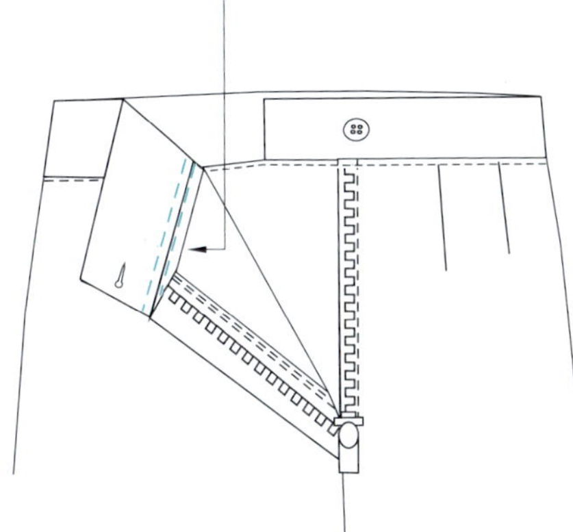

③ 허릿단 접착심지 사용하고 안쪽을 오버로크 처리한 경우 완성된 모습
　안쪽에 시접이 있고, 특히 모서리를 접어서 안으로 집어넣고 박음질해야 한다.

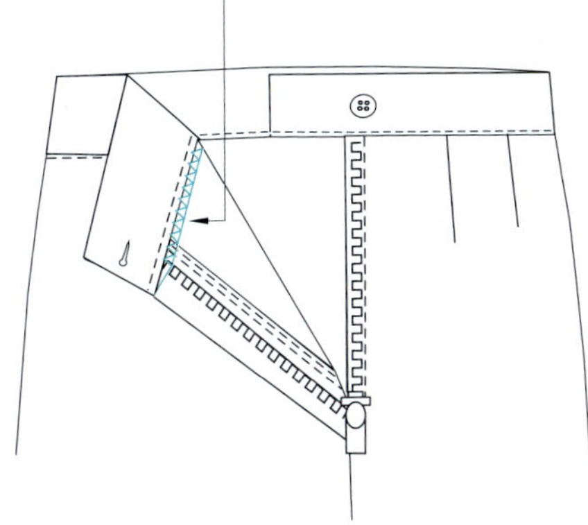

벨트 루프 만드는 방법(1)

· 박음질 후 뒤집을 때 가운데 시접을 먼저 가름질하고 그림과 같이 끝 부분을 삼각 형태로 잘라낸다.

· 벨트 루프를 박음질할 때 0.16mm(1/16") 정도 더 넓게 박음질해야 뒤집었을 때 원하는 넓이가 완성된다.

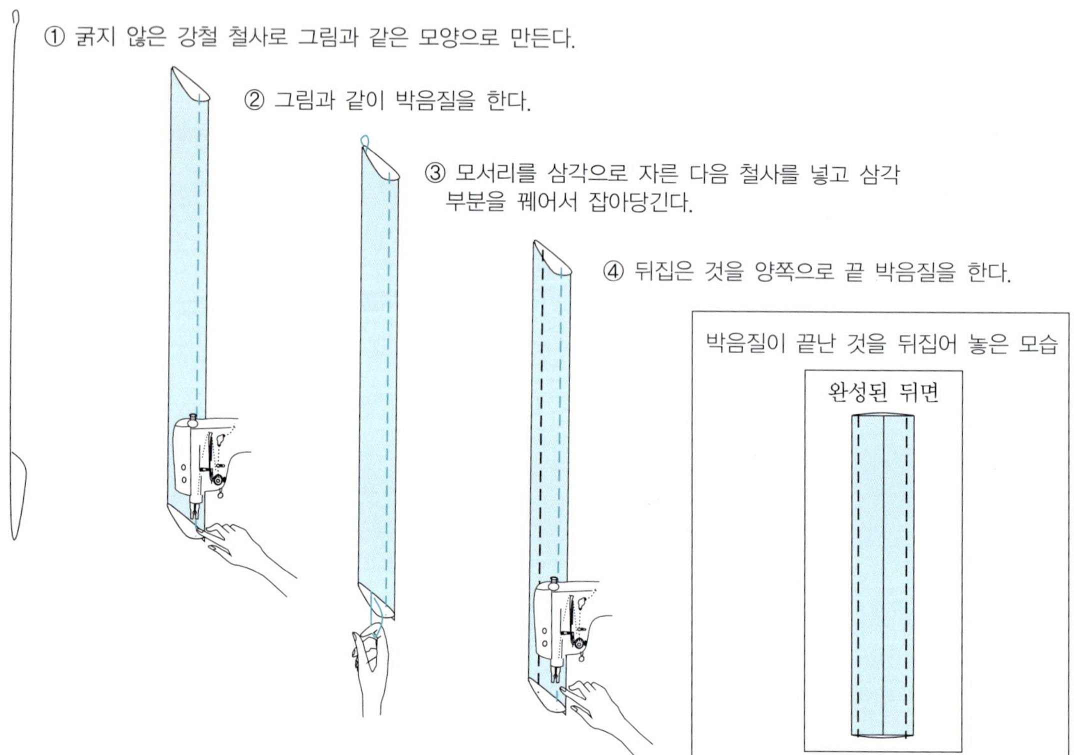

박음질 후 뒤집어서 만들 경우 자르는 넓이			
벨트 루프 커팅 길이 계산			
벨트 루프 길이+양쪽 작업시접 5.08cm(2")×필요 개수=총 길이			
완성 넓이		커트 넓이	
cm	inch	cm	inch
0.95	$\frac{3}{8}$	3.175	$1"\frac{1}{2}$
12.7	$\frac{1}{2}$	4.1275	$1"\frac{5}{8}$
15.875	$\frac{5}{8}$	4.445	$1"\frac{3}{4}$
19.05	$\frac{3}{4}$	5.3975	$2"\frac{1}{8}$
22.225	$\frac{7}{8}$	5.715	$2"\frac{1}{4}$
25.4	$1"$	6.6675	$2"\frac{5}{8}$

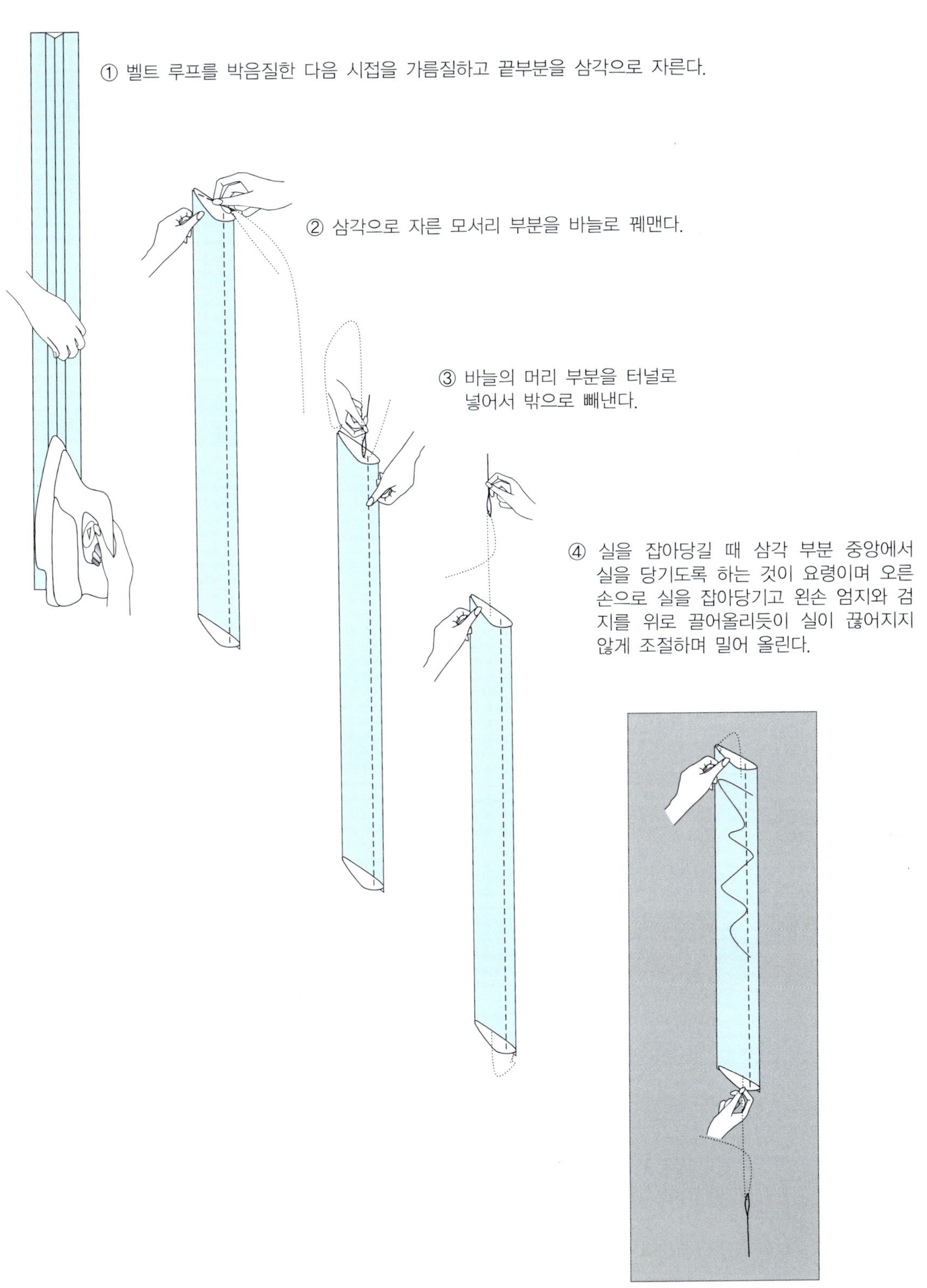

· 바이어스로 가늘게 박음질해서 뒤집을 때에도 이 방법이 유효하게 사용된다.

🔲 벨트 루프 만드는 방법(2)

· 그림과 같이 양쪽을 접어서 다림질을 하고 반으로 접어서 양쪽 끝을 두 줄로 끝 박음질로 처리하는 방법이다.
· 어태치먼트(attachment)를 본봉에 장착하고 박음질하는 방법으로 대량으로 작업할 때 매우 효과가 있다.

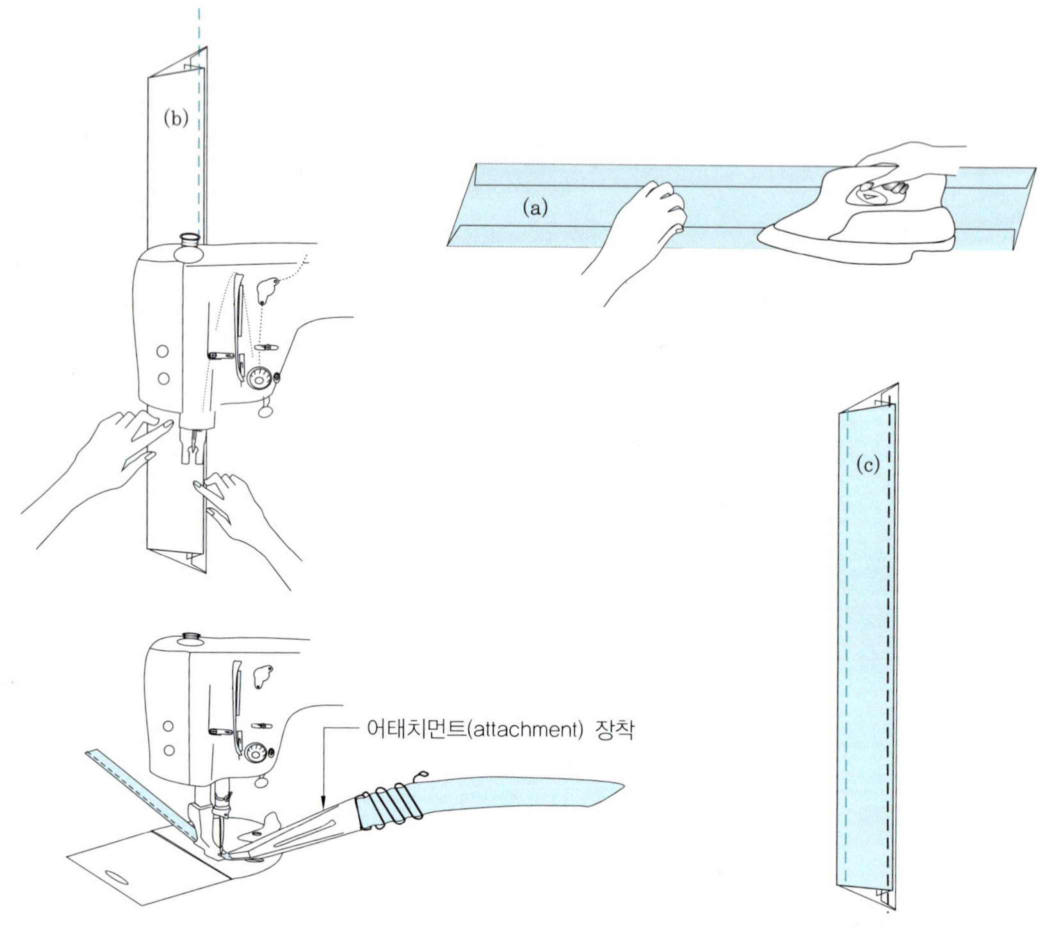

접어서 만들 경우 자르는 넓이			
벨트 루프 커팅길이 계산			
벨트 루프 길이+양쪽 작업 시접 5.08cm(2")×필요 개수=총 길이			
완성 넓이		커트 넓이	
cm	inch	cm	inch
0.95	$\frac{3}{8}$	3.175	$1"\frac{1}{2}$
12.7	$\frac{1}{2}$	4.1275	$1"\frac{5}{8}$
15.875	$\frac{5}{8}$	4.445	$1"\frac{3}{4}$
19.05	$\frac{3}{4}$	5.3975	$2"\frac{1}{8}$
22.225	$\frac{7}{8}$	5.715	$2"\frac{1}{4}$
25.4	$1"$	6.6675	$2"\frac{5}{8}$

벨트 루프 만드는 방법(3)

· 3등분으로 접어서 양쪽을 끝 박음질한다. 벨트 루프를 기계로 만든 것처럼 얇게 만들 수 있다.

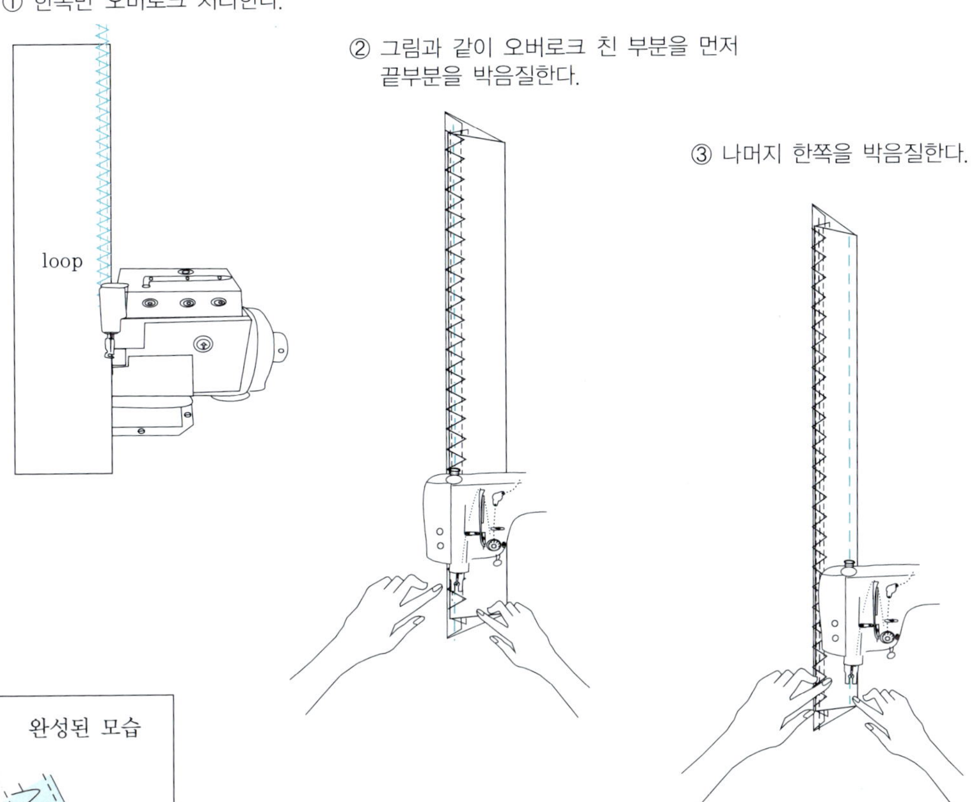

오버로크 처리 방법 벨트 루프 완성 넓이 & 커트 사이즈			
벨트 루프 커팅 길이 계산			
벨트 루프 길이＋양쪽 작업 시접 5.08cm(2")×필요 개수＝총 길이			
완성 넓이		커트 넓이	
cm	inch	cm	inch
9.525	$\frac{3}{8}$	2.8575	$1"\frac{1}{8}$
12.7	$\frac{1}{2}$	3.81	$1"\frac{1}{2}$
15.875	$\frac{5}{8}$	4.7625	$1"\frac{7}{8}$
19.05	$\frac{3}{4}$	5.715	$2"\frac{1}{4}$
22.225	$\frac{7}{8}$	6.6675	$2"\frac{5}{8}$
25.4	1"	7.62	3"

· 어태치먼트를 이용해서 기계로 만들 경우 시접이 접힌 상태에서 양쪽이 서로 마주보는 상태로 박음질되므로 벨트 루프의 시접이 필요하지 않다.
· 커버 스티치는 실을 엮어주는 루퍼의 기능에 의해서 북실이 필요하지 않은 것이 특징으로 니트 의류의 밑단 박음질과 어태치먼트를 부착해서 벨트 루프의 제작에 많이 쓰인다.
· 어태치먼트를 이용해서 작업을 하려면 먼저 넓이를 정확하게 측정해서 커트해야한다.
· 한 조각씩 넣을 때는 서로 약간씩 겹치게 넣어야 계속해서 서로 붙은 상태에서 박음질이 되며 앞으로 나아간다.
· 조각을 모두 길이로 이음 박음질을 먼저 한 다음 상자에 꼬이지 않게 넣고 자동으로 말려 들어가게 박음질이 가능하다.

기계로 만들 때 벨트 루프 완성 넓이 & 커트 사이즈				
벨트 루프 커팅 길이 계산				
벨트 루프 길이+양쪽 작업시접 5.08cm(2")×필요 개수=총길이				
완성 넓이		커트 넓이		커트 길이
cm	inch	cm	inch	
9.525	$\frac{3}{8}$	25.4	1"	
12.7	$\frac{1}{2}$	2.8575	1"$\frac{1}{8}$	
15.875	$\frac{5}{8}$	3.175	1"$\frac{1}{4}$	
19.05	$\frac{3}{4}$	4.1275	1"5/8	
22.225	$\frac{7}{8}$	4.445	1"$\frac{3}{4}$	
25.4	1"	5.3975	2"$\frac{1}{8}$	

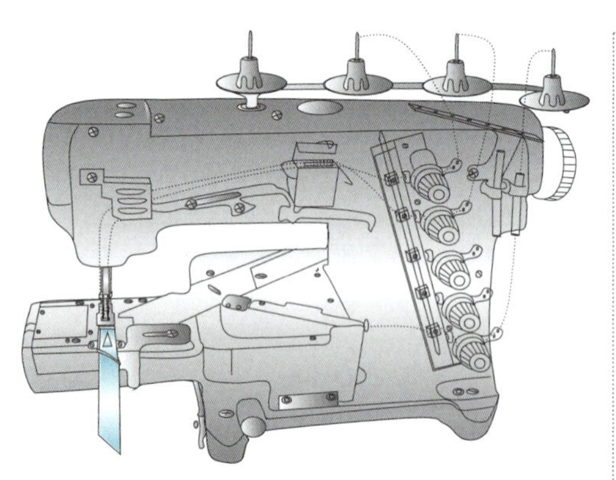

벨트룹의 시접이 속면에서 서로 맞닿게 박음질되는 모습

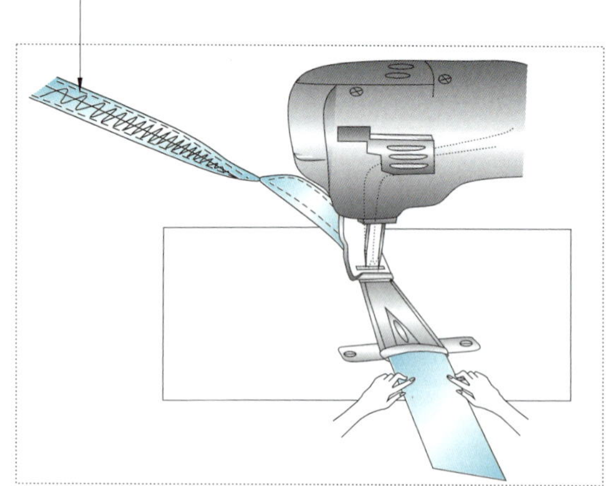

· 옆 주머니 입구 안단 왼쪽 1개, 오른쪽 1개

· 주머니 안단 왼쪽 1개, 오른쪽 1개

· 앞판과 뒤판을 모두 오버로크 처리

· 오버로크 작업은 작은 조각들을 먼저 치고 큰 조각으로 넘어가는 것이 순서이며, 항상 겉면을 위에 놓고 오버로크를 쳐야 하므로 한쪽은 위에서 시작해서 밑에서 끝나고, 한쪽은 밑에서 시작해서 위에서 끝나게 된다.

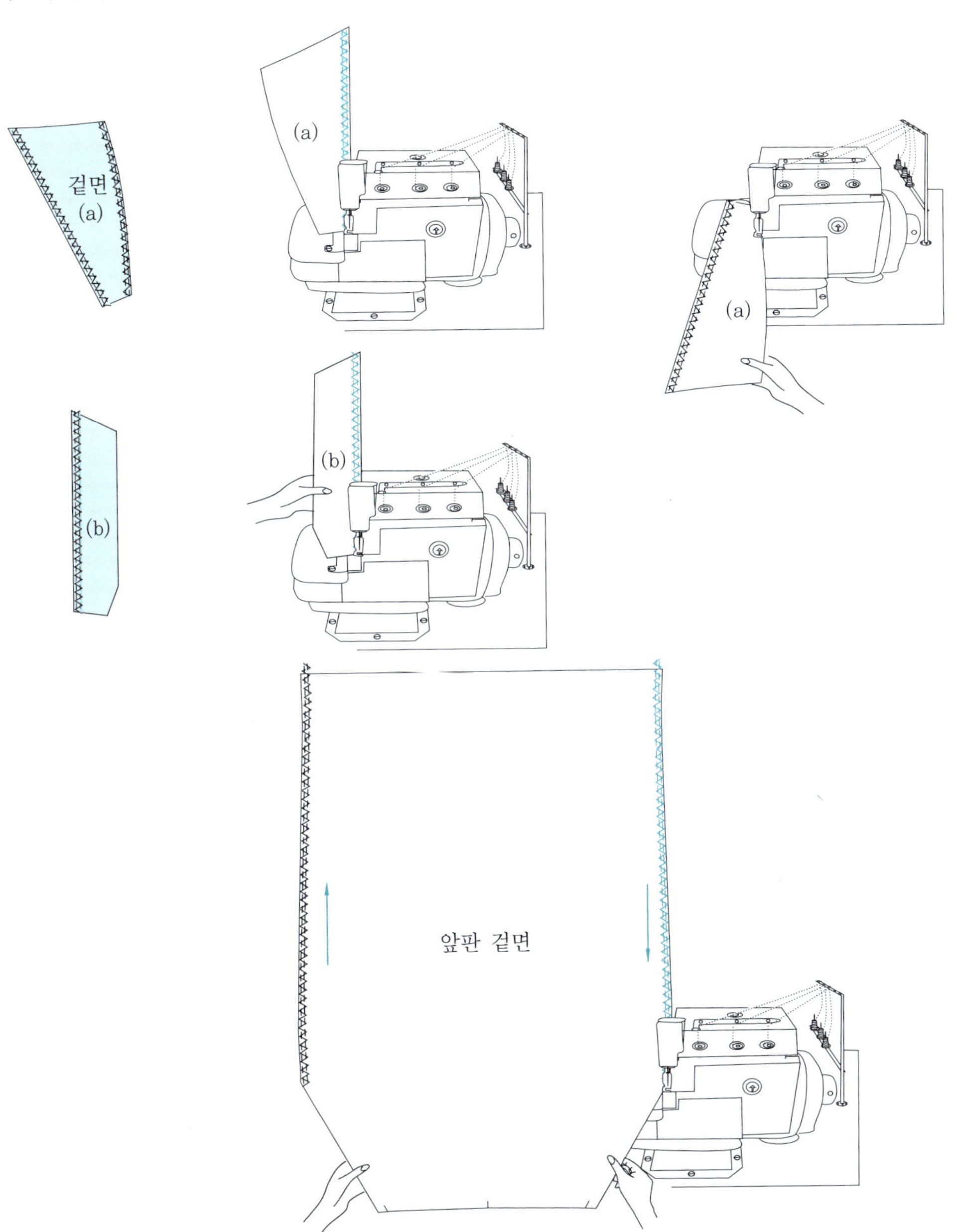

· 오버로크나 원단의 겉면이나 모두 위쪽이 겉면이 되므로 원단의 겉면을 위로 놓고 위에서부터 오버로크를 치고 방향을 바꾸어서 밑에서부터 오버로크를 친다.
· 오버로크 칠 때의 요령은 겉감을 0.15mm 정도 칼날에 의해서 잘려나가게 한다.

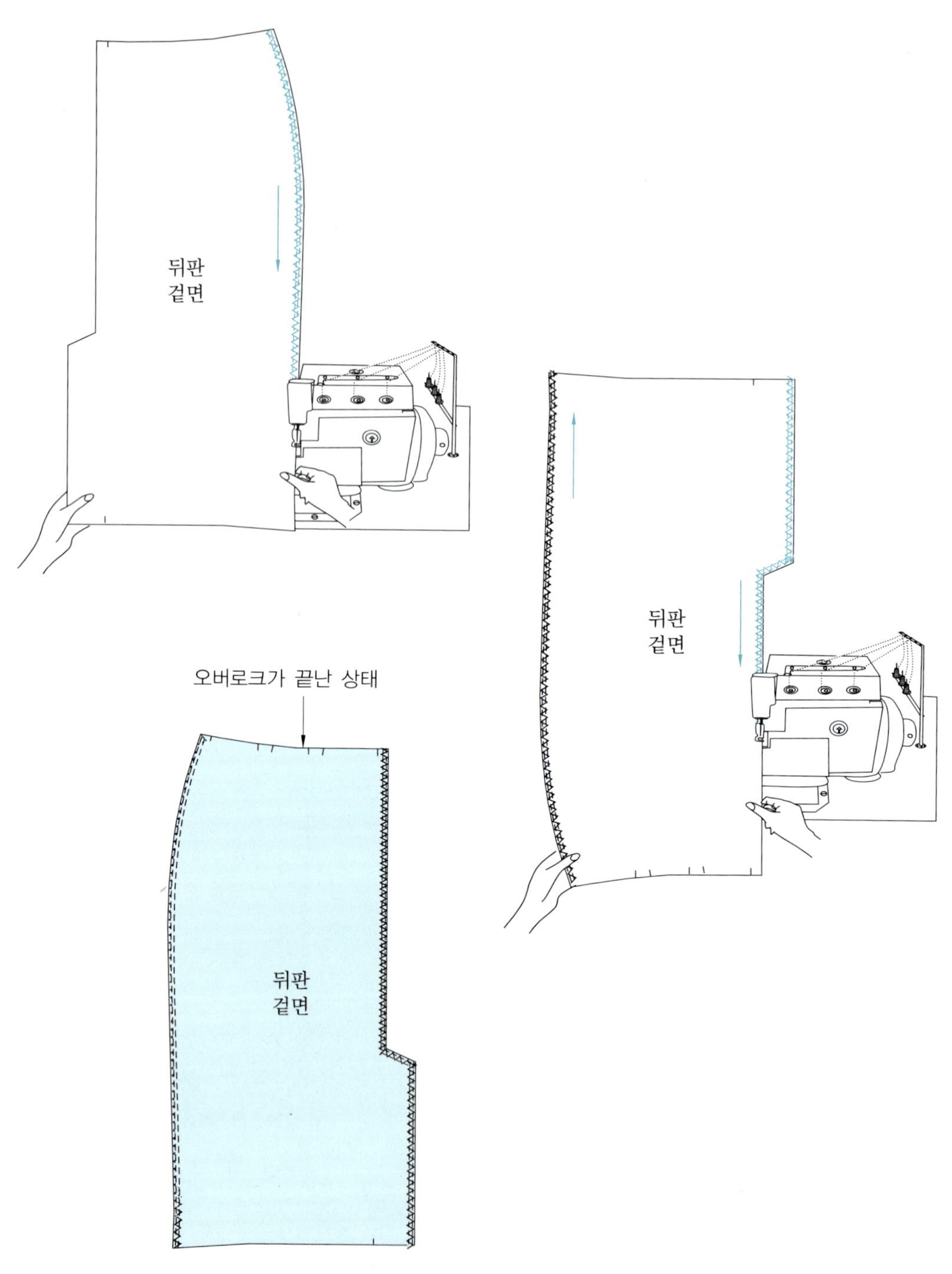

 스커트 디자인 & 제작 실무

· 옆 솔기를 합복하기 전에 먼저 주머니 부위를 오버로크 처리한다.
· 오버로크를 치는 방법과 순서는 본봉으로 박음질하던 순서와 방법이 같아야하며 아래 그
  림의 놓여 있는 상태를 참고한다.

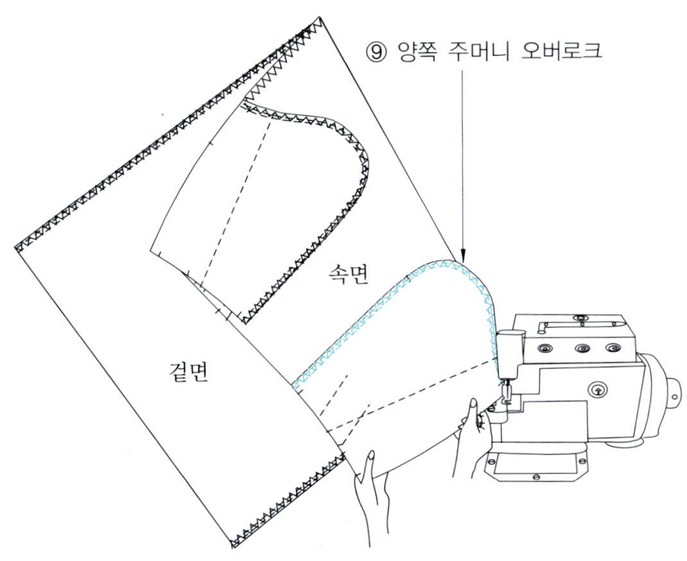

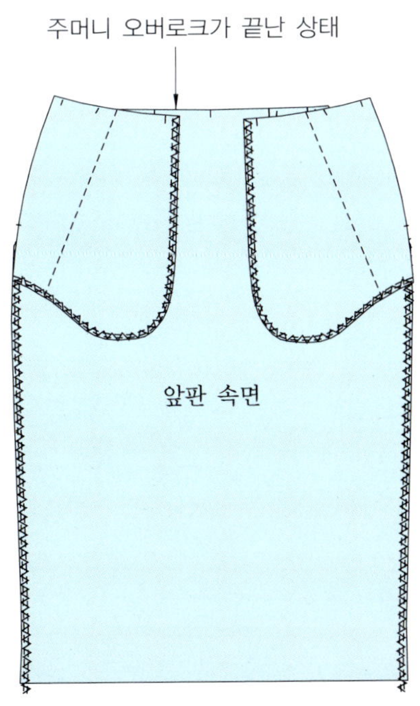

뒤판 트임의 곡선 박음질

- 겉면에서 눌름 스티치가 없는 경우라면 곡선 박음질은 반드시 필요한 조치로서 움직일 때 압력을 받으면 박음질한 부위가 뜯어지거나 원단이 파손되거나 둘 중에 하나는 반드시 일어나는 현상을 방지한다.
- 얇고 비치는 원단이라 심지를 붙일 수 없다면 같은 원단으로 잘라서 밑에 놓고 박음질하여 압력에 견디는 힘을 보강하는 등의 조치가 필요하다.

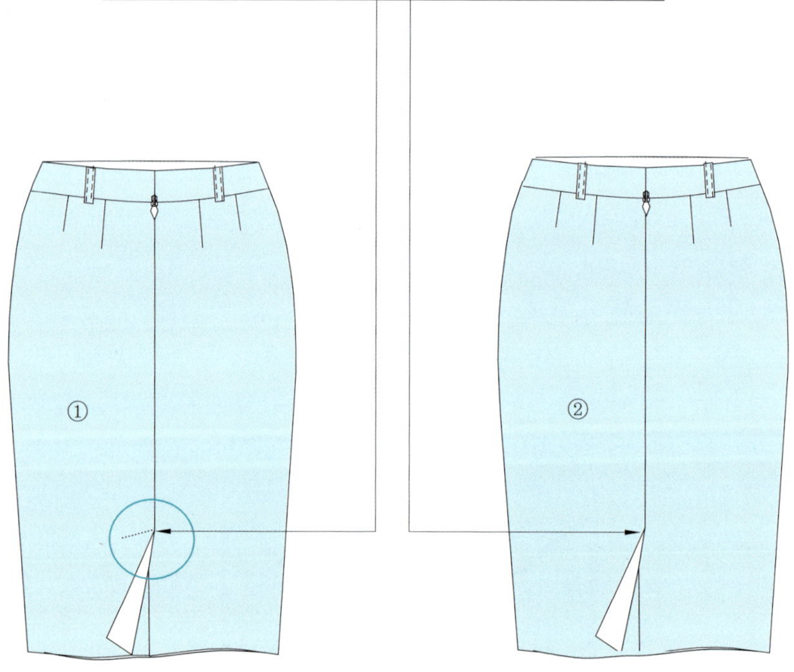

콘솔지퍼 박음질 방법

· 뒤판은 두 장을 포개 놓고 뒤 중심을 먼저 박음질한다.

· 트임 위치는 곡선으로 박음질하여 움직일 때 압력을 분산시키는 역할을 하게 한다.

· 1.27cm($\frac{1}{2}$") 떨어지게 박음선이 멈추지 않으면 안감을 합복할 때 완벽하게 마무리되지 않게 된다.

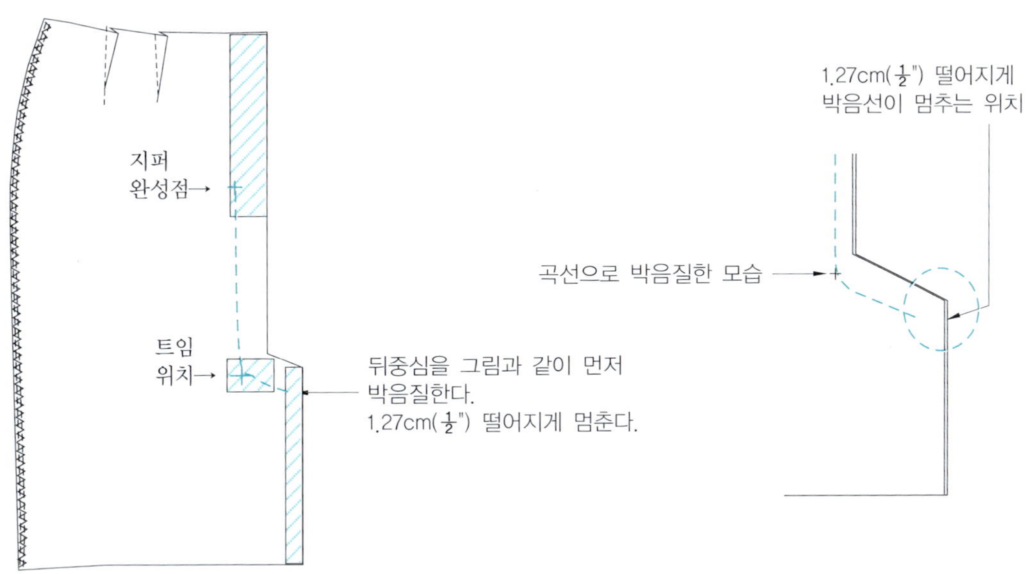

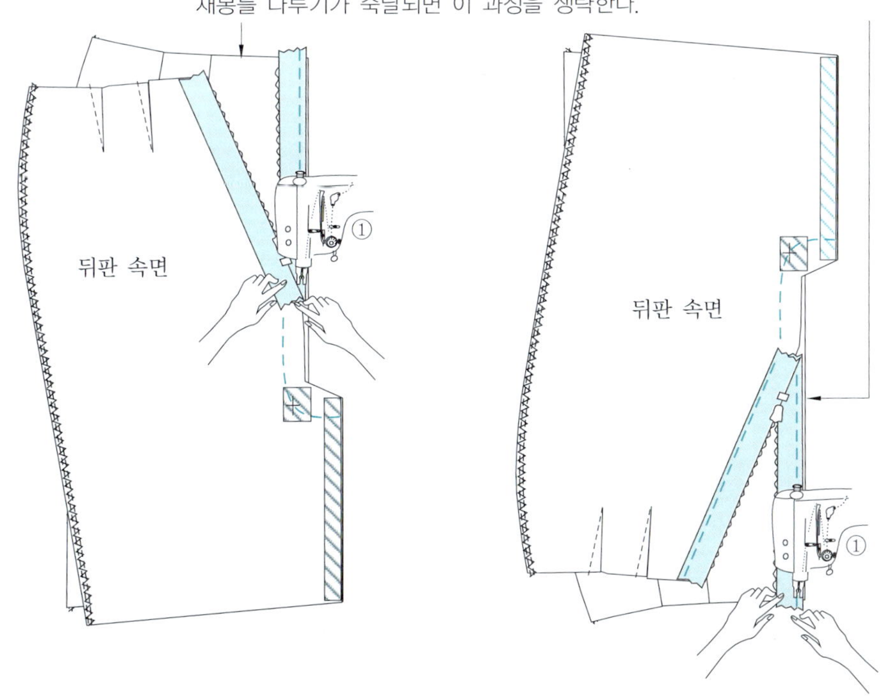

· 지퍼 하단 부분 속면에 있는 탭을 꺼내는 방법은 뾰족한 탭의 방향이 밑으로 내려져 있는 것을 위로 방향을 바꾸어 올리고, 아주 작은 구멍으로 탭의 아랫부분을 밀어 올리고 끝부분을 집어서 **빼낸다**.

· 콘솔지퍼의 탭은 화살촉처럼 생겼으며, 이것은 작은 구멍으로 쉽게 **빼내기** 위해서 처음부터 고안된 것으로 보인다.

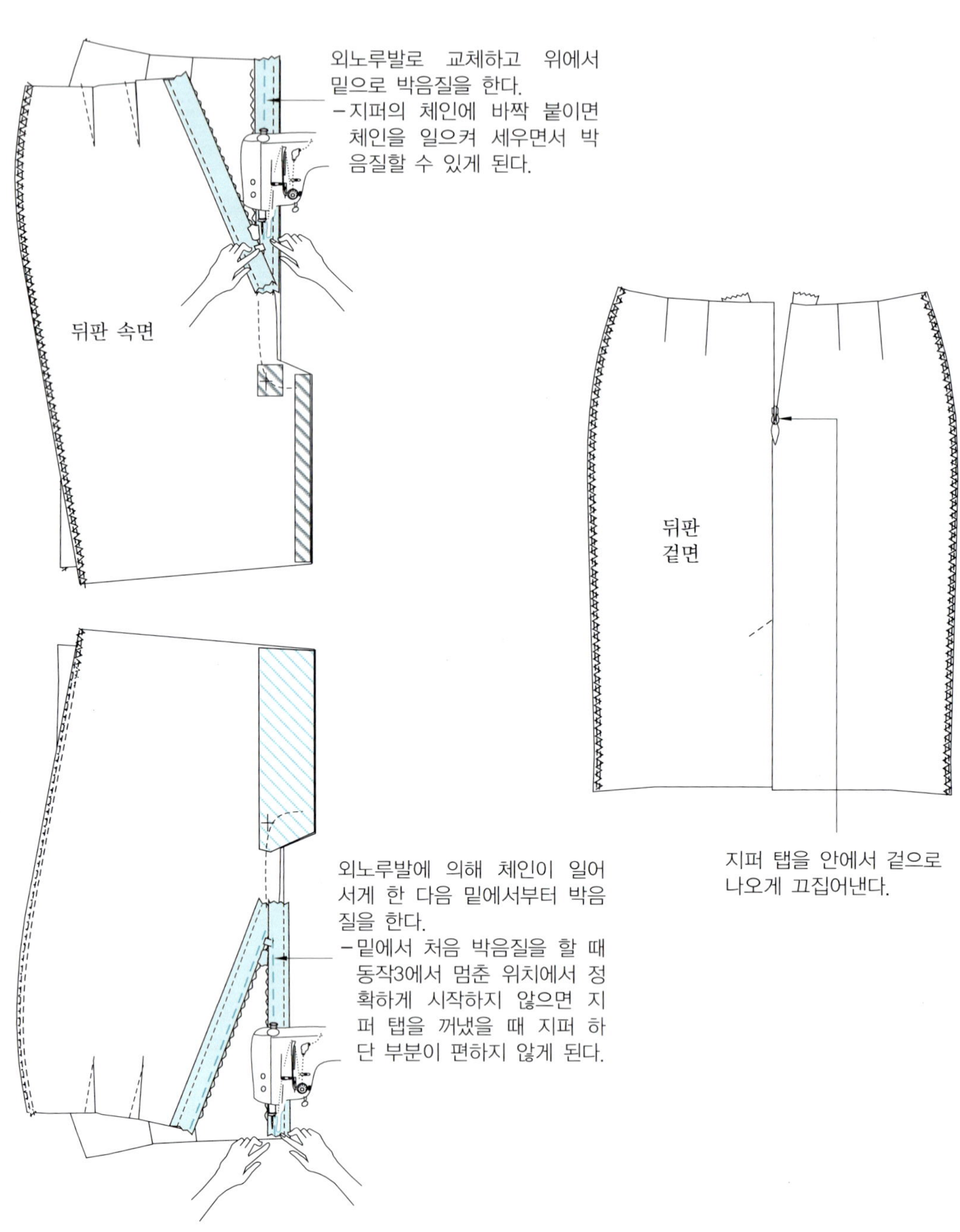

양면 지퍼 박음질 방법(1)

· 앞단 위에서 1cm(⅜) 지퍼 아래에서 0.3cm(⅛") 정도 안으로 들어가게 하는 것은 지퍼를 올렸을 때 여밈 상태를 양호하게 하기 위해서 반드시 필요하며, 지퍼 슬라이더의 두께에 의해서 지퍼를 올렸을 때 윗부분이 벌어지는 현상을 방지한다.

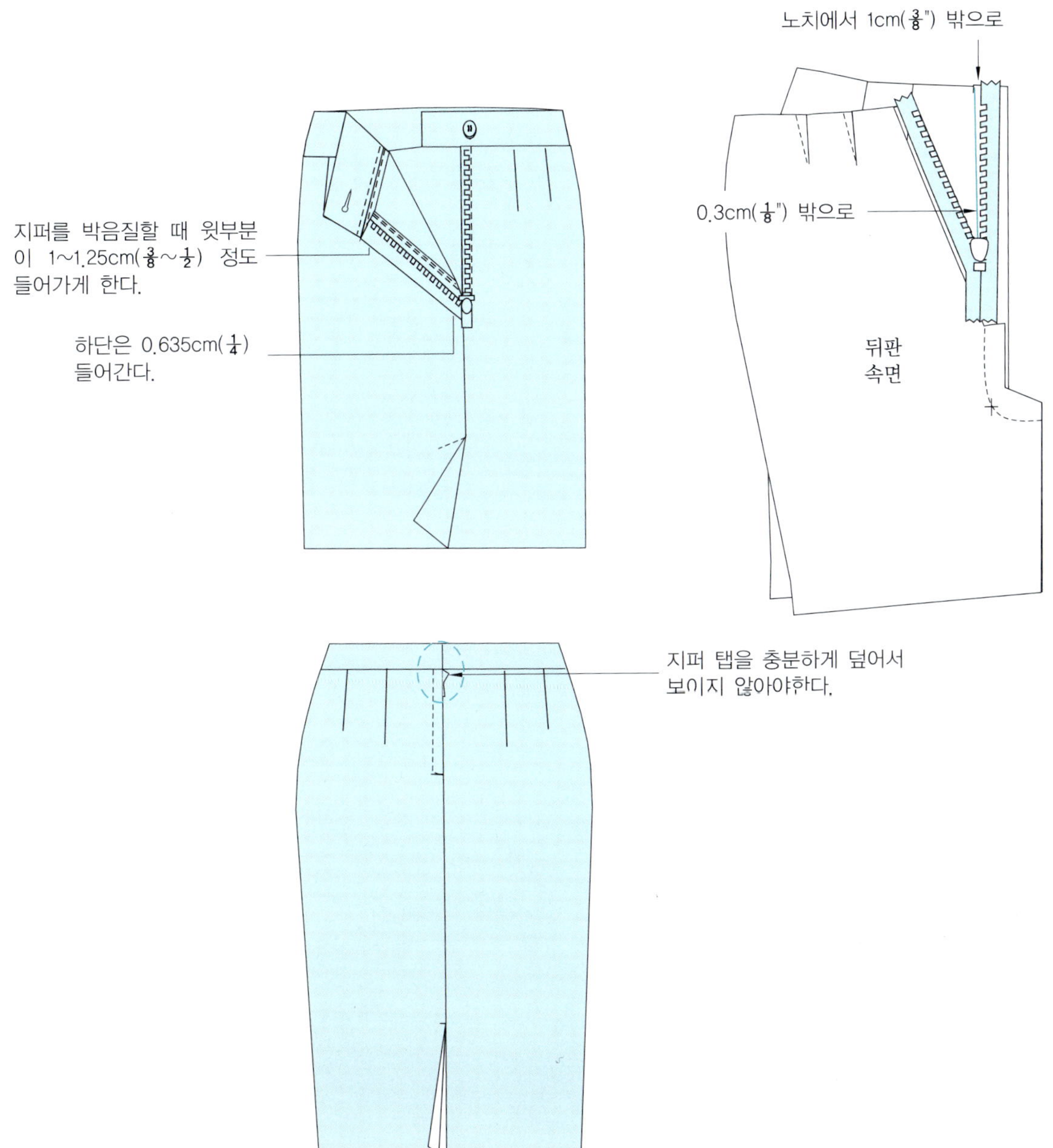

· 지퍼의 돌려서 박음질할 때 노루발에 스톱 바가 닿게 되면 바늘이 부러지거나 바늘에 스톱 바가 찍히는 등의 문제가 발생한다.
· 지퍼 길이 노치 표시에서 0.635cm($\frac{1}{4}$")를 올려서 스톱 바를 놓아야 한다.
· 지퍼가 밑에 놓이므로 실제는 보이지 않으나 설명이 필요하므로 겉감을 점선으로 표시한다(그림 참고).
· 노루발의 옆면에 스톱 바를 스치면서 지나갈 수 있어야 바늘이 부러지거나 하는 등의 문제가 발생하지 않게 된다(그림 참고).
· 지퍼의 길이가 길면 위에서 잘라낸다.

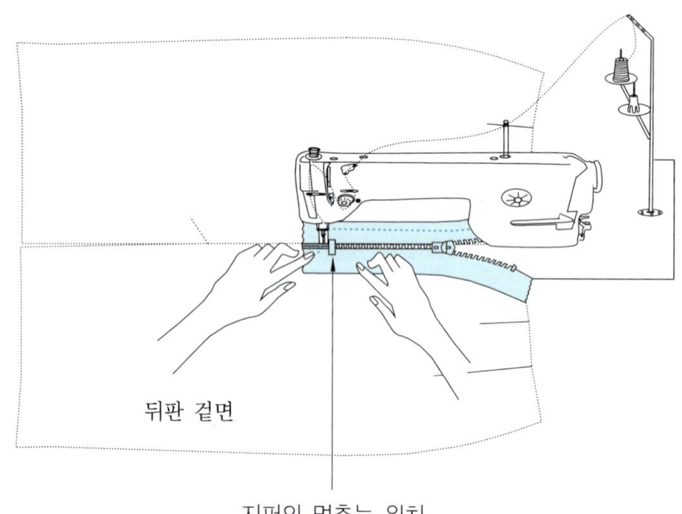

· 양면 지퍼를 박음질하고 탭을 올렸을 때 맨 윗부분이 벌어지는 경우가 많으며, 이것은 탭의 두께에 의해서 벌어지는 현상이다.

· 지퍼의 윗부분은 노치 표시에서 1cm($\frac{3}{8}$") 스톱 부분은 0.635cm($\frac{1}{4}$") 시접 쪽으로 체인이 나아가게 놓고 박음질하면 위쪽이 벌어지는 현상과 스톱 위치의 지퍼가 보이는 것을 방지하게 된다.

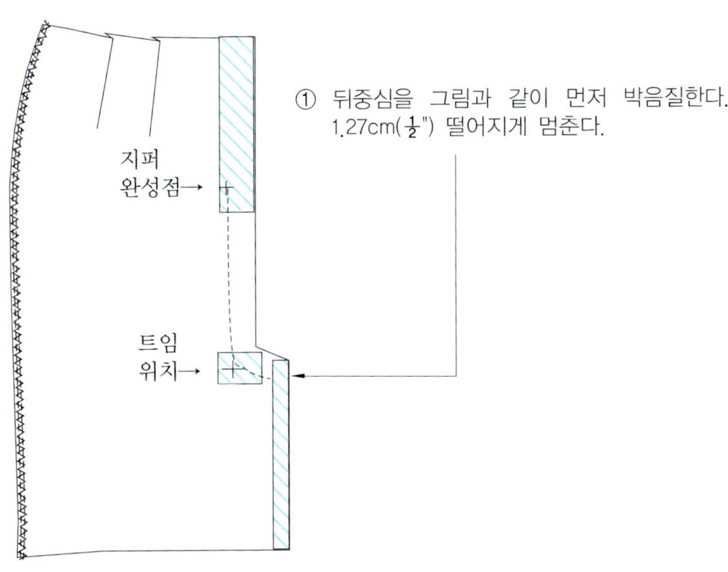

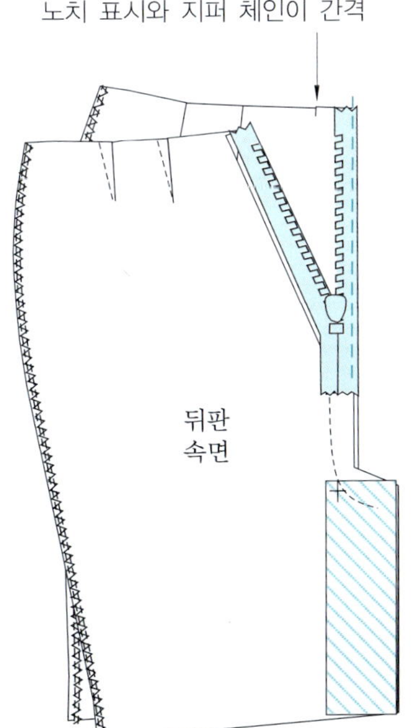

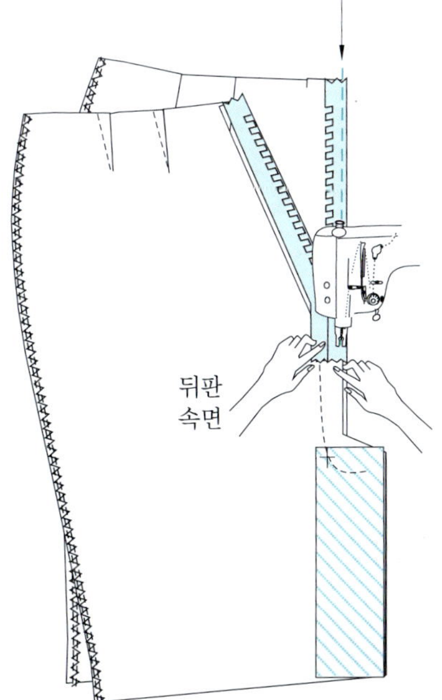

· 지퍼 테이프의 끝을 박음질하는 것은 지퍼를 정확하게 고정시키기 위한 것으로 재봉틀
  에 숙달되면 이 과정이 자연스럽게 생략한다.
· 아래 그림 동작 ③은 지퍼를 고정시키기 위해서 테이프 끝 박음질을 하는 과정이고 ④
  는 지퍼의 체인에 바짝 붙여서 고정된 지퍼를 밑에서부터 속 박음질로 완성 박음질하는
  과정이다.

③ 테이프 끝 박음질
몸판을 돌려서 밑에서부터 지퍼 테이프 끝 박음질

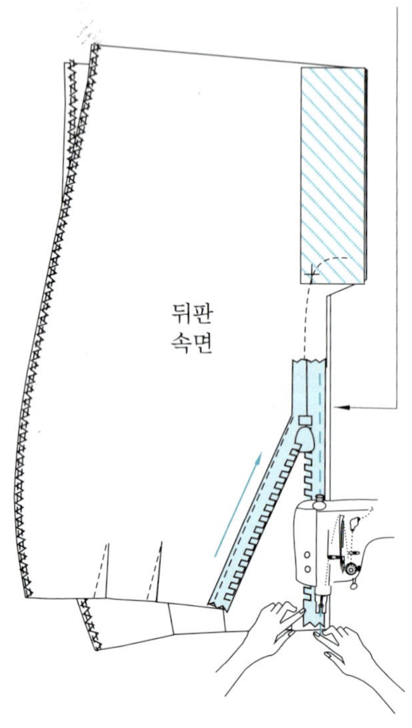

④ 외노루발 교체
밑에서부터 지퍼 체인에 붙여서 박음질

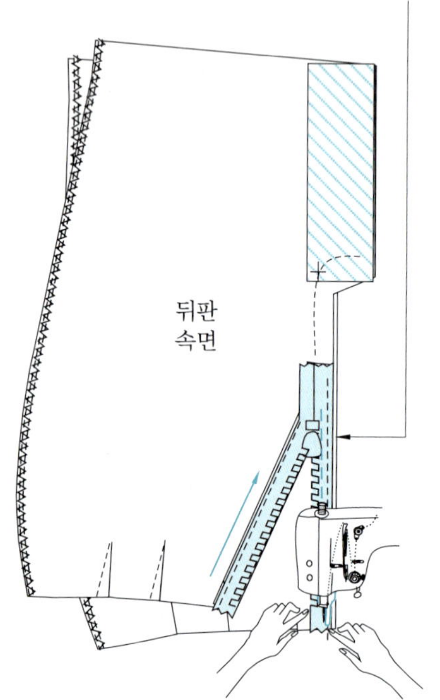

이 부분은 앞의 ④번 동작에서 속박음질을
했으므로 박음선이 보이지 않는다.

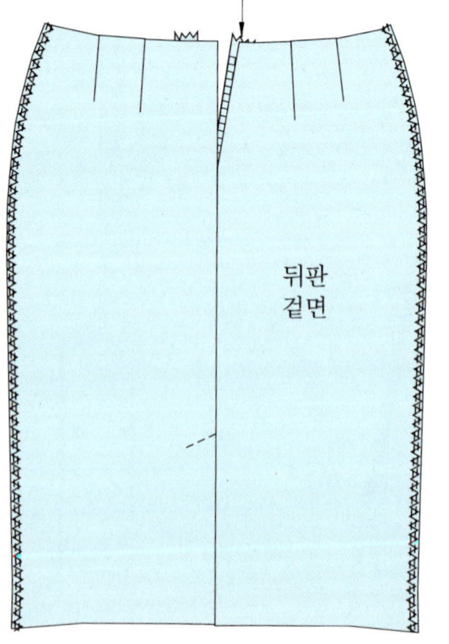

· 지퍼의 탭을 밑으로 내리고 위에서부터 눌름 박음질을 하며, 맨 아래에서 지퍼의 탭을 올리고 방향을 바꾸어 약간 사선으로 지퍼의 스톱 위치를 박음질한다.

· 박음선의 넓이를 좁게 하려면 폭이 좁은 노루발로 교체해야 한다.

· 지퍼를 달 때는 원단이 밀리는 현상이 많이 발생하며, 이것을 방지하는 간단하고도 효과적인 방법은 페이퍼를 일자로 잘라서 누르고 박음질하면 거친 면이 원단을 움직이지 않게 누르고 있으므로 노루발의 압력이나 원단이 길이 방향으로 늘어나는 성질이 있어도 안전하게 박음질을 할 수 있게 된다.

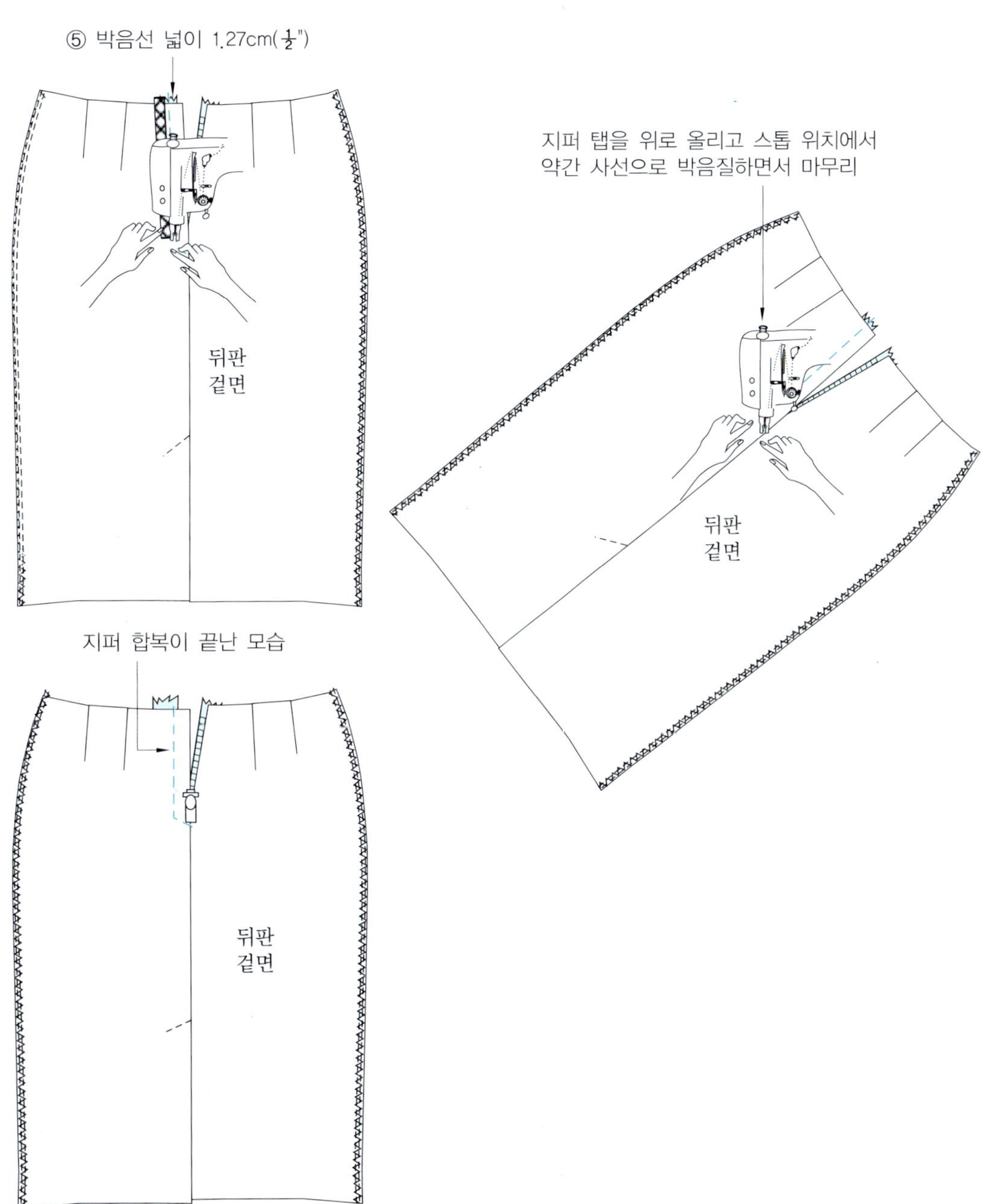

양면 지퍼 박음질 방법(1)에서는 지퍼의 테이프를 끝 박음질로 고정시켰으나, (2)는 바로 지퍼를 밑에 놓고 박음질하는 방법이다.

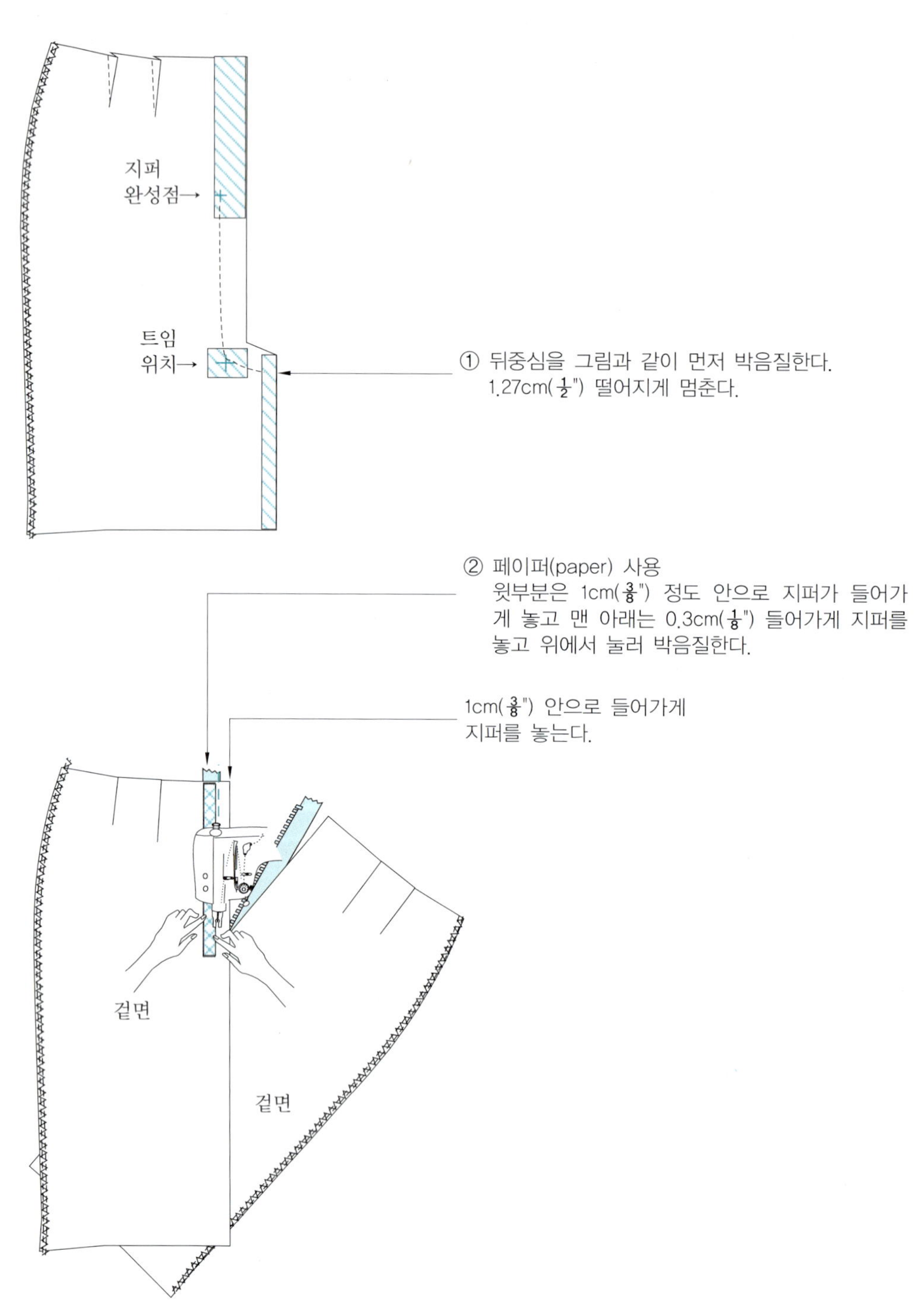

· 페이퍼를 정확하게 박음질할 위치에 얹어 놓고 박음질하는 것이 요령이다.

③ 스톱 부분에서 탭을 위로 올리고 사선으로 박음질한다.

④ 방향을 돌려서 체인에 붙여놓고 페이퍼를 얹
어 노루발로 눌러 고정시키고 박음질한다.

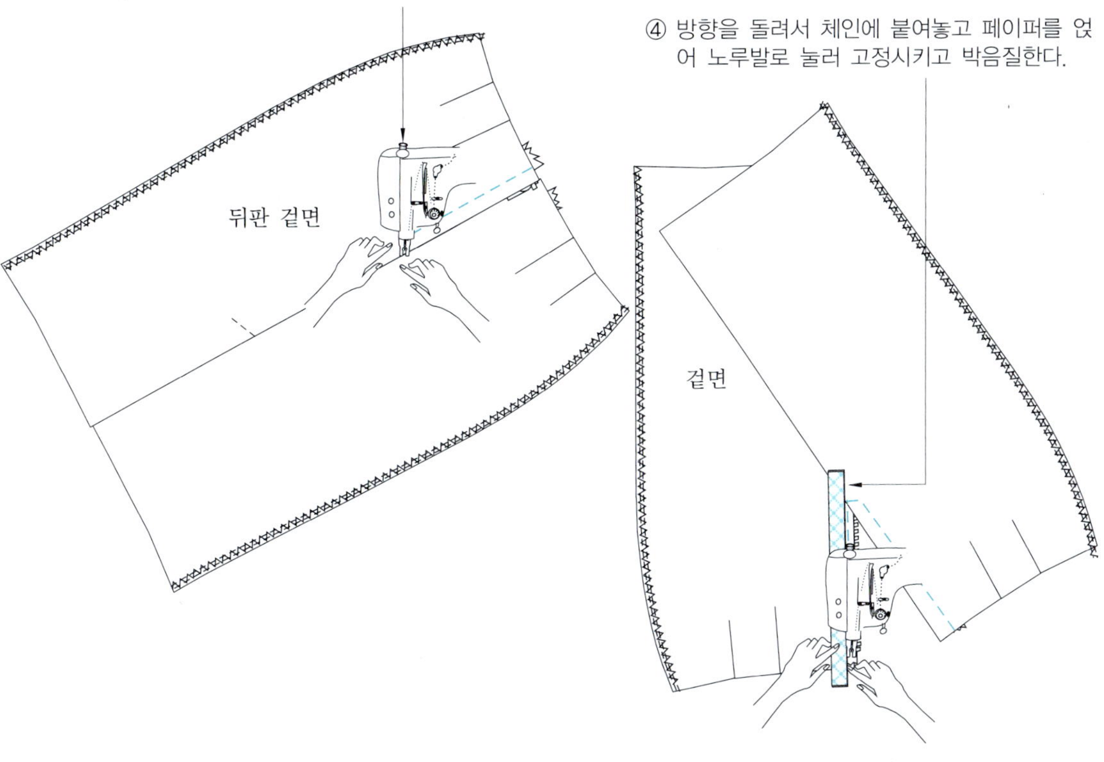

지퍼 합복이 끝난 겉면
박음선 넓이는 1.27cm($\frac{1}{2}$") 정도이다.

양면 지퍼 완성된 모양을 안쪽에서 보는 모습

지퍼의 스톱 위치 부분은 1cm($\frac{3}{8}$) 정도 떨어져 있다.

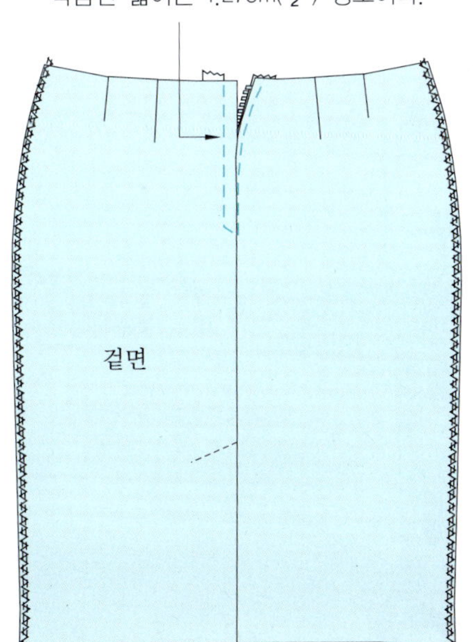

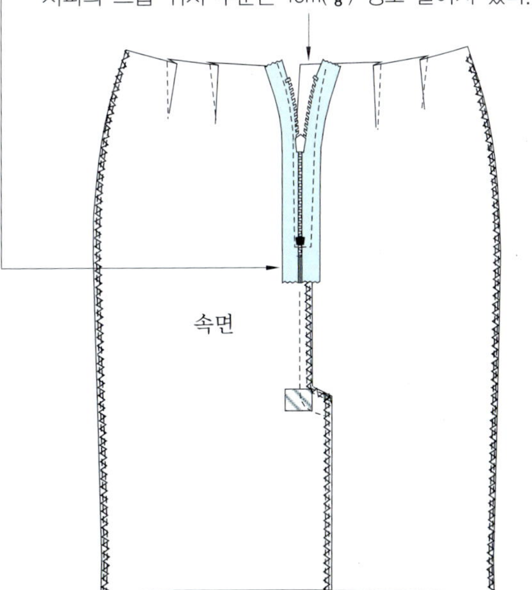

· 다트와 지퍼 등 박음질이 끝나면 앞판과 뒤판의 양쪽 옆 솔기 합복을 한다.

· 뒤판을 밑에 놓고 앞판을 위에 놓고 위에서부터 박음질 전면에서 보았을 때 오른쪽을 먼저 박음질하고 돌려서 왼쪽을 밑에서부터 박음질한다.

· 특별한 경우가 있지 않는 한 항상 앞판을 위에 놓고 뒤판을 밑에 놓아 박음질하므로 오른쪽은 위에서부터 왼쪽은 밑에서부터 박음질하게 된다.

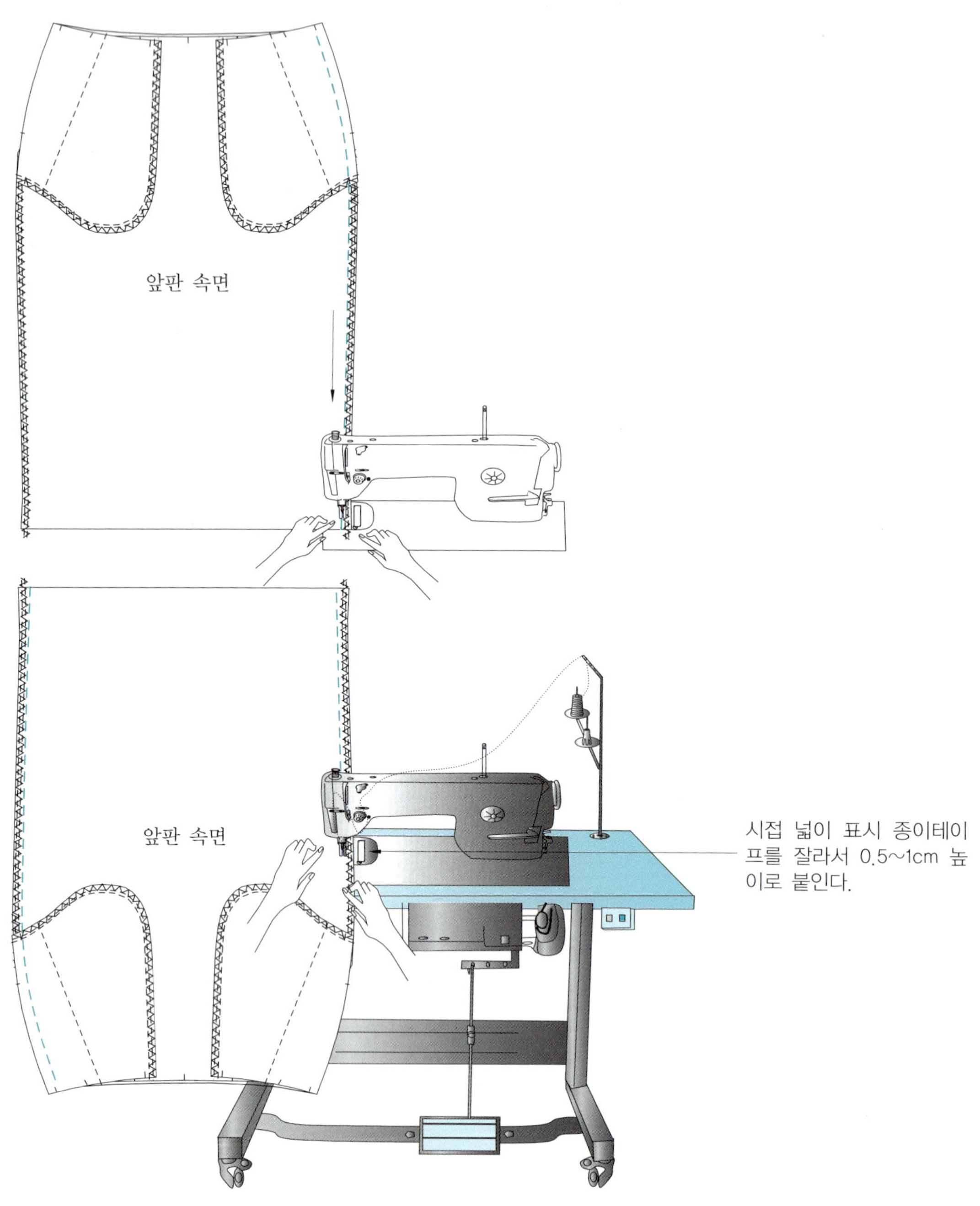

· 안감 뒤트임 각이진 형태의 박음질은 보다 정밀하게 하여야하며, 특히 각이진 부분에서 가위집을 넣을 때 정확하게 넣는 것이 제일 중요하다.
· 가위 끝이 뾰족하게 마모가 된 것이 정확하게 자르는 데 도움이 된다.

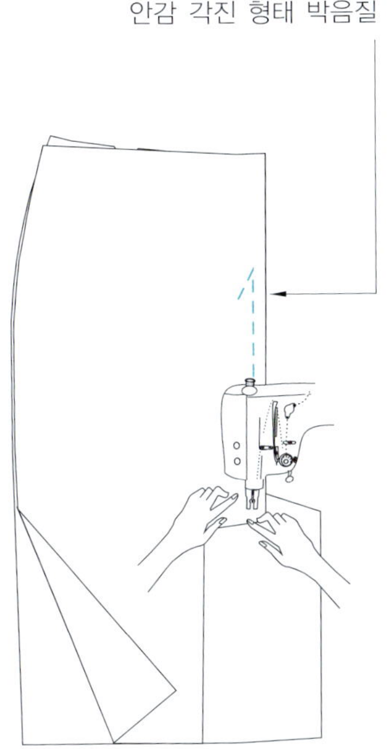

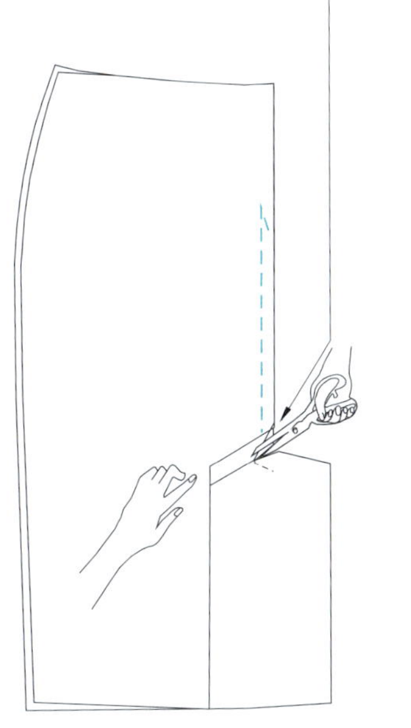

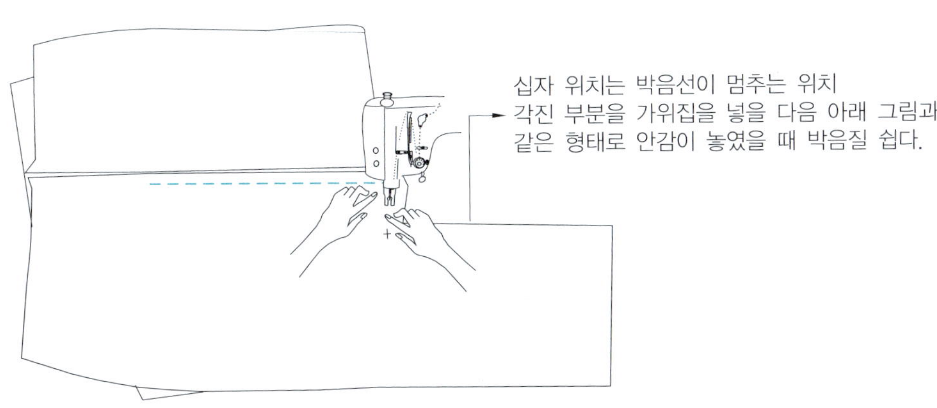

· 뒤트임 박음질이 끝난 상태를 안쪽에서 보는 모습으로 형태가 이와 다르면 잘못된 것으로
  보아야 한다.

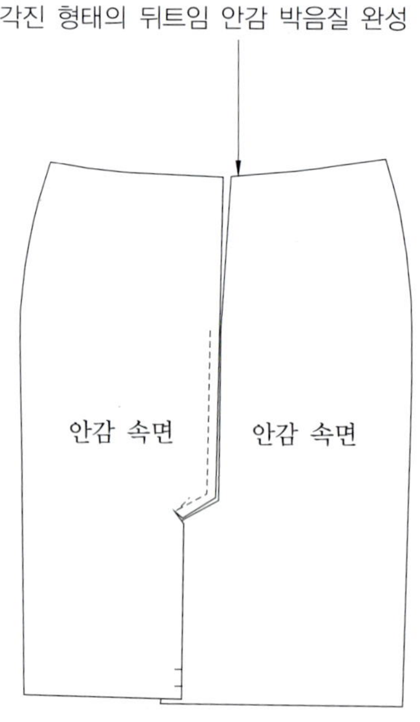

각진 형태의 뒤트임 안감 박음질 완성

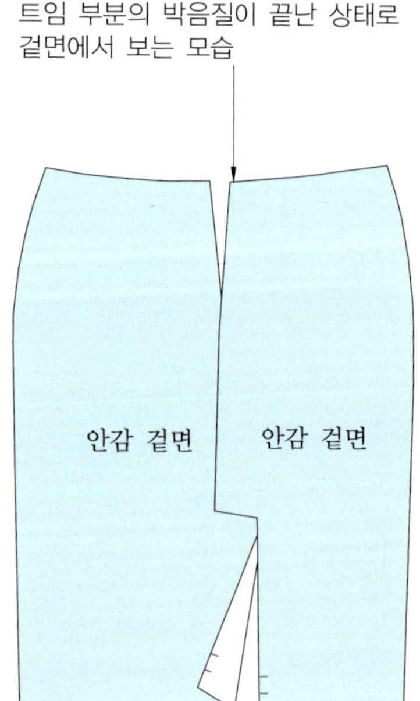

· 그림과 같이 오른쪽은 밑에 왼쪽을 위에 놓고 노치 표시를 정확하게 맞추어 박음질한다.
· 뒤판의 지퍼 부위를 안감과 따로 떨어지게 처리하려면 안감을 두 번 접어서 박음질해야
  하며, 왼쪽 위에서 시작해서 오른쪽 위에서 끝낸다.

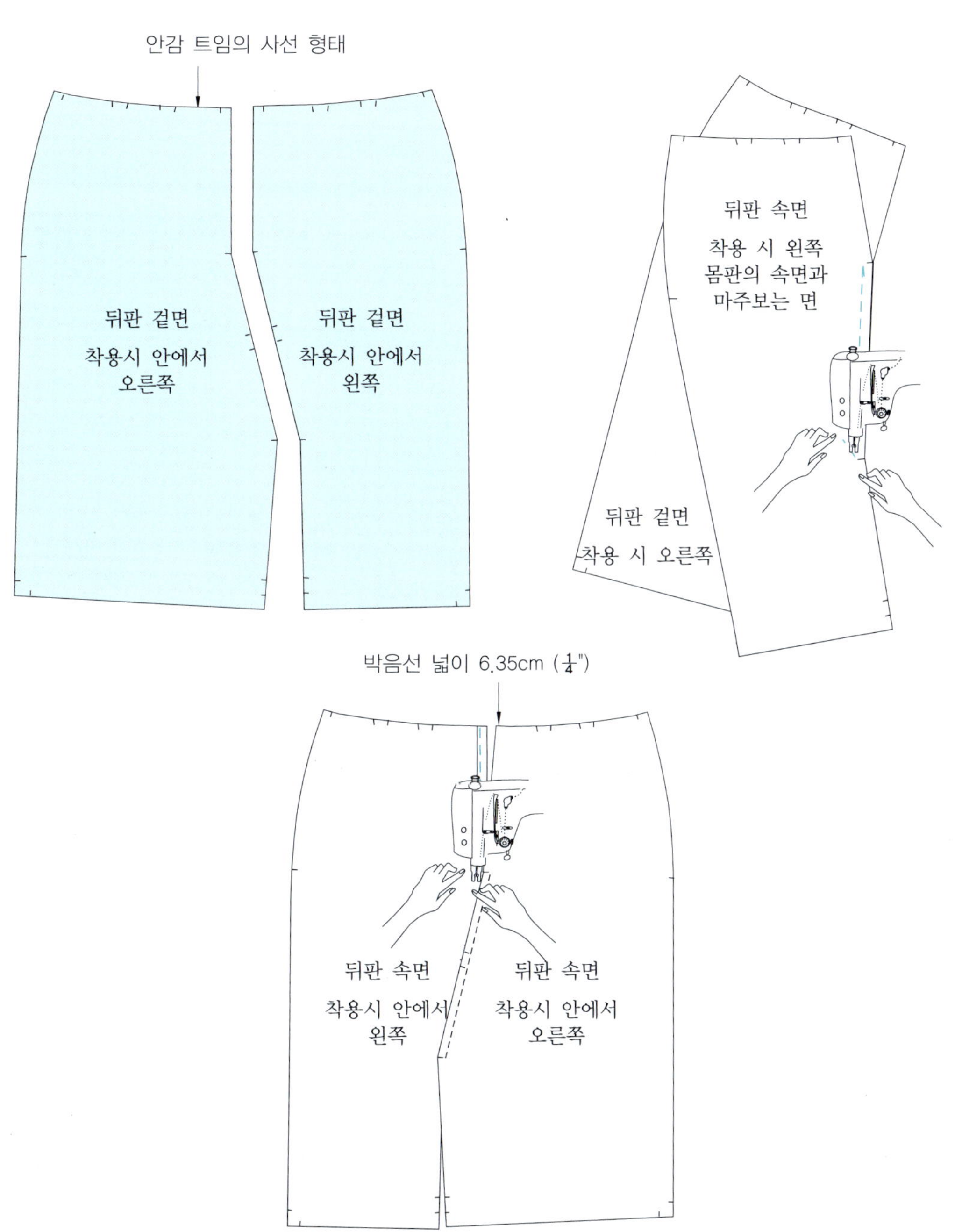

· 뒤 지퍼 부위의 안감과 몸판을 떨어지게 처리하려면 안감을 그림과 같이 두 번 접어서 말
아 박음질해야 하고, 지퍼 부위와 몸판을 합복하려면 박음질하지 않는다.

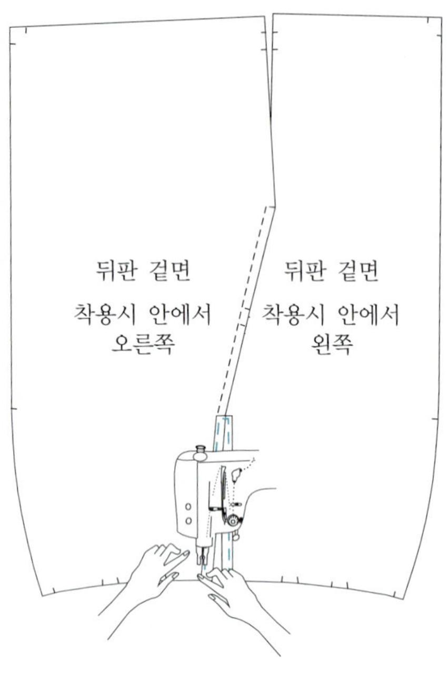

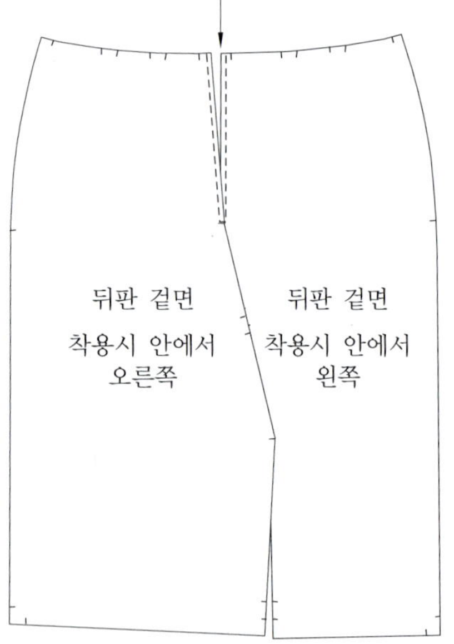

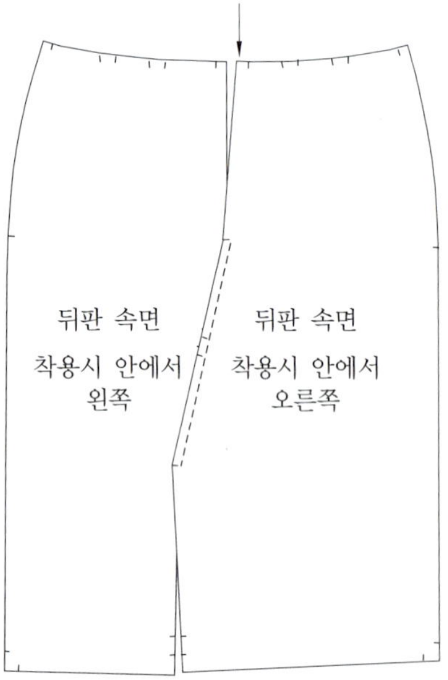

📘 옆 솔기 박음질하기

· 각이진 형태와 사선형태의 옆 솔기 합복하는 방법은 같으며 양쪽 솔기를 모두 박음질한
  다음 오버로크 처리.
· 첫 번째 박음질 시작은 앞판을 위에 놓고 위에서 시작하고, 다음은 밑에서 박음질하는
  것이 순서이다.
· 오버로크 치는 순서도 본봉 박음질과 같이한다.

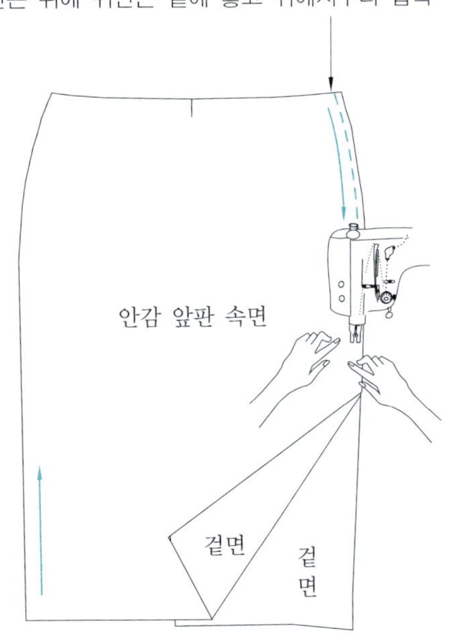

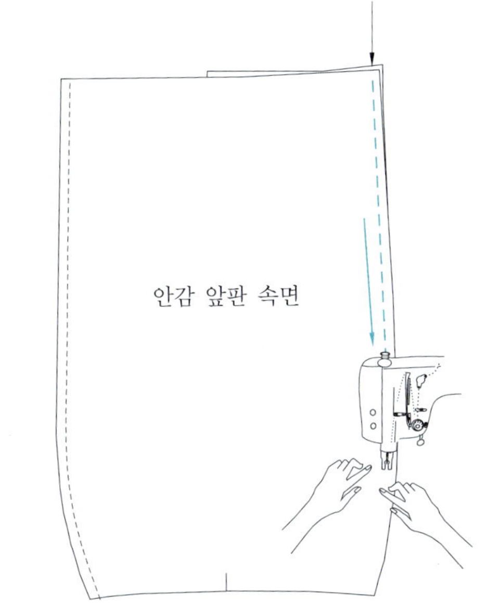

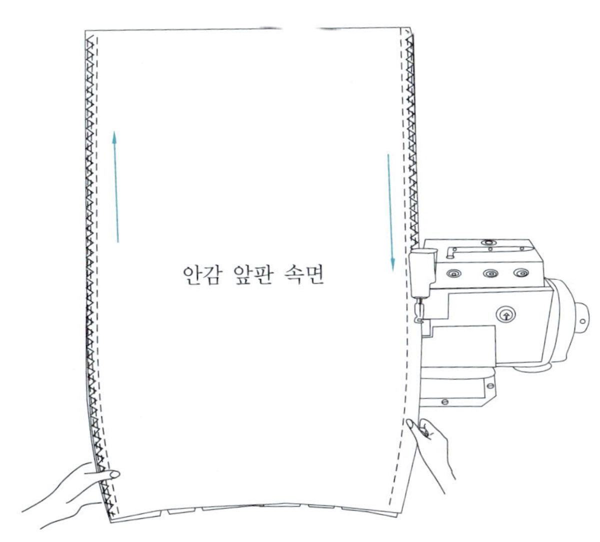

· 안감 밑단 노치를 2개 1.27cm($\frac{1}{2}$") 넓이로 나란히 넣은 것은(92쪽) 두 번 접어서 말아
  박음질하기 위해서이다.
· 첫 번째 노치 1.27cm($\frac{1}{2}$") 넓이를 접고, 두 번째 노치를 다시 접어서 박음질한다.
· 양쪽 옆 솔기 시접은 뒤쪽으로 보낸다.

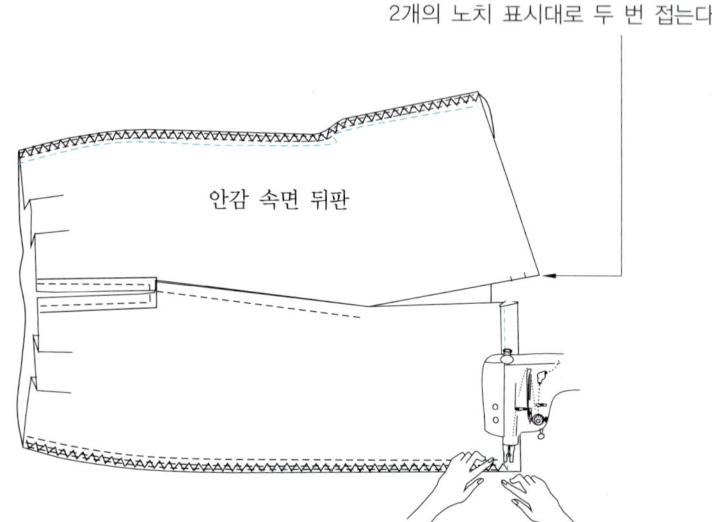

🔖 트임 위치 사선과 각진 형태의 안감 박음질

· 밑단 말아 박음질하여 안감 박음질을 완성시킨다.
· 안감의 왼쪽과 오른쪽이 다르고 안감의 겉면과 속면이 분명하지 않을 때는 반대 방향으로 뒤집어서 박음질될 수 있으므로 처음 패턴을 그릴 때부터 이 부분을 염두에 두어야 한다.
· 즉, 패턴에 선을 그려 넣을 때는 항상 겉면이 될 부분에 선을 그리는 것이 기본이라는 것을 기억해야 한다.

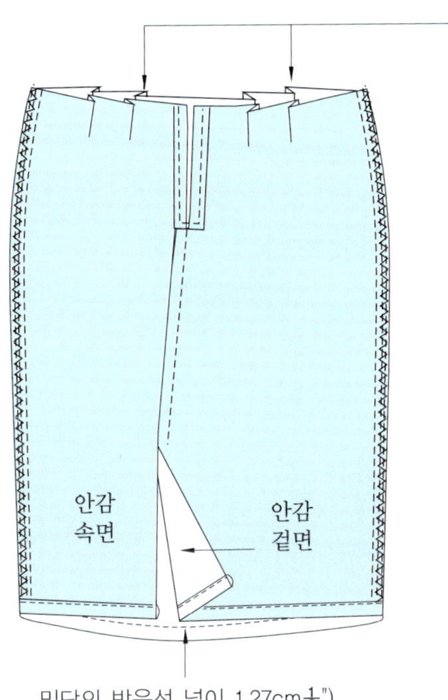

밑단의 박음선 넓이 1.27cm(½")

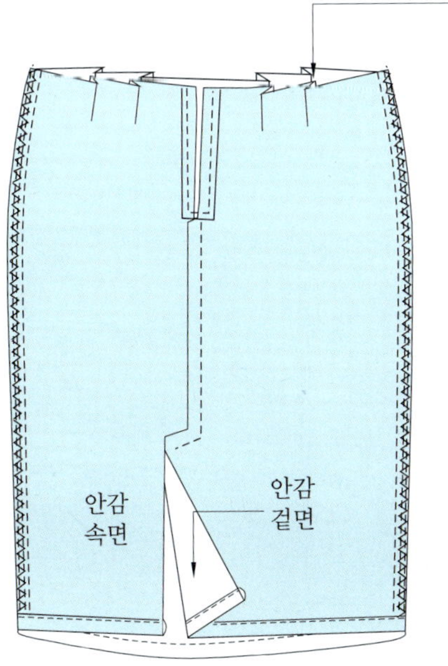

· 하동 사이즈보다 밑단둘레가 적은 스커트는 제도상 중 하동과 하동 부분의 곡선이 심해서 착용 시 튀어나는 문제가 있다. 그림과 같이 곡이진 부분을 안으로 밀어 넣으면서 다림질을 한 다음 옆 솔기를 가름질한다.
  이러한 다림질 기법을 자리 잡음이라고 하며 대단히 효과가 크다.
· 양쪽 옆 솔기를 가름질한다.

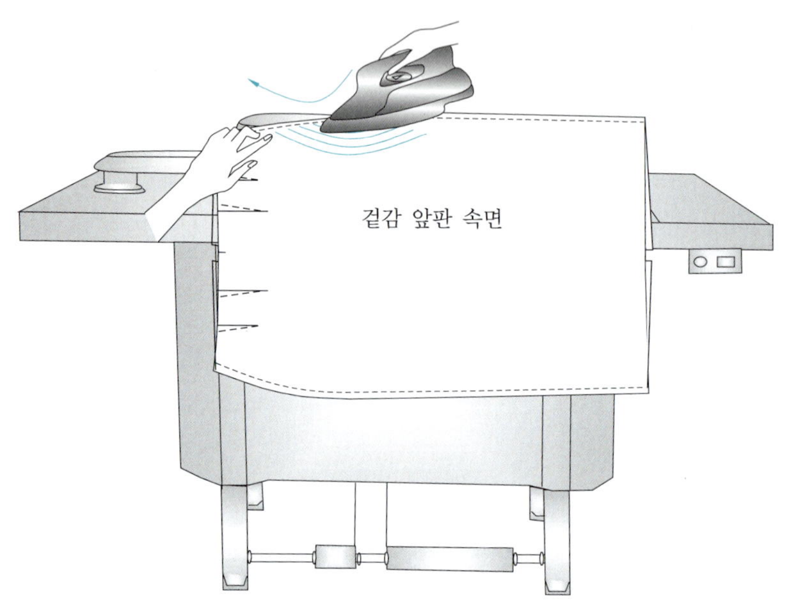

양쪽 옆 솔기를 모두 가름질한다.

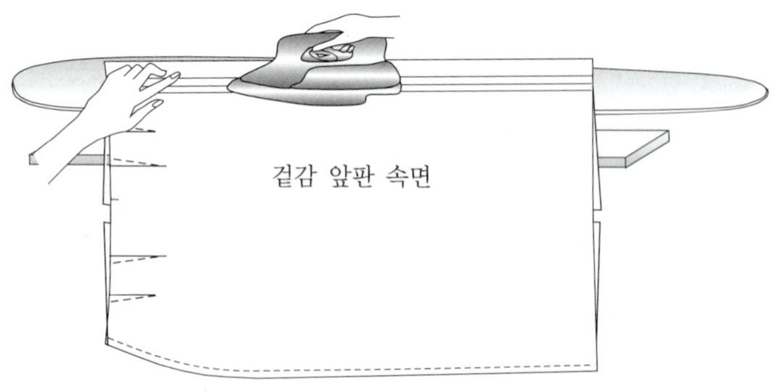

🔷 뒤트임 부분 안감과 합복하기

뒤중심 지퍼 부위를 합복하고 허리선을 다트를 접어서 고정시키는 박음질을 한다.

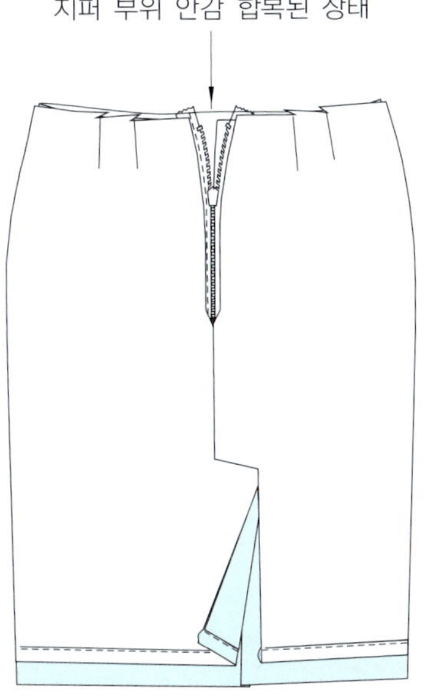

지퍼 부위 안감 합복된 상태

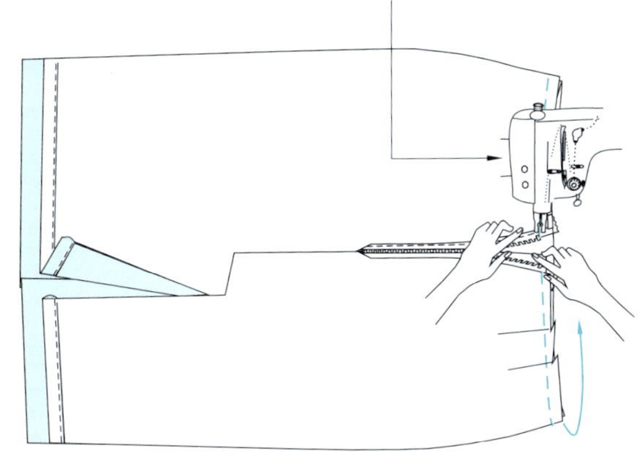

안감의 다트 분량을 속에서 서로 마주보게 접어서
안감과 겉감을 고정시키는 박음질을 한다.

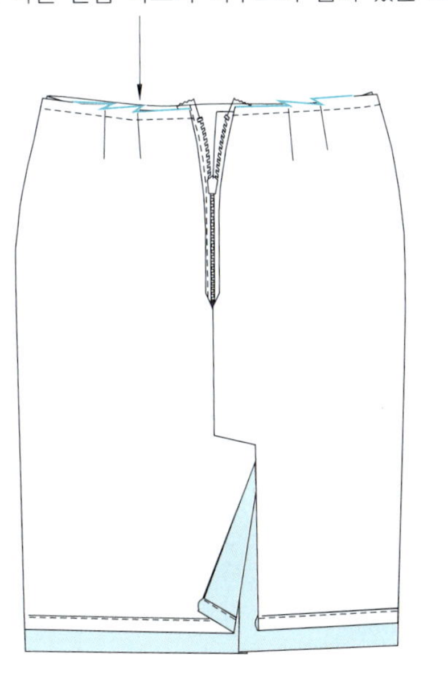

뒤판 속면 안감 다트가 마주보며 접혀 있는 모습

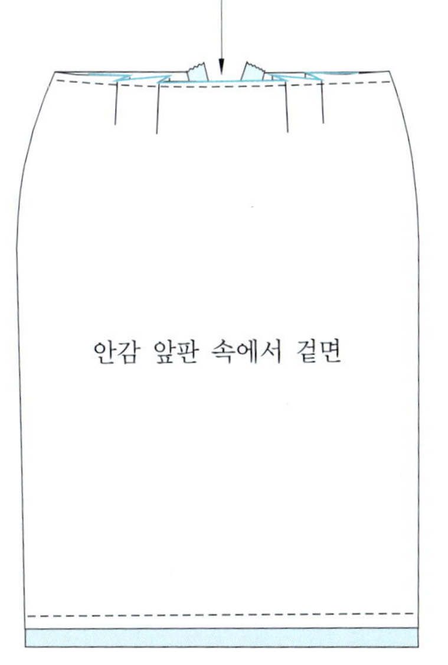

앞판 속면 안감 다트가 마주보며 접혀 있는 모습

안감 앞판 속에서 겉면

🔷 착용 시 오른쪽 속면 트임 안감 합복

아래 그림 중 ①번 밑단 노치 표시에서 정확하게 1.27cm($\frac{1}{2}$") 올라간 위치에서부터 안감을 박음질한다.

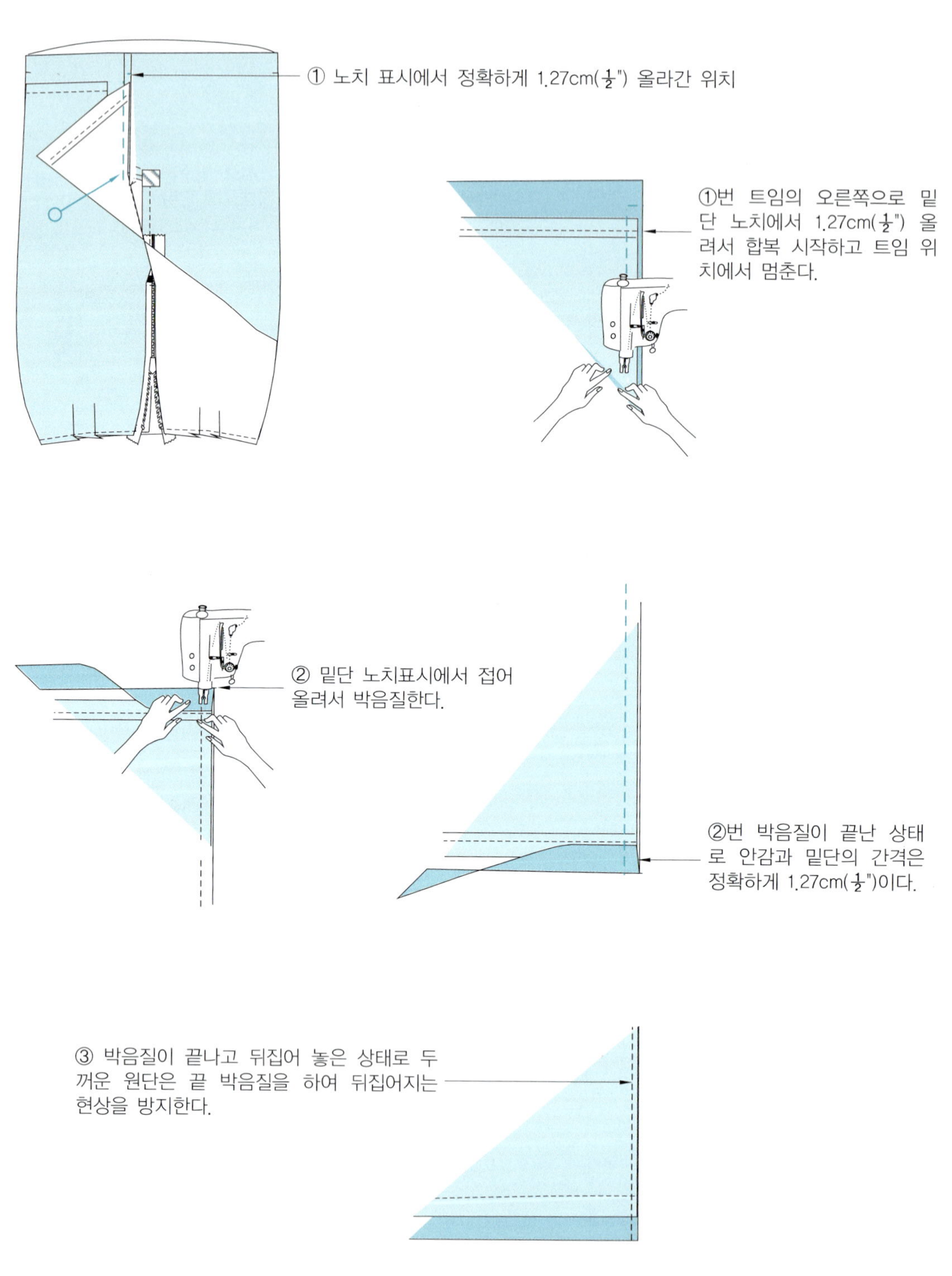

🔲 착용 시 왼쪽 트임 겉면 안감 합복

· 착용 시 트임의 왼쪽은 위에서 박음질을 하게 되며, 오른쪽 트임을 박음질한 같은 위치
 에서부터 합복한다.

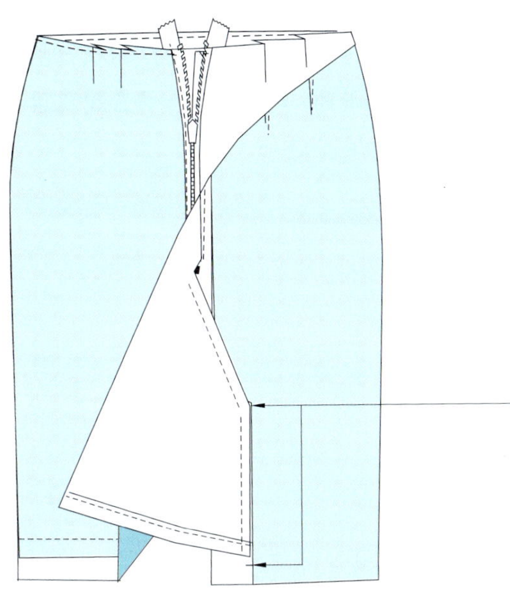

① 트임의 왼쪽이며 위에서부터 박음질하고 밑단
 노치 표시에서 1.27cm($\frac{1}{2}$") 올라간 위치에 맞춘다.

② 밑단 노치 표시와 겹치는 노치 표시 2개가 있
 으므로 노치 표시에 맞추어 접어서 박음질한다.

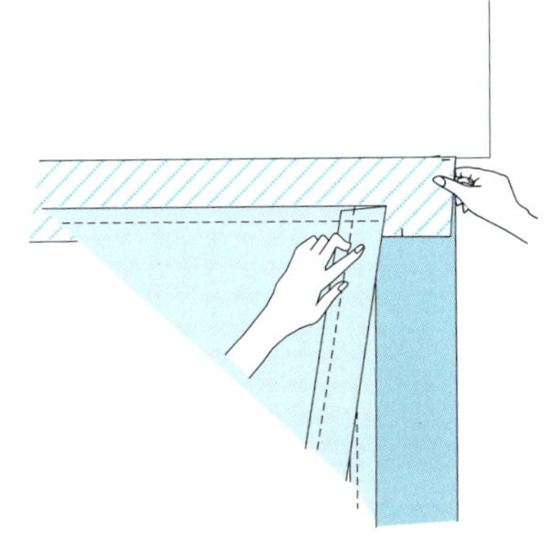

③ 밑단 노치 표시와 안감의 합복 위치는 1.27cm
 ($\frac{1}{2}$")이 떨어지게 되어야 한다.

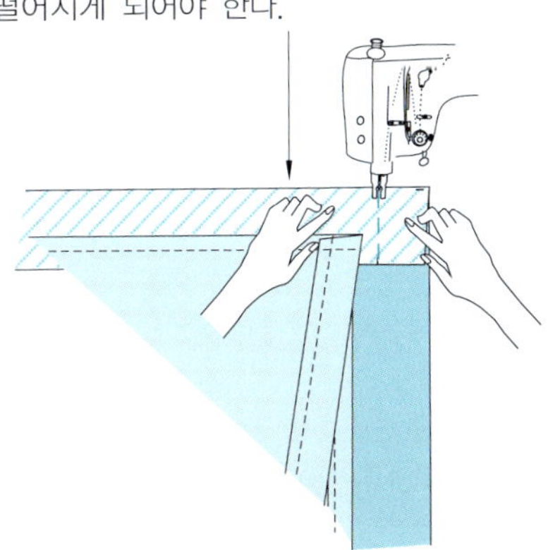

· 아래 그림의 경우는 벤놀 심지로 허릿단을 만들었을 경우 합복하는 방법으로, 속면에다 허릿단을 놓고 박음질을 한다.
· 화살표 방향으로 돌아가면서 표시해 놓은 위치를 맞추어 합복한다.
· 양쪽 모서리를 박음질하기 전에 단추를 달 것인지 혹 바를 부착할 것인지 결정한다.
· 수량이 많다면 허리를 합복하기 전에 혹 바 부착을 먼저 해놓았다가 허릿단을 합복하는 것이 순서이고, 샘플로서 한두 장 제작할 때는 정확하게 하는 것이 중요하므로 허릿단을 먼저 합복하고 지퍼를 올린 다음 혹 바 위치를 찾는다.

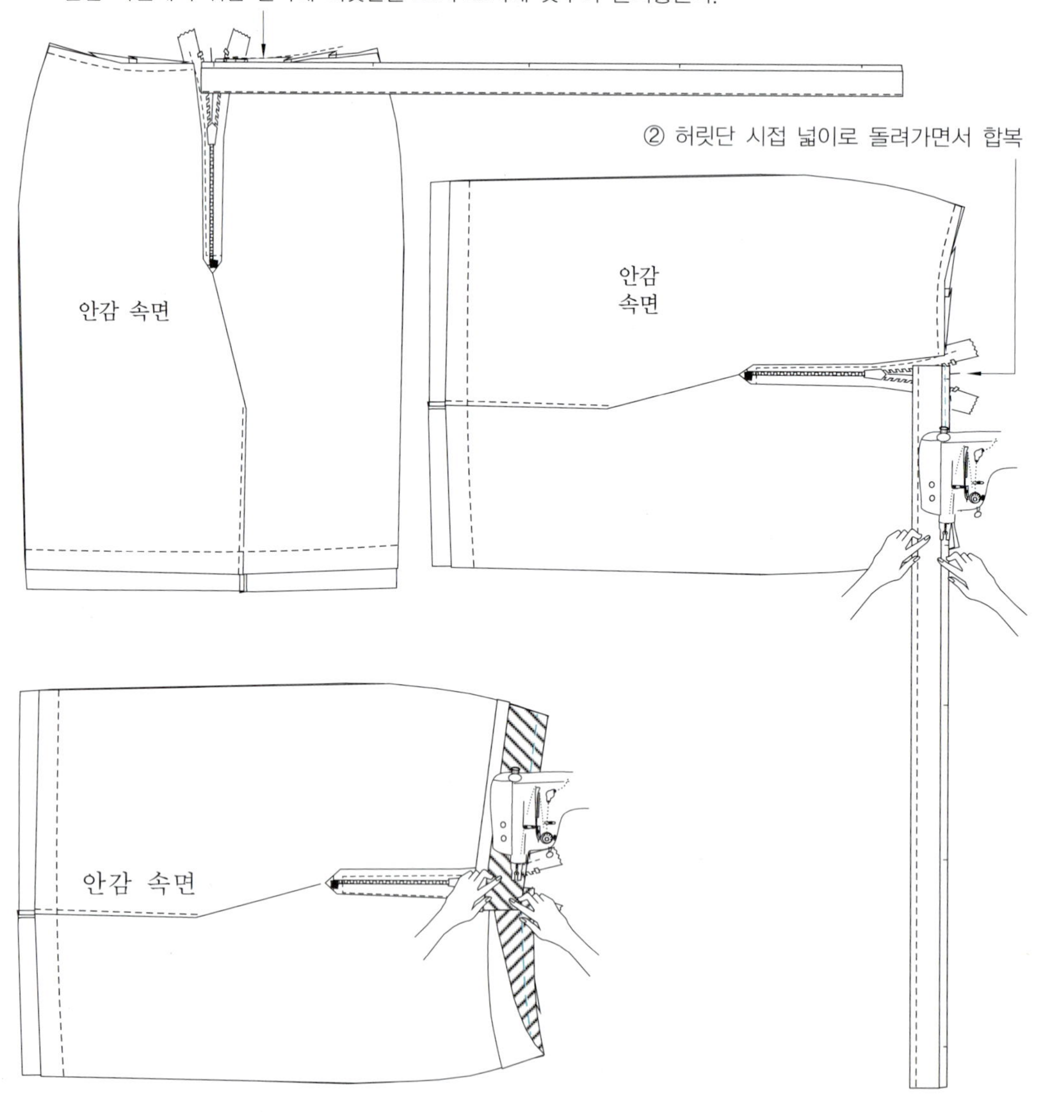

· ②, ③번 동작에서 박음질한 실이 보이지 않게 덮으면서 위에서 끝 박음질로 허릿단을 눌러 박는다.
· 스트레치 원단은 이 과정에서 허릿단이 밀리거나 밑부분이 이세가 들어가는 경우가 있으므로 왼손 검지로 몸판을 눌러서 당기듯이 박음질이 되도록 한다.

④ 왼쪽에서부터 허릿단의 끝 박음질을 한다.

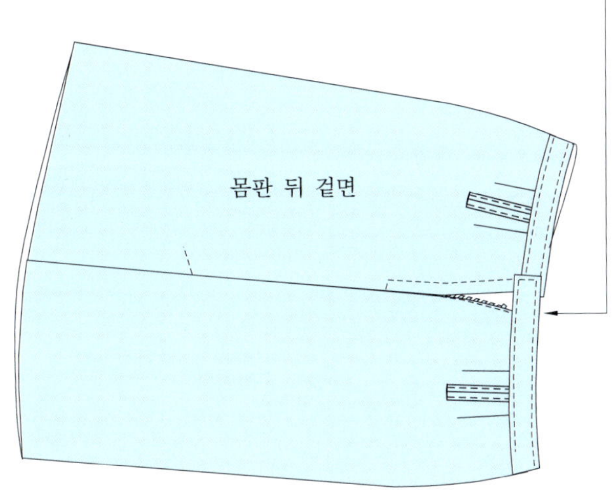

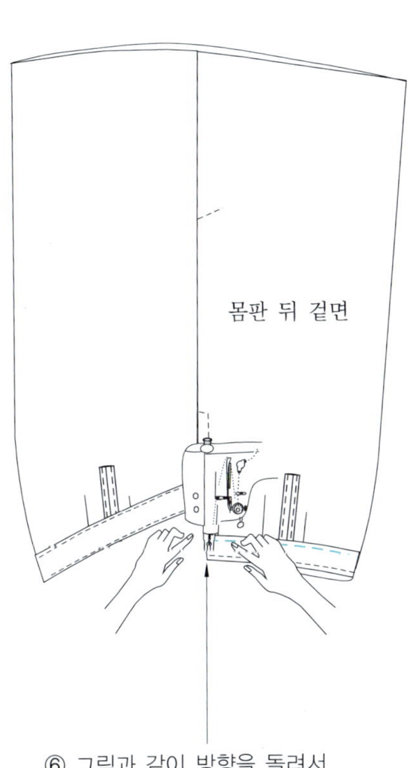

⑥ 그림과 같이 방향을 돌려서 모서리 부분을 끝 박음질한다.

⑤ 오른쪽 뒤판까지 한 바퀴 돌아서 끝 박음질을 한다.

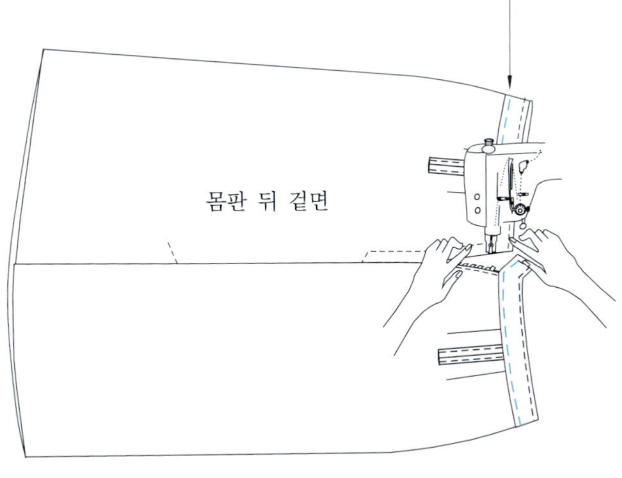

· 아래 그림의 경우는 접착 심지로 허릿단을 만들었을 경우 합복하는 방법으로, 겉면에다 허릿단을 놓고 박음질을 한다.

· 화살표 방향으로 돌아가면서 표시해 놓은 위치를 맞추어 합복을 한다.

· 양쪽 모서리를 박음질하기 전에 단추를 달 것인지 혹 바를 부착할 것인지 결정한다.

· 수량이 많다면 허리를 합복하기 전에 혹 바 부착을 먼저 해 놓았다가 허릿단을 합복하는 것이 순서이고, 샘플로서 한두 장 제작할 때는 정확하게 하는 것이 중요하므로 허릿단을 먼저 합복하고 지퍼를 올린 다음 혹 바 위치를 설정한다.

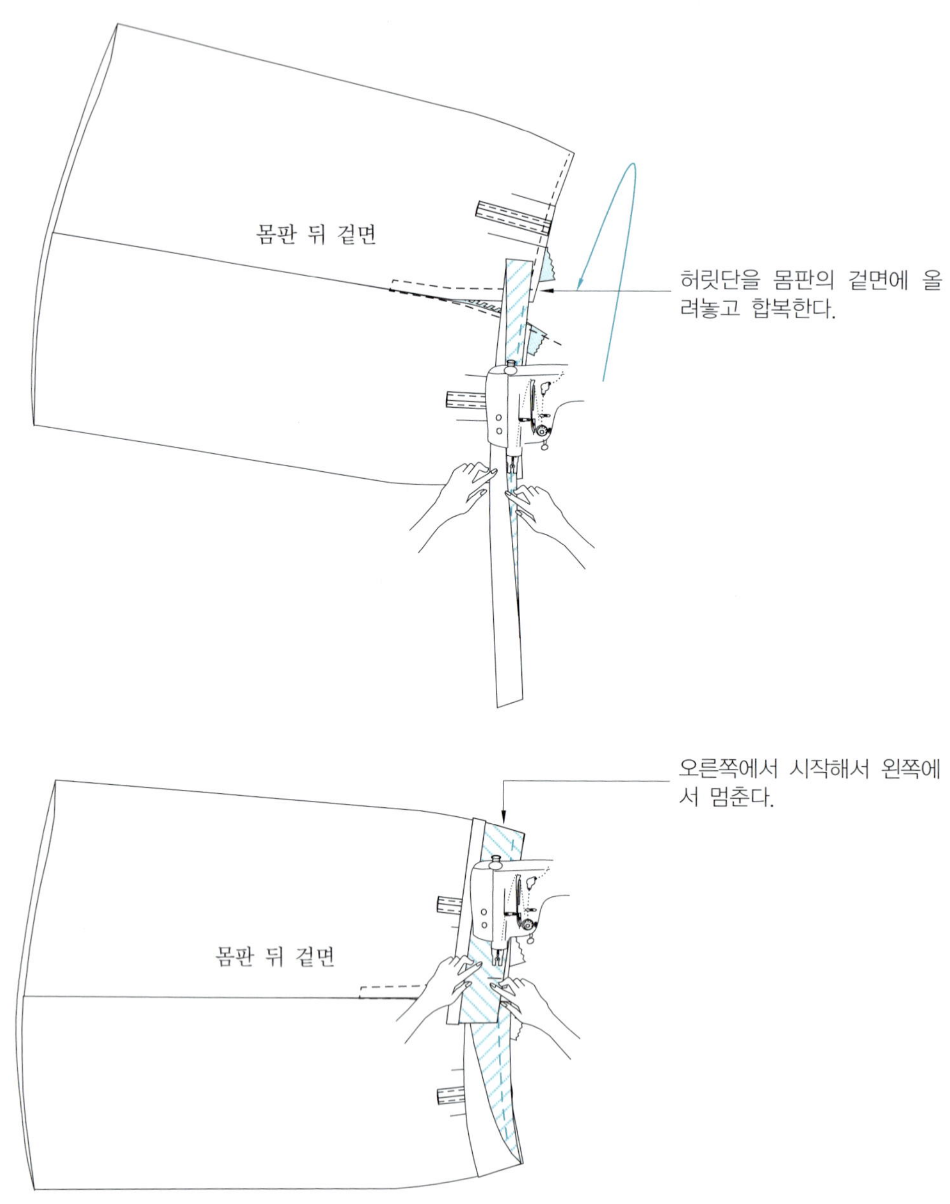

· 밑단을 감치는 방법은 원시적이면서도 기본적인 손으로 감치는 방법과 기계로 처리하는 방법 또는 본봉으로 말아 박음질하는 방법이 있다.

· 기계로 감칠 경우 그림과 같이 오른손을 밑단에 넣고 기계의 속도에 맞추어 기계 속으로 들어가도록 조정해 준다.

· 1 : 1 땀수는 촘촘하고, 2 : 1 땀수는 한 칸을 건너뛰어 감치므로 넓이가 조금 넓다.

· 감친 실이 겉면에서 보이거나 조임 상태가 나빠서 우글쭈글하거나 하는 경우 기계를 점검해야 한다.

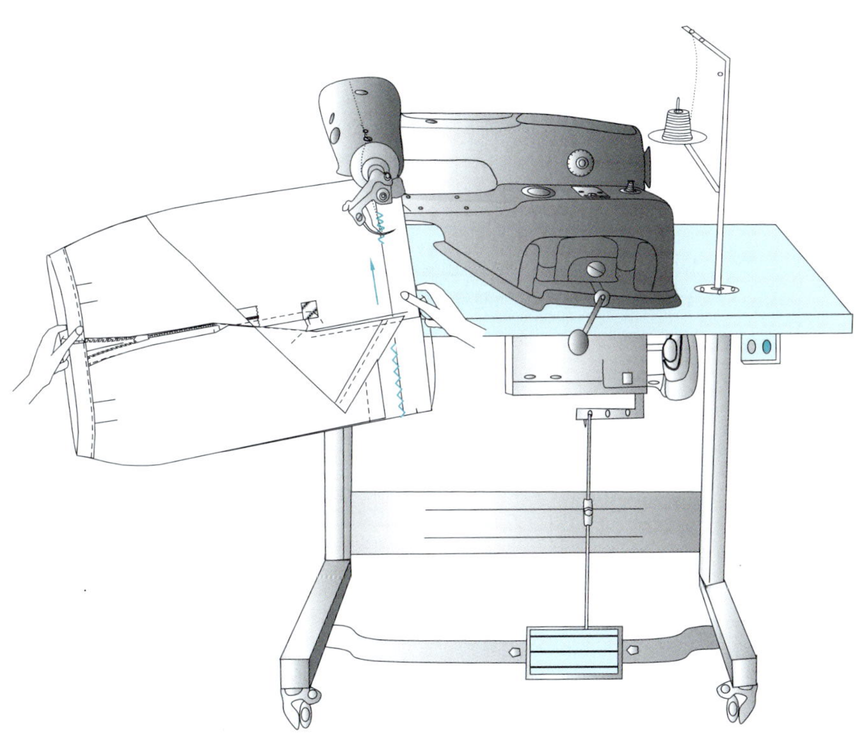

· 손감침할 때 실을 잡아당기고 하는 과정에서 실이 엉키는 문제가 있으므로 실에 초를 먹이고 다림질을 한 다음 손감침하면 실이 엉키는 문제를 방지할 수 있다.
· 손 감침 땀수의 넓이는 1cm($\frac{3}{8}$") 정도가 좋고 실이 약간 느슨하게 남아 있어야 당기는 현상이 방지된다.
· 얇은 원단은 겉으로 표시가 나지 않아야하며 왼손 중지 지문이 있는 부위의 감각에 의존하여 바늘을 깊게 찌르지 않도록 한다.

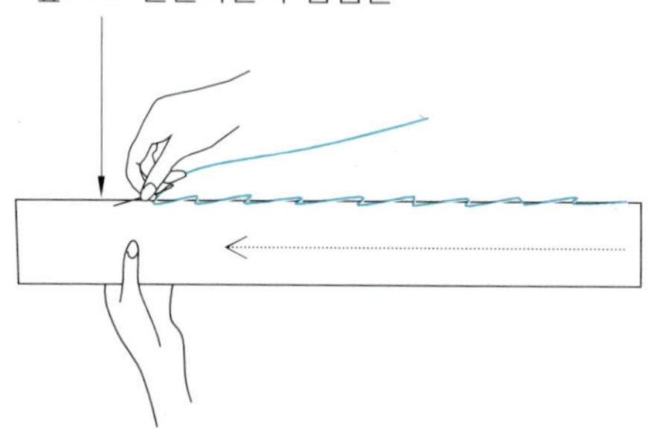

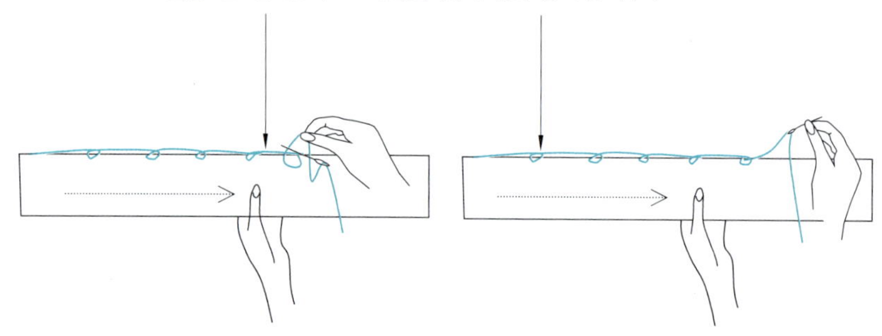

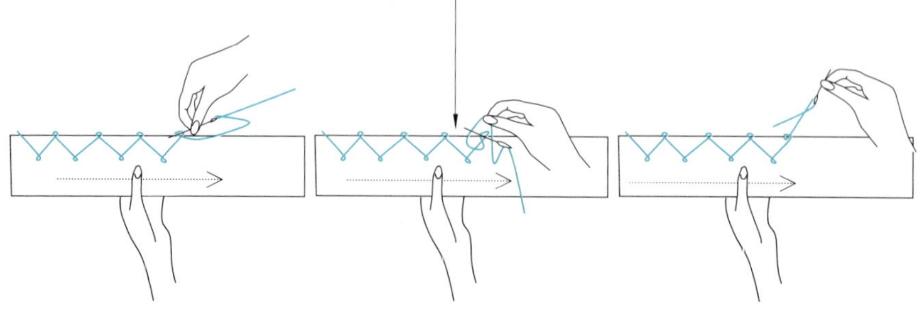

· 실 고리는 안감과 겉감을 고정 시키는 역할을 한다.

· 사슬처럼 엮어서 만드는 것으로 방법은 다음 그림과 같다.

① 매듭을 지어서 꿰맬 위치에 바늘을 찔러 넣는다.

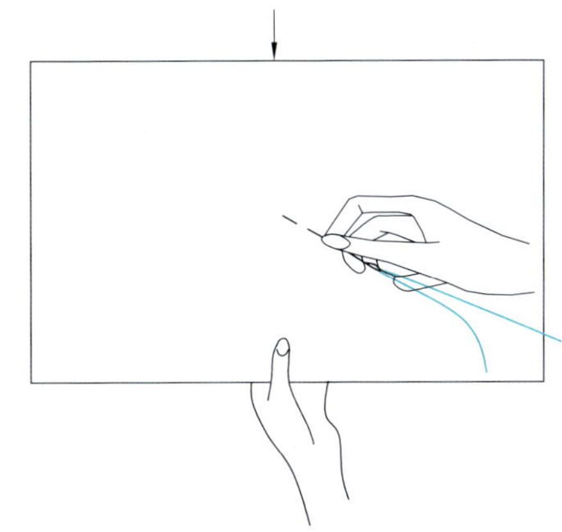

② 바늘을 잡아 뺀다.

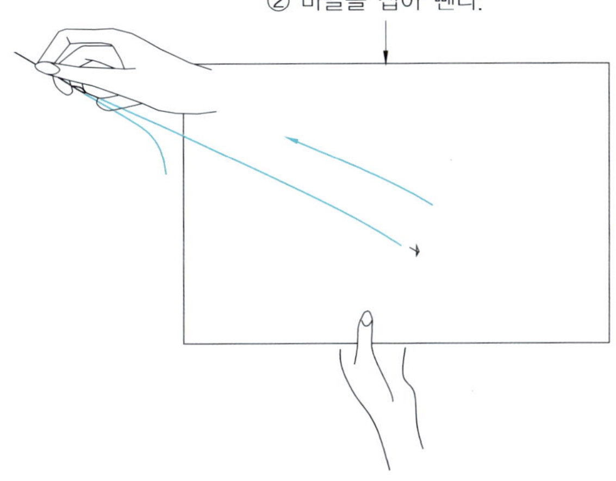

③ 꿰맨 자리에 다시 바늘을 찔러 넣고 실을 잡아 뺀다.

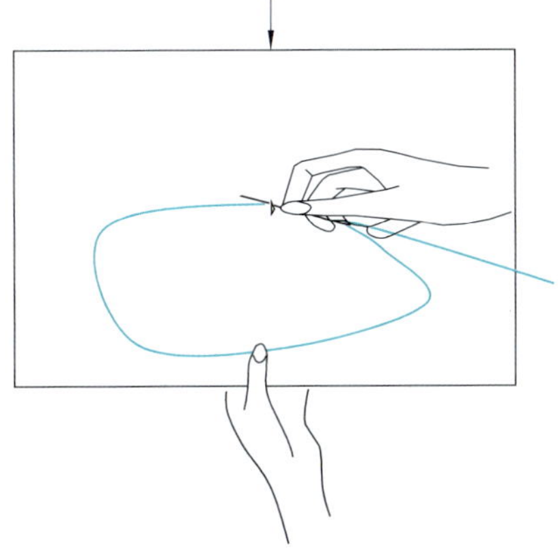

④ 실을 잡아 빼내어 네 개의 손가락이 들어갈만
한 둥그런 원형을 만들어 놓는다.

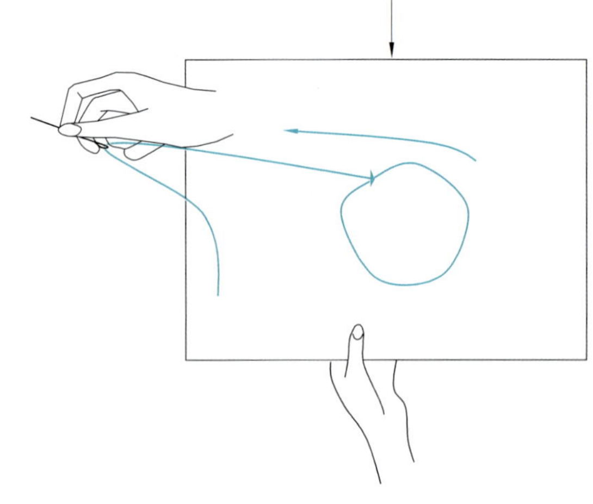

⑤ 엄지만 빼고 원형의 실 안에 모두 집어넣는다.

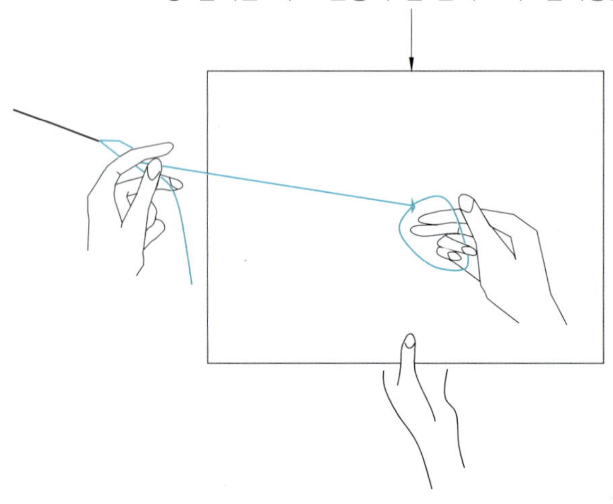

⑥ 왼손으로 실을 약간 당기고 있는 상태에서 검
지에 실을 걸어 준다.

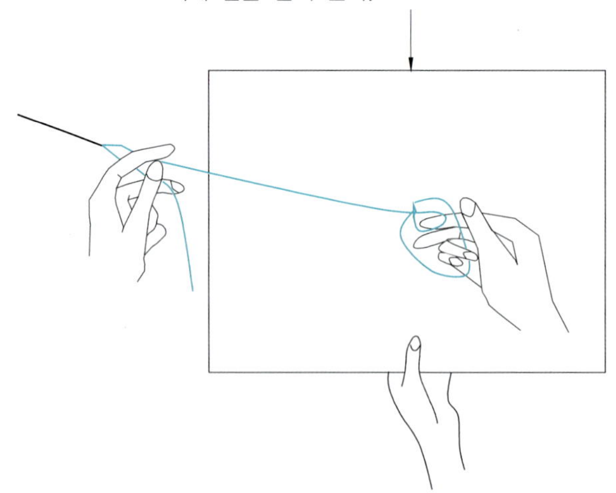

· 검지로 잡아당기면서 실 고리 안에 중지, 약지, 식지 순으로 들어가며 손목을 약간 돌리며 식지의 첫 번째 마디 정도에서 잡아당긴다.
· ①~⑧까지의 동작은 멈추지 않고 순간적으로 모두 이어진 동작이며 충분한 길이가 만들어질 때까지 반복해서 이루어진다.
· 원하는 길이가 만들어지면 맨 윗부분에 바늘을 찔러 넣어 잡아 빼면 고리가 풀리지 않게 된다.

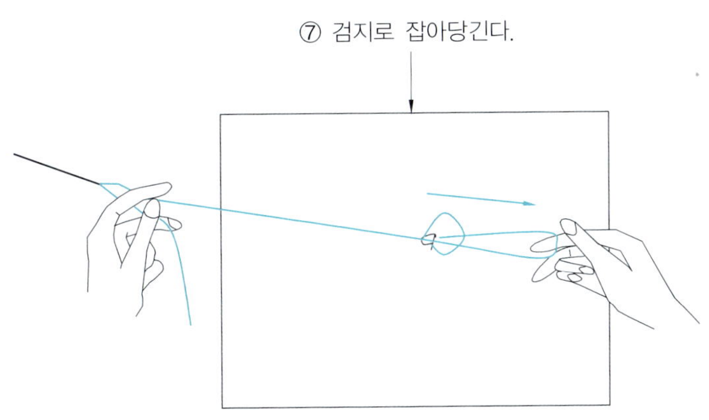

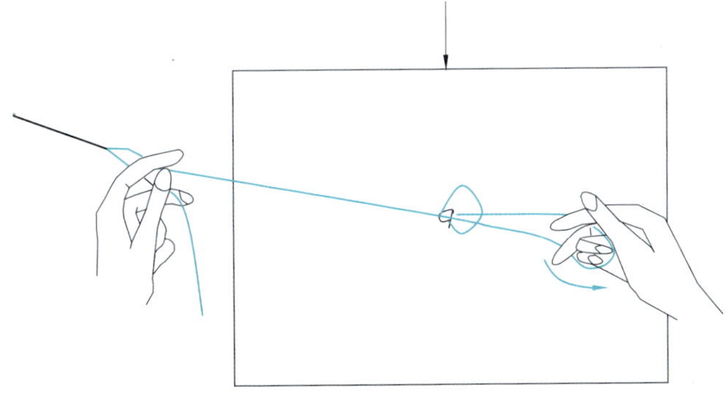

· 안감은 열에 의해서 접히거나 구김이 발생했을 때 회복되지 않으므로 안감이 있는 제작물은 안감부터 다림질한다.
· 안감의 다트를 몸판 다트 길이에 맞추어 접어서 다림질을 하고 뒤트임의 안감을 다림질해서 자리를 잡도록 한다.

겉감 다림질 순서

① 뒤 지퍼 부위   ② 뒤 다트를 시작으로 돌려가면서 다림질한다.
③ 양쪽 옆 솔기   ④ 뒤트임
⑤ 밑단 양쪽 옆 솔기   ⑥ 밑단을 골고루 다림질
⑦ 뒤집어서 안감을 처음과 같이 다시 다림질을 한다.

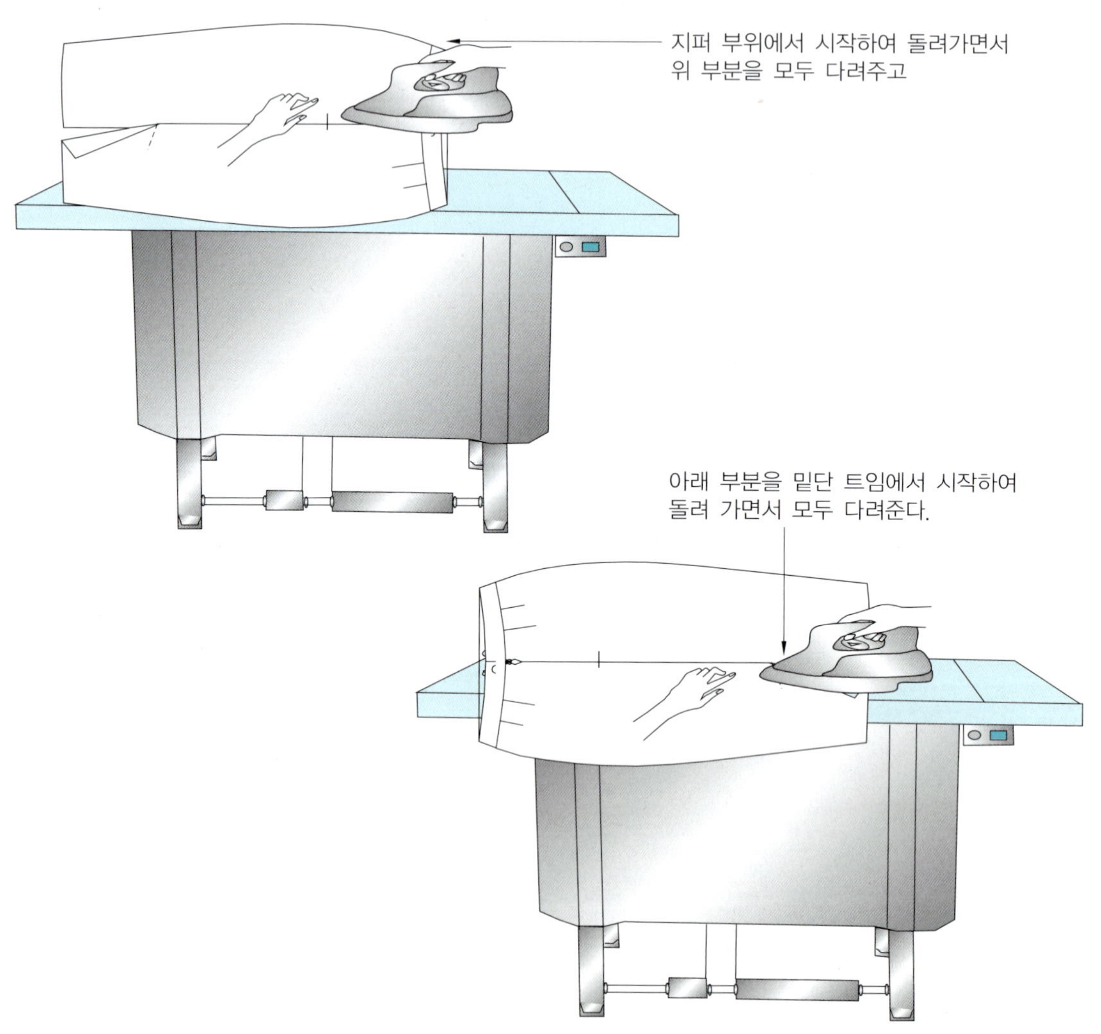

· 다리미의 열에 예민한 원단은 다림질할 때 그림과 같이 얇은 원단이나 안감 등을 잘라서 위에 놓고 다림질을 하면 번쩍거리는 현상이나 다리미 열에 의해서 원단이 오그라드는 현상을 방지할 수 있다. 다림천을 사용할 경우 다리미의 온도는 10℃ 정도 내려가며 안전하게 다림질을 할 수 있게 된다.

· 다리미가 작업물 위에 머무르는 시간은 5~10초 정도가 좋고 눌러주는 압력은 3kg 정도로 한다.

· 속 시접 자국이 드러나지 않게 다림질 하는 것이 중요하고, 수분이 작업물에 남아 있지 않도록 하는 것이 중요하다. 안감의 다트를 주름으로 처리한 부분과 뒤트임의 안감을 먼저 다림질해서 자리를 잡도록 한다.

· 안감이 있는 작업물은 안감이 자리 잡도록 안감을 먼저 다려주고 겉감을 다림질한다.

· 겉면에서 허릿단부터 다림질을 하고 다트와 옆 솔기 밑단 순으로 다림질을 한다.

· 합섬섬유 종류는 열에 민감하여 번쩍거리는 현상이 발생되면 쉽게 제거되지 않는다.

섬유	안전 다림질 온도(℃)
면	220
아마	230
양모	150
견	150
레이온	200
아세테이트	180
나일론	150
폴리에스테르	150

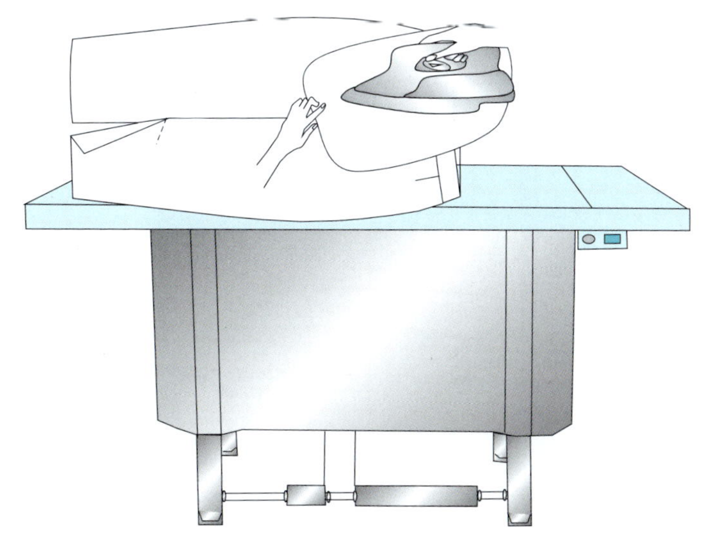

① 허릿단 끝 박음질이 안정된 상태인가
② 다트 끝이 튀어나오지 않았는가
③ 벨트 루프의 부착 상태는 여유는 있는가
③ 옆 솔기 힙 부분이 튀어나오지 않았는가
④ 뒷단추 또는 혹 바의 위치는 내어 달리거나 들여 달리지 않았는가
⑤ 지퍼 봉제 상태 특히 지퍼 하단 끝부분 울음 현상이나 튀어나오는 문제는 없는가
⑥ 뒤트임 벌어지거나 겹쳐진 밑단이 속면이 보이지 않는가
⑦ 밑단 손 감침 자국이 겉으로 드러나지 않는가
⑧ 밑단 실 고리는 단단하게 꿰매어졌는가
⑨ 전체 다림질 상태는 좋은가

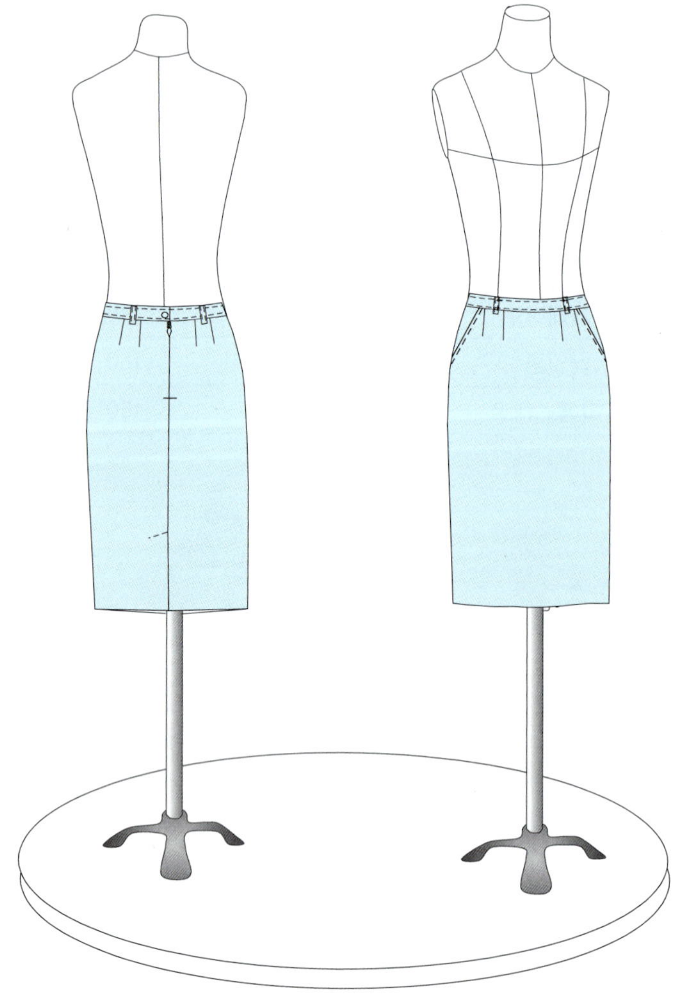

제 4 장

무늬의 중요성

· 체크무늬 줄무늬 등 옷감에 무늬가 있을 경우 무늬 자체가 디자인이므로 무늬를 조화롭게 살려내는 것이 중요하다.

· 뒤 중심의 경우 무늬와 무늬의 중간에 패턴을 배치하면 합복했을 때 간격이 같아진다.

· 뒤 중심의 무늬를 한쪽은 패턴선 밖으로 배치하고 한쪽은 패턴선 안으로 배치하면 합복 후에 간격이 맞게 된다. 뒤트임이 있을 경우 밑단 부분이 벌어지면 선이 두 개가 보이는 것이 결점이 된다.

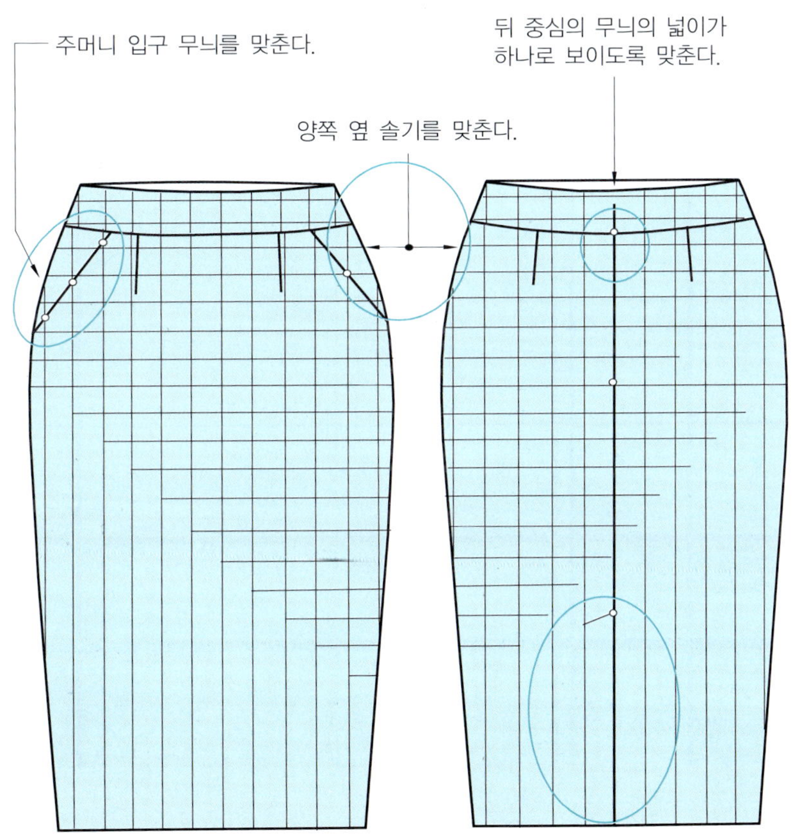

· 가로로 무늬가 있을 경우 굵은 선과 가는 선 중 어떤 것을 밑단에 배치하는 것이 좋을지 판단하는 것이 중요하다.
· 같은 굵기의 선이 있고 색상이 진한 것과 연한 것이 복합적으로 들어가 있다면 어떤 것을 밑단으로 배치하는 것이 좋을지에 대해서 검토한다.
· 굵은 선이 위로 올라간다면 시각적으로 느끼는 무게의 중심이 안정되어 보이지 않을 수 있고 같은 선이라도 색상이 진한 것을 위쪽으로 배치한다면 시각적인 안정감이 떨어지게 느낄 수 있다.
· 작업자의 취향에 따라서 달라질 수 있는 문제이므로 어느 것이 좋다고 할 수는 없으나 무게의 중심을 어디에 두는 것이 좋을지 생각할 필요가 있다.
· 원단을 걸쳐 놓고 멀리서 또는 가까이서 중심을 어디에 두는 것이 좋을지 관찰한다.

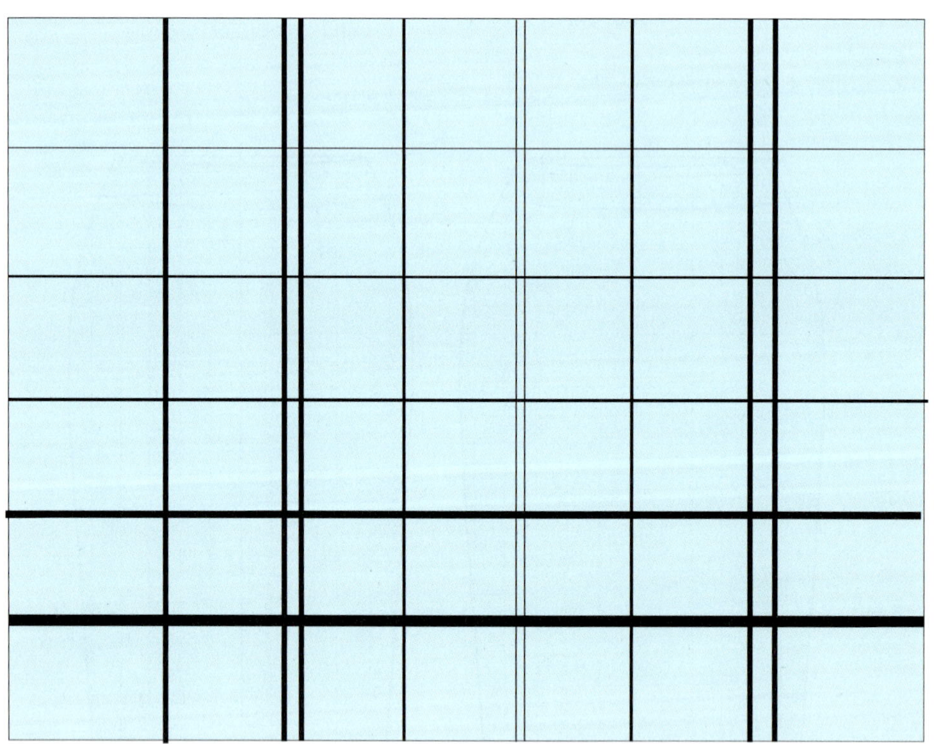

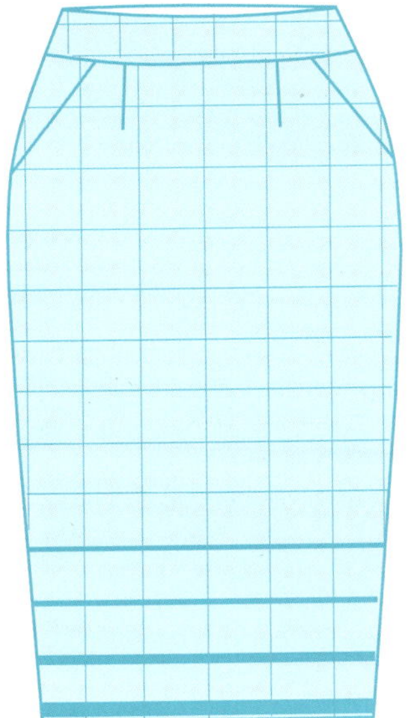

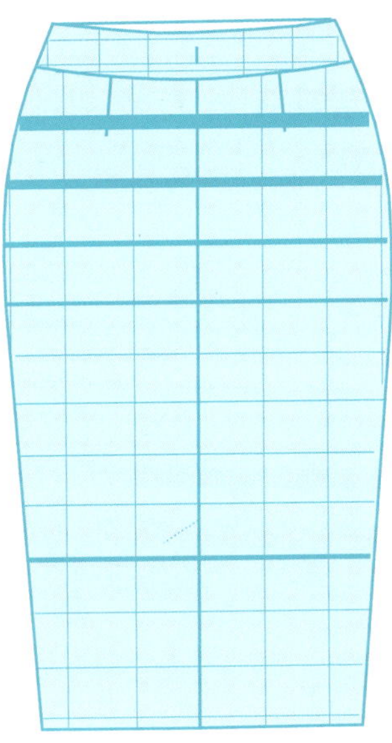

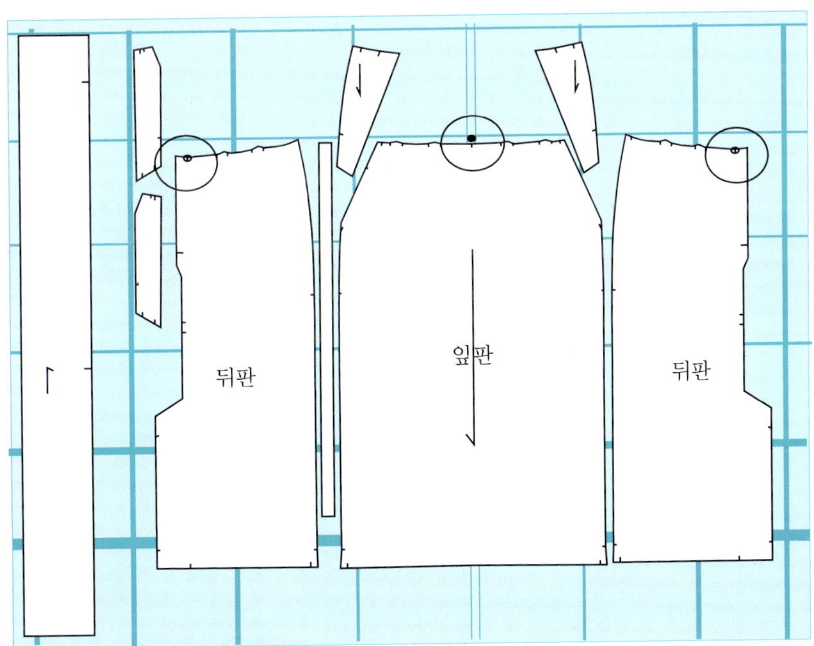
뒤판
앞판
뒤판

· 앞 몸판 중심과 허릿단 중심을 가능하다면 맞춘다(연구용이나 특별한 경우).
· 뒤 중심 그림과 같이 무늬의 중간에 맞춘다.
· 굵은 선을 밑에 배치하고 무늬의 선이 여러 색상으로 되어 있을 경우 진한 색상을 밑단
  에 배치한다.
· 주머니 입구 앞과 뒤의 합복 위치 무늬를 맞춘다.

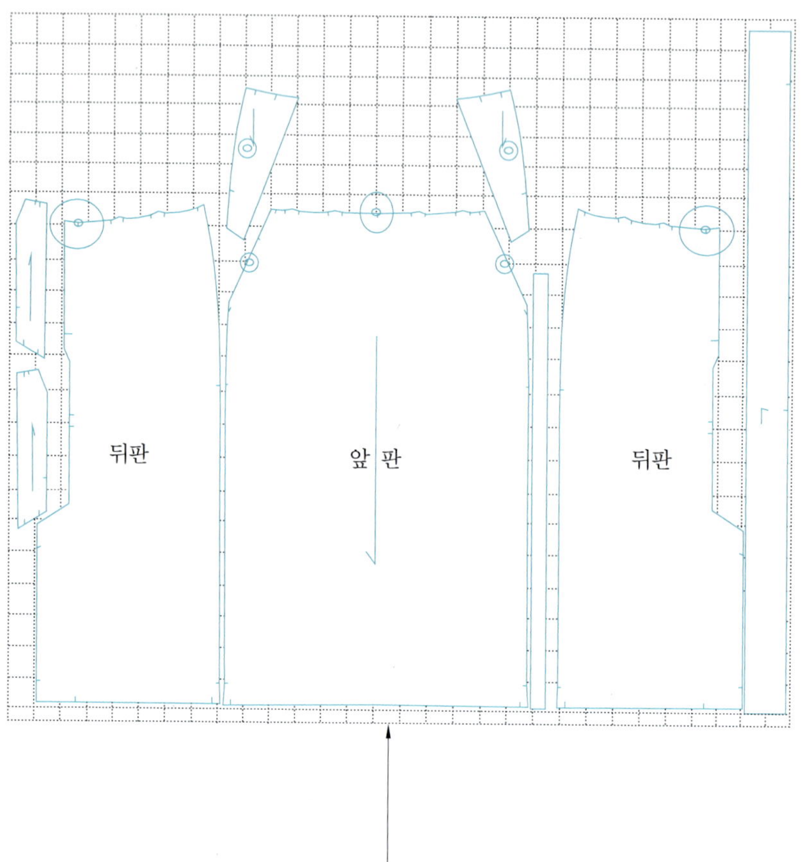

앞판은 노치 표시가 줄무늬 선에 맞추어 있다.
뒤판은 노치 표시가 무늬의 중심선에 맞추어 있다.
뒤 중심의 경우 무늬의 중간에 맞추어 합복하면 무늬의 간격이 같아진다.

줄무늬 설정할 때의 주의 사항

· 무늬가 있다고 해서 모두 맞추려하는 것도 무시하는 것도 모두 좋지 않다.

· 줄무늬의 간격이 좁을수록 맞출 필요성을 느끼지 못하며 맞추기도 힘들다.

· 무늬의 간격이 1cm 미만일 경우 맞추지 않는다.

· 무늬를 맞추는 부위(그림 참고)

　주머니 입구 – 허릿단 – 뒤중심

단조로운 줄무늬를 바이어스로 재단해서 서로 마주보는 형태로 제작한 디자인 앞중심에
이음선을 넣어서 줄무늬가 서로 마주보게 배치한다.

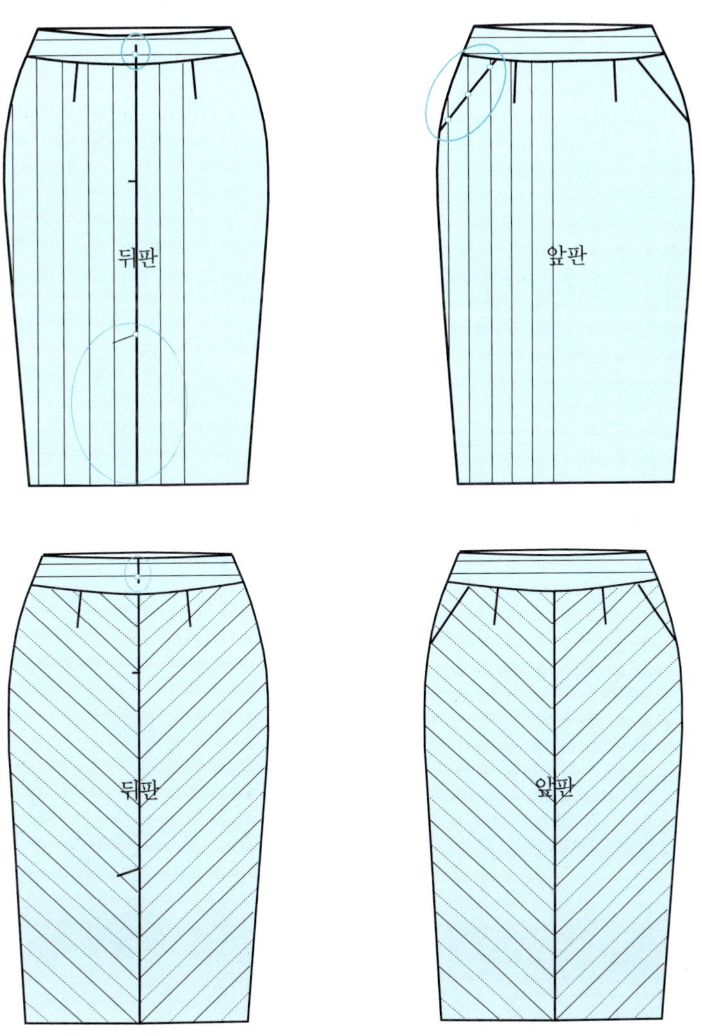

· 패턴의 뒤 중심선을 줄무늬의 중간에 맞춘다(그림 참고).
· 줄무늬 선에 중앙을 맞출 경우 박음질할 때 한 줄은 밖으로 한 줄은 안으로 들어가게 박음질하면 선을 맞추기가 쉽다(뒤트임 있을 경우 밑단 부분이 두 줄이 나오는 것이 흠이 될 수 있다).
· 패턴을 배치한 다음 자르기 전에 잘 놓았는지 한 번쯤 다시 확인한다.
· 바이어스 재단으로 무늬를 V자 형태로 맞춘 상태 패턴을 배치할 때 서로 마주보는 형태로 넣는 것이 중요하다.

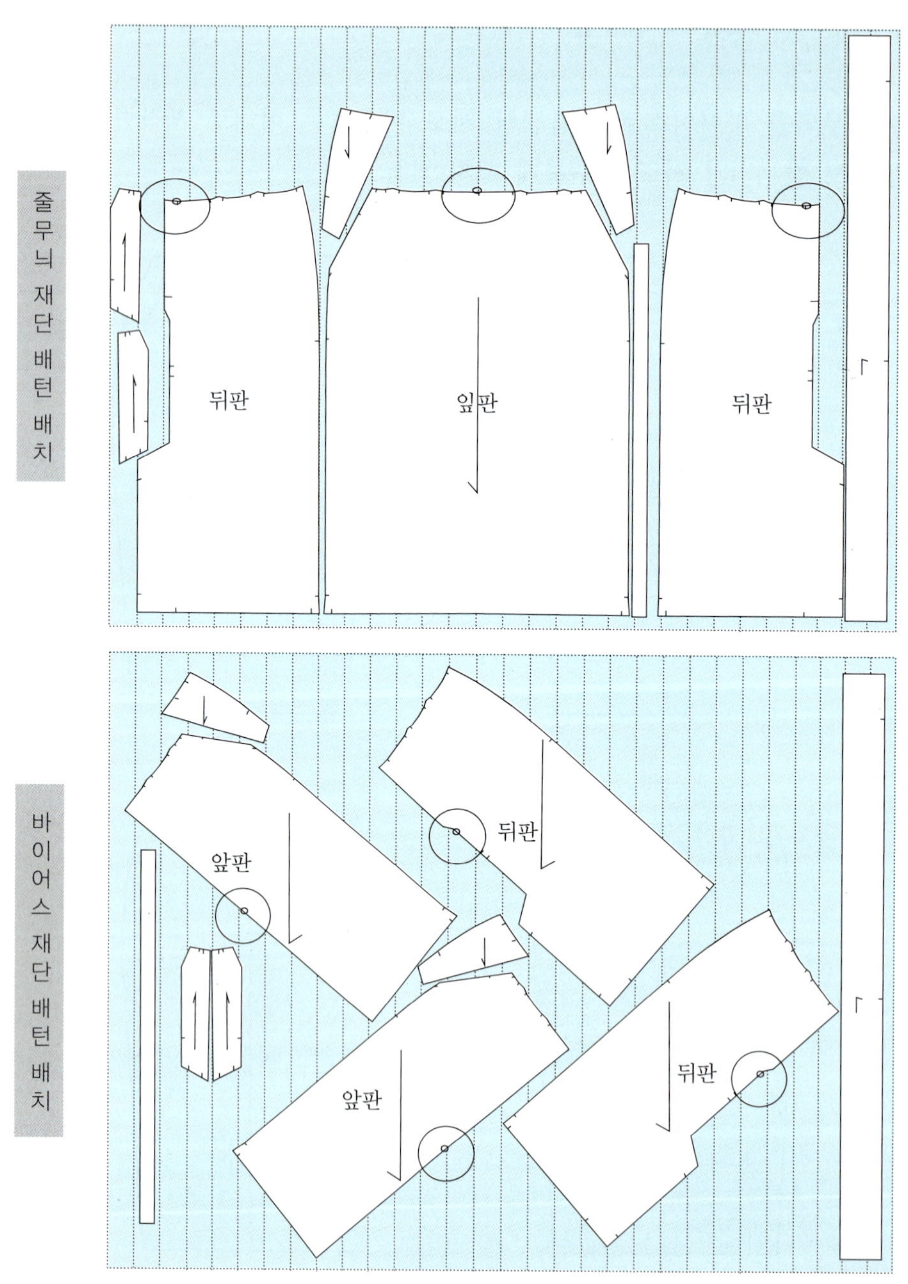

시접과 시접이 겹치지 않고 마주보게 틔어 주는 형태로서 스커트 앞중심 옆 솔기 바지 밑단 등에 주로 적용하는 방법이다.

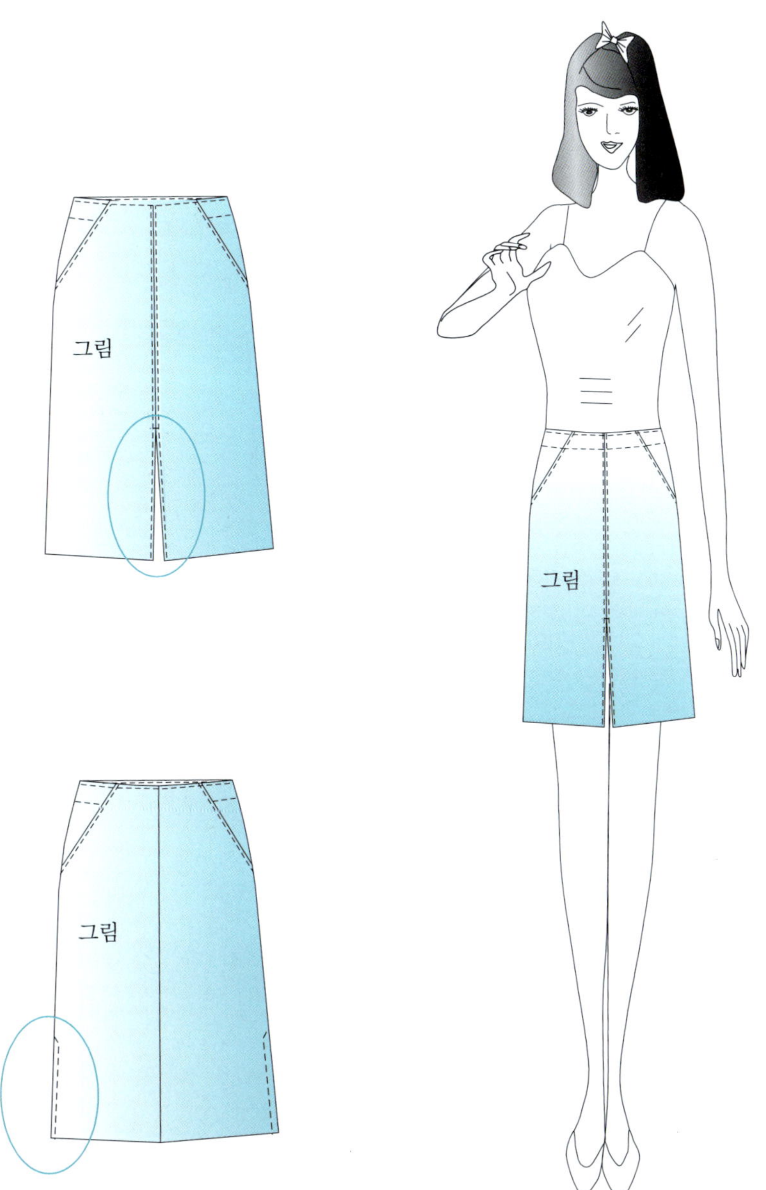

안감과 몸판의 트임 길이가 같으면 합복할 수가 없기 때문에 안감의 맞트임 위치는 몸판의 트임 위치보다 1.9cm($\frac{3}{4}$") 길어야 한다.

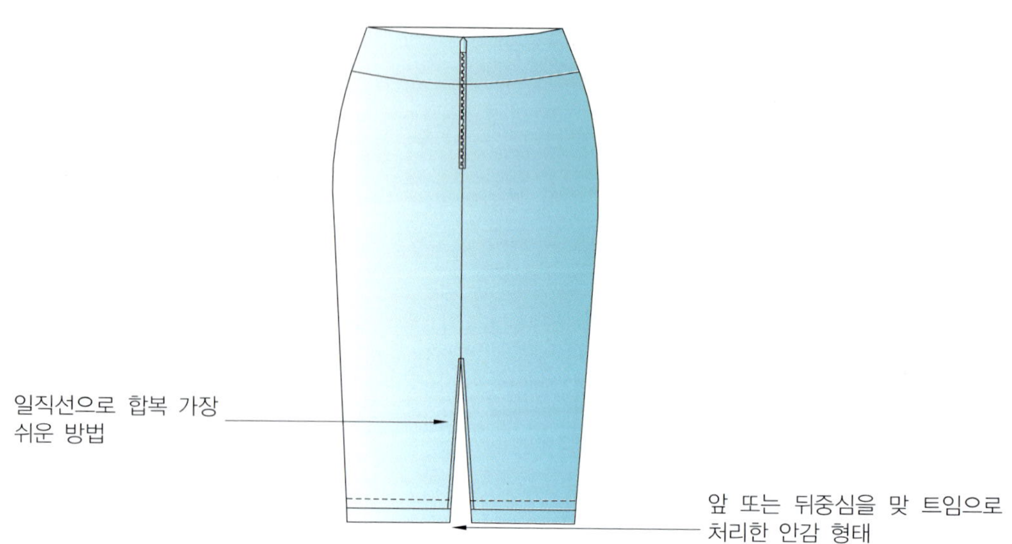

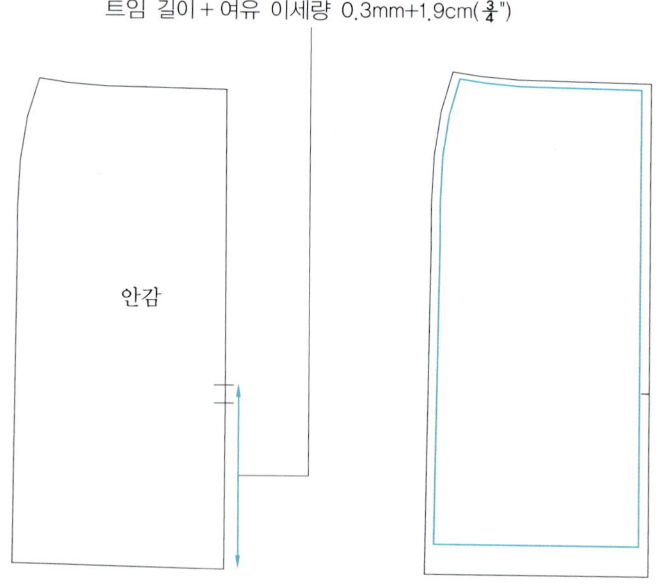

　맞트임에 안감이 있고 속면을 삼각으로 보기 좋게 처리하려면 그림과 같이 안감을 삼각으로 따내고 겉감은 시접분을 붙여야한다.

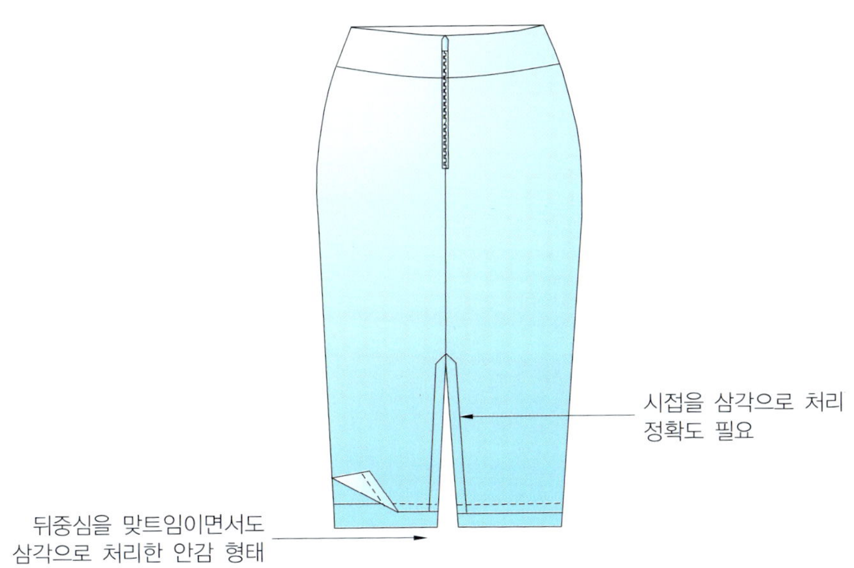

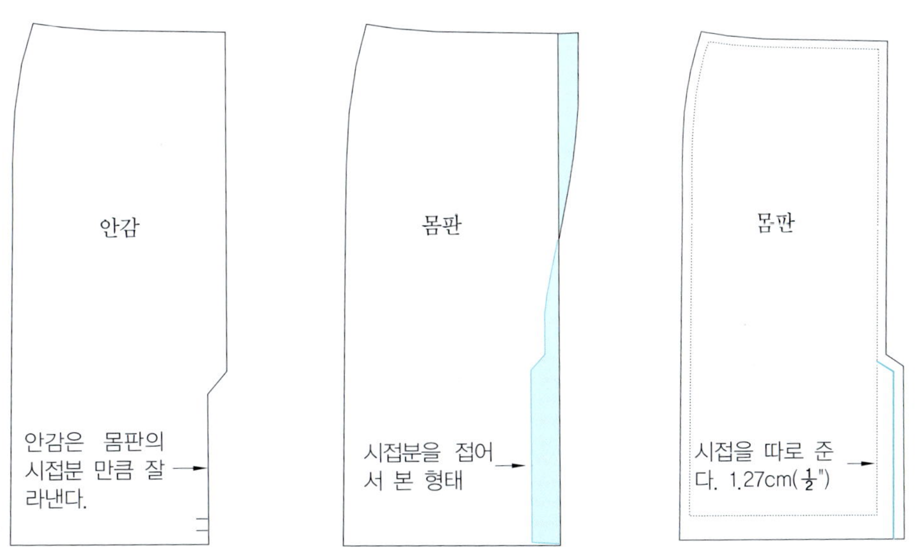

제 5 장

응용편

· 앞판 1장 중심 곬선
· 뒤판 왼쪽 1장, 오른쪽 1장. 총 2장
· 허릿단 앞판 겉면 1장, 속면 1장. 총 2장
· 허릿단 뒤판 왼쪽 겉면 1장, 속면 1장. 총 2장
· 허릿단 뒤판 오른쪽 겉면 1장, 속면 1장. 총 2장

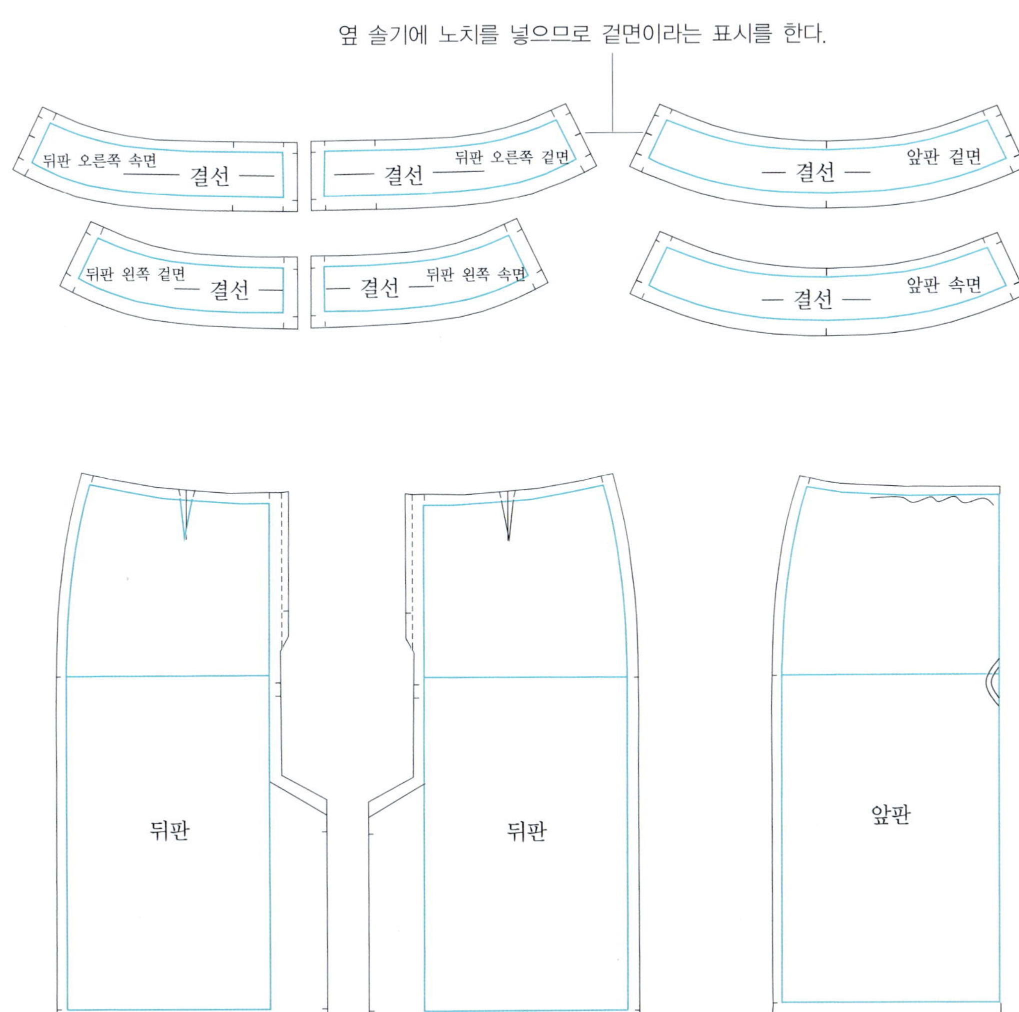

· 이음선의 굴곡이 그림과 같이 이음선 부분이 각지는 형태를 조심해야 하며 제도 과정에 서 이런 문제가 발생했다면 선을 완화시켜서 곡선 형태를 조정해야 한다(50쪽 각도의 중요성 참조).

· 아래 그림 ①번과 같은 패턴의 문제가 있다면 합복 했을 때 그림 부위가 튀어나오게 된다.

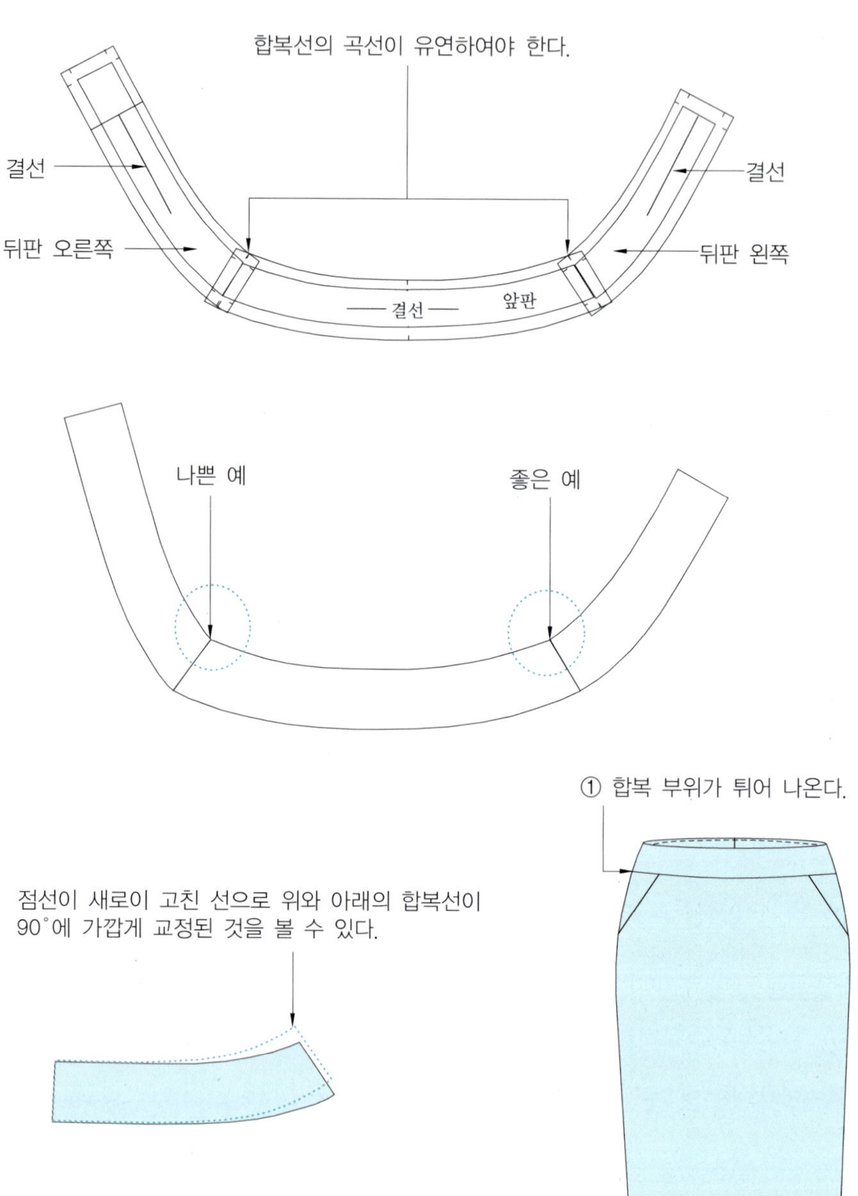

📱 작업 준비를 위한 허릿단 모형 제작

· 약간 두꺼운 종이로 허릿단의 모형을 복사한다.
· 시접을 부분적으로 남겨놓고 시접을 모두 잘라낸다.

허릿단에 심지를 붙이고 심지를 붙인 면에 모형을 얹어 놓고 초크로 박음선을 그려 넣을 때 사용한다.

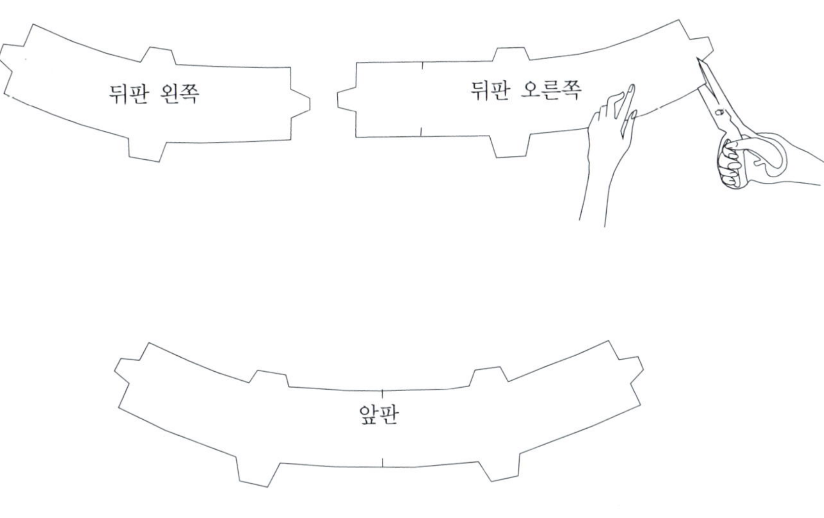

시용 방법 : 심지를 붙이고 심지 위에 모형을 얹어 놓고 초크로 박음선을 그린다.

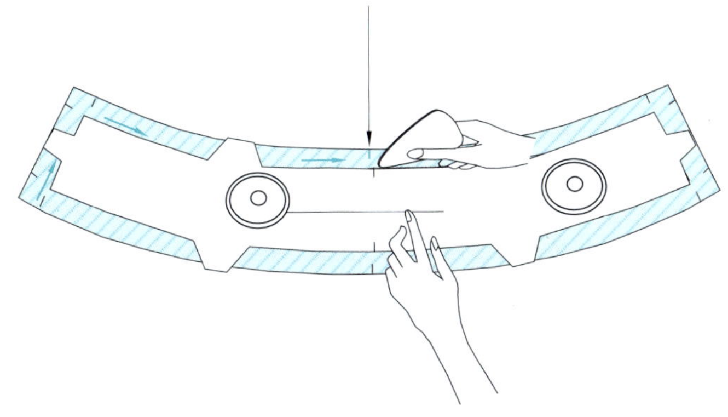

🔔 부위별 심지 제도 심지가 필요한 부위

· 겉감 허릿단 패턴을 복사하여 가로 세로에서 0.32cm($\frac{1}{8}$")씩 심지 패턴을 적게 만든다.

· 심지를 붙일 때 겉감보다 약간 작게 해서 다리미로 붙일 때 접착액이 밖으로 나오는 것을 방지하고 시접 봉제를 할 때 심지가 밖으로 나오면 시접을 가늠하기에 방해가 된다.

① 허릿단 전체 심지

② 뒤 중심 지퍼 합복 부위. 몸판쪽으로 0.635cm ($\frac{1}{4}$") 넘어가고 지퍼 위치에서 밑으로 1.9cm($\frac{3}{4}$")내려가게 제도

③ 뒤트임 착용 시 왼쪽. 몸판쪽으로 1.27cm ($\frac{1}{2}$") 넘어가게 제도

④ 뒤트임 착용 시 오른쪽. 넓이 1.27cm ($\frac{1}{2}$")

⑤ 뒤트임 정위치 가로×세로 2.5cm(1")

심지의 결선 관찰

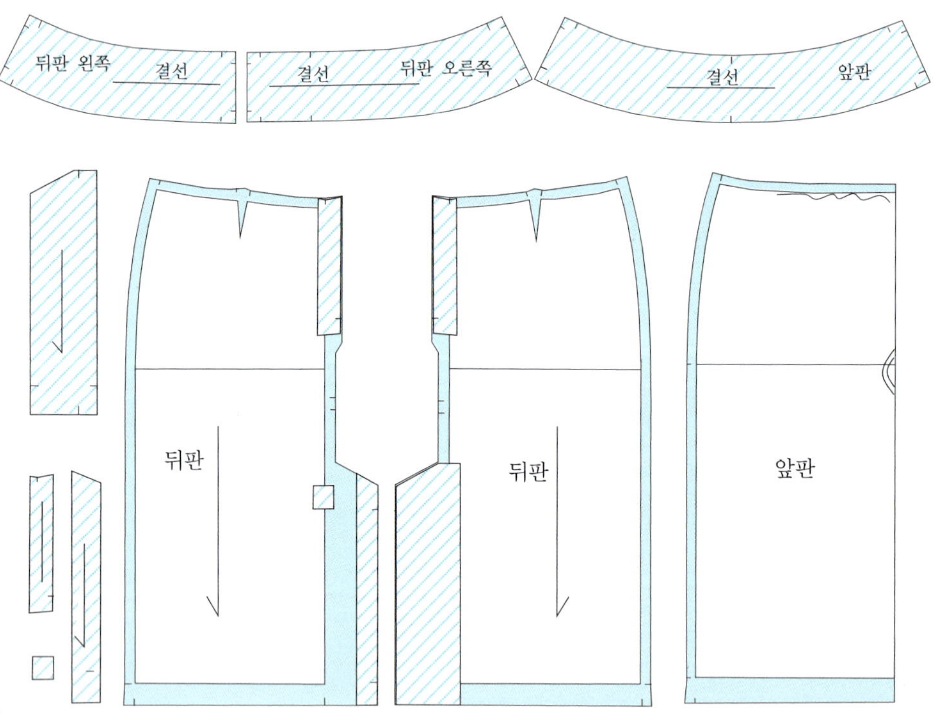

📋 원단을 펴서 재단하기

· 수량이 많을 때 원단을 펴놓고 재단하면 소요량을 줄일 수 있다.
· 원단을 펴놓고 재단 할 때와 접어놓고 재단할 때의 패턴 개수가 다르므로 이 부분을 주의 깊게 관찰한다.
· 노치 표시는 가위집을 넣을 때 깊게 넣으면 불량으로 발전할 수 있고 얕으면 보이지 않으므로 노치 깊이가 $0.3175\text{cm}(\frac{1}{8}")$를 넘지 않도록 한다.
· 노치를 정확하게 넣으려면 가위 끝이 잘 들어야 한다.

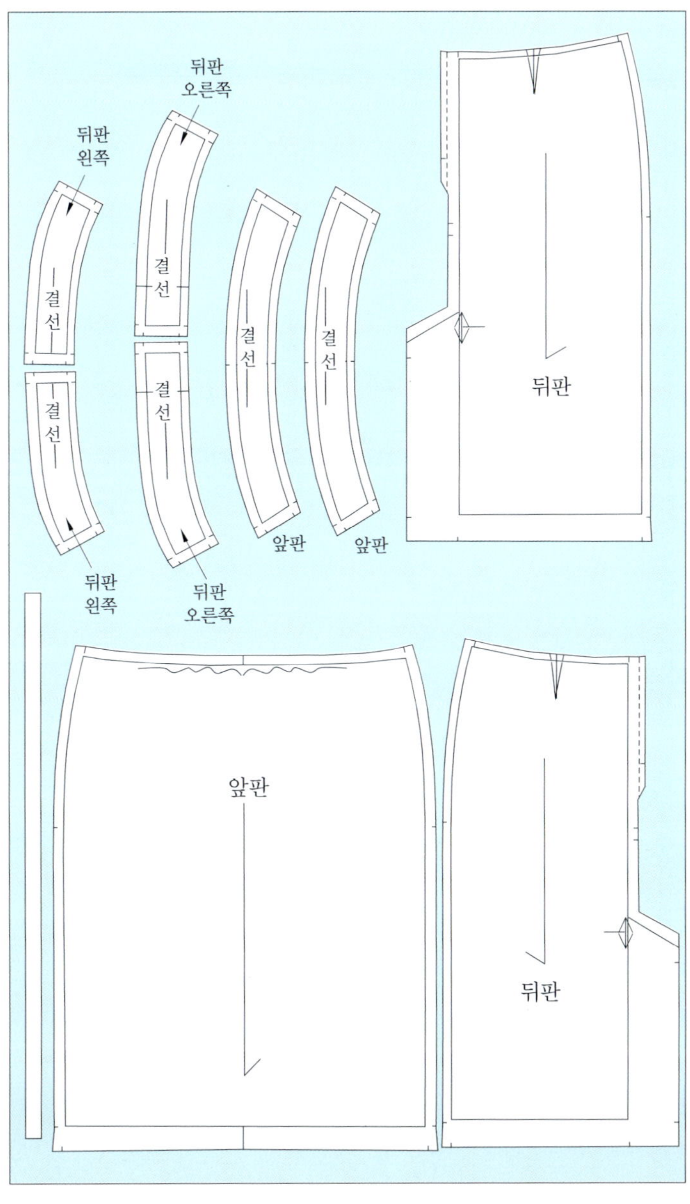

원단을 반으로 접어서 재단하기

· 샘플이나 연습용으로 재단할 때는 원단을 접어서 재단하는 것이 정확하게 자를 수 있고 시간이 절약된다.
· 원단을 펴놓고 재단할 때와 접어놓고 재단할 때의 패턴 개수가 다르므로 이 부분을 주의 깊게 관찰한다.
· 노치 깊이가 0.3175cm($\frac{1}{8}$")을 넘지 않도록 한다.
· 핀이나 누름쇠 등을 이용해서 패턴을 움직이지 않게 고정시킨다.

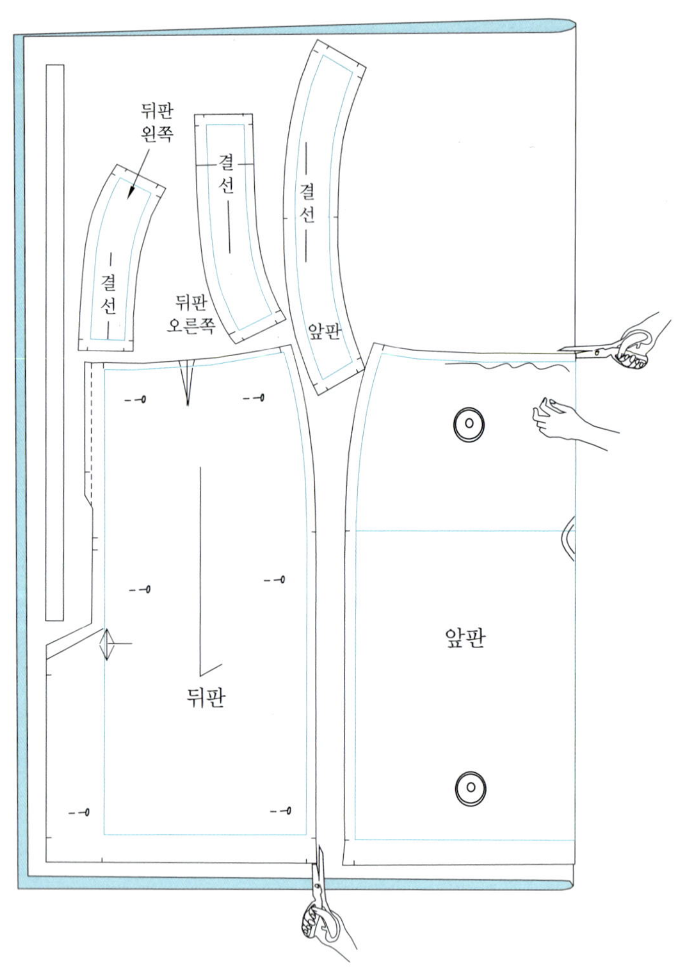

(아래 그림 참고)

· 심지를 접어서 자를 경우 아래 그림의 ①, ②, ③번은 한 개씩 필요하므로 나머지 한 개는 버리게 된다.

· 심지를 펴놓고 재단할 때는 접착액이 묻어있는 면의 방향이 몸판과는 반대 방향이어야 한다.

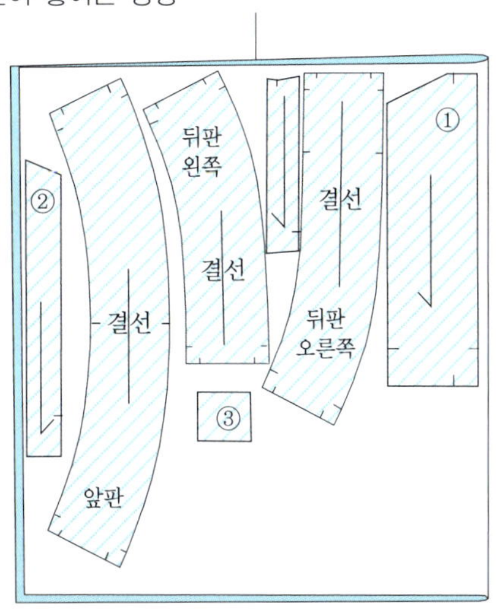

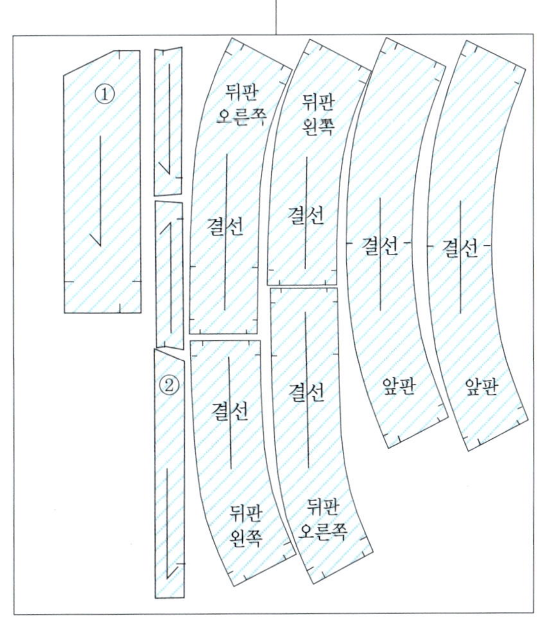

· 심지의 수축으로 인하여 원단의 겉면에 주름지는 현상이 발생하므로 손으로 심지를 앞
  으로 약간씩 밀어 넣으며 붙인다.
· 다리미는 들었다 놓았다 하면서 전진한다.
· 다리미를 누르는 압력은 3~4kg 정도로 한다.
· 한번 다리미를 누를 때 시간은 약 5~10초 정도로 한다.
· 몸판의 재단선 밖으로 심지가 나아가지 않게 붙이는 것이 중요하다.

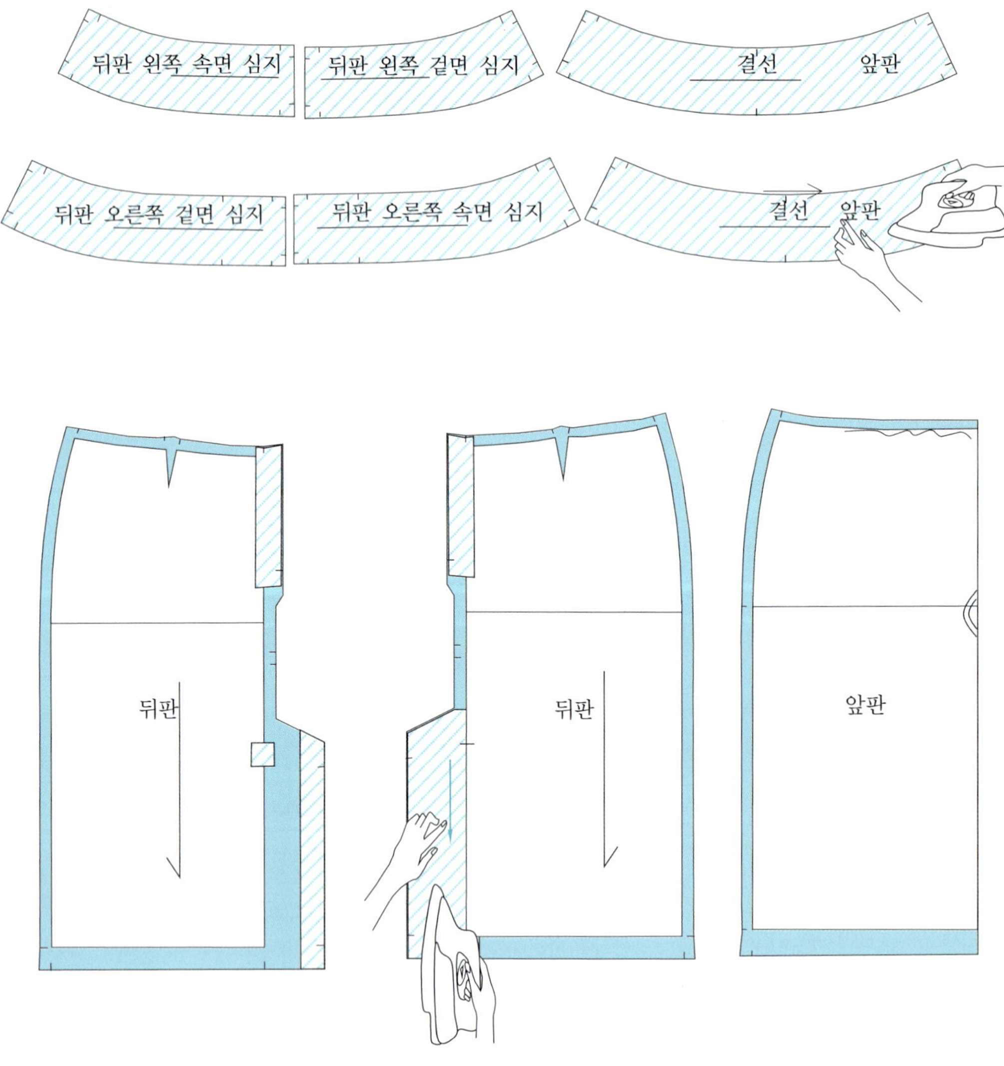

🔵 라운드 스커트 접착 테이프 사용 방법

· 허릿단 늘어남 방지 테이프 사용 방법(30쪽 참고)

얇은 테이프(아사) 심지

· 얇은 아사 심지의 길이 방향을 10mm 넓이로 자른 것으로 위와 아래 양쪽 옆 솔기를
  붙인다.
· 그림과 같이 접착테이프를 붙이는 것은 연습용이거나 특별한 작업일 경우에 적용한다.

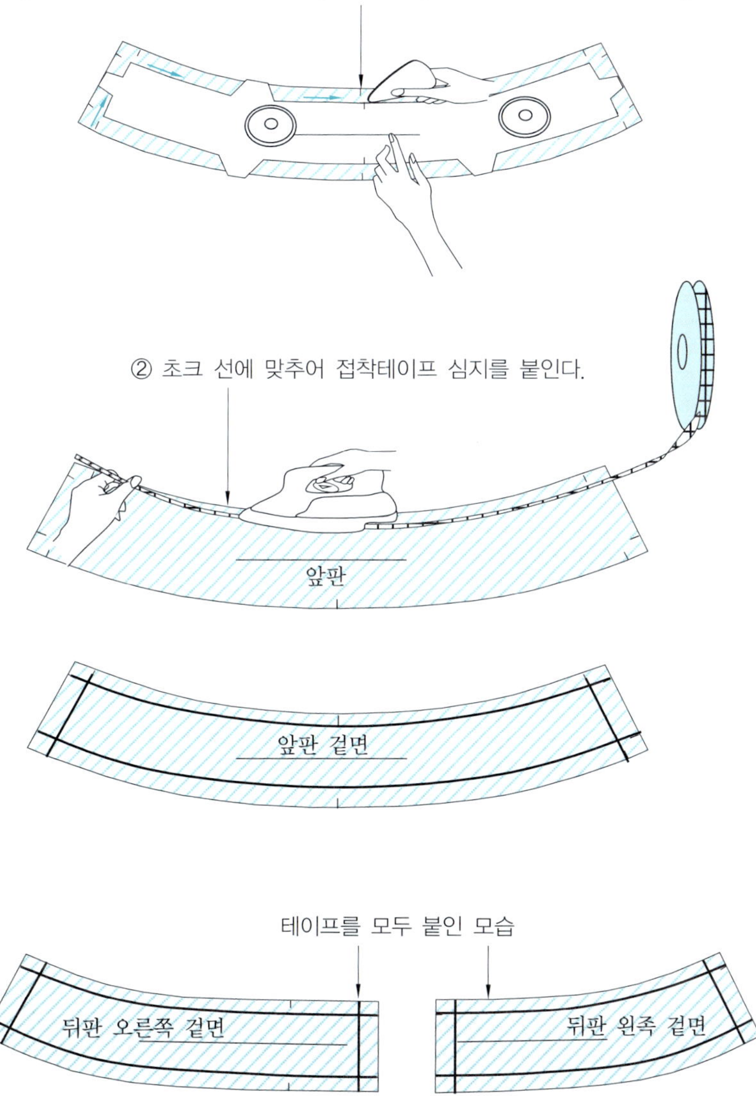

허릿단 겉면과 안쪽면의 양쪽 옆 솔기를 합복하고 아래 ③번처럼 겉면과 속면의 허릿단을 포개 놓은 다음 윗부분을 합복한다.

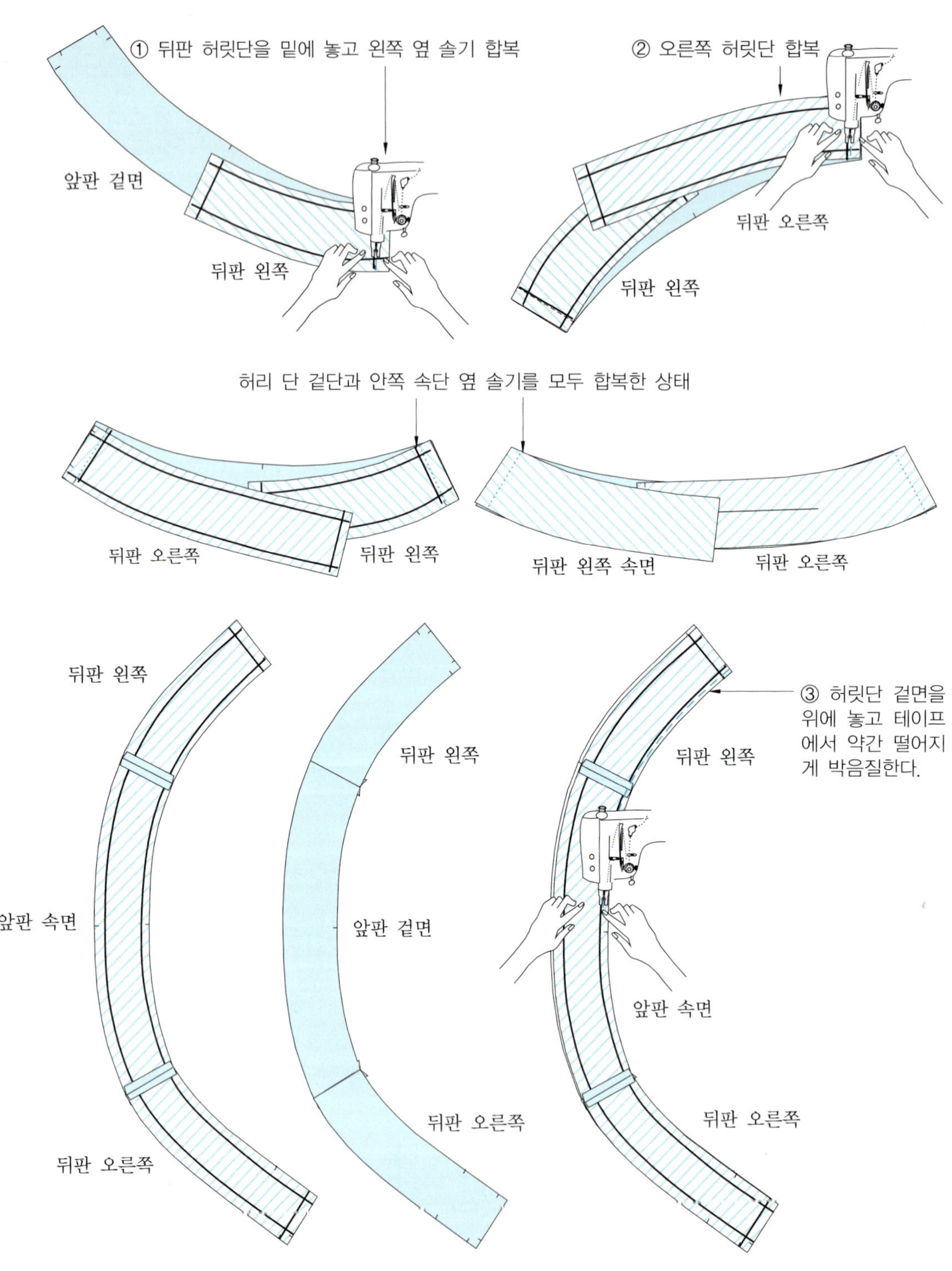

🔷 라운드 스커트 봉제하기

시접을 허릿단 안쪽으로 모두 보내고 위에서 끝 박음질하고 아래 ②번처럼 자리를 잡도록 다림질한다.

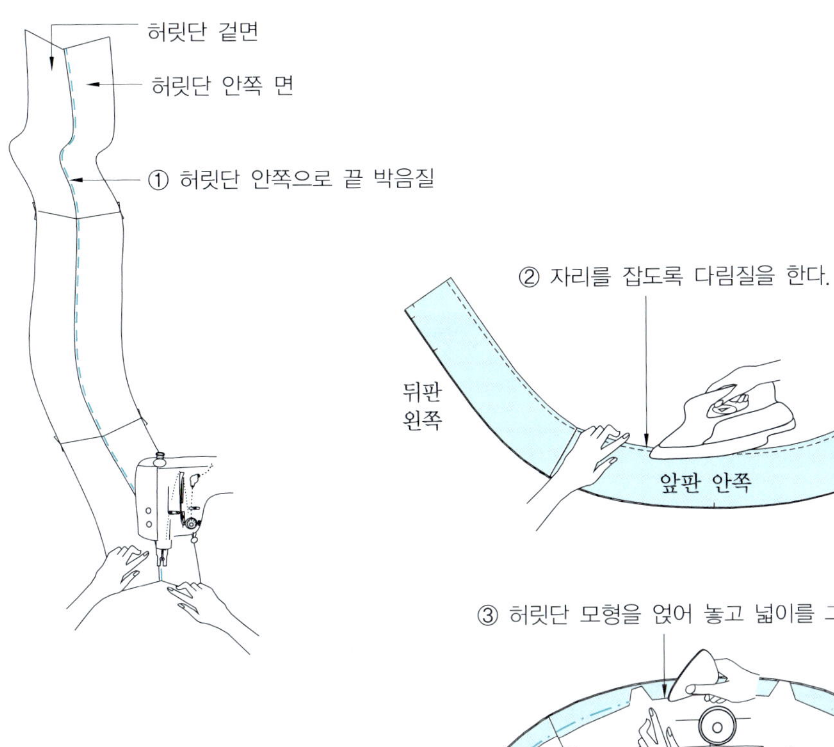

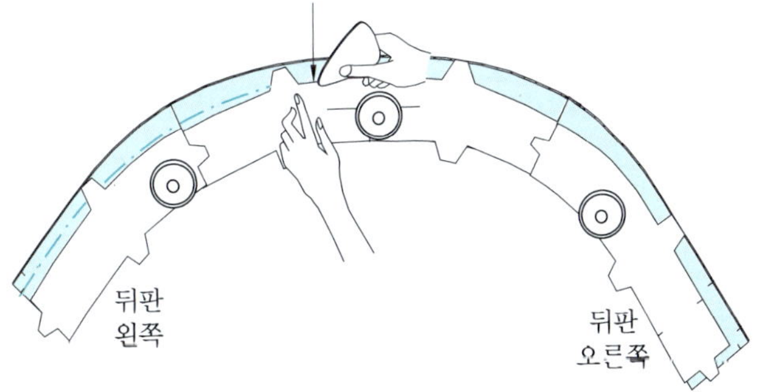

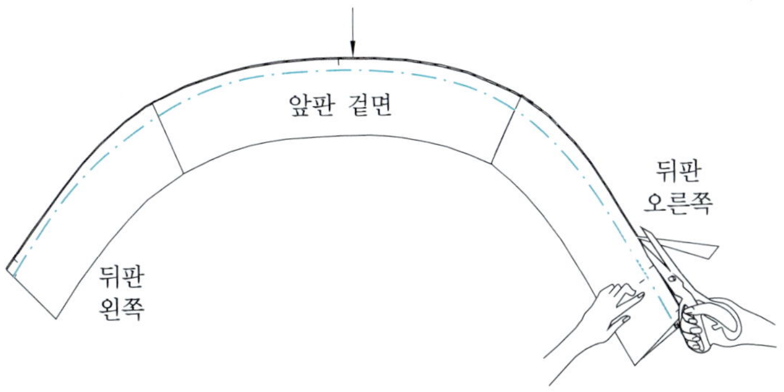

코튼 테이프 사용 방법

(아래 그림 참고)

코튼 테이프 사용 방법(1)

① 허릿단 겉면 양쪽 시접을 합복한 다음 코튼 테이프를 시접 끝선에 맞추어 놓고 박음질
  을 한다.

② 허릿단 안쪽을 밑에 놓고 코튼 테이프 안쪽으로 박음질을 한다.

③ 허릿단 안쪽이 될 부분을 끝 박음질 한다.

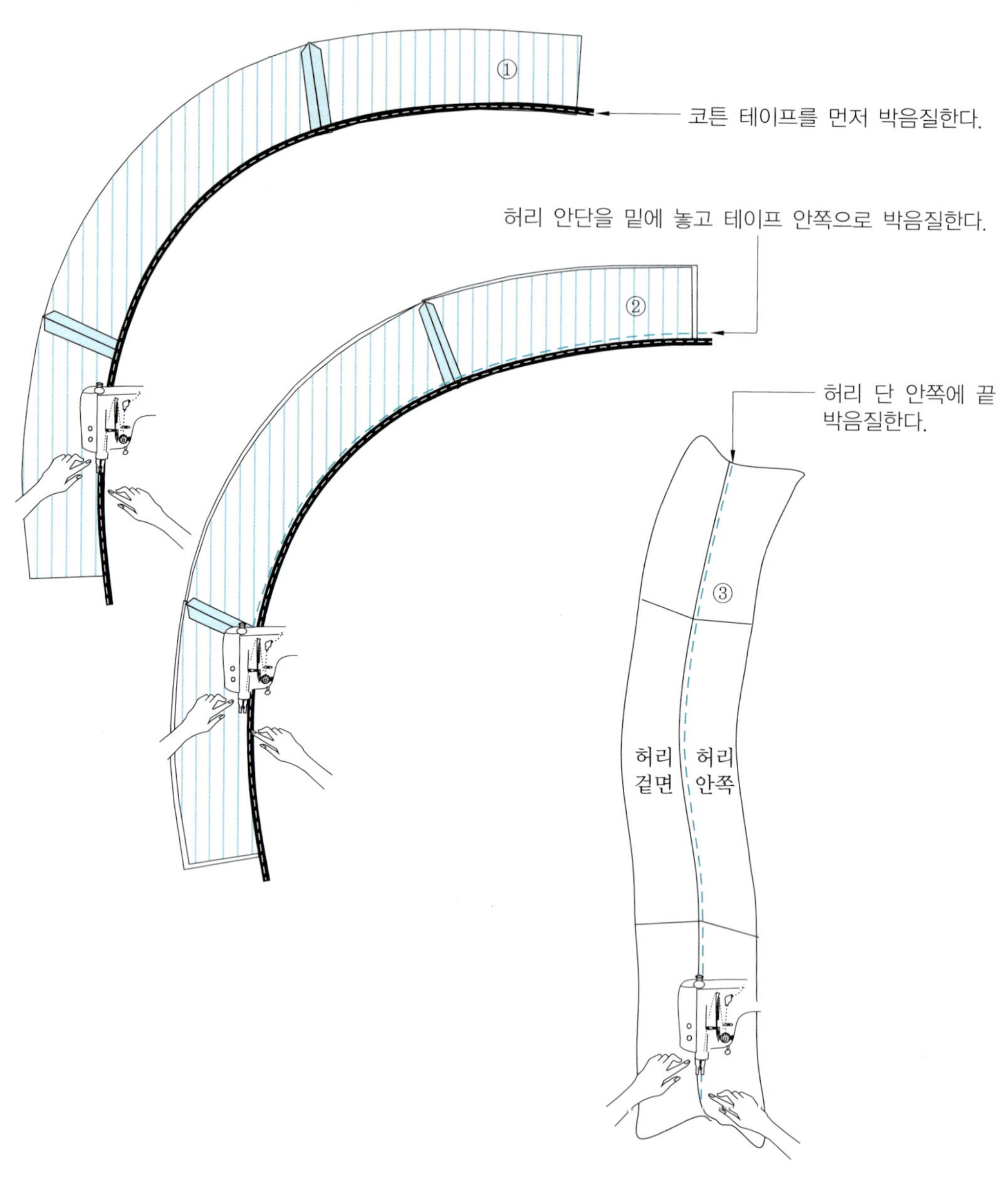

코튼 테이프 사용 방법(2)

· 양쪽 옆 솔기를 합복한 다음 코튼 테이프를 위에 놓고 한 번에 박음질한다.
· 이 방법은 앞의 코튼 테이프 사용 방법(1)보다 공정이 적고 쉬운 반면 테이프를 함께 박음
  질하므로 투박한 단점이 있다.

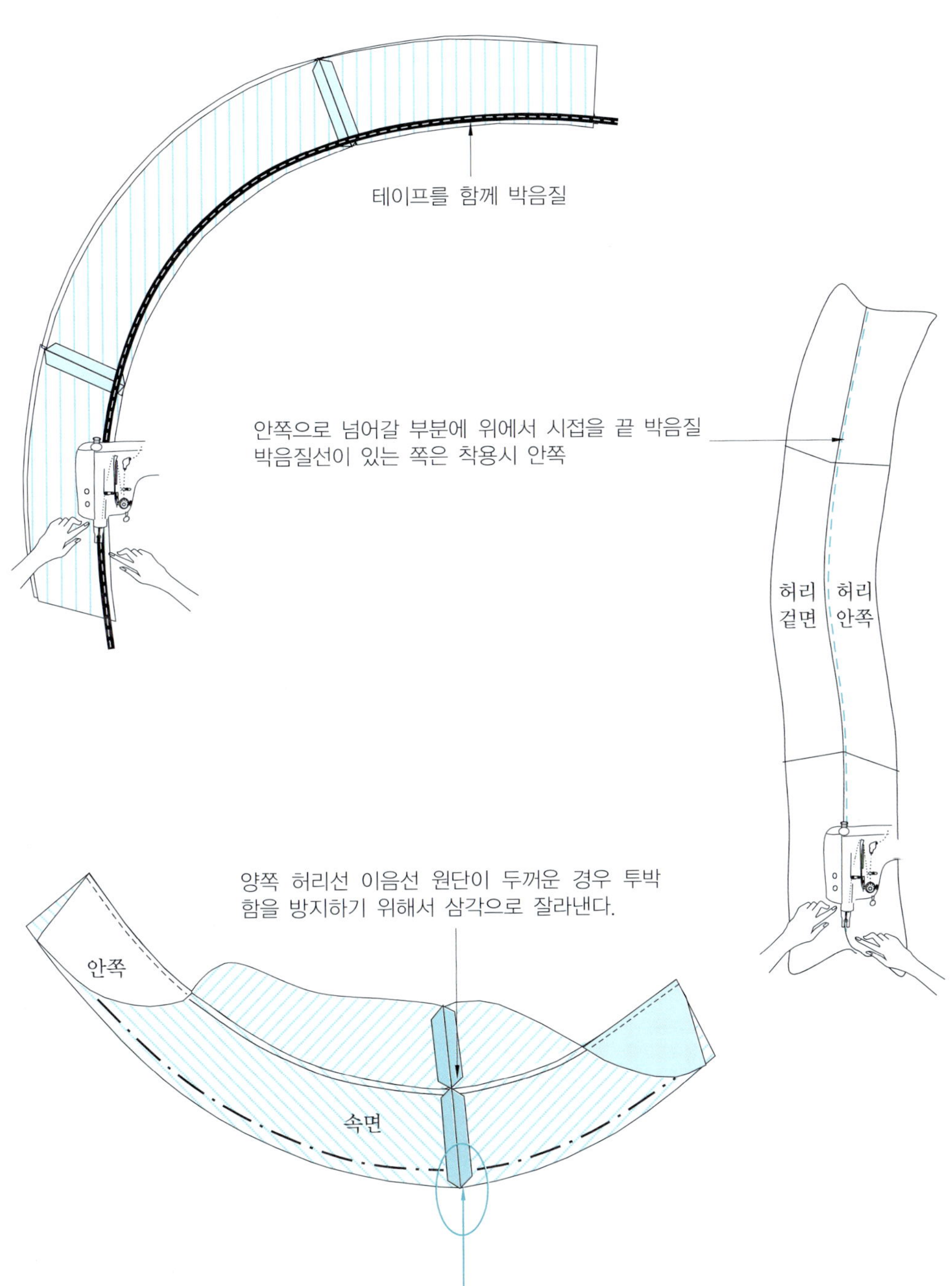

🔵 라운드 스커트 허릿단 합복 방법

안감이 없을 경우에 안쪽을 처리하는 방법을 설명하면 다음과 같은 방법들이 있다.

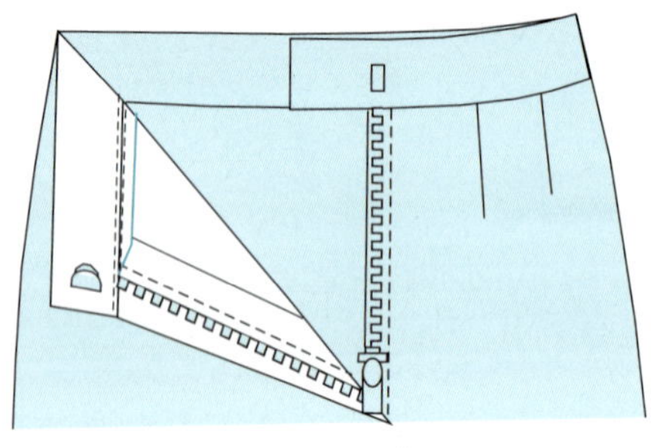

① 안감을 바이어스로 말아 박음질하는 방법

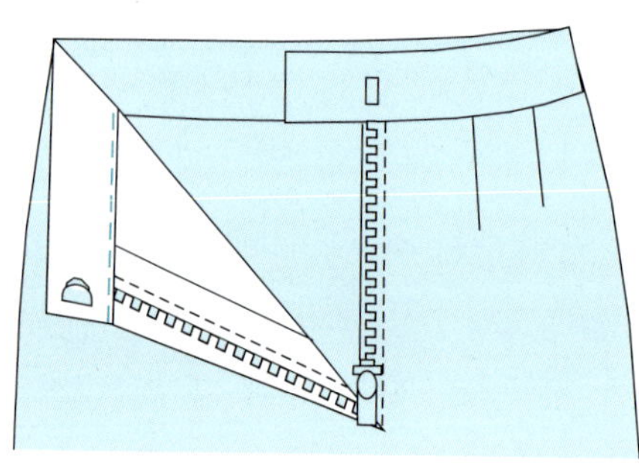

② 시접을 안쪽으로 접어서 처리하는 방법
(가장 어려운 방법)

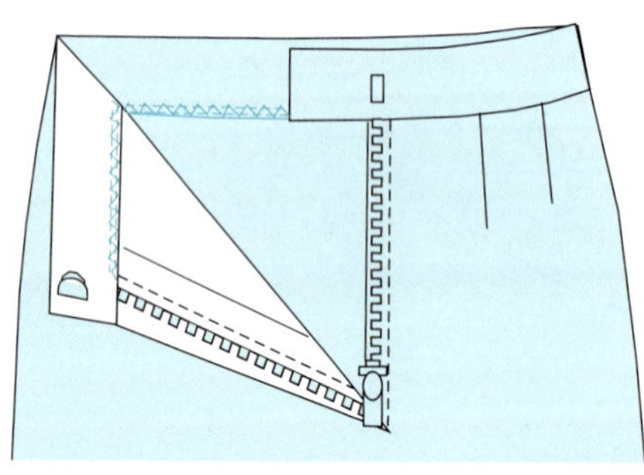

③ 오버로크를 쳐서 처리하는 방법(가장 쉬운 방법)

· 안감이 있을 경우에 안쪽에 오버로크 또는 바이어스 처리하는 방법 외에 안감과 직접
  합복하는 방법(안감의 지퍼 부위는 따로 떨어지게 말아 박음질 한 것)
· 허릿단과 안감을 합복하고 가위집을 1cm($\frac{3}{8}$") 깊이로 넣어 안쪽은 밑으로 내리고 앞쪽은
  속으로 집어넣고 겉에서 허릿단 박음질 선에 바짝 붙여서 숨은 박음질로 눌러 박는다.
· 점선은 속에 들어가 있는 시접을 표현한 모습

안감 제도하기(117~128쪽 참고)

벨트 루프 만들기(156~160쪽 참고)

몸판 봉제하기(161~215쪽 참고)

※ 안감 제도 / 몸판 봉제 / 벨트 루프 만들기 등은 전편 참고

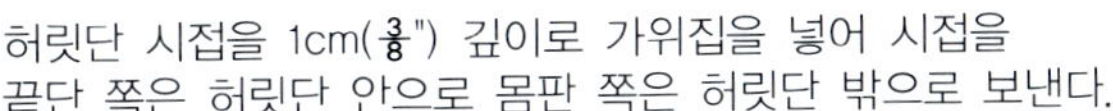

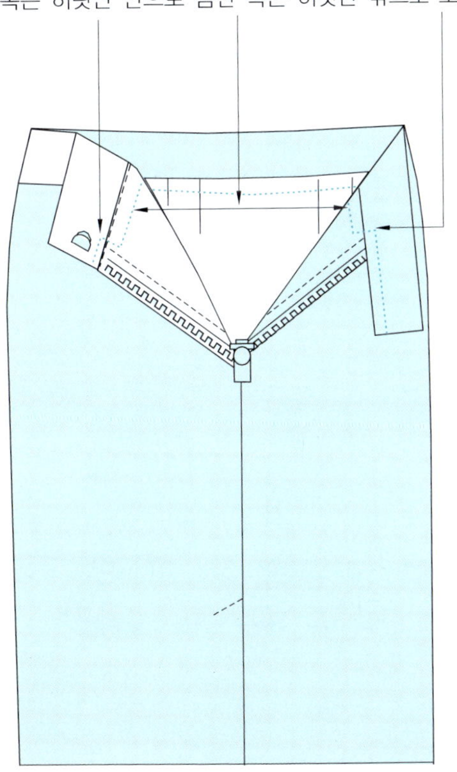

스커트 제도 응용

허릿단 없는 스커트(skirt)

재료

· 허리에 지퍼를 달 경우 재료에 구애받지 않고 제작이 가능하다.

· 밑단의 넓이를 넓게 또는 좁게 하려면 삼각형의 밑단 넓이로 조정해야 한다.

· 여덟쪽 스커트에 삼각 무를 붙여서 밑단을 넓게 제도하는 방법이다.

 ·허리 사이즈 71.12cm (28")

·스커트 총 길이 58.42cm (23")

·삼각 무 길이 45.72cm (18")

·삼각 무 넓이 길이 12.7cm (5")

·스커트 뒤 중심과 앞 중심에 라인이 들어가는 경우 중심을 0.635cm($\frac{1}{4}$")씩 다트 역할을 하
도록 잘라낸다.

·뒤중심에 넣은 다트 0.635cm($\frac{1}{4}$") 분량은 옆 솔기에서 보충해 준다(그림 참조).

① 앞 뒤판 모두 다트 1.9cm($\frac{3}{4}$")를 하나 넣고 중심은
0.635cm($\frac{1}{4}$")씩 안으로 이동시켜서 기본 스커트 제도

② 앞 뒤판 중심 0.635cm($\frac{1}{4}$") 다트 분량

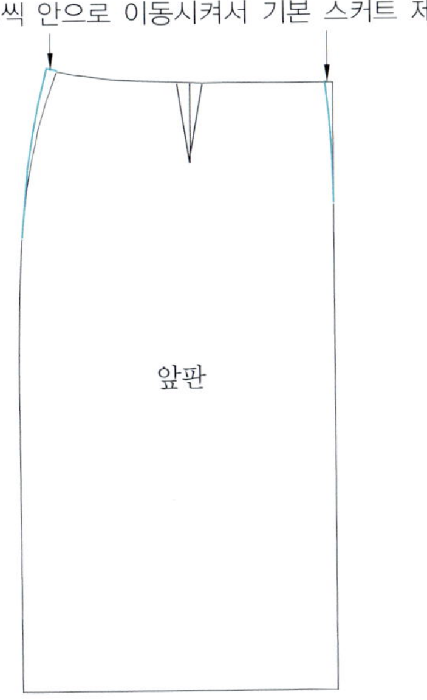

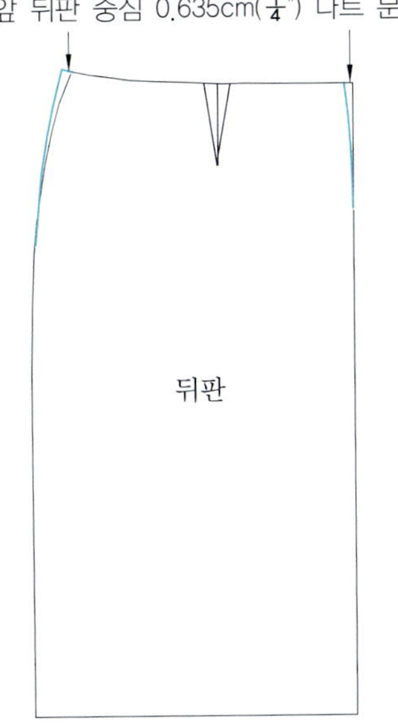

③ 다트의 중심을 수직으로 내려준다.

④ 삼각 무 길이의 합복 표시

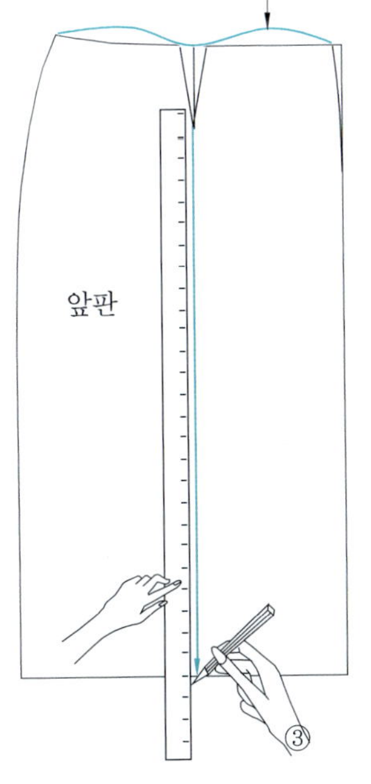

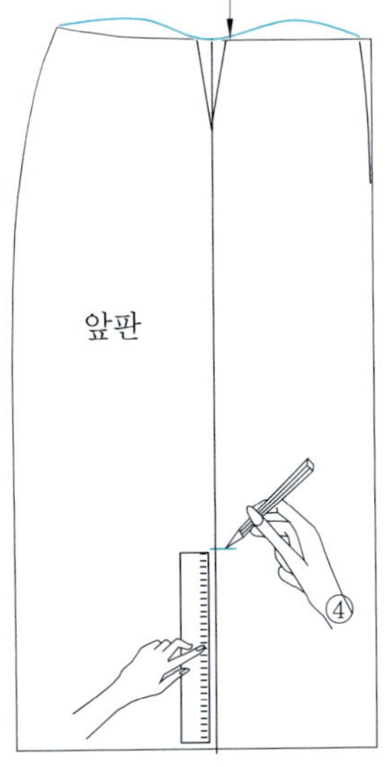

아래 동작 중 ⑤의 경우 삼각무의 넓이에 의해서 양쪽 길이가 중심과 맞지 않고 90°를 벗어나므로 중심의 길이에 맞추어 곬선으로 조정해야 한다(50~52쪽 각도의 중요성 참고)

⑤ 삼각무의 밑단 넓이를 양쪽으로 나누어 표시한다.

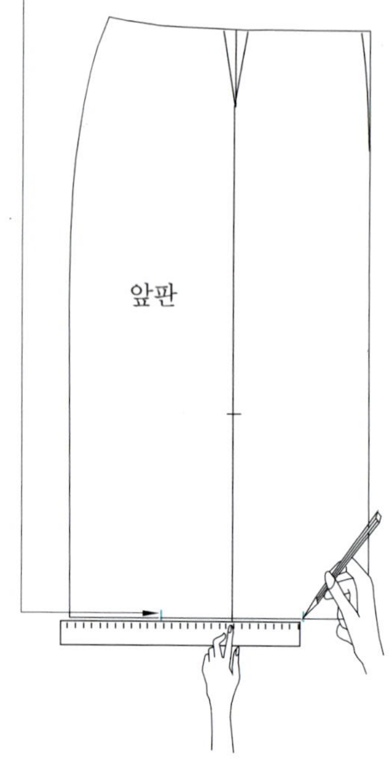

⑥ 삼각무의 선을 연결한다.

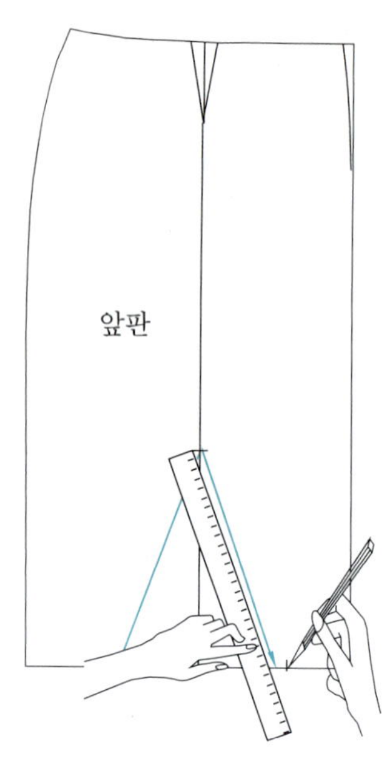

⑦ ⓐ의 중심 길이를 ⓑ에 놓고 곡선으로 밑단을 연결한다.

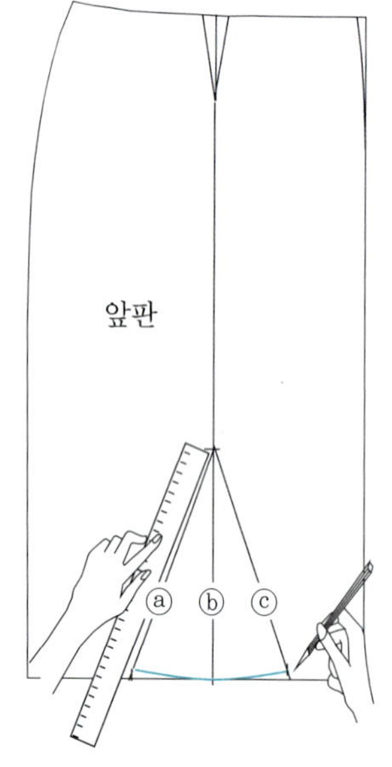

⑧ 패턴지를 밑에 놓고 삼각무를 복사한다.

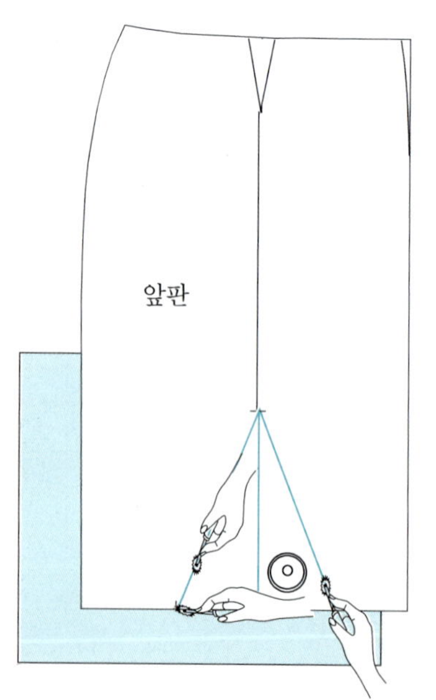

제도된 패턴에서 필요한 부위만 남기고 모두 잘라내어 패턴을 분리시킨다.

⑨ 가운데 선을 절개해서 분리시킨다.   ⑩ 복사된 삼각무를 정확하게 잘라서 분리시킨다.

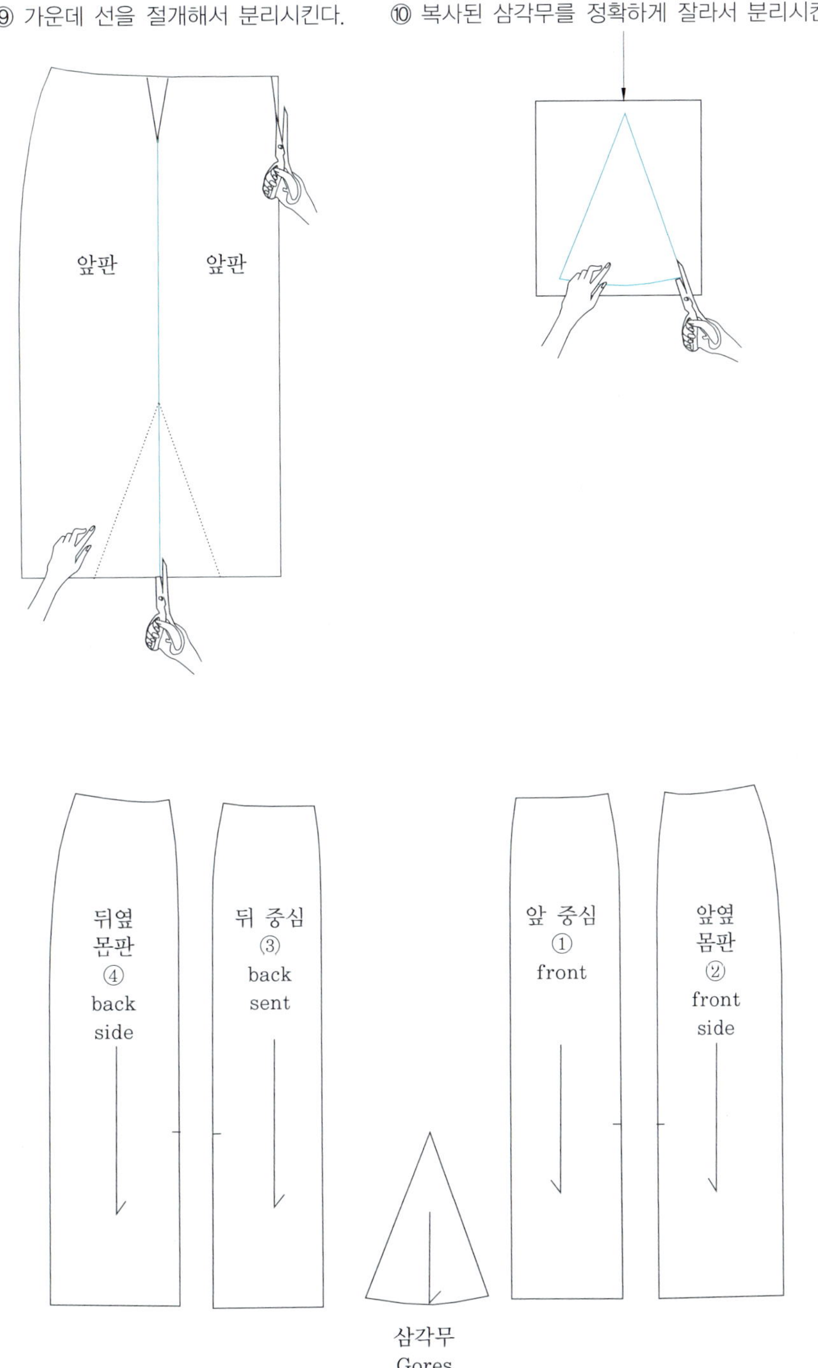

· 제도된 패턴의 윗부분을 그림과 같이 맞추어 놓고 허리 윗부분이 될 위치를 복사한다 (허리 안단의 넓이 시접 포함 6.35cm(2"½)).

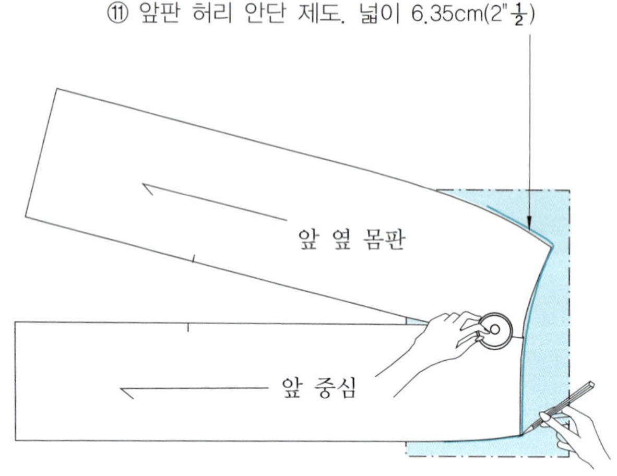

⑪ 앞판 허리 안단 제도. 넓이 6.35cm(2"½)

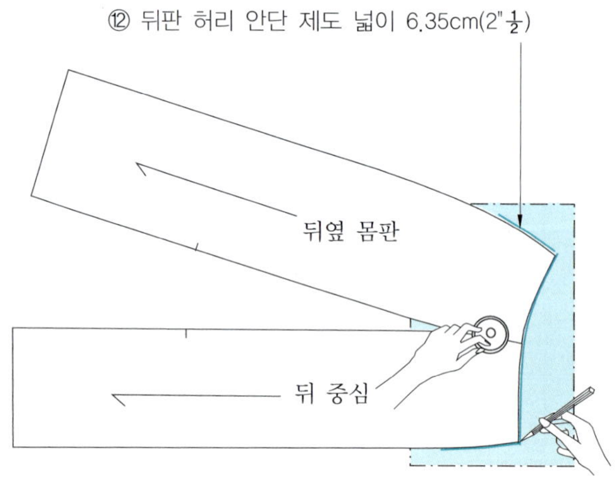

⑫ 뒤판 허리 안단 제도 넓이 6.35cm(2"½)

🔔 허리 안단 제도

· 복사된 허리선 밑으로 허리 안단 넓이를 놓고 곬선으로 선을 연결한다.
· 앞뒤 몸판은 중심에 이음선이 있으나 허리 안단은 이음선 없이 곬선으로 만들어야 한다.

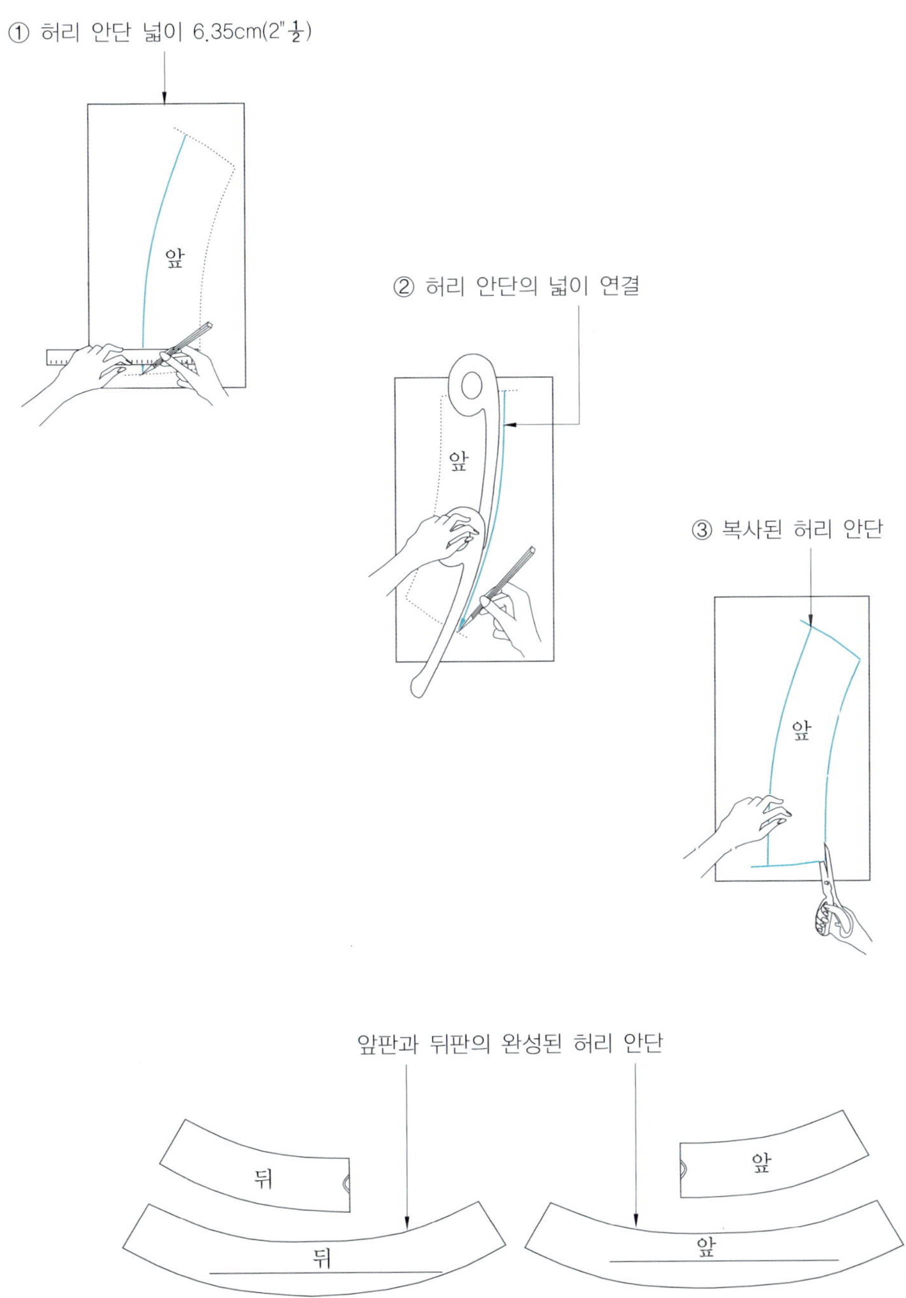

전체 시접두기

· 허리선 1cm($\frac{3}{8}$")
· 옆 솔기, 밑단, 중심은 모두 1.27cm($\frac{1}{2}$")

패턴 조각의 개수 확인(아래 그림 참고)

① 앞 중심	2개
② 앞 옆 몸판	2개
③ 뒤 중심	2개
④ 뒤 옆 몸판	2개
⑤ 앞 허리 안단	1개
⑥ 뒤 허리 안단	1개
⑦ 삼각무	8개

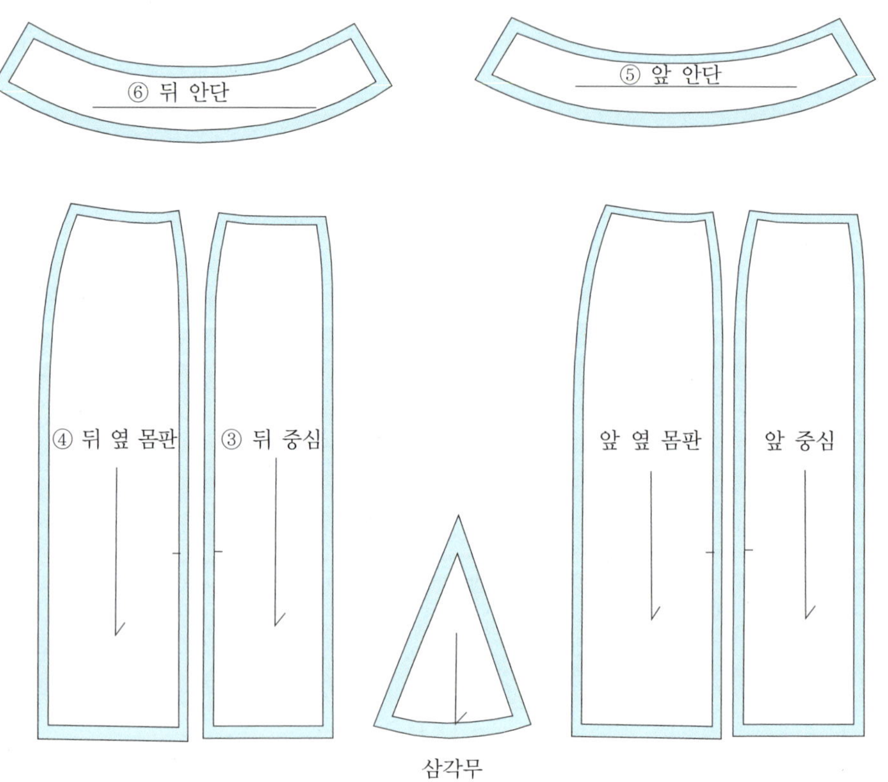

🔹 합복 노치 표시 넣기(그림 참고)

① 앞 뒤판 지퍼 위치
② 뒤판이라는 표시의 노치
③ 뒤판 선의 양쪽 합복 표시
④ 뒤 중심이라는 표시
⑤ 앞판과 뒤판의 합복 노치 표시
⑥ 삼각무 중간 합복 표시
⑦ 삼각무 위쪽 멈추는 표시
⑧ 시접 넓이 표시
⑨ 앞 허리 안단 전면에서 보았을 때 오른쪽과 뒤 허리 안단 왼쪽 옆 솔기에 노치를 한 개
   씩 넣어서 합복 표시하며, 노치 표시가 없는 옆 솔기는 지퍼 부위와 합복하는 위치이다.

· 패턴의 조각이 많을수록 노치 표시는 정밀하게 넣어서 앞 뒤판의 구분과 앞 뒤판의 서
  로 합복되는 위치 등을 서로 다른 위치에 넣는 것이 중요하다.
· 지퍼와 합복되는 ⑧번 위치는 앞 뒤판 모두 0.3175cm($\frac{1}{8}$")씩 잘라내고 노치를 넣는 것
  이 중요하며, 지퍼와 합복하고 시접을 접어서 박음질하면 안단이 커지므로 이것을 반드
  시 미리 잘라내어야 한다.

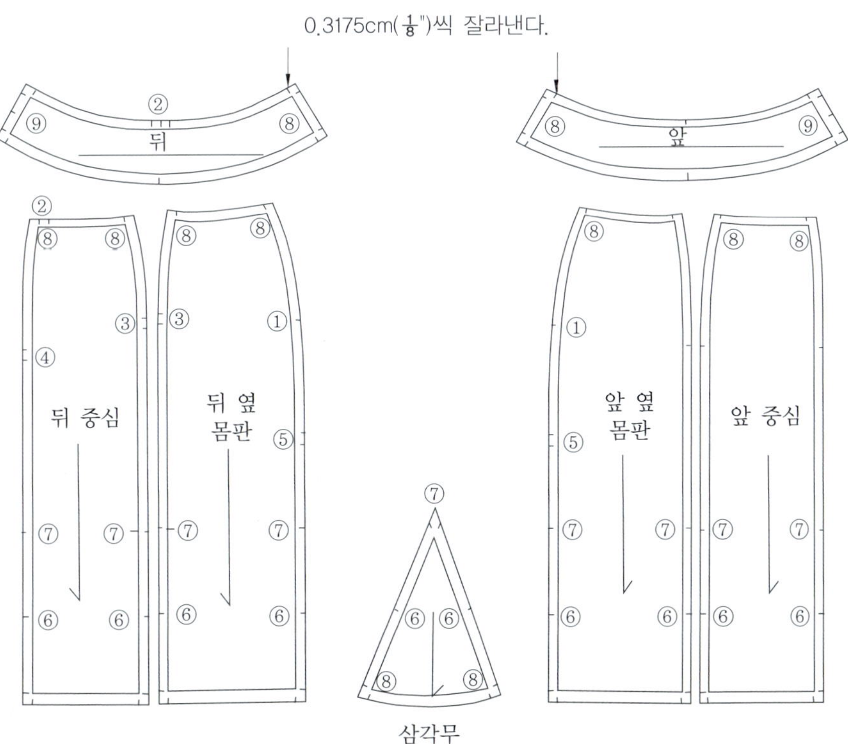

부위별 심지 붙이는 위치 및 패턴(아래 그림 참고)

－허리 안단 앞판과 뒤판 모두 심지, 전체 심지
－앞 뒤 옆 몸판 지퍼 위치 심지

· 지퍼 부위 심지는 몸판 쪽으로 0.635cm ($\frac{1}{4}$") 넘어가게 제도하고 지퍼 길이 위치에서 밑으로 1.9cm($\frac{3}{4}$") 내려가게 제도한다.
· 지퍼 심지 패턴의 결선(그림 참고).
· 허릿단 심지 패턴 제도 시 몸판 패턴을 복사해서 넓이와 길이에 0.3175cm($\frac{1}{8}$") 적게 패턴을 제도한다.
· 심지가 크면 접착액이 붙이는 과정에서 다리미에 붙거나 작업대를 오염시키고 심지가 몸판 밖으로 나오면서 시접 봉제에 방해가 된다.

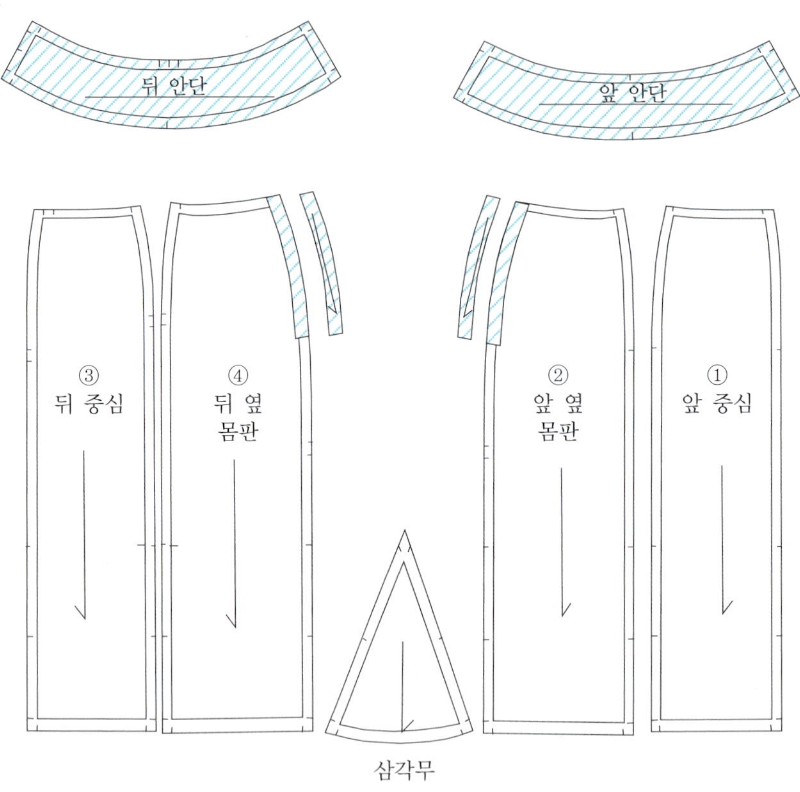

📘 재단(아래 그림 참고)

① 원단을 접어서 패턴을 배치했을 때의 패턴 조각의 개수로서, 허리 안단의 경우 앞판과
　 뒤판이 한 개씩이므로 원단을 접은 상태에서 재단하면 한 개가 남게 된다.

② 원단을 펴서 패턴을 배치했을 때의 패턴 조각의 개수이다.

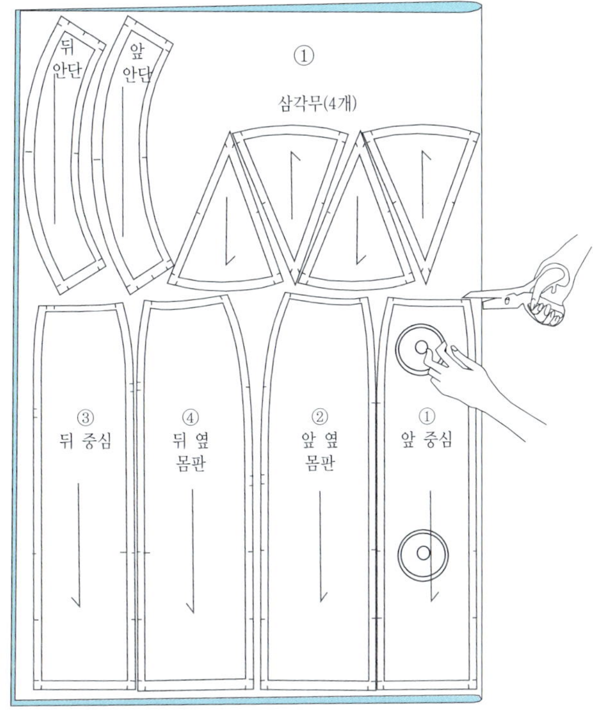

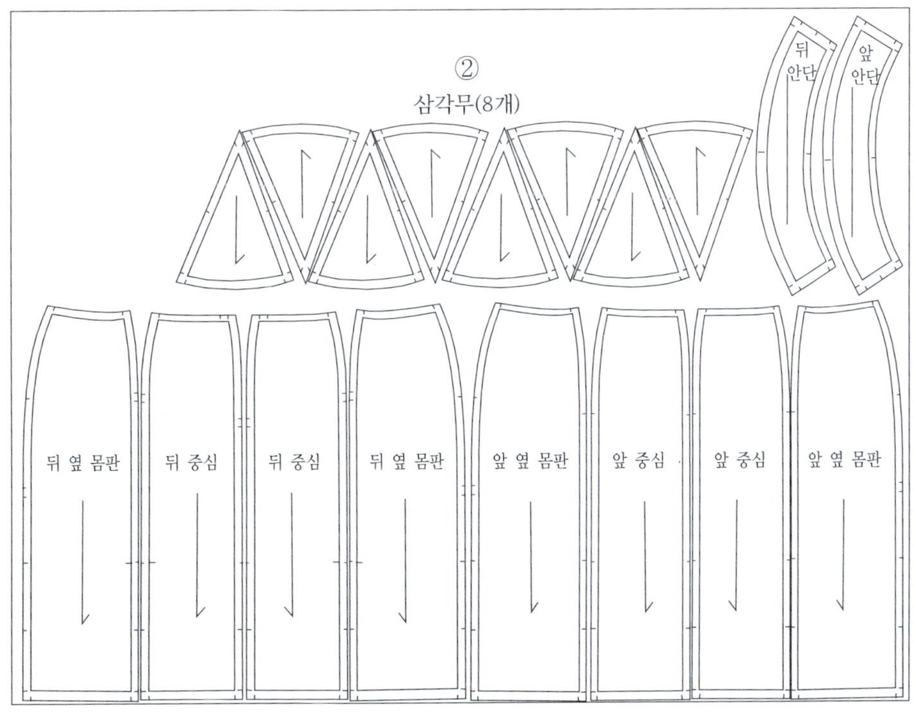

🔵 허리 안단 만들기 방법 3가지(아래 그림 참고)

① 허리 안단 아래쪽을 오버로크로 처리
② 허리 안단 아래쪽을 오버로크 치고 한번 꺾어서 끝 박음질
③ 허리 안단을 바이어스 처리

중심과 옆 몸판 옆 솔기 시접처리 방법 2가지

· 원단이 두꺼운 경우 오버로크를 모두 치고 시접을 가름 질 한다.
· 원단이 얇은 경우 시접을 모아서 오버로크를 치고 가름질하지 않는다.

① 오버로크를 치고 양쪽 옆 솔기를 시접에 고정시키
는 박음질 또는 고정시키는 실 고리를 뜬다.

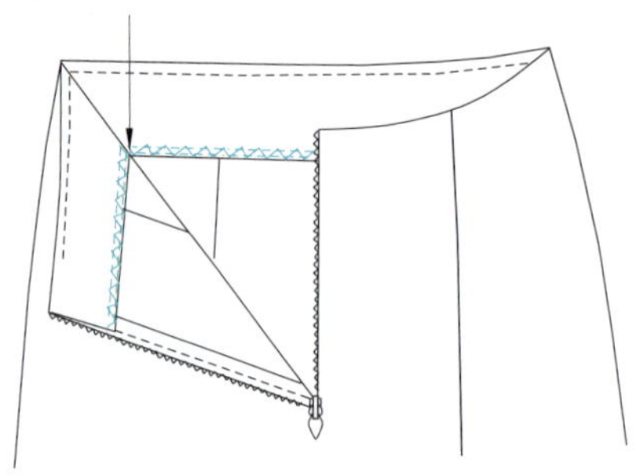

② 오버로크 치고 한번 꺾어 박음질 얇은 원단일 경우 가능

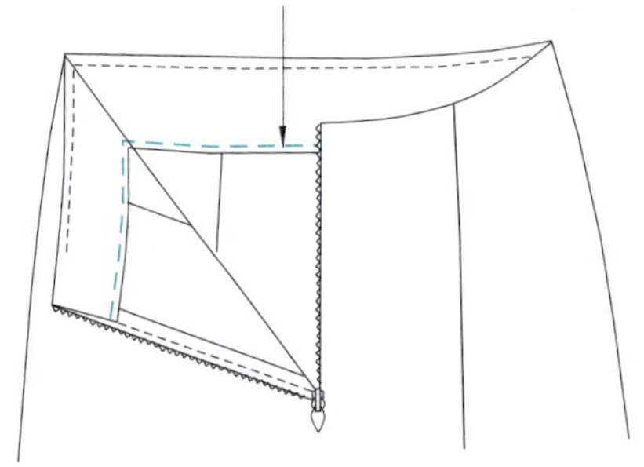

③ 바이어스 처리

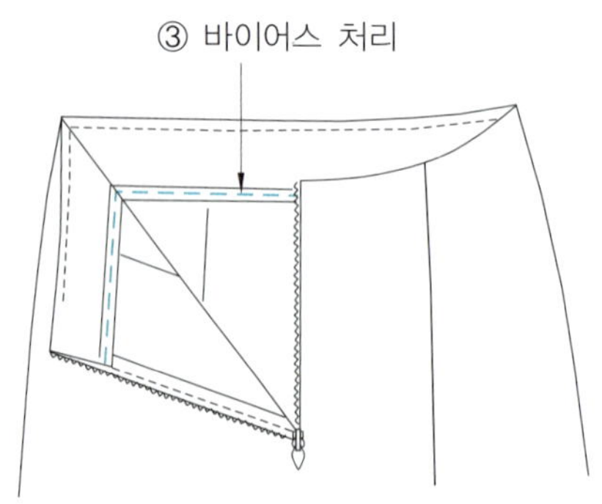

· 허리 안단을 바이어스 처리한다. 안감은 3.175cm(1"¼) 넓이로 91.44cm(36") 길이가 필요하고, 부족한 경우 중간을 이어서 사용한다(바이어스 40쪽 참고).

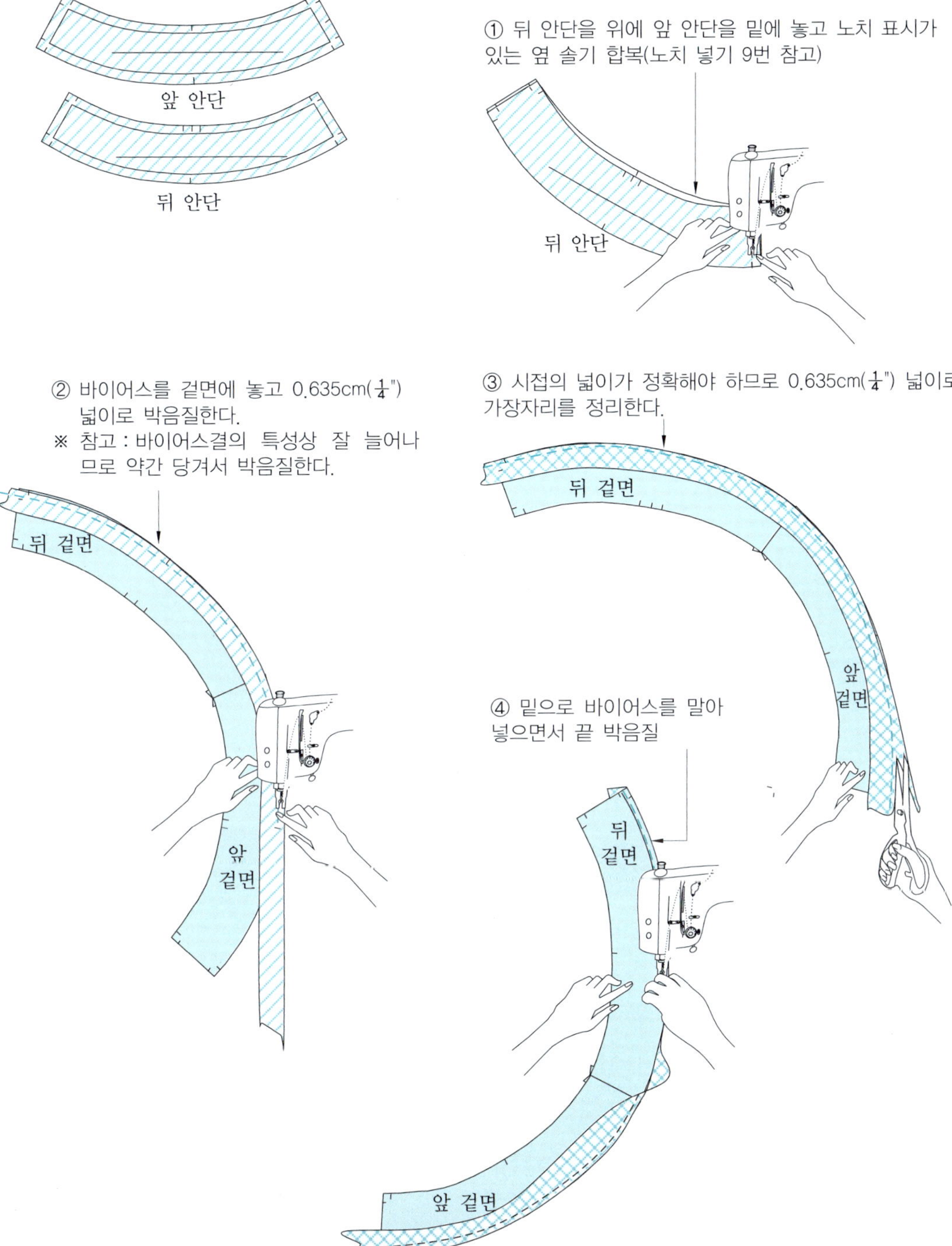

· 두꺼운 원단은 오버로크를 모두 친 다음에 박음질을 하고 얇은 원단은 시접을 가름질하지 않는다.

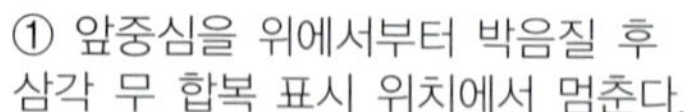

① 앞중심을 위에서부터 박음질 후 삼각 무 합복 표시 위치에서 멈춘다.

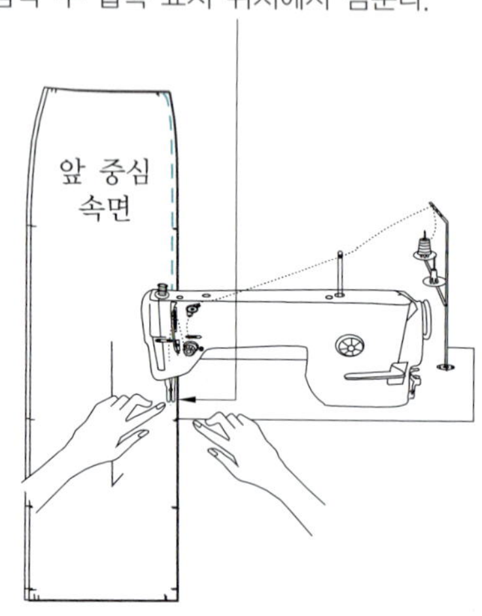

② 왼쪽 옆 몸판 위에서부터 합복한다.

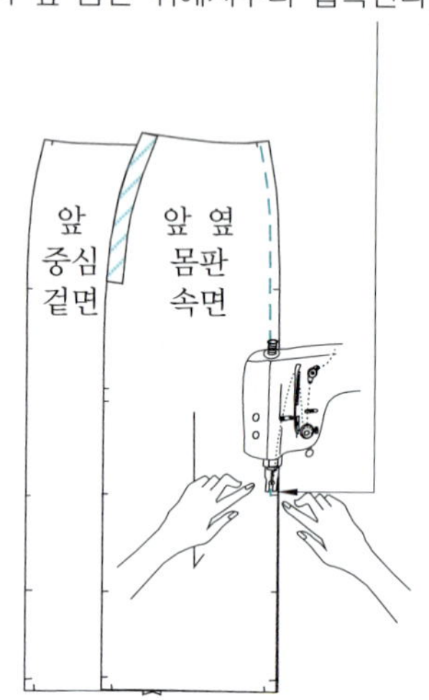

③ 오른쪽 옆 몸판 밑에서부터 합복한다.

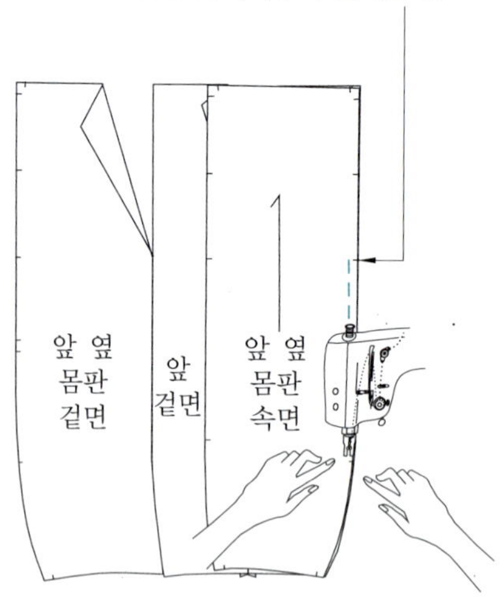

④ 뒤 중심을 위에서부터 박음질 후
   삼각무 합복 표시 위치에서 멈춘다.

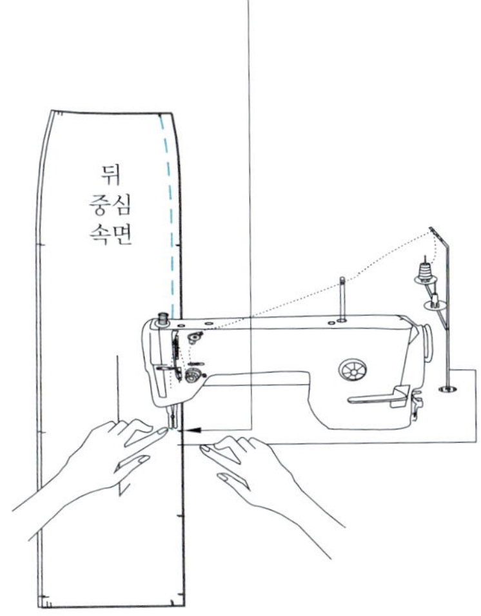

⑤ 오른쪽 옆 몸판 위에서부터 합복한다.

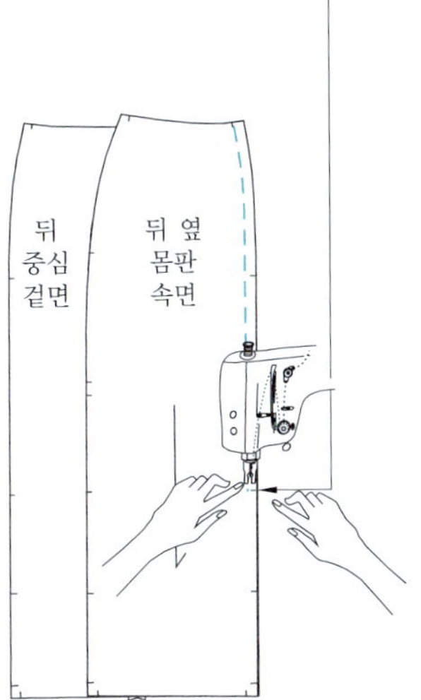

⑥ 왼쪽 옆 몸판 밑에서부터 합복한다.

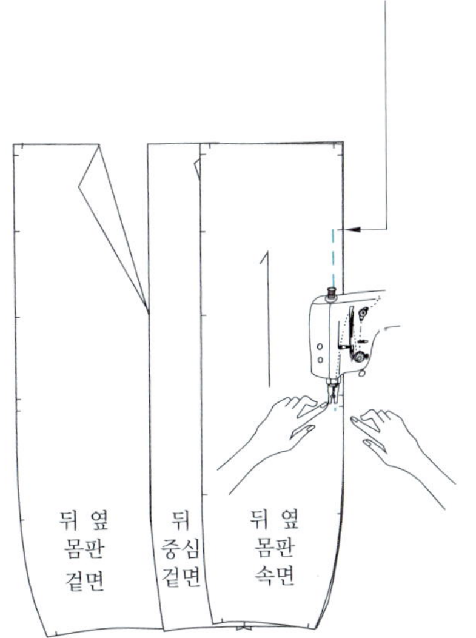

⑦ 오른쪽 옆 솔기 위에서부터 합복한다.
   삼각무 합복 위치에서 멈춘다.

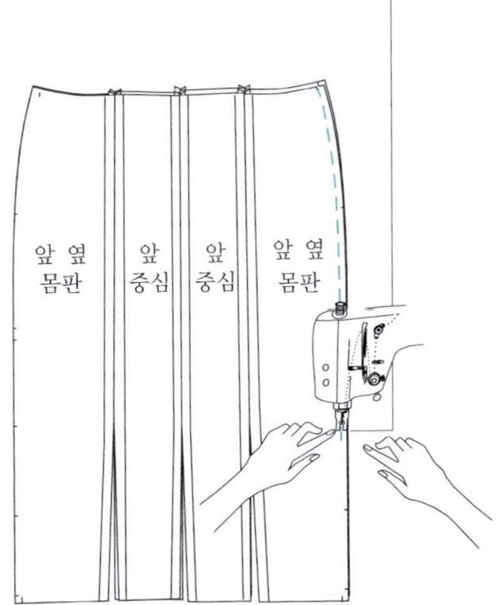

삼각무 합복하기

같은 동작을 반복하면서 삼각무를 모두 합복한다.

① 왼쪽 옆 솔기 지퍼를 다는 위치에서
시작하여 삼각무 합복 위치에서 멈춘다.

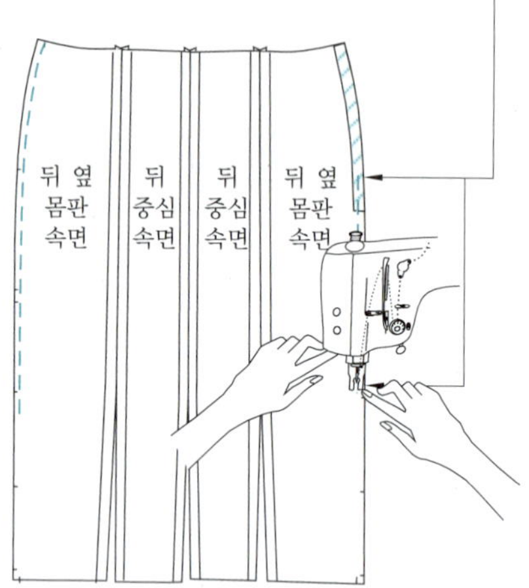

② 삼각무를 그림과 같이 밑에서부터 합복하고
멈추는 위치에서 정확하게 멈추는 것이 중요하다.

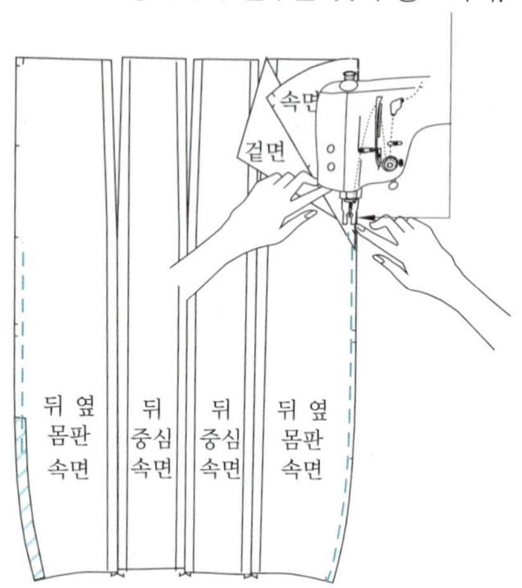

③ 삼각무를 위에서부터 정확하게 박음질한다.

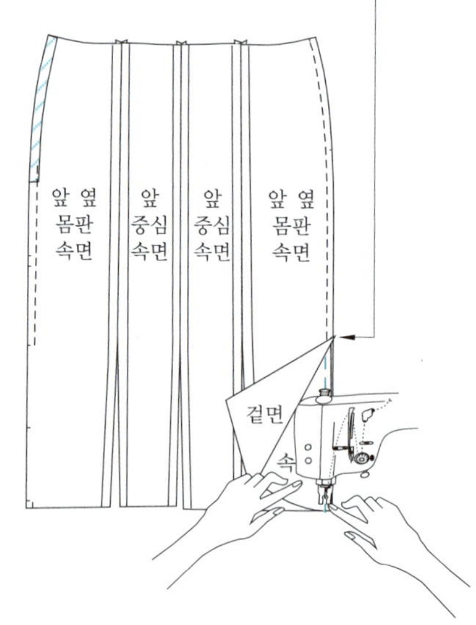

🔷 시접을 가름질하지 않고 두개의 시접을 한 번에 오버로크 처리하는 방법

· 삼각무 위에서 오버로크를 치고 밑단에서부터 윗부분까지 오버로크를 친다. 양쪽 옆 솔기는 뒤쪽으로 보내야 하고 앞, 뒤, 옆 라인은 뒤 중심으로 다트를 모으듯이 해야 하므로 오버로크를 칠 때는 왼쪽 라인은 위에서부터 오른쪽 라인은 밑에서 오버로크를 친다.

· 지퍼를 다는 왼쪽은 앞판을 위에서부터 지퍼 위치 밑으로 5.08cm(2") 정도 밑에 까지 오버로크를 치고 뒤판 쪽은 밑단에서부터 오버로크를 시작해서 지퍼 위치 5.08cm(2") 밑에서 시접을 갈라서 오버로크를 위에까지 친다.

① 삼각무 위에서 부터 오버로크를 시작하고 밑단에서 멈춘다.

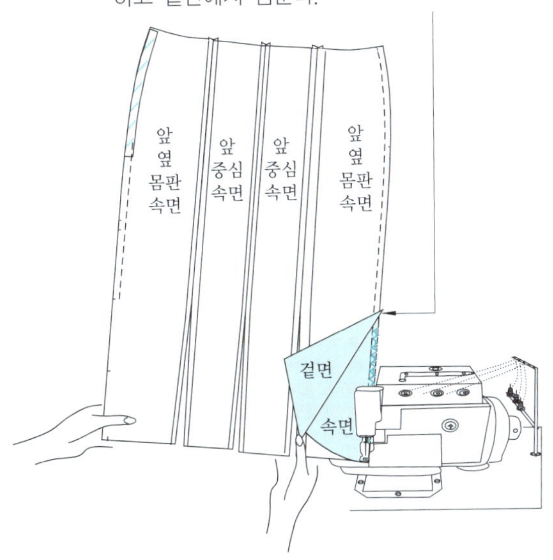

② 밑단에서 오버로크를 시작하여 허릿단까지 진행하는 것을 반복한다.

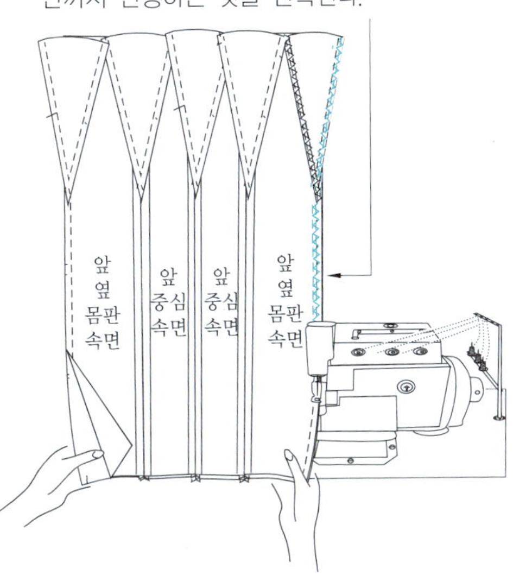

③ 지퍼를 달아야 할 앞판을 먼저 오버로크 처리한다.

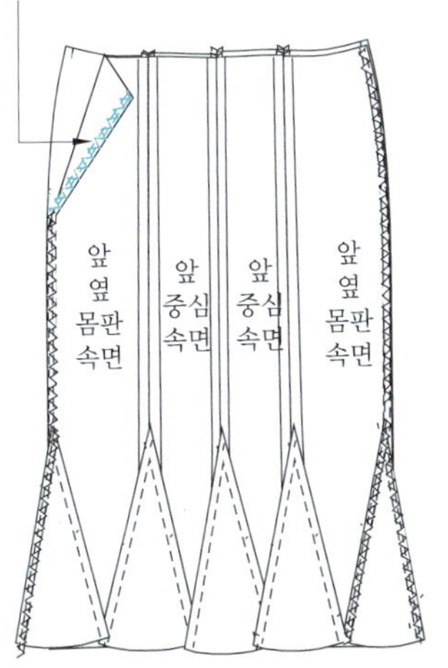

④ 밑단에서 오버로크를 시작하고 지퍼 노치에서 5.08cm(2")밑에서 시접을 가름질한다.

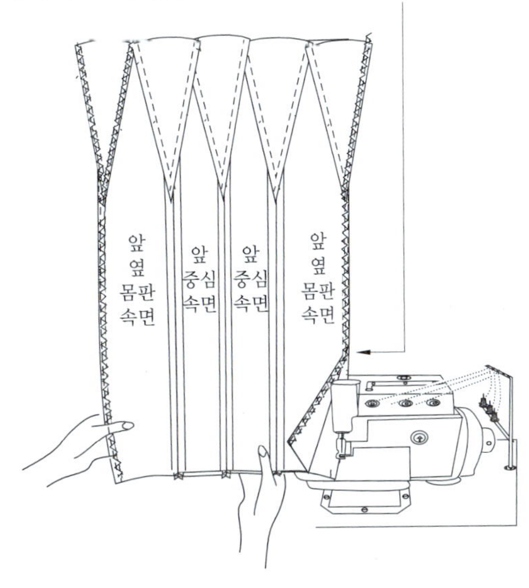

· 콘솔지퍼 전용 노루발이나 왼쪽이 없는 외노루발로 교체하고 지퍼를 박음질한다(참고 81쪽).

· 위에서부터 지퍼를 박음질하고 방향을 바꾸어 밑에서 박음질할 때 먼저 박음질한 지퍼의 체인과 위치가 정확하게 위치가 같아야 한다.

· 양쪽 체인의 위치가 같지 않으면 지퍼의 탭을 올렸을 때 지퍼 끝 부분이 편하게 놓이지 않고 어느 한쪽이 당기는 문제로 울음 현상이 있게 된다.

· 지퍼 박음질에서 가장 중요한 것은 몸판에 절대 이세가 들어가면 안 되며, 지퍼 테이프가 밀리지 않게 박음질하는 것이 중요하다.

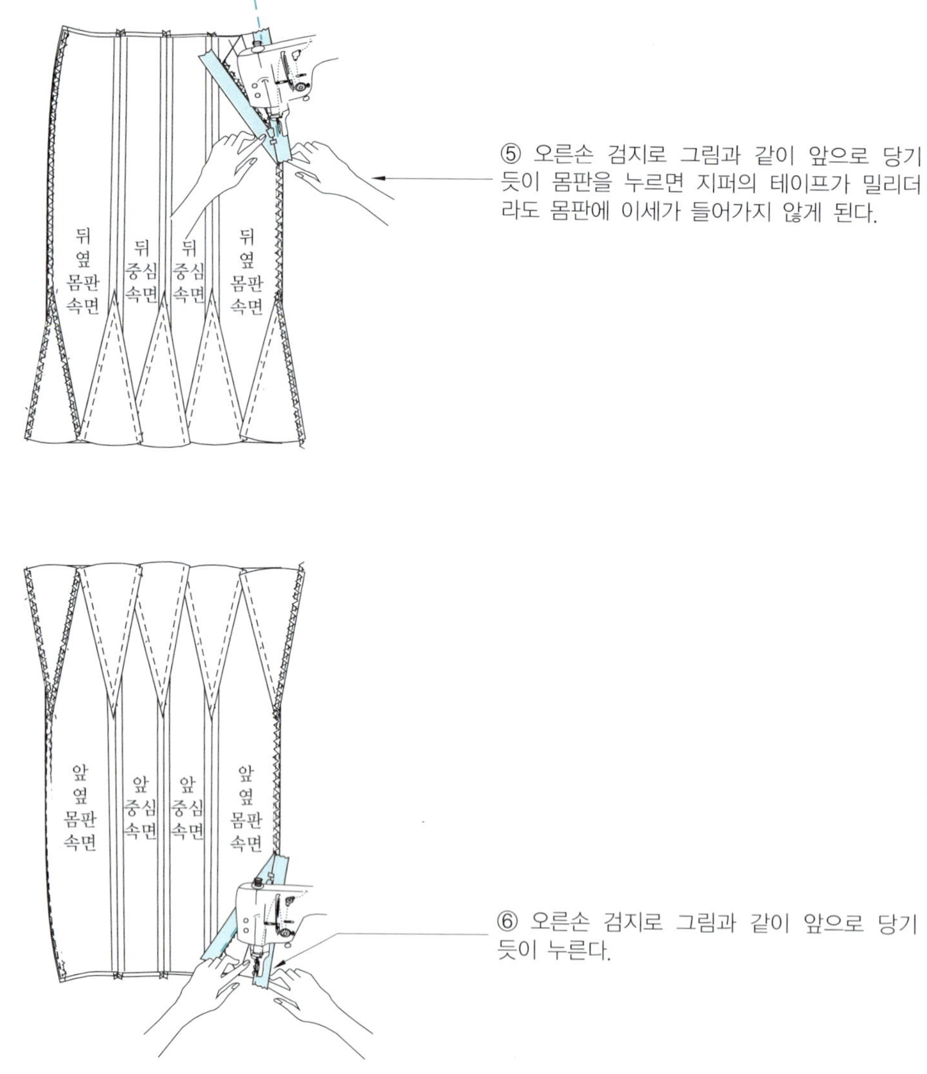

⑤ 오른손 검지로 그림과 같이 앞으로 당기듯이 몸판을 누르면 지퍼의 테이프가 밀리더라도 몸판에 이세가 들어가지 않게 된다.

⑥ 오른손 검지로 그림과 같이 앞으로 당기듯이 누른다.

허리 안단 합복하기

　그림과 같이 놓은 상태에서 허리 안단을 밑에 놓고 노치 표시에 맞추어 외노루발로 지퍼를 박음질한 선에 맞추어 박음질한다. 방향을 돌려서 오른쪽을 밑에서부터 지퍼 박음질 선에 맞추어 합복한다.

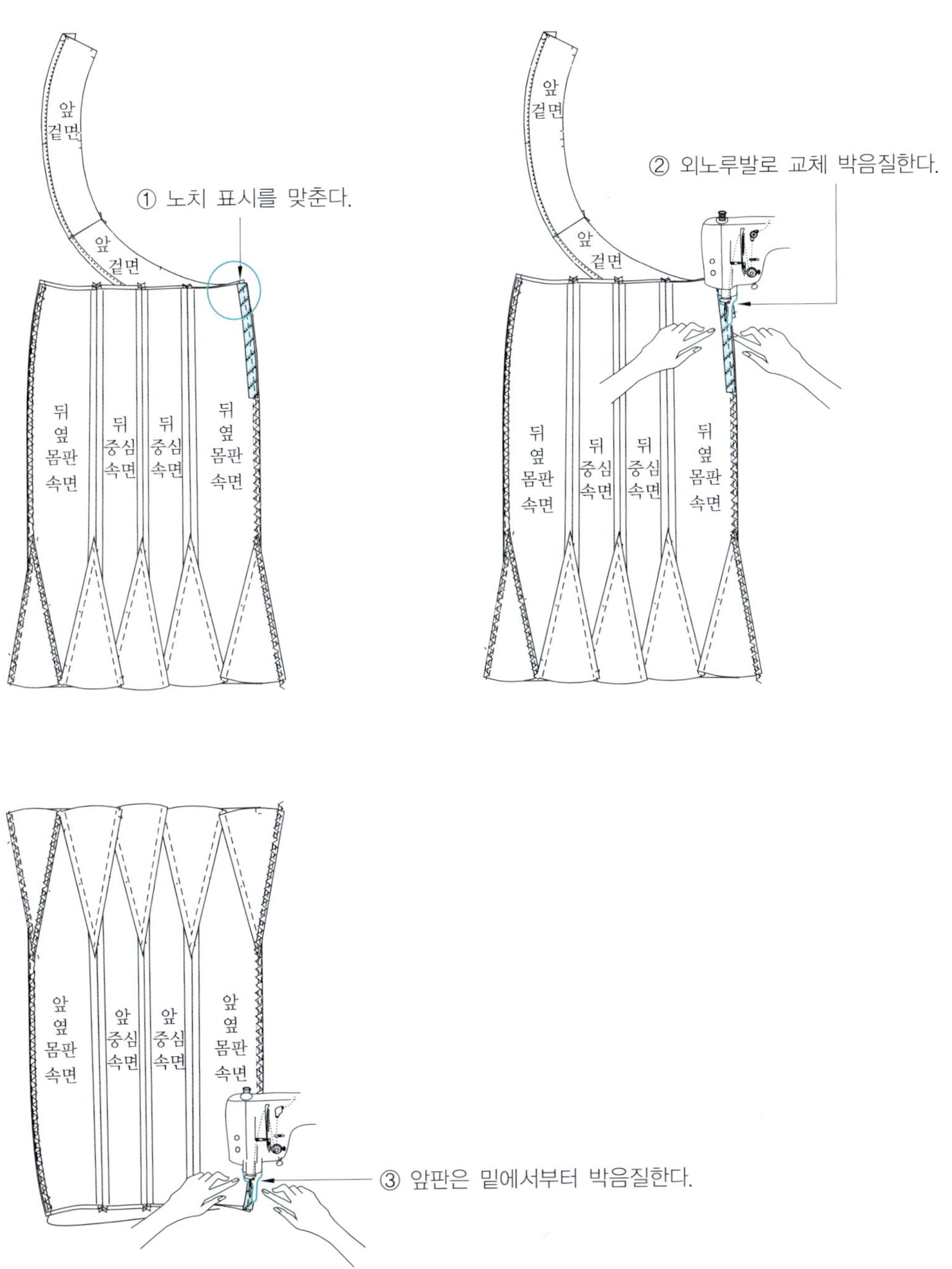

· 지퍼 체인이 있는 선에 바짝 붙여서 시접을 위로 꺽는다
· 0.9525cm($\frac{3}{8}$") 시접 넓이로 한 바퀴 돌려 박음질한다.

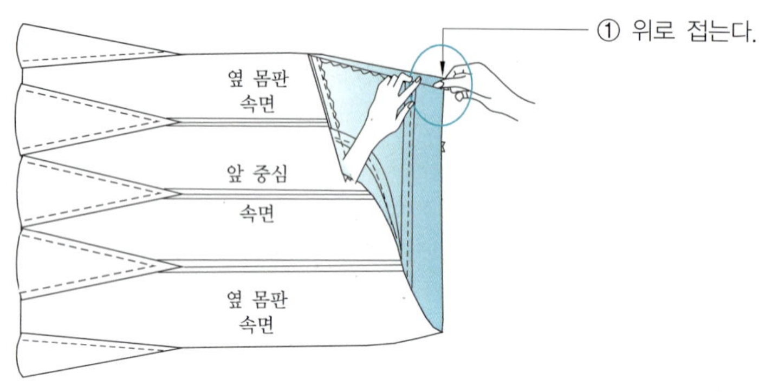

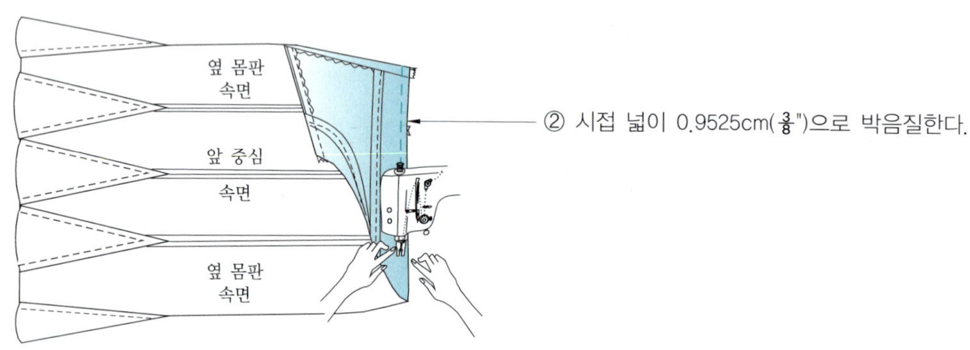

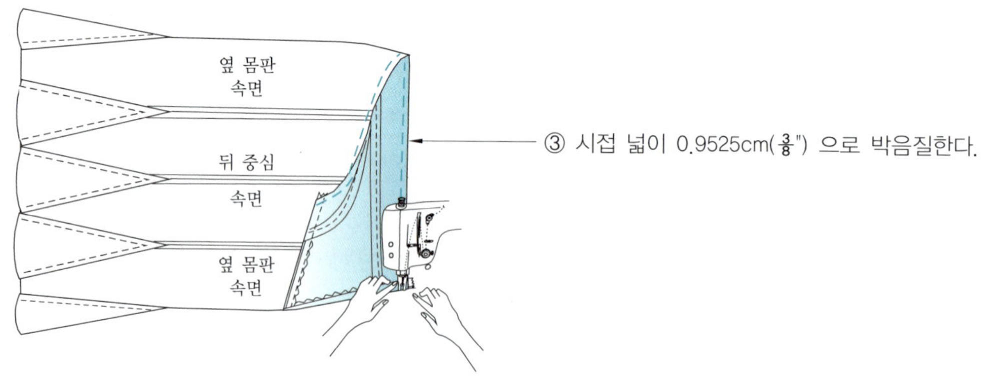

　겉면이 나오도록 뒤집어서 허리 안단을 위에서 끝 박음질한다. 지퍼 부위를 박아서 뒤집었으므로 지퍼 가까이서 끝 박음질하기가 쉽지 않으며, 그림과 같이 지퍼 위치에서 5.08cm(2") 정도 떨어진 상태에서 끝 박음질하게 된다.

① 허릿단 겉면에서 시접을 오른쪽으로 보내고 끝 박음질한다.

지퍼에서부터 5.08cm(2")정도 떨어진 상태

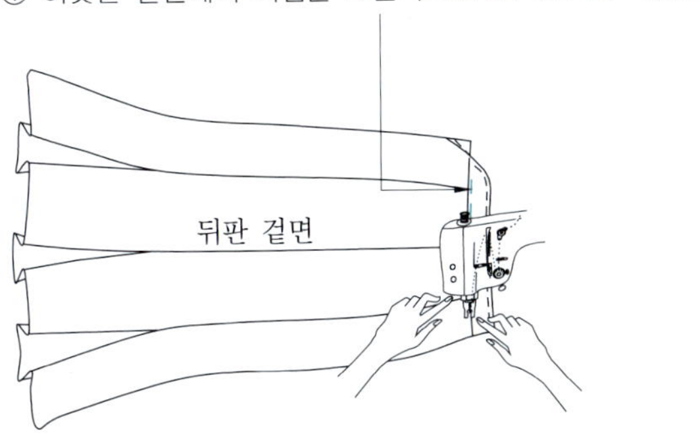

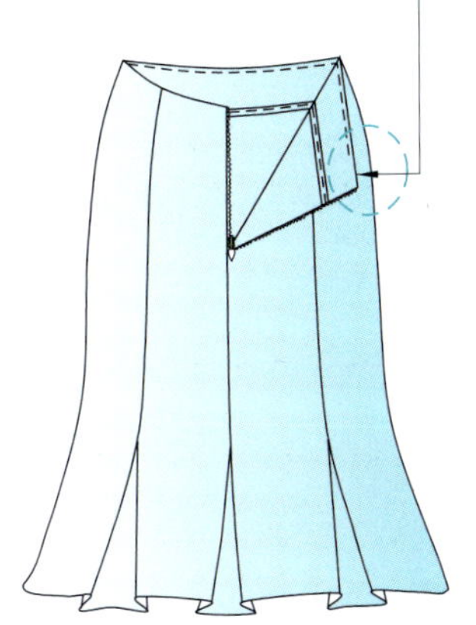

② 밑단을 오버로크 처리한다.

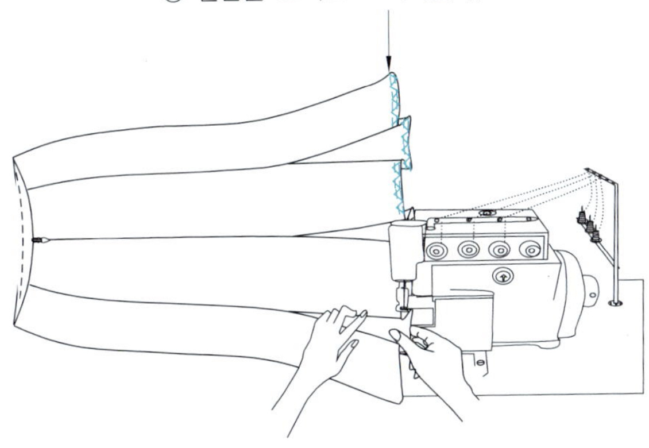

③ 한 번 접어서 끝단에서 0.3175cm($\frac{1}{8}$") 넓이로 박음질한다.

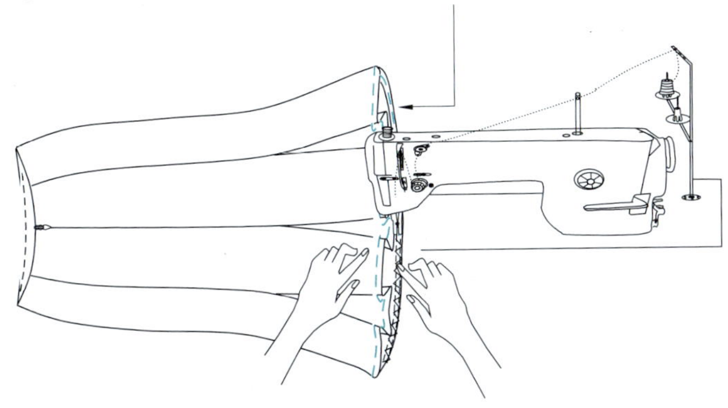

· 오버로크를 가늘게 처리한 상태라고 할 수 있는 pearl merrow로 처리한다.

· 오버로크를 친 다음 0.635cm($\frac{1}{4}$")를 접어 올리고, 0.3175($\frac{1}{8}$")넓이로 가늘게 박음질한다.

· 전용 노루발을 이용해서 말아 박음질한다.

· 스트레치 원단으로 올이 풀리는 현상이 전혀 없는 경우 밑단을 정리한 상태 그대로 둔다.

· 올이 전혀 풀리지 않는 원단일 경우 재단할 때 자른 그대로 두는 형태(raw hem)이다.

· 허리 부분은 넙적한 고무줄(elastic)을 넣어 2회 또는 3회 간격을 두고 박음질한다.

· 고무줄(elastic)의 넓이는 0.635cm($\frac{1}{4}$"), 1.27cm($\frac{1}{2}$"), 1.9cm($\frac{3}{4}$"), 2.5cm(1"), 5.08cm(2") 까지 다양한 넓이가 있으며, 1.9cm($\frac{3}{4}$")~2.5cm(1")의 넓이가 알맞다.

· 고무줄(elastic)을 자를 때는 허리사이즈보다 전체 15.24cm(6") 작게 잘라서 박음질한다.

· 고무줄(elastic)을 자르기 전에 다림질을 해서 수축시켜야 한다.

· 기본 스커트를 제도하고 허리 치수와 다트 등은 필요하지 않으므로 하동 둘레를 기준으로 윗부분을 직사각형으로 만든다.

· 편의상 길이를 3등분으로 나누었으나 각각의 길이를 제작자가 설정하여 다르게 결정할 수 있다.

① 기본 제도에서 하동둘레를 위쪽으로 수직으로 선을 연결하여 결과적으로 하동둘레와 허리둘레의 사이즈를 같게 한다.

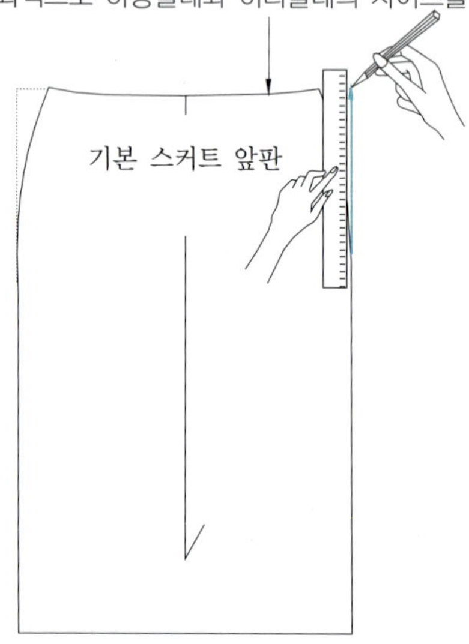

② 결선이 될 중심선을 내려 그어 준다.

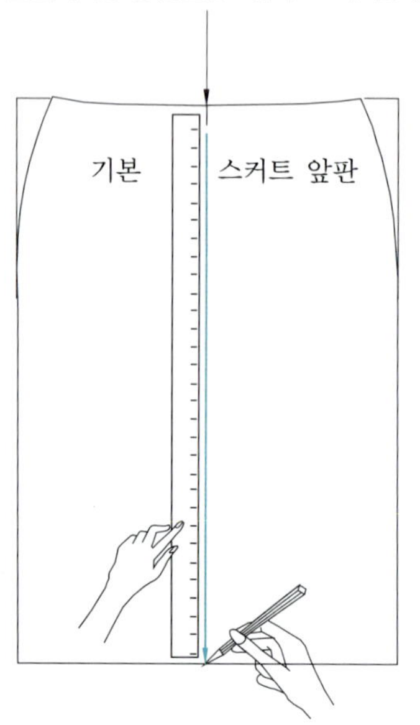

③ 길이를 3등분으로 나눈다.

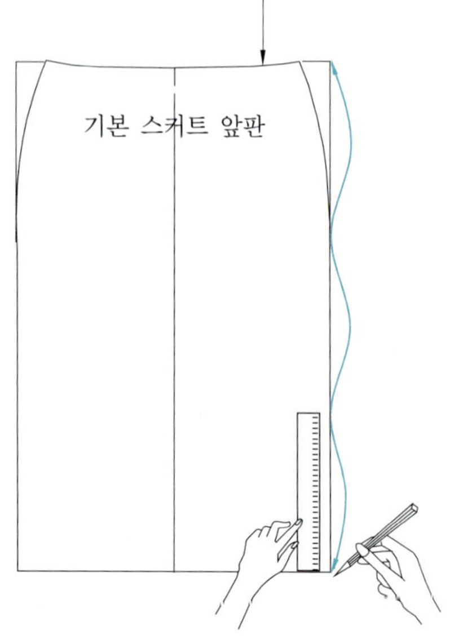

④ 3등분 위치의 가로선을 그어 준다.

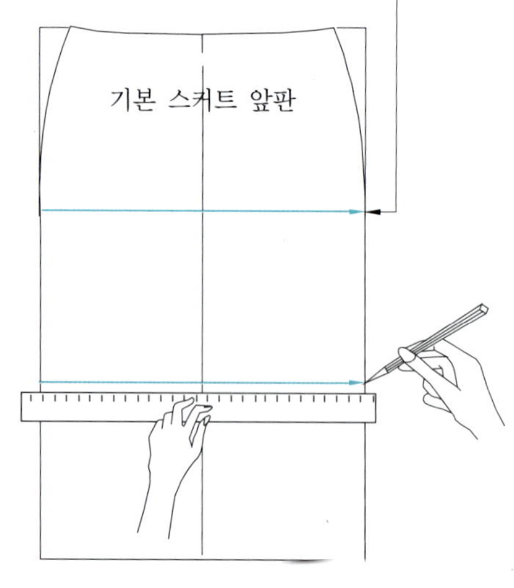

· 셔링 분량을 설정하는 첫 번째는 ⓐ에 대해서 벌려 주는 분량이다.

· ⓐ을 절개해서 벌려 주는 분량에 의해서 ⓑ와 ⓒ의 분량까지 결정된다.

· 원단이 얇은 경우는 절개해서 벌려 주는 분량을 1배수로 하고, 원단이 두꺼운 경우 0.7
  배 정도로 벌려 준다.

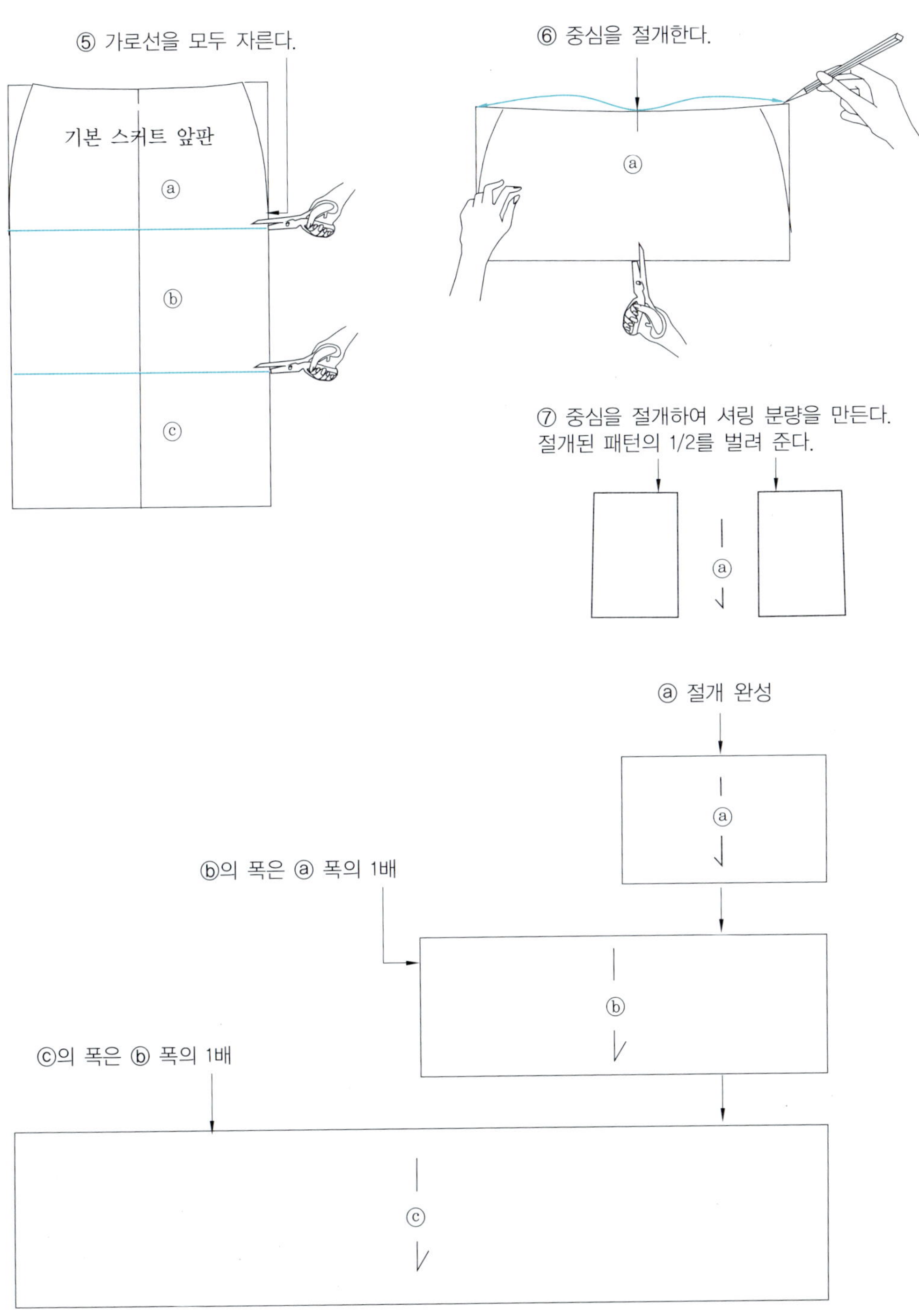

· 허리의 시접 넓이는 고무줄의 넓이에 따라서 달라진다.

· 허리의 고무줄 넓이를 2.5cm(1")라고 했을 때 허릿단의 시접 넓이는?

· 허릿단이 두 겹이 되어야 하므로 5.08cm(2")가 필요하고 고무줄과 박음질해서 넘길 때
  시접이 1.27cm($\frac{1}{2}$")이므로 필요한 시접의 넓이는 모두 6.35cm(2"$\frac{1}{2}$)이 필요하다.

· 나머지 전체 필요한 시접 넓이는 1.27cm($\frac{1}{2}$")이다.

허릿단 고무줄 박음질하는 방법 2가지

① 허릿단과 고무줄을 오버로크 친 다음에 한 번만 접어서 박음질하는 방법(시접 넓이
  5.08cm(2"))

② 허릿단을 두 번 접어서 박음질하는 방법(시접 넓이 6.35(2"$\frac{1}{2}$))

※ 허릿단과 고무줄을 오버로크 처리할 경우에 1.27cm($\frac{1}{2}$") 의 시접 넓이 차이가 있다.

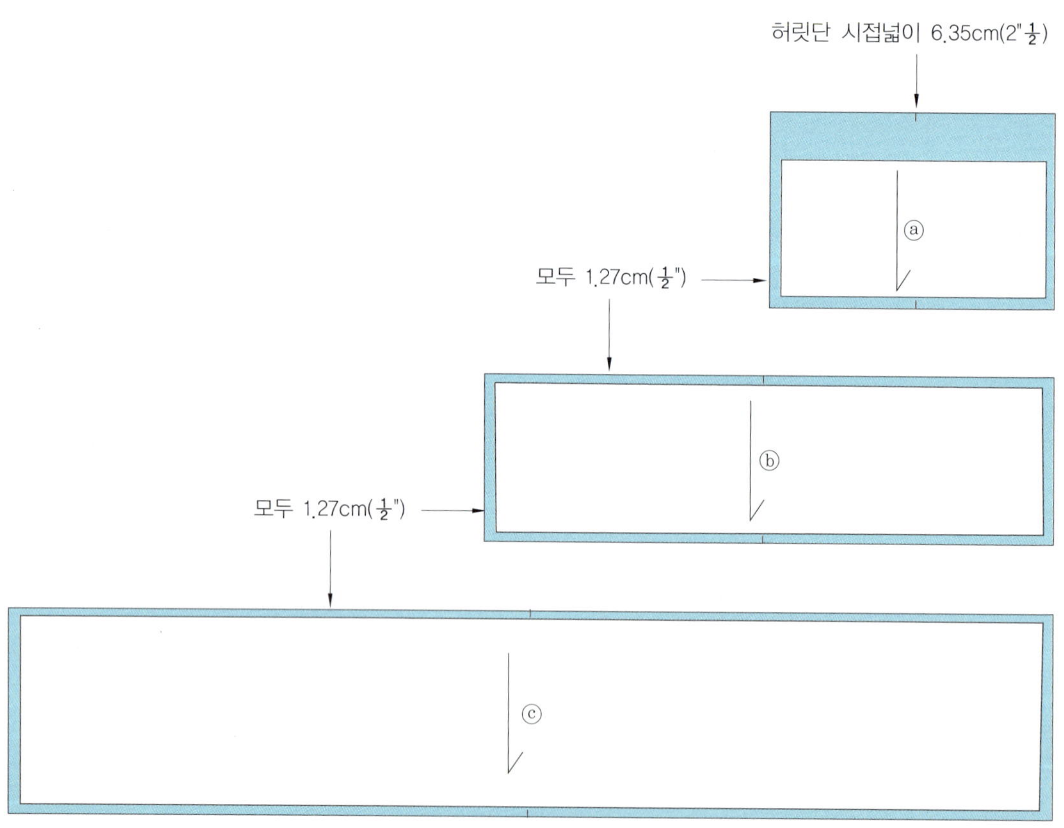

· 패턴의 중심과 꺾이는 위치에 모두 노치 표시를 넣는다.

· 합복 표시에 맞추어 셔링을 골고루 넣고 합복할 때 노치 표시에 맞추어 박음질하면 매
  우 쉽다.

· 시접 넓이 1.27cm($\frac{1}{2}$")은 모두 시접 봉제가 가능하므로 어떤 표시도 하지 않아도 된다.

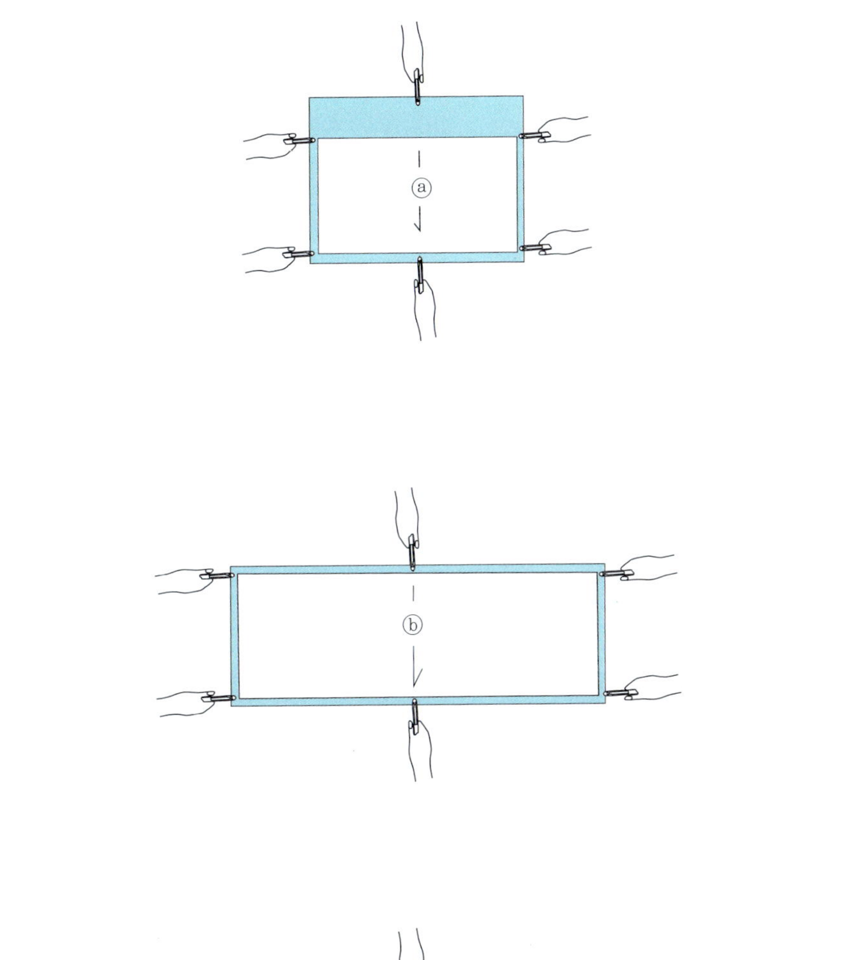

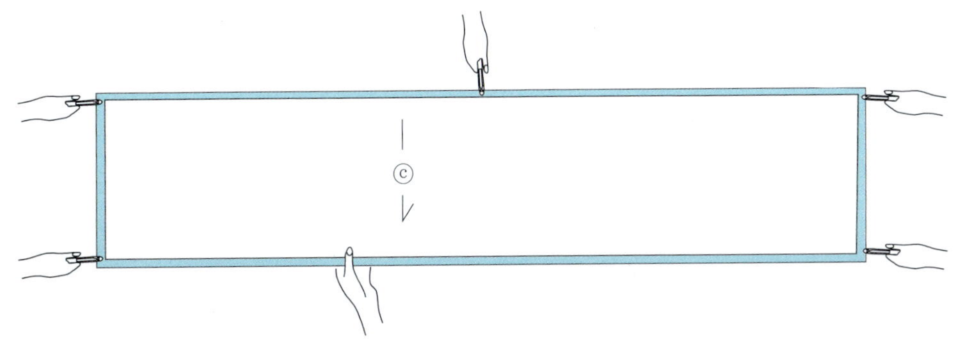

패턴의 쪽수 확인(그림 참고)

· 아래 그림 중 ⓐ 앞판과 뒤판 2쪽, ⓑ 앞판과 뒤판 2쪽, ⓒ 앞판과 뒤판 2쪽 총 6쪽을 재단한다.

· 그림 ⓒ의 경우 원단의 폭 방향으로 패턴을 배치할 때 원단의 폭이 패턴보다 적어서 밖으로 나가는 경우가 있으므로 패턴의 결선을 정할 때는 원단의 무늬를 우선하고 원단의 폭을 보고 결선을 결정한다.

※ 원단의 폭이 패턴보다 적으나 반드시 폭 방향으로 넣어야 하는 경우에는 필요한 만큼이어서 재단하는 방법으로 한다. 또한 원단의 폭 방향은 셔링이 잘 잡히지만, 길이 방향으로는 셔링을 잡으면 들뜨는 경향이 있다.

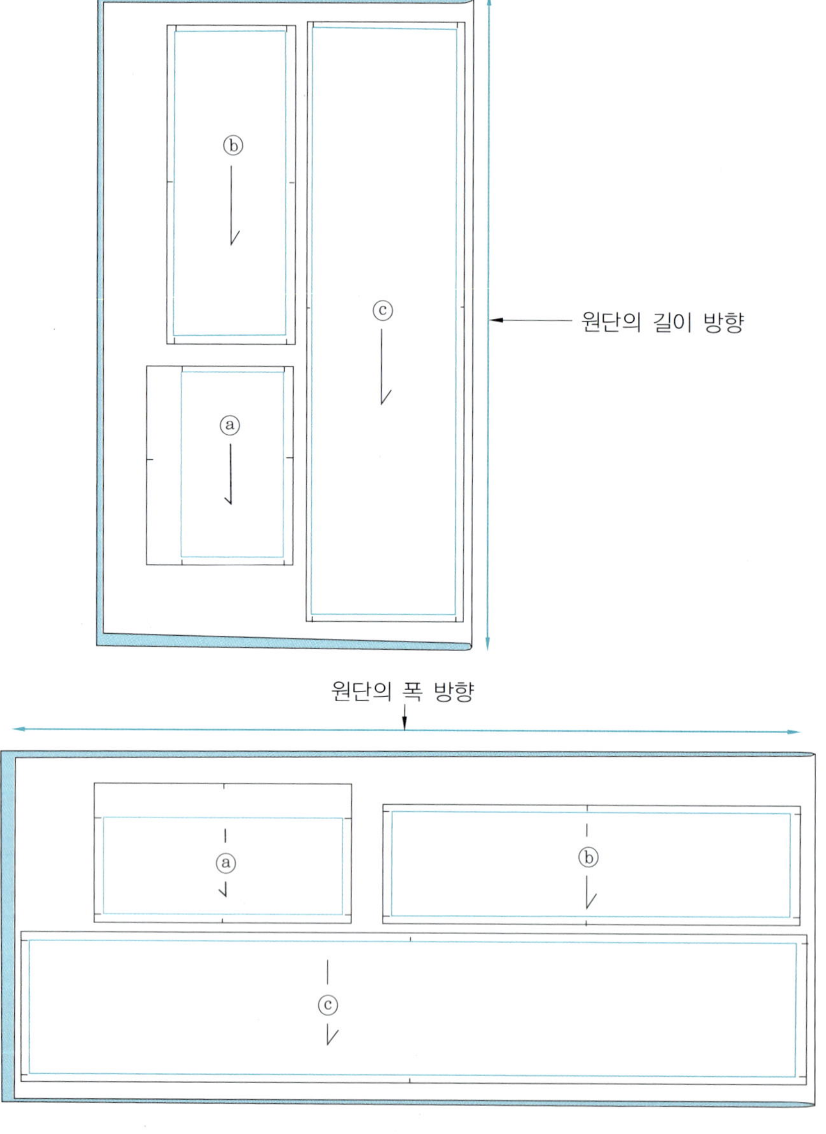

🔖 셔링을 잡는 방법 3가지

① 윗실 조임을 약간 풀어 준 상태에서 두 줄로 박음질한 다음 실을 잡아당겨서 셔링을 넣는 방법으로, 원시적인 방법이나 정확하고 셔링을 골고루 들어가게 잡을 수 있다.

> **주의사항**
>
> 실을 잡아당기는 과정에서 실이 끊어지면 다시 시작해야 하므로 시간 손실이 커진다. 천천히 실이 끊어질까 염려하면서 오른손 엄지와 검지로 두 가닥의 실을 잡고 왼손 엄지와 검지의 지문이 있는 부위로 훑어내리 듯이 잡아당기면서 셔링을 넣으며, 합복 부위의 길이에 맞추어 보면서 전체 셔링 분량을 골고루 분배하는 것이 중요하다.

② 셔링 전용 노루발을 사용해서 박음질하는 방법으로 ⓐ와는 반대로 윗실의 장력을 조인 상태에서 박음질한다. 실의 장력을 조이면 셔링이 많이 잡히고 풀어줄수록 조금 잡힌다.

> **주의사항**
>
> 윗실을 조인 상태에서 박음질하여 셔링을 잡은 관계로 조금만 잡아당겨도 실이 끊어지며 셔링이 풀리게 된다. 따라서 처음 셔링 박음질을 할 때 합복 부위의 길이보다 약간 크게 나오도록 조정을 해야 하고 박음질이 끝난 다음 실을 끊을 때 길게 여분을 남겨서 합복 부위보다 짧을 경우 셔링을 풀어서 길이에 맞출 수 있도록 한다.

③ 전용 노루발이나 실을 잡아당기는 번거로움 없이 바로 셔링을 잡는 방법으로 윗실을 조이고 땀수를 크게 한 다음 중지를 노루발 뒤쪽에 대고 톱니가 (피드독) 원단을 밀어내는 것을 방해하면 셔링이 잡힌다.

> **주의사항**
>
> 윗실을 조인 상태에서 박음질하여 셔링을 잡은 관계로 조금만 잡아당겨도 실이 끊어지며 셔링이 풀리게 된다. 합복 부위보다 약간 길게 셔링이 잡히도록 하는 것이 중요하다. 위의 ⓑ, ⓒ의 방법에서 셔링을 잡히게 되는 원인은 실을 필요한 길이에 맞게 조여 주는 것이 중요하고 다음으로 박음질 속도가 빠르면 셔링이 많이 잡히고 천천히 박음질하면 셔링이 조금밖에 잡히지 않는다. 실을 조이는 장력과 박음질 속도를 조정하는 속도 조절이 대단히 중요하다.

- ⓑ번 조각 윗부분 끝에서 0.653cm($\frac{1}{4}$") 들어가서 박음질하고, 박음선에서 다시 0.635cm($\frac{1}{4}$") 들어가서 박음질한다.
- ⓒ번 조각 윗부분 끝에서 0.653cm($\frac{1}{4}$") 들어가서 박음질하고, 박음선에서 다시 0.635cm($\frac{1}{4}$") 들어가서 박음질한다.

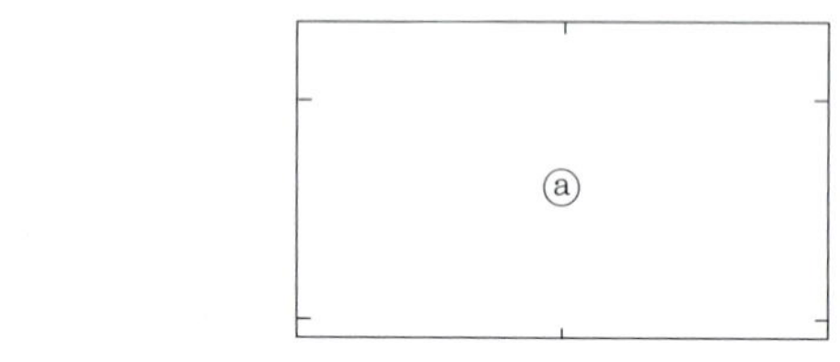

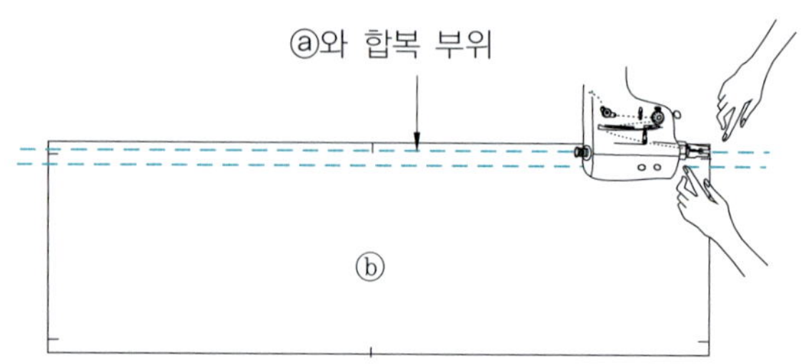

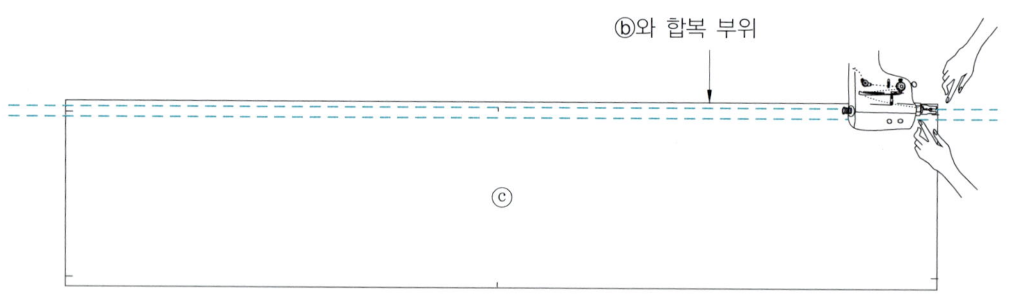

· 실을 잡아당기는 과정에서 실이 끊어지면 다시 시작해야 하므로 시간 손실이 커진다.
· 오른손 엄지와 검지로 두 가닥의 실을 잡고 왼손 엄지와 검지의 지문이 있는 부위로 훑어내리 듯이 잡아당기면서 셔링을 넣으며, 합복 부위의 길이에 맞추어 보면서 전체 셔링 분량을 골고루 분배하는 것이 중요하다.
· 셔링 전용 노루발을 끼우고 박음질하는 방법과 박음질 땀수를 넓게 하고 실 장력을 조인다음 속도를 약간 높여서 박음질하면 셔링이 잘 잡힌다.
· 본봉을 박음질할 경우에는 실을 길게 남겨서 자르고 셔링을 조정한다.

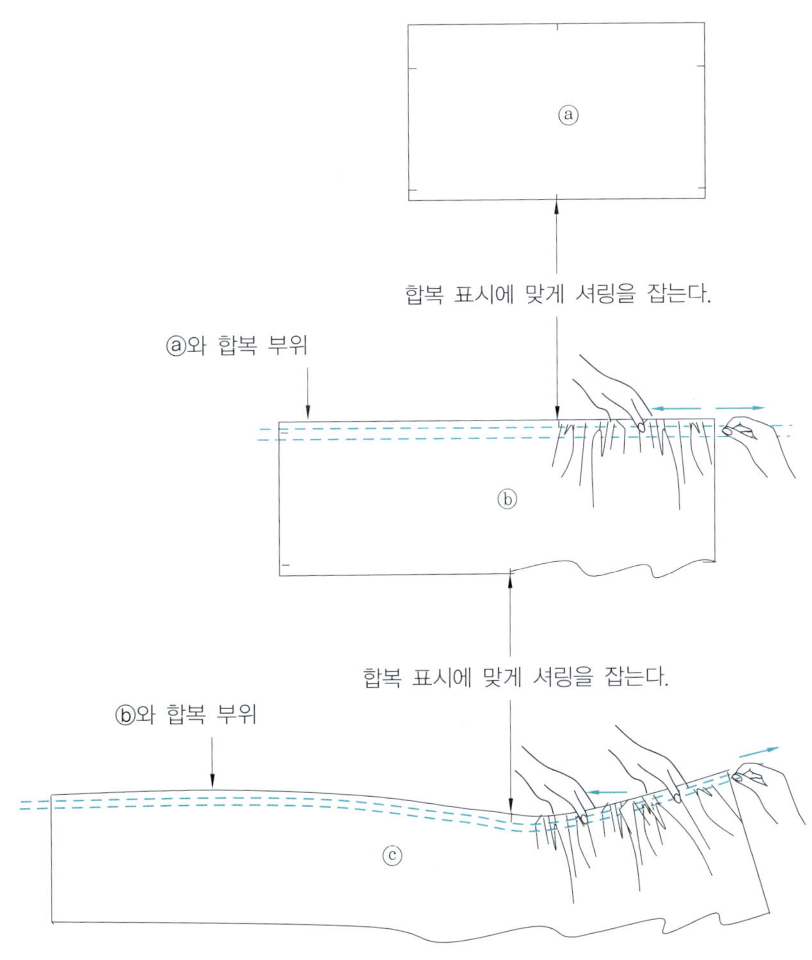

- ⓐ 몸판 앞뒤판 옆 솔기 합복
- ⓑ 옆 솔기 합복
- ⓒ 옆 솔기 합복

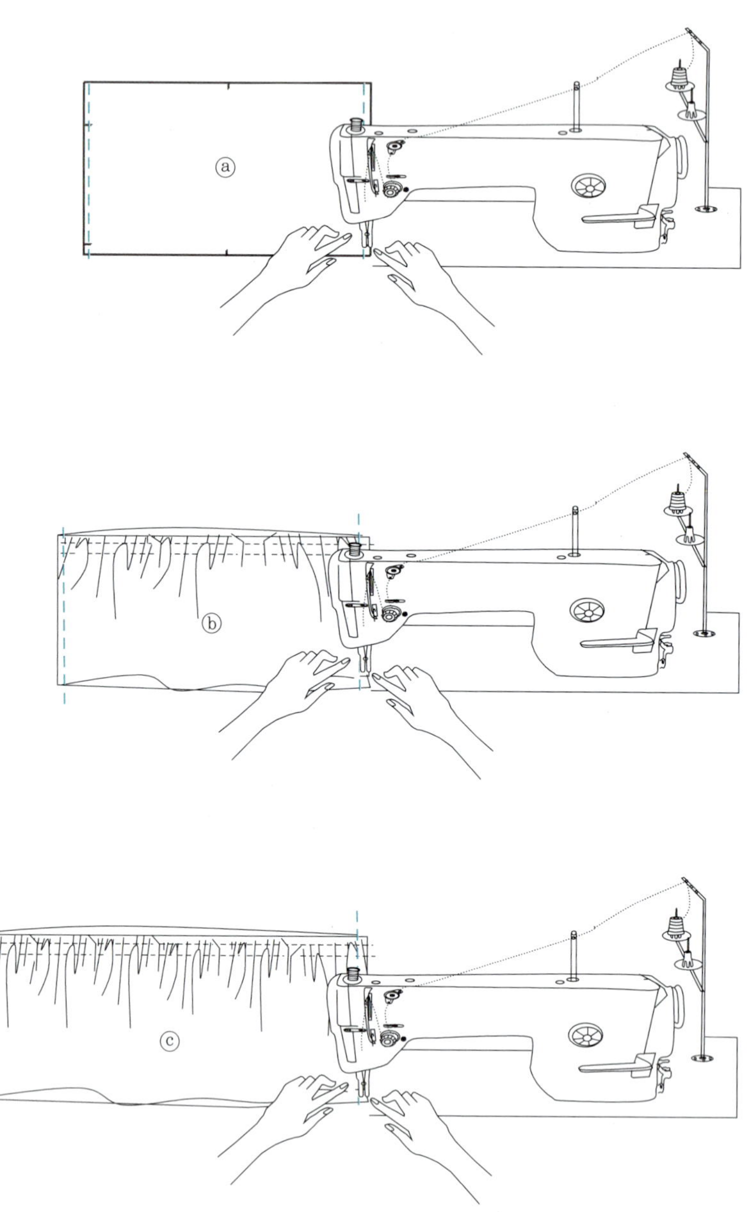

박음질 하기(그림 참고)

· ⓐ 몸판 앞뒤판 옆 솔기 오버로크
· ⓑ 옆 솔기 오버로크
· ⓒ 옆 솔기 오버로크

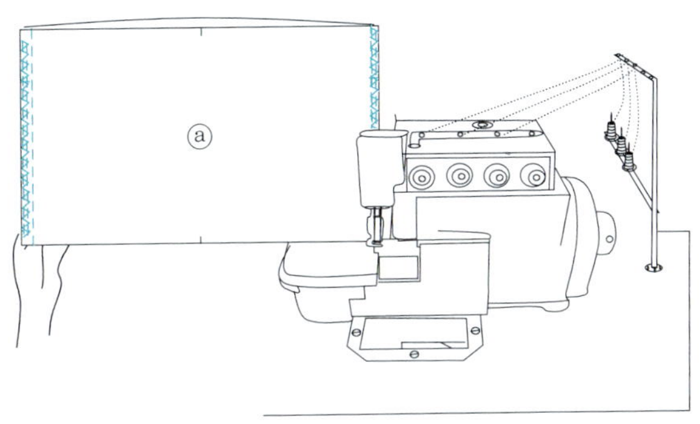

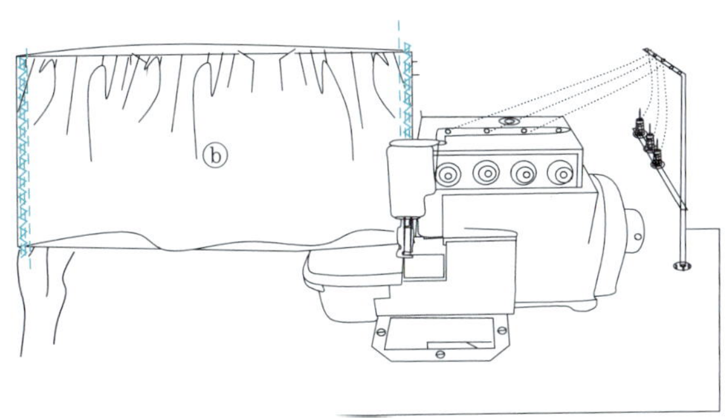

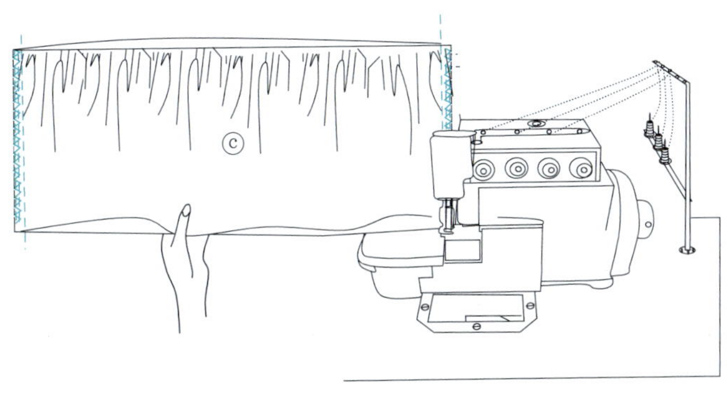

· ⓐ와 ⓑ의 합복

· ⓑ와 ⓒ의 합복

※ 셔링 잡은 것을 위에 놓고 두 줄로 박음질한 중간을 정확하게 박음질한다.

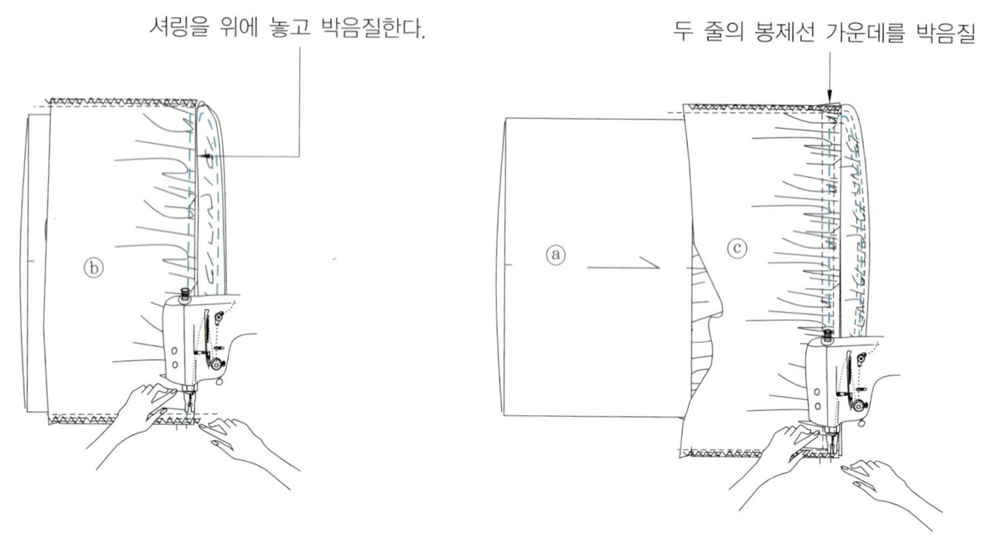

· ⓐ와 ⓑ의 합복선을 오버로크

· ⓑ와 ⓒ의 합복선을 오버로크

※ 합복 선의 시접은 모두 위쪽으로 올리게 되므로 오버로크를 칠 때 셔링이 잡힌 부분을 위에 놓고 오버로크 치게 된다.

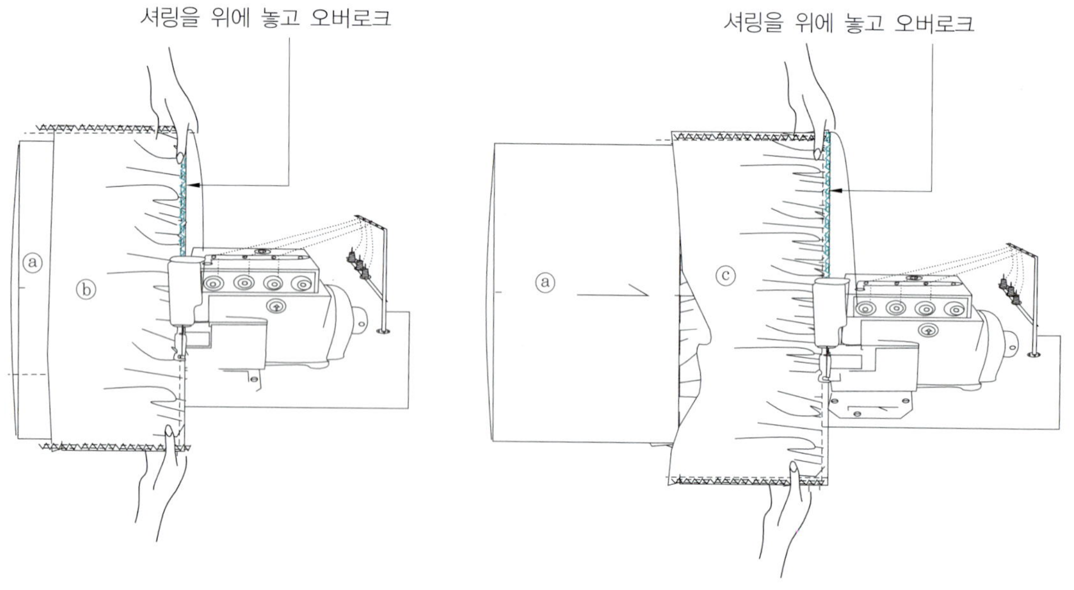

· 양쪽 옆 솔기 시접은 뒤쪽으로 보내고 앞판 속면에 고무줄 넓이 2.5cm(1")를 놓고 양쪽 옆 솔기에 고정 박음질한다.
· 고무줄의 길이는 허리보다 15.24cm(6") 정도 적게 잘라서 중간을 이음 박음질을 한다.

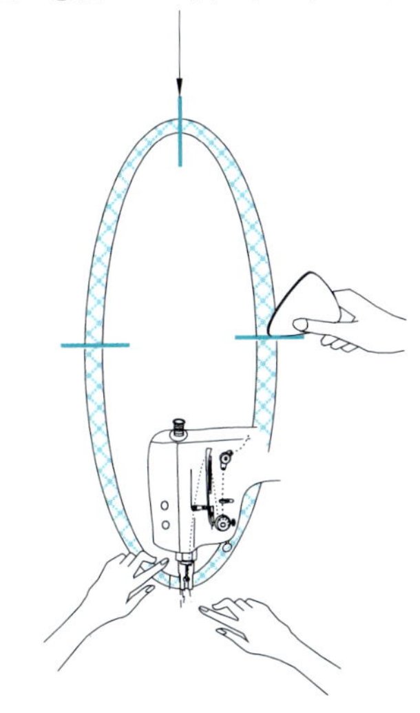

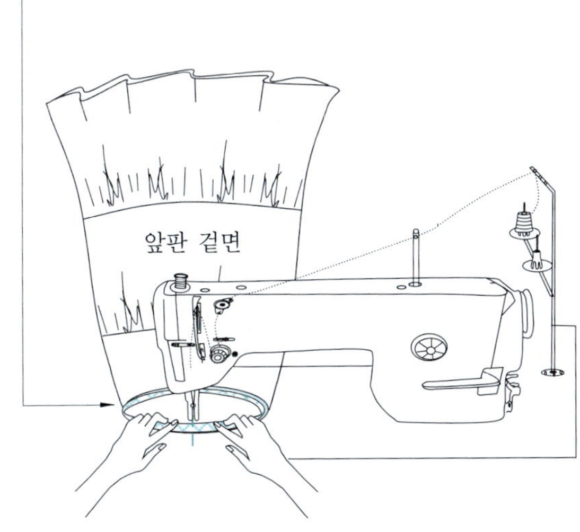

허릿단에 고무줄을 박음질하는 방법 2가지

원단이 얇은 경우에 선택

· 속면에서 허릿단 끝에서 1.25cm($\frac{1}{2}$") 안으로 들어가게 고무줄을 놓고 옆 솔기를 고정시킨 다음 고무줄이 골고루 늘어나면서 박음질되게 잡아당기면서 1차 박음질을 하고, 두 번을 접어서 끝 박음질하고 다시 중간에 박음질하는 방법이다.

원단이 두꺼운 경우 선택

· 속면에서 허릿단 시접 끝에 고무줄을 얹어 놓고 양쪽 옆 솔기를 고정시킨 다음 고무줄이 골고루 늘어나면서 오버로크 되도록 잡아당기며 오버로크를 치고, 한 번 접어서 끝 박음질하고 중간에 다시 박음질을 한다.

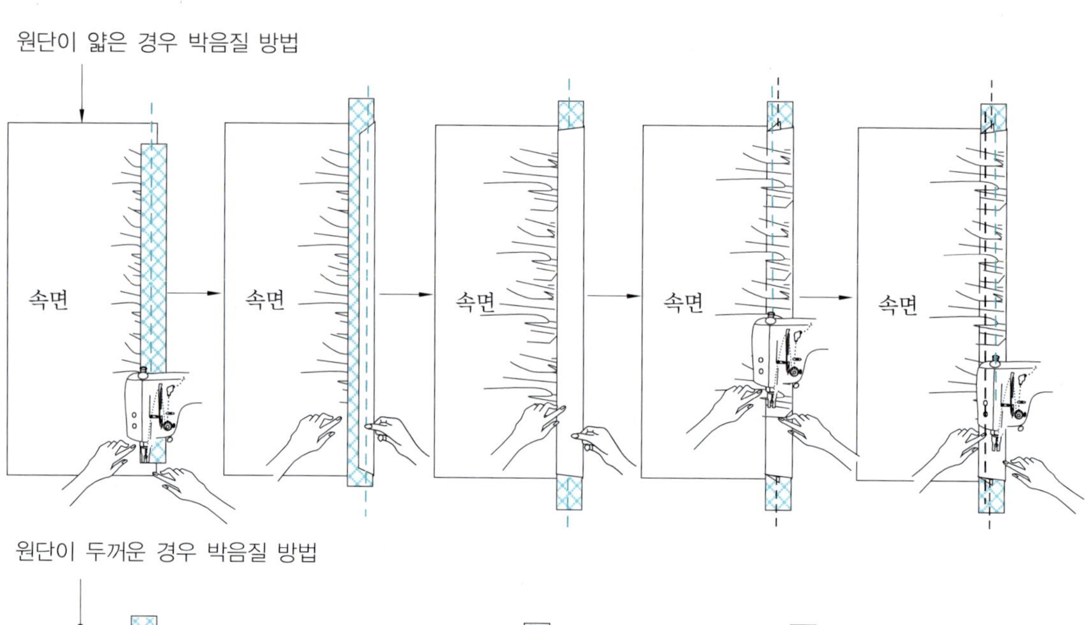

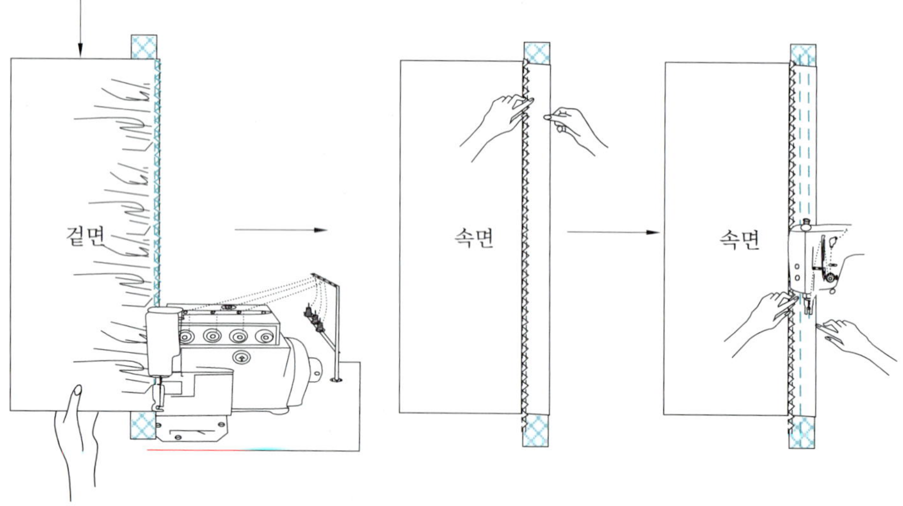

재료

① 비치지 않는 정도의 얇은 스트레치 종류

② 비치는 정도의 얇은 원단으로 바이어스 재단(안감 필요)

· 허리 부분은 넙적한 고무줄 (elastic) 넣어 2회 또는 3회 간격을 두고 박음질한다.

· 고무줄의 넓이는 2.5cm(1")로 한다.

· 고무줄을 자를 때는 허리사이즈 보다 전체 15.24cm(6") 작게 잘라서 박음질한다.

· 고무줄을 자르기 전에 다림질을 해서 수축을 시킨다.

다트를 한 개만 넣어서 기본 스커트 몸판 제도

 ・허리 사이즈 71.12cm (28"), 스커트 총 길이 58.42cm (24")
・패턴 종이를 반으로 접어서 제도하고 복사해서 왼쪽과 오른쪽을 한 번에 볼 수 있도록 펼쳐 놓는다.
・라인의 좌우 형태가 다른 경우 패턴의 전체를 보면서 선을 그려 넣는 것이 중요하다.
・제도선이 있는 면이 재단할 때 원단의 겉면이 된다.

① 기본 제도에서 힙 둘레를 위쪽으로 수직으로 선을 연결하여 결과적으로 힙 둘레와 허리둘레의 사이즈를 같게 한다.

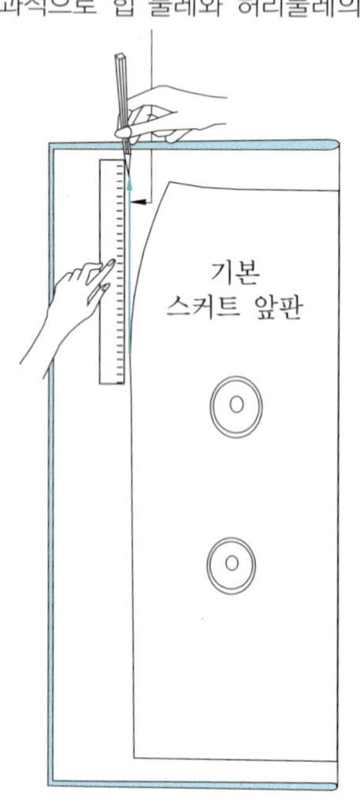

② 제도선을 복사한다.

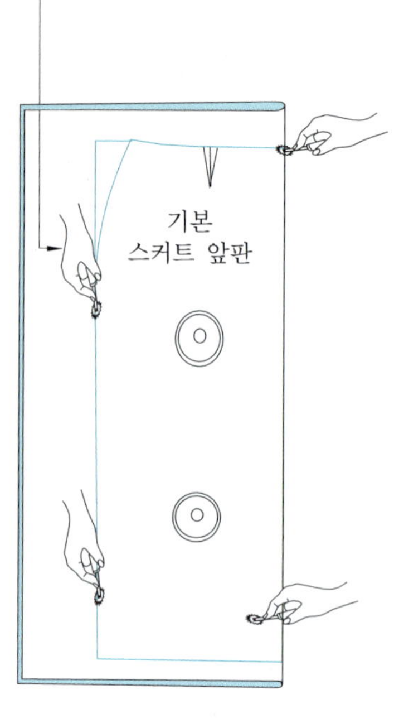

③ 패턴지를 펴놓은 상태

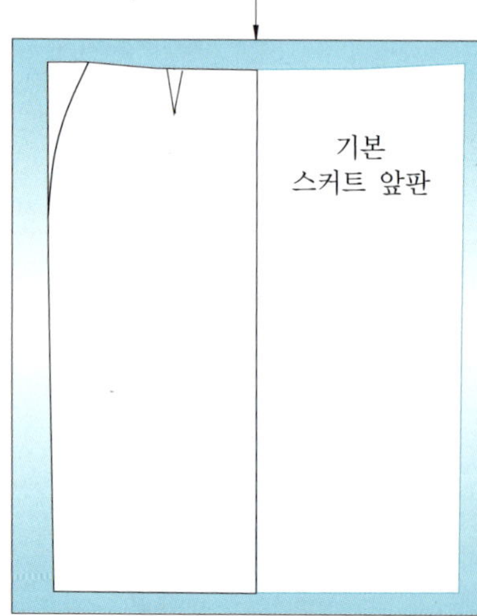

④ 20.32cm(8") 내려서 위치 표시한다(착용 시 왼쪽)

⑤ 12.7cm(5")
착용시 오른쪽

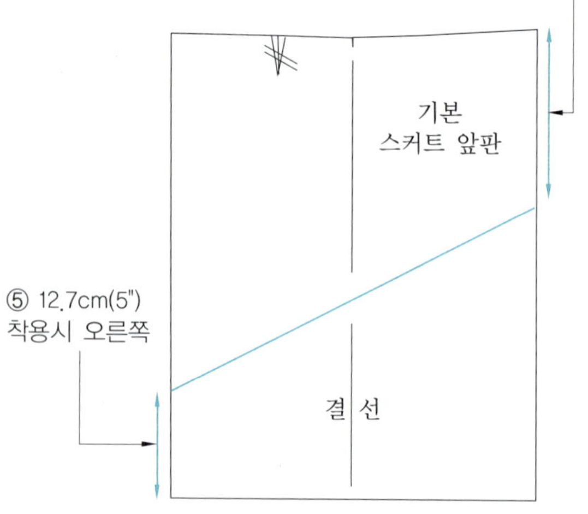

(아래 그림 참고)

· 아래 ③번 동작 절개선에서 7.62cm(3") 밑으로 선을 그려 넣는다. 사선과 넓이가 반드
  시 같아야 한다.
· 사선 라인의 높이는 옷을 입었을 때 왼쪽이 높고 오른쪽이 낮다(감수 : 양민석).

① 앞 덧 조각(PANEL)의 위치를 옆 솔기에서 7.62cm(3")
   안으로 들어가 수직으로 선을 내려 그어준다.

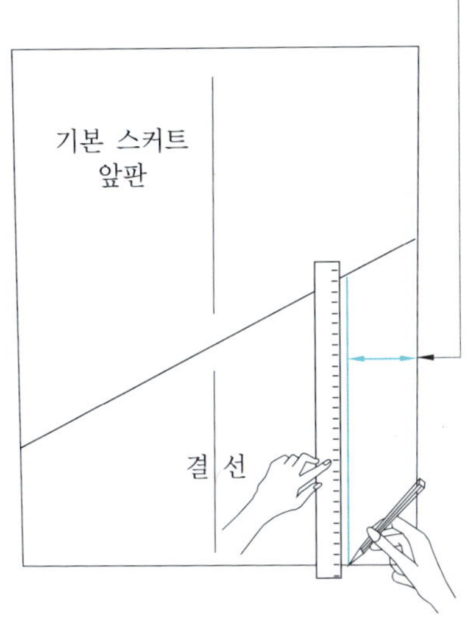

② 사선 라인을 절개하여 분리시킨다.

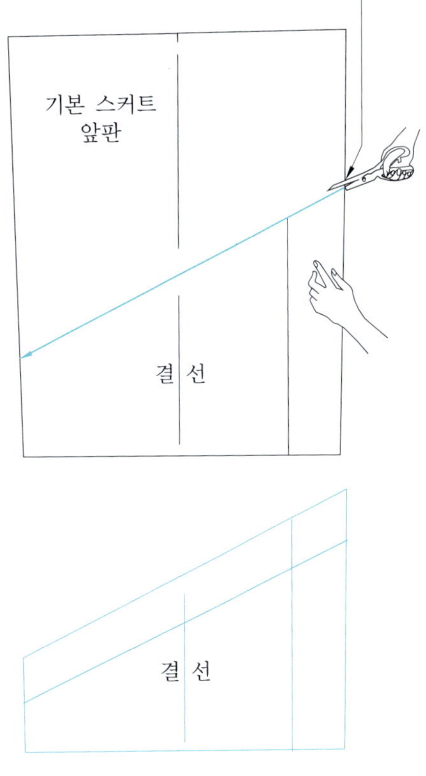

③ 사선 각도에 맞추어 7.62cm(3") 밑으로 선을 그
   어 넣는다.
④ 5.08cm(2") 정도 간격으로 세로선을 그어 넣는다.

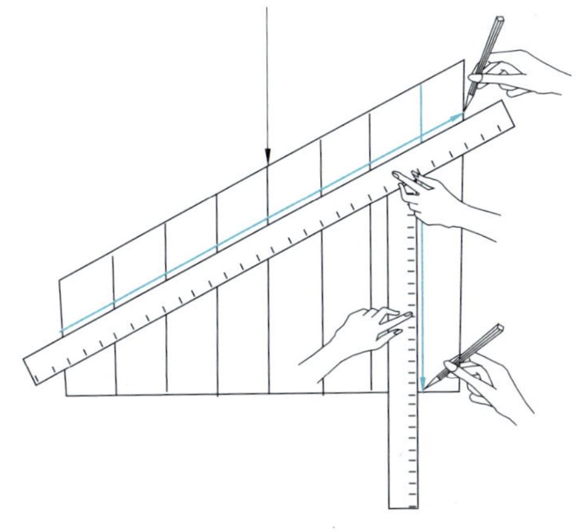

⑤ 끝부분은 자르지 않고 약간 남겨 놓으면서
   그려진 선을 모두 절개한다.

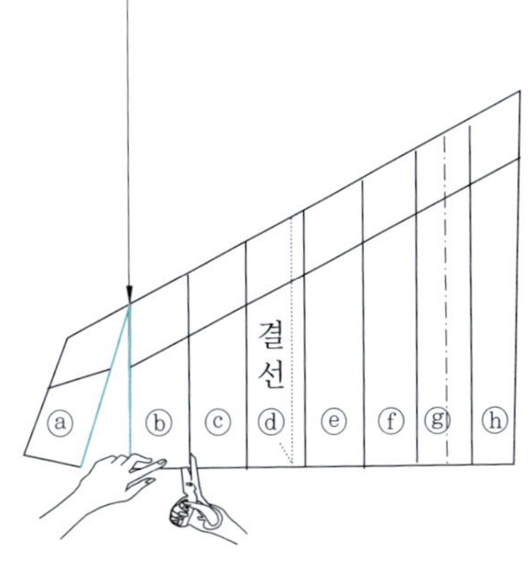

· ⓐ와 ⓗ의 양쪽의 옆 솔기 사선 각도는 같은 각도에 놓이도록 설정한다.

· 플레어지는 분량이 어느 한 쪽으로 몰리지 않고 골고루 주름지게 하기 위해서 ③동작에서 7.62cm(3") 밑으로 설정해 놓은 위치에서 ⓐ~ⓗ까지 절개된 패턴을 같은 간격으로 벌려주어야 한다.

※ 참고 : 아래 그림은 ⓐ와 ⓗ의 양쪽 옆 솔기가 바이어스 결이 되도록 설정하였으나 제작자의 의도에 따라서 원단의 특성에 맞추어 플레어지는 양을 많게 하려면 더 많이 벌려준다.

③번 동작에서 7.62cm(3") 밑으로 그려 넣은 선의 위치에서 벌어지는 간격을 모두 같게 벌려 놓는다.

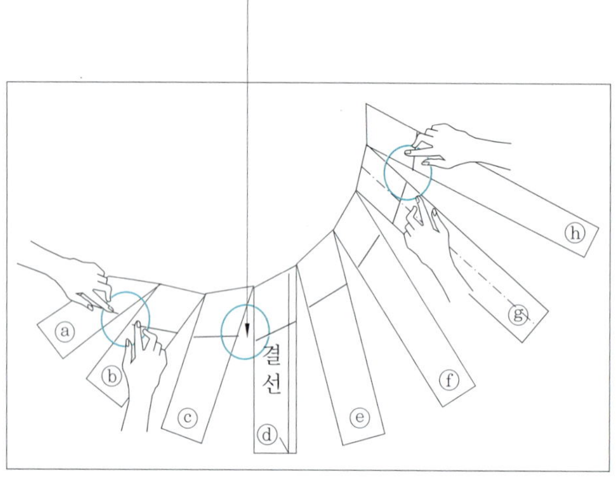

외곽선을 완성한다. 아래 그림의 ⑨의 점선은 덧단의 위치이므로 외곽선 완성 후에 복사하여 분리한다.

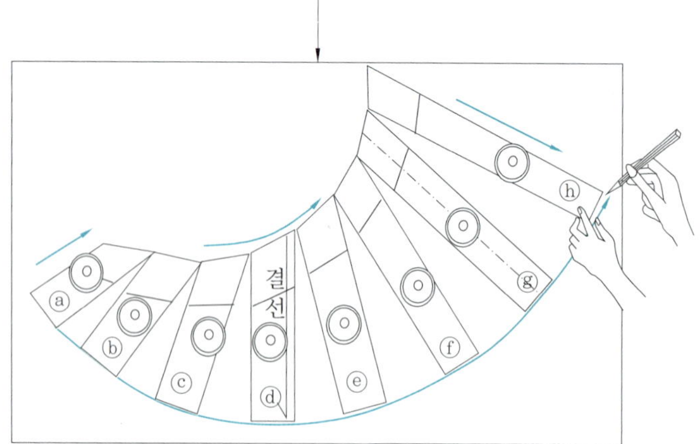

🔵 덧단 복사

· 처음에 설정된 결선과 작은 플레어의 기본선의 위치가 달라진 것이 보인다.
· 앞 덧조각의 밑단 선을 그려 넣고 복사한다.

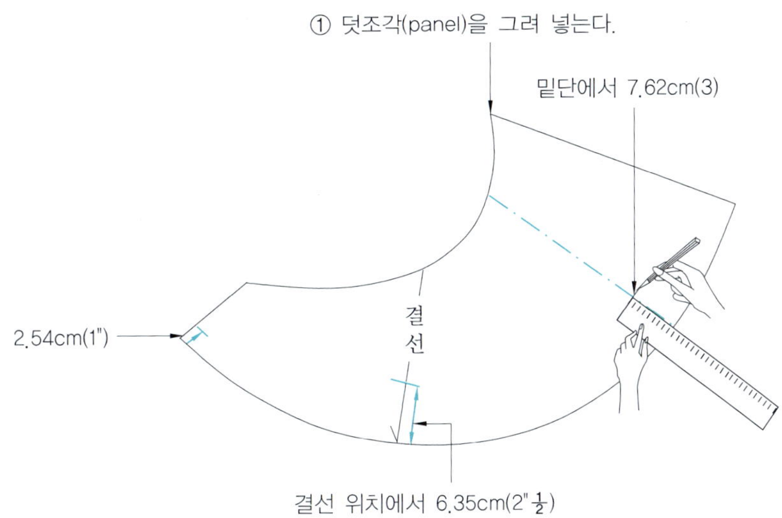

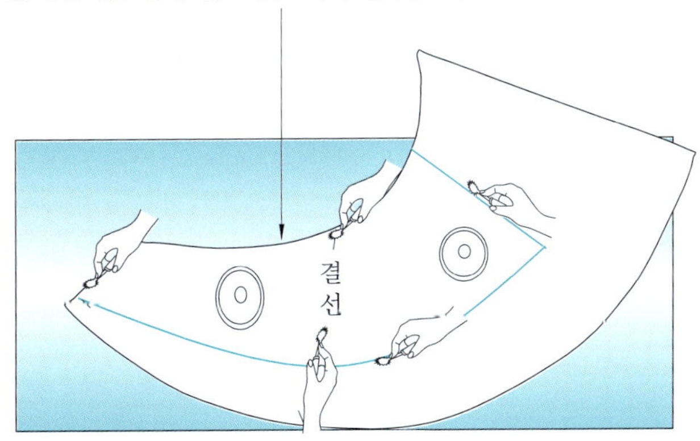

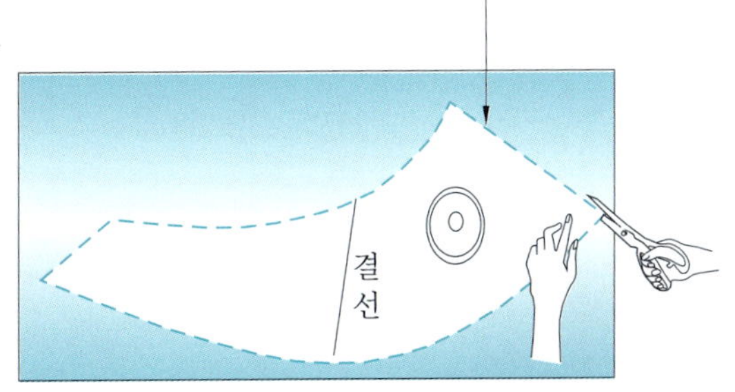

· 허리의 시접 넓이는 고무줄 (elastic)의 넓이에 따라서 달라진다.
· 허리의 고무줄 넓이를 2.5cm(1")라고 했을 때 허릿단의 시접 넓이는 허릿단이 두 겹이 되어야 하므로 5.08cm(2")가 필요하고, 고무줄과 박음질해서 넘길 때 시접이 1.27cm($\frac{1}{2}$")이므로 필요한 시접의 넓이는 모두 6.35cm($2"\frac{1}{2}$)가 된다.

허릿단 고무줄 박음질하는 방법 2가지(참고 264쪽)

① 허릿단과 고무줄을 오버로크 친 다음에 한 번만 접어서 박음질하는 방법(시접넓이 5.08cm(2")

② 허릿단을 두 번 접어서 박음질 하는 방법(시접넓이 6.35($2"\frac{1}{2}$))

※ 허릿단과 고무줄을 오버로크 처리할 경우에 1.27cm($\frac{1}{2}$") 시접 넓이 차이가 있다.

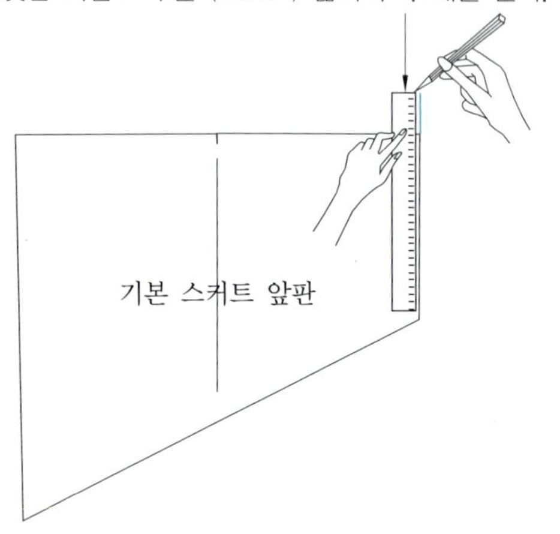

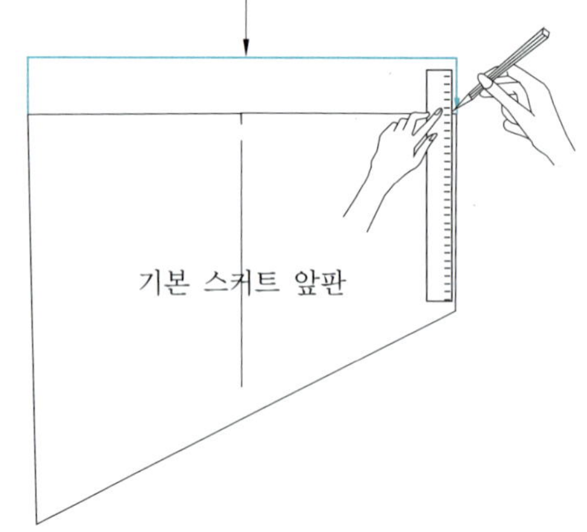

· 허릿단 6.35cm(2"½)이 필요하다.

· 허릿단의 경우 시접이 될 부분을 그림과 같이 접어서 남는 분량을 잘라낸다.

· 나머지 전체 필요한 시접 넓이 0.9525cm(⅜")

 ① 앞 몸판 1개, 뒤 몸판 1개 총 2개

 ② 앞 1개 뒤 1개 총 2개

 ③ 앞 덧조각 1개

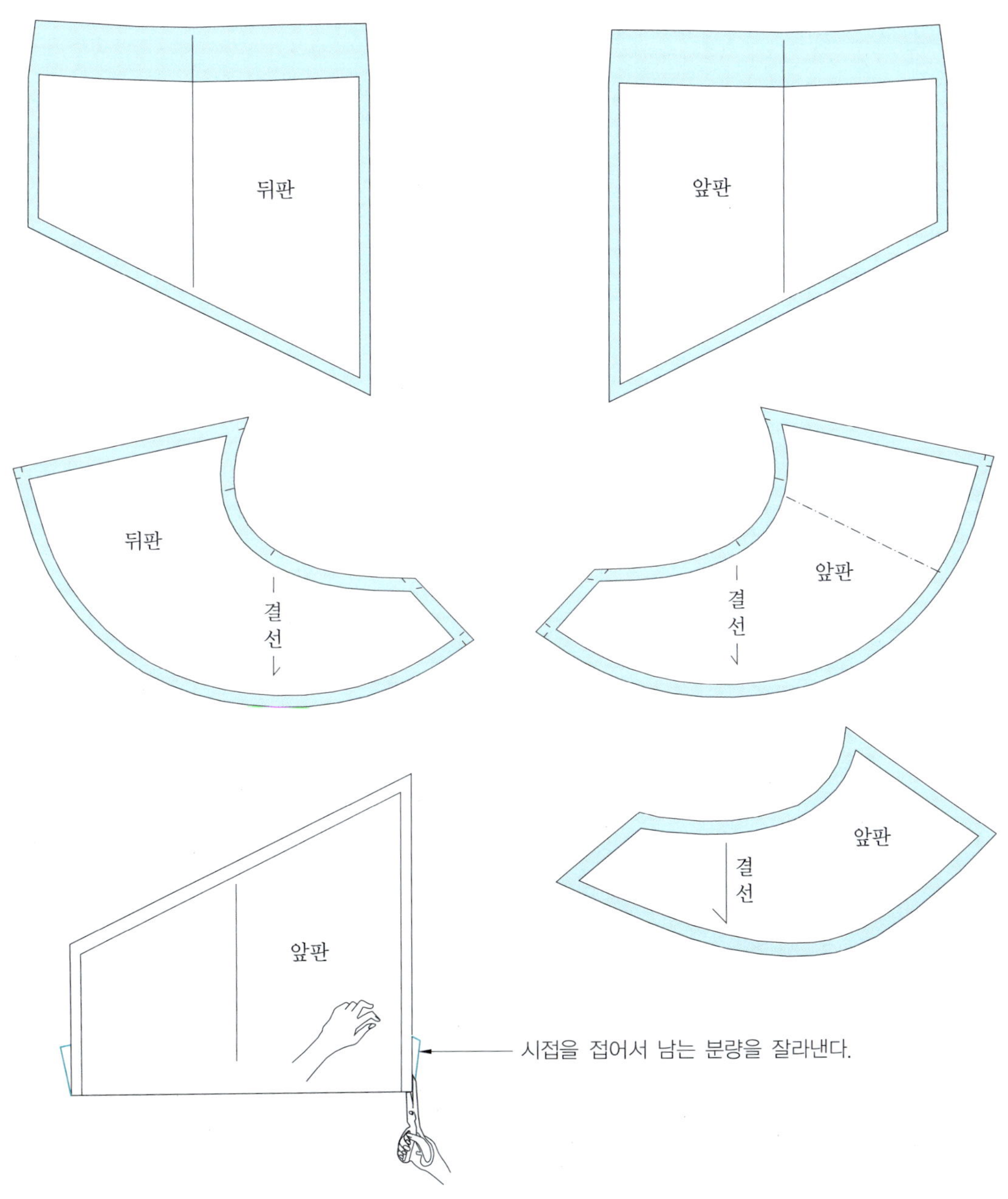

🔲 합복 표시 노치 넣기

· 합복 노치 표시의 위치를 그림과 같이 모두 넣어 준다.
· 뒤판은 두 개를 나란히 넣어서 표시한다.

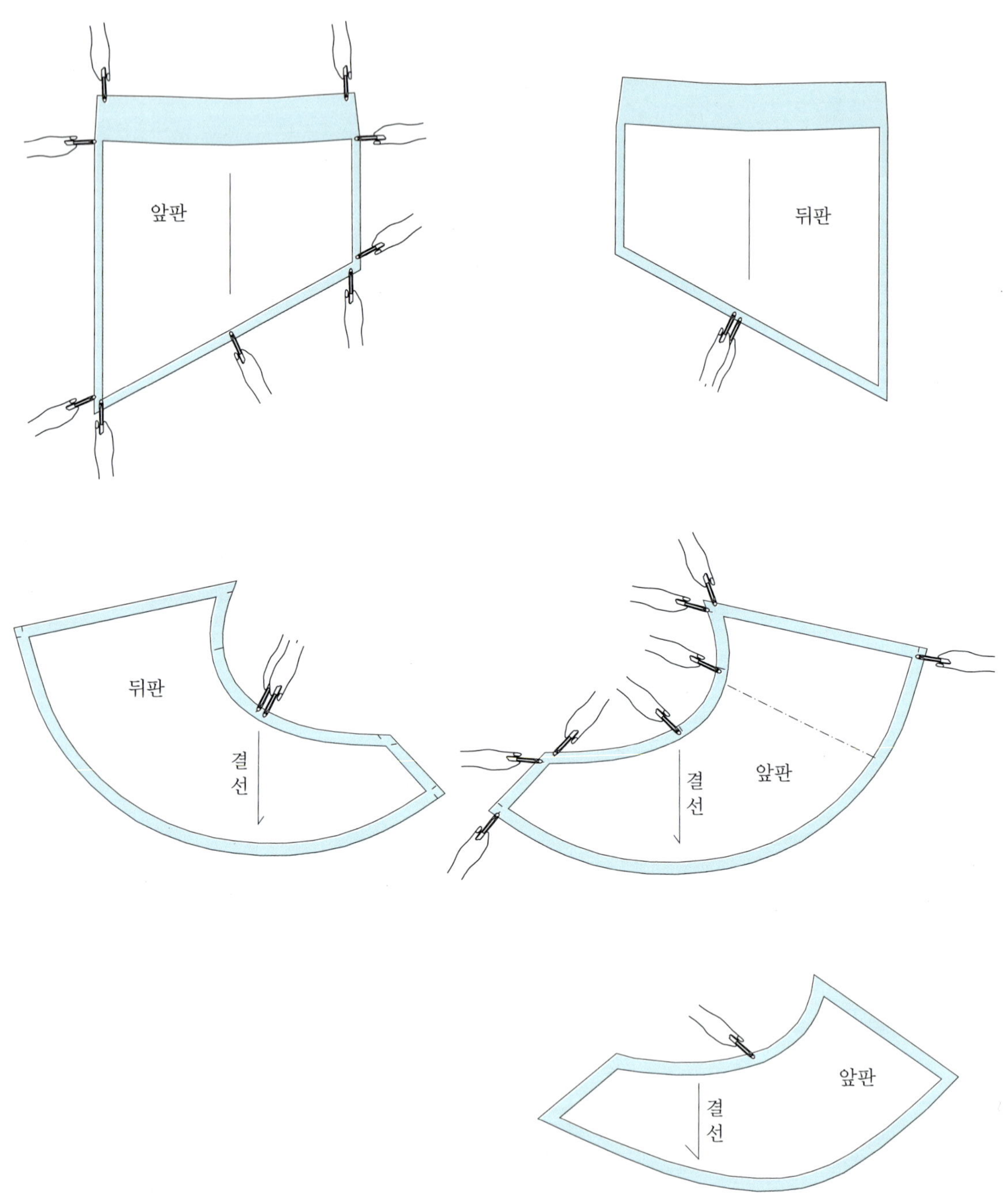

재단

- 원단을 펴서 패턴을 배치하는 형태이다.
- 왼쪽과 오른쪽이 바뀌는 문제 또는 몰짝이 되는 경우가 있으므로 패턴을 뒤집어서 넣는 경우를 주의한다.
- 핀으로 패턴을 고정시키거나 누름쇠로 고정 패턴을 고정시키고 자른다.

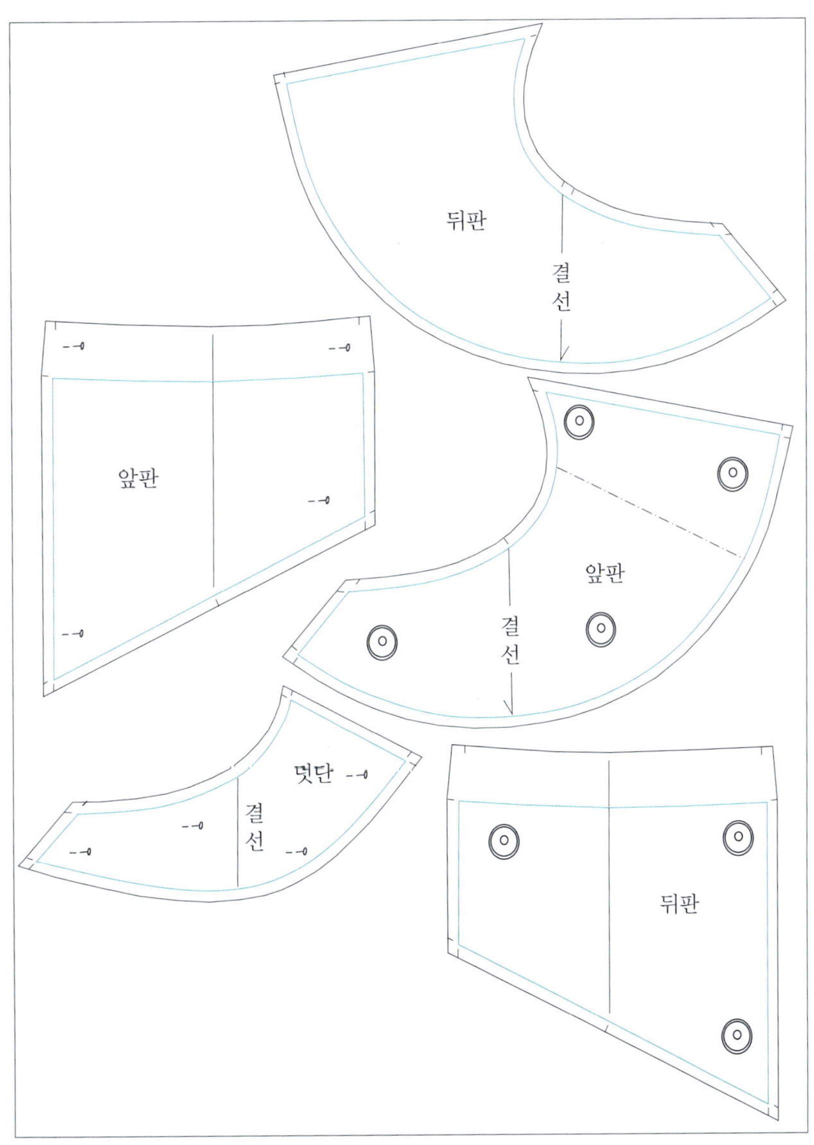

🔖 박음질하기

덧조각 끝부분 처리 방법 4가지(아래 그림 참고)

① 앞판 덧조각을 오버로크 형태로 가늘게 치는 pearl merrow 처리를 먼저 해야 한다.

② 오버로크를 치고 0.3175cm($\frac{1}{8}$) 넓이로 접어서 박음질한다.

③ 말아 박음질하는 노루발로 가늘게 말아 박음질한다(얇은 원단일 경우 가능).

④ 원단의 올이 풀리는 현상이 전혀 없는 경우 재단한 raw hem 상태로 그대로 둔다.

말아 박음질하는 전용 노루발은 일자 형태에서 효과적이며, 곡선 형태와 아래 작업물처럼 각진 형태는 곡선 박음질을 끝내고 방향을 바꿔서 다시 박음질해야 하므로 상당한 기능을 필요로 한다.

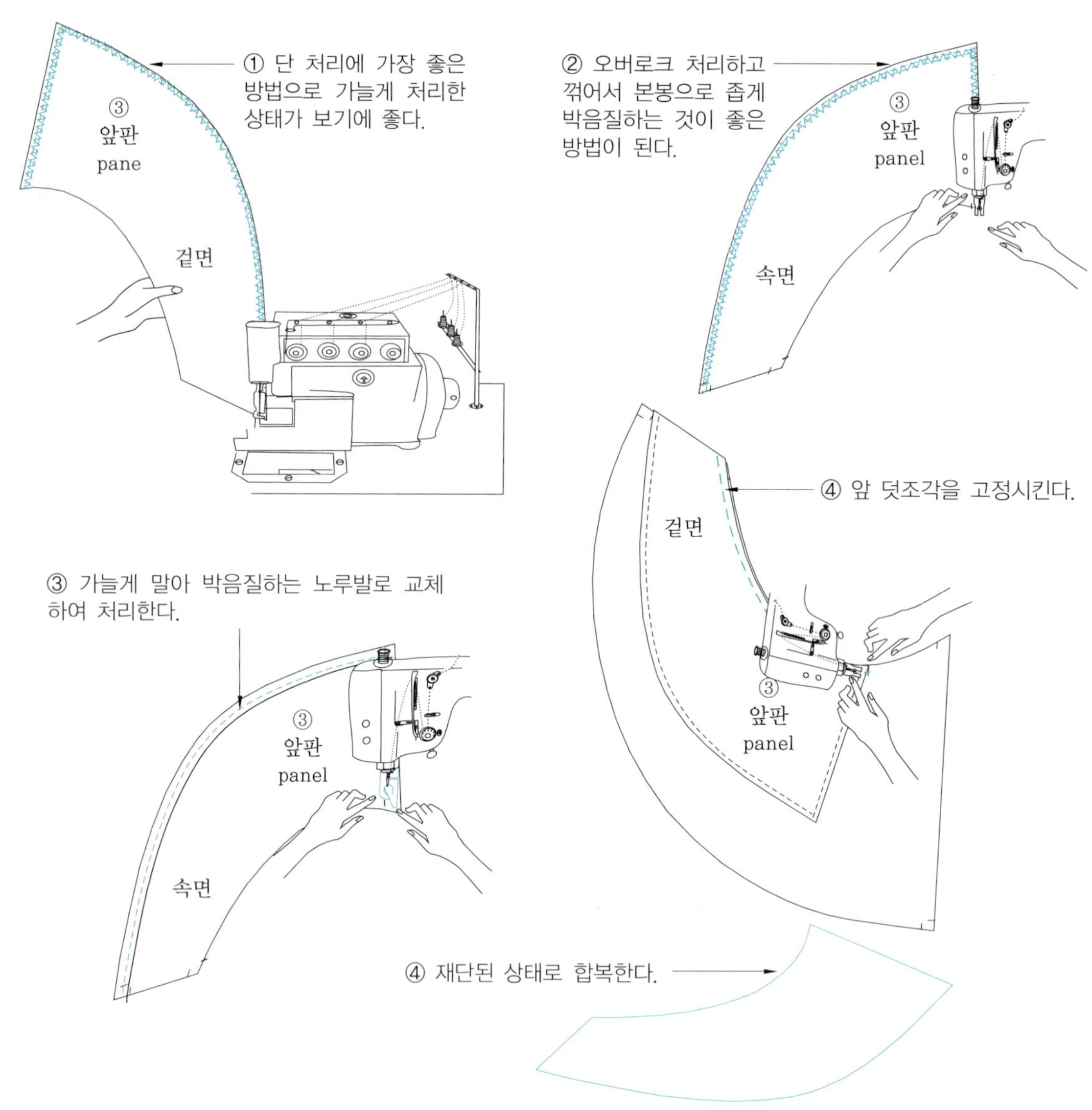

🔹 몸판 박음질하기

· 몸판은 이 부분이 사선으로 바이어스 결로서 잘 늘어나고 플레어는 원형에 가까운 곡선
  으로 서로 길이가 같아도 시접에 의해서 외선과 내선의 차이에 의한 길이가 다르게 느
  껴지므로 원형 곡선에서는 약간 잡아당기는 기분으로 박음질하는 것이 좋다.
· 중심의 노치 표시를 정확하게 맞추면 거의 정확하게 박음질을 할 수가 있게 된다.

① 앞판 사선부위를 위에서부터 합복한다.

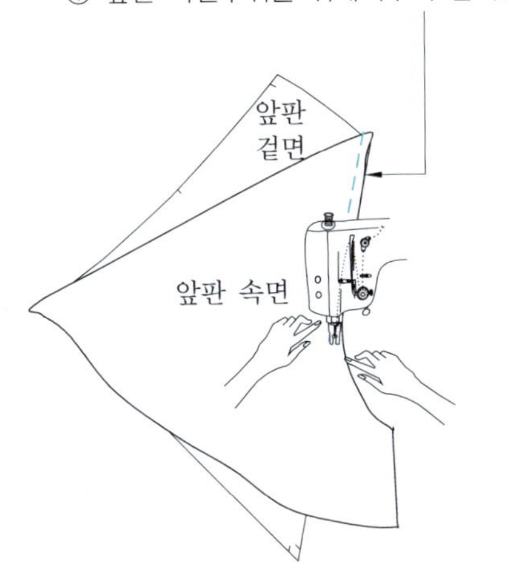

② 뒤판 사선 부위를 밑에서부터 합복한다.

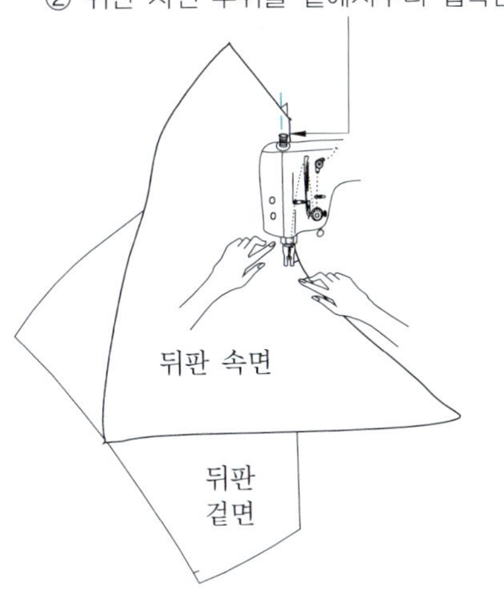

③ 앞판 사선 부위를 오버로크한다.

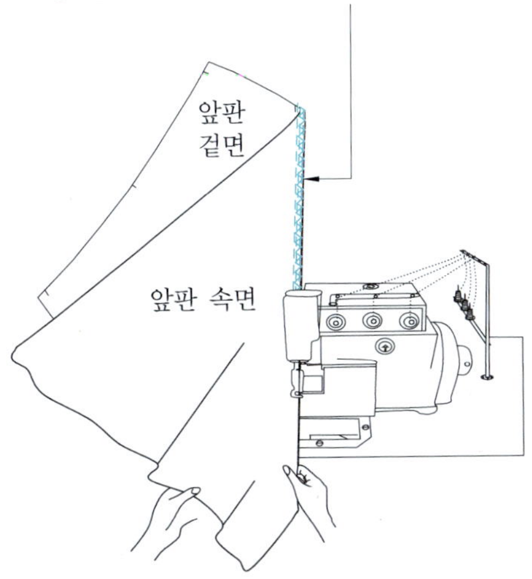

④ 뒤판 사선 부위를 오버로크한다.

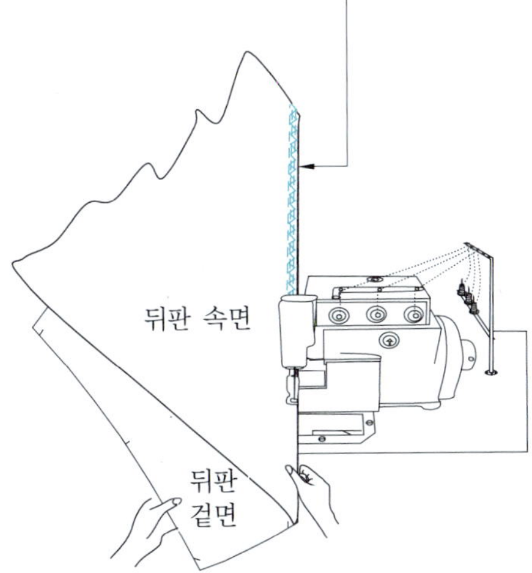

옆 솔기 합복하기

· 옆 솔기 합복은 항상 위에서부터 밑으로 박음질하는 것이 순서이며, 오버로크 처리의 경우도 같다.
· 앞판을 위에 놓고 박음질하려면 한쪽은 위에서부터, 한쪽은 밑에서 박음질하게 되며, 오버로크나 인타 록도 같은 방법으로 한다.

① 위에서부터 오른쪽을 먼저 합복한다.

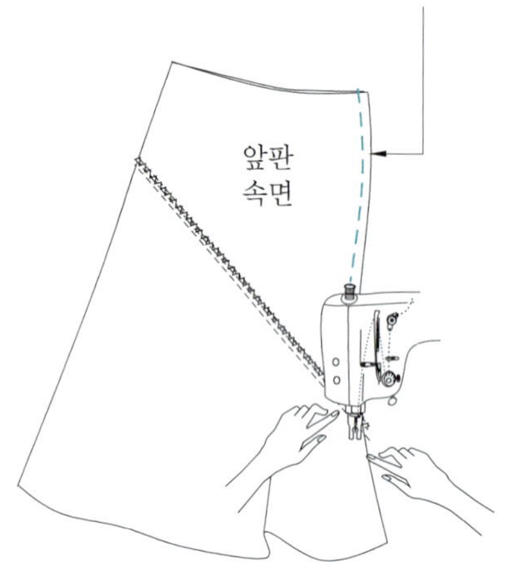

② 밑에서부터 왼쪽을 합복한다.

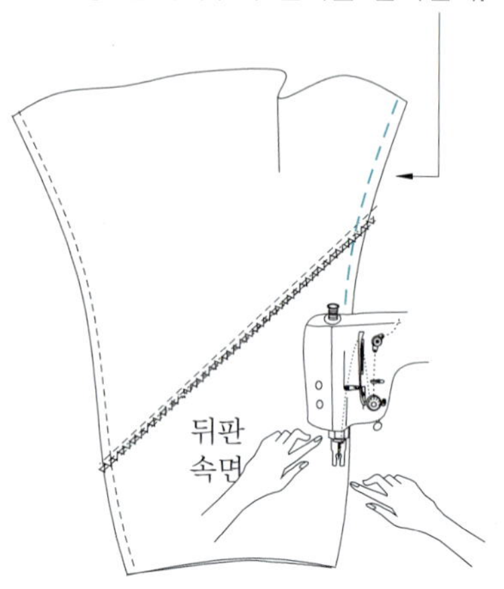

③ 위에서부터 오른쪽을 먼저 오버로크 처리한다.

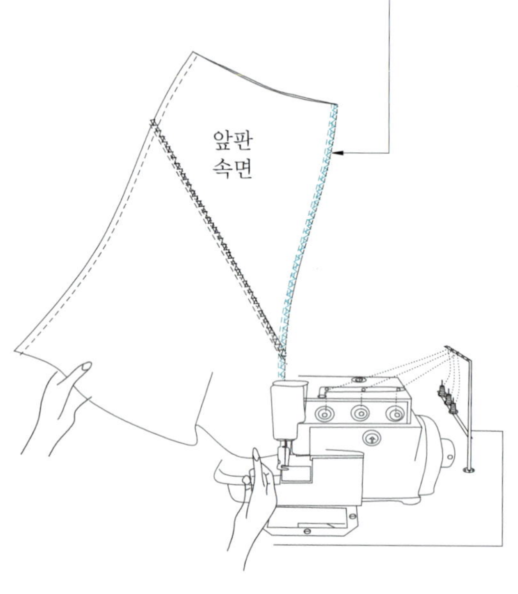

④ 밑에서부터 왼쪽을 오버로크 처리한다.

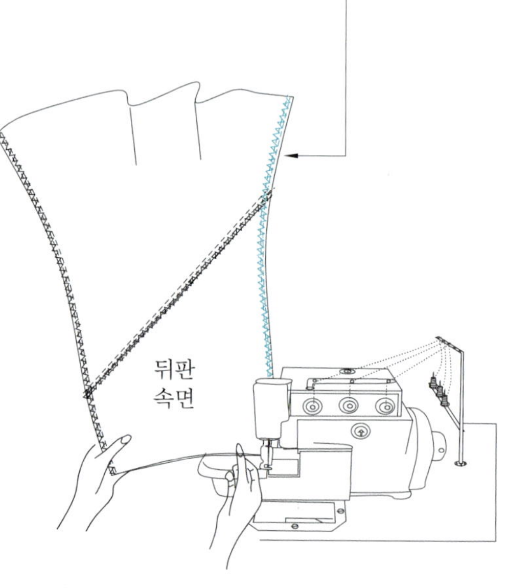

🪡 고무줄 박음질하기(270쪽 참고)

· 고무줄은 먼저 다림질을 해서 충분하게 수축시킨 다음 사용한다.

· 앞판 속면에 고무줄 넓이 2.5cm(1")를 놓고 고정 박음질한다.

· 고무줄을 고정시키는 박음질할 때 시접 넓이는 1.25cm($\frac{1}{2}$")로 한다.

· 시접은 모두 뒤쪽으로 향하게 하면서 고무줄 박음질한다.

① 고무줄의 길이는 허리보다 15.24cm(6") 정도 작게 자르고 중간을 이어서 원형으로 만든다.

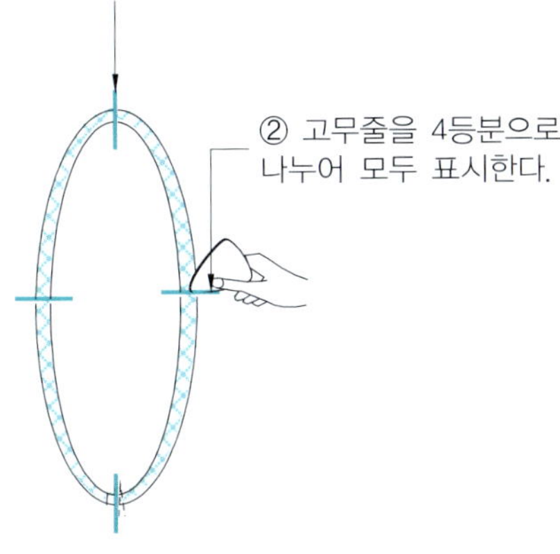

③ 4등분으로 나누어 표시한 위치를 앞 중심, 뒤 중심과 양쪽 옆 솔기에 고무줄을 고정시키는 박음질을 한다.

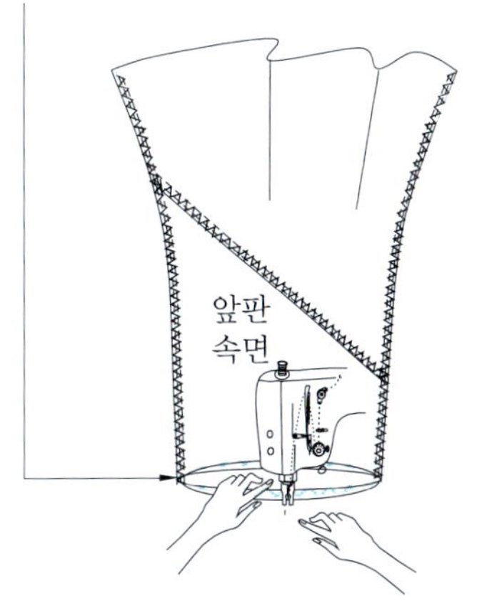

④ 앞과 뒤 중심과 양쪽 옆 솔기를 고정시켰으므로 구간마다 당겨서 박음질을 하여 골고루 주름이 잡히도록 한다.

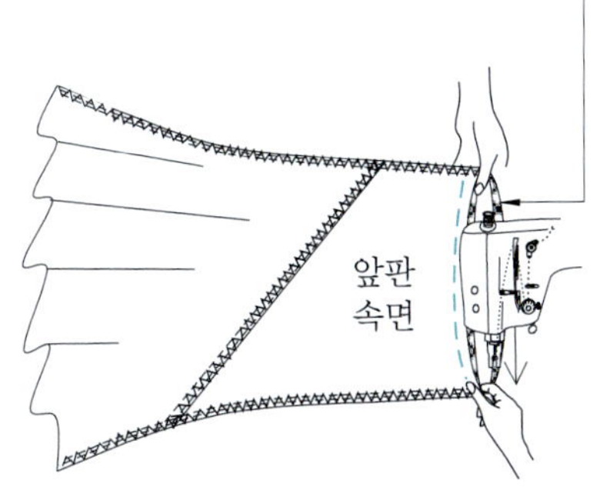

⑤ 허리를 잡아 당기며 두 번을 접어서 끝 박음질을 먼저하고 중간에 다시 한 번 박음질을 한다.

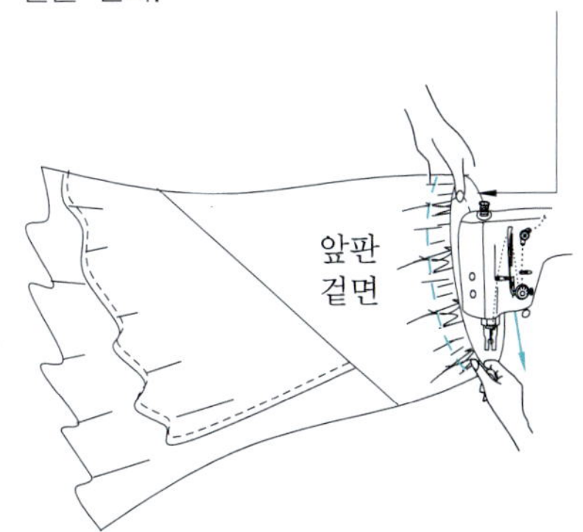

- 앞판 덧조각을 처리한 방법이 인타 록이면 밑단도 같은 방법으로 처리한다.
- 앞판 덧조각을 오버로크를 치고 꺾어 박음질하였다면 밑단도 같은 방법으로 처리한다.

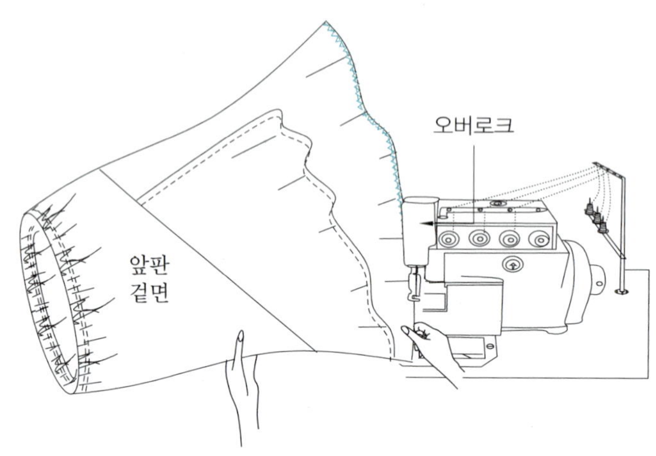

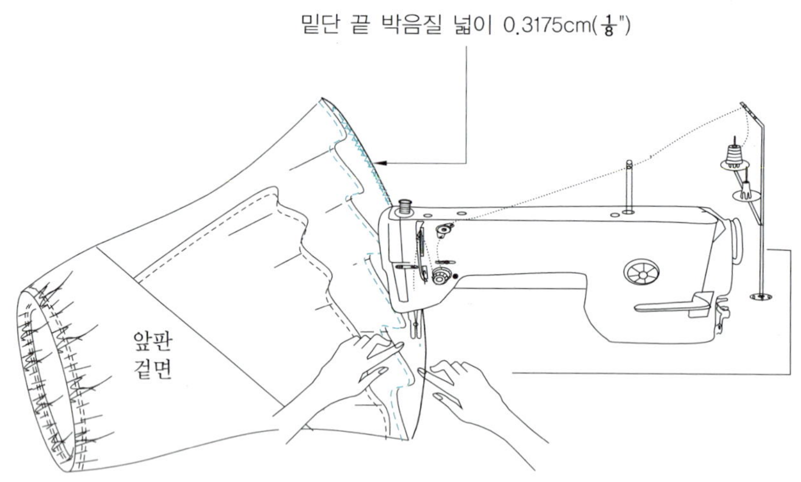

· 앞뒤판 중심이 바이어스 결이므로 옷을 입었을 때 늘어나면서 길이가 일정하지 않게 된다.

· 인체 모형에 입혀서 바닥에서부터 길이를 돌아가면서 확인하고 핀으로 표시한다.

· 가위로 표시한 길이를 시접을 두면서 잘라낸다.

① 오버로크를 가늘게 처리한 상태라고 할 수 있는 pearl merrow로 처리한다.

② 오버로크를 친 다음 0.635cm($\frac{1}{4}$")를 접어 올리고, 0.3175($\frac{1}{8}$") 넓이로 가늘게 박음질한다.

③ 전용 노루발을 이용해서 말아 박음질한다(가장 처리하기 어려운 방법).

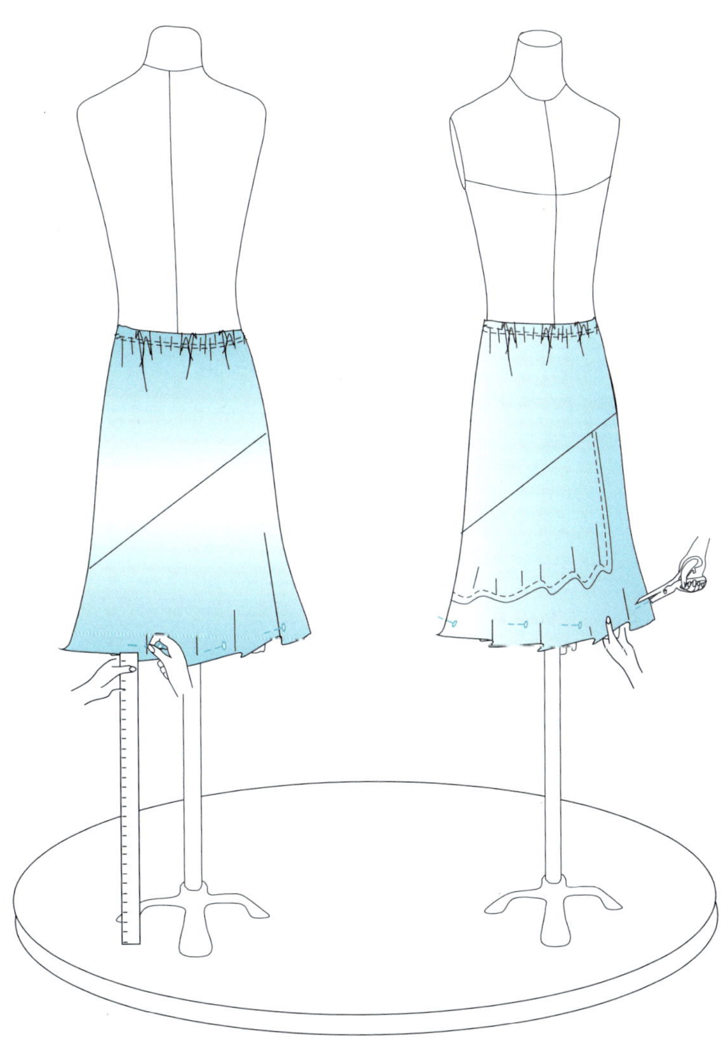

📖 지퍼 없이 제작하는 라운드(round skirt) 스타일

라운드 스타일의 경우 옷을 입었을 때 허리선 아래로 어느 정도 내려서 위치를 설정할 것
인지 결정한 다음 둘레의 치수를 확인한다.

예 허리 사이즈 71.12cm (28")
　 스커트 총길이 58.42cm (24")
　 허릿단 넓이 7.62cm(3")

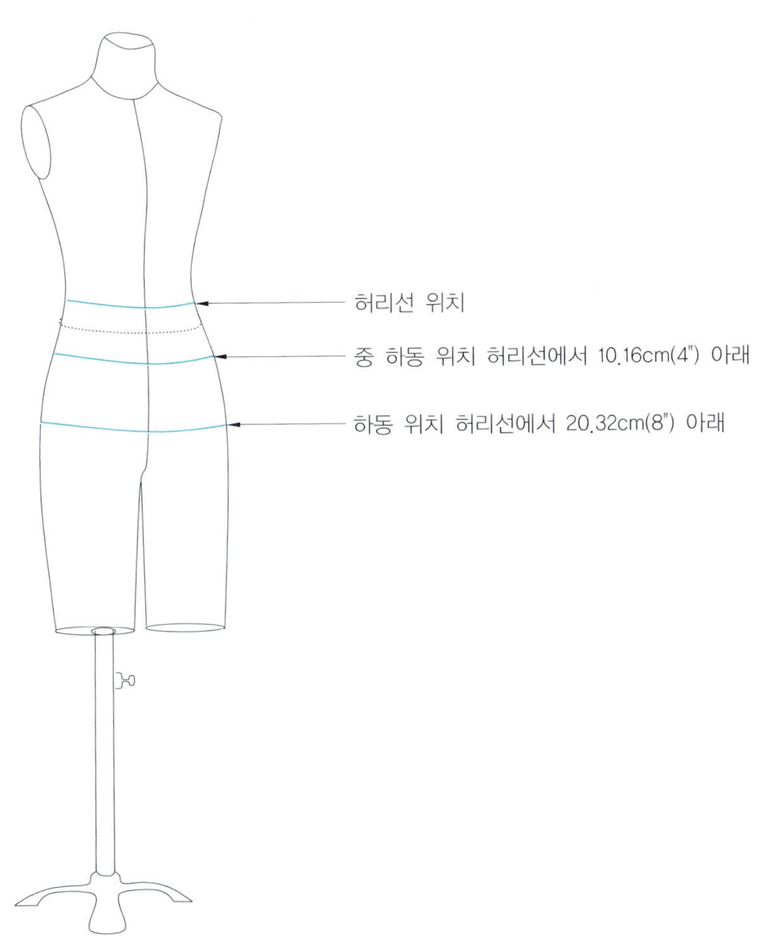

- 허리 사이즈 71.12cm(28")

- 허릿단 넓이 7.62cm(3")

- 허리 치수에 맞추어 직사각형으로 제도하고 그림과 같이 하단 부분을 양쪽으로 1.25cm($\frac{1}{2}$")씩 키워 준다.

- ①번 허릿단을 1개 복사하여 가운데를 절개해서 7.62cm(3")을 벌려 준다.

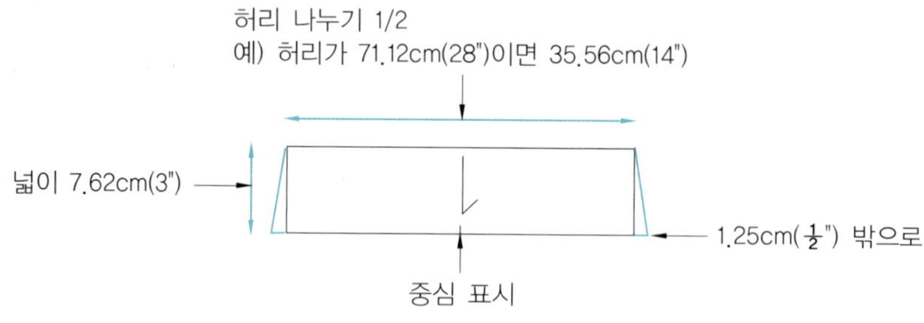

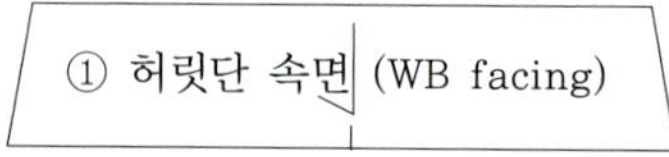

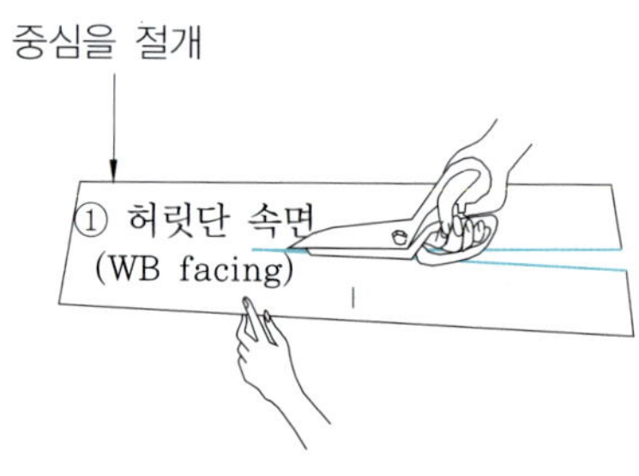

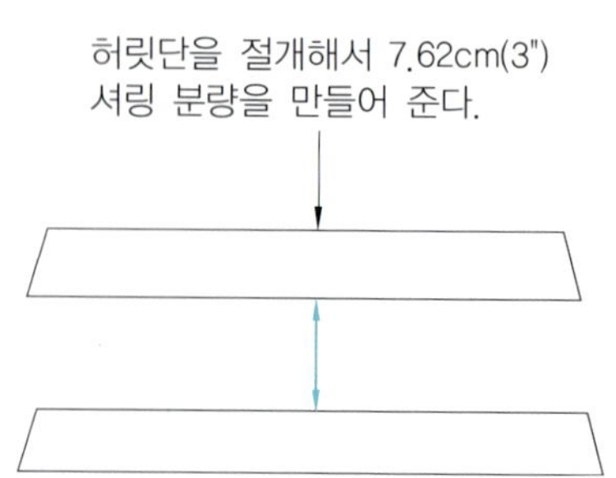

🔹 지퍼 없이 제작하는 스커트

· 절개된 패턴의 위와 아래를 그림과 같이 선을 연결하여 셔링 분량이 들어간 허릿단을
  완성한다.
· 허릿단의 양쪽 옆 솔기에만 이음선을 만들고 중심은 이음선 없이 곬선으로 처리하기 위
  해 ①번과 ②번의 허리 부분의 패턴을 서로 붙여서 한 장으로 만든다.

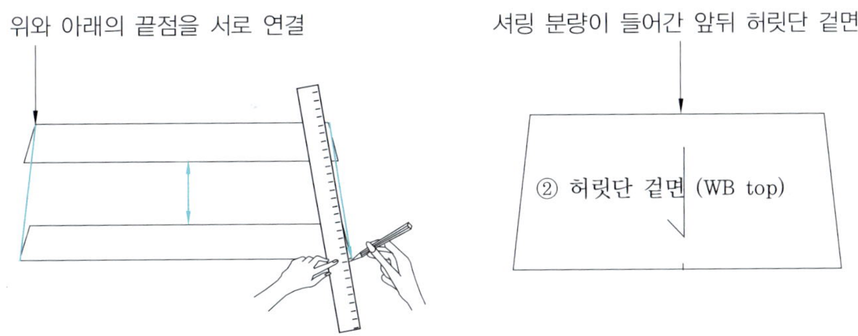

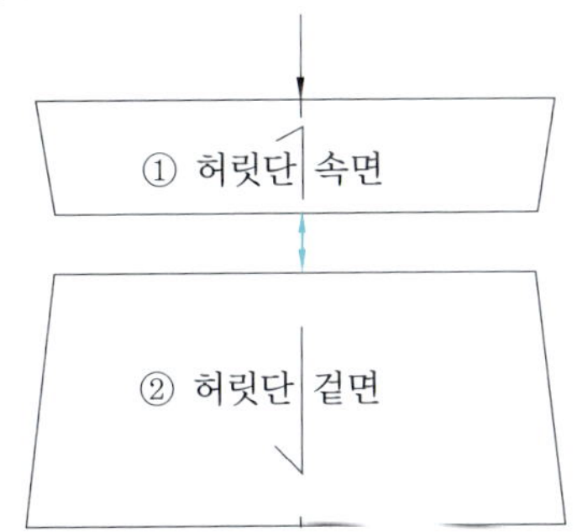

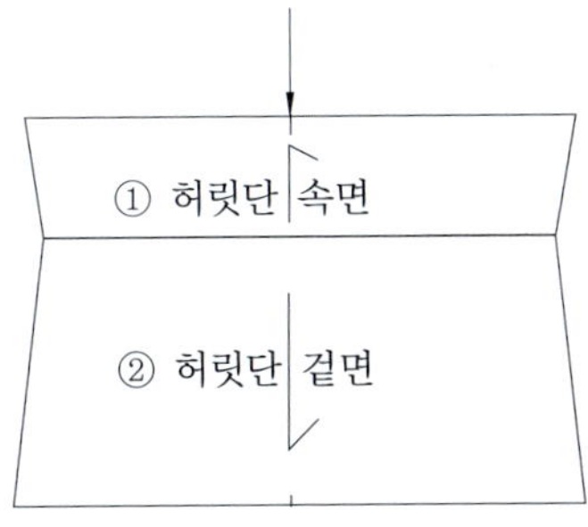

· 180°로 제도를 해서 두 장을 같이 붙인 형태로 제작되는 스커트(45쪽 참고)

 예 완성된 허릿단 제도 하단 부분 치수 73.66cm(29")이면 나누기 3.1은 23.81cm(9"⅜)이다.

· 허리 치수가 71.12cm (28")이었고 양쪽으로 1.27cm(½")씩 밖으로 설정하였으므로 허릿
  단 아랫부분의 치수는 73.66cm(29")이다.

 예 허리 사이즈 73.66cm(29")
    스커트 길이 A- 58.42cm(23")
    스커트 길이 B- 45.72cm(18")
    허릿단 넓이 7.62cm(3")

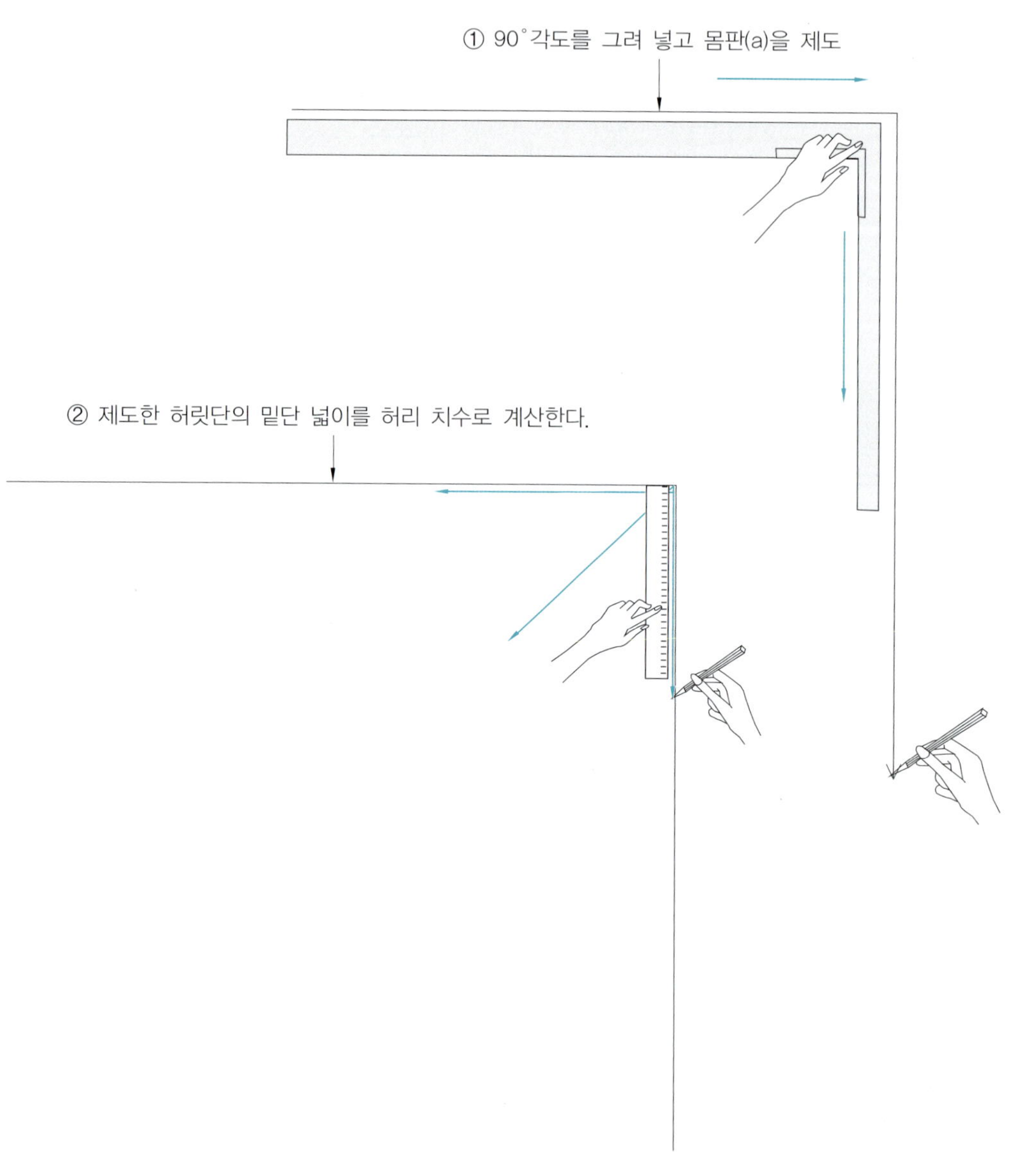

· 180°로 두 장을 제도하여 큰 것은 몸판(a)로 작은 것은 몸판(b)로 분류한다.

① 암홀 자를 놓고 곡선을 그려 넣는다.

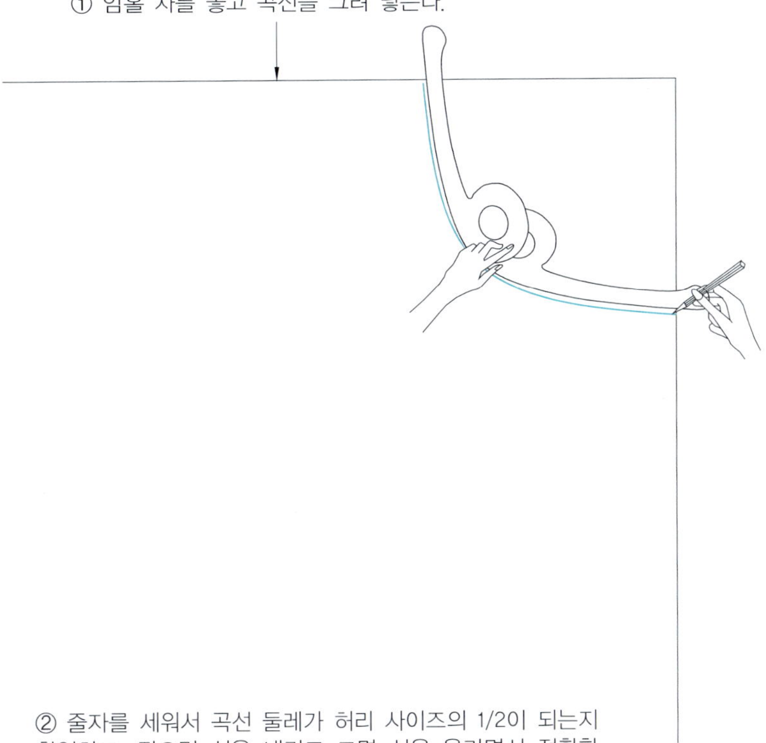

② 줄자를 세워서 곡선 둘레가 허리 사이즈의 1/2이 되는지 확인하고, 작으면 선을 내리고 크면 선을 올리면서 정확한 1/2의 허리 사이즈를 그려 넣는다.

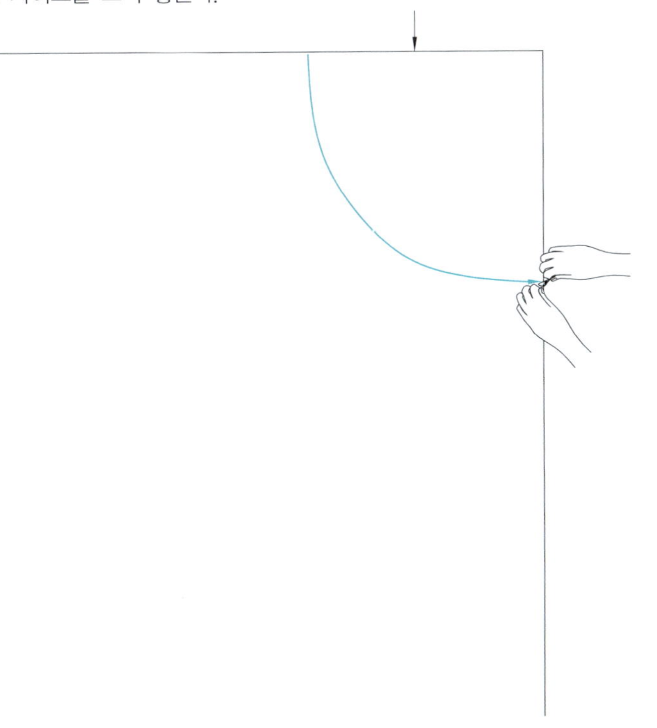

① 몸판(a) 길이를 양쪽 옆 솔기와 중심에 골고루 놓아 준다.

② 몸판(b)를 45.72cm (18") 길이를 놓는다.

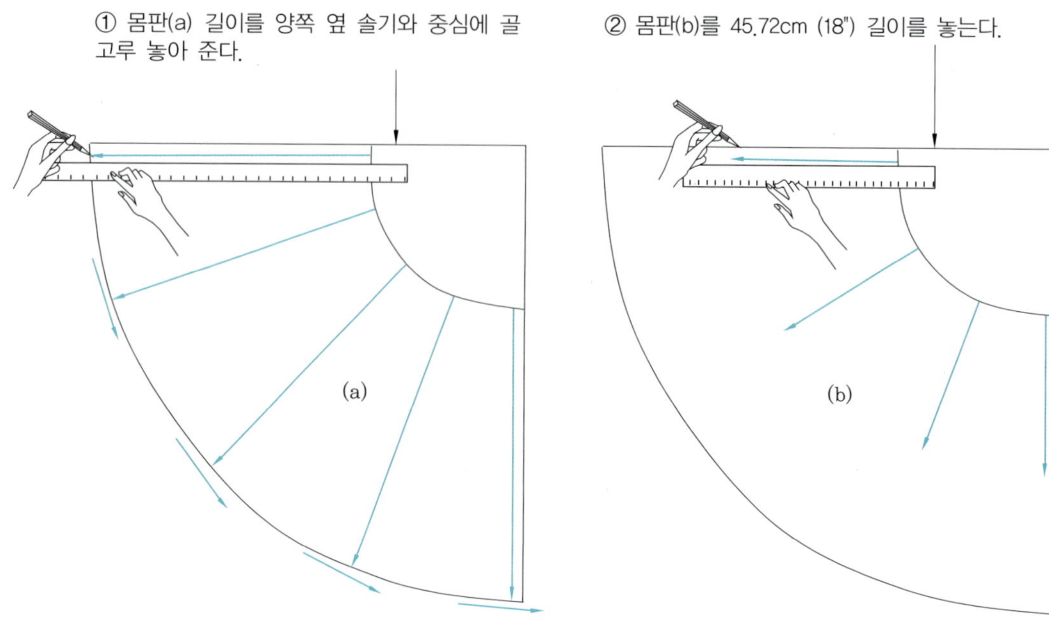

③ 몸판(b)의 밑단 둘레를 길이를 맞추어 가며 그려 넣는다.

④ 몸판(b)를 패턴지 밑에 놓고 복사한다.

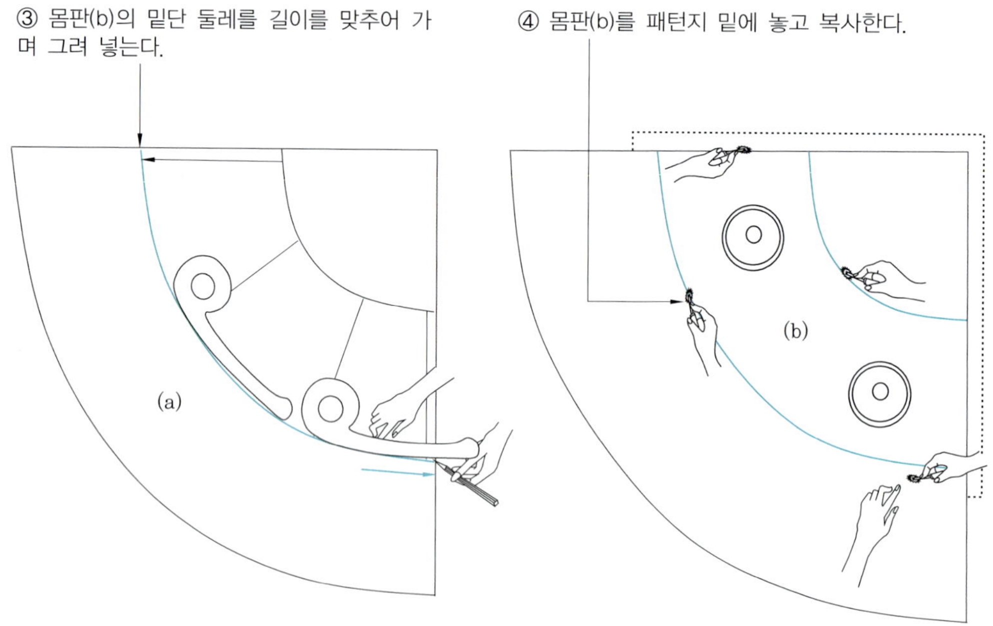

· 앞 몸판 (a)와 (b)를 복사하여 뒤판으로 나누고, 뒤 중심을 수정하는 것은 옷을 입었을
때 뒤판이 처지는 현상을 방지한다.

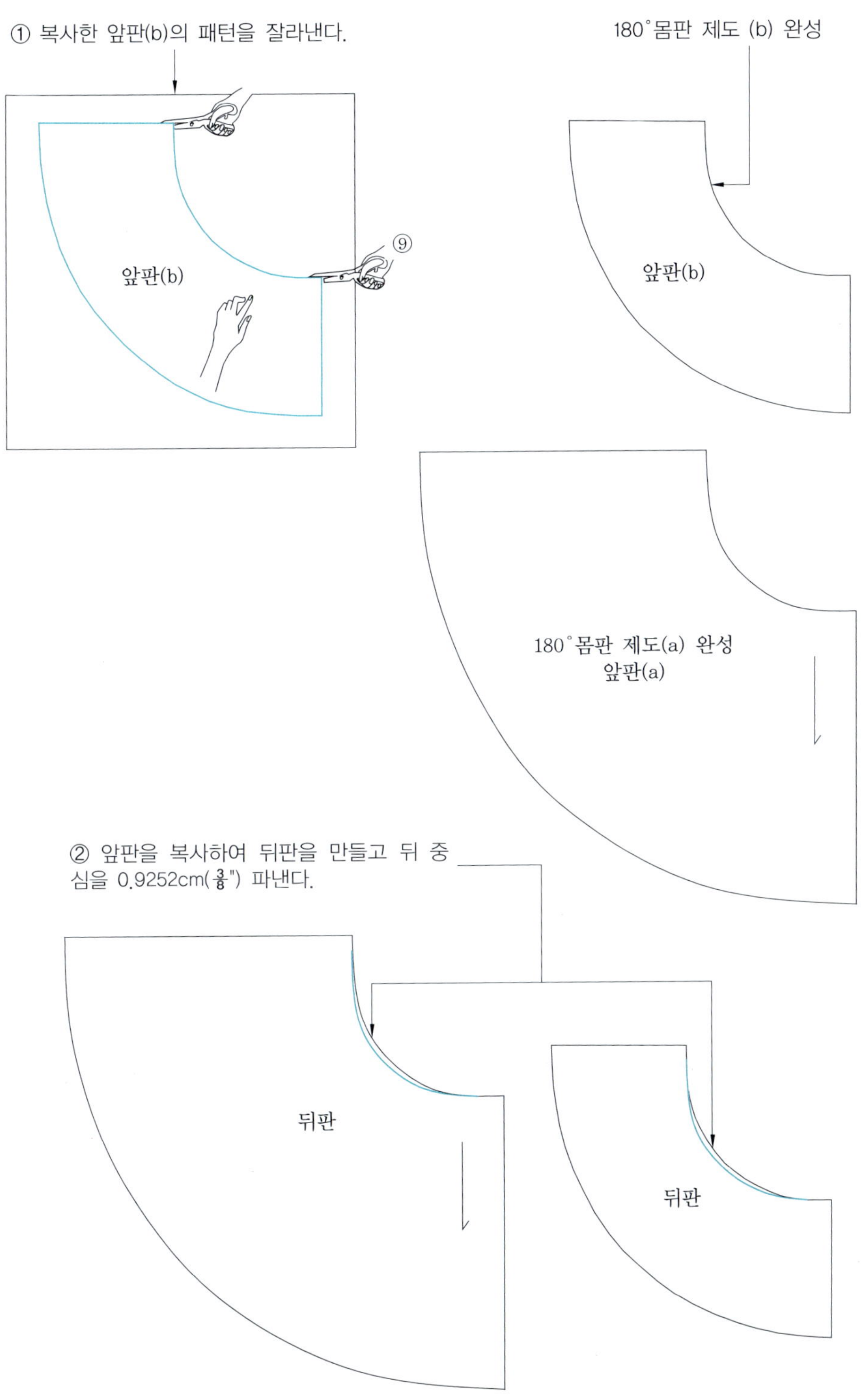

- 허릿단 전체 1.27cm($\frac{1}{2}$″)
- 스커트 허리 합복 부분 0.9252cm($\frac{3}{8}$″)
- 스커트 옆 솔기 밑단 1.27cm($\frac{1}{2}$″)
- 뒤판이라는 표시로 허릿단과 몸판 뒤 중심에 노치 표시를 1.27cm($\frac{1}{2}$″) 간격으로 나란히 넣어 준다.

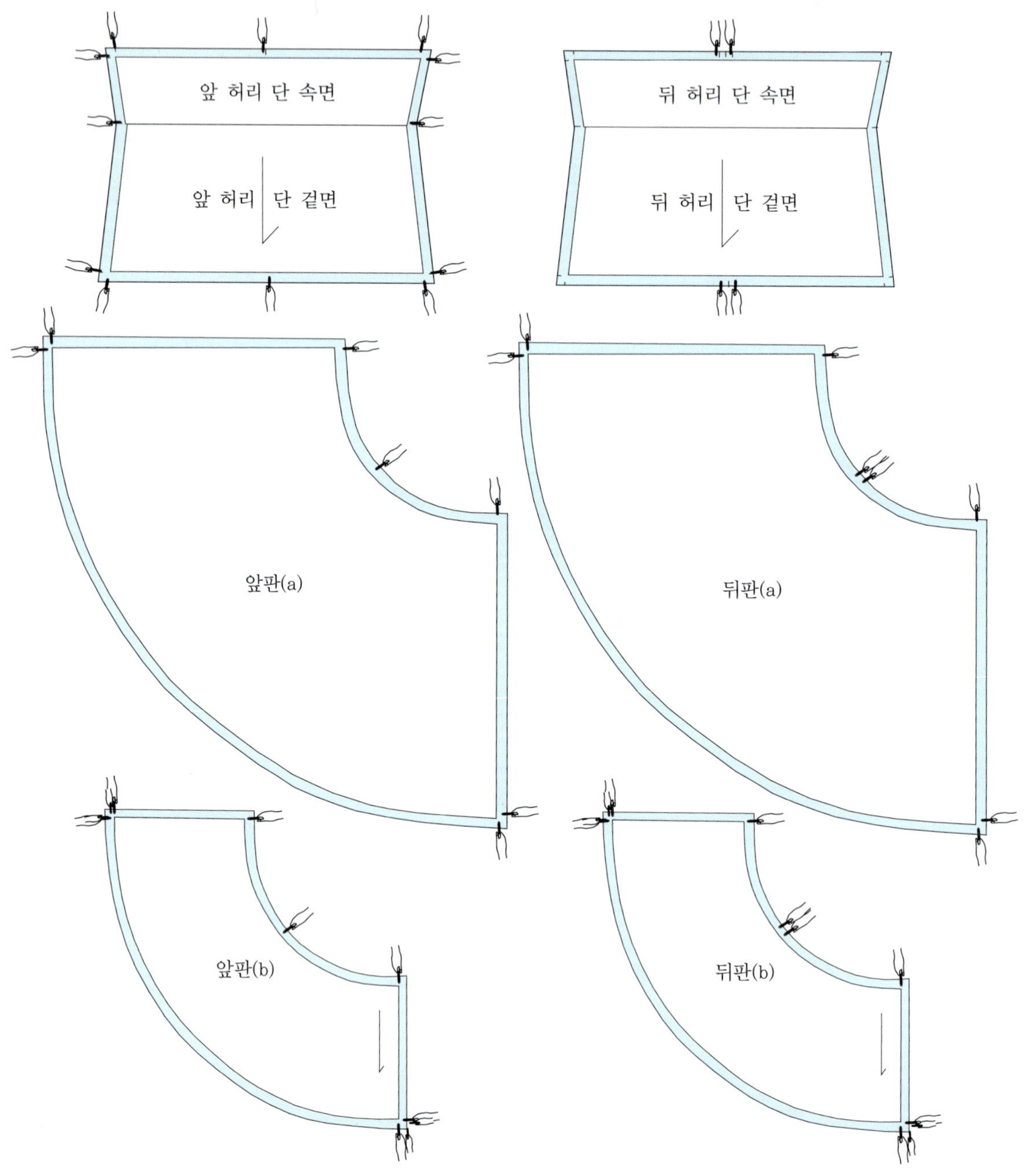

- 앞 허릿단 겉면과 속면을 붙여서 제도하였으므로 1개
- 뒤 허릿단 겉면과 속면을 붙여서 제도하였으므로 1개
- 앞 몸판 큰 것 1장 작은 것 1장 총 2장
- 뒤 몸판 큰 것 1장 작은 것 1장 총 2장
- 결선 옆 솔기에서 원단의 길이 방향으로 설정하므로 중심부는 자연스럽게 바이어스 결이 된다.

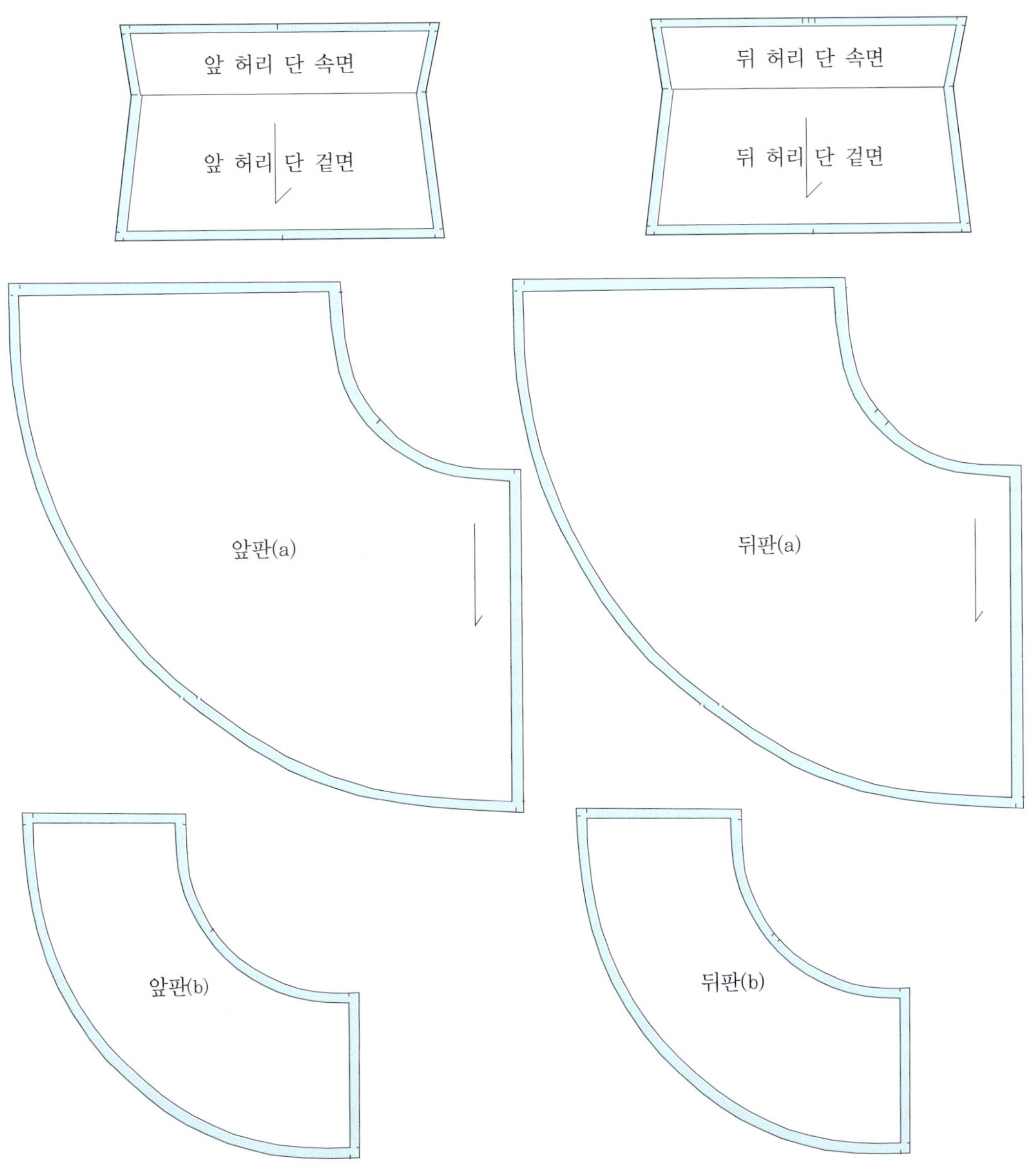

· 큰 조각을 먼저 배치한 다음 작은 조각들로 공간을 채워야 하며 이때 중요한 것은 패턴
  에 표시한 결선을 원단이 길이 방향에 잘 맞추어 놓아야 한다.
· 패턴의 배열이 끝나면 큰 조각부터 자른다.

■ 앞뒤 허릿단 제도 구분 동작 순서대로 따라하기

· 고무줄 넓이 0.635cm($\frac{1}{4}$")을 10.16cm(4")길이로 4개를 잘라서 준비한다.
· 허릿단 넓이를 고무줄에 표시하고 허릿단 중심선에 그림과 같이 끝을 맞추어 놓은 후 노루발을 내리고 몇 바늘 박음질하여 고무줄을 고정시킨 다음 앞 중심선에 표시한 고무줄을 잡아당기어 맞추고 박음질한다.

① 고무줄 준비

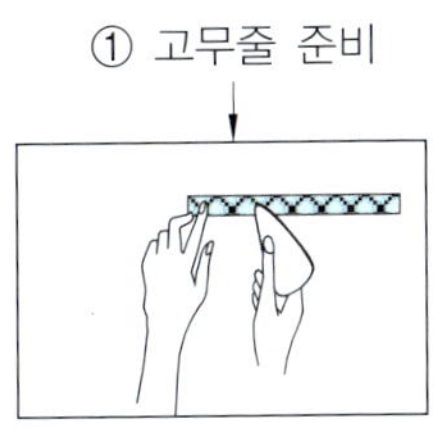

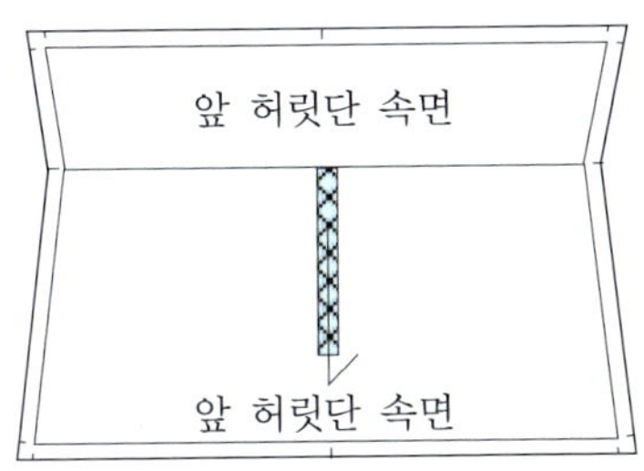

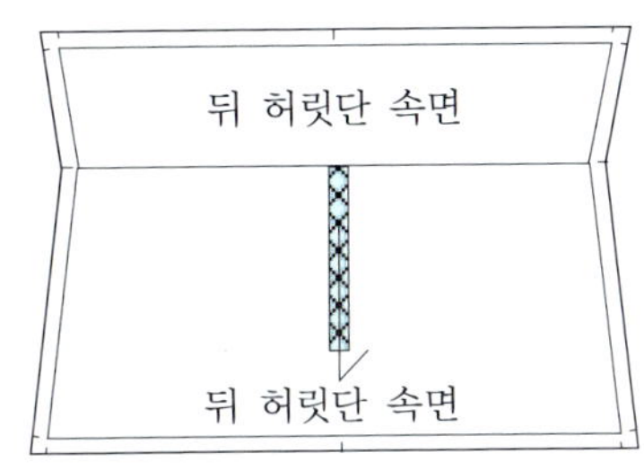

② 고무줄을 잡아당긴 상태에서 박음질

③ 고무줄을 잡아당긴 상태에서 박음질

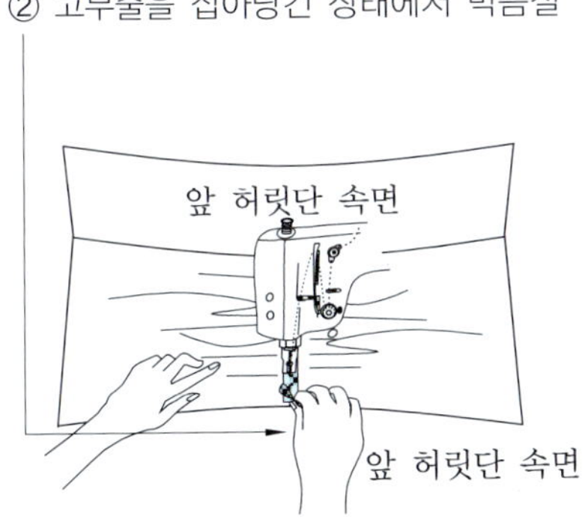

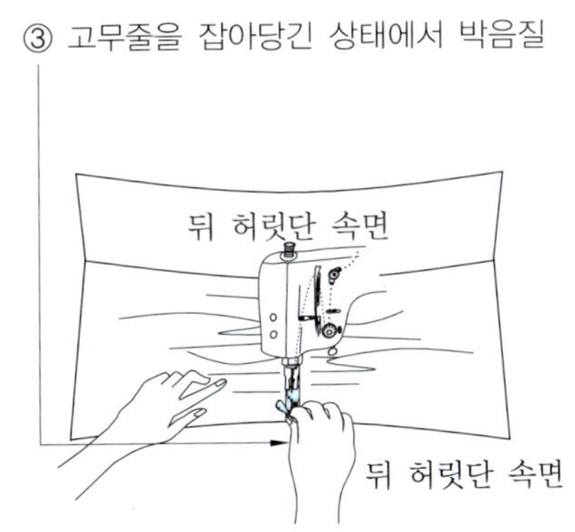

박음질 후 가운데 셔링이 잡혀 있는 상태

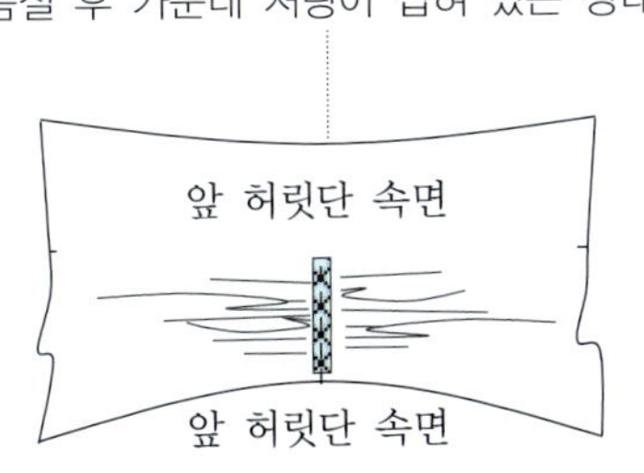

앞뒤 허릿단 박음질하기

앞판과 뒤판의 양쪽 옆 솔기 합복하고 시접을 갈라서 중심에 고무줄을 놓고 앞판과 뒤판 중심에 박음질한 방법으로 양쪽 옆 솔기에 고무줄을 박음질한다.

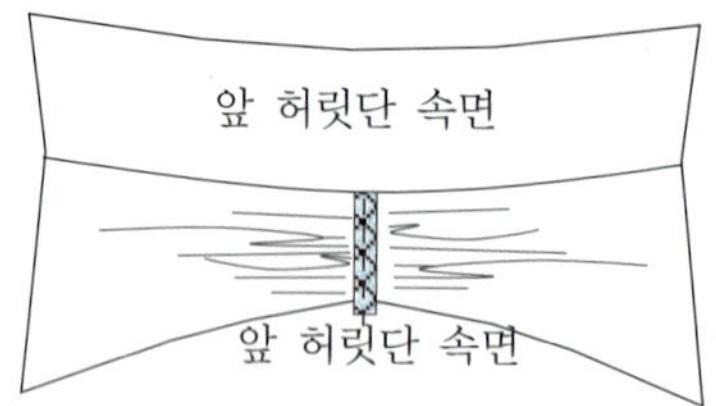

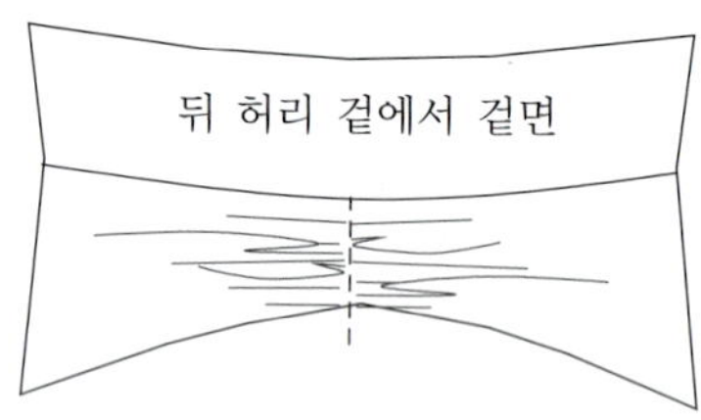

① 양쪽 옆 솔기 합복한다.

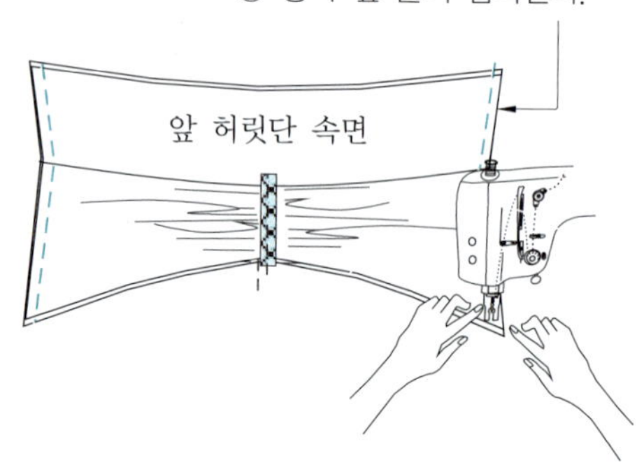

② 양쪽 옆 솔기의 시접을 가르고 고무줄을 박음질한다.

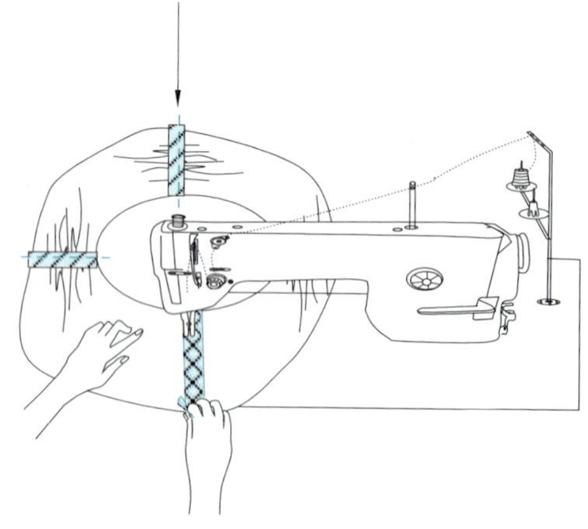

　고무줄 넓이 1.27cm($\frac{1}{2}'$)를 허리 치수보다 2.54cm(1") 작게 잘라서 양쪽 끝을 이어주는 박음질을 하고 반으로 접어서 중심을 표시한다.

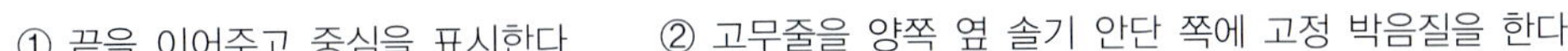

① 끝을 이어주고 중심을 표시한다.

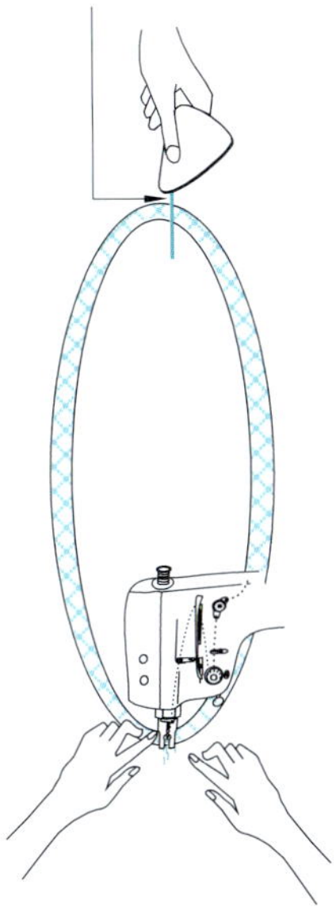

② 고무줄을 양쪽 옆 솔기 안단 쪽에 고정 박음질을 한다.

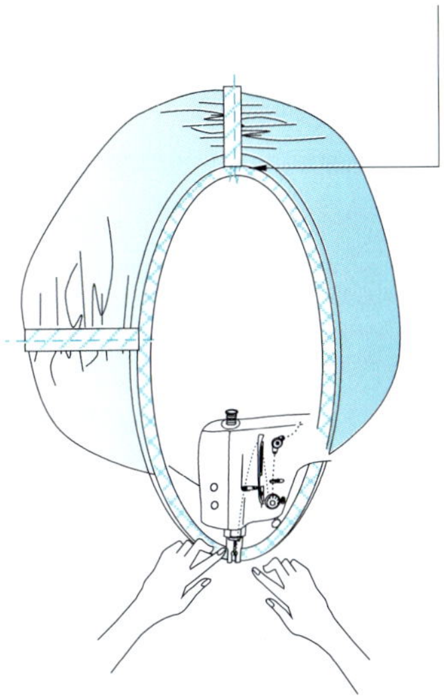

③ 허릿단 윗부분을 다림질한다.

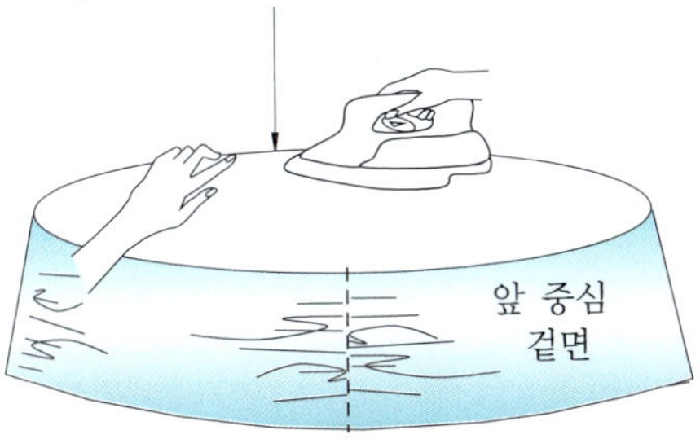

④ 몸판과 합복하기 쉽게 하기 위해서 허릿단 아랫부분을 끝 박음질을 한다.

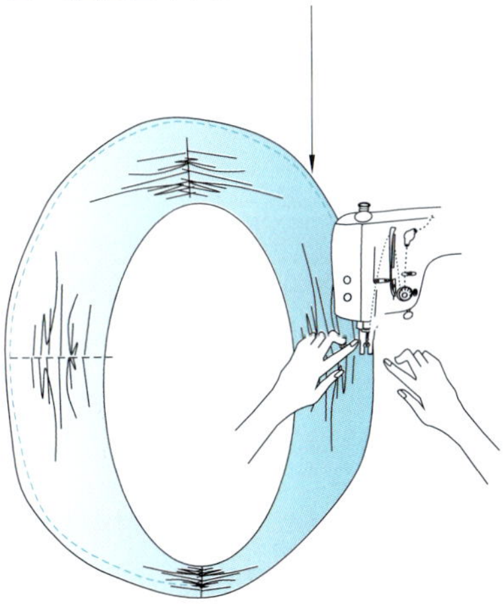

허릿단 제작이 끝난 모습

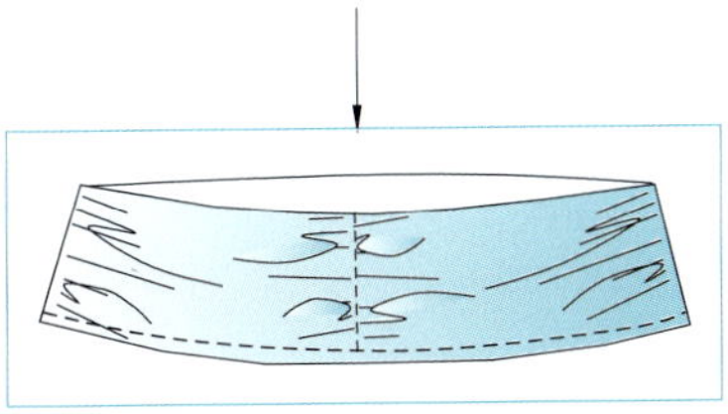

🔲 옆 솔기 합복

뒤판을 밑에 놓고 앞판을 위에 올려놓은 상태에서 양쪽 옆 솔기를 합복 먼저 위에서부터 박음질하고 방향을 돌려서 밑에서 박음질을 다시 한다.

① 앞판(a) 위로 놓고 위에서부터 합복한다.

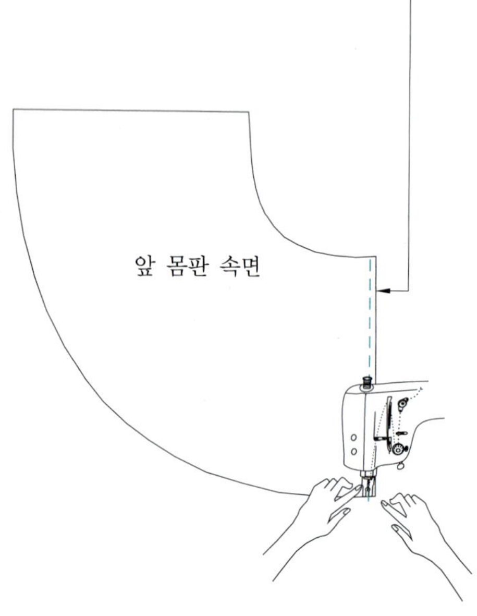

② 앞판(a) 방향을 돌려서 밑에서부터 합복한다.

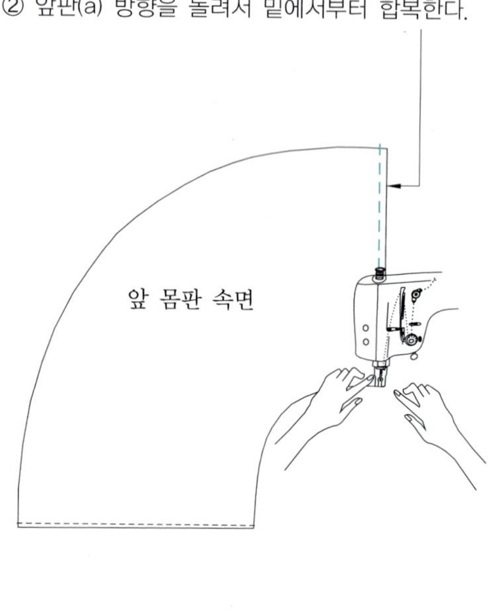

③ 앞판(b) 위로 놓고 위에서부터 합복한다.

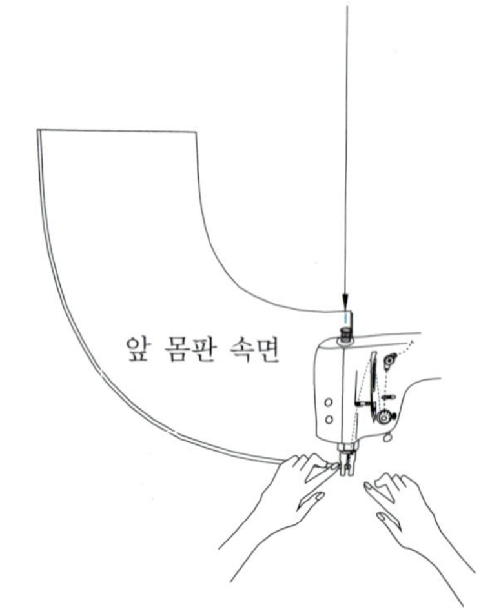

④ 앞판(b) 방향을 돌려서 밑에서부터 합복한다.

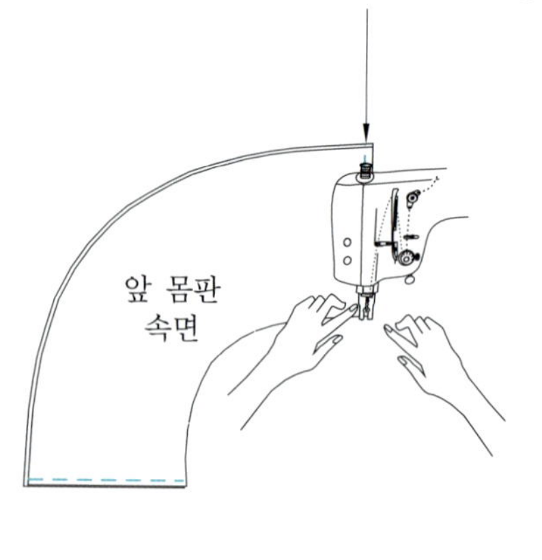

옆 솔기 오버로크

오버로크를 치는 순서는 본봉 박음질하는 순서와 같아서 앞판을 위에 놓고 위에서 밑으로 밑에서 위로 오버로크를 친다.

① 앞판(a) 위로 놓고 위에서부터 오버로크한다.

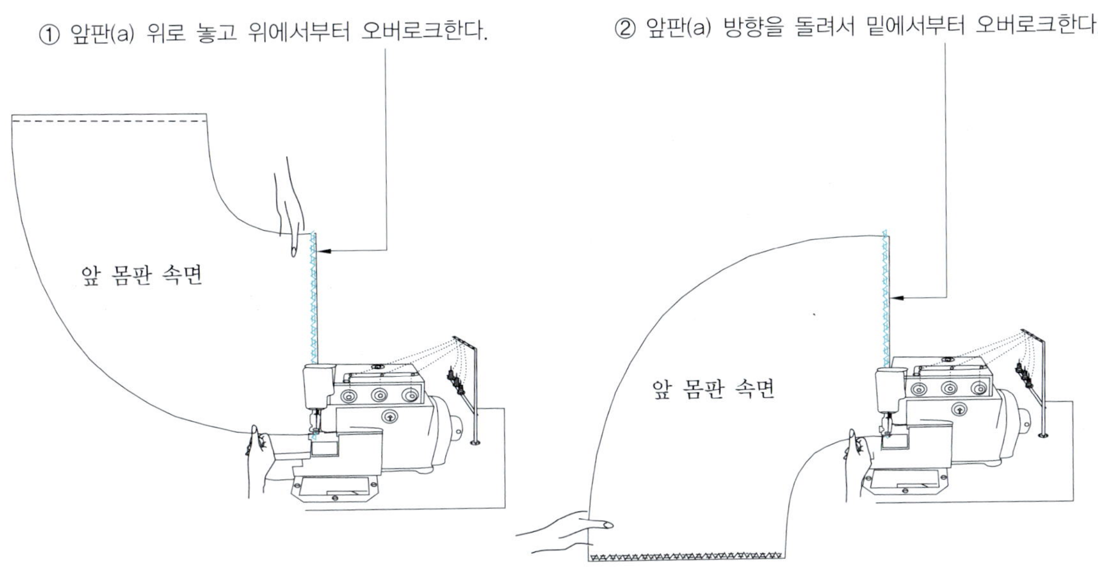

② 앞판(a) 방향을 돌려서 밑에서부터 오버로크한다.

③ 앞판(b) 위로 놓고 위에서부터 오버로크한다.

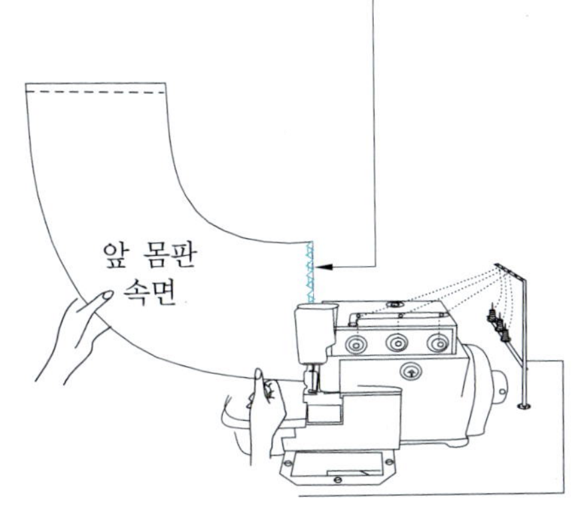

④ 앞판(b) 방향을 돌려서 밑에서부터 오버로크한다.

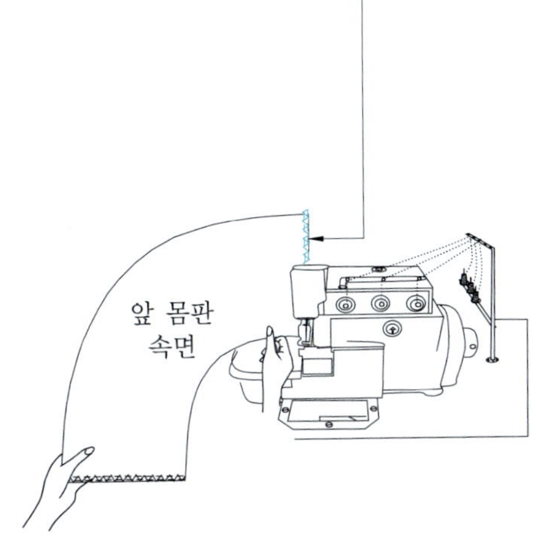

몸판(a)에 몸판(b)를 끼우듯이 넣고 허리선을 1.27cm($\frac{1}{4}$") 정도 들어가서 박음질하여 허릿단과 합복할 때 쉽게 할 수 있도록 한다.

① 몸판(b)에 몸판(a)를 넣는다.

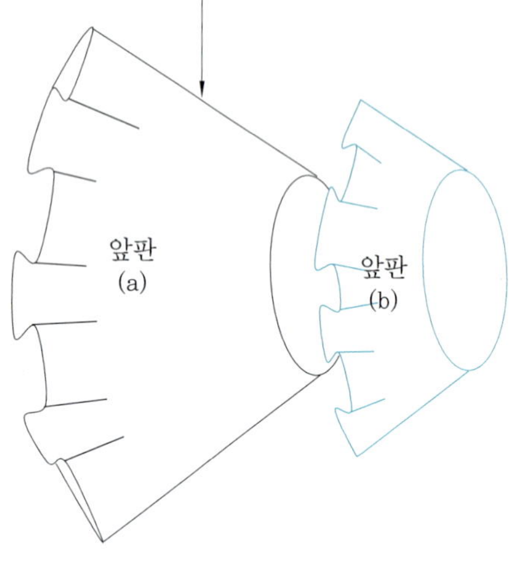

② 시접을 모두 뒤쪽으로 보내야 한다.

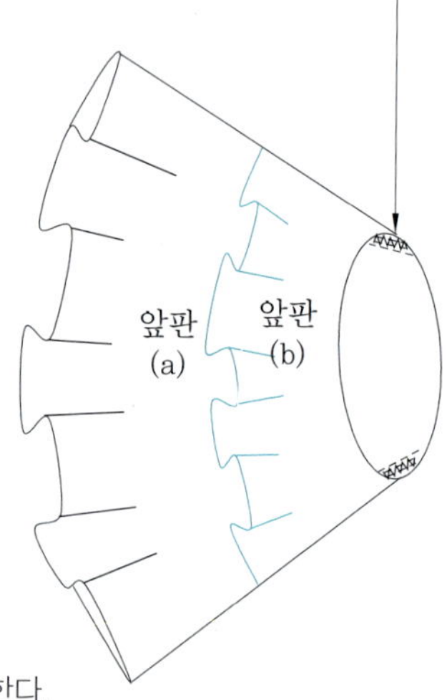

③ 몸판(a)와 몸판(b)를 고정시키는 박음질을 한다.

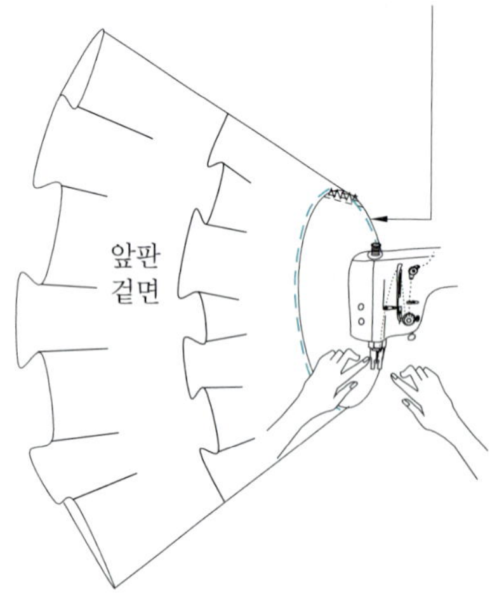

· 몸판을 그림과 같이 속면이 나오게 뒤집어서 허릿단을 안에 집어넣고 양쪽 옆 솔기를 고정시키는 박음질을 한다.
· 본봉으로 1차 박음질 후 오버로크로 처리하는 방법과 인타 록으로 한 번에 처리하는 방법이 있다.

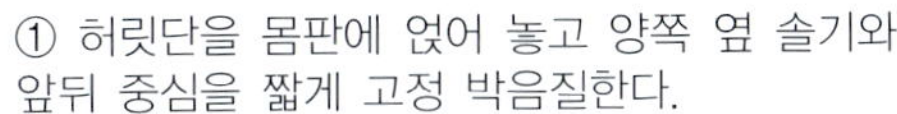
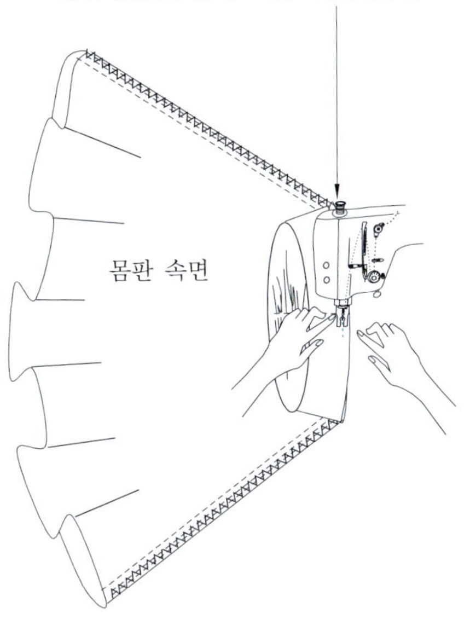

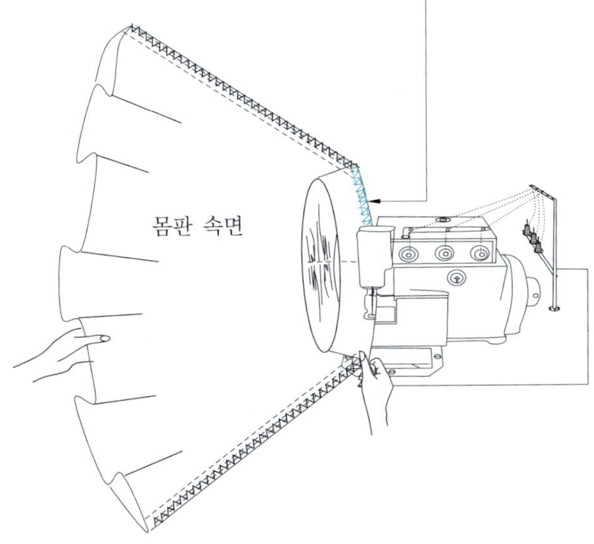

- 앞 뒤판 중심이 바이어스 결이므로 옷을 입었을 때 늘어나면서 길이가 일정하지 않게 된다.
- 인체 모형에 입혀서 그림과 같이 바닥에서부터 길이를 돌아가면서 확인하고 핀으로 표시한 후 가위로 표시한 길이를 시접을 두면서 잘라낸다.

밑단 정리 방법

- 오버로크를 가늘게 처리한 상태라고 할 수 있는 pearl merrow로 처리하면 좋다.
- 오버로크를 친 다음 0.635cm($\frac{1}{4}$")를 접어 올리고, 0.3175($\frac{1}{8}$") 넓이로 가늘게 박음질한다.
- 전용 노루발을 이용해서 말아 박음질한다.
- 스트레치 원단으로 올이 풀리는 현상이 전혀 없는 경우 재단한 raw hem 상태로 그대로 둔다.

밑단에 대해서 재단할 때 자른 그대로 두는 형태(raw hem)

- 옆 솔기의 경우 밑단을 고르게 하기 위해 가위로 자르면 박음질 선이 풀리므로 고정박음질을 한번해야 한다.

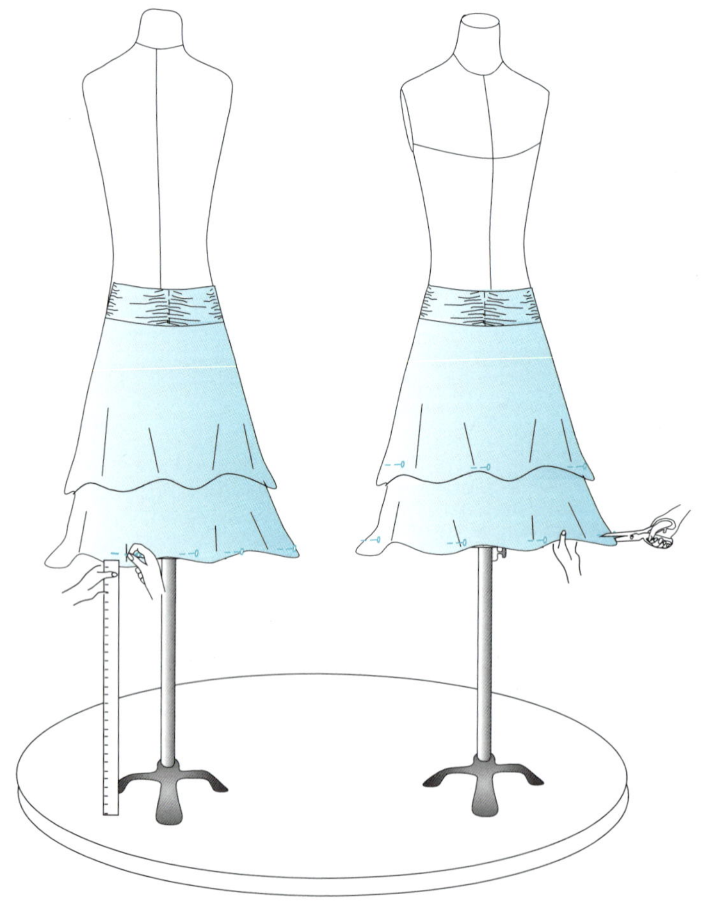

소재 스트레치 원단

다트를 한 개만 넣어서 기본 스커트 제도

예 허리 사이즈 71.12cm (28")
스커트 총길이 58.42cm (23")
몸판 길이 45.72cm (18")
플레어 길이 12.7cm (5")
허릿단 넓이 7.62cm(3")

① 허릿단 넓이 7.62cm(3")를 그려 넣는다.

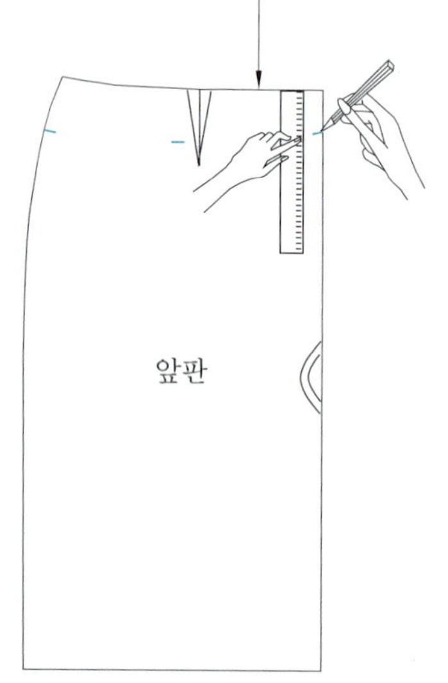

② 플레어 길이 12.7cm(5") 위치 설정

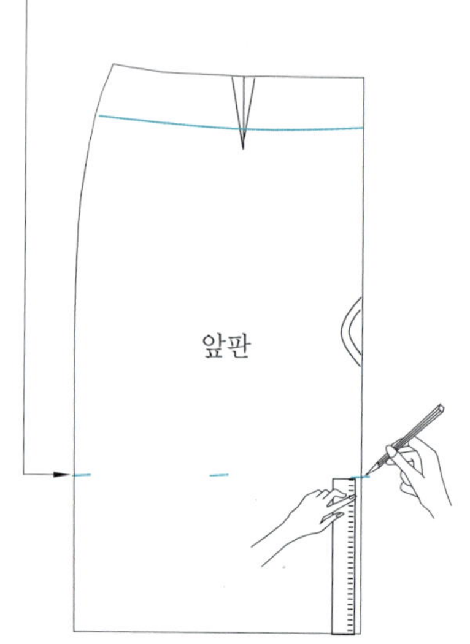

③ 허릿단 넓이와 밑단을 잘라낸다.

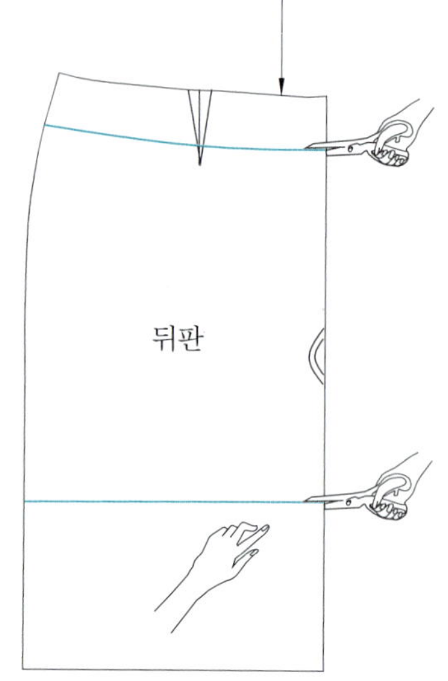

④ 밑단 둘레의 치수를 확인한다.
예) 넓이 24.13cm(9"$\frac{1}{2}$)

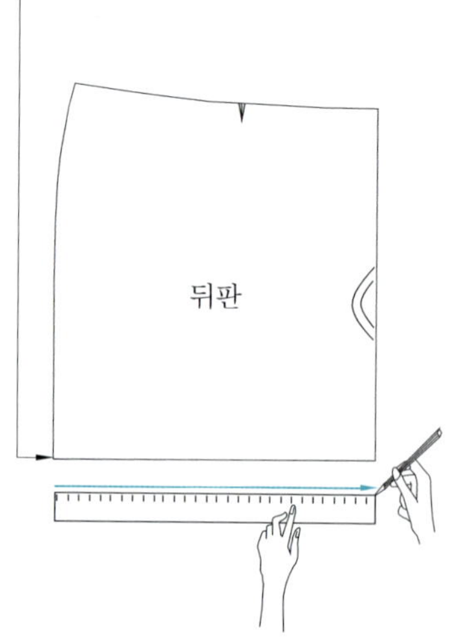

플레어 길이 12.7cm (5") 제도 방법은 180°스커트 제도와 같다.

⑤ 180°스커트 제도법으로 4번 둘레의 사이즈를 놓고 제도
참고 : 4 번 둘레의 사이즈는 반을 접은 상태이므로
24.13cm(9"½) 이라면 ×2＝를 놓아야 한다.

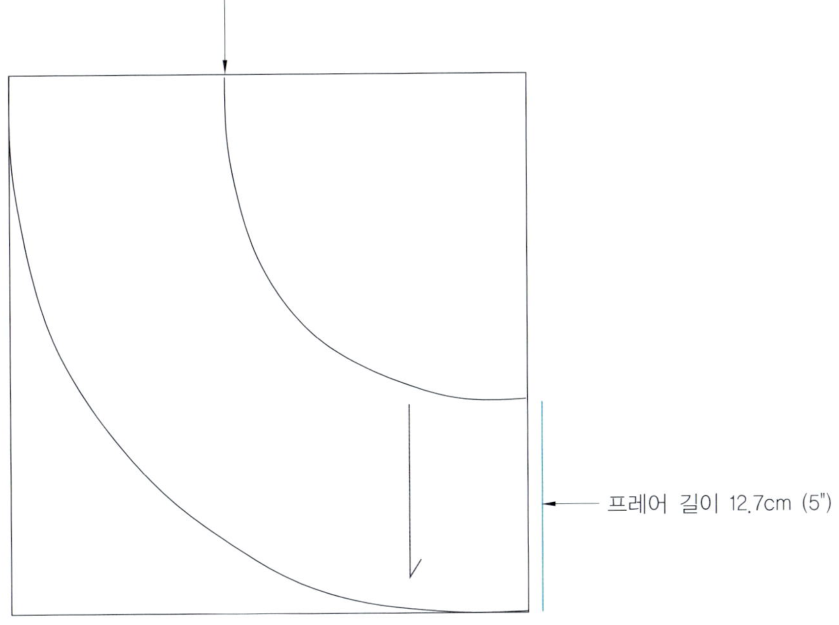

⑥ 제도된 180°를 잘라낸다.

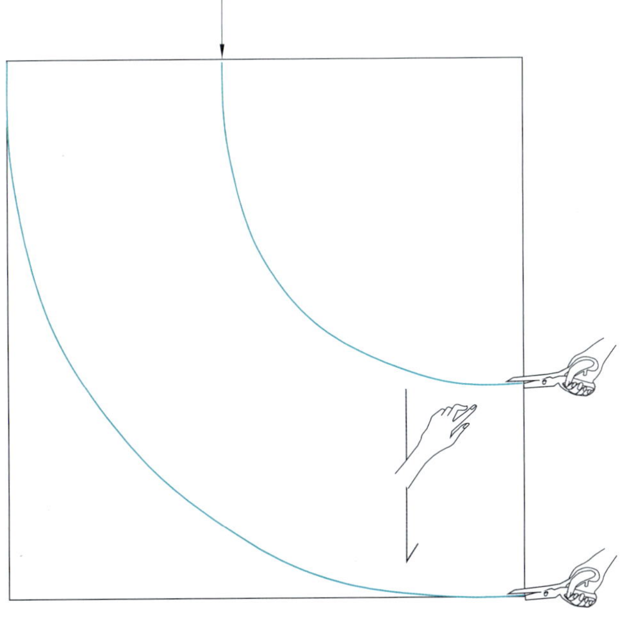

🔔 허릿단 제도

· 앞판과 뒤판의 허릿단 제도는 같으므로 한 개를 제도해서 앞과 뒤로 나누어 준다.
· 허릿단 두 겹으로 처리하므로 넓이 7.62cm(3")를 곱으로 계산한다.

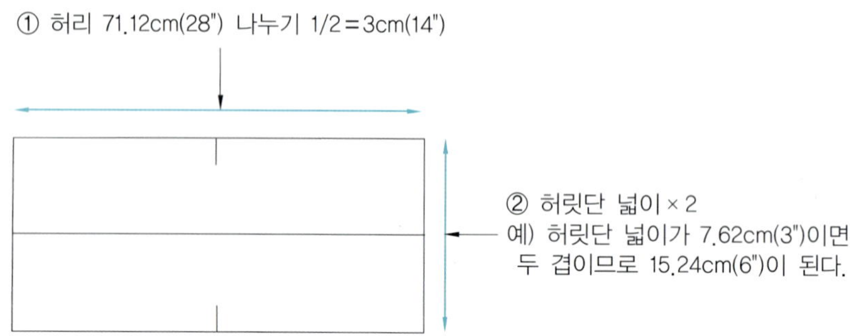

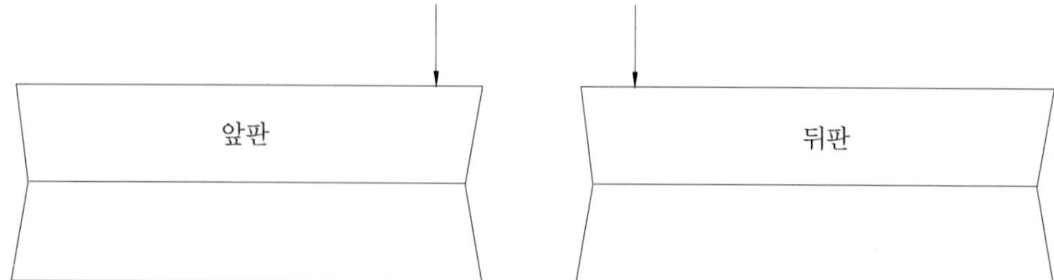

덧대는 앞 허릿단 제도

· 사슬처럼 엮어야 하는 특이한 형태로, 왼쪽과 오른쪽 두 장으로 나뉜다.
· 그림과 같이 반으로 접으면 반쪽밖에 되지 않으므로 앞판 허릿단은 똑같이 두 장이 필요하다.
· 양쪽 중간에 노치는 박음질할 때 위쪽이라는 표시로서 반드시 필요하다.

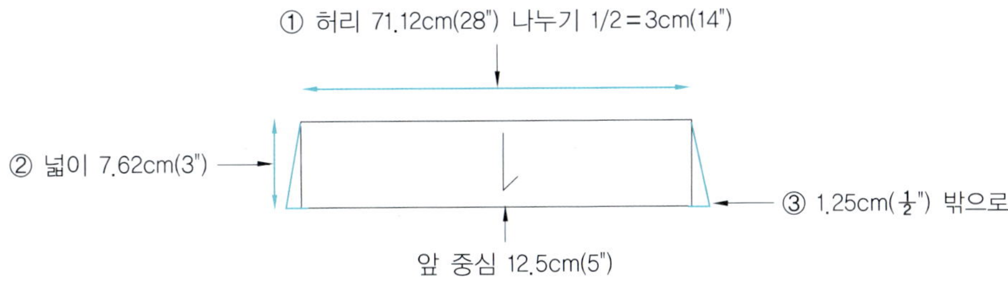

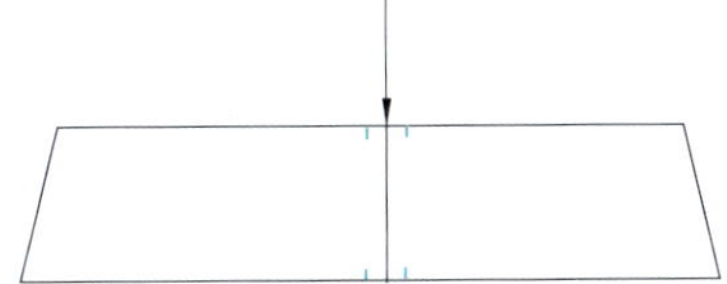

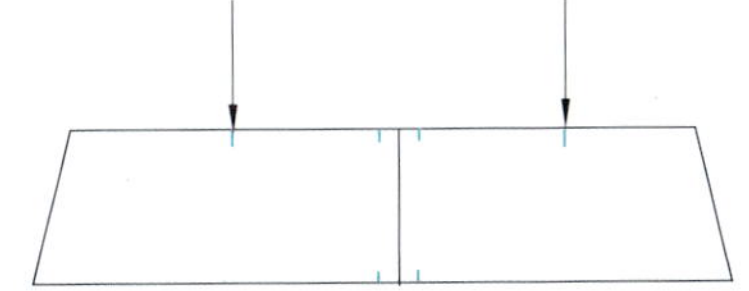

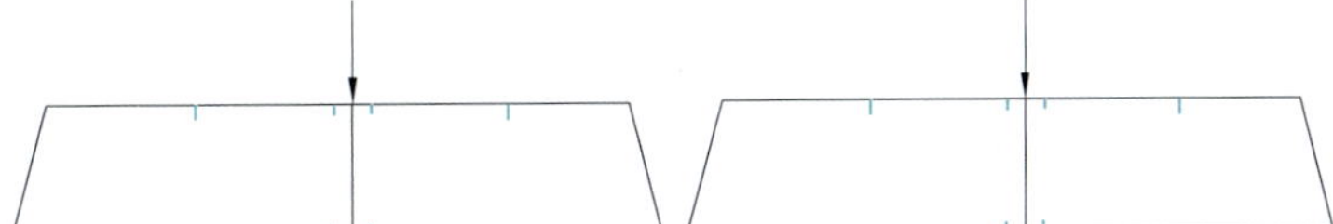

패턴의 개수 확인

· 앞 허릿단 앞판 1개, 뒤판 1개 총 2개

· 앞 허릿단 밴드(band) 왼쪽 1개, 오른쪽 1개 총 2개

· 앞 몸판 1개, 뒤 몸판 1개 총 2개

· 180° 앞판 1개, 뒤판 1개 총 2개

위치별 시접두기 : 전체 (시접 넓이 1cm($\frac{3}{8}$"))

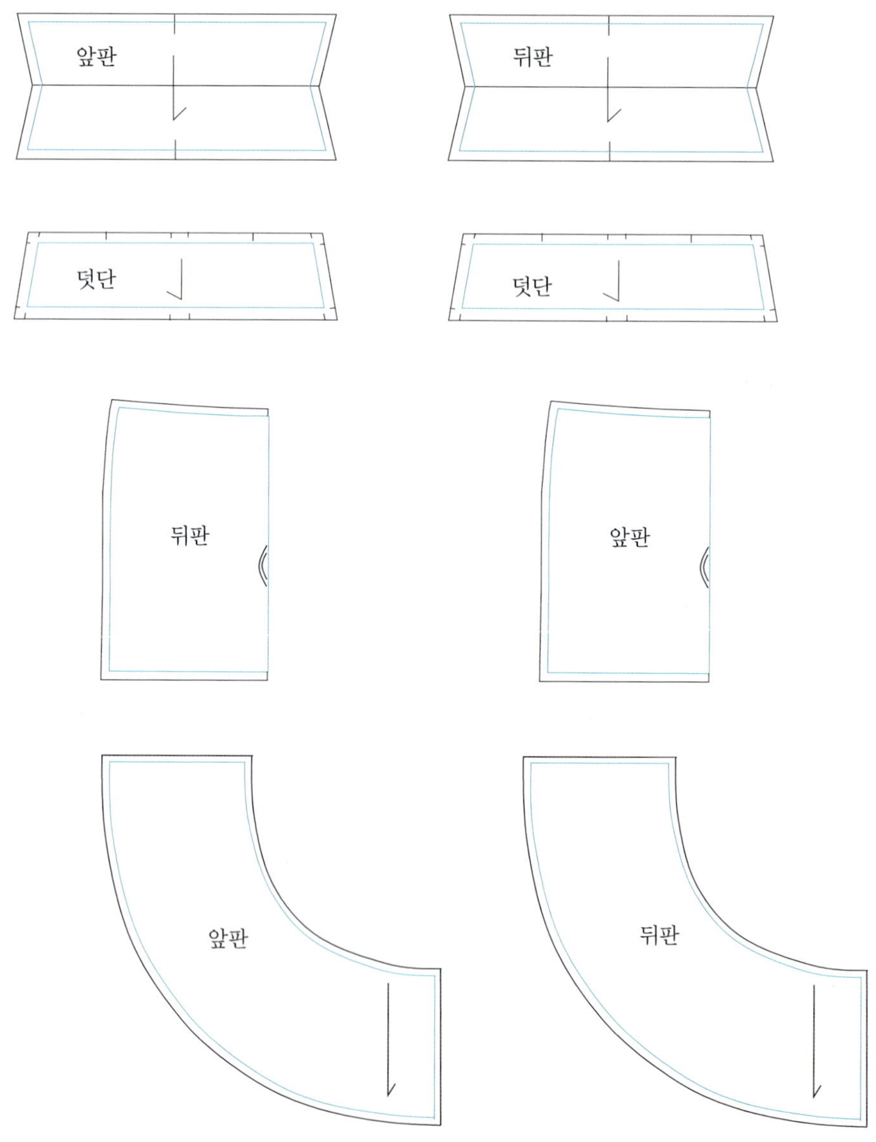

· 위치별 노치 표시는 재단 할 때 모두 가위집을 넣어서 합복 표시를 한다.
· 패턴을 분리해서 앞뒤로 나누고, 뒤판의 중심은 노치를 2개씩 넣어 준다(노치 간격
  1.27cm($\frac{1}{2}$"))

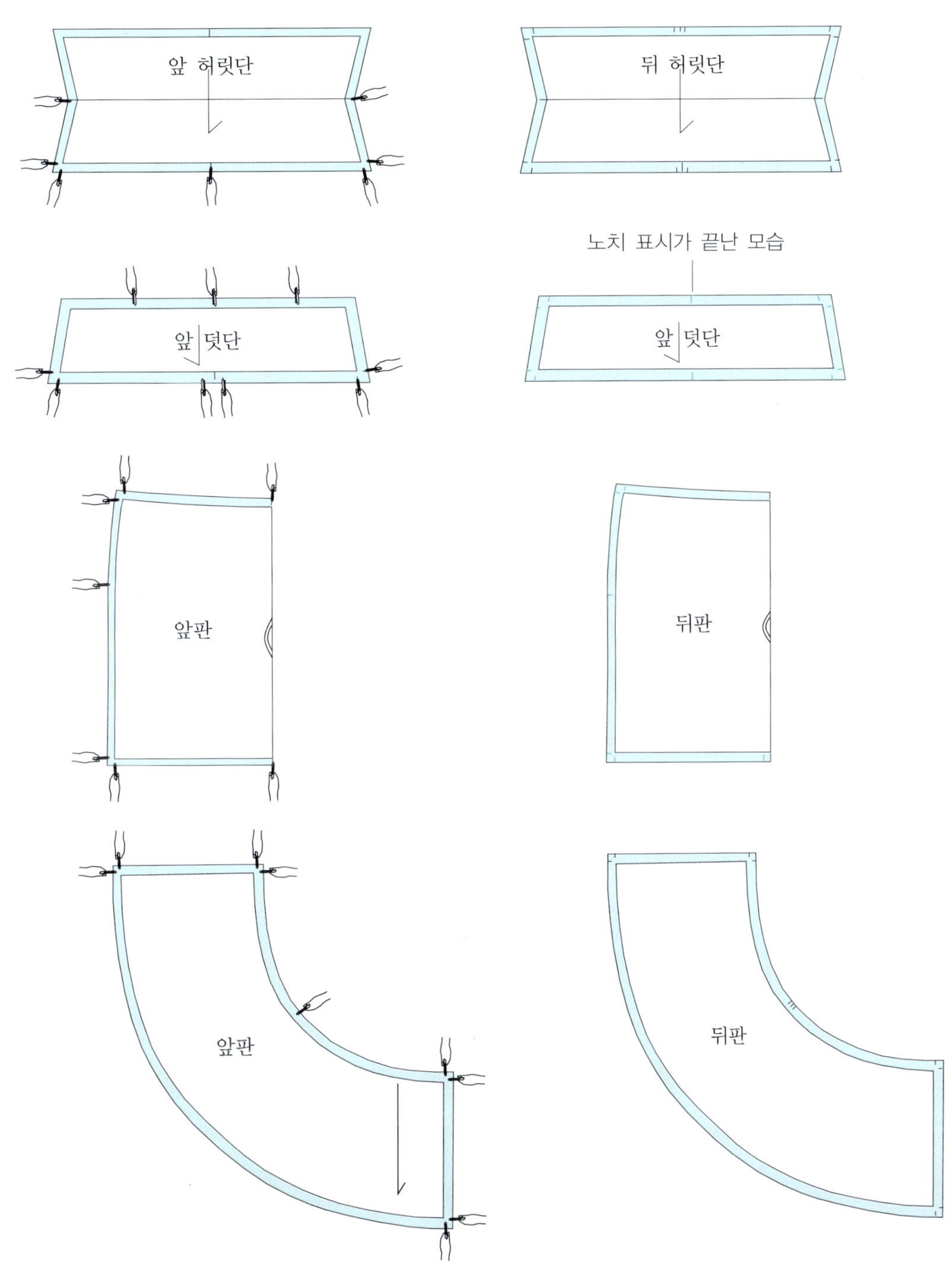

패턴의 앞과 뒤 또는 겉면과 속면의 패턴이 같을 경우 노치 표시를 다르게 하여 구분한다.

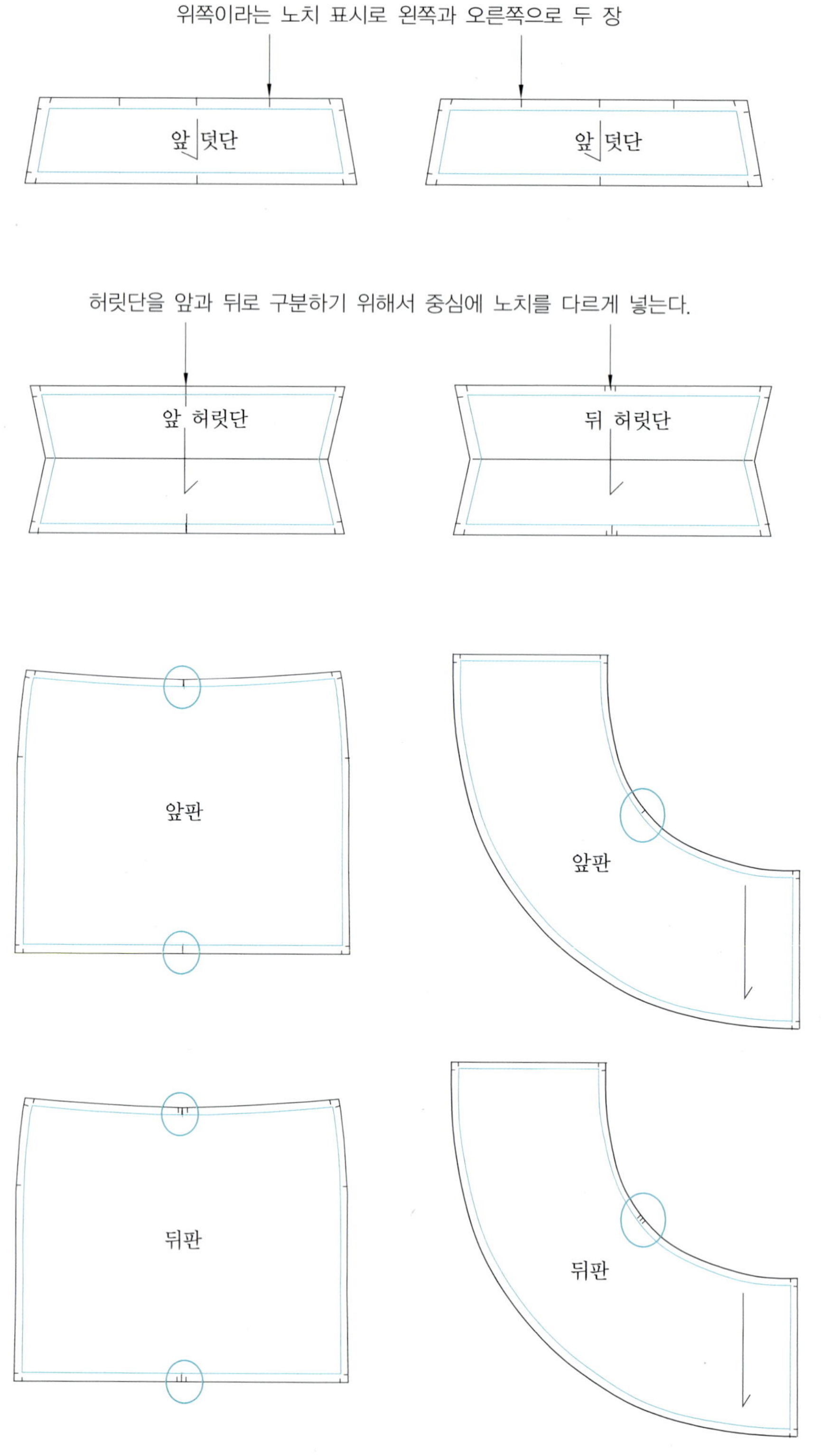

- 원단을 펴놓고 패턴을 나열한 모습
- 180°로 제도된 패턴은 원단을 펴놓고 재단한다.
- 가위로 자를 때 노치 표시를 모두 넣는다.
- 패턴을 고정시키는 방법으로 핀으로 꼽아서 고정 또는 누름쇠를 이용해서 눌러놓고 자른다.

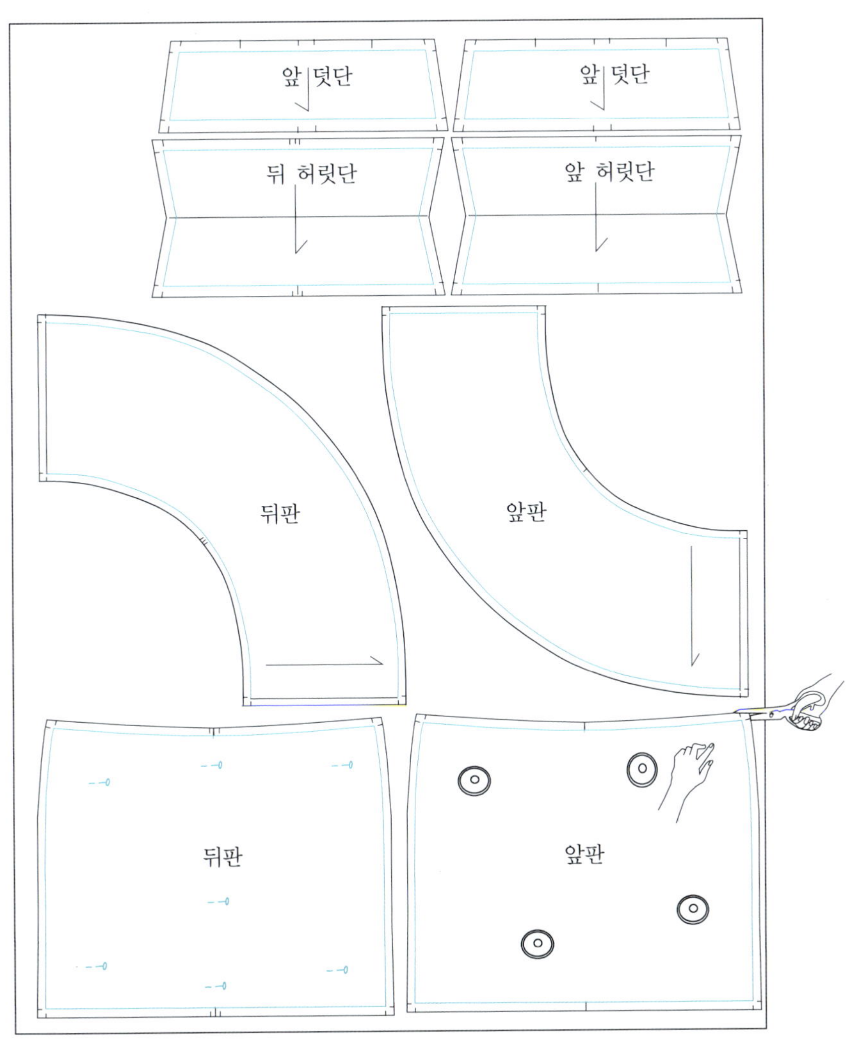

앞뒤 허릿단 봉제 구분 동작 순서대로 따라하기

– 2개의 허릿단 밴드를 그림과 같이 반으로 접어서 노치선을 박음질한다.

① 반으로 접어서 노치 표시선을 박음질한다.

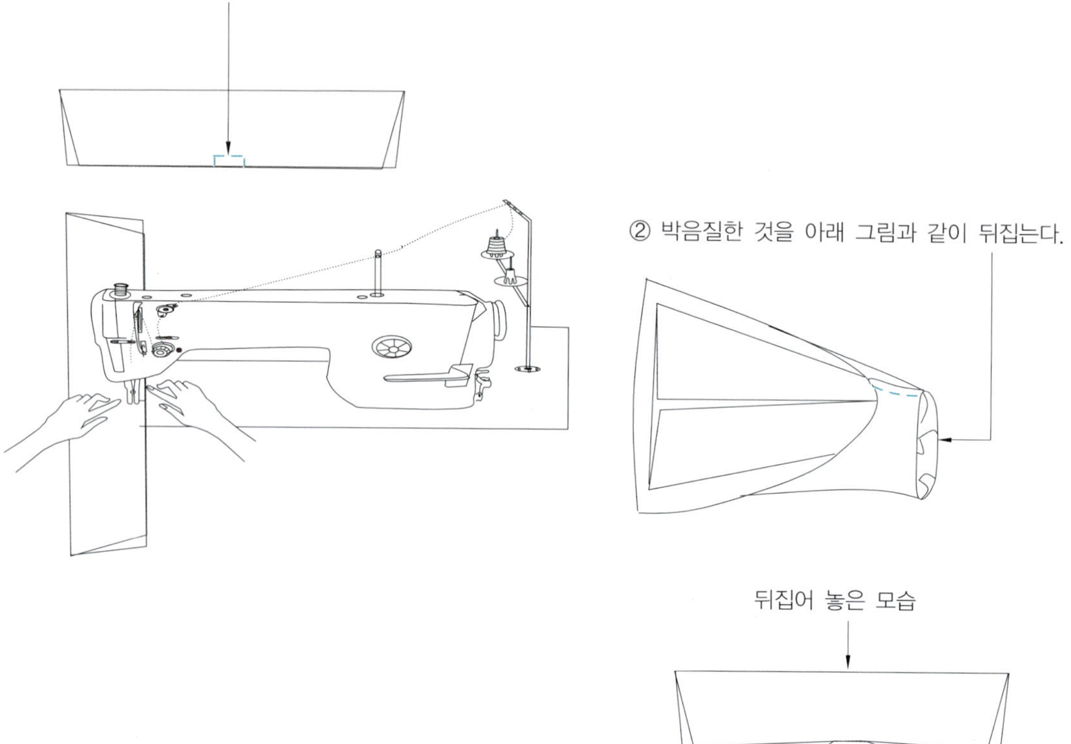

② 박음질한 것을 아래 그림과 같이 뒤집는다.

뒤집어 놓은 모습

③ 두 개의 허릿단을 십자 형태로 놓고 (a)와 (a')를 박음질한다.

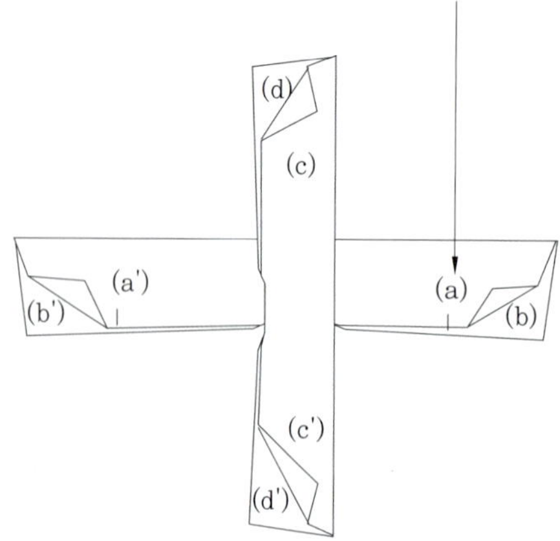

④ 반으로 접어서 박음질하는 구분동작

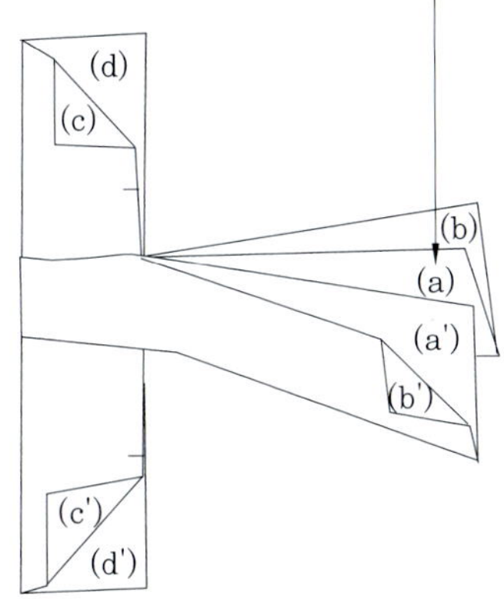

⑤ (a)와 (a')를 안쪽에서 박음질한 모습

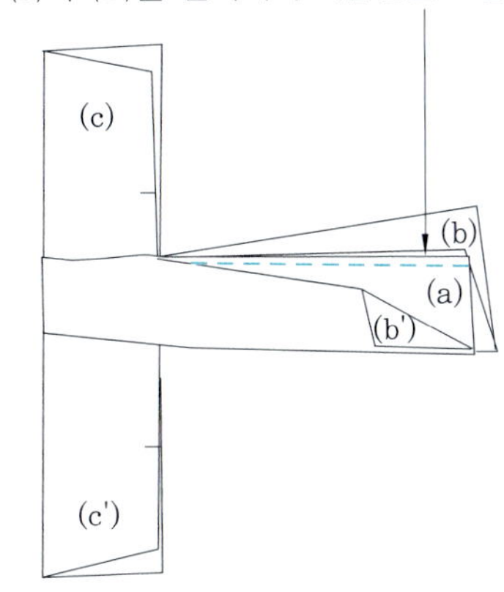

⑥ 3동작과 같은 방법으로 (c)와 (c')를 박음질한다.

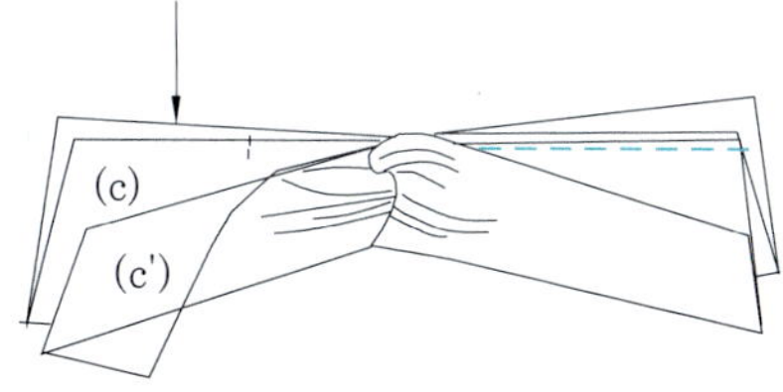

양쪽 안쪽에 박음질한 모습 보기

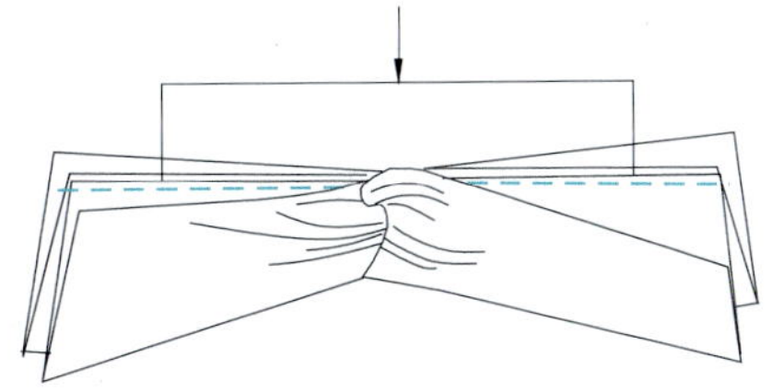

(b)가 (a)를 감싸서 안으로 들어가게 밑으로 내리면서 뒤집어서 박음질할 수 있도록 한다.

⑦ (b)와 (b')을 뒤집어서 안에 모두 집어넣고 박음질한다.

⑦ 뒤집어 접어서 박음질한다.

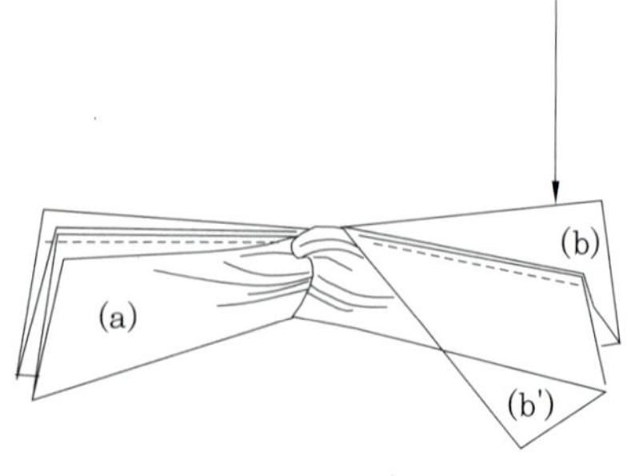

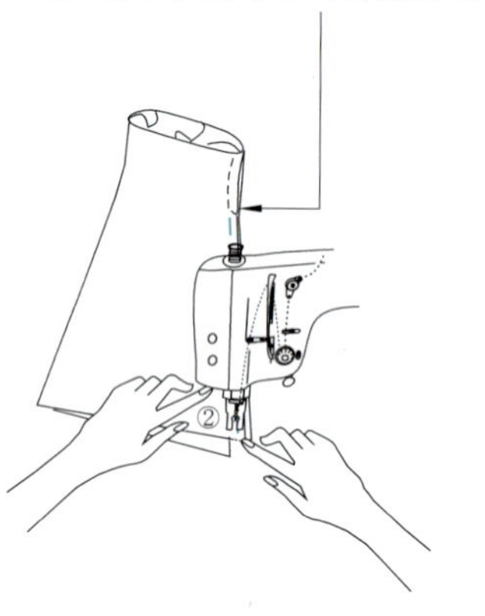

⑧ ⑦번 동작과 같은 방법으로 (d)와 (d')을 뒤집어서 안에 모두 집어넣고 박음질한다.

⑧ 앞의 ⑦번 동작과 같은 방법

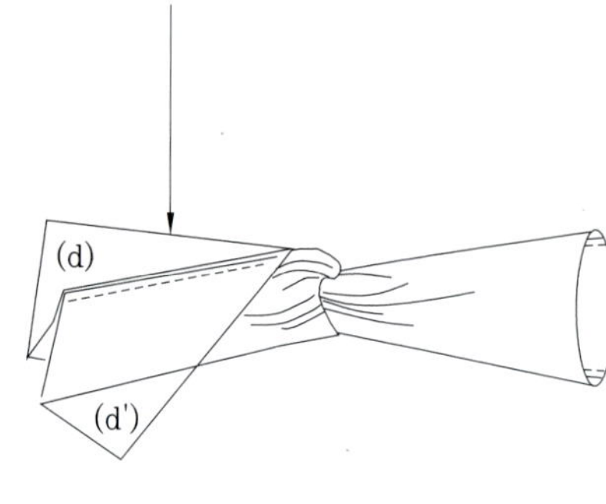

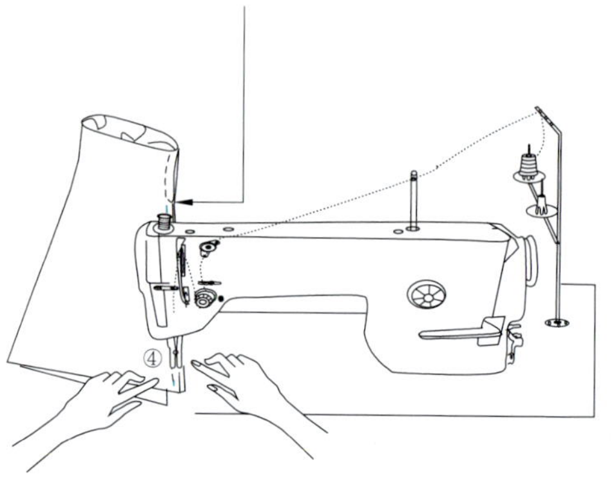

박음질이 끝난 상태로 시접이 모두 속에 들어있게 된다.

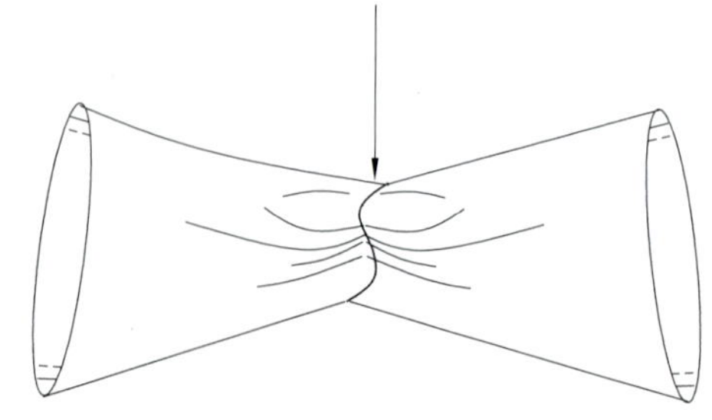

앞 허릿단에 완성된 밴드(band) 허릿단을 올려놓고 옆 솔기에 고정 박음질한다(박음질 넓이 1.27cm($\frac{1}{4}$")).

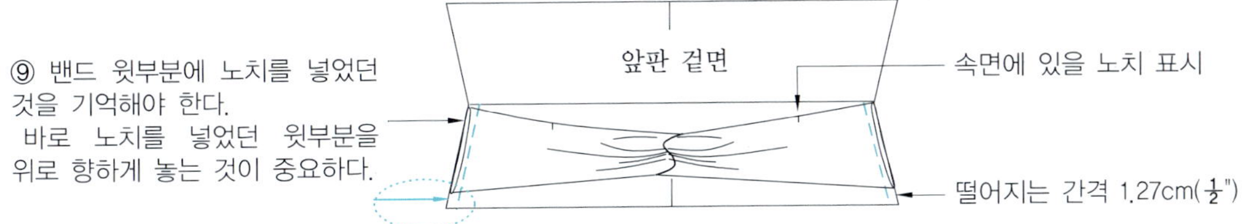

⑨ 밴드 윗부분에 노치를 넣었던 것을 기억해야 한다.
 바로 노치를 넣었던 윗부분을 위로 향하게 놓는 것이 중요하다.

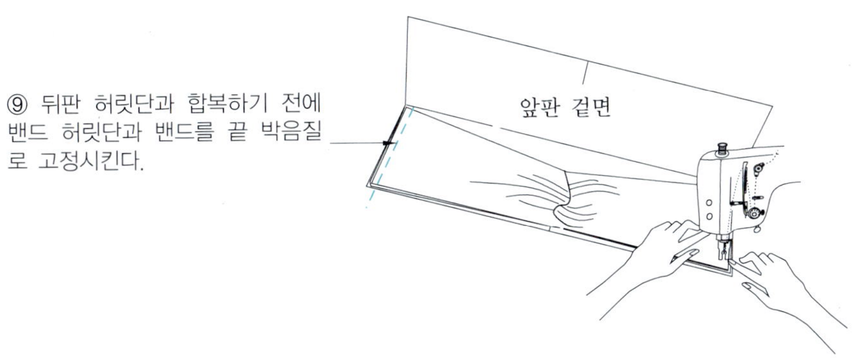

⑨ 뒤판 허릿단과 합복하기 전에 밴드 허릿단과 밴드를 끝 박음질로 고정시킨다.

⑩ 뒤판 허릿단을 밑에 놓고 앞 허릿단을 위에 놓는다.
(양쪽 솔기 박음질 놓이는 상태는 겉면끼리 마주보는 형태)

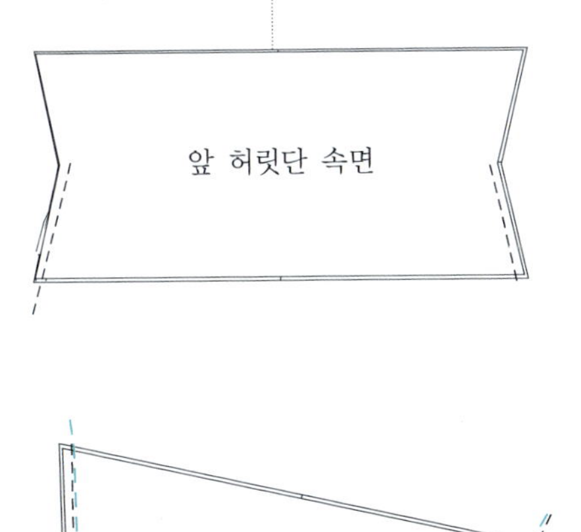

⑩ 뒤판 허릿단을 밑에 놓고 양쪽 옆솔기를 합복한다.

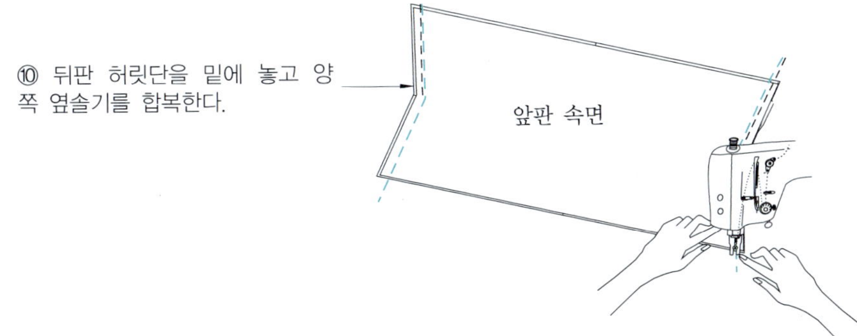

고무줄 넓이 1.25cm($\frac{1}{2}$")을 허리보다 2.5cm(1") 정도 작게 잘라서 이음 박음질을 한 다음 원형으로 만들어서 허릿단 양쪽 옆 솔기에 고정시킨다.

⑪ 고무줄을 반으로 접어서 초크로 표시한다.

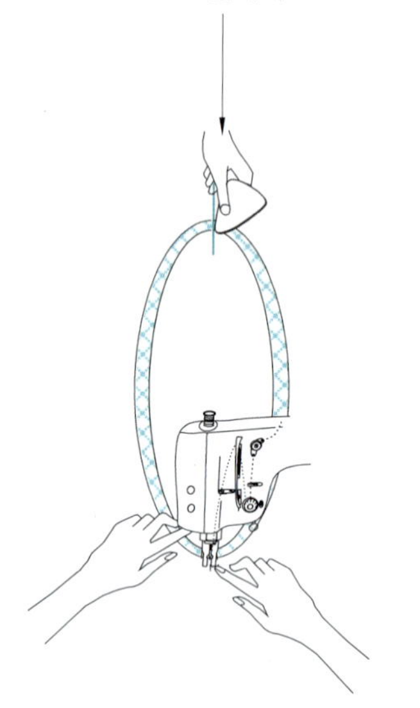

⑫ 고무줄을 양쪽 옆 솔기 안단 쪽에 고정하기 위해 박음질한다.

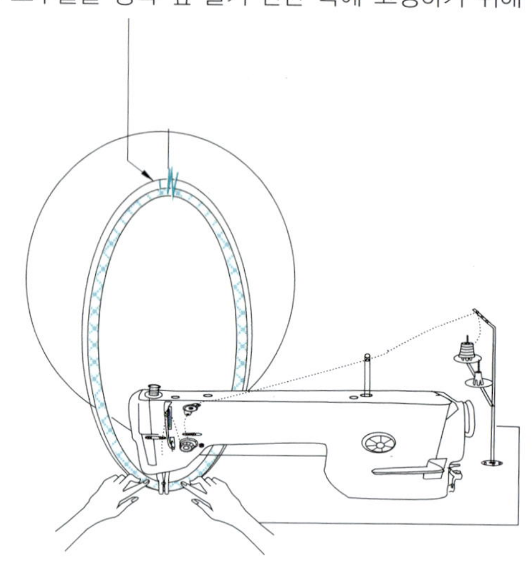

⑬ 허릿단 둘레를 고정 박음질해서 허리 합복을 쉽게 한다.

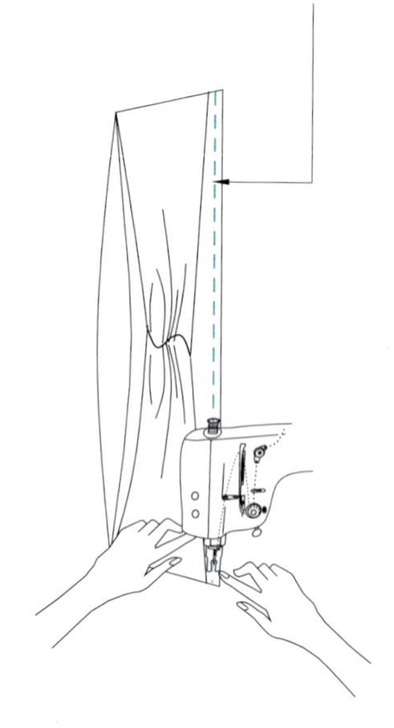

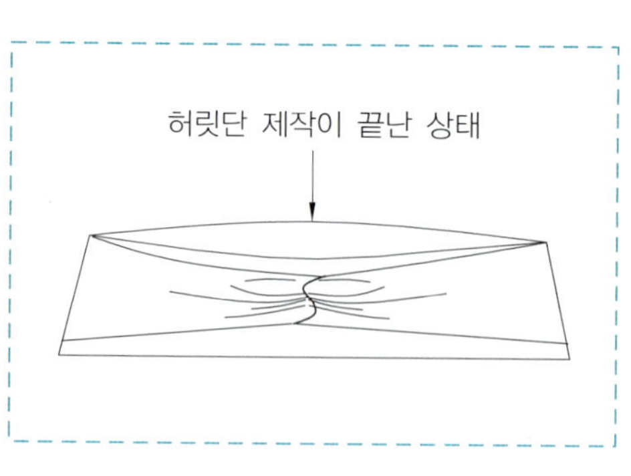

몸판 박음질 하기 2가지 방법

· 인타 록을 이용하여 한 번에 박음질과 오버로크를 처리한다.
· 본봉으로 먼저 박음질하고 오버로크 처리한다.

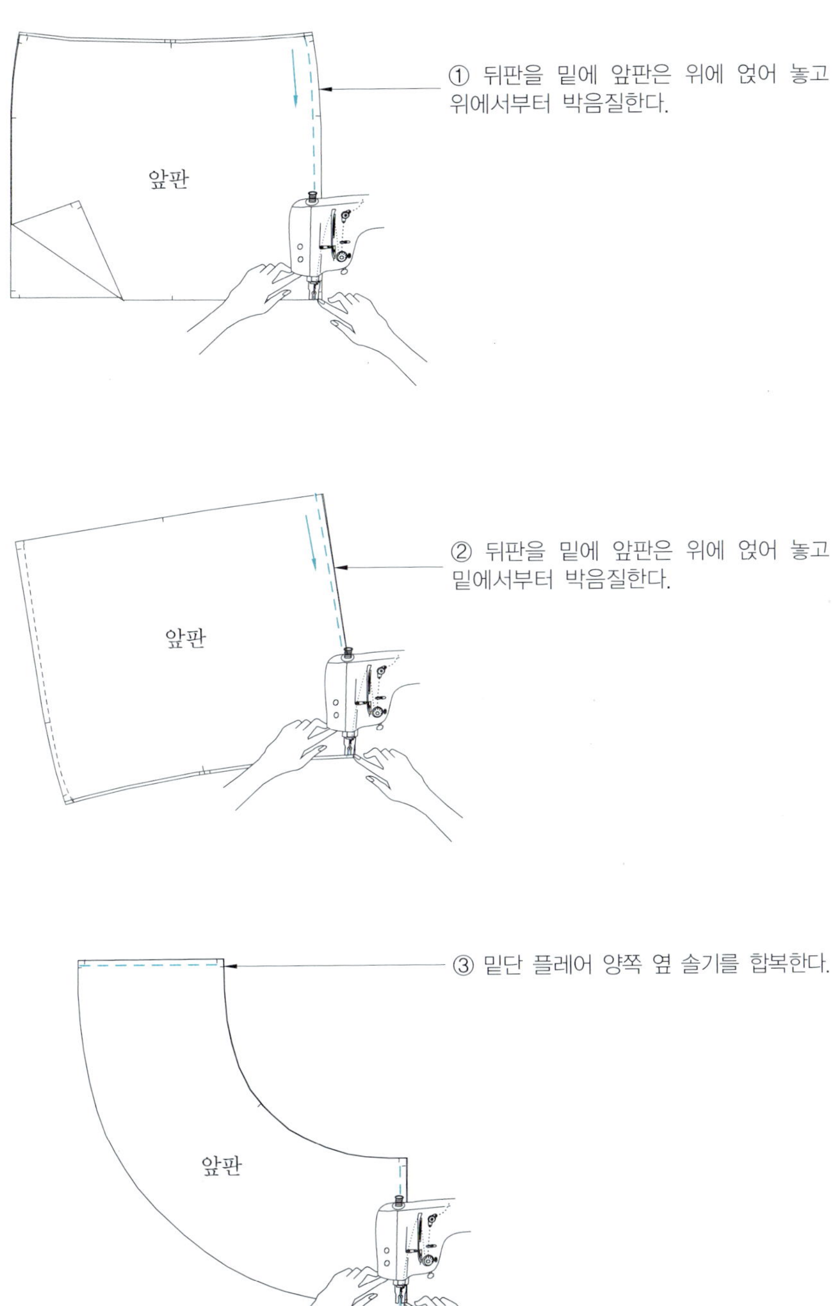

앞뒤 몸판 봉제 구분 동작 순서대로 따라하기

– 앞판을 위에 놓고 박음질하려면 한쪽은 위에서부터 한쪽은 밑에서 박음질하게 되며, 오버로크나 인타 록도 같은 방법으로 한다.

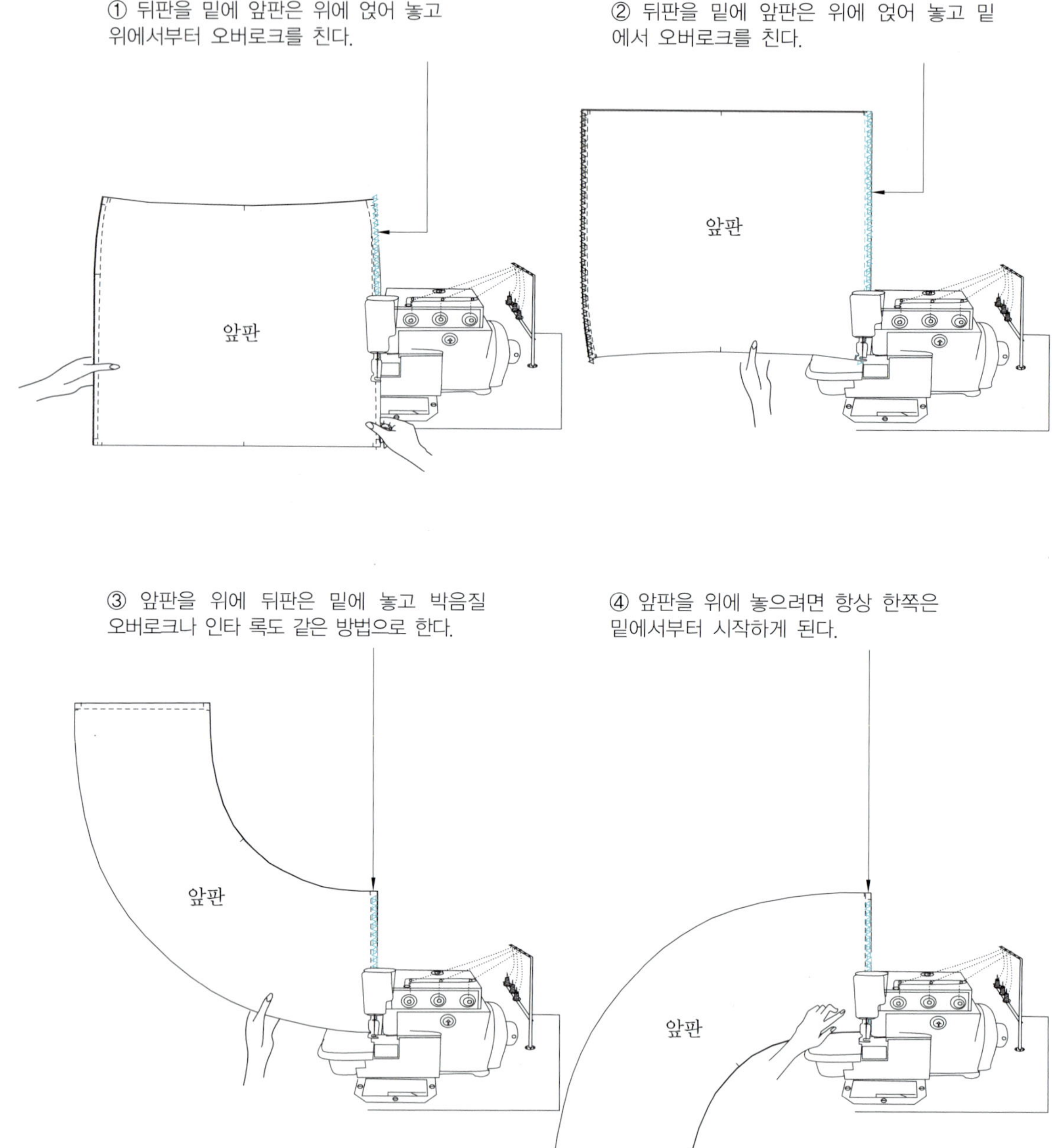

　한쪽 옆 솔기를 먼저 고정시키는 박음질을 한 다음에 다른 쪽으로부터 합복 박음질을 하면 정확하게 합복이 가능하며, 좀 더 정확하게 하려면 앞 중심과 뒤 중심까지 고정시키고 합복하면 더욱 편하고 정확하게 박음질이 가능해진다.

⑤ 양쪽 옆 솔기와 앞뒤 중심을 고정 하기 위해 박음질한다.

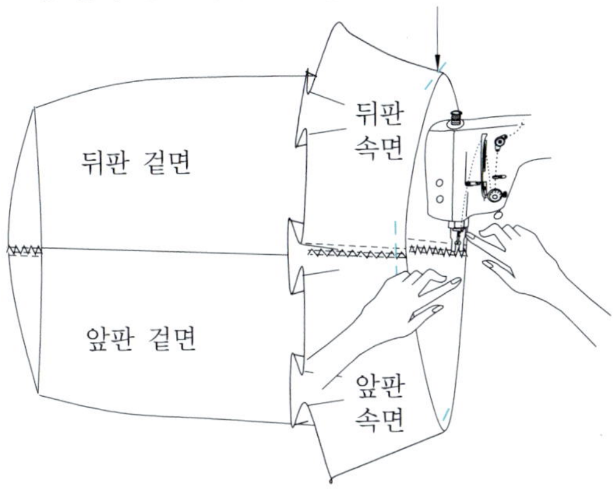

⑥ 그림과 같이 플레어스커트를 약간 잡아당기는 듯이 박음질한다.
합복선이 곡선으로 박음질 과정에서는 작게 느껴진다.

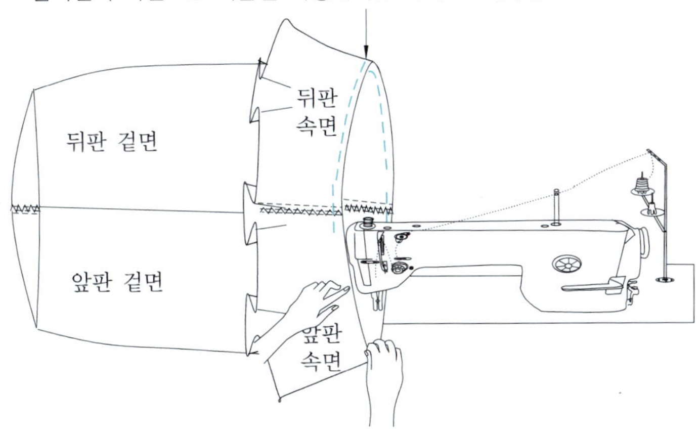

⑦ 허릿단을 스커트 속에 집어넣고 양쪽 옆 솔기
앞중심과 뒤 중심을 고정 시키는 박음질을 한다.

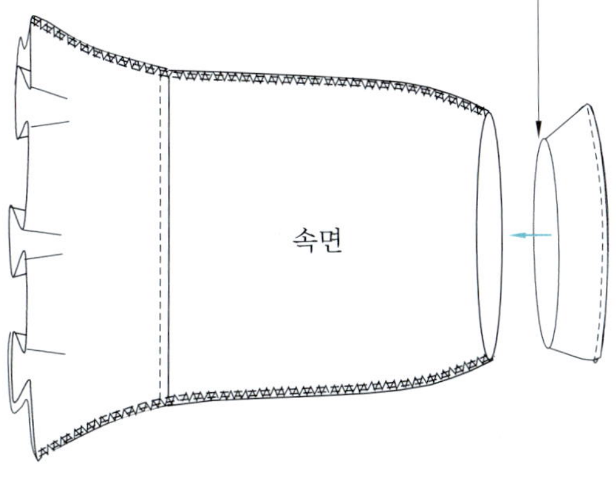

· 양쪽 옆 솔기 시접은 모두 뒤쪽으로 보내고 허릿단과 몸판의 합복 위치가 빗나가지 않도록 위치를 고정시켜 놓은 상태에서 안전하게 돌려 박음질한다.

· 허릿단 둘레보다 몸판 둘레가 크므로 허릿단을 몸판과 합복할 때는 허릿단을 잡아당기며 박음질해야 하고 몸판 허리 부분은 약간의 이세가 들어가는 형태로 박음질된다.

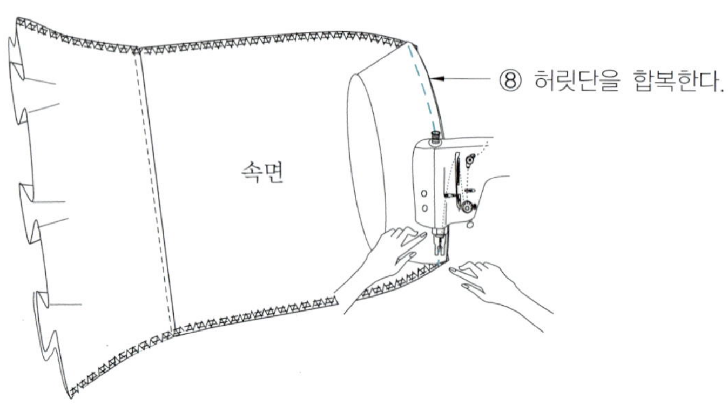

⑨ 그림과 같이 허릿단을 위에 놓고 오버로크 처리한다.

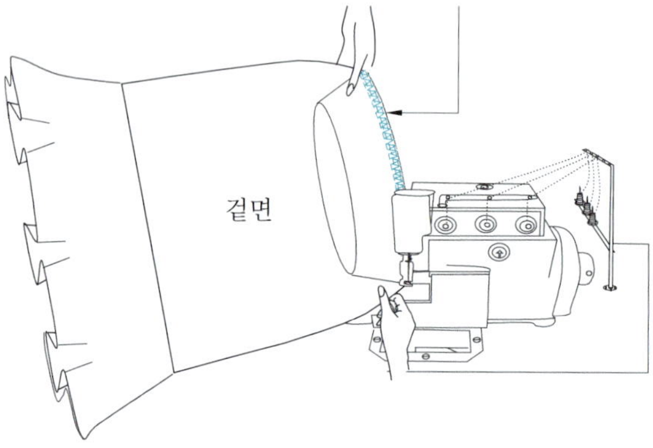

⑩ 오버로크를 칠 때는 몸판이 밑에 놓이게 하여야 한다. 오버로크의 위쪽이 겉면이고 아래쪽이 속면이 되며 스커트를 완성했을 때 시접을 위쪽으로 올려야 하므로 그림과 같이 놓아야 한다.

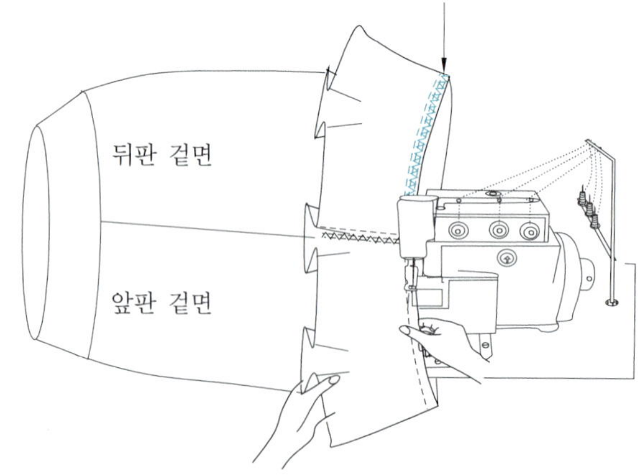

🔷 밑단 정리 방법

· 오버로크를 가늘게 처리한 상태라고 할 수 있는 pearl merrow로 처리가 좋은 품질을 유지한다.
· 오버로크를 친 다음 0.635cm($\frac{1}{4}$")를 접어 올리고 0.3175($\frac{1}{8}$") 넓이로 가늘게 박음질한다.
· 전용 노루발을 이용해서 말아 박음질한다.
· 스트레치 원단으로 올이 풀리는 현상이 전혀 없는 경우 밑단을 정리한 상태로 그대로 둔다.

※ 밑단에 대해서 재단할 때 자른 그대로 두는 형태(raw hem)이다. 원단의 올이 전혀 풀리지 않을 때 적용한다.

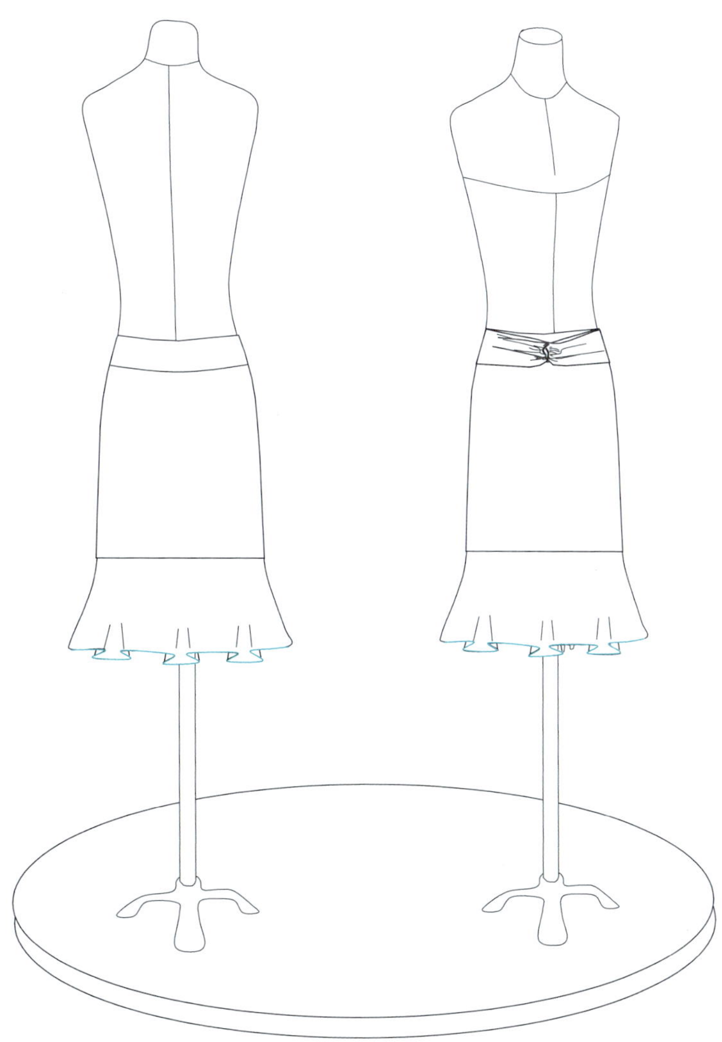

■ 소재 스트레치 원단

🔔 다트를 한 개만 넣어서 기본 스커트 몸판 제도

📘 허리 사이즈 71.12cm(28"). 스커트 총 길이 58.42cm(24"). 허릿단 넓이 10.16cm (4").

패턴 종이를 반으로 접어서 제도하고 복사해서 왼쪽과 오른쪽을 한 번에 볼 수 있도록 펼쳐 놓는다.

라인(line)의 좌우 형태가 다른 경우(unbalance) 패턴의 전체를 보면서 선을 그려 넣는 것이 중요하다.

① 기본 제도에서 허릿단 넓이를 그려 넣고 복사

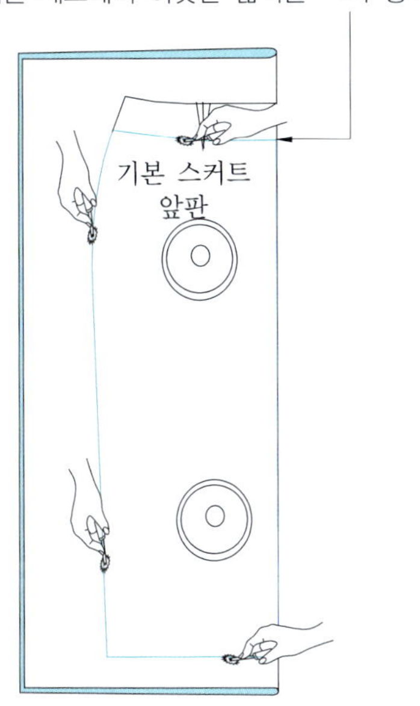

② 전체를 볼 수 있도록 펼쳐 놓는다.

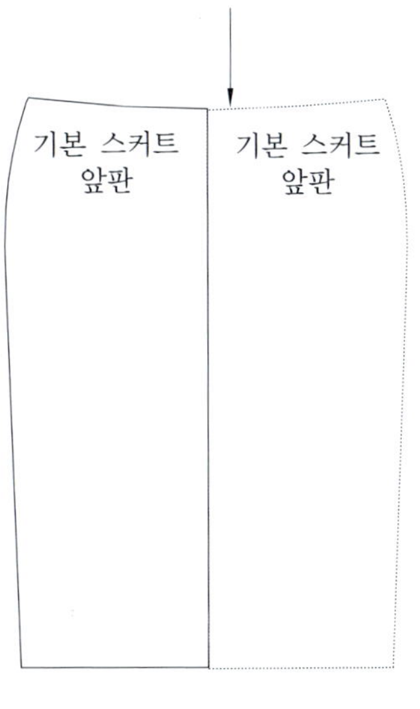

③ 옷을 입었을 때 왼쪽이 높고 오른쪽이 낮다.

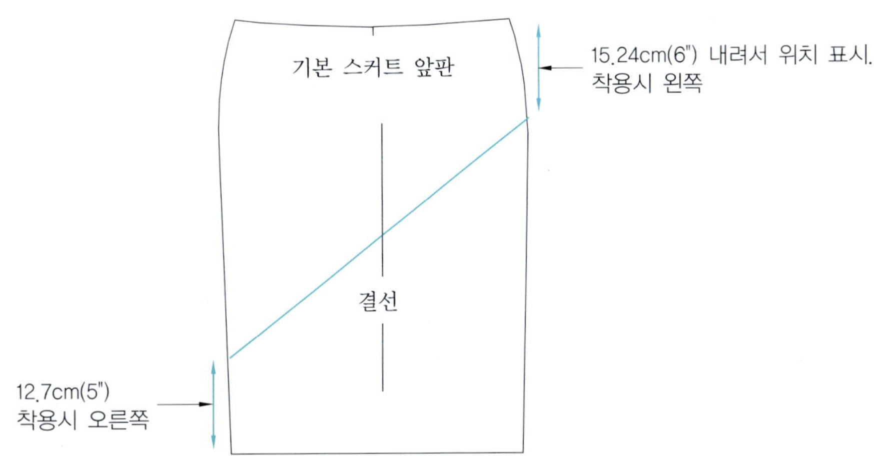

사선으로 절개한 패턴을 여러 조각으로 다시 절개하여 플레어 분량을 만들어야 한다.

④ 패턴을 절개해서 분리시킨다.

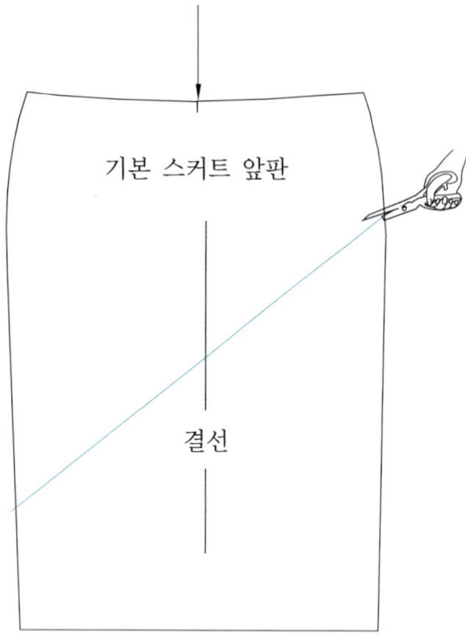

④ 패턴을 절개해서 분리시킨다.

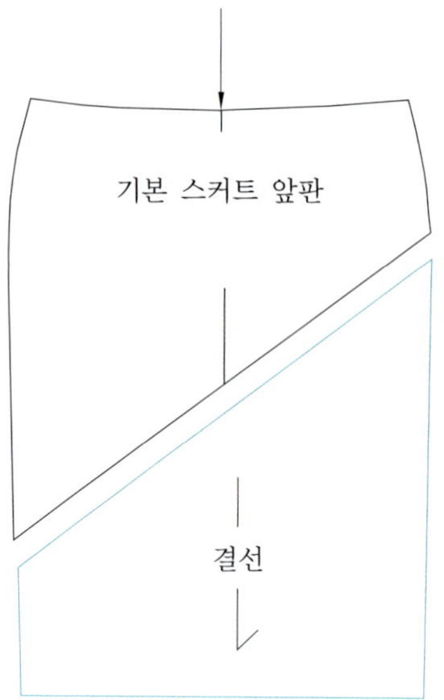

⑤ 절개한 패턴을 5.08cm(2") 정도의
간격으로 선을 그어 준다.

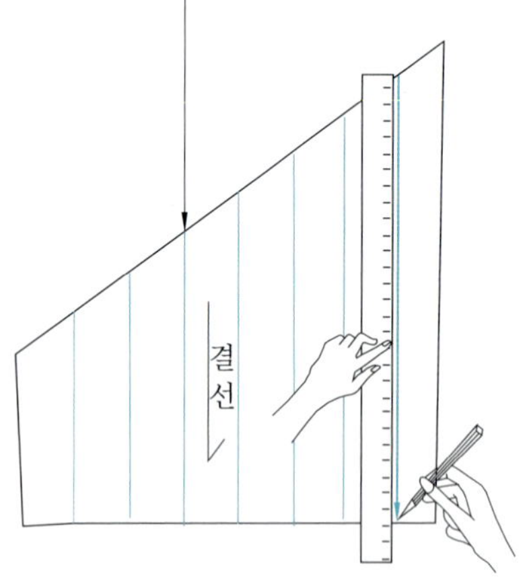

⑥ 끝부분은 자르지 않고 약간 남겨놓
으면서 그려진 선을 모두 절개한다.

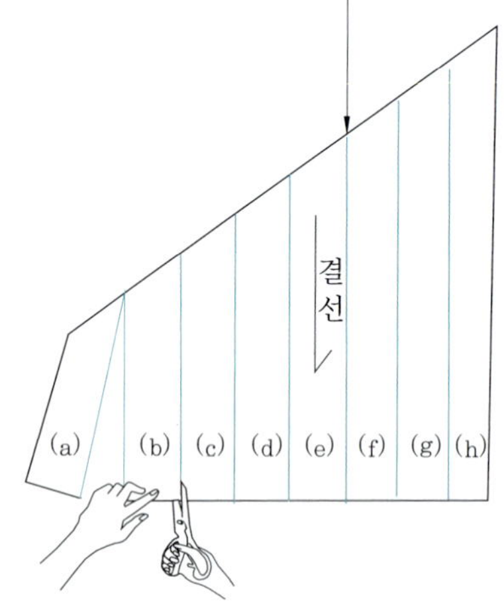

· 사선으로 절개할 경우 위쪽은 많이 벌려 주고 아랫부분은 조금 벌려 주어야 하며 이 유는 주름지는 분량이 밑으로 쳐지면서 아래로 몰리기 때문이다.
· 보기와 같이 각자를 놓았을 때 길이가 긴 쪽과 짧은 쪽의 길이에서 각자와 떨어지는 간격이 같은 것을 볼 수 있다.
· 결선의 위치가 자연스럽게 바뀐 것을 볼 수 있다.

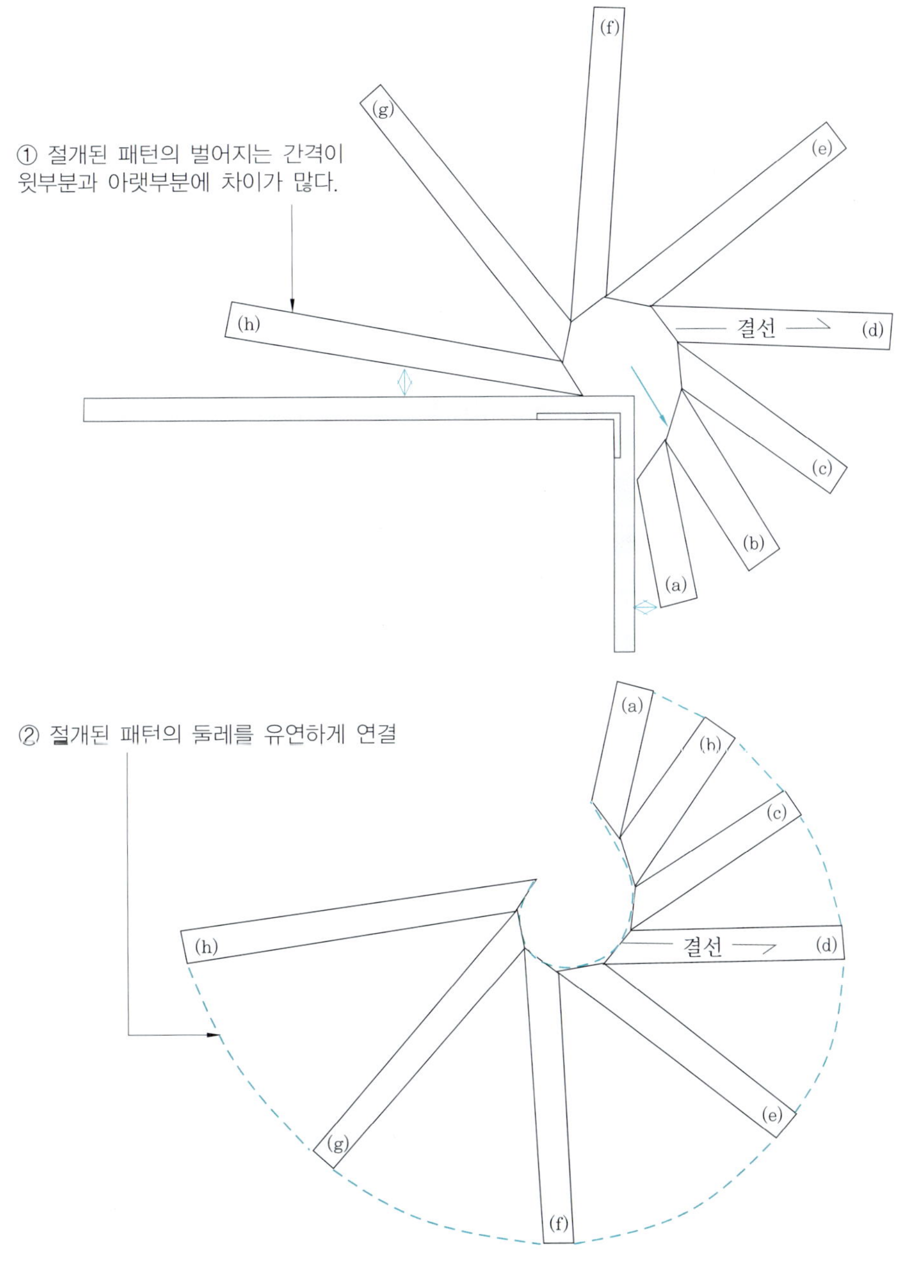

· 몸판의 허릿단 합복 위치 치수를 무시하고 허릿단을 제도하며 봉제 과정에서 몸판에 약간의 이세가 들어가게 된다.
· 허릿단과 몸판을 합복할 때 몸판이 크며 허릿단을 잡아당기면서 합복하여 몸판에 이세량이 골고루 들어가게 한다.
· 허리 치수에서 2.54cm(1")를 공제하는 것은 허리 치수를 탄력 있게 하기 위해서 필요하다.

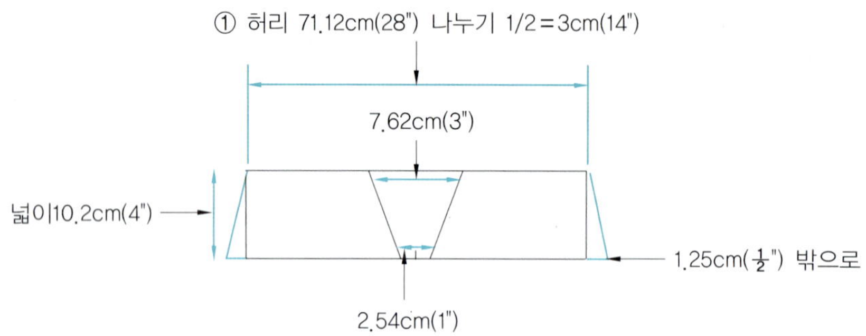

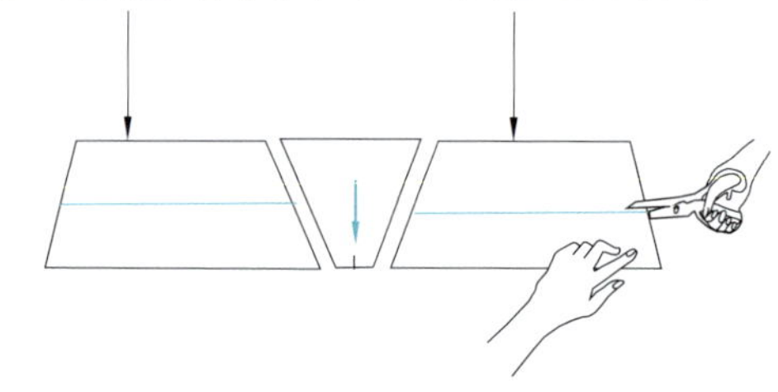

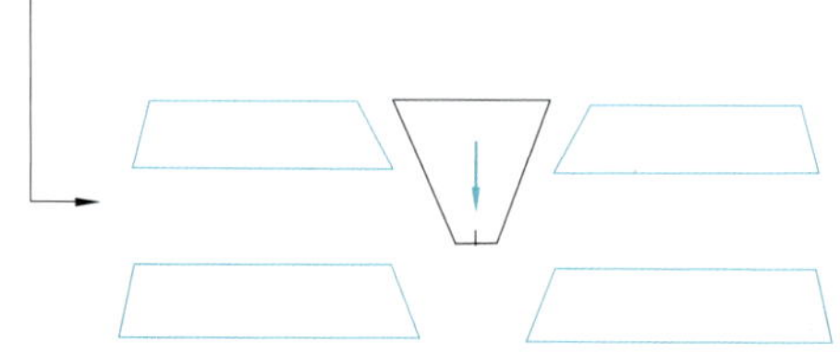

· 1번 허릿단을 절개하지 않은 상태에서 복사하여 앞 허리 안단으로 사용한다.

④ 윗부분과 아랫부분을 연결한다.

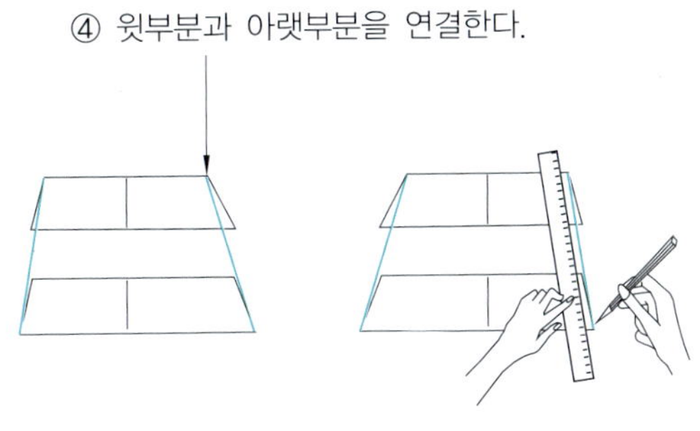

⑤ 완성된 허릿단 앞판 겉면

옆 허릿단
넓이 17.78cm(7")
Side front WB

앞 중심 허릿단
넓이 7.62cm(3")
WB center

옆 허릿단
넓이 17.78cm(7")
Side front WB

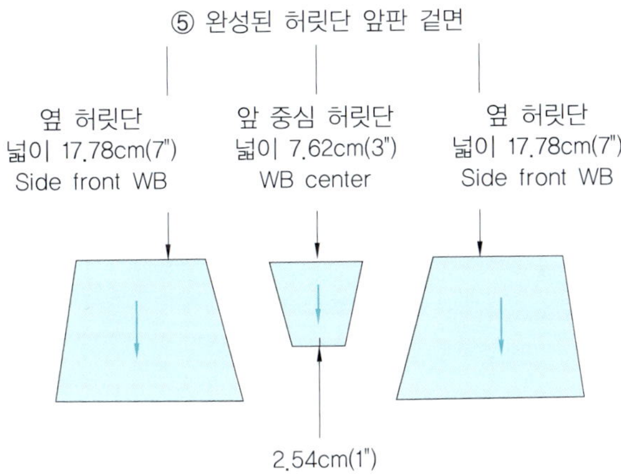

2.54cm(1")

⑥ 앞 허릿단 제도 속면은 절개하지 않은 상태에서 시접만 준다.

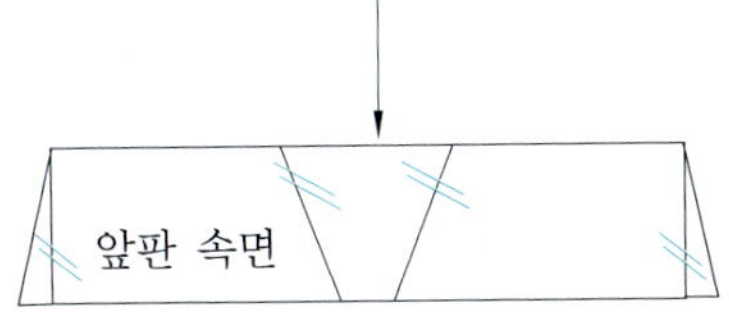

뒤판 허릿단 겉면 1개 속면 1개

· 전체 시접 1.25cm($\frac{1}{2}$")
· 결선 원단의 길이 방향으로 설정

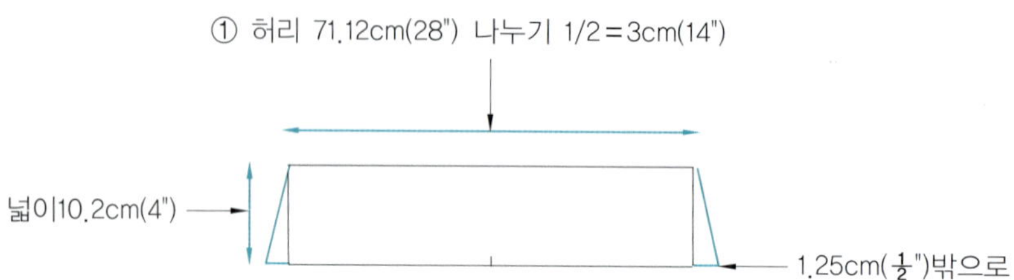

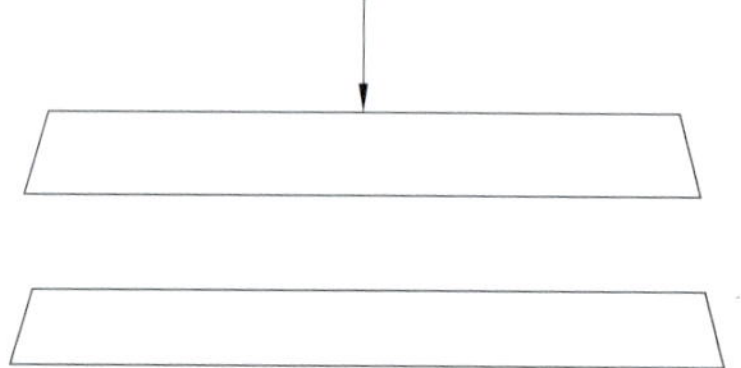

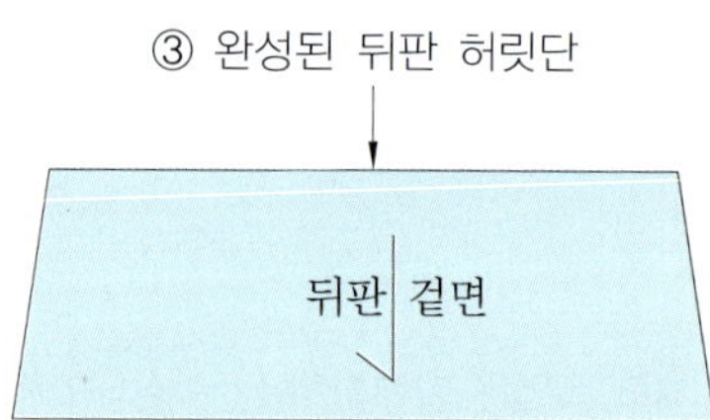

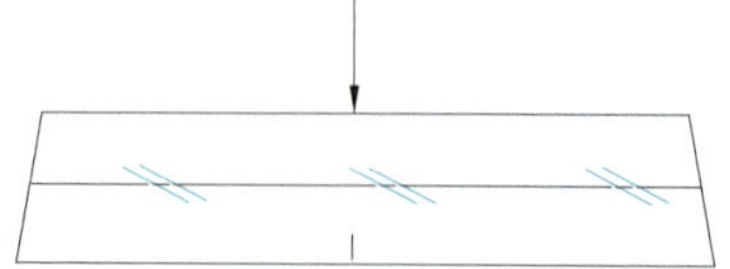

📘 완성된 패턴의 개수 확인 & 시접두기

- 앞 허릿단 겉면 1개, 속면 1개 총 2개
- 뒤 허릿단 겉면 1개, 속면 1개 총 2개
- 앞몸판 1장 외 절개된 밑단 플레어 1장
- 뒤몸판 1장 외 절개된 밑단 플레어 1장
- 전체 시접 1.27cm($\frac{1}{2}$")

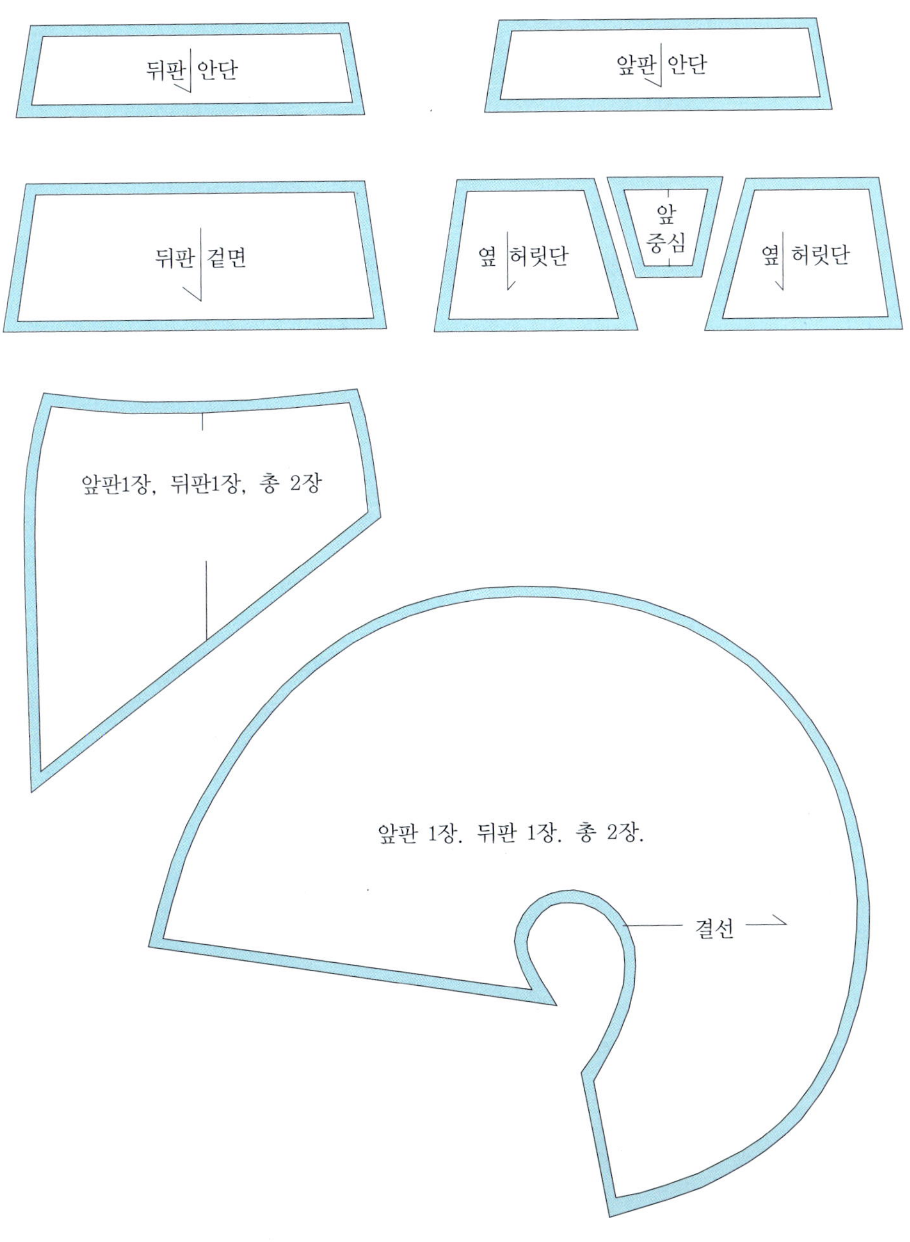

· 각 모서리마다 시접넓이 노치 표시를 하고 뒤판은 중심에 모두 1.27cm($\frac{1}{2}$") 간격으로 두 개의 노치를 나란히 넣어서 표시한다.

· 몸판 왼쪽과 오른쪽의 방향이 바뀌지 않도록 마주 놓고 확인하며 노치 표시를 넣어 준다.

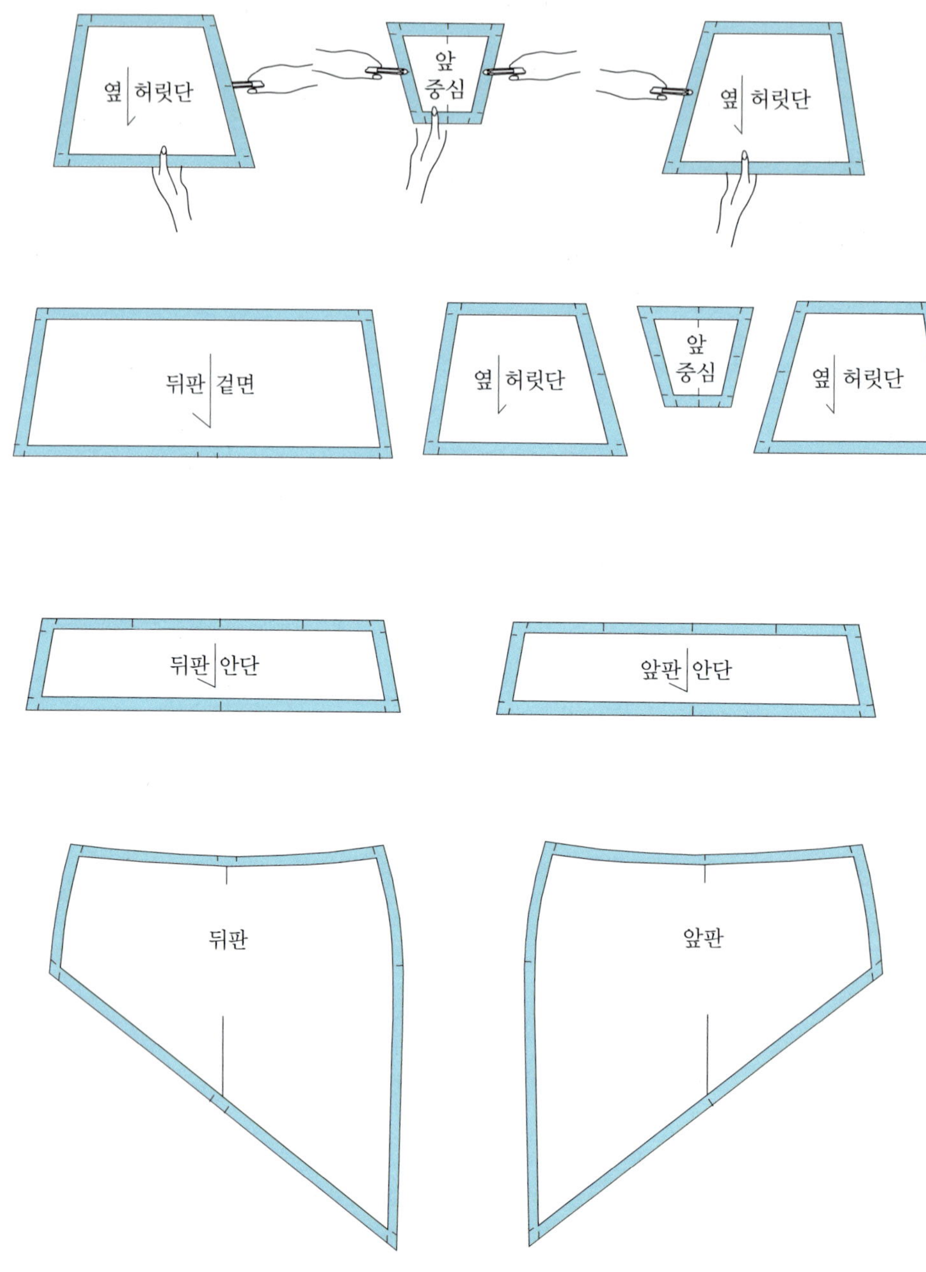

· 뒤판은 중심에 모두 1.27cm($\frac{1}{2}$") 간격으로 두개의 노치를 나란히 넣어서 표시하고
몸판과 마찬가지로 앞판과 뒤판이 뒤집히지 않도록 마주 놓고 확인하며 노치를 넣어
준다.

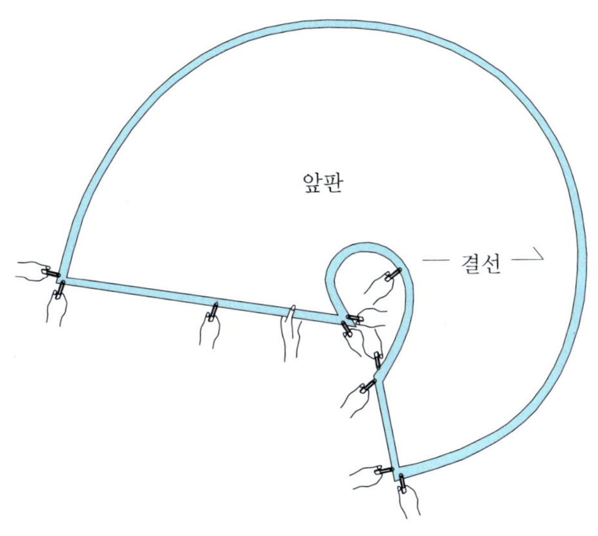

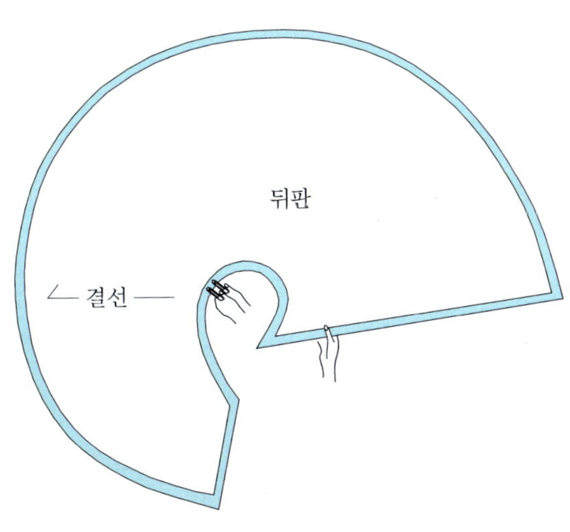

📥 패턴 배치 & 재단

· 원단을 펴놓고 패턴을 배치한 상태로 플레어스커트 중심은 바이어스 결이 된다.
· 패턴의 왼쪽과 오른쪽의 짝이 맞는지 확인한다.

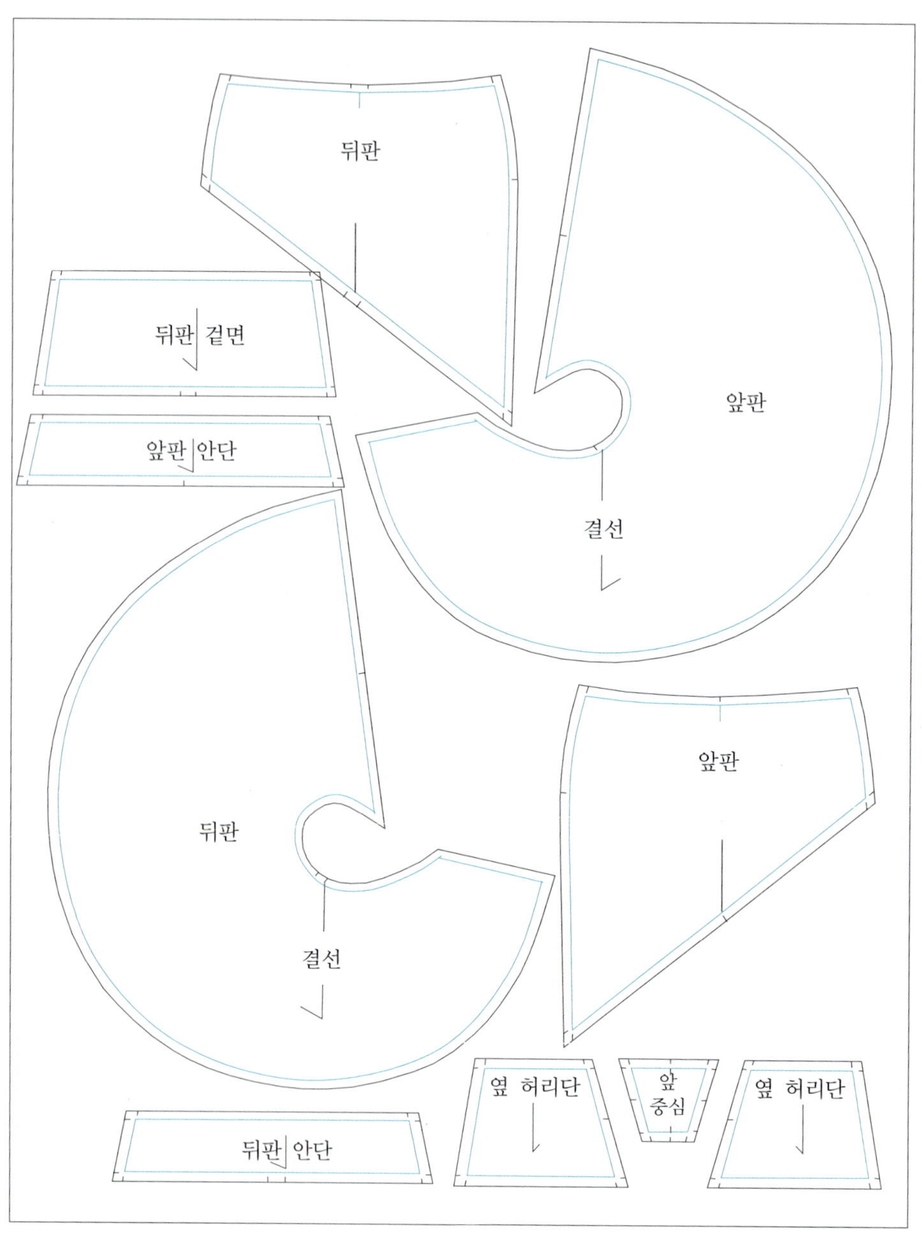

🔔 앞 허릿단 박음질하기

앞중심에는 심지를 붙여서 양쪽에 셔링을 넣고 박음질했을 때 중심이 힘을 받을 수 있도록 한다.

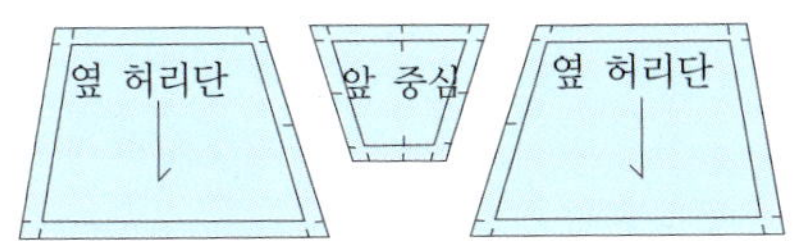

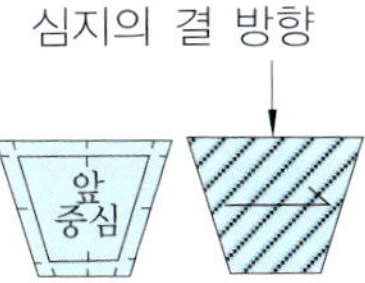

① 끝에서 0.635cm($\frac{1}{4}$")들어가서 박음질하고 박음선에서 0.635cm($\frac{1}{4}$")를 다시 들어가게 박음질한다.

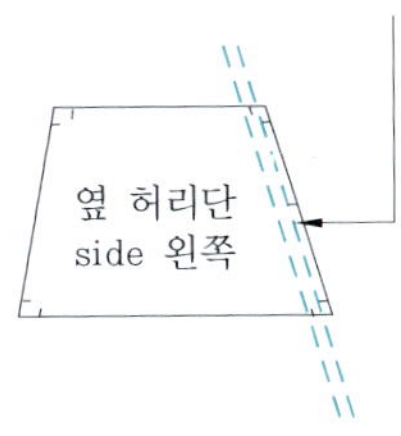

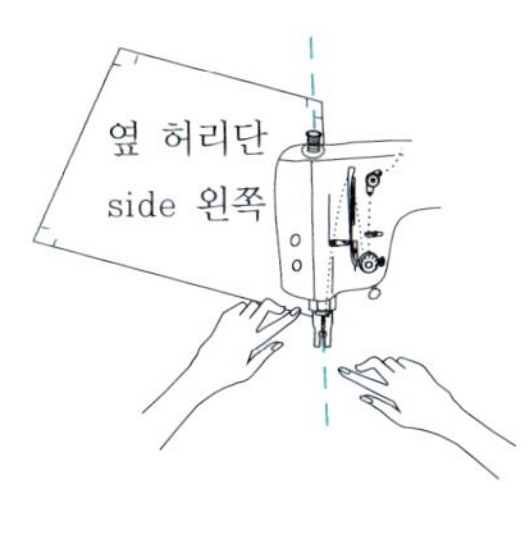

② 두 가닥의 실을 오른손으로 잡고 왼손 엄지와 검지를 이용해서 실이 끊어지지 않게 쓸어내리듯이 잡아당기면 셔링이 잡히게 된다.

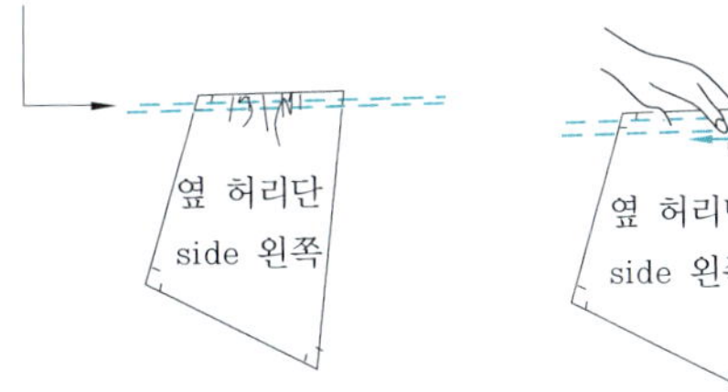

③ 셔링 넣은 것을 박음질한다.

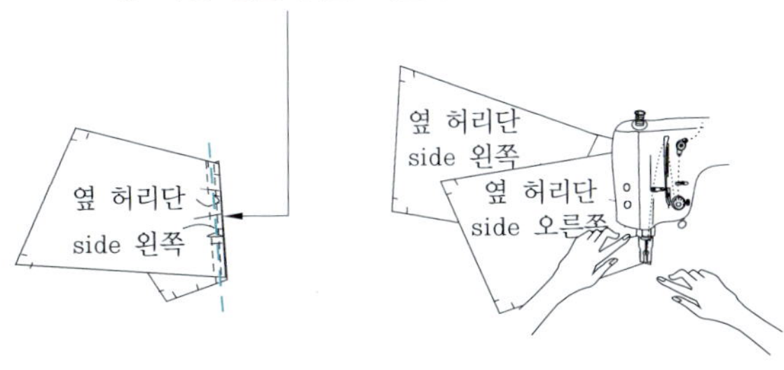

허릿단 앞 중심 양쪽 합복 시접을 안으로 서로 마주보게 하고 겉에서 끝 박음질한다.

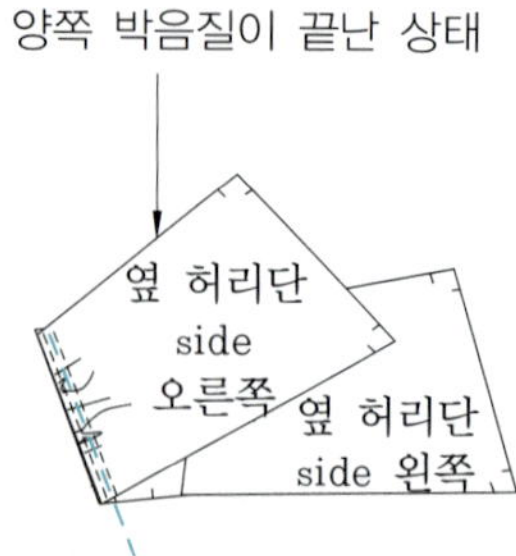

양쪽 시접을 속에서 마주보는 형태로 안쪽으로
모으고 양쪽을 끝 박음질을 한다.

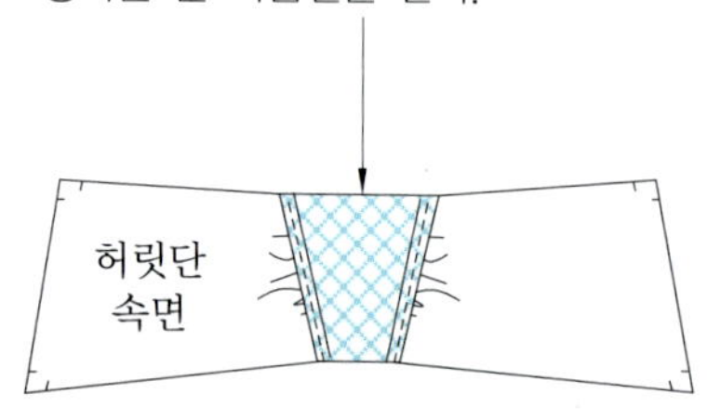

④ 양쪽 시접을 속에서 마주 보는 형태로 안쪽으로
보내고 양쪽을 끝 박음질을 한다.

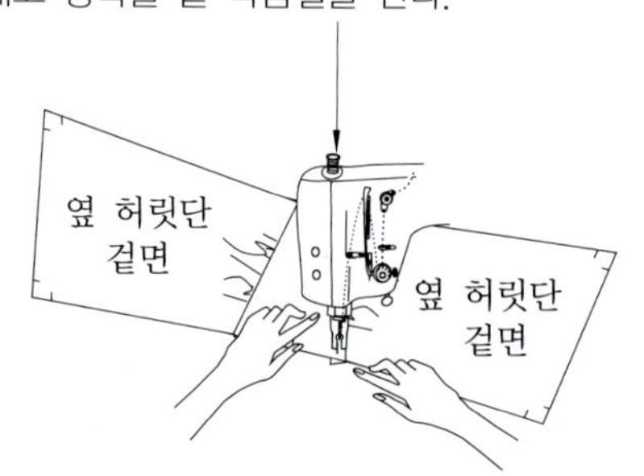

⑤ 양쪽 시접을 속에서 마주 보는 형태로 안쪽으로
보내고 양쪽을 끝 박음질을 한다.

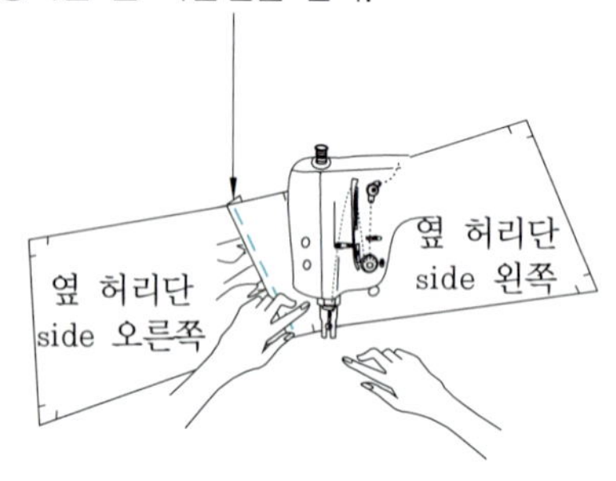

양쪽 끝 박음질이 끝난 상태

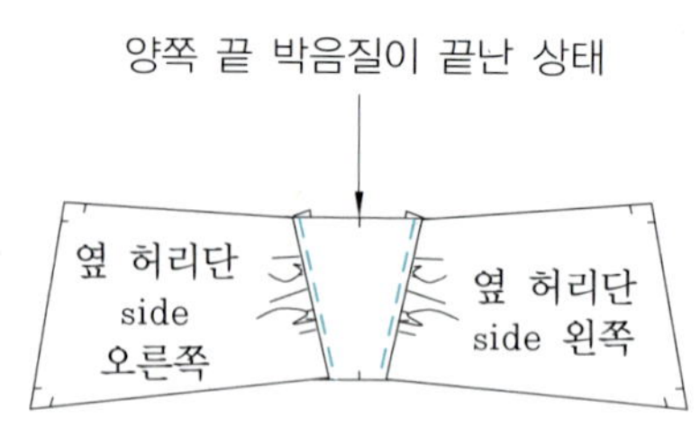

뒤 허릿단 박음질하기

· 고무줄 넓이 0.635cm($\frac{1}{4}$")을 11.43cm($4"\frac{1}{2}$) 길이로 3개를 잘라서 준비한다.

· 뒤 중심과 양쪽 옆 솔기에 각 한 개씩 필요하다.

· 그림과 같이 속면을 위로 향하게 놓고 고무줄을 중심에 놓은 다음 노루발을 내려서 물려놓고 몇 바늘 박음질한 다음 잡아당겨서 끝에 맞추고 박음질한다.

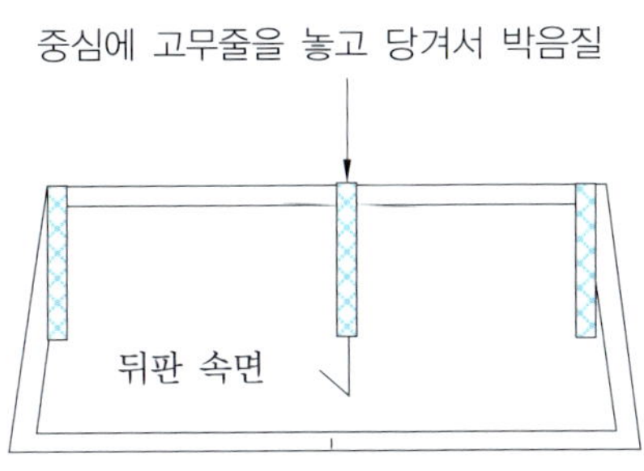

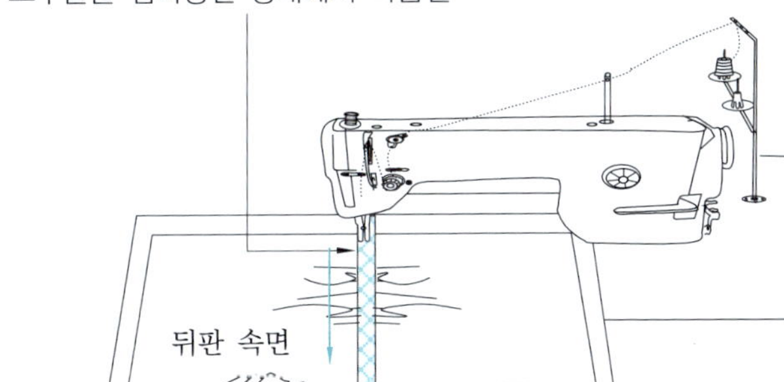

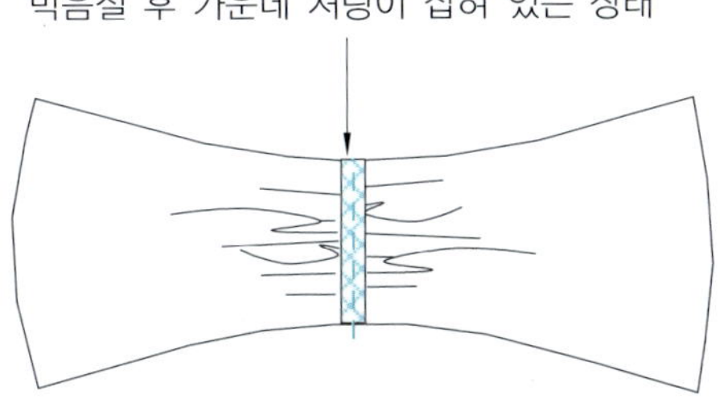

앞뒤 허릿단 박음질하기

· 앞판을 밑에 놓거나 또는 뒤판을 밑에 놓고 양쪽 옆 솔기를 합복하고 합복한 자리에 시접을 가름질한 다음 고무줄을 놓고 뒤 중심에 고무줄을 박음질한 방법으로 박음질한다.

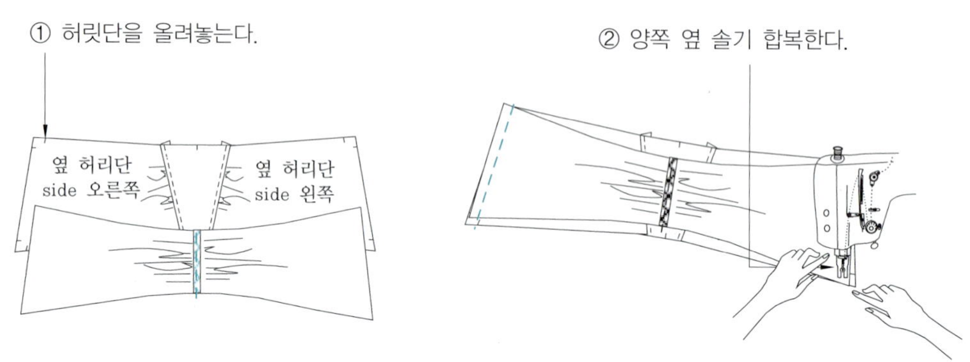

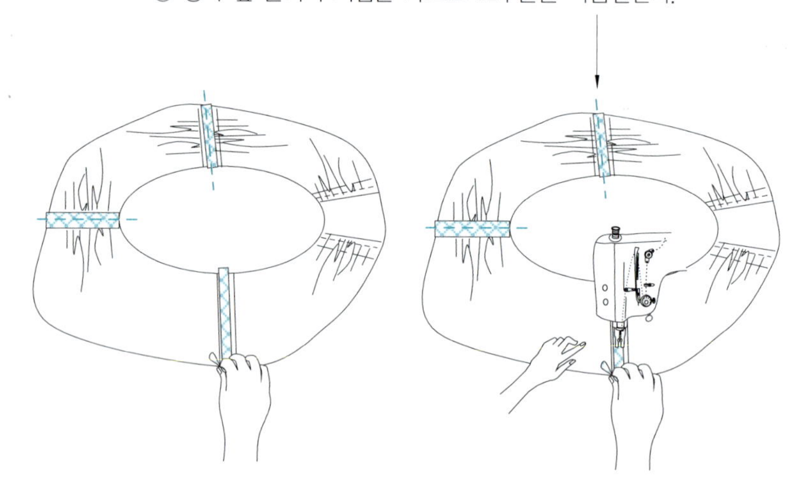

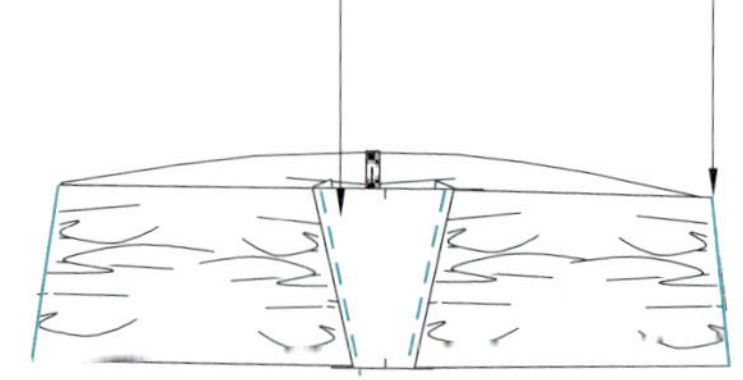

· 허리 안단의 옆 솔기를 합복하고 허릿단 윗부분을 합복 그림과 같이 겉감을 속에 넣고 돌려 박음질한다.
· 허리 부분은 옷을 입을 때 충분하게 늘어나야 하는 곳으로 실의 조임을 약간 느슨하게 봉제하여 늘어나면서도 뜯어지지 않도록 한다.

④ 뒤판 안단과 앞판 안단의 옆 솔기를 합복한다.

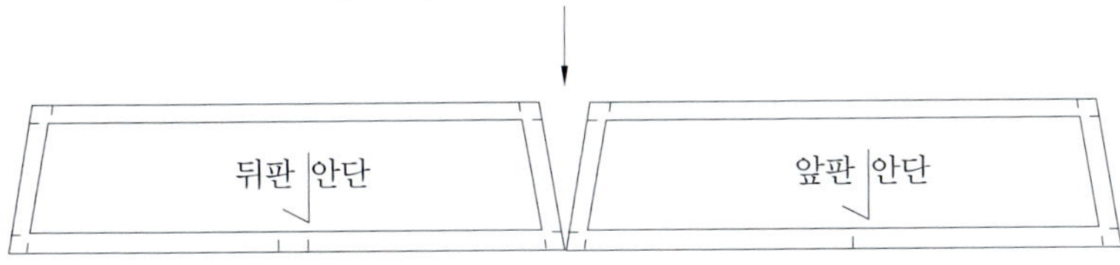

⑤ 허리 안단의 양쪽 옆 솔기를 합복한다.

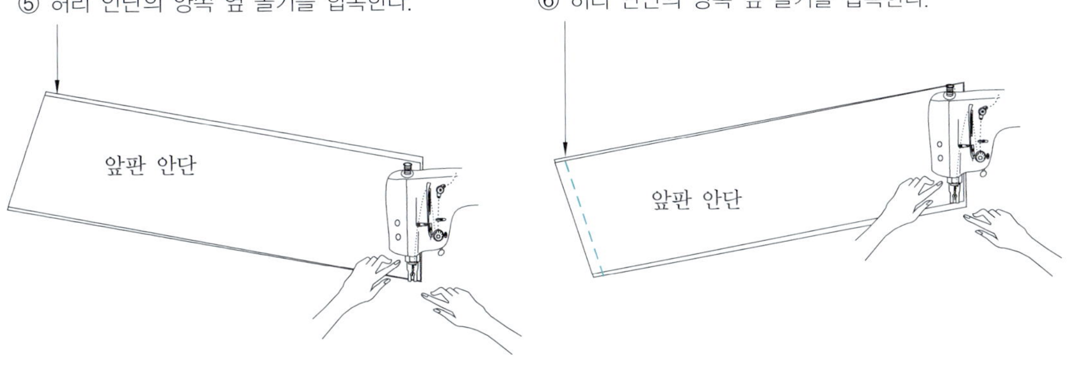

⑥ 허리 안단의 양쪽 옆 솔기를 합복한다.

⑦ 허릿단 겉감을 안단의 속에 집어넣는다.

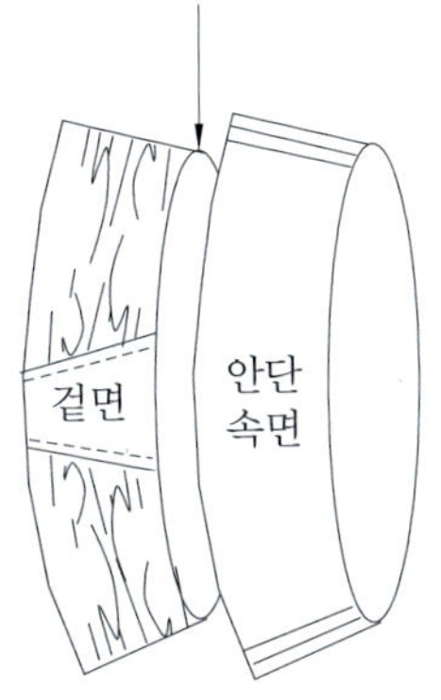

⑧ 허리둘레를 합복한다.

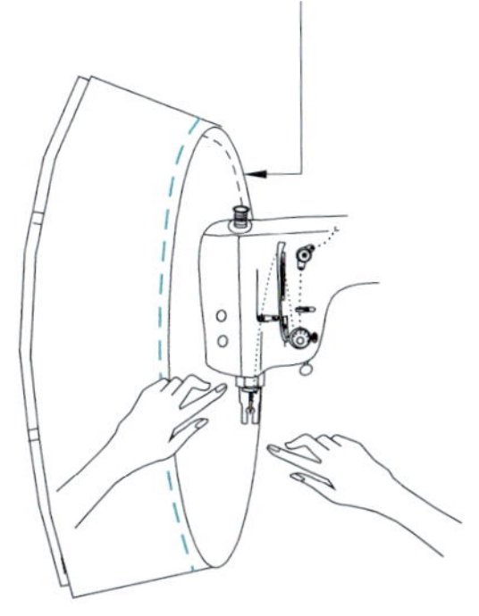

· 고무줄 넓이 1.25cm($\frac{1}{2}$")을 허리보다 2.5cm(1") 정도 작게 잘라서 이음 박음질한 다음 원형으로 만들어서 허릿단 속에 고정 시킨다.

· 고무줄을 허리에 고정 시키는 방법으로 양쪽 옆 솔기에만 고정시키는 방법과 시접에 고무줄을 모두 박음질하는 방법 두 가지가 있다.

· 허릿단에 이음선이 없을 경우 양쪽 옆 솔기에만 고정시키고 이음선이 있는 경우 시접에 고무줄을 박음질한다.

· 허릿단의 양쪽 옆 솔기 시접은 모두 뒤쪽으로 보낸다.

⑨ 고무줄을 반으로 접어서 초크로 표시한다.

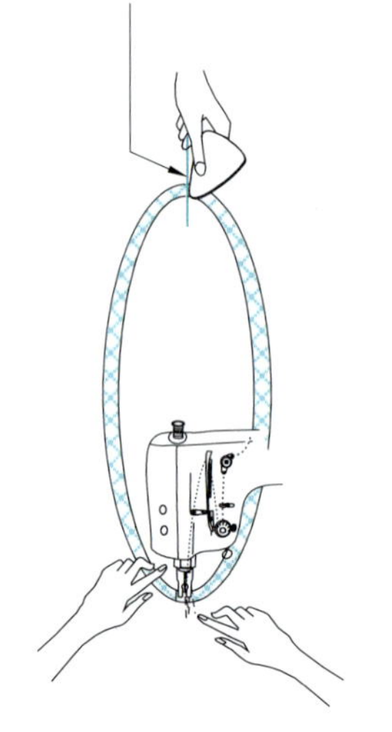

⑩ 허릿단 시접에 고무줄을 놓고 끝 박음질로 한 바퀴 돌려 박음질한다.

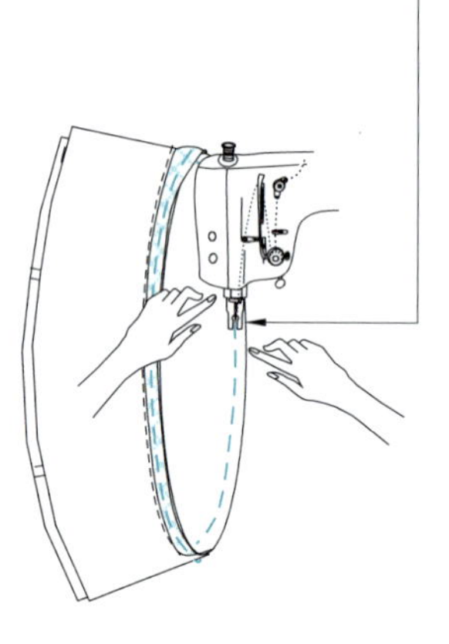

고무줄을 허리 합복선에 바짝 붙여놓고 박음질하는 것이 중요하다.
위에서 눌름 박음질을 할 때 이 간격이 떨어져 있으면 고무줄이 함께 박음질되지 않는다.

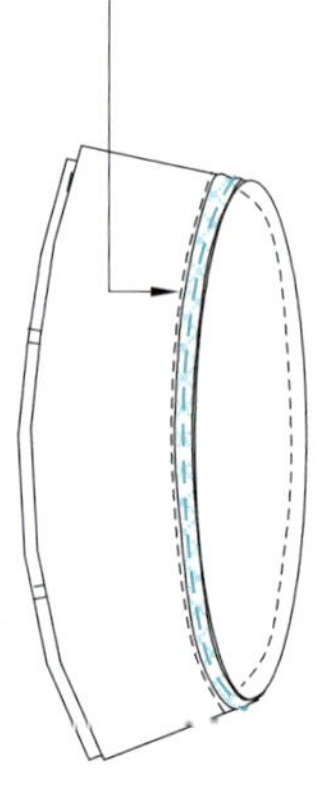

허릿단 박음질하기

· 허릿단 윗부분을 안정시키기 위한 다림질을 한다.
· 몸판과 합복하기 쉽게 하기 위해서 허릿단 아랫부분을 그림과 같이 안단과 겉감을 함께 박음질한다.
· 시접을 안단 쪽으로 모두 보내고 끝 박음질하며 밑에 있는 고무줄이 함께 박음질되어야 한다.

① 0.3175($\frac{1}{8}$") 안으로 들어가게 끝 박음질하며 밑에 있는 고무줄이 함께 박음질되어야 한다.

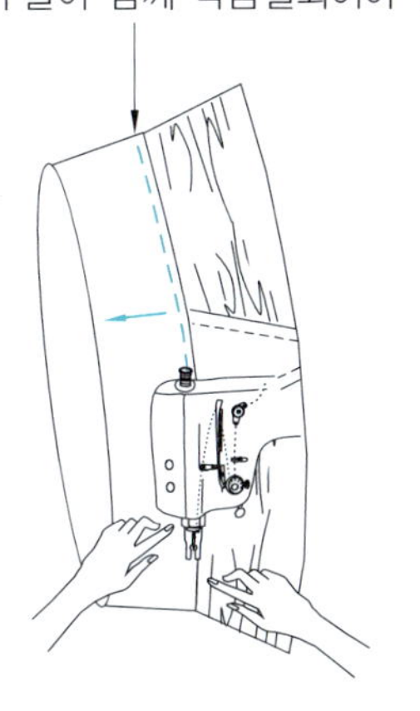

② 허릿단 윗부분의 형태를 안정시킨다.

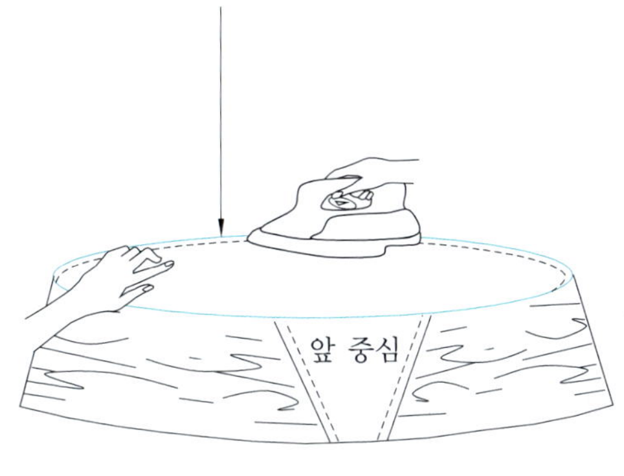

③ 박음선 넓이 0.635cm($\frac{1}{4}$")

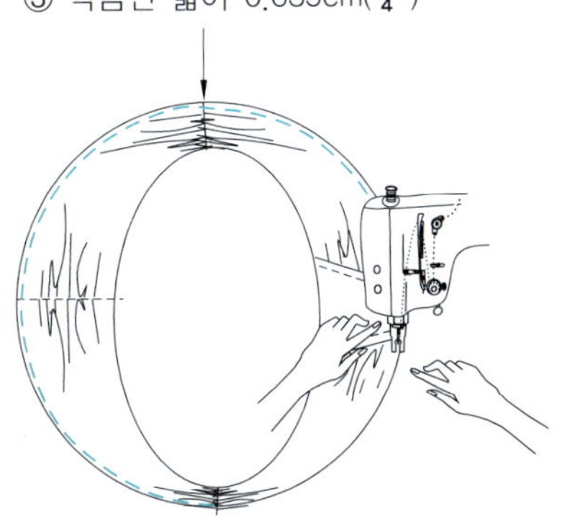

허릿단 제작이 끝난 모습

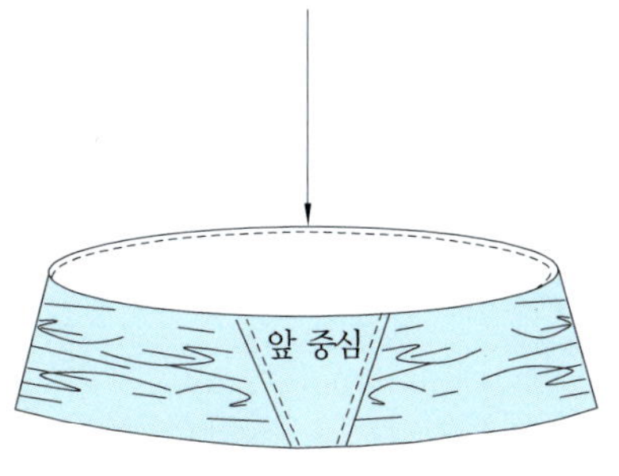

· 앞판과 뒤판의 합복 부위끼리 짝을 맞춘다.

· 앞판의 (a)와 플레어의 (a') 부위를 노치를 맞추어 놓고 합복하여 (b)에서 멈춘다.

· 뒤판의 (d)와 플레어의 (d') 부위를 노치를 맞추어 놓고 합복하여 (c)에서 멈춘다.

· 중심에 있는 노치 표시를 맞추어 합복하면 거의 정확하게 박음질을 끝낼 수 있게
된다.

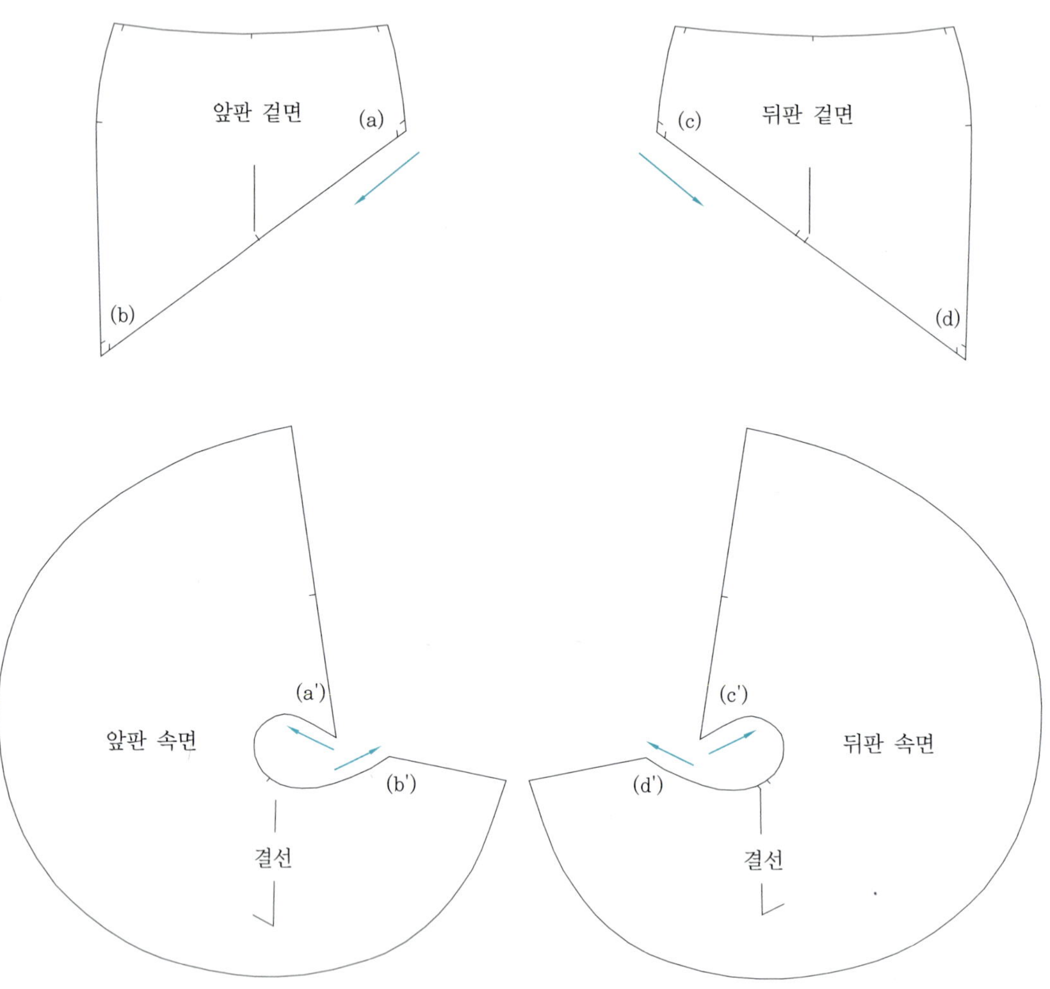

· 몸판은 이 부분이 사선으로 바이어스 결로서 잘 늘어나고 플레어는 원형에 가까운 곡
  선으로 서로 길이가 같아도 시접에 의해서 외선과 내선의 차이에 의한 길이가 다르게
  느껴지므로 원형 곡선에서는 약간 잡아당기는 기분으로 박음질하는 것이 좋다.
· 중심의 노치 표시를 정확하게 맞추면 거의 정확하게 박음질을 할 수가 있게 된다.
· 앞판과 뒤판을 합복하고 오버로크 친 다음 옆 솔기 합복한다.

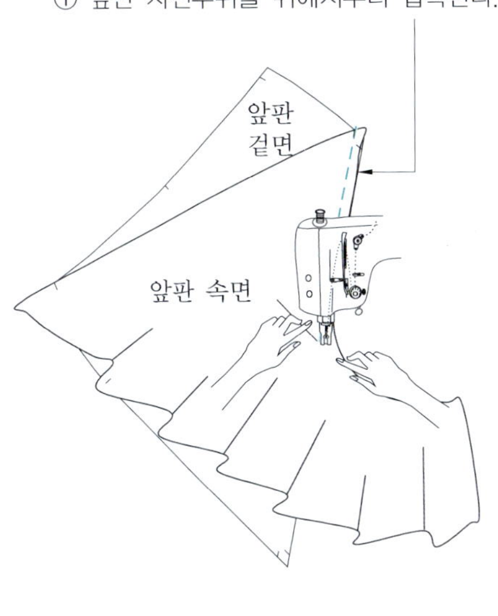

① 앞판 사선부위를 위에서부터 합복한다.

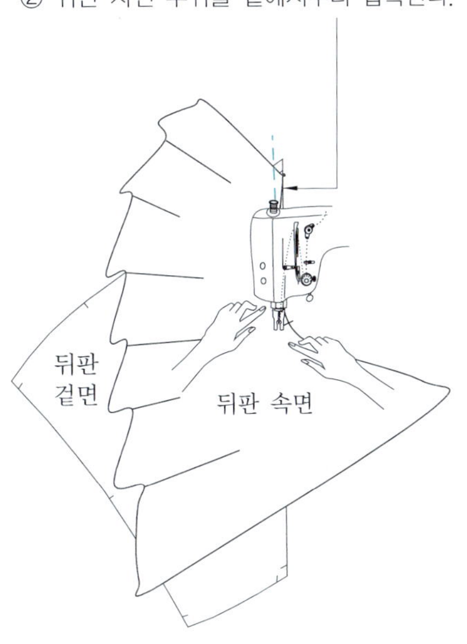

② 뒤판 사선 부위를 밑에서부터 합복한다.

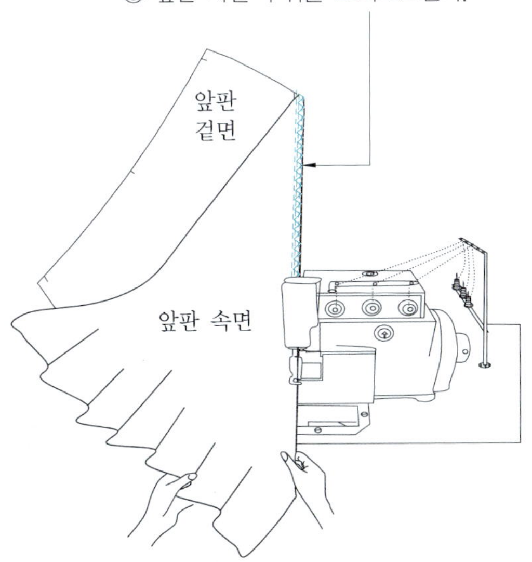

③ 앞판 사선 부위를 오버로크한다.

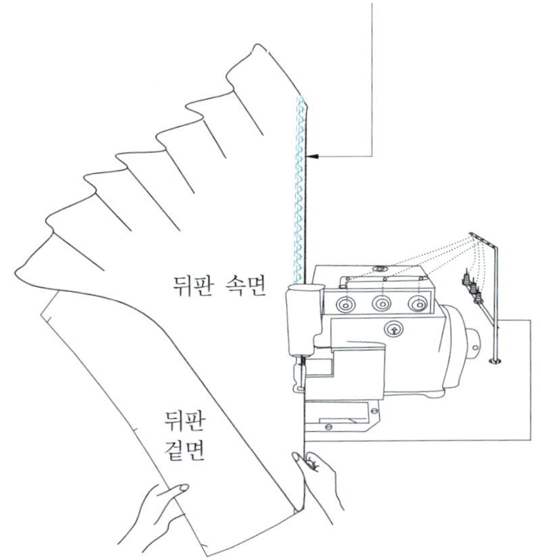

④ 뒤판 사선 부위를 오버로크한다.

옆 솔기 합복하기

· 옆 솔기 합복은 항상 위에서부터 밑으로 박음질하는 것이 순서이며, 오버로크 처리의 경우도 같다.
· 앞판을 위에 놓고 박음질하려면 한쪽은 위에서부터 한쪽은 밑에서 박음질하게 되며 오버로크나 인타 록도 같은 방법으로 한다.

① 위에서부터 오른쪽을 먼저 합복한다.

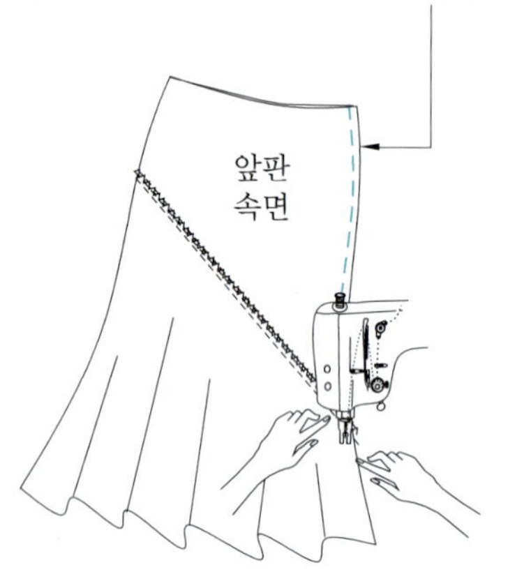

② 밑에서부터 왼쪽을 합복한다.

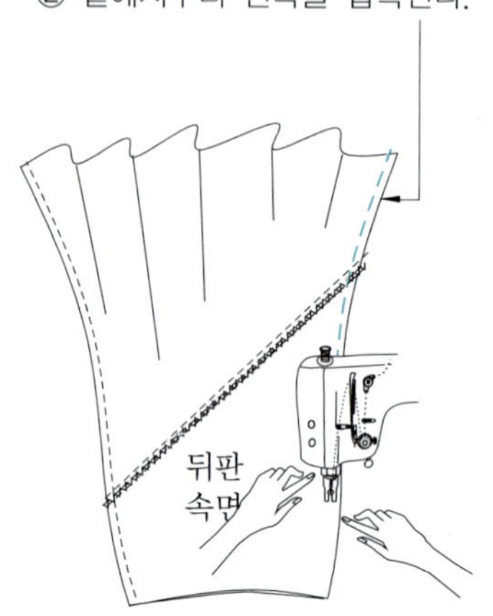

③ 위에서부터 오른쪽을 먼저 오버로크 처리한다.

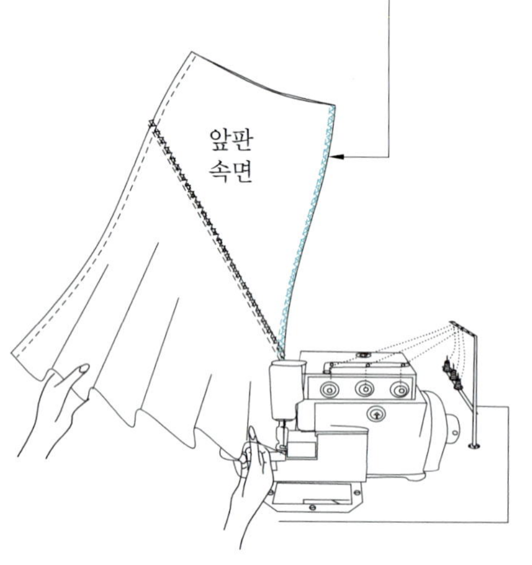

④ 밑에서부터 왼쪽을 오버로크 처리한다.

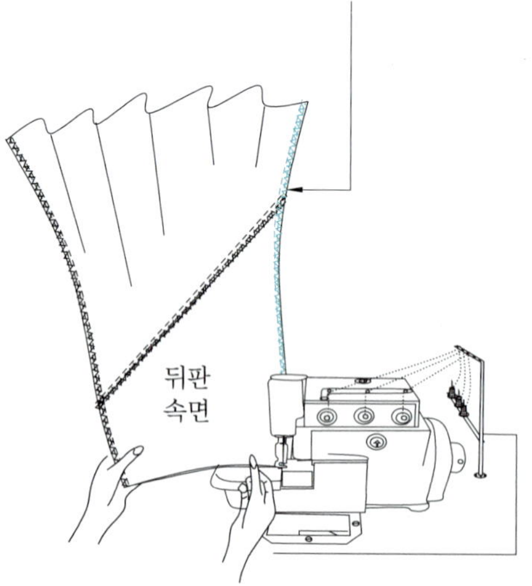

· 허릿단과 몸판의 4군데 앞 중심 뒤 중심 양쪽 옆 솔기를 고정시키는 박음질을 한다.
· 허릿단과 몸판의 합복 위치가 빗나가지 않도록 위치를 고정 시키고 안전하게 돌려 박음질한다.
· 인타 록으로 한 번에 끝낼 수 있고 본봉으로 일차 박음질 후 오버로크로 처리할 수도 있다.
· 양쪽 옆 솔기 시접은 모두 뒤쪽으로 보내야 한다.

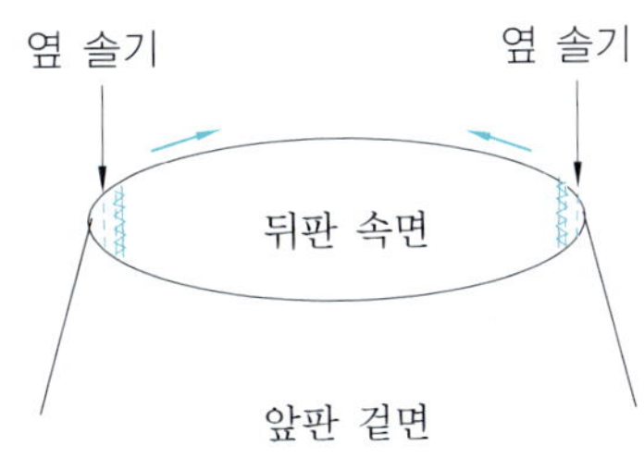

① 양쪽 옆 솔기에 허릿단을 고정시키고 한 바퀴 돌려 박음질한다.

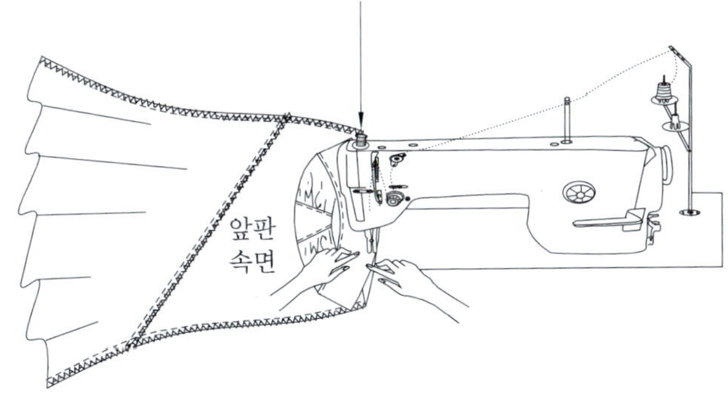

② 허릿단을 위로 보면서 오버로크 처리

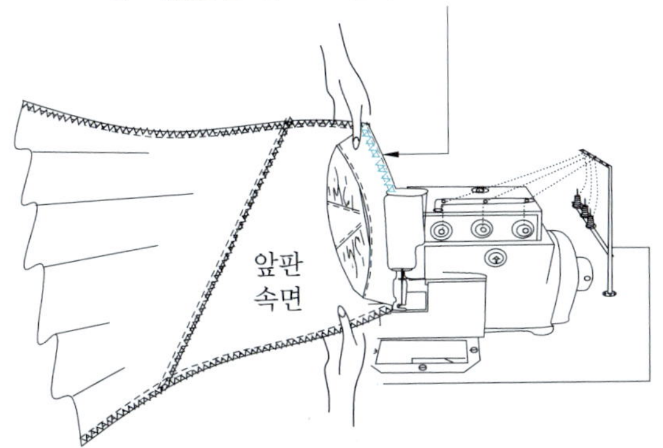

- 앞 뒤판 중심이 바이어스 결이므로 옷을 입었을 때 늘어나면서 길이가 일정하지 않게 된다.
- 인체 모형에 입혀서 그림과 같이 바닥에서부터 길이를 돌아가면서 확인하고 핀으로 표시한다.
- 가위로 표시한 길이를 시접을 두면서 잘라낸다.

밑단 정리 방법

① 오버로크를 가늘게 처리한 상태라고 할 수 있는 pearl merrow로 처리하는 것이 좋다.
② 오버로크를 친 다음 0.635cm($\frac{1}{4}$")를 접어 올리고 0.3175($\frac{1}{8}$") 넓이로 가늘게 박음질한다.
③ 전용 노루발을 이용해서 말아 박음질한다.
④ 스트레치 원단으로 올이 풀리는 현상이 전혀 없는 경우 밑단을 정리한 상태로 그대로 둔다.

밑단에 대해서 재단할 때 자른 그대로 두는 형태(raw hem)

옆 솔기의 경우 밑단을 고르게 하기 위해 가위로 자르면 박음질 선이 풀리므로 고정 박음질을 한 번 해야 한다.

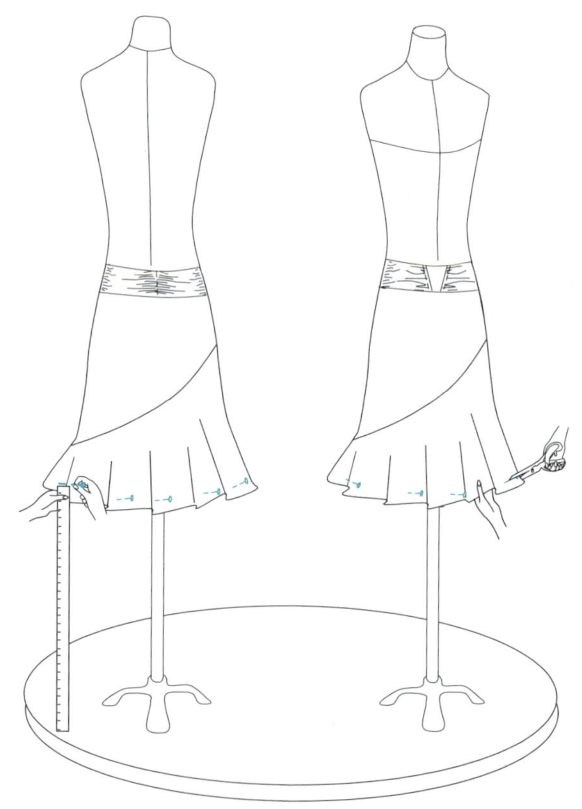

예 허리 사이즈 71.12cm (28")

스커트 총 길이 58.42cm (24")

허릿단 넓이 8.89cm (3"$\frac{1}{2}$)

패턴 종이를 반으로 접어서 제도

① 기본 패턴에서 허릿단 넓이를 표시한다.
② 밑단 중심에서 17.78cm(7")를 위로 올려서 표시한다.

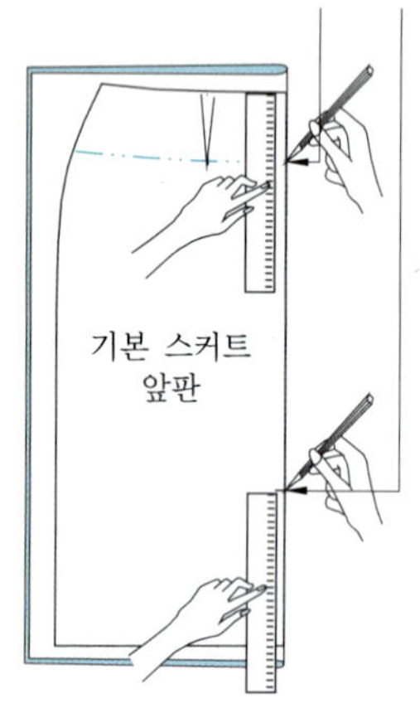

③ 밑단에서 17.78cm(7") 위로 표시한다.

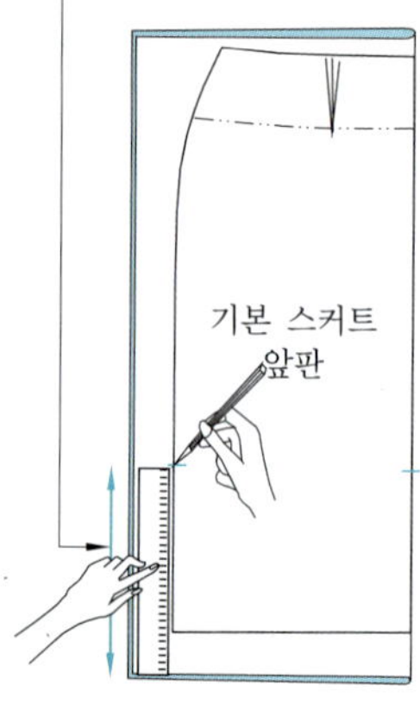

④ 가로로 연결한다.

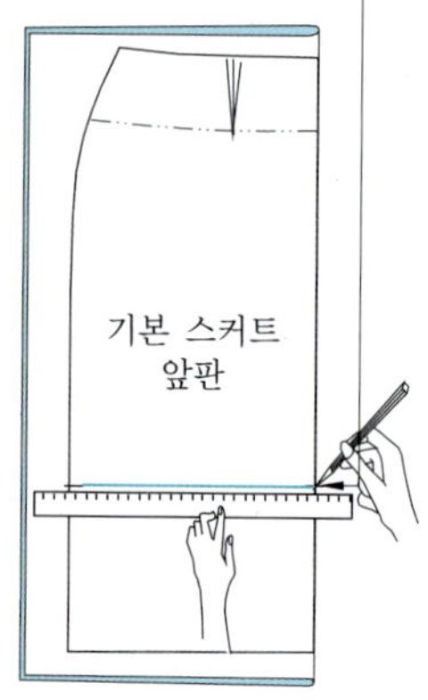

⑤ 17.78cm(7") 올라간 위치에서
2.5cm(1")를 올려서 표시한다.

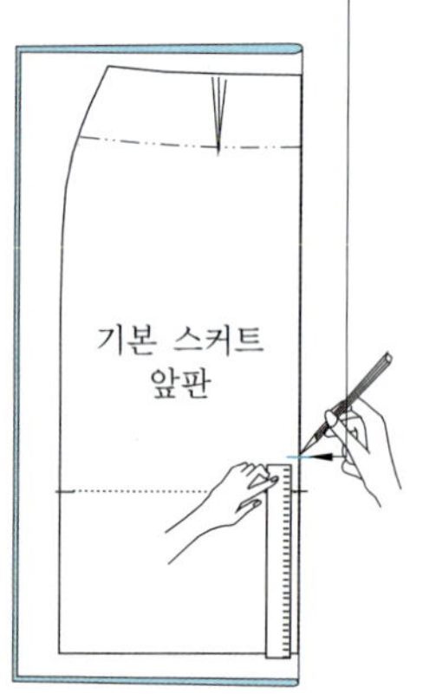

⑥ 이등분으로 나눈 위치에서
2.5cm(1")를 내려서 표시한다.

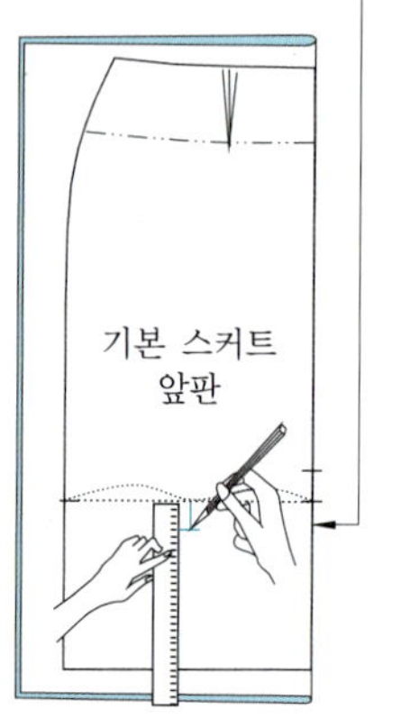

⑦ 곡자를 놓고 두 번에 나누
어 곡선으로 연결

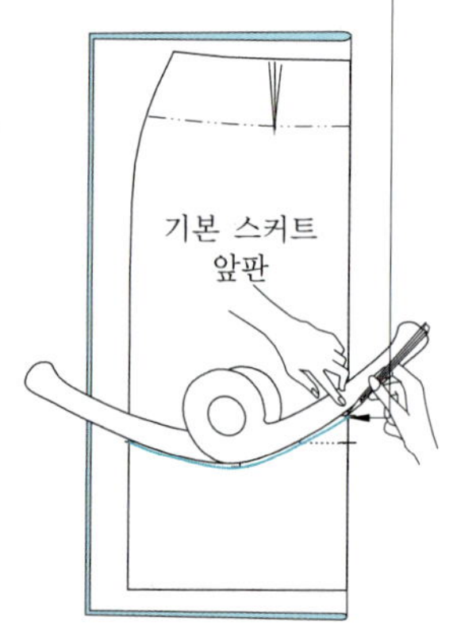

· 왼쪽과 오른쪽을 한 번에 볼 수 있도록 펼쳐 놓는다.
· 라인의 좌우 형태가 다른 경우 패턴의 전체를 보면서 선을 그려 넣는 것이 중요하다.

⑧ 제도된 선을 복사

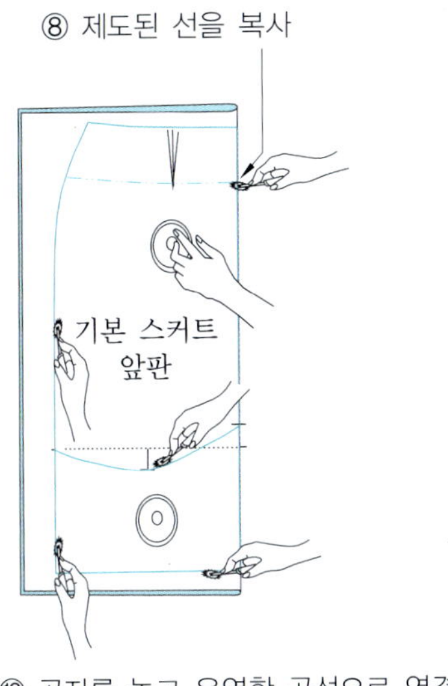

⑨ 패턴지를 펴놓고 착용 시 왼쪽 옆 솔기에서 17.78cm(7″) 내려서 위치를 표시한다.

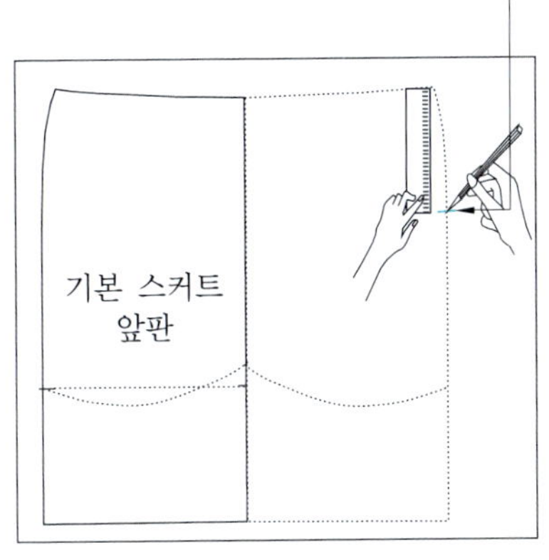

⑩ 곡자를 놓고 유연한 곡선으로 연결

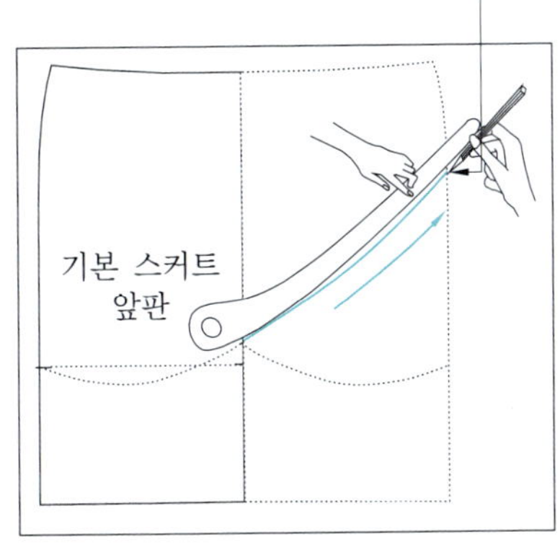

⑪ 곡선형의 제도선은 절개하기 전에 합복 위치 노치 표시를 먼저 한다.

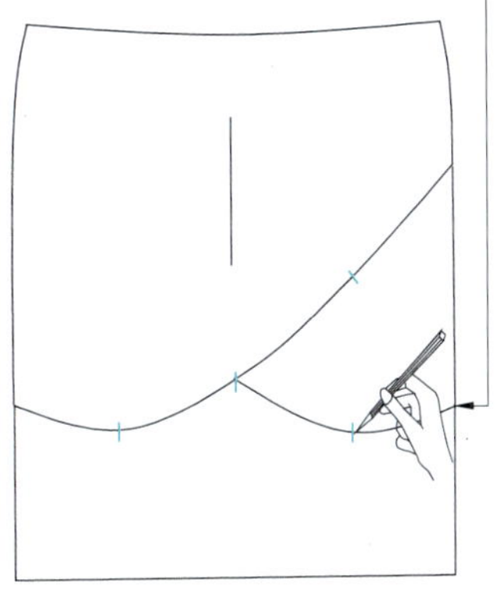

⑫ 제도된 선을 분리한다.

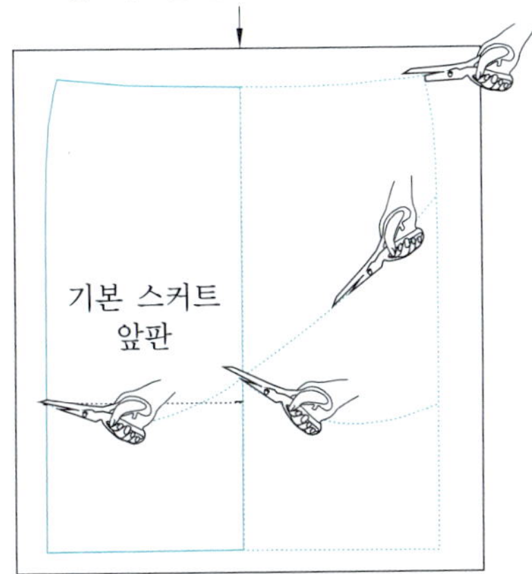

분리된 패턴에 상하로 노치 표시가 모두 들어 있는 모습

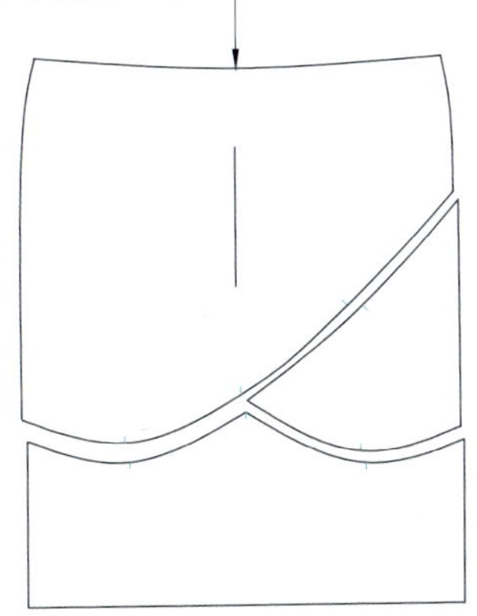

· 패턴지를 반으로 접어서 절개된 패턴을 부챗살처럼 펴서 배치한다.

· (a)~(b)의 떨어지는 간격 3.81cm(1"½)

· (b)~(c)의 떨어지는 간격 5.08cm(2")

· (c)~(d)의 떨어지는 간격 6.35cm(2"½)

· (d)~(e)의 떨어지는 간격 7.62cm(3")

⑬ 50.8cm(2") 정도의 간격으로 5개의 세로 선을 그어 준다.

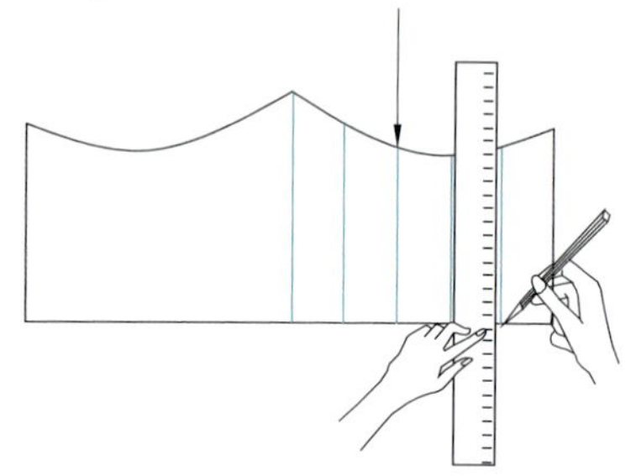

⑭ 끝부분은 자르지 않고 약간 남겨 놓으면서 그려진 선을 모두 절개한다.

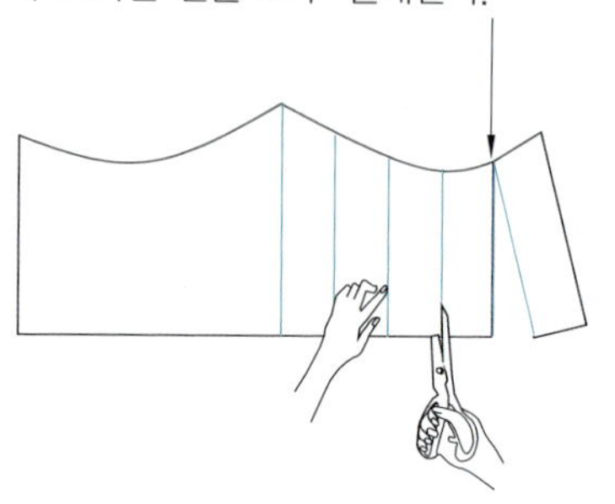

⑮ 중심 부분은 주름이 몰리는 현상이 있으므로 조금 벌려 주고 옆 솔기 쪽은 점차로 늘려 나아간다.

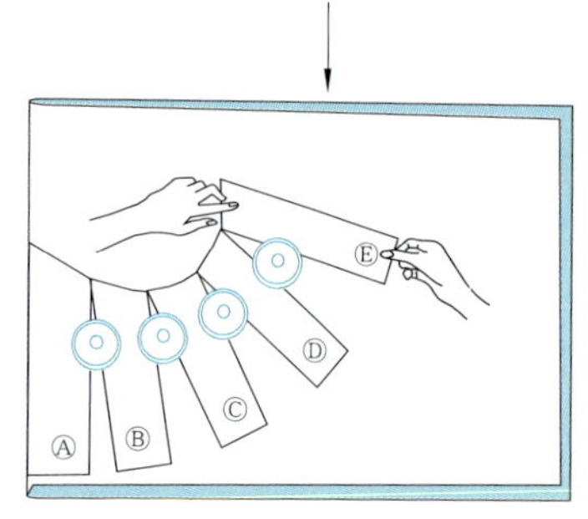

⑯ 밑단의 외곽선을 유연하게 연결한다.

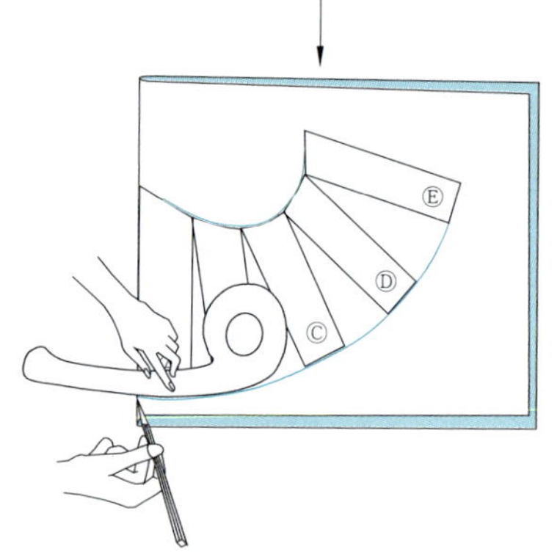

⑰ 제도된 선을 모두 자른다.

패턴을 펴놓은 모습

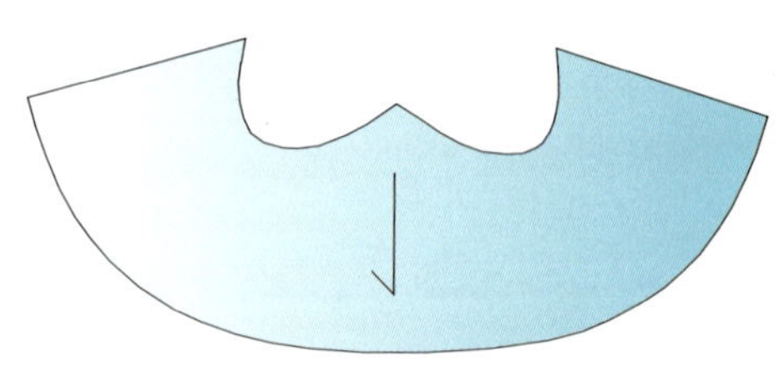

허릿단에 위에 이음선을 주지 않고 두 겹으로 처리하는 방식으로 앞판과 뒤판의 허릿단이
같으므로 한 개를 제도해서 복사하여 앞과 뒤로 분리한다.

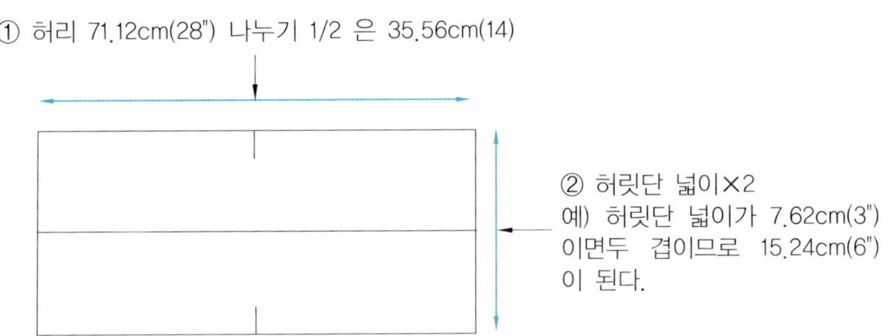

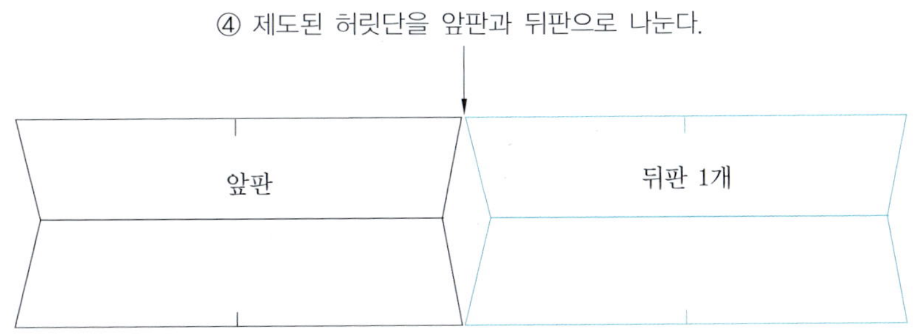

앞 덧대는 허릿단 제도

셔링 넣는 허릿단 제도

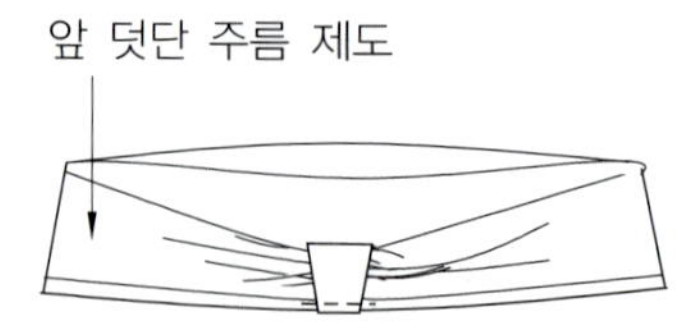

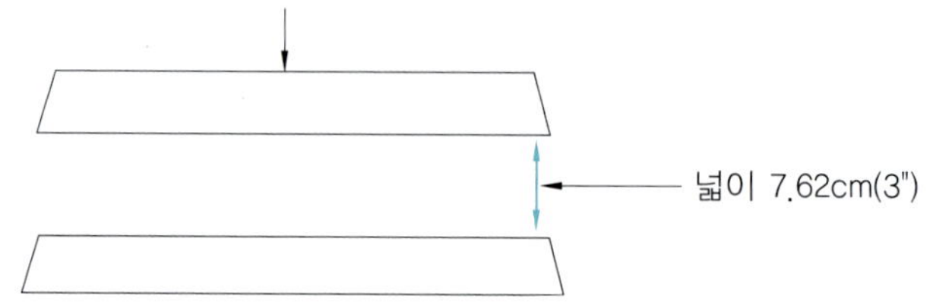

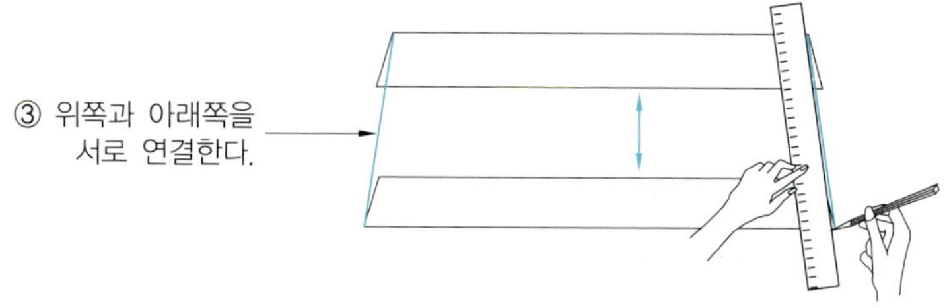

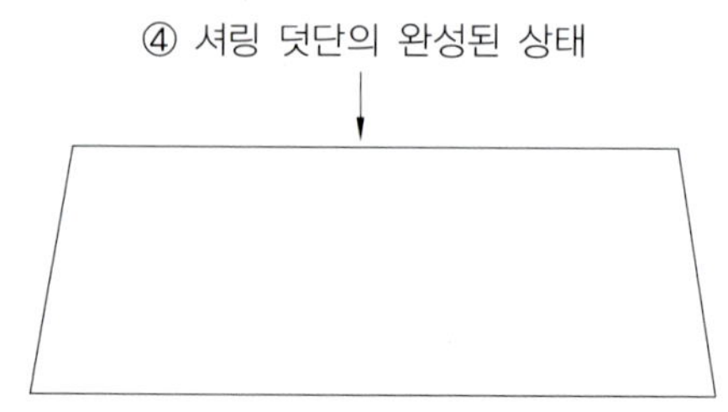

④ 셔링 덧단의 완성된 상태

앞 중심 덧단을 묶어 주는 매듭(knot) 제도

- 매듭 제도 중심 높이 길이 5.08cm(2")
- 매듭 제도 위 넓이 5.08cm(2")
- 매듭 제도 아래 넓이 10.16cm(4")

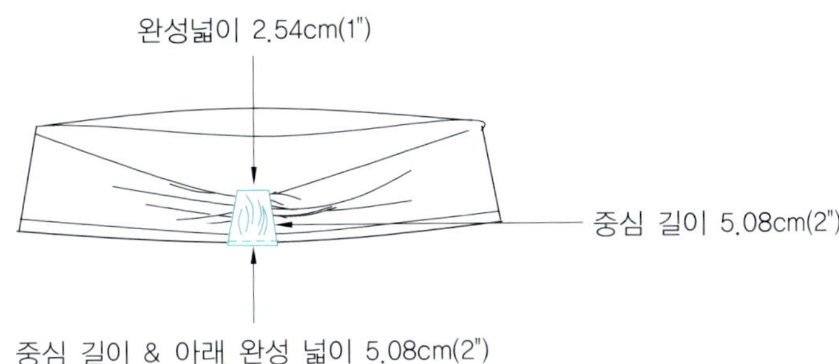

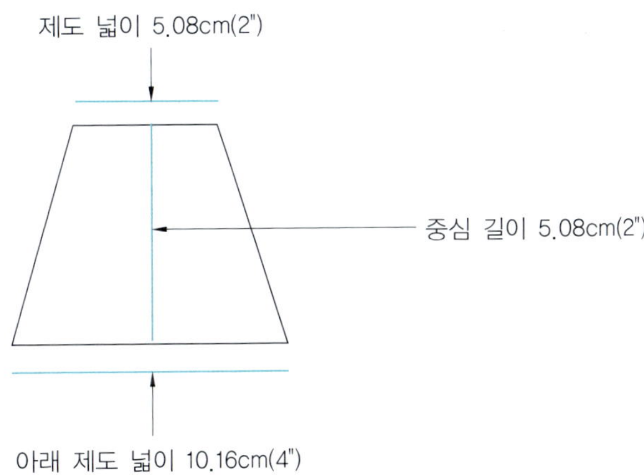

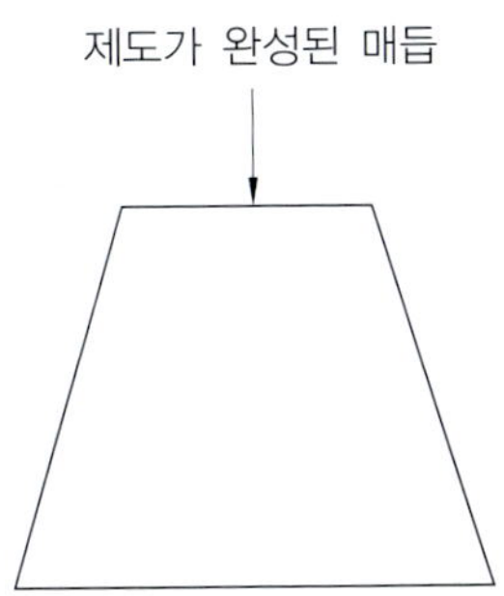

- 앞 덧단 1개, 앞 매듭(knot)1개
- 앞 허릿단 1개, 뒤 허릿단 1개
- 앞뒤 몸판 2개씩
- 매듭 전체 시접 넓이 1.27cm($\frac{1}{2}$")
- 허릿단 전체 시접 1cm($\frac{3}{8}$")
- 몸판 전체 시접 넓이 1cm($\frac{3}{8}$")

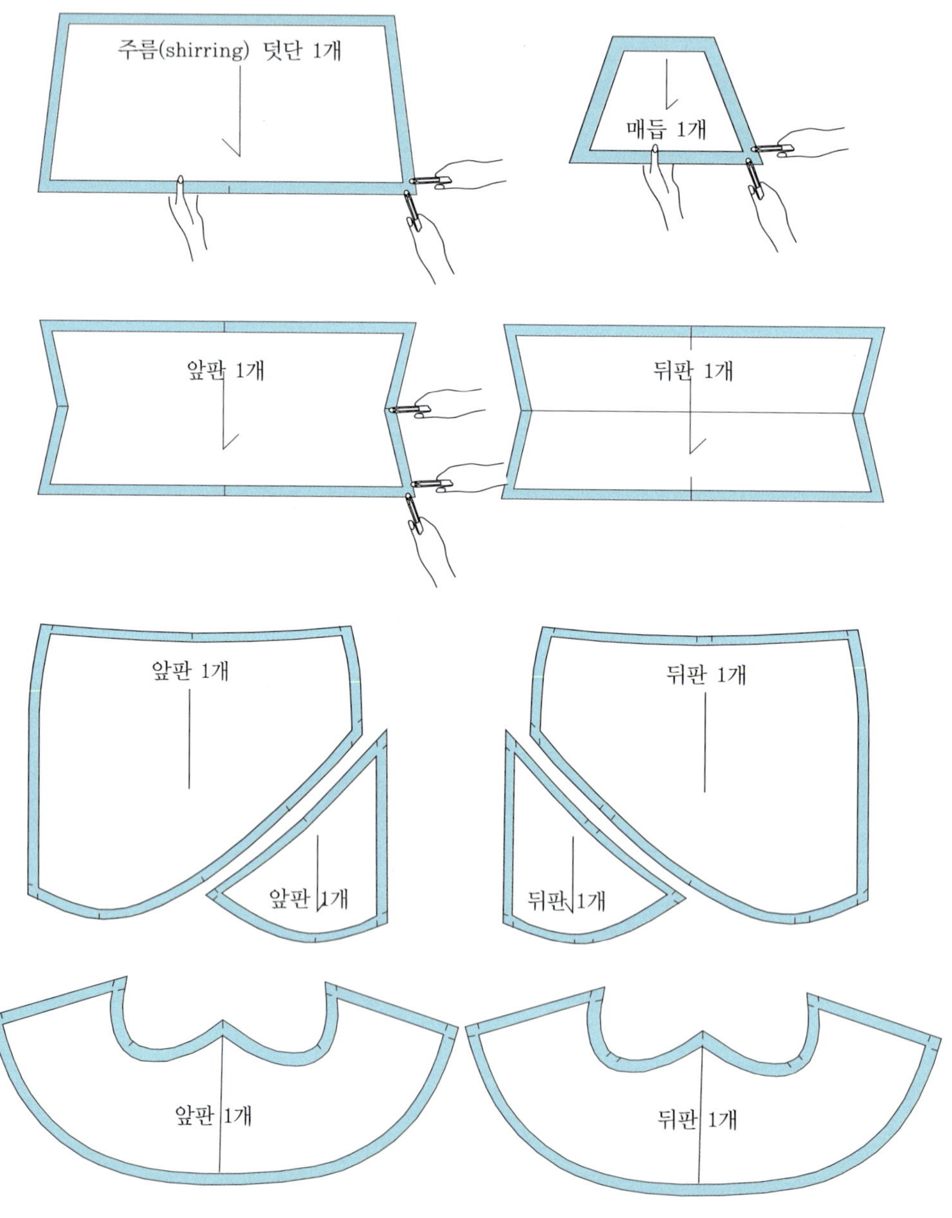

🪟 허릿단 박음질하기

앞 덧단과 매듭 양쪽 셔링을 잡을 수 있도록 박음질하고 실을 잡아당겨서 셔링을 잡는다.

① 앞 주름 덧단의 양쪽 시접을 다리미로 접어 준다.

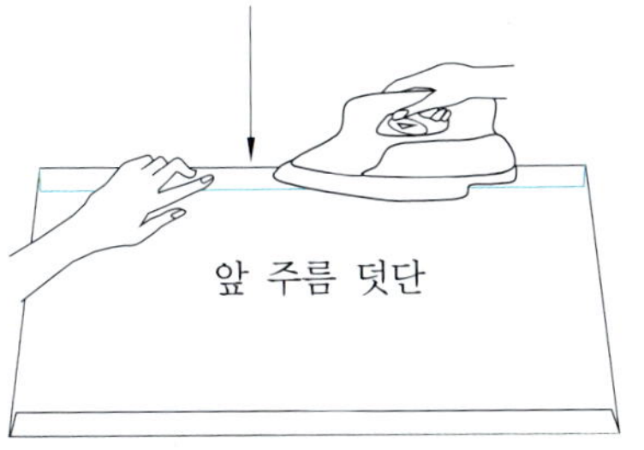

② 매듭의 양쪽 시접을 다리미로 접어 준다.

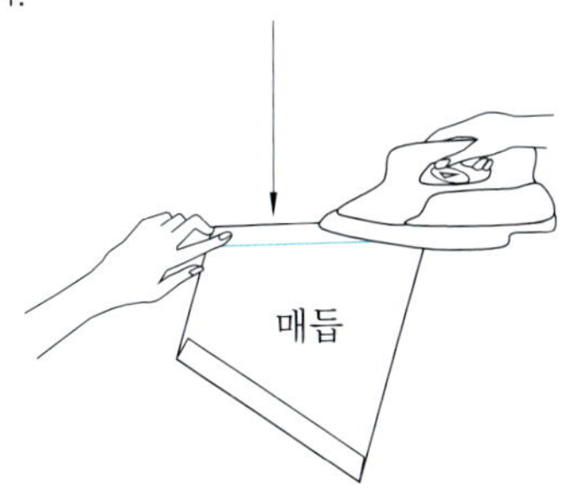

③ 끝에서 0.635cm($\frac{1}{4}$") 들어가고 다시 0.3cm($\frac{1}{8}$")를 들어가게 박음질한다.

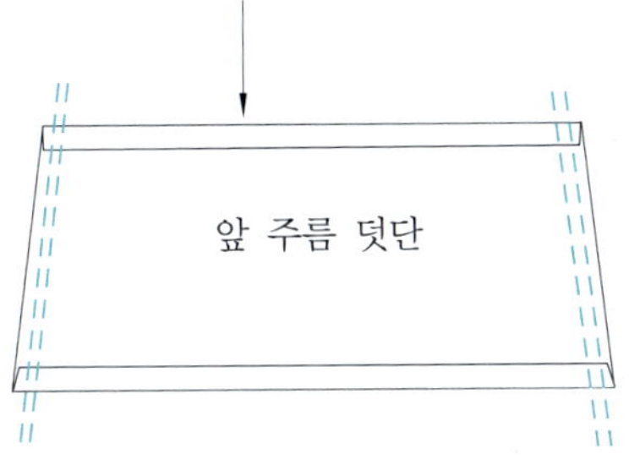

④ 끝에서 0.635cm($\frac{1}{4}$") 들어가고 다시 0.3cm($\frac{1}{8}$")를 들어가게 박음질한다.

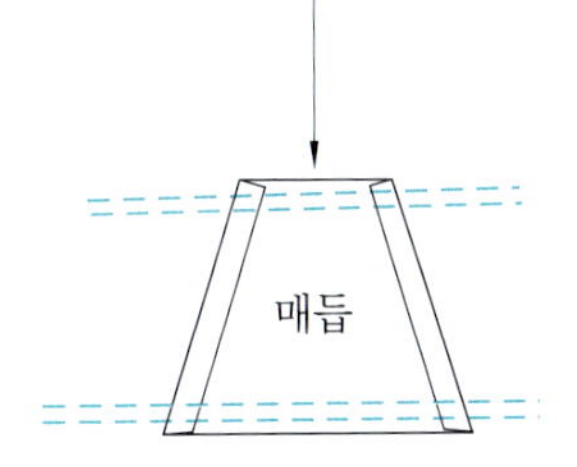

⑤ 셔링 완성 넓이 7.62cm(3")

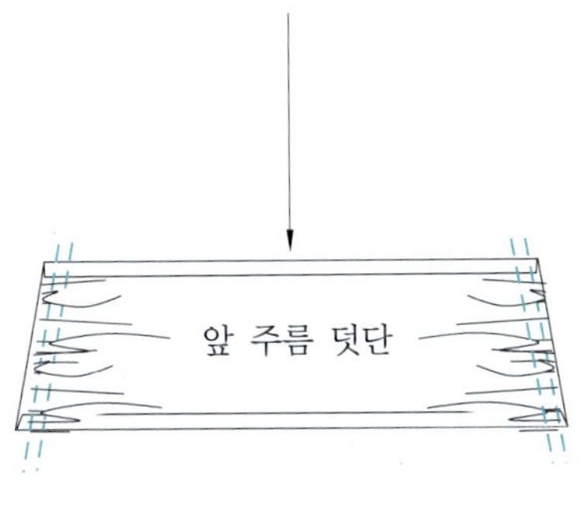

⑥ 매듭의 셔링 잡기
위쪽 셔링 넓이 2.54cm.(1")
아래쪽 완성 넓이 셔링 5.08cm(2")

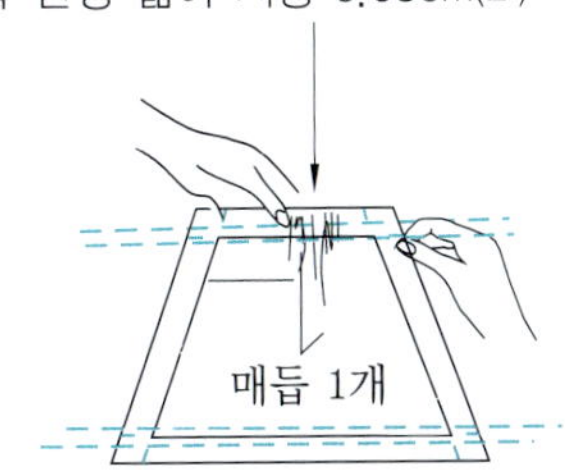

앞 허릿단 중심에 매듭의 위치를 그려 넣고 위쪽으로 중심에 1차 고정시키는 박음질을
한다.

⑦ 3.81cm(1"½) 올라간 위치에 매듭 위치를 표시한다.

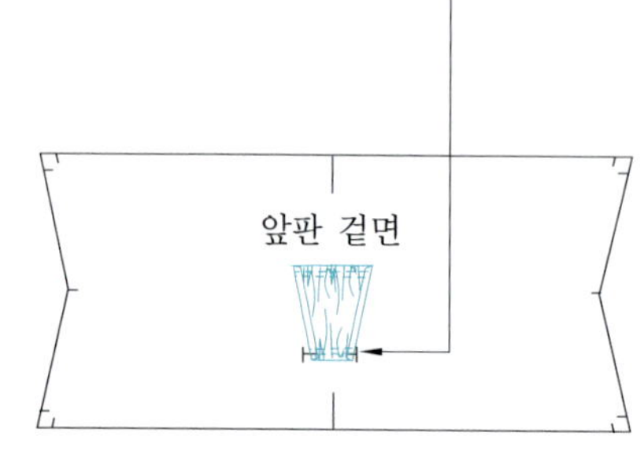

⑧ 표시된 매듭 위치에 접은 것을 올려놓는다.

⑨ 시접 넓이에 맞추어 박음질한다.

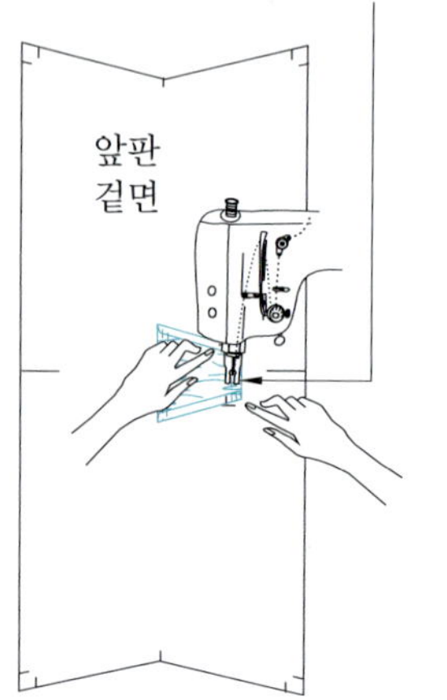

⑩ 셔링 넣은 것을 앞 중앙 겉면 위에 놓고 두 줄로 박음질한 중앙을 박음질한다.

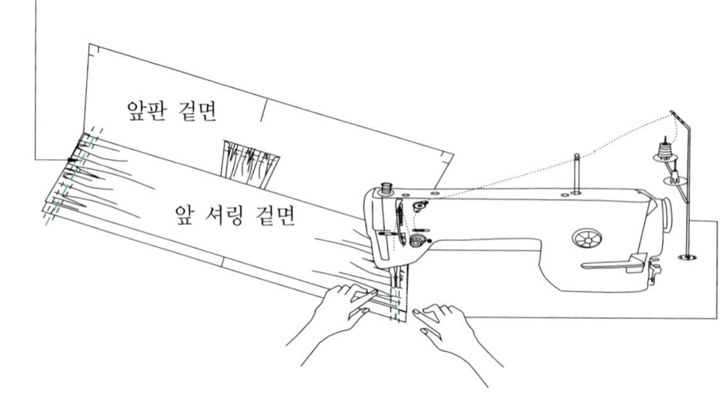

앞 허릿단을 위에 놓고 뒤 허릿단은 밑에 놓은 상태에서 양쪽 옆 솔기를 합복한다.

⑪ 매듭을 앞 덧단위로 넘겨
서 아래를 고정 박음질한다.

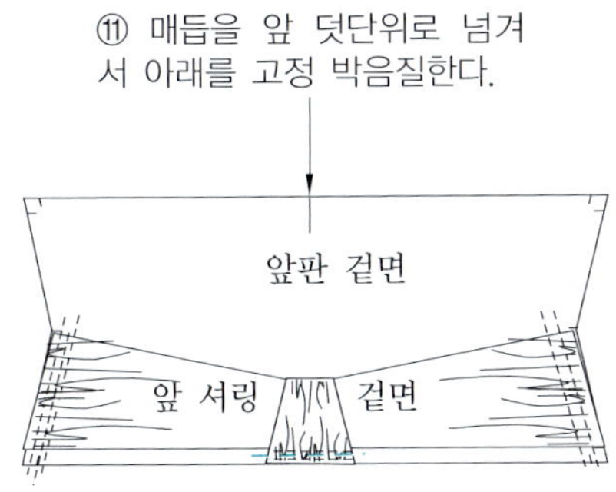

⑫ 매듭을 앞 덧단위로 넘겨서
아래를 고정 박음질한다.

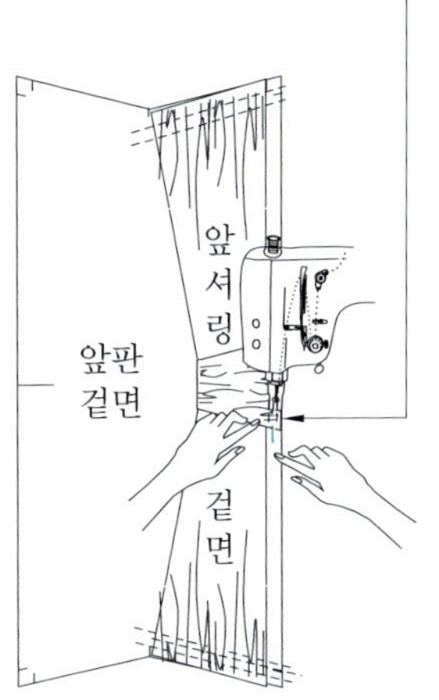

⑬ 앞 허릿단을 위에 올려놓고 옆 고정 박음질한 선 안으로 합복한다.

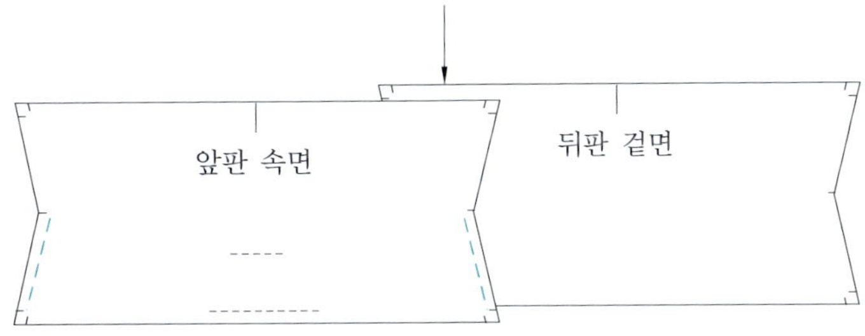

⑭ 앞판을 위에 놓고 양쪽 옆 솔기 합복한다.

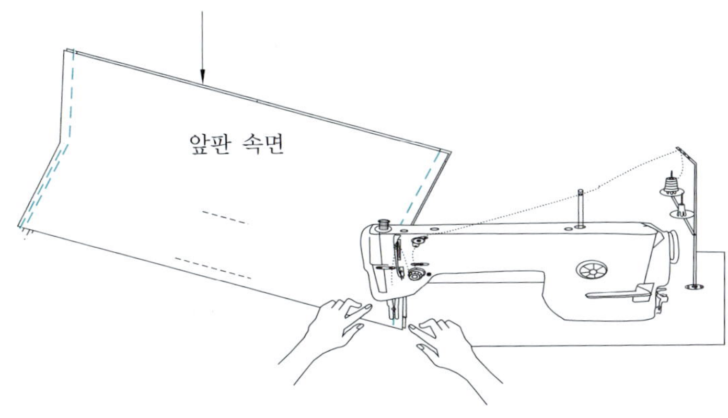

· 고무줄 넓이 1.25cm($\frac{1}{2}$")을 허리보다 2.54cm(1") 작게 잘라서 이음 박음질을 한 다음 원형으로 만들어서 허릿단 속에 고정 시킨다(고무줄이 꼬이지 않도록 주의).

· 몸판과 합복하기 쉽게 허릿단 아랫부분의 겉면과 안쪽을 고정 시키는 박음질을 한다.

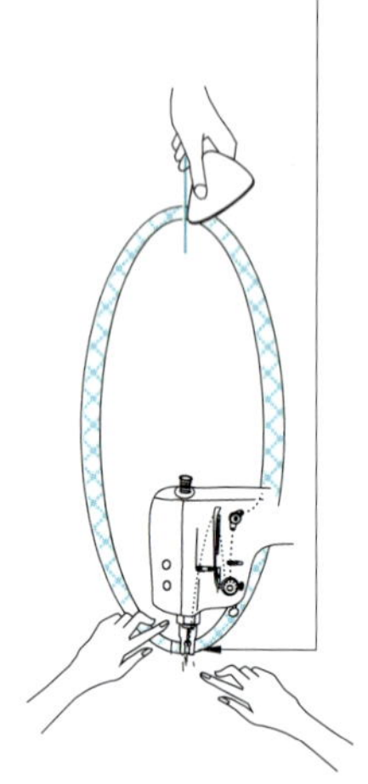
⑮ 고무줄을 이어 준다.

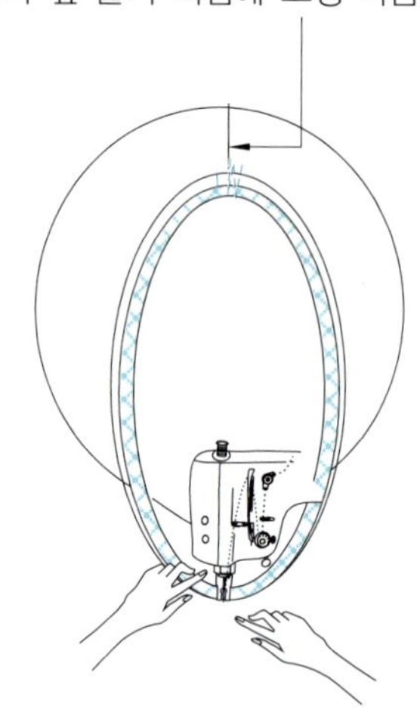
⑯ 양쪽 옆 솔기 시접에 고정 박음질한다.

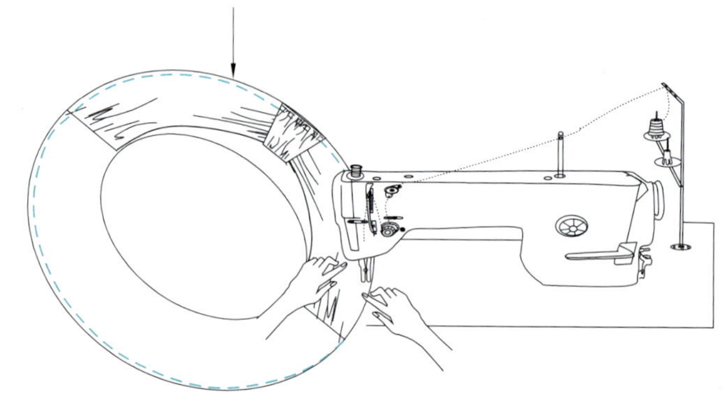
⑰ 0.635cm($\frac{1}{4}$") 안으로 들어가게 고정 박음질한다.

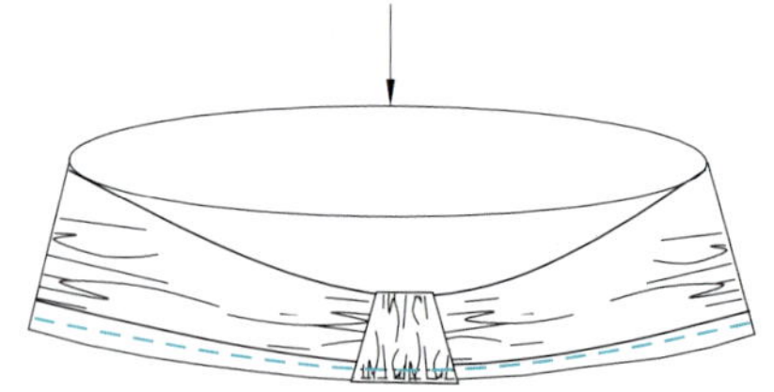
허릿단 제작이 끝난 모습

🔵 몸판 박음질하기

· 박음질 선이 곡선으로 안에 있는 합복 선의 거리는 같아도 원단을 잘라 놓으면 일그러
  지며 길이가 다른 것처럼 느껴진다.
· 작은 조각은 밖으로 선이 형성되고 큰 조각은 안으로 선이 들어가 있기 때문에 상대적
  으로 느끼는 길이는 작은 조각이 크며 때문에 노치 표시를 맞추어 박음질하는 것이 중
  요하다.

① 앞판 그림과 같이 처음에 놓는 것이 중요.
  가운데서 박음질 시작하여 옆 솔기에서 끝난다.

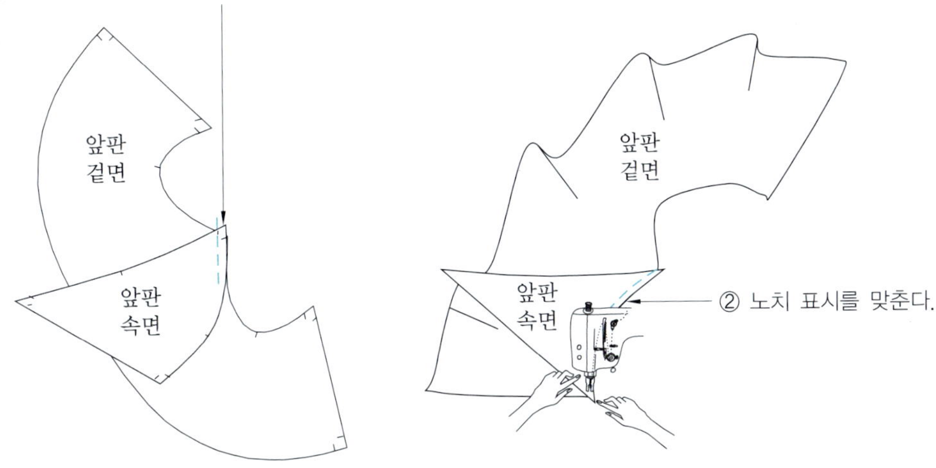

③ 뒤판 그림과 같이 처음에 놓는 것이 중요하며
  옆 솔기에서 시작하어 가운데서 박음질 끝난다.

④ 2개의 노치 표시를 맞춘다.

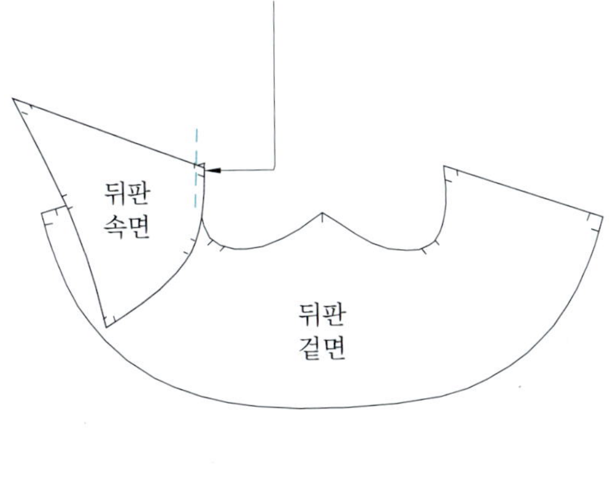

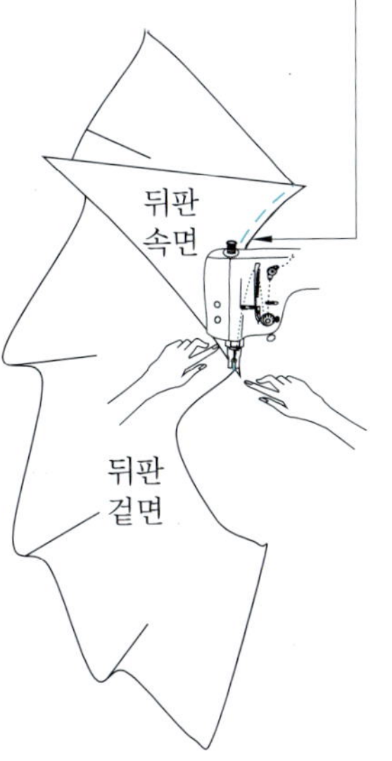

· 시접을 위쪽으로 올려야 하므로 본봉으로 1차 합복 후에 그림과 같이 앞판과 뒤판을 플레어 부분을 위에 놓고 오버로크 처리한다.
· 시접을 위로 올려야 하므로 그림과 같이 본봉 박음질 순서대로 오버로크 처리한다.
· ⑦, ⑧번의 사선 합복은 앞판은 위에서부터 합복하고 뒤판은 밑에서부터 합복한다.

⑤ 앞판은 옆 솔기에서 시작해서 중심에서 멈춘다.

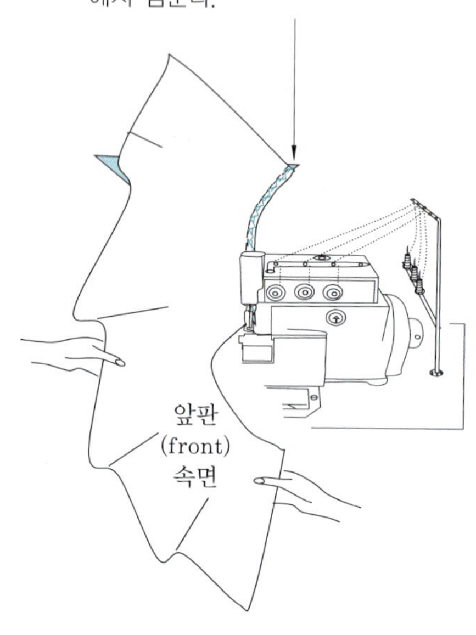

⑥ 뒤판은 중심에서 시작해서 옆 솔기에서 끝난다.

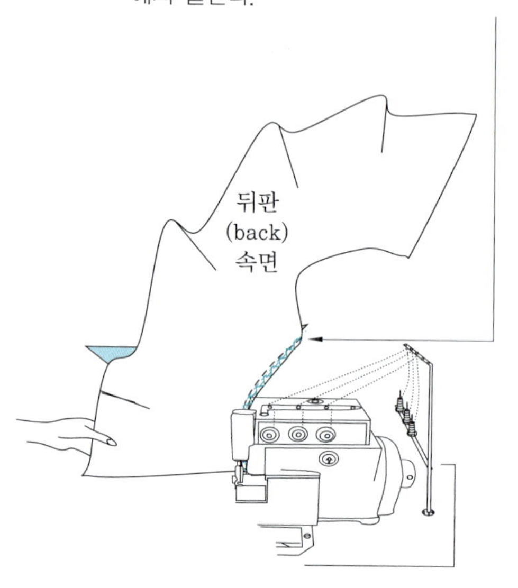

⑦앞판 노치 표시 정확하게 맞추어 위에서부터 합복

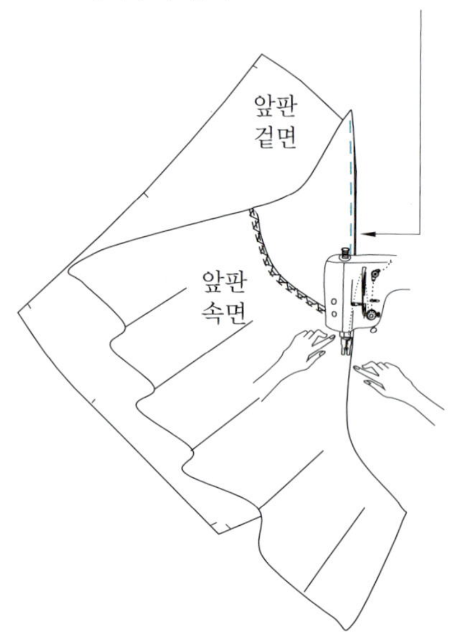

⑧뒤판 노치 표시 정확하게 맞추어 위에서부터 합복

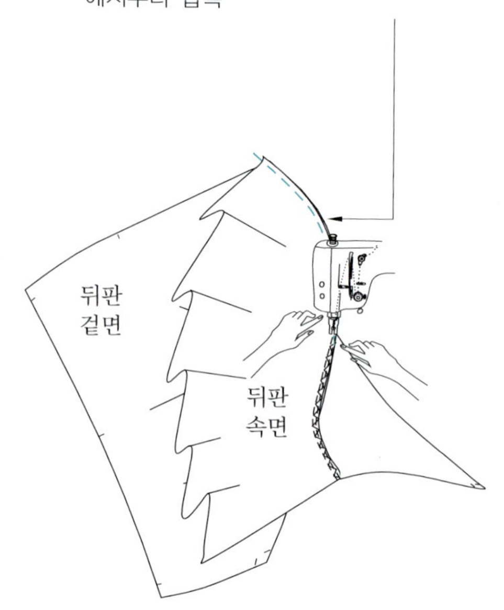

· 본봉 박음질 순서대로 오버로크 처리해야 하며 시접을 위로 올려야 하므로 그림과 같이 놓여야 한다.
· 옆 솔기 본봉 합복 순서대로 오버로크 처리한다.

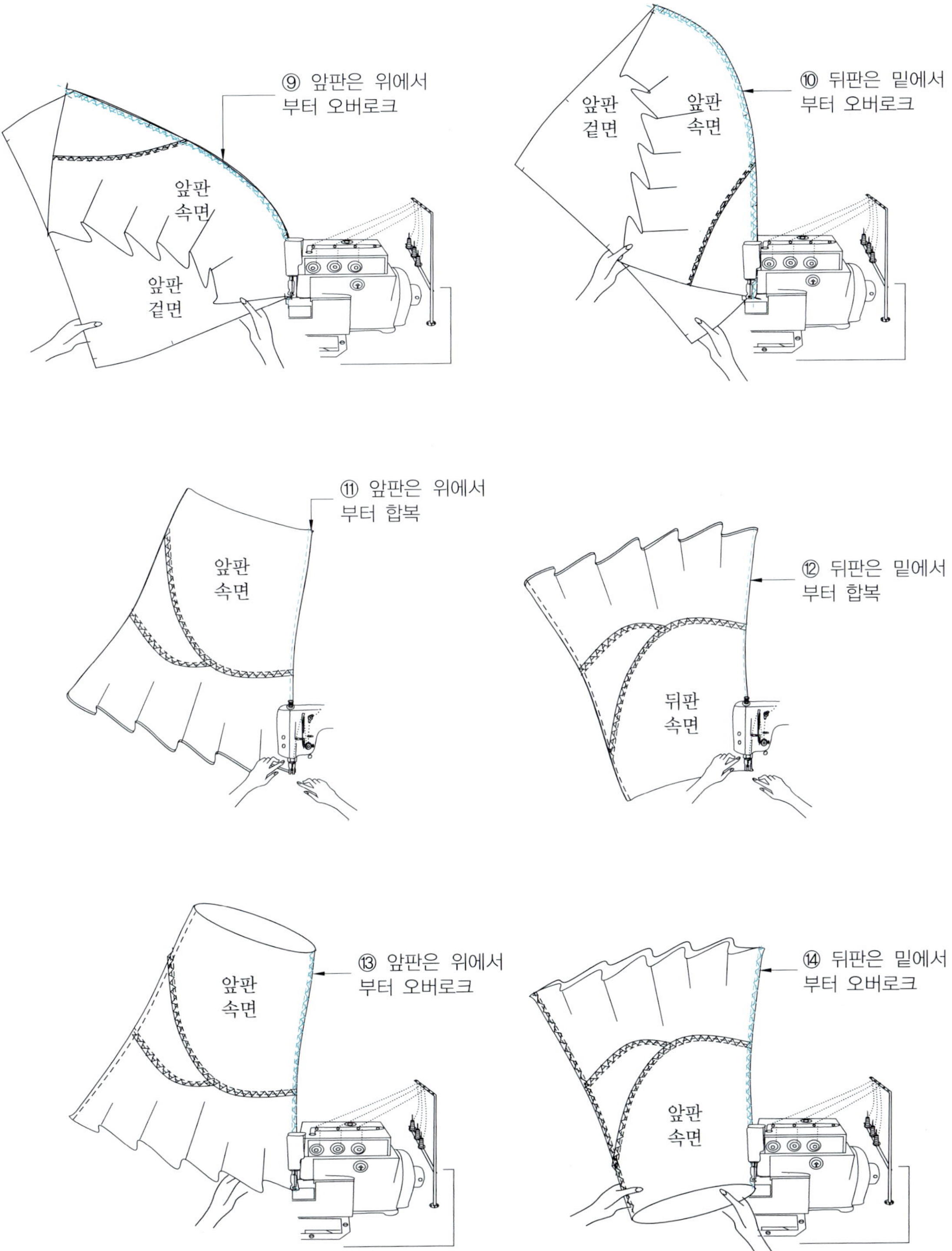

🔹 몸판 옆 솔기 합복하기

· 허릿단을 몸판 안으로 집어넣고 양쪽 옆 솔기를 고정시키는 박음질을 한다.
· 몸판 허리 부분이 허릿단 보다 크므로 허릿단을 약간 잡아당기면서 몸판에 골고루 이세
　가 잡히도록 한다.
· 옆 솔기 시접은 모두 뒤쪽으로 보낸다.
· 허릿단의 시접은 완성 후에 밑으로 내려야 하므로 그림과 같이 안쪽에서 허릿단을 위에
　놓고 오버로크 처리한다.

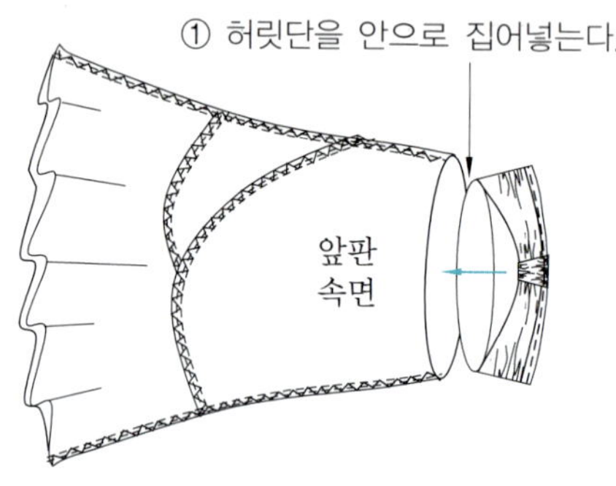

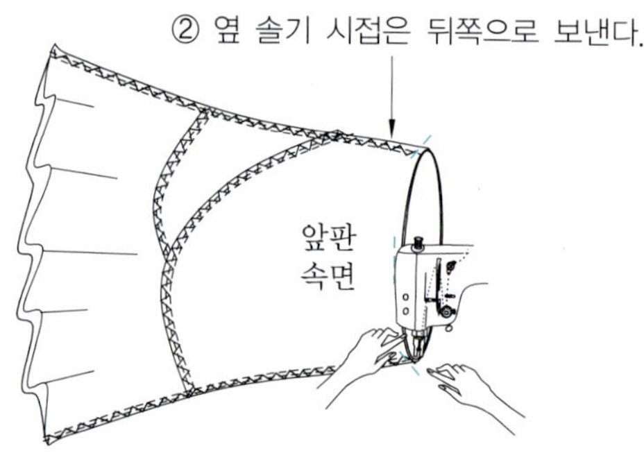

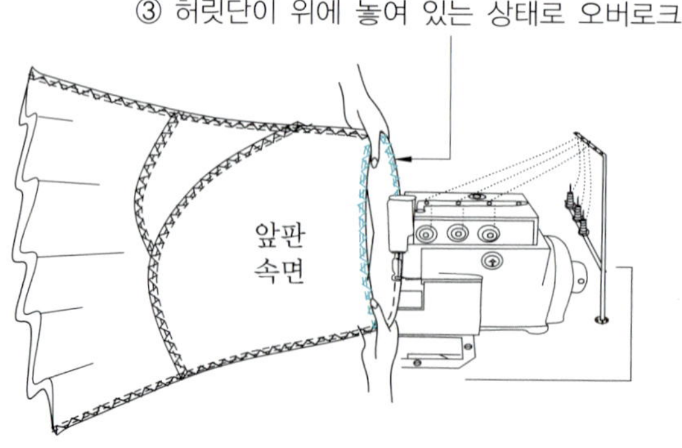

· 인체 모형(Dress Form)에 입혀서 그림과 같이 바닥에서부터 길이를 돌아가면서 확인하고 핀으로 표시한다.

· 가위로 표시한 길이를 시접을 두면서 잘라낸다.

· 오버로크를 가늘게 처리한 상태라고 할 수 있는 pearl merrow로 처리한다.

· 오버로크를 친 다음 0.635cm($\frac{1}{4}$")를 접어 올리고, 0.3175($\frac{1}{8}$")넓이로 가늘게 박음질한다.

· 전용 노루발을 이용해서 말아 박음질한다.

· 스트레치 원단으로 올이 풀리는 현상이 전혀 없는 경우 밑단을 정리 한 상태로 그대로 둔다.

· 올이 전혀 풀리지 않는 원단일 경우 재단할 때 자른 그대로 두는 형태(raw hem)이다.

· 옆 솔기의 경우 밑단을 고르게 하기 위해 가위로 자르면 박음질선이 풀리므로 고정박음질을 한 번 해야 한다.

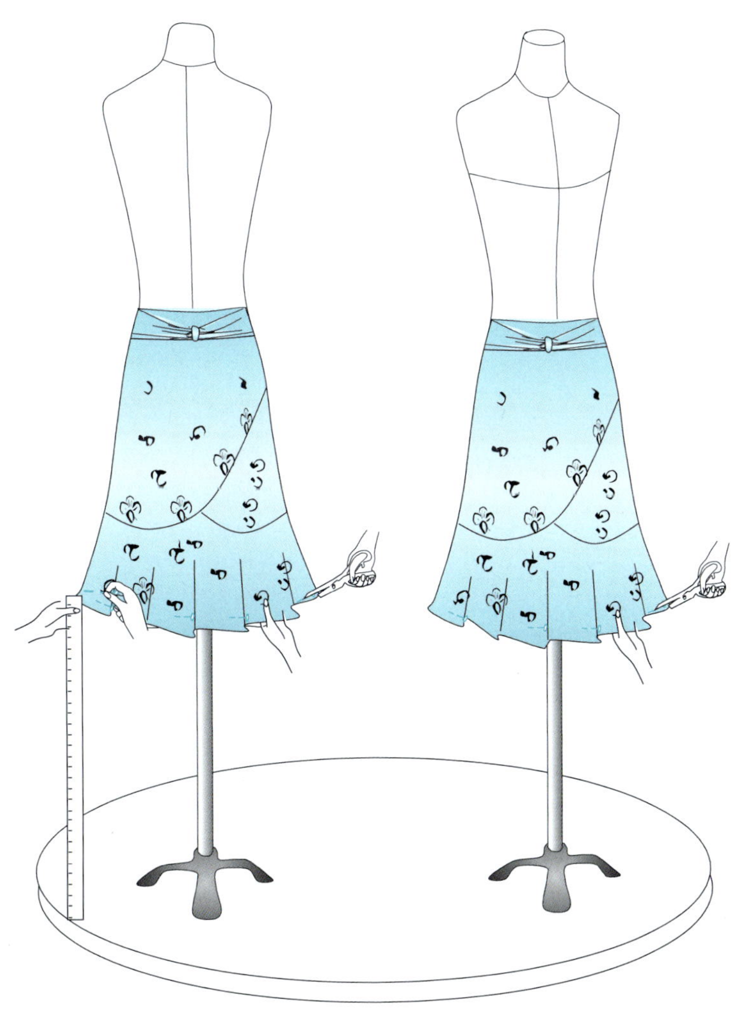

· 소재, 니트 스트레치 원단

· 안감, 망사(부드러운 재질)

· 허릿단 원형 버클(buckle)

· 망사 또는 다른 안감의 길이를 겉감의 길이보다 5.08cm(2") 길게 제도한다.

🔔 밑단둘레 160° 넓이로 겉감 제도 (52쪽 참고)

허릿단 넓이 7.62cm(3")

예 허리 사이즈 71.12cm (28")
스커트 길이 58.42cm (21")
스커트 안감길이 58.42cm(23")

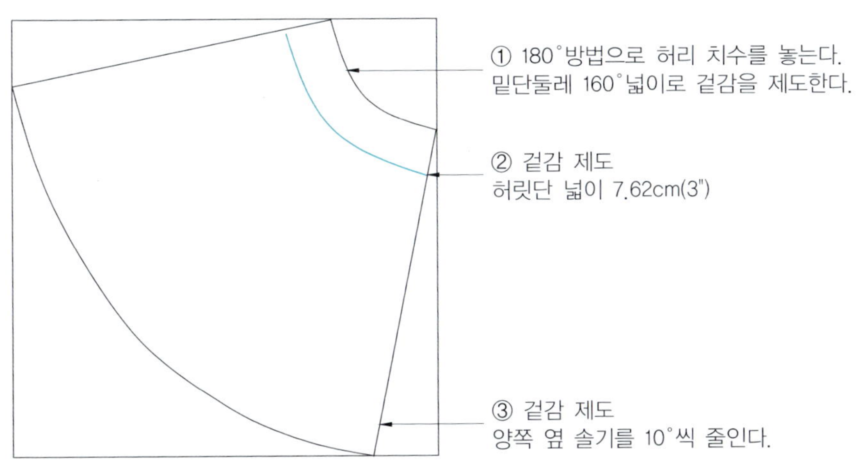

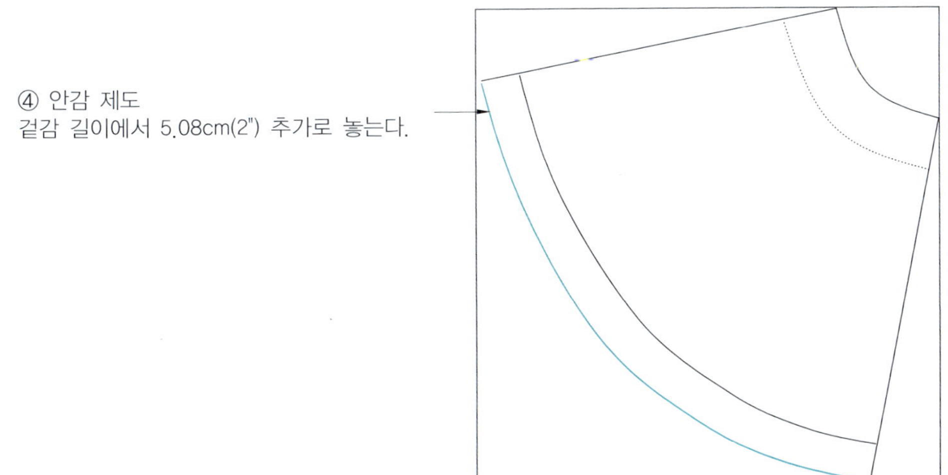

· 패턴지를 밑에 놓고 겉감과 안감의 패턴을 복사해서 분리한다. 허리 위치는 동일하고 밑단은 길이가 다르다.

· 겉감의 재단 결선은 바이어스로 설정한다.

· 안감의 재단 결선은 길이 방향으로 설정한다.

· 겉감은 결선을 바이어스로 설정하고 안감은 길이로 결선을 설정한다.

⑤ 밑단의 안쪽은 겉감의 길이이고 밖에 선은 안감의 길이이다.

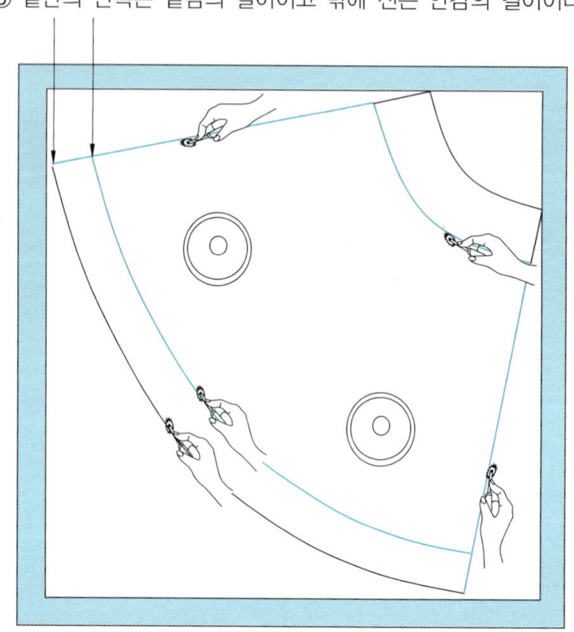

⑦ 분리된 안감 패턴

⑥ 완성된 겉감 패턴

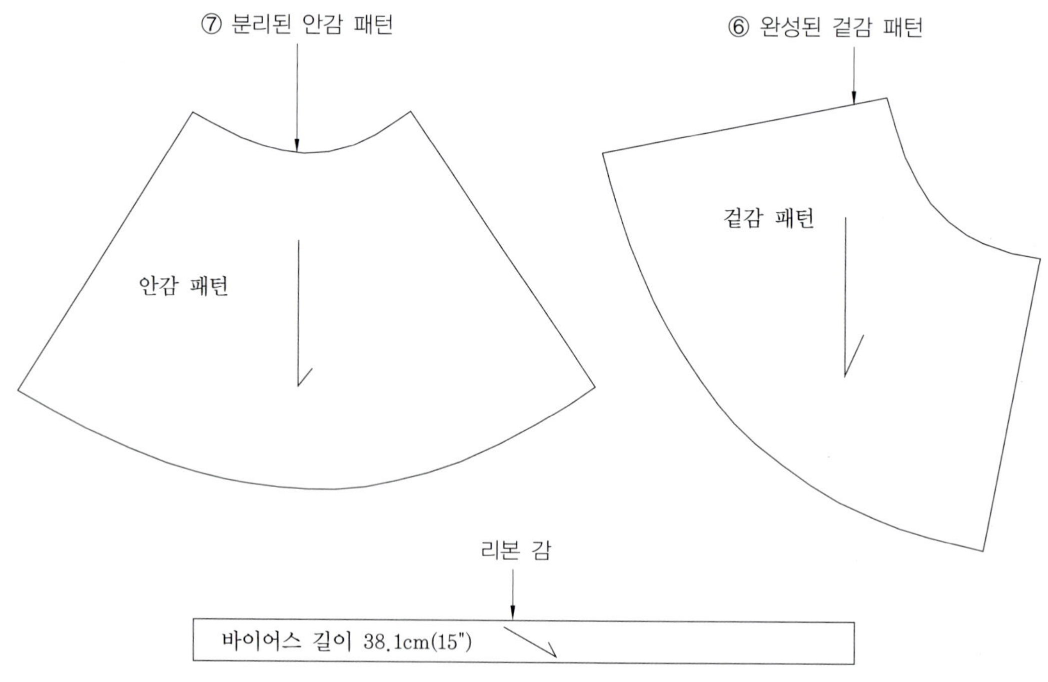

📘 안감 제도

· 분리된 안감 패턴을 밑단에서 12.7cm(5″) 올라가게 선을 그려 넣고 잘라낸다.

· 잘라낸 안감의 밑단 둘레×2의 치수로 셔링 분량 패턴을 제도한다.

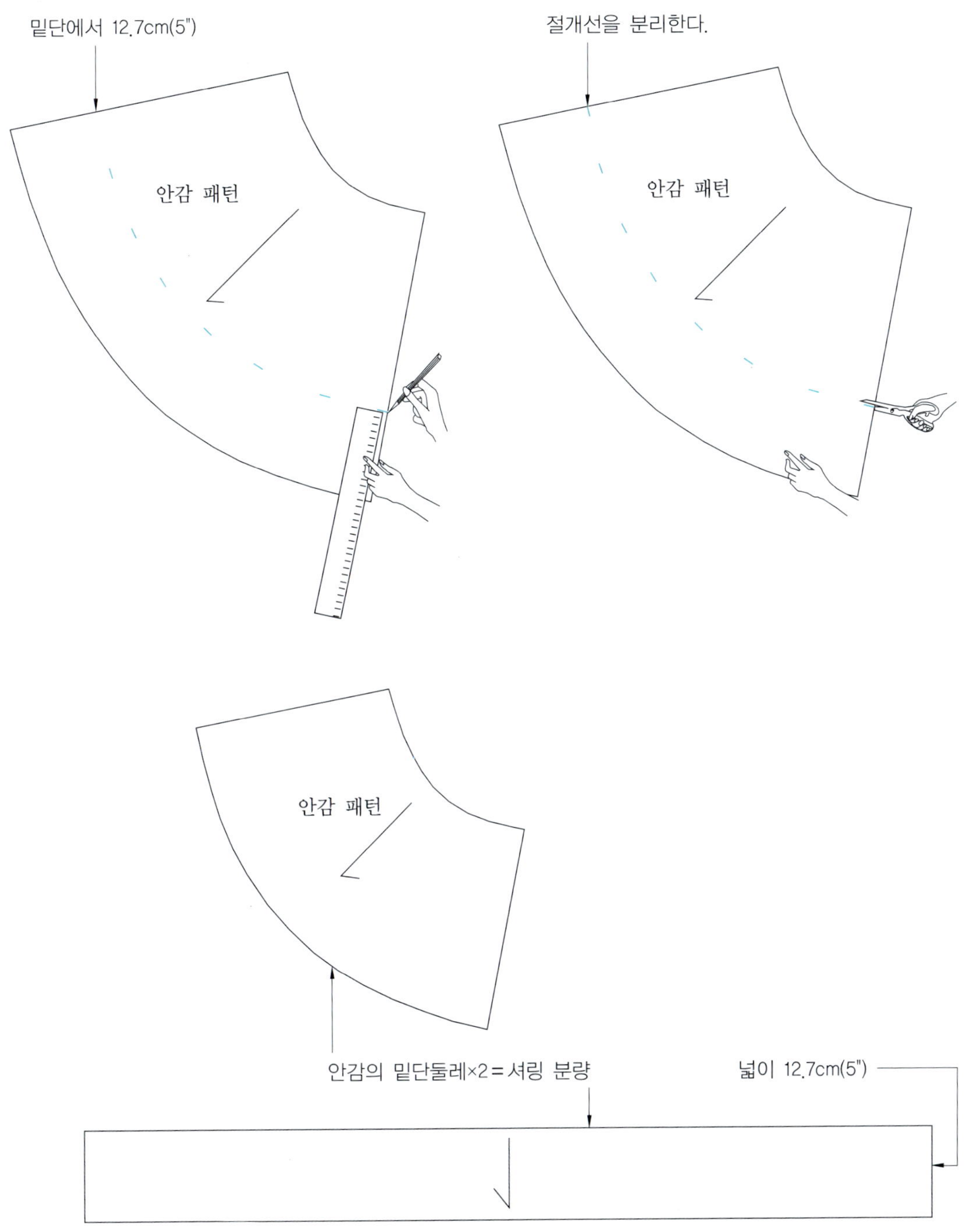

앞뒤 허릿단 제도 구분동작 순서대로 따라하기

앞판과 뒤판의 허릿단 제도는 같으므로 한 개를 제도해서 앞과 뒤로 나누어 준다.

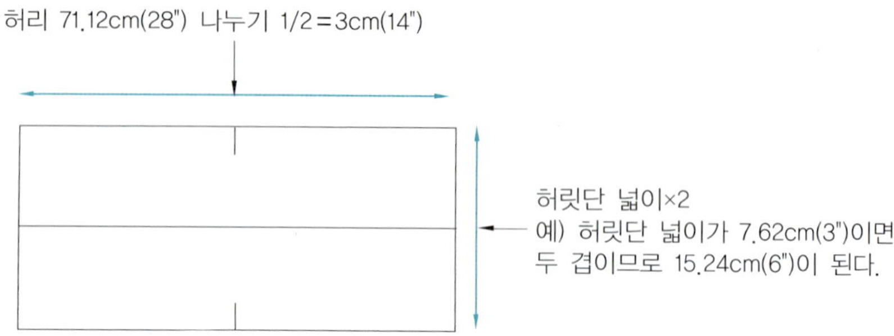

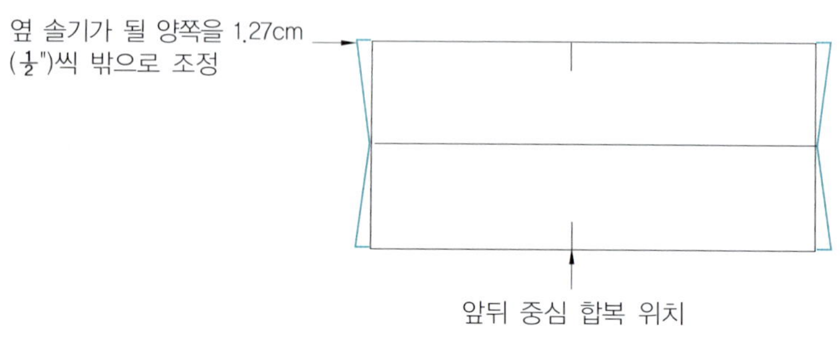

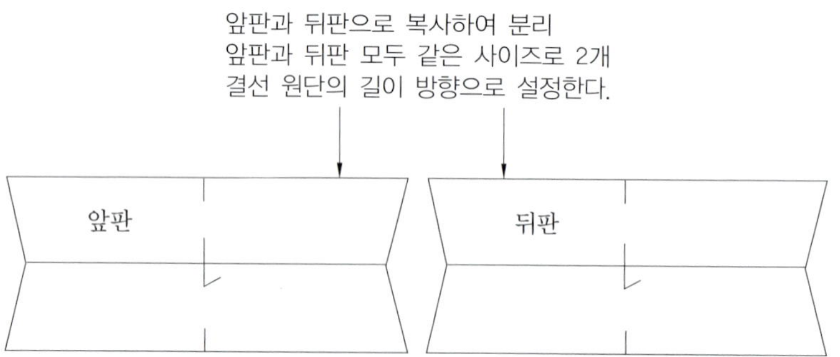

링을 끼우는 앞 허릿단 제도

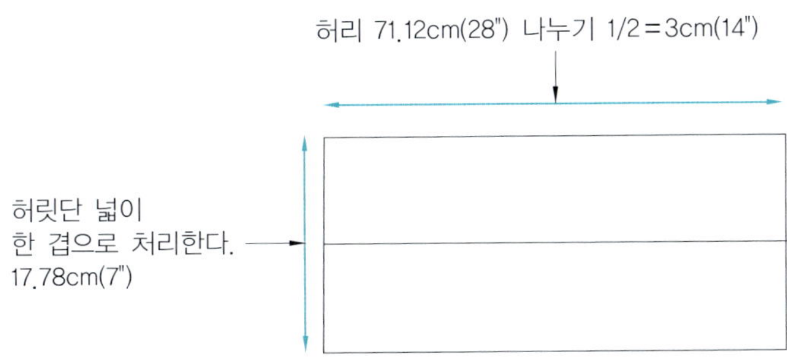

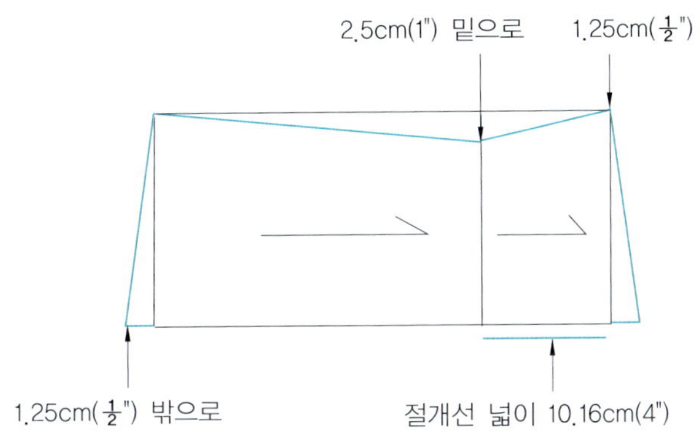

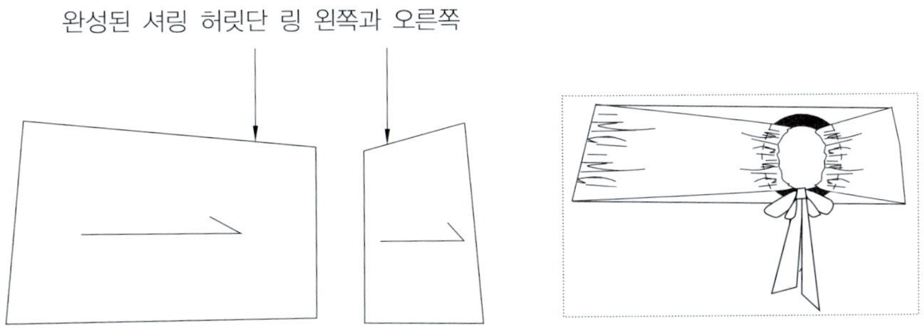

완성된 오른쪽(RING) 허릿단. 시접 넓이
(a) 1cm($\frac{3}{8}$"), (b)~(c) 2.5cm(1")

완성된 왼쪽(RING) 허릿단. 시접 넓이
(a) 1cm($\frac{3}{8}$"), (b)~(c) 2.5cm(1")

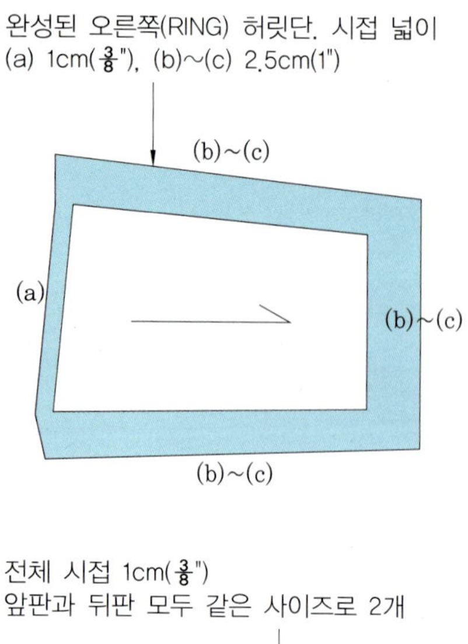

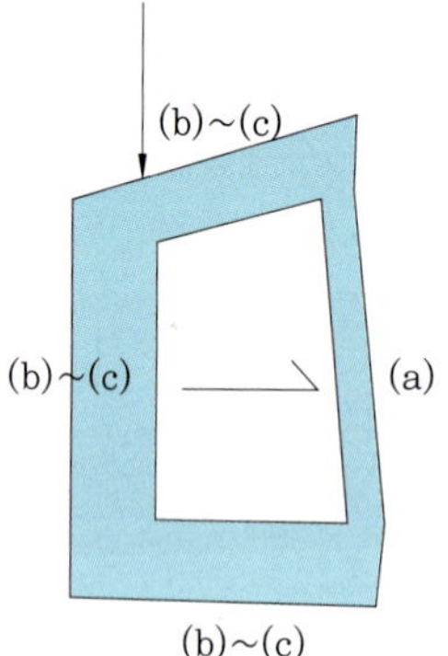

전체 시접 1cm($\frac{3}{8}$")
앞판과 뒤판 모두 같은 사이즈로 2개

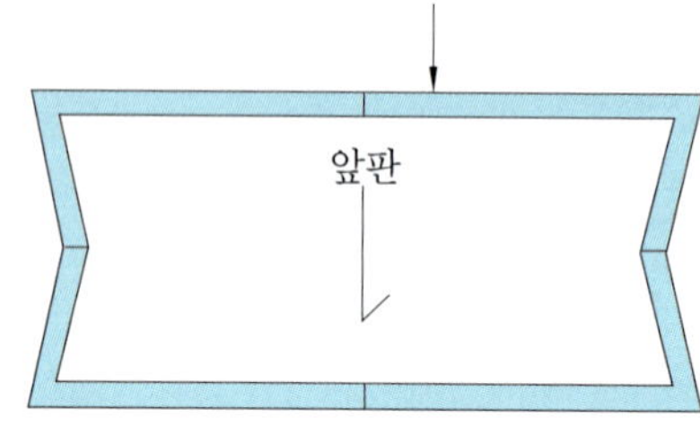

(a) 시접 1cm($\frac{3}{8}$"), (b) 시접1.27cm($\frac{1}{2}$"), (c)~(d) 시접 없이 제도

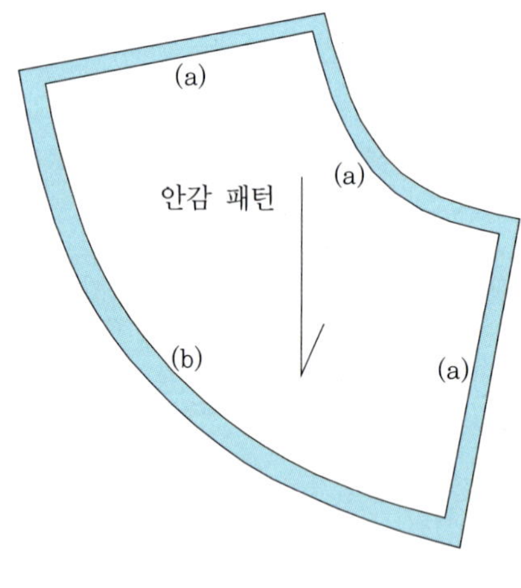

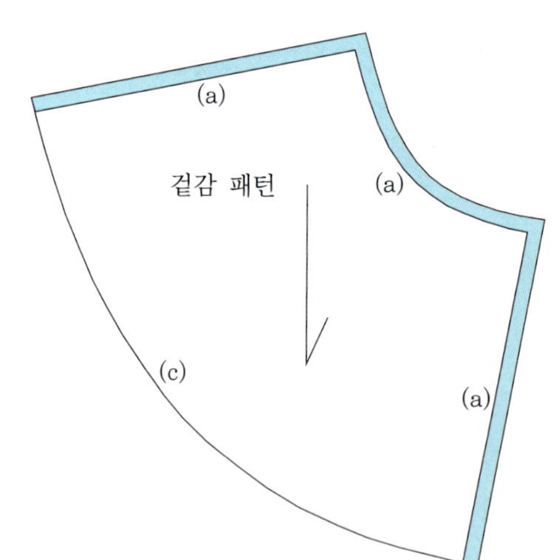

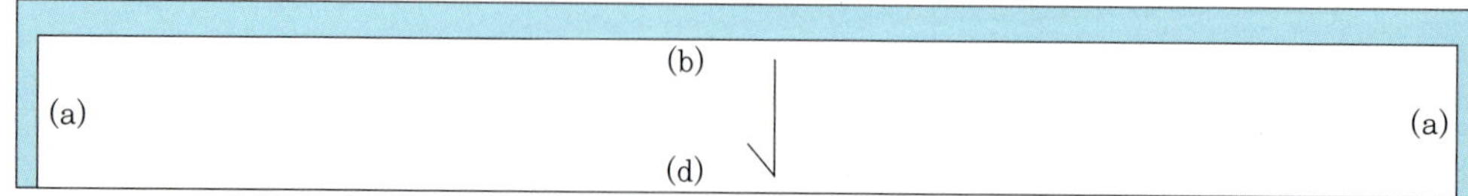

· 앞 허릿단 겉면 속면 겹으로 처리하였으므로 1개
· 앞 버클 허릿단 왼쪽 1개, 오른쪽 1개 총 2개
· 뒤 허릿단 겉면 속면 겹으로 처리하였으므로 1개
· 겉감 앞 몸판 1장, 뒤 몸판 1장
· 안감 앞판 1장, 뒤판 1장
· 안감 셔링 패턴 앞판 1장, 뒤판 1장
· 앞판과 뒤판의 허릿단 제도는 같으므로 한 개를 제도해서 앞과 뒤로 나누어 준다.

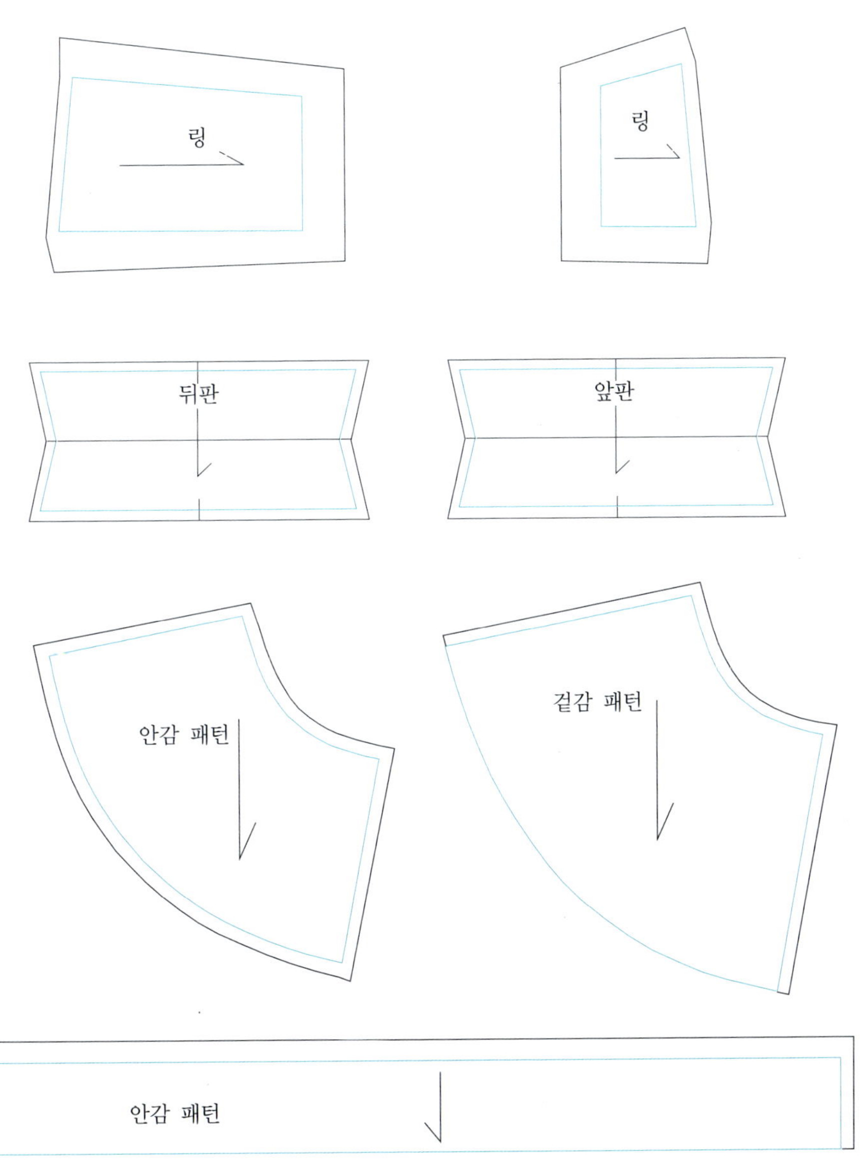

겉감 시접 봉제를 위한 노치 표시 뒤판은 노치를 두 개 나란히 넣어서 표시한다.

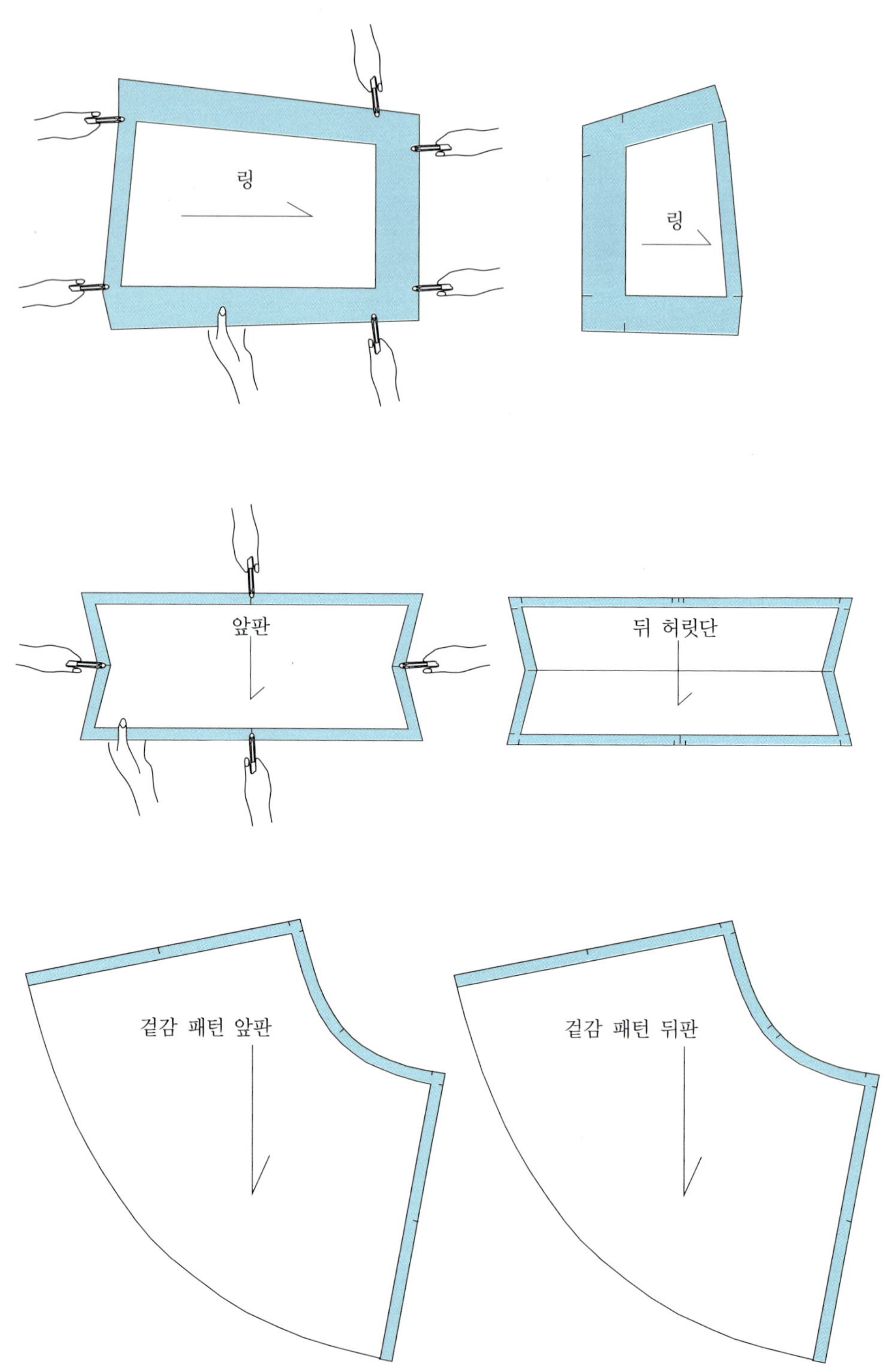

안감 앞판과 뒤판을 구분하기 위한 노치를 표시한다.

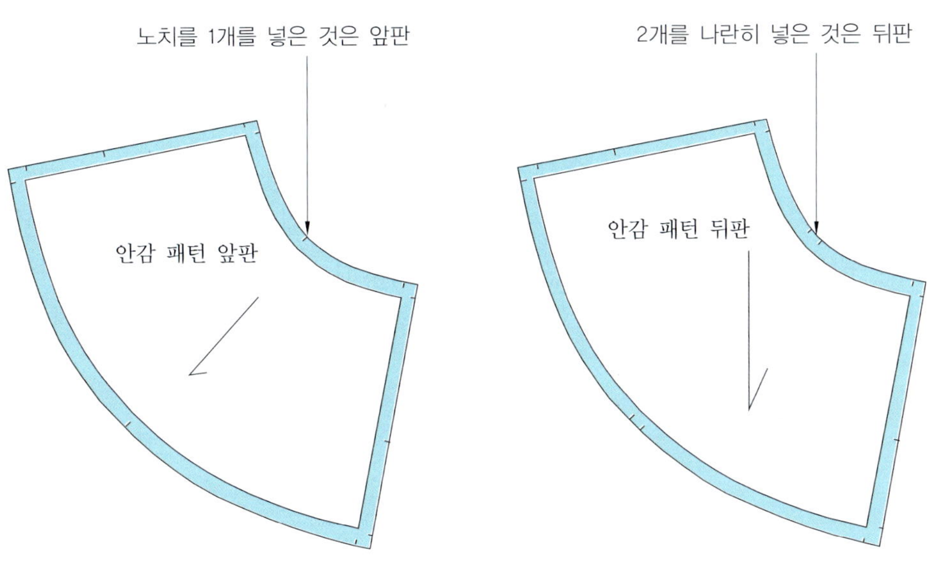

셔링 패턴은 소요량이 많아지므로 폭 또는 길이 방향에서 소요량을 줄일 수 있는 방향으로 정한다.
참고 폭 방향은 주름이나 셔링이 잘 잡힌다.

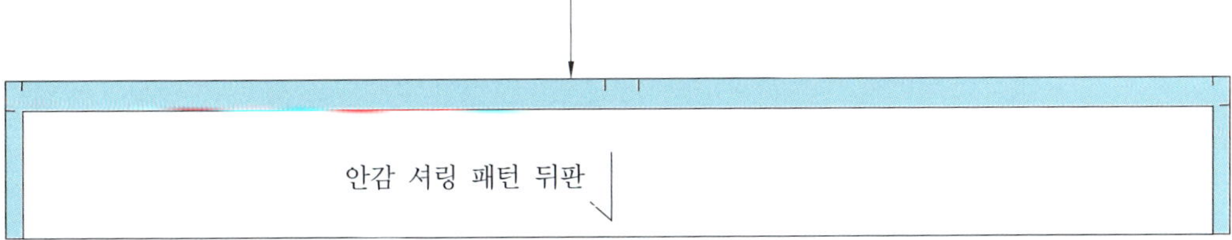

· 원단을 펴놓고 재단할 경우에 패턴을 나열한 모습으로 샘플로서 한 장 재단할 때는 앞판과 뒤판은 원단을 접어서 한 번에 자르고 허릿단과 같이 한 장씩 필요한 경우 남은 원단으로 각각 재단한다.
· 원단을 펴놓고 재단할 경우 주의 사항은 패턴 한 장으로 왼쪽과 오른쪽으로 나누어지는 앞판과 뒤판의 경우 서로 마주보는 형태로 짝이 맞아야 한다.
· 노치 표시는 가위집을 넣을 때 깊게 넣으면 불량으로 발전할 수 있고 얕으면 보이지 않으므로 노치 깊이가 0.3175cm($\frac{1}{8}$") 정도가 되어야 하며, 정확하게 넣으려면 가위 끝이 잘 들어야 한다.

원단을 한 장으로 펴놓은 상태

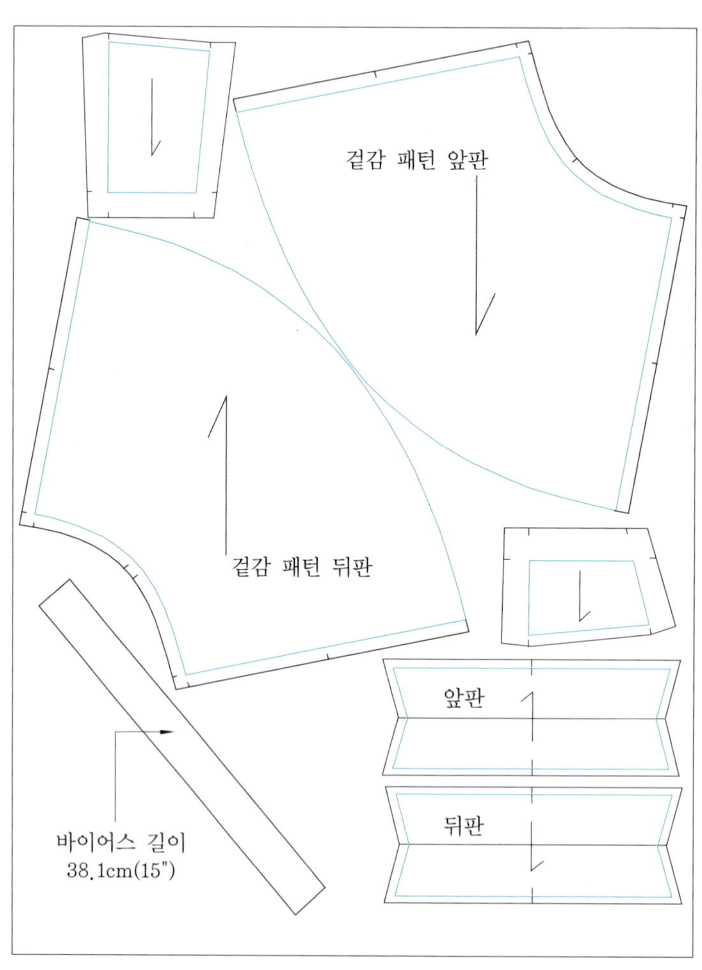

・안감을 펴놓고 재단할 경우에 패턴을 나열한 모습으로 샘플로서 한 장 재단할 때는 앞판과 뒤판은 안감을 접어서 한번에 자르는 것이 편하며, 왼쪽과 오른쪽이 다른 경우 한 장씩 재단해야 한다.

・안감을 펴놓고 재단할 경우 주의 사항은 패턴 한 장으로 왼쪽과 오른쪽을 재단하므로 서로 마주보는 형태로 짝이 맞아야 한다.

안감을 한 장으로 펴놓은 상태

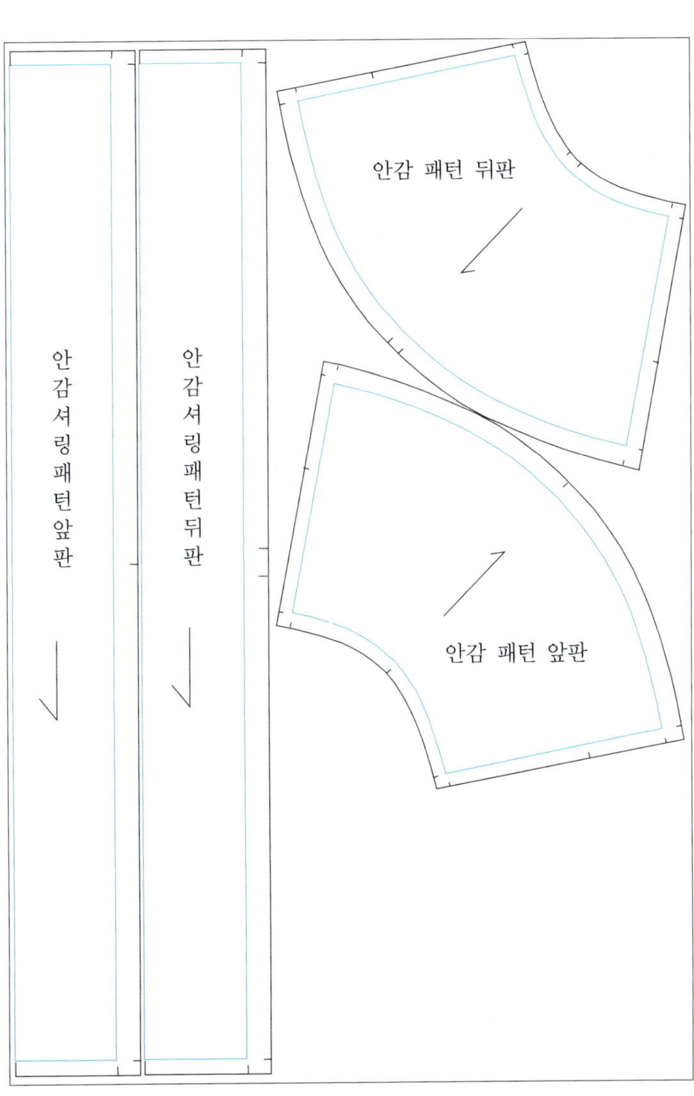

박음질 준비 허릿단 링 시접 꺾기

· 허릿단의 시접을 노치 표시를 확인하면서 꺾어 준다.
· 패턴의 왼쪽과 오른쪽이 다른 경우 재단할 때부터 방향이 맞는지 확인해야 하고, 박음질 준비를 할 때도 원단의 겉면과 속면이 비슷한 경우 뒤집어서 작업이 될 수 있으므로 왼쪽과 오른쪽의 구분을 확인해야 한다.

제도할 때 선을 그려 넣는 면이 겉면이 되어야 하며 뒤집어서 제도를 하게 되면 위치를 보고 확인하기가 어렵게 된다.

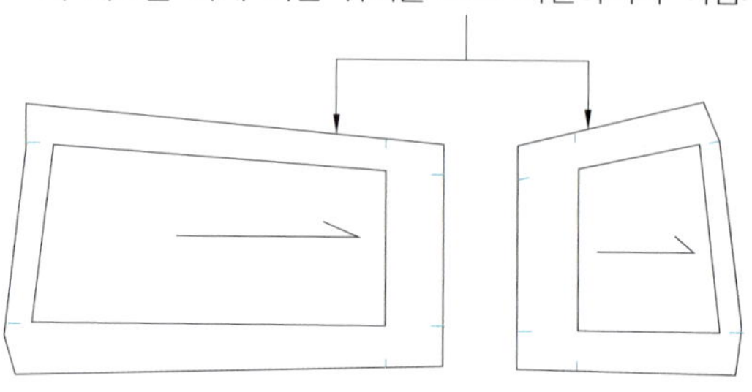

① 시접을 꺾은 다음 뒤집으면 왼쪽이 되어야 한다.

② 시접을 꺾은 다음 뒤집으면 오른쪽이 되어야한다.

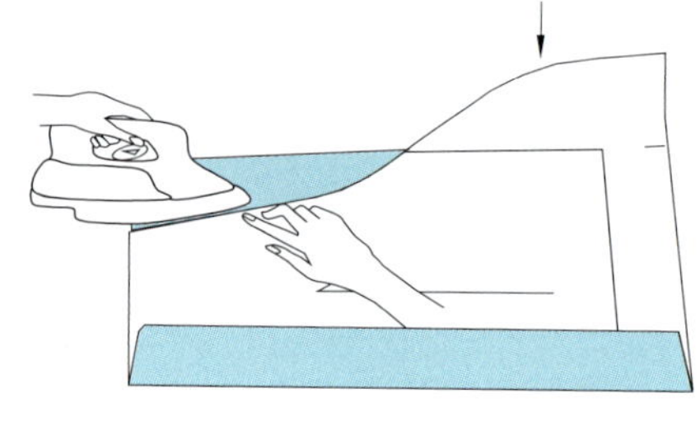

③ 링 안에 허릿단을 넣고 박음질
 ─노루발을 폭이 좁은 것으로 교체하면 편리하다.

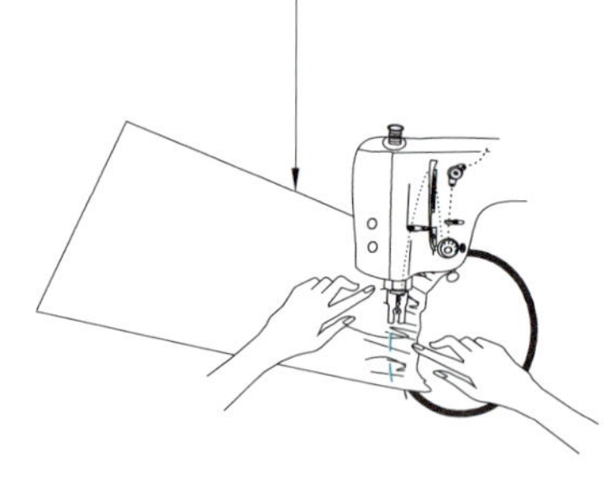

④ 링 외곽 원형 선에 허릿단을 물려 놓고 박음질

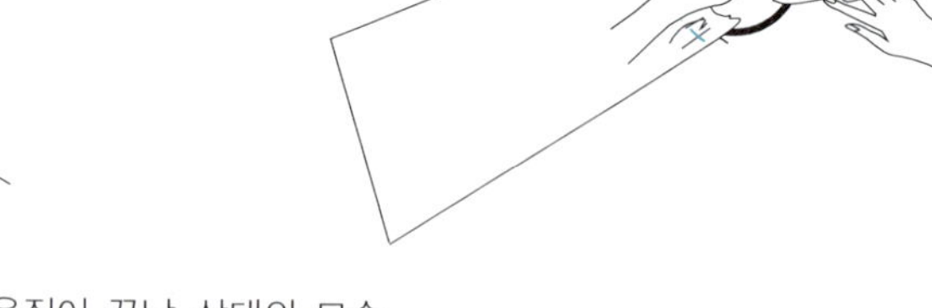

박음질이 끝난 상태의 모습

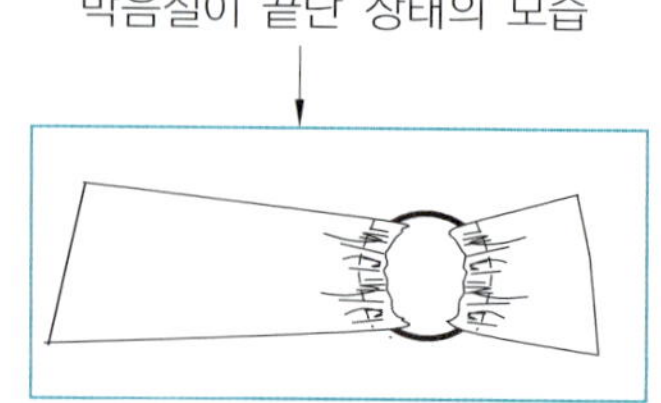

· 양쪽 끝을 두 줄로 박음질하고 땀수는 약간 넓게 하고 윗실도 약간 풀어 준다.

· 실을 끊을 때 약간 길게 실을 남겨서 셔링을 잡을 때 사용하도록 한다.

⑤ 끝에서 0.3cm($\frac{1}{8}$") 들어가고 다시 0.635cm
($\frac{1}{4}$")를 들어가게 박음질한다.

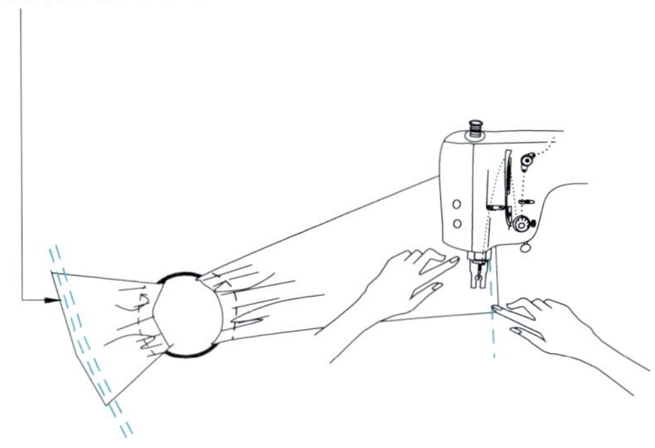

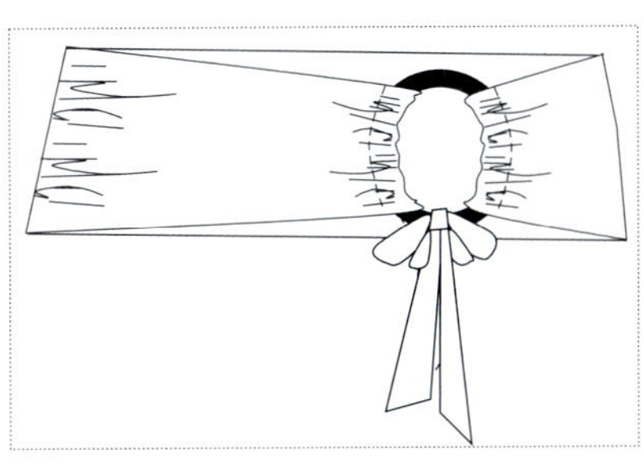

⑥ 두 줄로 박음질이 끝난 상태의 모습
　두 가닥의 실을 오른손으로 잡고 왼손 엄지와 검지를 이용해서 실이 끊어지지 않게 쓸어
　내리듯이 잡아당기면 셔링을 만든다.

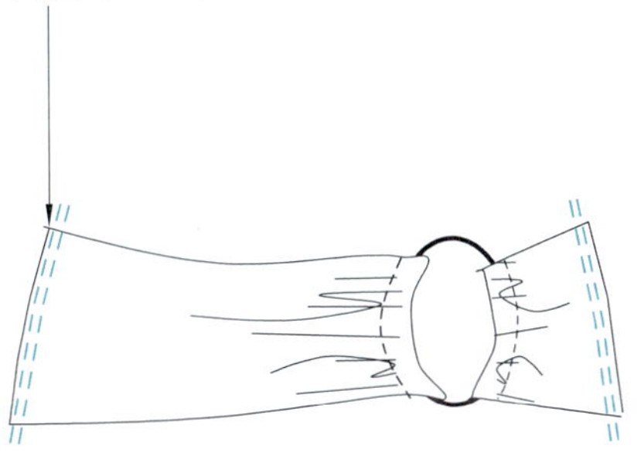

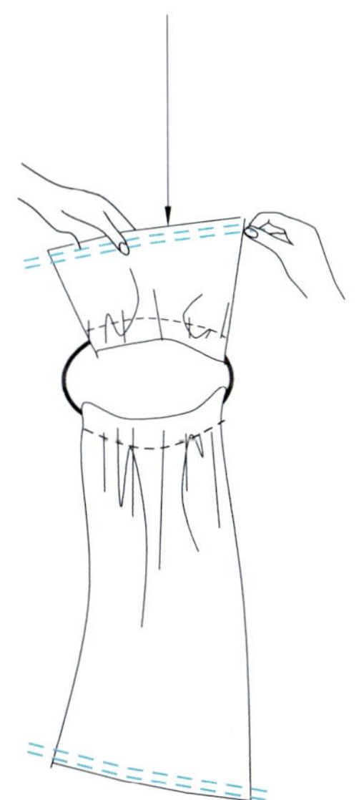

⑦ 셔링이 잡힌 모습으로 넓이를 허릿단 넓이에 맞추어야 한다.

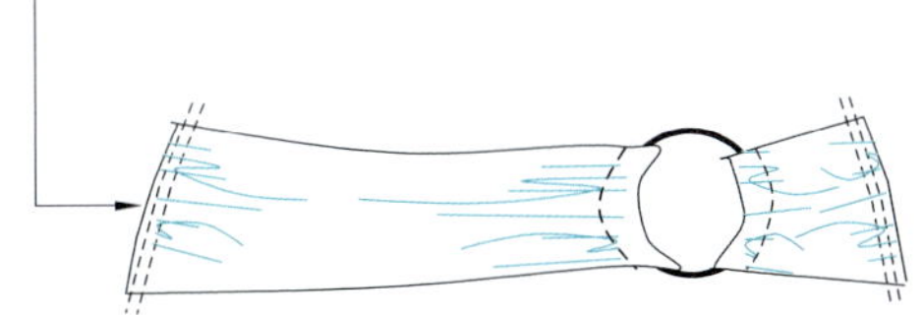

⑧ 셔링이 잡힌 허릿단을 앞 허릿단에 얹어 놓고 두 줄로 박음질한 중간을 정확하게 박음질한다.

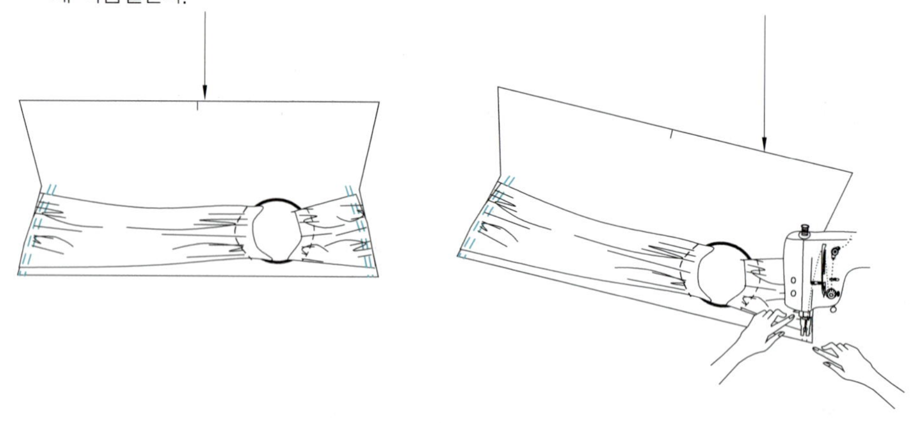

허릿단을 고정시키기 위해 박음질한 모습

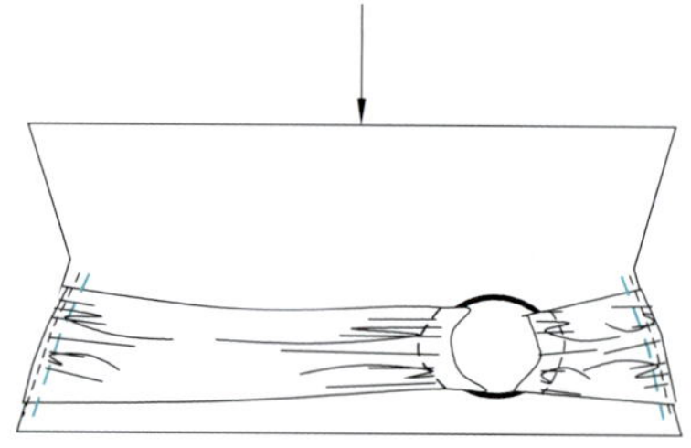

⑨ 뒤판 허릿단을 밑에 놓고 앞 허릿단을 위에 놓는다.
 - 놓이는 상태는 겉면끼리 마주보는 형태로서 양쪽 솔기를 박음질한다.

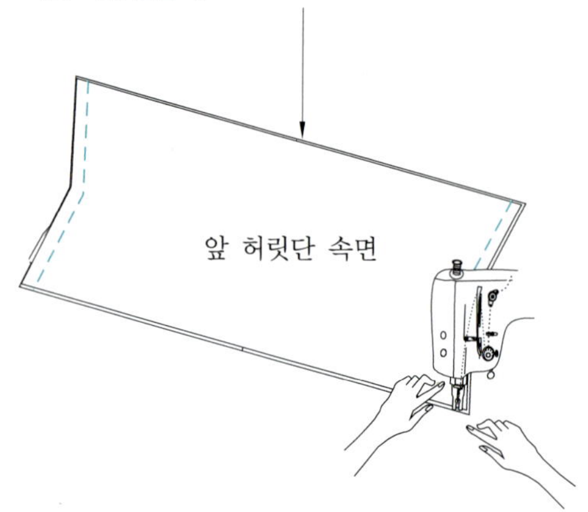

· 고무줄 넓이 1.25cm($\frac{1}{2}$")을 넣고 고정 박음질한다.

· 고무줄의 길이를 허리둘레보다 2.54cm(1") 작게 자른 다음 양쪽을 붙여서 이음 박음질
 을 하고 양쪽 옆 솔기에 고정시킨다.

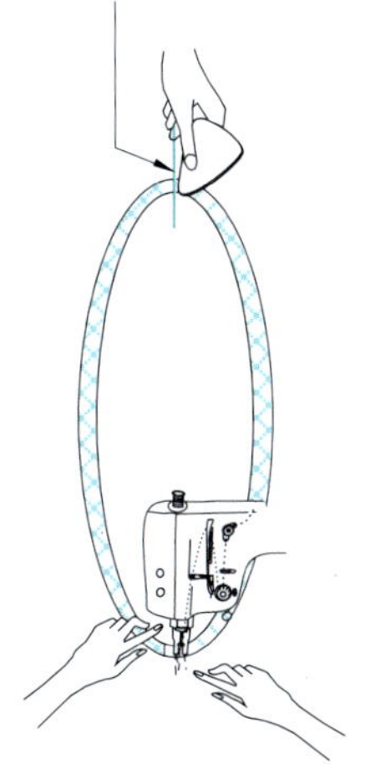

⑩ 고무줄 넓이 1.27cm($\frac{1}{2}$") 반으로
접어서 초크로 표시한다.

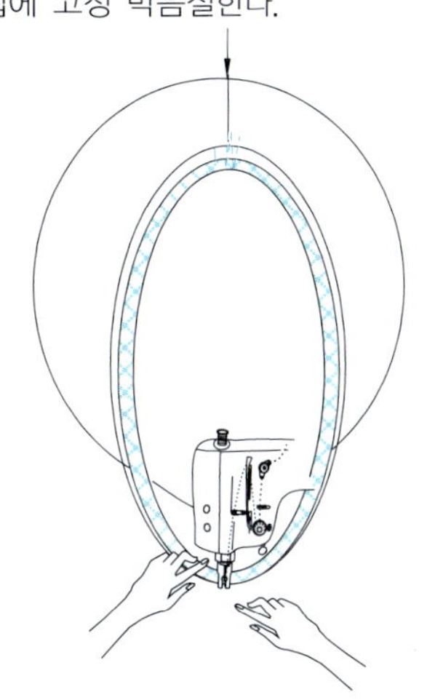

⑪ 고무줄을 양쪽 옆 솔기 안단 시
접에 고정 박음질한다.

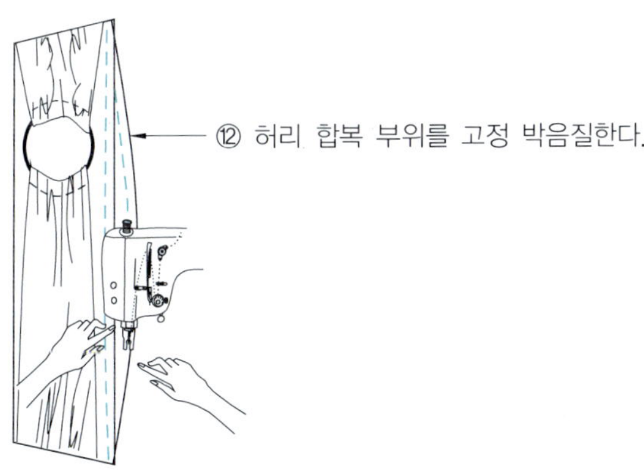

⑫ 허리 합복 부위를 고정 박음질한다.

완성된 허릿단 모습
 ─고무줄로 인하여 양쪽 솔기가 투박하면 옆 솔기 시접을 뒤쪽으로 보낸
  상태에서 고무줄을 위에 얹어 놓고 박음질하면 얇게 처리된다.

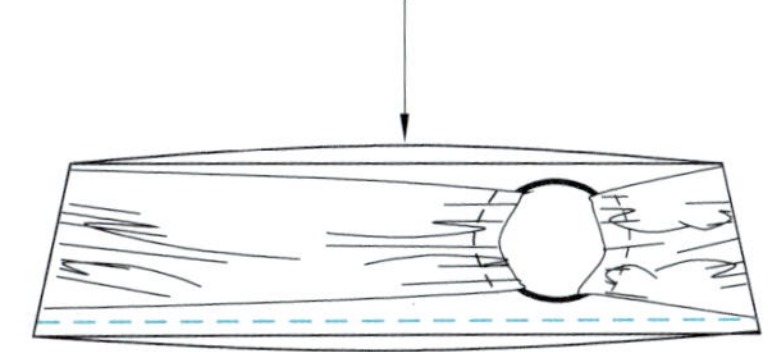

몸판 박음질하기

· 앞판을 위에 뒤판은 밑에 놓고 위에서부터 박음질하고 방향을 돌려서 밑단에서 위쪽으로 합복한다.
· 안감 박음질 순서도 겉감과 같다.

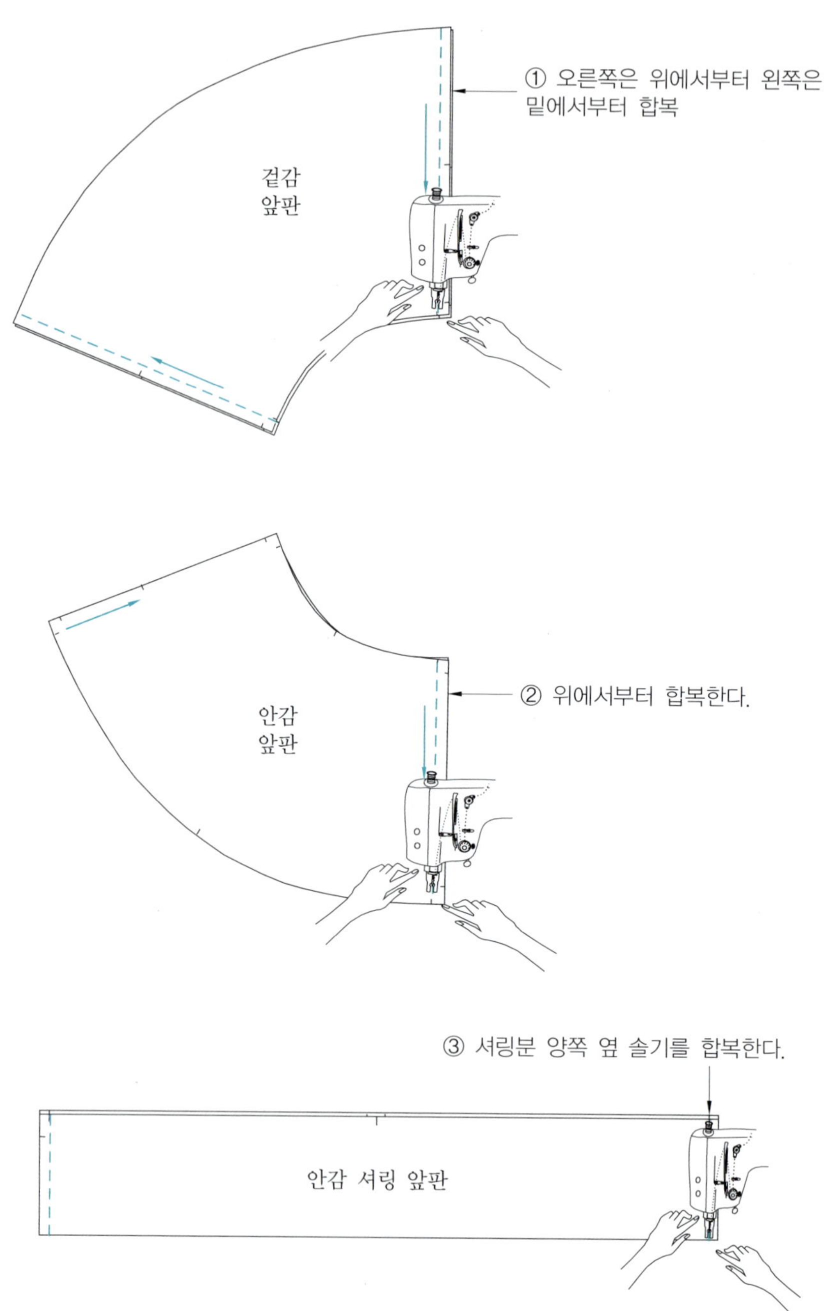

· 위에서부터 합복을 시작하고 방향을 돌려서 밑에서 위쪽으로 합복한다.
· 오버로크 치는 순서도 박음질 순서와 같아서 허리선에서부터 즉, 위에서부터 오버로크
  치고 방향을 돌려서 밑단에서 다시 오버로크 친다.

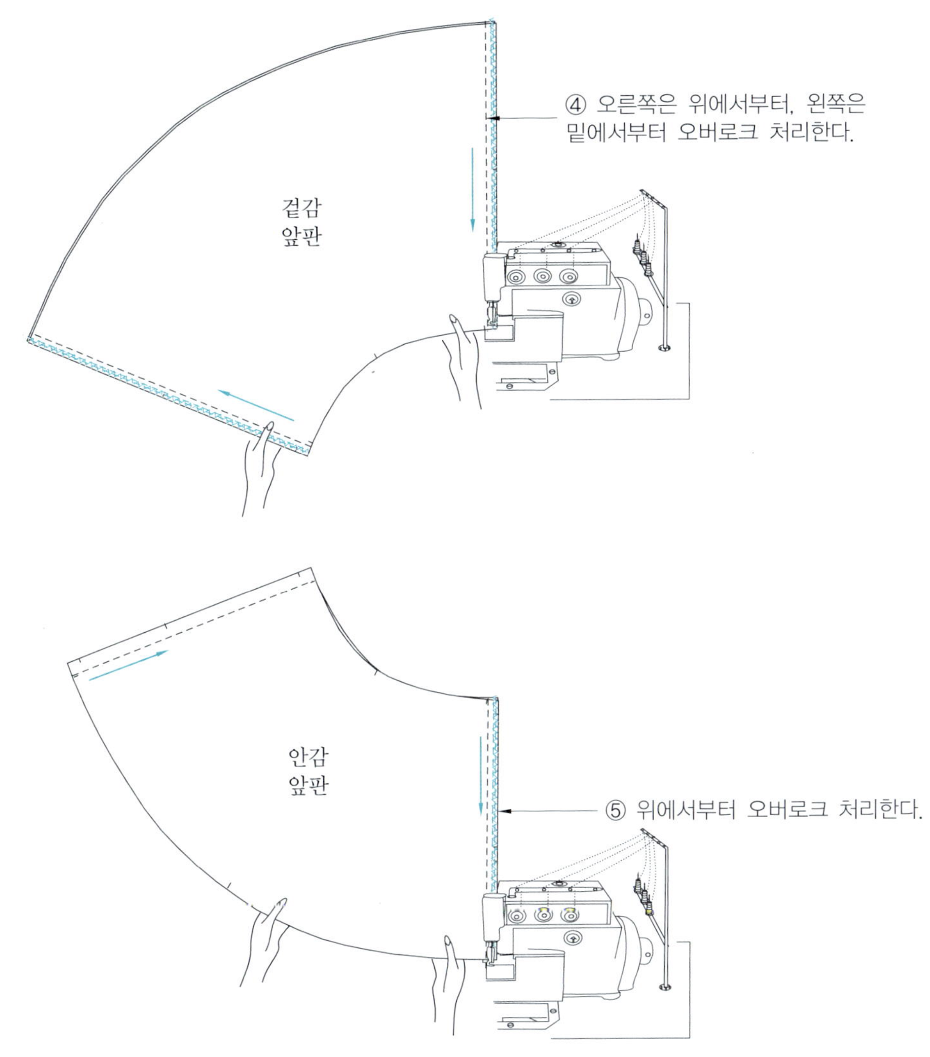

- 땀수를 넓게 하고 첫 번째 시접 끝에서 0.635cm($\frac{1}{4}$") 안으로 들어가서 일차 박음질한다.
- 두 번째 시접 끝에서 1.27cm($\frac{1}{2}$") 안으로 들어가게 박음질한다.
  첫째, 첫 번째 시접 끝에서 0.635cm($\frac{1}{4}$") 두 번째 시접 끝에서 1.27cm($\frac{1}{2}$") 들어가서 박음질한다
  둘째, 셔링 전용 노루발로 박음질하는 방법이다.
  셋째, 본봉으로 땀수를 넓게 하고 실조임을 약간 조이고 속도를 약간 높여서 박음질하면 셔링이 잡힌다.

- 가장 정확하고 예쁘게 셔링을 잡는 방법은 첫 번째로 원시적인 방법이지만 효과는 가장 확실하다.
- 실을 잡아당기는 과정에서 주의할 점은 실이 끊어지면 다시 시작해야 하므로 박음질할 때 실조임을 약간 풀어주고 땀수를 2.5cm(1") 길이에서 7땀 정도로 넓게 박음질한다.
- 오른손 엄지와 검지로 두 가닥의 실을 잡고 왼손 엄지와 검지의 지문이 있는 부위로 훑어 내리듯이 잡아 당기면서 셔링을 넣으며 합복 부위의 길이에 맞추어 보면서 전체 셔링 분량을 골고루 분배한다.

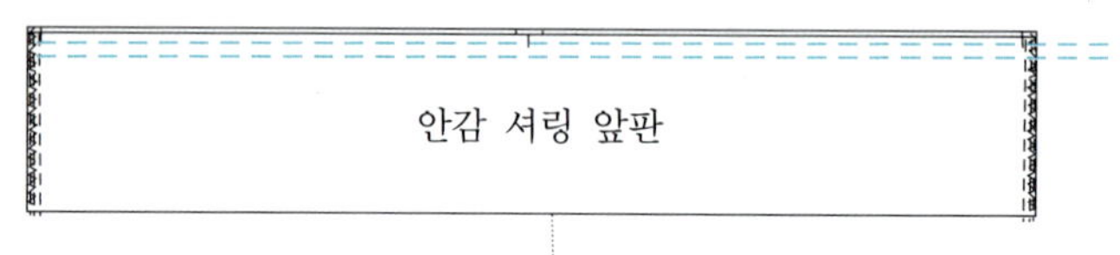

첫 번째 0.635cm($\frac{1}{4}$") 안으로 들어가게 박음질하
고 두 번째 1.27cm($\frac{1}{2}$") 안으로 들어가게 박음질

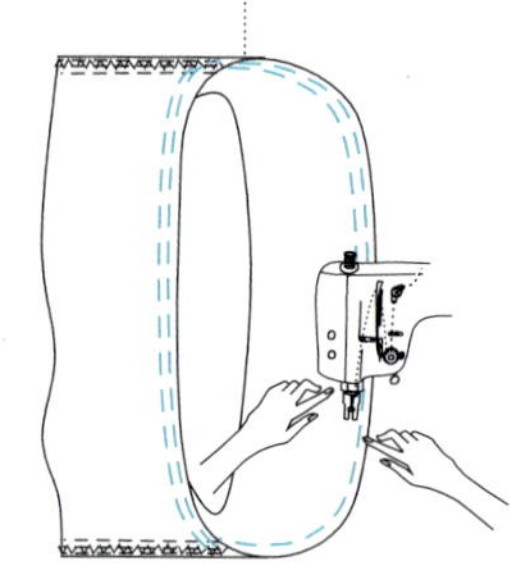

실이 끊어지지 않게 훑어서 셔링을 잡는다.

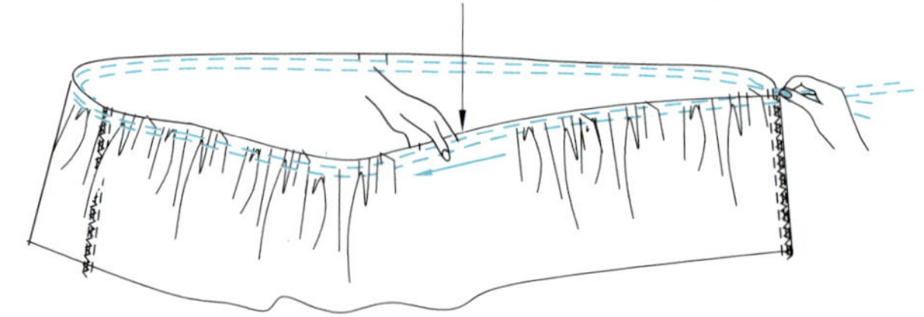

　셔링 잡은 것을 스커트 속에 넣고 두 줄로 박음질한 가운데를 박음질하고 겉면에 보이는
실은 합복이 끝난 다음 뜯어낸다.

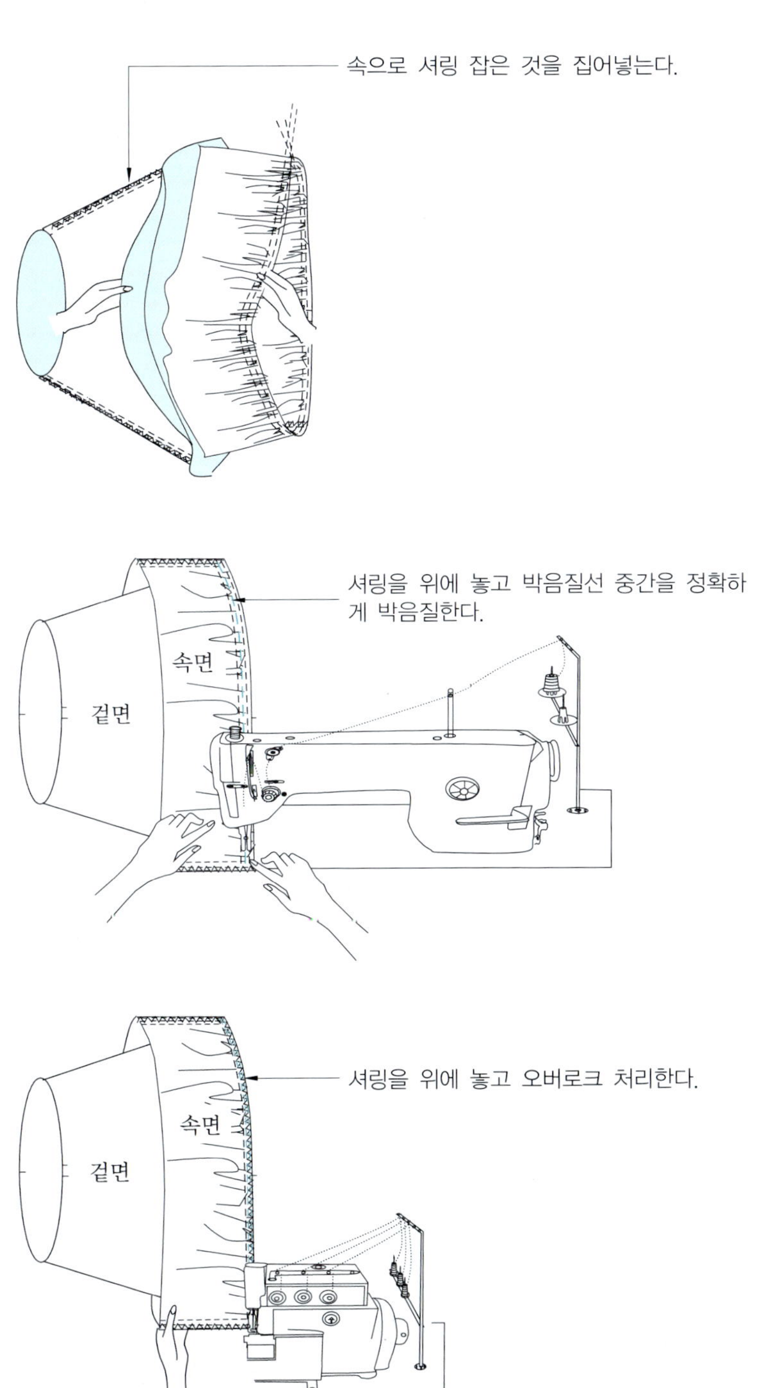

🔔 몸판 안감 합복하기

· 겉감과 안감을 끝 박음질로 고정시키고 허릿단과 옆 솔기와 앞뒤 중심을 고정 박음질한다.
· 허릿단보다 몸판의 허리가 크므로 골고루 이세가 들어가도록 허릿단을 잡아당기면서 합
　복 한다.

① 겉감과 안감 고정 박음질한다.

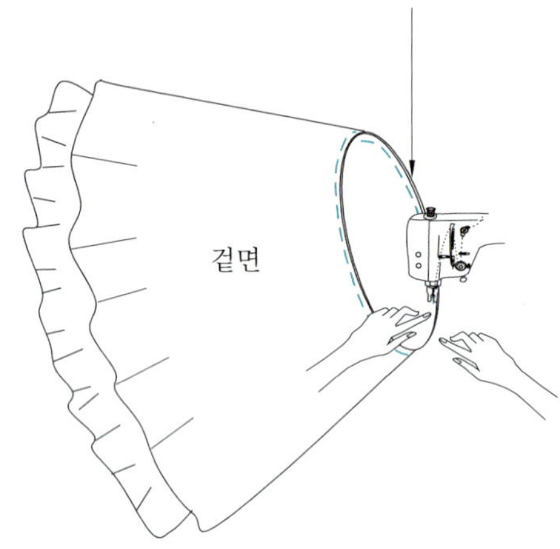

② 허릿단과 몸판을 4군데 고정 박음질한다.

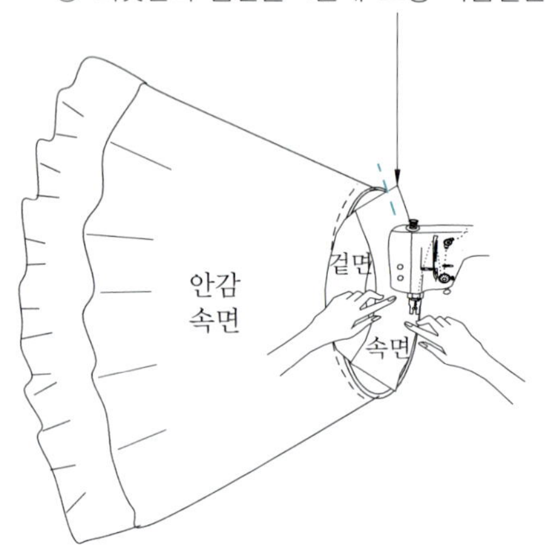

③ 허릿단을 합복한다.

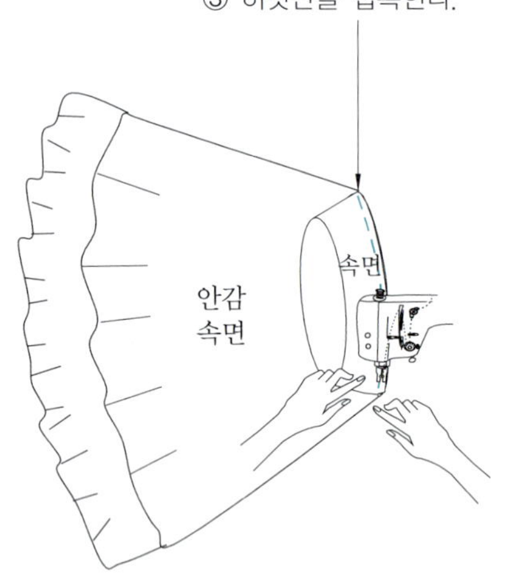

④ 마지막 공정으로 허릿단을 오버로크 처리한다.

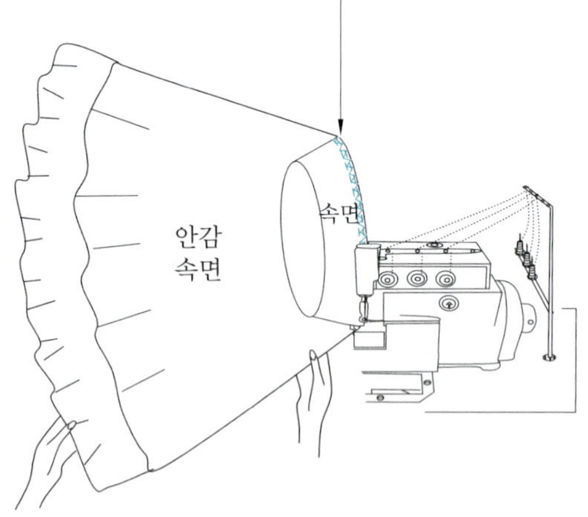

·올이 전혀 풀리지 않는 원단으로 재단할 때 자른 상태로 자연스럽게 두는 방법(raw hem).

·옆 솔기의 경우 밑단을 고르게 하기 위해 가위로 자르면 박음질선이 풀리므로 고정박음질을 한번 해야 한다.

·바이어스 리본 박음질 방법 및 뒤집기(137~138쪽 벨트 '루프'편 참고)

4쪽 스커트 제도

· 기본 제도에서 중심에 선을 넣고 밑단을 넓게 조정한다.
· 스커트 제도 기본적으로 뒤 중심을 1cm($\frac{3}{8}$) 쳐낸다.
· 합복 부위의 노치 표시 위치와 간격을 모두 다르게 설정하는 것이 중요하다.

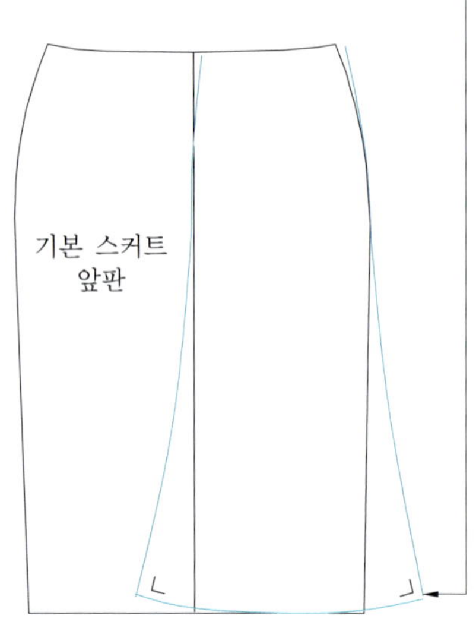

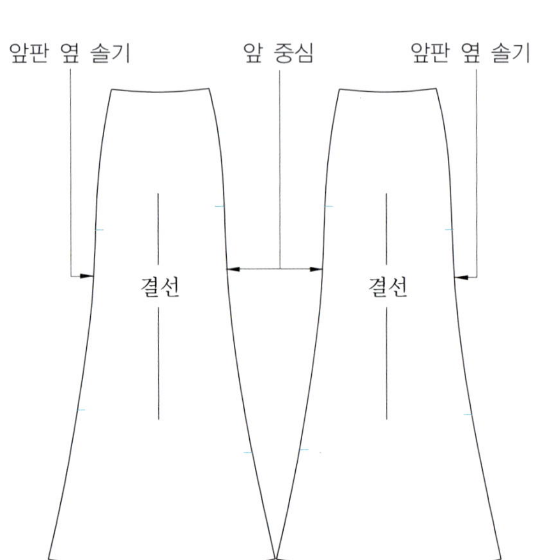

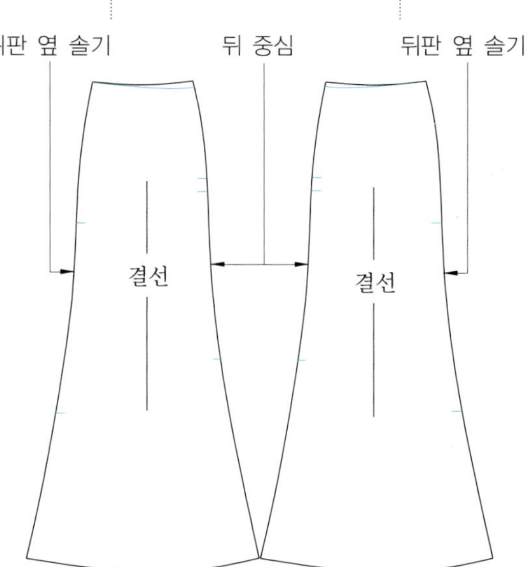

8쪽 스커트 제도

· 8쪽 스커트는 허리와 하동 치수를 8로 나누어 준다.

· 뒤판은 항상 노치를 두개 1.75cm($\frac{1}{2}$) 간격으로 넣어 준다.

· 노치와 노치의 간격을 다르게 함으로써 조각의 합복 위치를 쉽게 찾도록 한다.

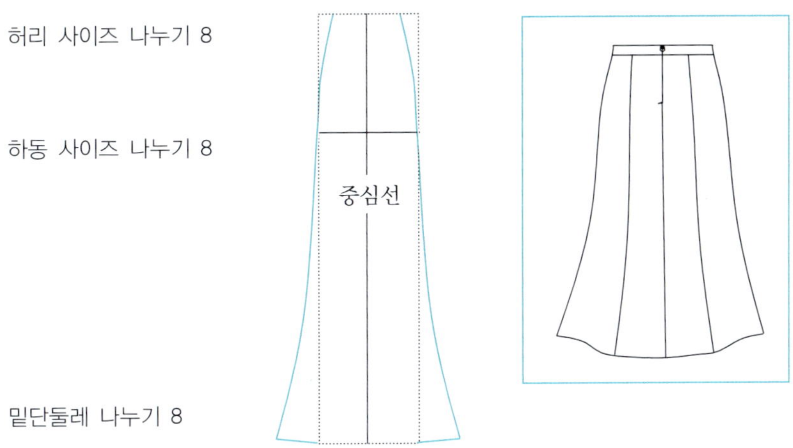

스커트 8쪽(아래 그림 참고)

① 앞(front)

② 앞 옆(front side)

③ 뒤중심(back sent)

④ 뒤 옆(back side)

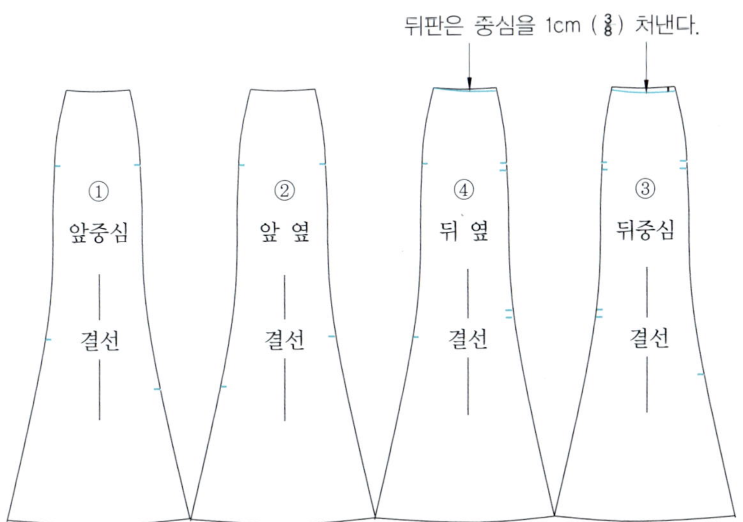

8쪽 스커트 제도 방법

① 수직으로 선을 내려 긋는다.

② 위에서 가로로 선을 긋는다.

③ 스커트 길이를 놓는다.

④ 길이의 가로선을 그어준다.

⑤ 하동선 20.32cm(8")을 내려서 표시한다.

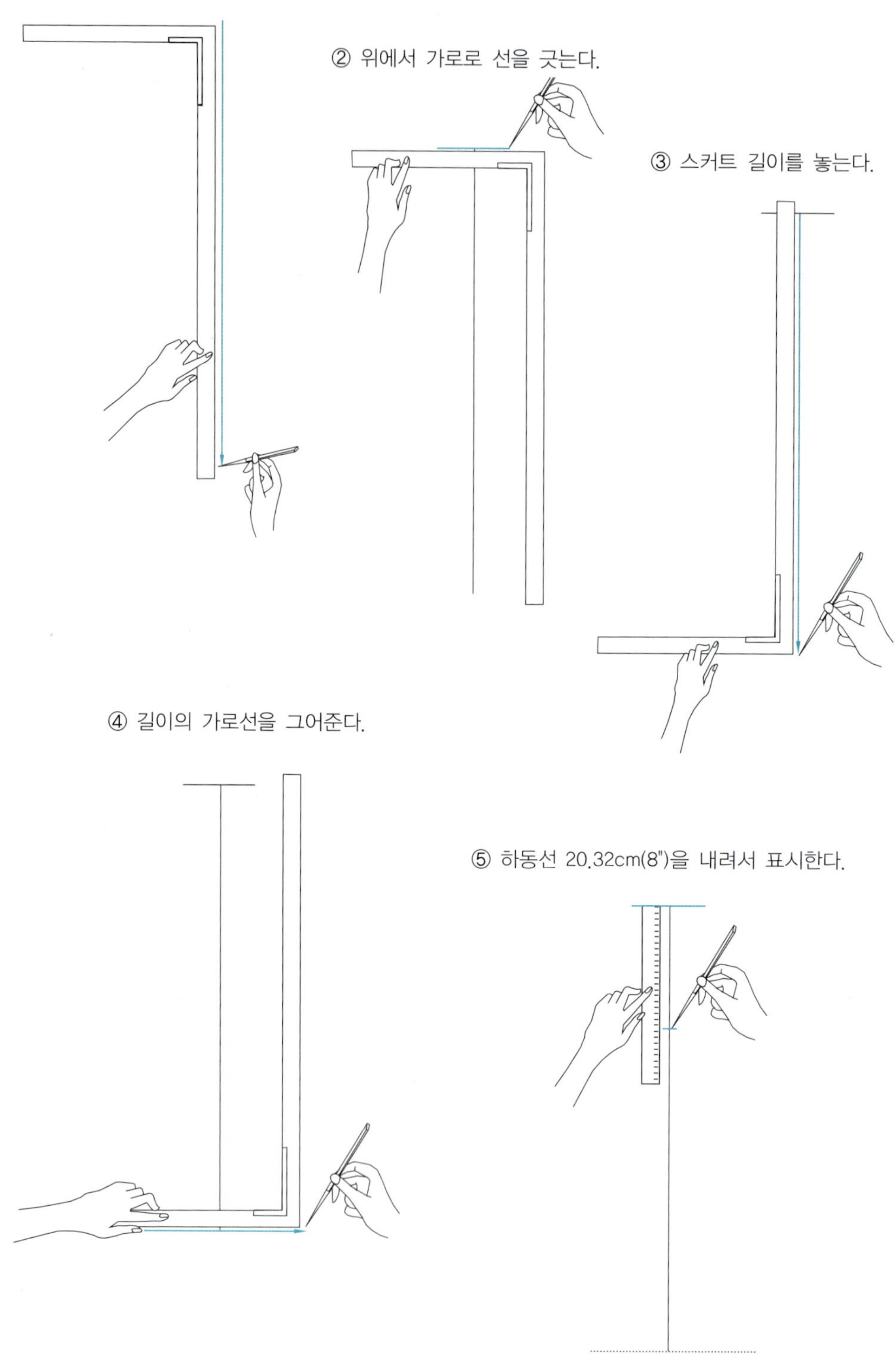

⑥ 하동선 가로선을 그어준다.

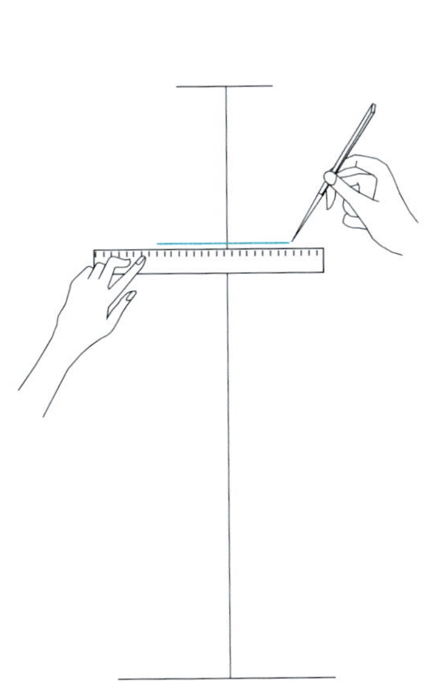

⑦ 허리 치수를 8로 나누고 나눈 치수를 다시 2로 나누어 중심에서 양쪽으로 분배하여 표시한다.

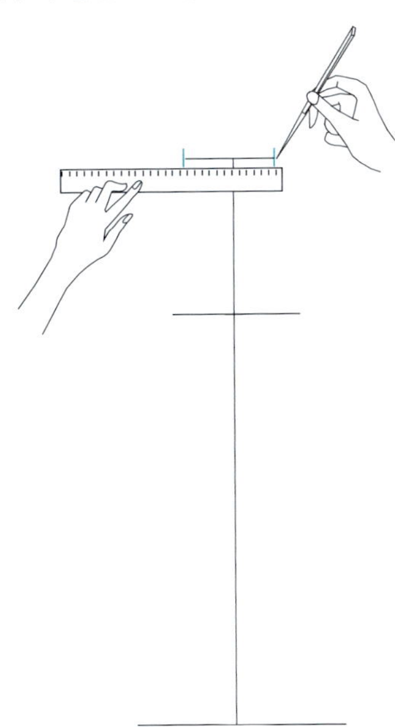

⑧ 하동 치수를 8로 나누고 나눈 치수를 다시 2로 나누어 중심에서 양쪽으로 분배하여 표시한다.

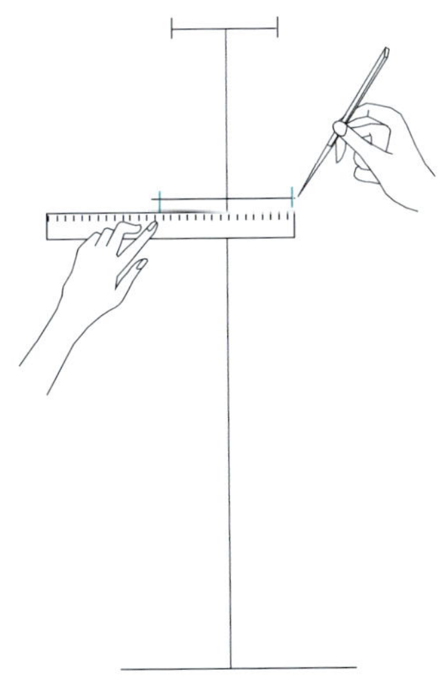

⑨ 하동선에서 수직으로 내려와서 양쪽 밖으로 5.04cm(2″)씩 나아간다.
 －밑단에서 밖으로 5.04cm(2″)씩 나아가는 것은 밑단의 넓이를 결정하는 치수로 더 많이 나아 갈수록 밑단의 둘레가 커진다.

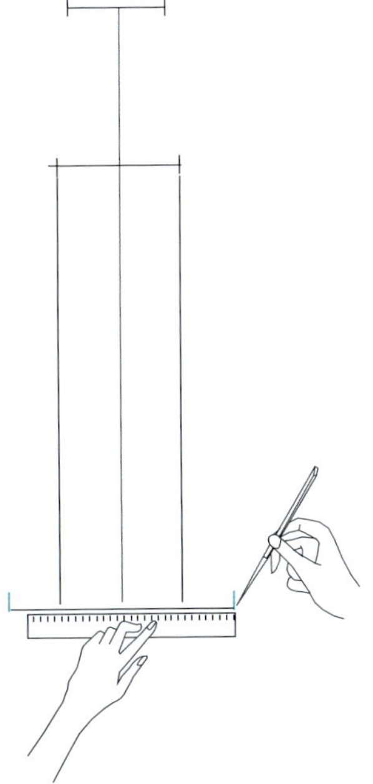

· 제도가 끝난 다음 8장을 복사하여 앞판과 뒤판 옆 몸판으로 구별하는 노치를 넣고 뒤
  판 중심을 0.9525cm($\frac{3}{8}$") 쳐 낸다.
· 시접은 허리 선 0.9525cm($\frac{3}{8}$")
· 옆 솔기 1.27cm($\frac{1}{2}$")
· 밑단 시접 넓이 처리 방법에 따라 다르게 적용

⑩ 허리선과 하동선을 곡자를 놓고 양쪽
을 연결한다.

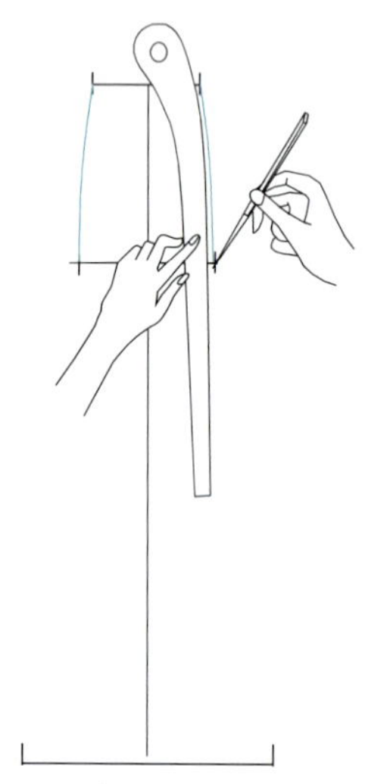

⑪ 하동선과 밑단선을 곡자를 놓고 양쪽
을 연결한다.

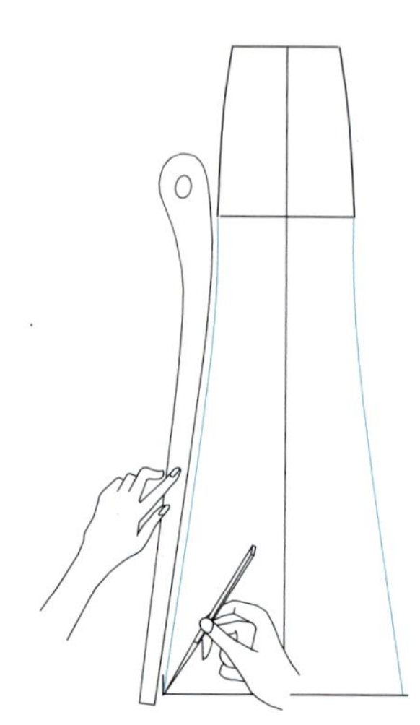

⑫ 밑단의 각도를 90°에 맞추어 조정한다.

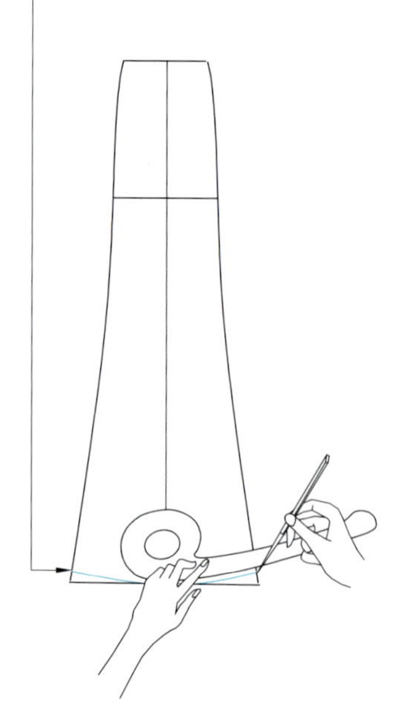

완성된 8쪽 스커트

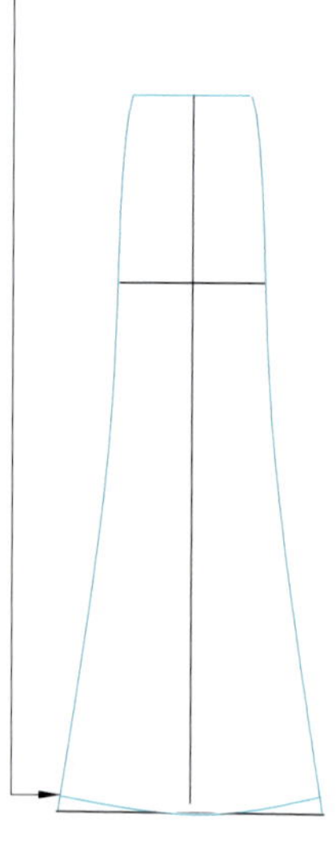

🔲 16쪽 스커트 제도

16쪽 스커트 제도 방법은 8쪽과 동일하며 치수를 16으로 나누는 것이 다르다.

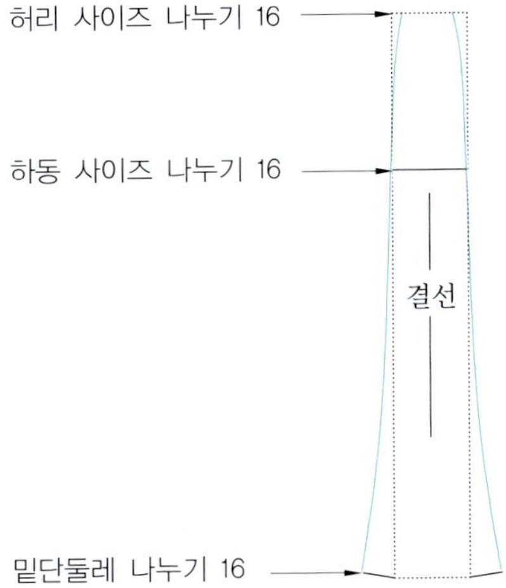

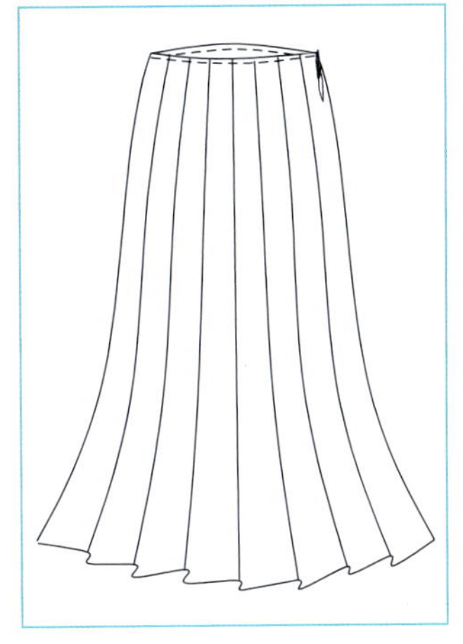

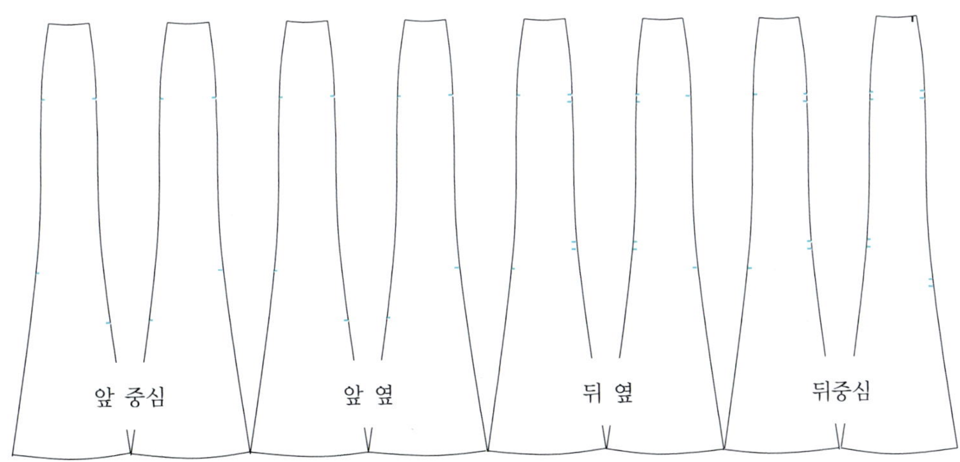

· 패턴을 절개해서 펼칠 때는 항상 결선을 미리 긋고 재단할 때까지 결선 관리를 해야 한다.
· 조각이 많은 경우 그림과 같이 절개하기 전에 노치 표시를 미리 넣고 패턴을 분리하면 짝을 맞추기가 쉽다.

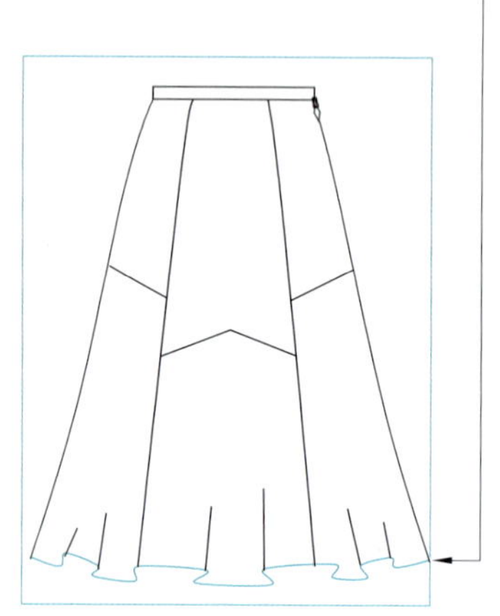

절개선 아래쪽으로 밑단 둘레를 넓게 처리하는 방법

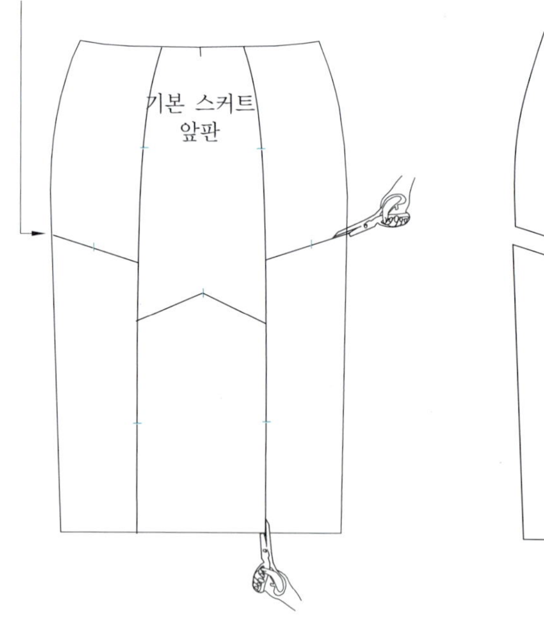

절개선을 모두 잘라서 분리한다.

· 밑단 부분을 절개해서 중심은 벌려주지 않는다. 중심으로 주름이 몰리는 현상이 있으므로 절개하지 않아도 자연스럽게 주름이 생기기 때문이다.
· 패턴을 모두 두 장씩 복사해서 노치 표시로 앞판과 뒤판을 구분할 수 있도록 한다.

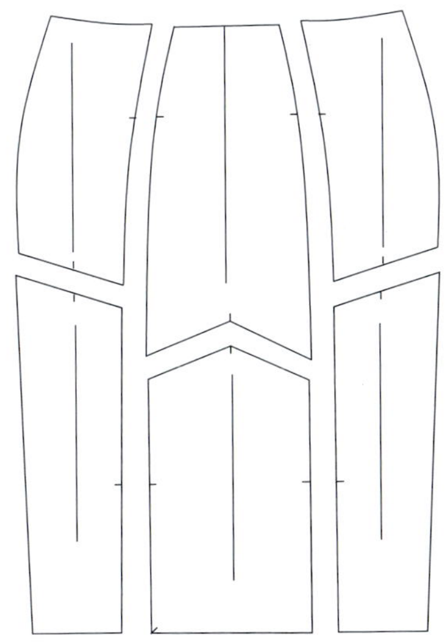

절개해서 양쪽으로 나열한 패턴의 간격이 중요하다.

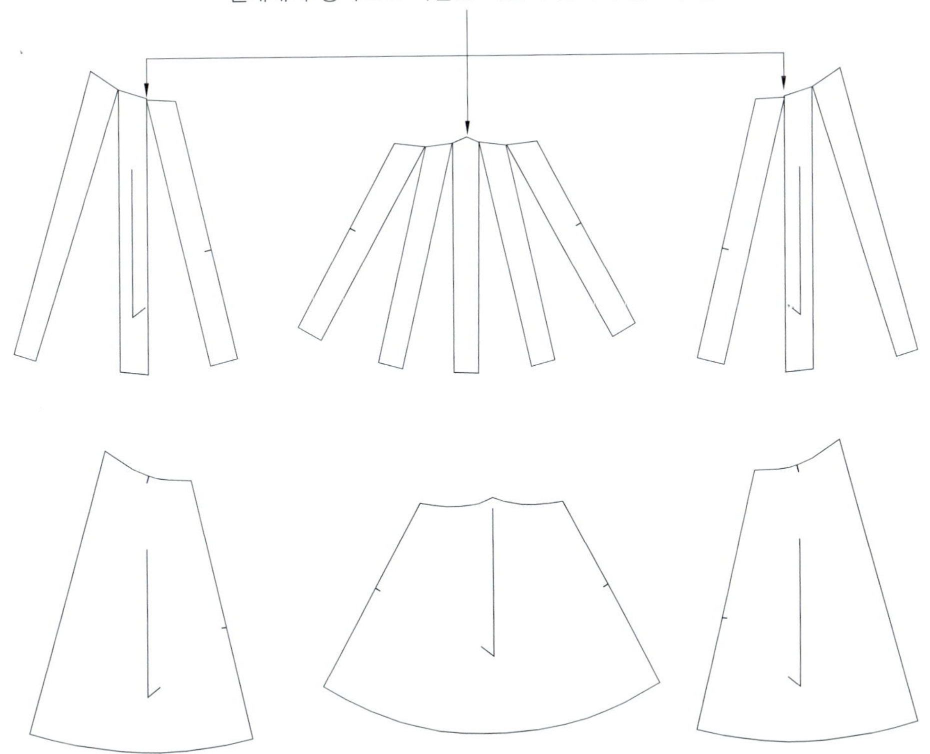

- 단순한 기본을 변화시켜 전혀 다른 모습으로 재구성한 스커트 제도로서 옆면 선을 배치할 때 지퍼의 길이가 중요하게 작용한다.
- 옆 솔기에 이음선이 없으므로 지퍼의 길이보다 짧거나 너무 아래로 처지면 안 된다.

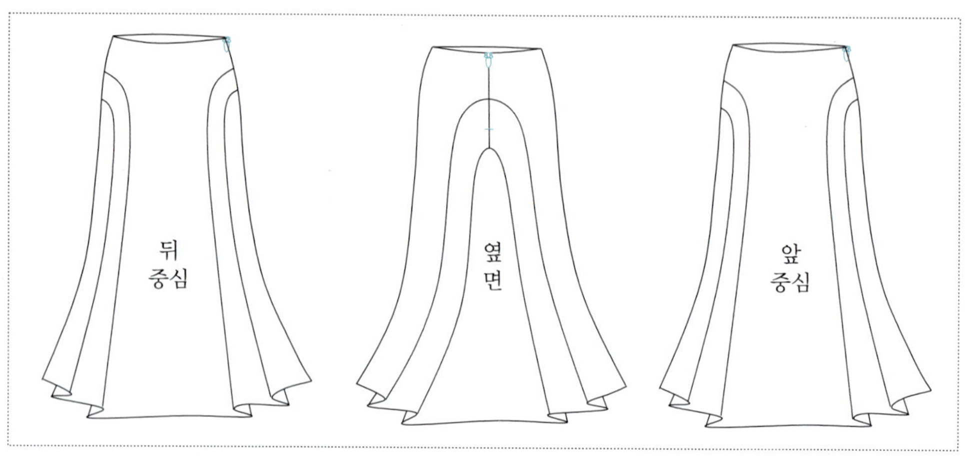

패턴지를 반으로 접어서 기본 패턴을 제도하고 필요한 사이즈에 맞게 선을 그려 넣는다.

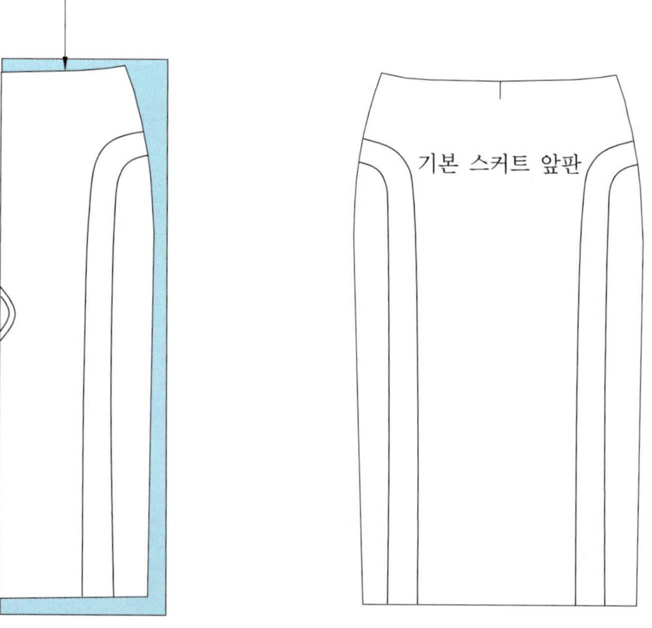

· 기본 스커트 제도에서 변형 시키고 밑단을 넓게 하기 위해서 서로 선이 교차하며 자를 때 지그재그로 잘라서 분리한다.
· 노치 표시는 패턴을 자르기 전에 넣어서 분리된 다음에 양쪽으로 자동으로 들어가게 만든다.

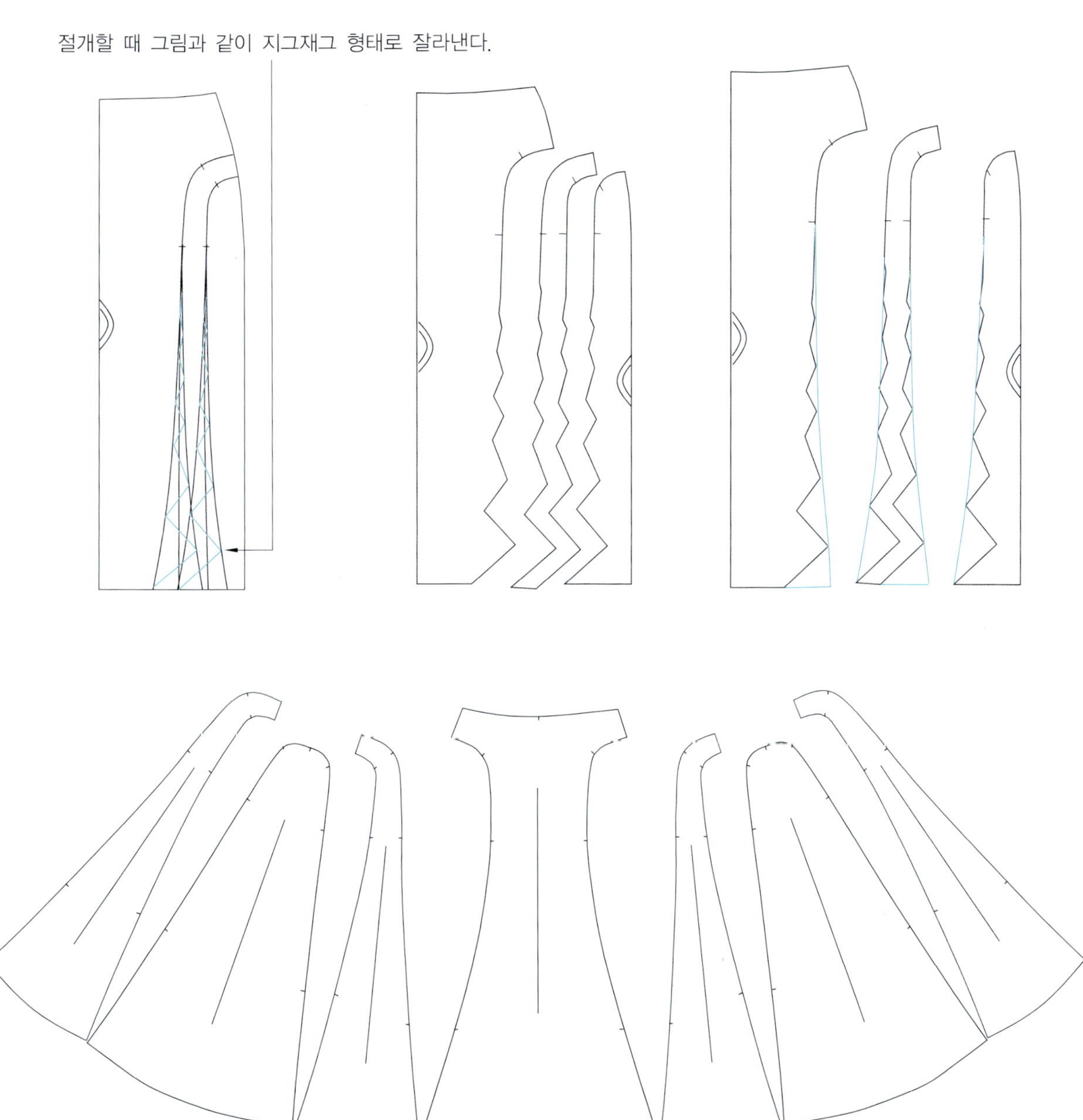

· 밑단에 맞주름을 앞에 3개 뒤에 3개 넣는 스타일로 기본 제도에서 변형시킨다.
· 맞주름 접는 분량 1개에 15.24cm(6")를 벌려준다.

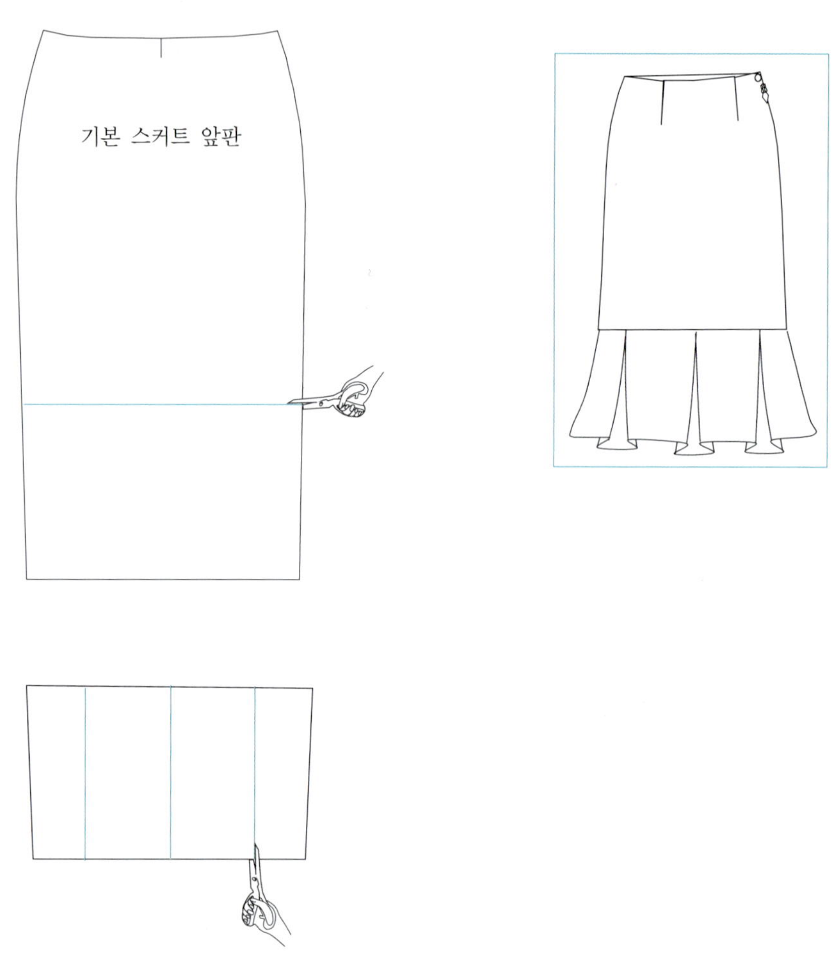

맞주름 분량을 절개해서 벌려 준다.

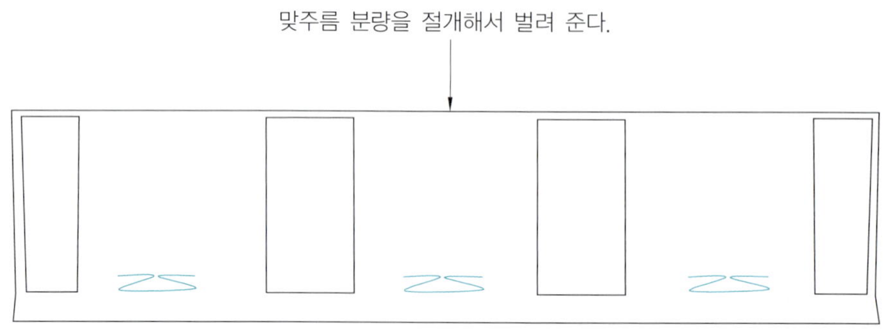

• 10호 패턴을 패턴 종이 위에 얹어 놓고 외곽선을 그린다음 그림과 같이 3군데 코너에 십자선을 그어서 표시한다.

· 8호와 10호의 치수 차이는 2.54cm(1")이며, 패턴을 반으로 접은 상태이므로 4쪽이 되고, 2.54cm(1")를 4로 나누면 그레이딩 편차 값은 0.635cm($\frac{1}{4}$")이 된다.

· 10호와 12호의 치수 차이는 5.08cm(2")이며, 패턴을 반으로 접은 상태이므로 4쪽이 되고, 5.08cm(2")를 4로 나누면 그레이딩 편차 값은 1.27cm($\frac{1}{2}$")이 된다.

① 그레이딩이 필요한 위치에 먼저 십자선을 그어서 넣어준다.

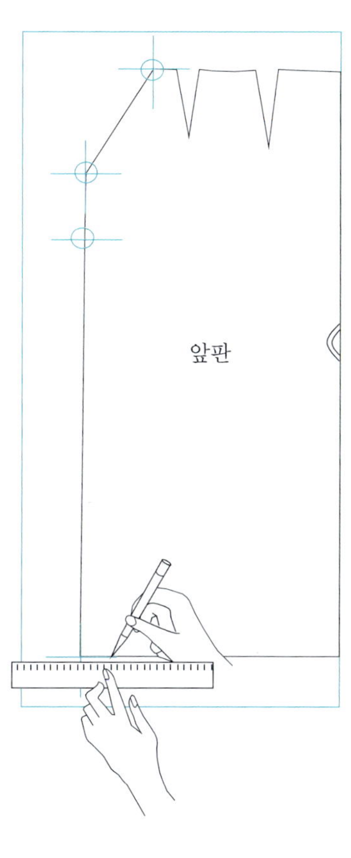

② 허리에서 8호는 안쪽으로 10호는 밖으로 허리편차÷4 0.635cm($\frac{1}{4}$ ") 표시한다.

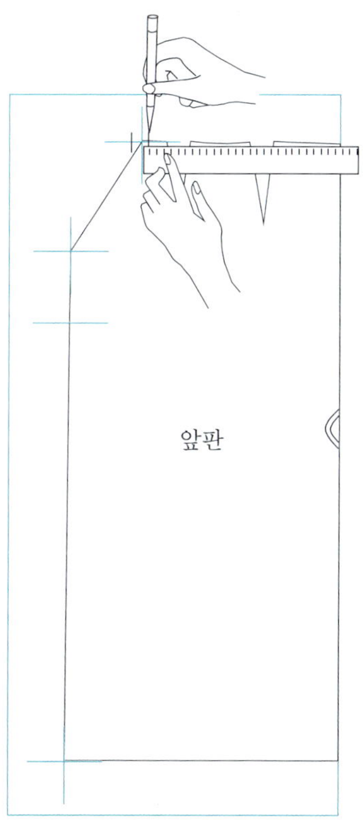

③ 중 하동과 하동 밑단둘레 편차÷4를 8호는 안쪽 10호는 밖으로 표시한다.

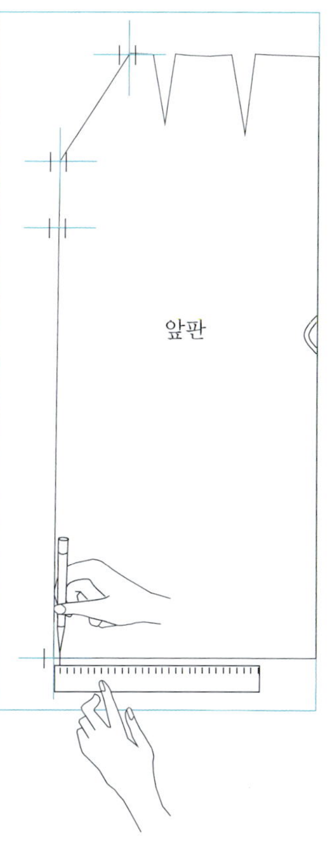

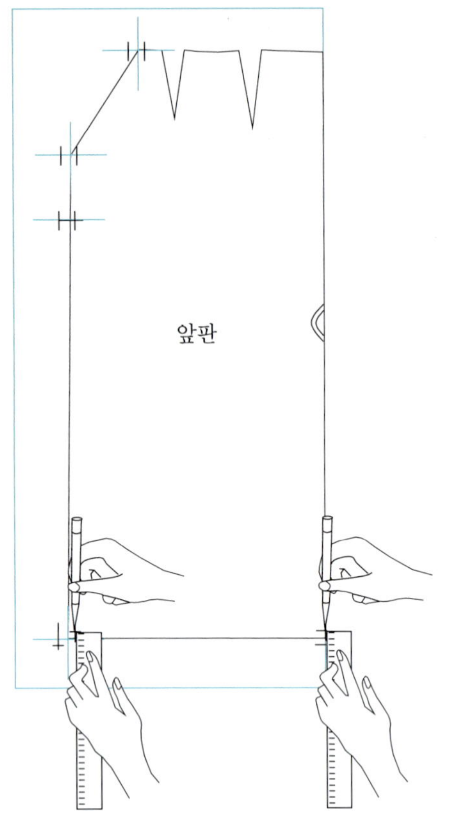

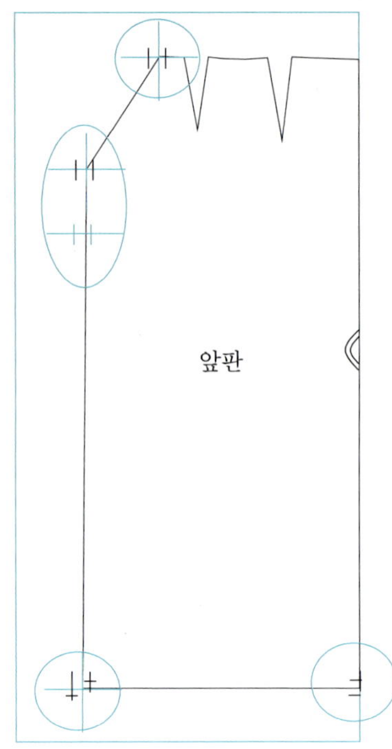

위치 표시가 모두 끝난 모습

④ 길이 편차 그레이딩은 나누지 않으므로 편차
  값을 그대로 놓는다.
  8호는 밑단 안쪽에서 0.635㎝($\frac{1}{4}$")위쪽으로
  표시하고, 10호는 밑단 밖에서 0.635㎝($\frac{1}{4}$")를
  내려서 표시한다.

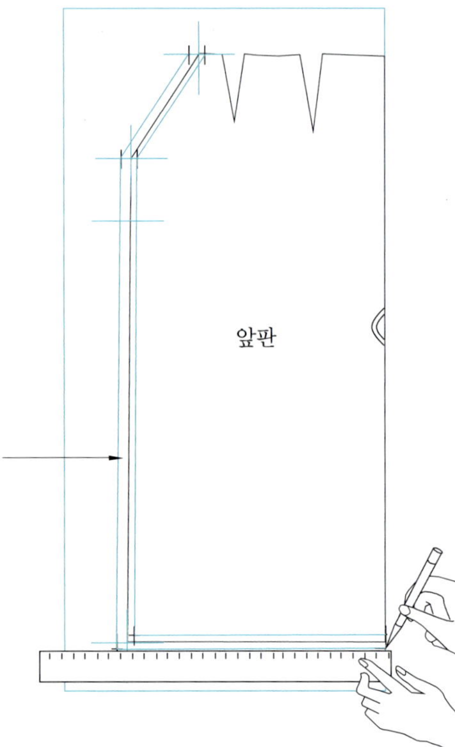

⑤ 8호는 8호끼리 10호는 10호
  끼리 선을 연결한다.

다트 그레이딩

① 8호 다트는 몸판 편차 0.635cm($\frac{1}{4}$")를 다시 1/2로 나누어 0.3175cm($\frac{1}{8}$") 가량 안쪽으로 들어가게 설정한다.

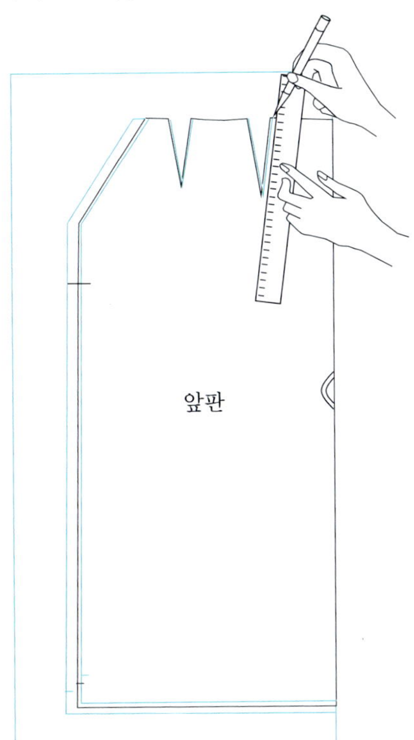

② 10호 다트는 몸판 편차 1.27cm($\frac{1}{2}$")를 다시 1/2로 나누어 0.635cm($\frac{1}{4}$") 가량 밖으로 위치를 설정한다.

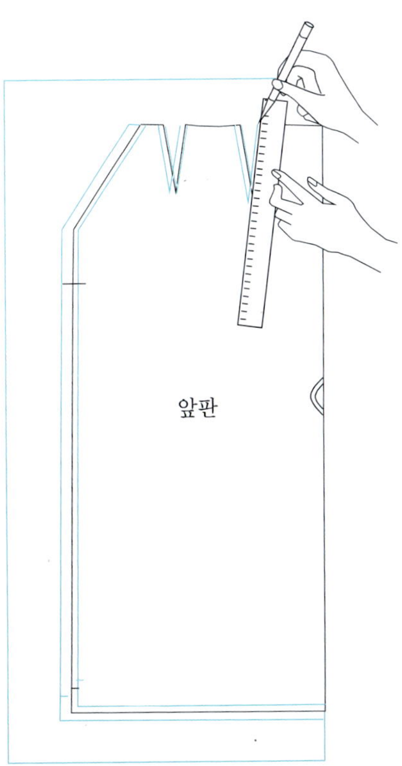

뒤판 그레이딩

① 그레이딩이 필요한 위치에 먼저 십자선
   을 그어서 넣어준다.

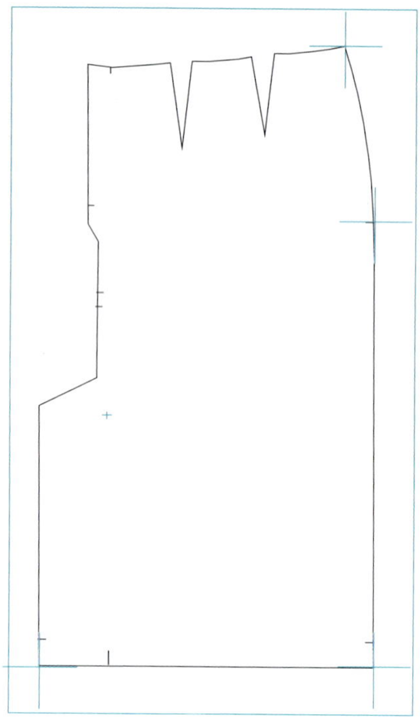

② 허리에서 8호는 안쪽으로 10호는 밖으
   로 허리편차÷4 0.635cm($\frac{1}{4}$")표시한다.

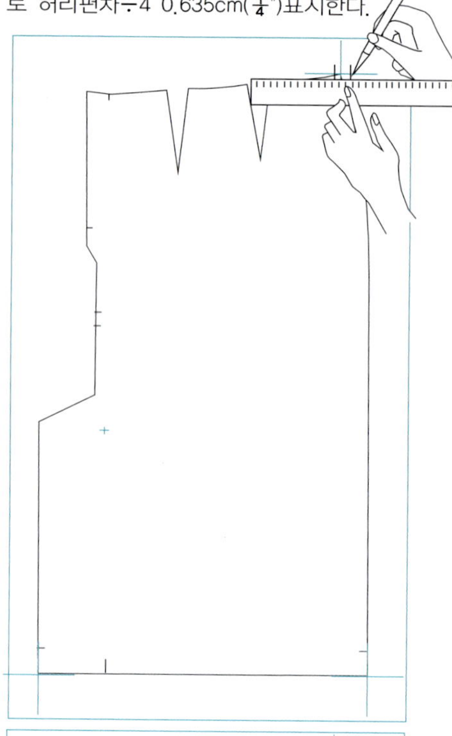

③ 중하동과 하동 밑단둘레 편차÷4를 8호
   는 안쪽 10호는 밖으로 표시한다.

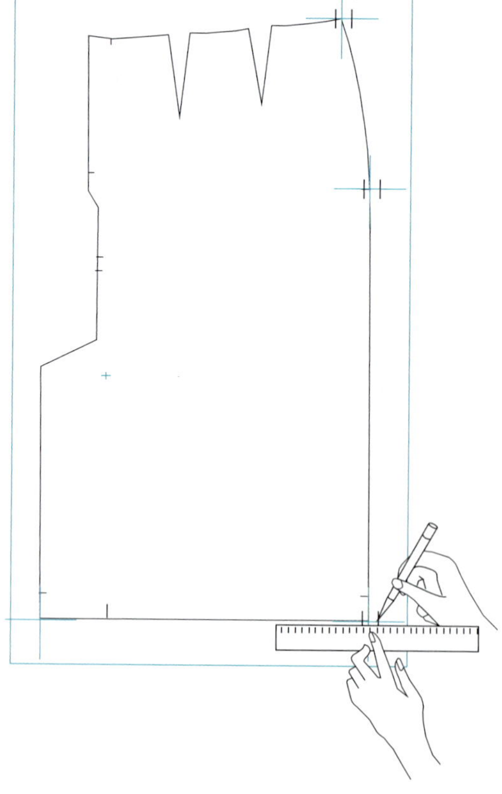

④ 길이 편차 그레이딩은 나누지 않으므로 편차 값을 그대로
   놓는다. 8호는 밑단 안쪽에서 0.635cm($\frac{1}{4}$")위쪽으로 표시하
   고, 10호는 밑단 밖에서 0.635cm($\frac{1}{4}$")를 내려서 표시한다.

⑤ 뒤 중심 트임 위치 8호는 0.635cm($\frac{1}{4}$")를
   올리고 10호는 0.635cm($\frac{1}{4}$")를 내려서 표
   시한다.

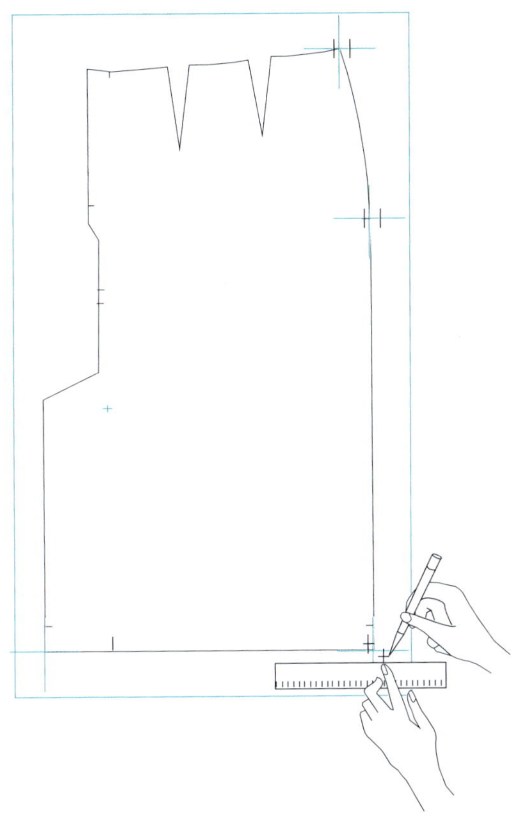

⑥ 뒤 중심 트임 위치 8호는 0.635cm($\frac{1}{4}$")를 올리
   고, 10호는 0.635cm($\frac{1}{4}$")를 내려서 표시한다.

⑦ 뒤 중심 밑단 길이 8호는 0.635cm($\frac{1}{4}$")를 올리
   고, 10호는 0.635cm($\frac{1}{4}$")를 내려서 표시한다.

⑧ 8호는 8호끼리, 10호는 10호끼
리 선을 연결한다.

⑨ 밑단 노치 표시를 8호는 0.635cm($\frac{1}{4}$") 올리고, 밑
단 노치 표시를 10호는 0.635cm($\frac{1}{4}$") 내린다.

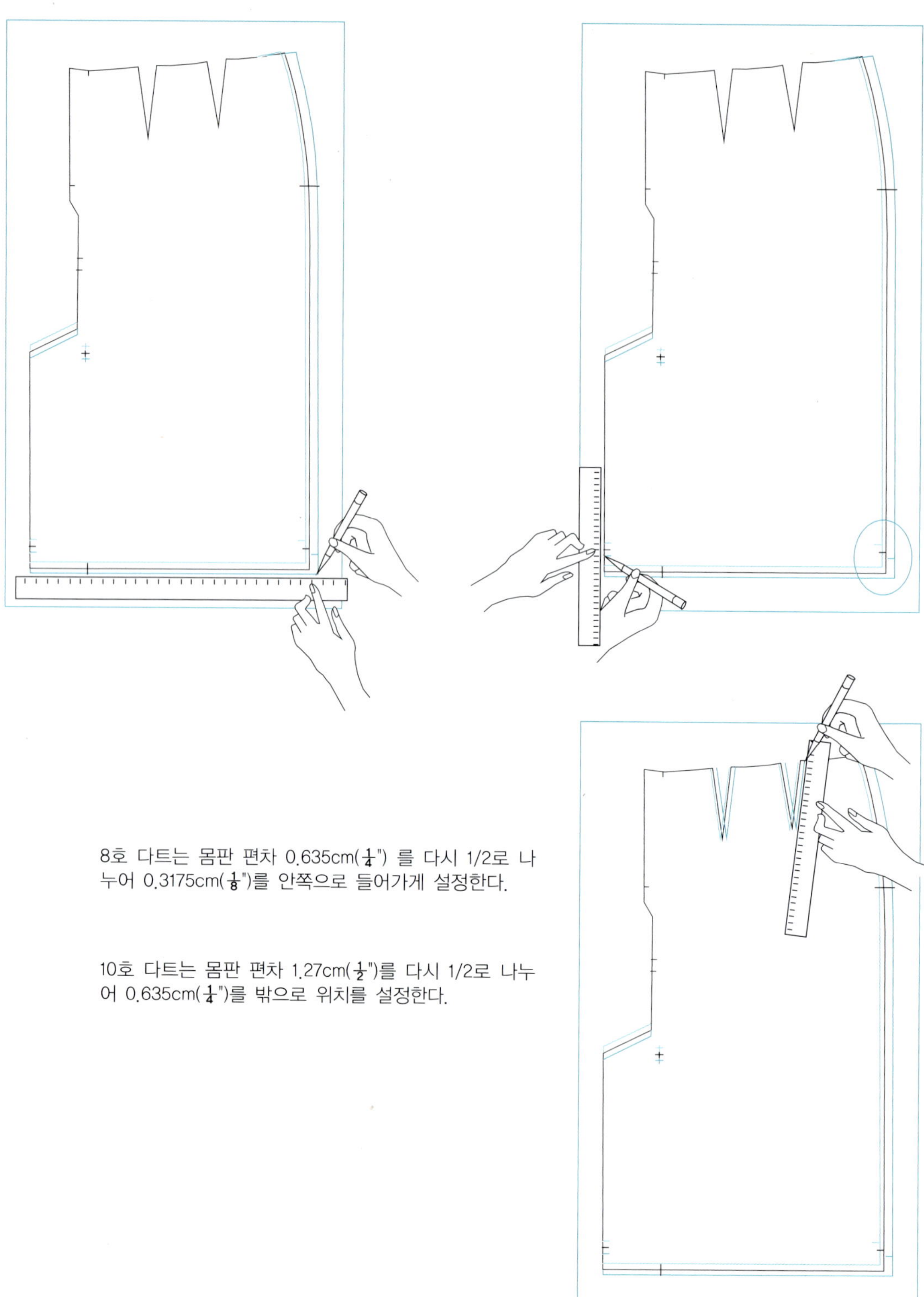

8호 다트는 몸판 편차 0.635cm($\frac{1}{4}$") 를 다시 1/2로 나
누어 0.3175cm($\frac{1}{8}$")를 안쪽으로 들어가게 설정한다.

10호 다트는 몸판 편차 1.27cm($\frac{1}{2}$")를 다시 1/2로 나누
어 0.635cm($\frac{1}{4}$")를 밖으로 위치를 설정한다.

· 8호와 10호의 허리 치수 차이는 2.54cm(1")이므로 양쪽으로 나누면 놓는다면 1.27cm($\frac{1}{2}$")가 된다.

· 10호와 12호의 치수 차이는 5.08cm(2")이므로, 양쪽으로 나누면 놓는다면 2.54cm(1")가 된다.

※ 허릿단 중심과 옆 솔기 합복 노치 위치는 몸판 그레이딩 값을 넣어서 8호는 0.635cm($\frac{1}{4}$")를 안쪽으로 이동시키고, 12호는 1.27cm($\frac{1}{2}$")를 밖으로 이동시킨다.

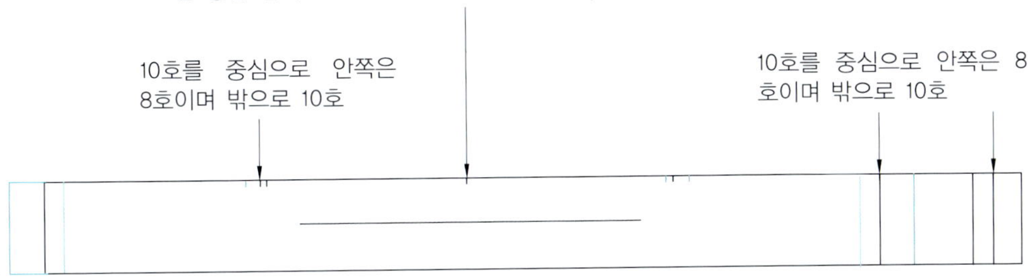

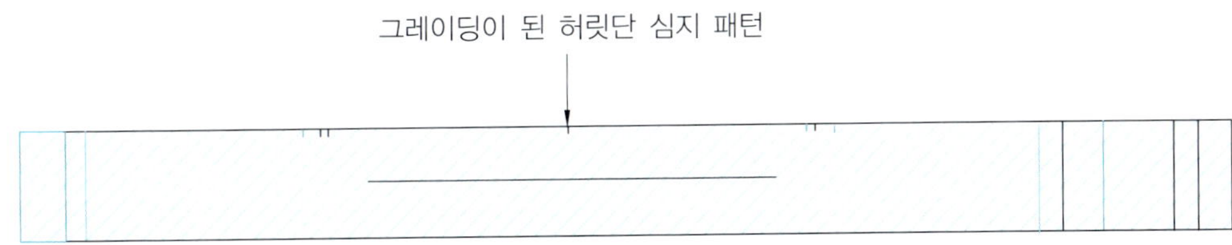

곡선형 허릿단 그레이딩

· 8호와 10호의 허리 치수 차이는 2.54cm(1")이므로 양쪽으로 나누면 놓는다면 4쪽 0.635cm($\frac{1}{4}$")이 된다.

· 10호와 12호의 치수 차이는 5.08cm(2")이므로 양쪽으로 나누면 놓는다면 1.27cm($\frac{1}{2}$")이 된다.

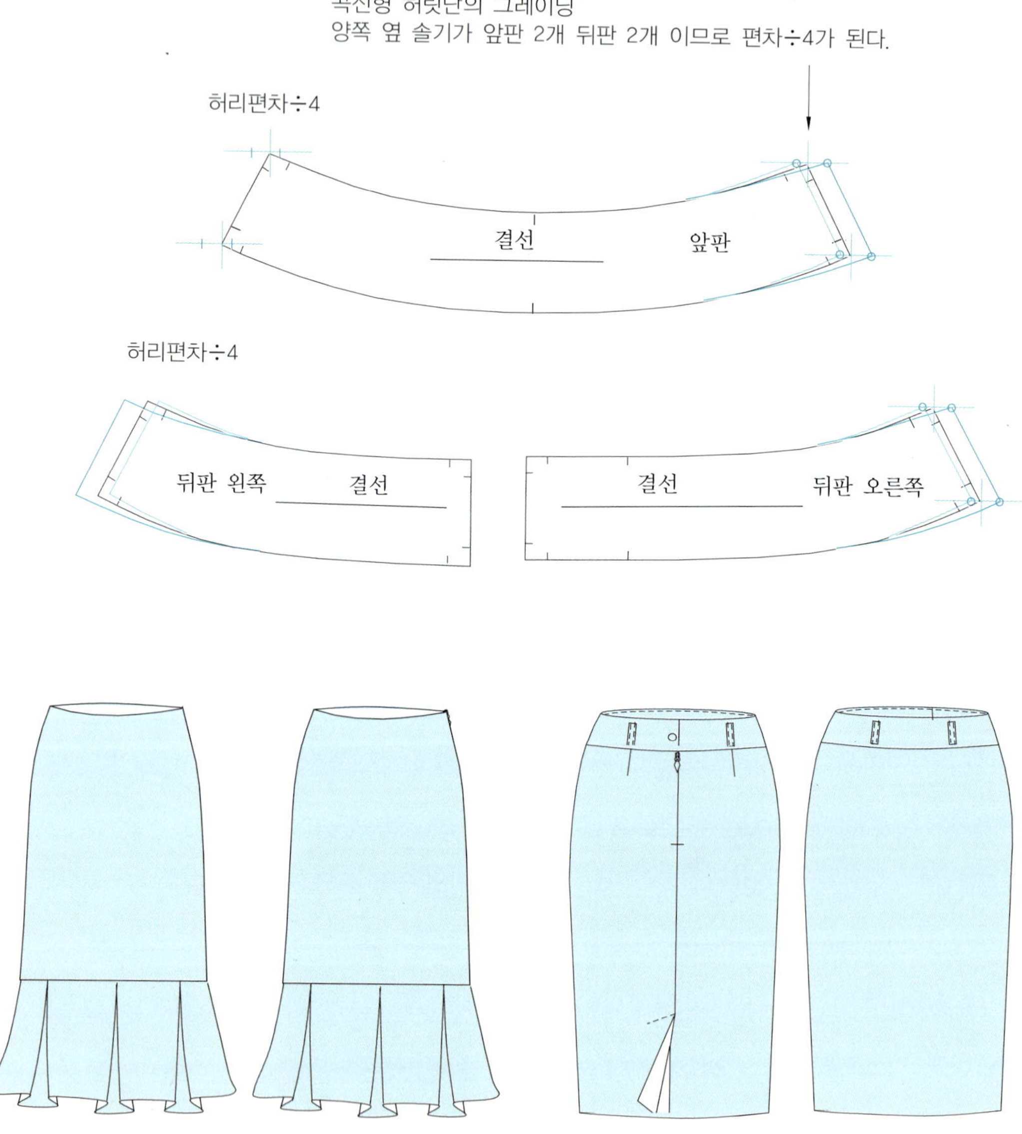

안감 그레이딩

겉감과 그레이딩 편차가 같다.

뒤 중심은 지퍼의 길이와 트임의 길이 치수가
같게 설정되었으므로 그레이딩 하지 않는다.

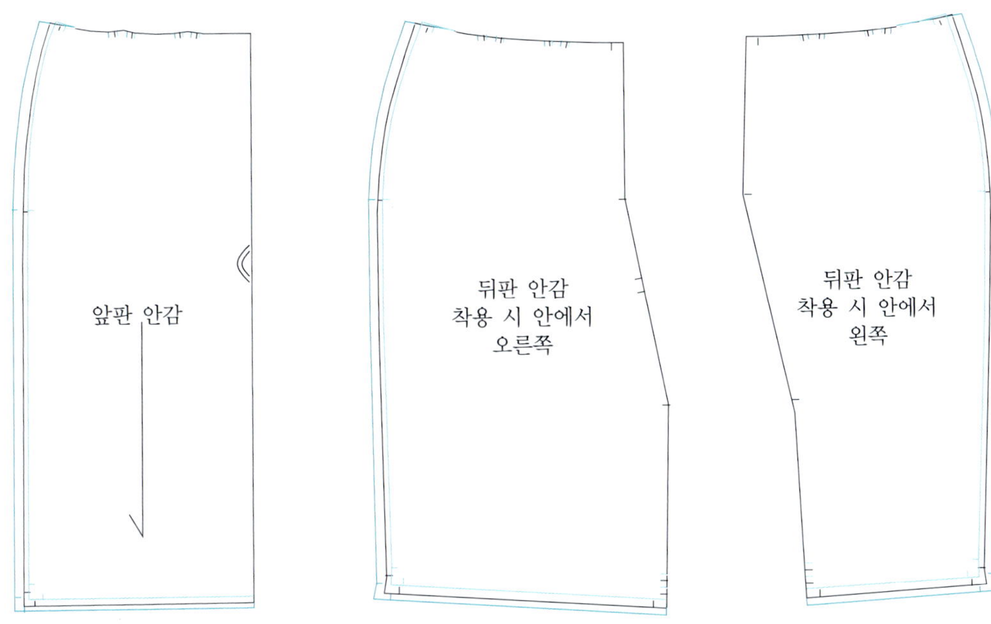

· 주머니는 그레이딩 치수가 동일하기 때문에 10호 사이즈로, 8호와 12호를 함께 사용한
다.

편차가 없이 묶여있으므로, 그레이딩하지 않는다.